·高等学校计算机基础教育教材精选·

计算机基础教程

祝群喜 李飞 胡曦 盛娟 宋欣 编著

清华大学出版社
北京

内容简介

本书主要章节包括计算机基础知识、操作系统、Office 2013办公软件、宏、VBA基础、网络基础知识、Internet的使用、网站的设计与开发和常用输入方法的使用等。每章开篇有教学重点，结尾有习题，用以帮助读者掌握学习重点。

本书配有《计算机基础上机实验指导》，主要内容包括各类实验、综合实验、习题及参考答案等。

本书是多年教学改革和成果的体现，面向网络，视角新颖，既注重基础理论的教学，又注重操作的讲解，使两者有机地结合。本书图文并茂，由浅入深，通俗易懂，适合作为高等院校计算机基础课程教材，亦可作为计算机基础知识和操作技能的自学与培训教材。

图书在版编目(CIP)数据

计算机基础教程/祝群喜等编著. —北京：清华大学出版社，2014(2018.9重印)
高等学校计算机基础教育教材精选
ISBN 978-7-302-37048-2

Ⅰ. ①计… Ⅱ. ①祝… Ⅲ. ①电子计算机－高等学校－教材 Ⅳ. ①TP3

中国版本图书馆CIP数据核字(2014)第143021号

责任编辑：龙启铭
封面设计：傅瑞学
责任校对：梁 毅
责任印制：刘祎淼

出版发行：清华大学出版社
网 址：http://www.tup.com.cn，http://www.wqbook.com
地 址：北京清华大学学研大厦A座 邮 编：100084
社 总 机：010-62770175 邮 购：010-62786544
投稿与读者服务：010-62776969，c-service@tup.tsinghua.edu.cn
质 量 反 馈：010-62772015，zhiliang@tup.tsinghua.edu.cn
课 件 下 载：http://www.tup.com.cn，010-62795954
印 刷 者：清华大学印刷厂
装 订 者：北京市密云县京文制本装订厂
经 销：全国新华书店
开 本：185mm×260mm **印 张**：27.5 **字 数**：685千字
版 次：2014年9月第1版 **印 次**：2018年9月第4次印刷
定 价：49.50元

产品编号：059512-01

前言

随着社会信息化不断向纵深发展，各行各业的信息化进程不断加速。计算机已经被广泛应用于电子商务、电子政务、数字化管理、科学计算、自动控制、辅助设计以及人们的日常生活。学习计算机科学与技术知识是在大学中培养高素质人才最基本的教学环节。在计算机基础教学过程中，应该讲授最基本、最重要的计算机基础知识和基本概念，以及相关的计算机文化的内涵。计算机基础知识及基本操作技能是当代大学生必备的知识和能力。本书根据教育部大学计算机基础教育的最新大纲编写，主要目的是为了使学生能获得计算机的基本知识，并具备计算机的应用能力，同时为培养学生在计算机方面的开发能力打下基础，以适应21世纪对人才的要求。

计算机应用基础课程是学生进入计算机学科的第一门课程，具有极其重要的地位。它的教学效果一方面直接影响到学生学习计算机的兴趣，另一方面也直接影响到后续课程的教学。笔者在多年的教学过程中发现，部分学生甚至是教师对该门课程的教学存在着认识上的偏差，没有给予足够的重视，将其与基本操作练习等同，忽略了其所包含的各种基本概念、基本理论及基本思想的学习和掌握，从而导致了严重的知识缺陷，难以面对快速的信息发展时代。本书作为多年计算机基础教学改革的一部分，是我们在计算机基础教学过程中的多年有效经验的积累。本书力图以一种全新的视角构建教材体系，并采用新颖的教学方法组织计算机基础教学，以现代计算机基础（系统）软件和应用软件的功能及其使用方法为主线，穿插介绍计算机的一些基本概念、基本理论以及最新动向，帮助学生建立起计算机系统观及整体观，掌握不断变化的表层下所蕴涵的永恒规律，培养学生触类旁通的应用能力。随着计算机网络技术的发展，互联网及多媒体已逐步渗透到人们的生活中，因此，本书的另一个特色是面向网络，介绍网络及其应用方面的基本知识、操作与设计。

本书力图使计算机的理论性与实用性更好地结合，在组织上力求由浅入深、循序渐进，将一些实用性非常强而广大读者容易忽略的知识（如Office中宏与VBA的应用）组织到教材中。

本书主要包括计算机发展及应用、计算机基础知识、操作系统、Office办公软件、Office中宏的知识、VBA基础、网络基础知识、Internet的使用、网站的设计与开发等章节。

本书由祝群喜担任主编，参与编写的还有李飞、盛娟、宋欣、胡曦、张斌、朱世敏、苑迎、陈艳军、陈芳、么强等，全书最后由祝群喜统稿。本书作者还编写了与之配套的实验指导。

为了提高使用本书及实验指导书的读者的实践能力，作者同时研发了与本书相适应的无纸化考试系统与实验自动批改与管理系统，需要这两套软件的教学单位可与作者本人(neuq@sina.com)或出版社联系。

本书力求成为一本兼具基础性、新颖性和前瞻性的教材。在编写过程中作者做了许多努力，但由于水平有限，成书时间仓促，疏漏之处在所难免，敬请读者批评指正。

编　者

2014年7月

目录

第 1 章 绪论

电子计算机是一种能够存储程序，并能按程序自动、高速、精确地进行大量计算和信息处理的电子设备。它的产生是科学技术和生产力高速发展的必然产物，是人类智慧的高度结晶。计算机技术作为一种生产力，推动社会的各个领域更加快速地向前发展。计算机是一种信息处理工具，在信息获取、存储、处理、交流传播方面充当着核心的角色。因此，学习和掌握计算机的基本知识，对每一个学生、科学技术工作者和管理工作者，都是非常必要的。

1.1 电子计算机的发展、特点和应用

1.1.1 计算机的发展史

电子计算机的产生和迅速发展是当代科学技术最伟大的成就之一。自 1946 年美国研制的第一台电子数字计算机 ENIAC 问世以来，在半个多世纪的时间里，计算机的发展取得了令人瞩目的成就。今天，计算机技术和通信技术已经成为信息化社会的两大支撑技术之一，它在科学研究、工农业生产、国防建设以及社会各个领域中的应用已成为国家现代化的重要标志。

1. 第一台电子数字计算机的产生

计算机孕育于英国，诞生于美国，现在遍布于全世界。第一台电子计算机的产生是在第二次世界大战期间，美国宾夕法尼亚大学物理学家约翰·莫克利(John Mauchly)参与了马里兰州阿伯丁试验基地的火力射程表的编制工作，使用了一台微分分析机，并且雇用了 100 名年青助手做辅助人工计算，但是速度很慢，而且错误百出。形势促使莫克利与工程师普雷斯伯·埃克特(J. Presper Eckert)一起加快了研究新的计算工具的步伐。他们第一次采用电子管作为计算机的基本部件，研制成功了世界上第一台全自动电子计算机 ENIAC(Electronic Numerical Integrator And Calculator，电子数值积分计算机)，并于 1946 年 2 月正式通过验收。ENIAC 宣告了人类第一台电子计算机的诞生。这台计算机重 30 千克，需要耗电 150 千瓦，用了约 18000 只电子管，10000 多只电容器，70000 只电阻，1500 多个继电器，占地 170 平方米，每秒可以完成加法运算 5000 次。这在当时来说

已是件了不起的事情。ENIAC的问世具有划时代的意义,它代表着计算机时代的到来。在其出现以后的半个多世纪里,计算机技术以惊人的速度发展。在人类的科技史上,没有任何一个学科可以与它的发展速度相比。

2. 近代计算机发展史

人类在对大自然的适应、协调与共处的过程中,不断创造、改进并发展了计算工具。我国唐末出现的算盘,是人类经过加工后,制造出来的第一种计算工具。

随着社会生产力的不断发展,计算工具也得到相应的发展。尤其是近三百多年中,最值得一提的事件有:1642年法国物理学家帕斯卡(Blaise Pascal,1623—1662)发明了齿轮式加减法器;1673年德国数学家莱布尼兹(G. N. Won Leibniz,1646—1716)在帕斯卡的基础上增加乘除法器,制成能进行四则运算的机械式计算器。此外,人们还研究机械逻辑器及机械式输入和输出装置,为完整的机械式计算机的出现打下基础。

在近代的计算机发展中,起奠基作用的是英国数学家查尔斯·巴贝奇(Charles Babbage,1791—1871)。他于1822年、1834年先后设计了差分机和分析机,试图以蒸汽机为动力来实现,但受当时技术和工艺的限制而失败。这种分析机具有输入、处理、存储、输出及控制5个基本装置,成为以后电子计算机硬件系统组成的基本构架。所以,国际计算机界称巴贝奇为"计算机之父"。1936年美国霍华德·艾肯(Howard Aiken,1900—1973)提出用机电方法而不是纯机械方法来实现巴贝奇分析机的想法,并在1944年制造成功Mark Ⅰ计算机,使巴贝奇的梦想变成现实。

3. 现代计算机的发展史

现代计算机称为电脑或电子计算机(Computer,计算机),是指一种能存储程序和数据、自动执行程序、快速而高效地自动完成对各种数字化信息处理的电子设备。

1946年,第一台电子计算机ENIAC研制成功并投入运行,运算速度得到了极大的提高。但是,ENIAC在计算题目时,需事先根据计算步骤,用几天时间连接好外部线路。换一个题目就要重新连线,所以,只有少数专家才能使用,且连线时间比计算时间还长。

在现代计算机的发展中,最杰出的代表人物是英国的图灵(Alan Mathison Turing,1912—1954)和美籍匈牙利人冯·诺依曼(Johon von Neumann,1903—1957)。图灵的主要贡献一是建立了图灵机(Turing Machine,TM)的理论模型,对数字计算机的一般结构、可实现性和局限性产生了意义深远的影响;二是提出了定义机器智能的图灵测试,奠定了"人工智能"的理论基础。为纪念图灵的理论成就,美国计算机协会在1966年开始设立了奖励目前世界计算机学术界最高成就的图灵奖。冯·诺依曼是在纯粹数学、应用数学、量子物理学、逻辑学、气象学、军事学、计算机理论及应用、对策论和经济学诸领域都有重要建树和贡献的伟大学者。是他首先提出了在计算机内存储程序的概念,并使用单一处理部件来完成计算、存储及通信工作。有着"存储程序"的计算机成了现代计算机的重要标志。

事实上,实现存储程序的世界第一台电子计算机是英国剑桥大学的威尔克斯(M. V. Wilkes)根据冯·诺依曼设计思想领导设计的EDSAC(Electronic Delay Storage Automatic Calculator,电子延迟存储自动计算器),于1949年5月制成并投入运行。

冯·诺依曼提出的存储程序的计思想和规定的计算机硬件的基本结构沿袭至今。计算机通过存储程序进行工作的原理也称为冯·诺依曼原理。因此，常把发展至今的整个四代计算机习惯地统称为"冯型计算机"或"冯·诺依曼型计算机"。

4. 电子计算机发展阶段

根据计算机所采用的逻辑元件，电子计算机的发展被划分为4个阶段，一个阶段称为一代。表1.1概括了前四代计算机的主要特征。

从表1.1可以看出，计算机的换代不仅表现为主机器件的改进、外部设备的增加，而且配套软件丰富，进而表现为性价比的提高，从而促进了计算机应用范围的扩大。

表1.1　第一至第四代计算机主要特征

时代 特征	第一代 (1946—1957)	第二代 (1958—1964)	第三代 (1965—1970)	第四代 (1971至今)
逻辑元件	电子管	晶体管	中小规模集成电路	大规模/超大规模集成电路
内存储器	汞延迟线	磁芯存储器	半导体存储器	半导体存储器
外存储器	磁鼓	磁鼓、磁带	磁带、磁盘	磁盘、光盘等
外部设备	读卡机、纸带机	读卡机、纸带机电传打字机	读卡机、打印机、绘图机	键盘、显示器、打印机、绘图仪等
处理速度(指令数/秒)	几千条	几百万条	几千万条	数亿条
内存容量	数千字节	几十千字节	几十千字节～数兆字节	几十兆字节
编程语言	机器语言	汇编程语、高级语言	汇编程语、高级语言	高级语言、第四代语言
系统软件	无系统软件	操作系统	操作系统、实用程序	操作系统、数据库管理系统
应用范围	科学计算	科学计算、数据处理、工业控制	应用于各个领域	更广泛地应用于各个领域

1971年，Intel公司制成功了第一批微处理器芯片4004，这一芯片集成了2250个晶体管组成的电路，其功能相当于ENIAC。个人计算机应运而生，并迅猛地发展。目前Intel的"Intel® Core™ i7-2600K"芯片集成了7.3亿多个晶体管。伴随性能的不断提高，计算机体积大大缩小，价格不断下降，使得计算机普及到寻常百姓家成为可能。自1995年开始，计算机网络也逐步进入普通家庭。

新一代计算机与前一代相比，其体积更小，寿命更长，能耗、价格进一步下降，而速度和可靠性进一步提高，应用范围进一步扩大。

在计算机领域有一个人所共知的"摩尔定律"，它是Intel公司创始人之一戈登·摩尔(Gordon Moore)于1965年在总结存储器芯片的增长规律时提出的。摩尔定律指出，当价格不变时，集成电路上可容纳的晶体管数目，约每隔18个月便会增加一倍，性能也将提升一倍。换言之，每一美元所能买到的计算机性能，每隔18个月翻两倍以上。这一定律揭示了信息技术进步的速度。当然这种表述没有经过什么论证，只是一种现象的归纳。

但是后来的发展却很好地验证了这一说法，使其享有了“定律”的荣誉。后来表述为“集成电路的集成度每18个月翻一番”，或者说“三年翻两番”。这些表述并不完全一致，但是它表明半导体技术是按一个较高的指数规律发展的。

总之，近10年来计算机出现了超乎人们预想的、奇迹般的发展，特别是微型计算机（微机）以其排山倒海之势形成了当今科技发展的潮流。近年来，多媒体、网络都如火如荼地发展着。可以说，如今计算机的发展进入了网络、微机、多媒体的时代，或者简单地说进入了计算机网络时代。

1.1.2 计算机的特点

计算机作为人脑的延伸，具有很多特点，这些特点决定了计算机在各个领域中的应用。其主要特点如下。

(1) 运算速度快。计算机的运算速度已从每秒几千次（加法运算）发展到现在高达每秒一亿次以上。计算机运算速度快的特点，不仅极大地提高了工作效率，而且使许多极复杂的科学问题得以解决。

(2) 计算精度高。科学技术的发展，特别是尖端科学技术的发展需要具有高度准确的计算，只要电子计算机中用以表示数值的位数足够多，就能提高运算精度。一般的计算工具只有几位有效数字，而计算机的有效数字可以准确到几十位，甚至上百位，这样就能精确地进行数据计算和表示数据计算结果。

(3) 存储功能强。计算机具有存储“信息”的存储装置，可以存储大量的数据，当需要时，又能准确无误地取出来。计算机这种存储信息的“记忆”能力，使它能成为信息处理的有力工具。

(4) 具有逻辑判断能力。人是有思维能力的，思维能力的本质上是一种逻辑判断能力，也可以说是因果关系分析能力。计算机可以进行逻辑判断，并可以根据判断的结果自动地确定下一步该做什么，从而使计算机能解决各种不同的问题，具有很强的通用性。计算机可以对文字或符号进行判断和比较；进行逻辑推理和证明，这是其他任何计算工具无法相比的。

(5) 具有自动控制能力。计算机不仅能存储数据，还能存储程序。由于计算机内部操作是按照人们事先编制的程序自动进行的，不需要人工操作和干预。这是计算机与其他计算工具最本质的区别。

可以说，计算机的上述特点，是促使计算机迅速发展并得到极其广泛应用的最根本原因。

1.1.3 现代计算机的分类

在时间轴上“分代”可以表示计算机的纵向发展，而“分类”可用来说明横向的发展。国内计算机界常有以下几种分类方法：按照用途分为通用计算机和专用计算机；按照原理分为电子模拟计算机和电子数字计算机；按照运算速度和价格分为巨型机、大型机、中型机、小型机、微型机等 5 类。

而目前在国内外多数书刊上沿用的分类方法是，根据美国电气和电子工程师协会于 1989 年 11 月提出的标准来划分，即把计算机划分为巨型机、小巨型机、大型主机、小型机、工作站和个人计算机等 6 类。本书重点介绍这种分类方法。

巨型机(Supercomputer)。也称为超级计算机，在所有计算机类型中，其占地最大、价格最贵、功能最强、浮点运算速度最快(即可达到每秒千万亿次运算的计算机)。只有少数几个国家的少数几个公司能够生产。目前多用于战略武器(如核武器和反导弹武器)的设计、空间技术、石油勘探、中长期大范围天气预报以及社会模拟等领域。其研制水平、生产能力及应用程度，已成为衡量一个国家经济实力与科技水平的重要标志。

小巨型机(Mini Supercomputer)。这是小型超级计算机或桌上型超级计算机，出现于 20 世纪 80 年代中期。该机的功能略低于巨型机，浮点运算速度达 1G 次每秒，即 10 亿次每秒，而价格只有巨型机的十分之一，可满足一些用户的需求。

大型机(Mainframe)。或称大型计算机(覆盖国内常说的大、中型机)。其特点是大型、通用，内存可达 TB 级，整机处理速度高达 300MIPS(百万指令数每秒)，即 30 亿次每秒，具有很强的处理和管理能力。今天，大型主机在 MIPS 已经不及微型计算机，但其输入输出能力、非数值计算能力、稳定性和安全性却是微型计算机所望尘莫及的。大型机主要用于大银行、大公司、规模较大的高校和科研院所，在计算机向网络迈进的时代仍有其生存空间。

小型机(Minicomputer 或 Minis)。结构简单，可靠性高，成本较低，不需要经长期培训即可维护和使用，这对广大中、小用户具有更大的吸引力。

工作站(Workstation)。这是介于 PC 与小型机之间的一种高档计算机，其运算速度比 PC 快，且有较强的联网功能，主要用于特殊的专业领域，例如图像处理、辅助设计等。它与网络系统中的“工作站”，虽然名称一样，但含义不同。网络上“工作站”一词常用来泛指联网用户的结点，以区别于网络服务器，常常只是一般的个人计算机。

个人计算机(Personal Computer，PC)。平常说的微机指的就是 PC。这是 20 世纪 70 年代出现的新机种，以其设计先进(总是率先采用高性能微处理器)、软件丰富、功能齐全、价格便宜等优势而拥有广大的用户，因而大大推动了计算机的普及应用。PC 在销售台数与金额上都居各类计算机的榜首。PC 的主流是 IBM 公司在 1981 年推出的 PC 系列及其众多的兼容机(IBM 公司目前已淡出 PC 市场)。从台式机(或称台式计算机、桌面电脑)、笔记本电脑到上网本和平板电脑以及超级本等都属于个人计算机的范畴。台式机从 20 世纪 90 年代末的 Pentium 系列到现代的酷睿(Core)系列为代表的微型机，具有更强的多媒体效果和更贴近现实的体验，其主频为 450MHz～3GHz。总地来说，微机技术发展得更加迅速，平均每两三个月就有新产品出现，平均每两年芯片集成度提高一倍，性能提高一倍，价格进一步下降。这就是说，个人计算机将向着体积更小、重量更轻、携带更方便、运算速度更快、功能更强、更易用、价格更便宜的方向发展。

1.1.4 计算机的应用

计算机技术发展到今天，其应用领域已渗透到社会的各行各业，正在改变着传统的工作、学习和生活方式，推动着社会的发展。总的来说，计算机的主要应用领域如下。

1. 科学计算

科学计算也称数值计算，是指利用计算机来完成科学研究和工程技术中提出的数学问题的计算。在现代科学技术工作中，科学计算问题是大量的和复杂的。利用计算机的高速计算、大存储容量和连续运算的能力，可以实现人工无法解决的各种科学计算问题。例如，建筑设计中为了确定构件尺寸，通过弹性力学导出一系列复杂方程。过去，由于计算方法跟不上而一直无法求解。计算机不但能求解这类方程，并且引起弹性理论上的一次突破，出现了有限单元法。

2. 数据处理

数据处理也称信息处理，是指对各种数据进行收集、存储、整理、分类、统计、加工、利用、传播等一系列活动的统称。据统计，80%以上的计算机应用主要用于数据处理，这类工作量大、面宽，决定了计算机应用的主导方向。数据处理从简单到复杂已经历了三个发展阶段，它们是：电子数据处理(Electronic Data Processing，EDP)，它是以文件系统为手段，实现一个部门内的单项管理。管理信息系统(Management Information System，MIS)，它是以数据库技术为工具，实现一个部门的全面管理，以提高工作效率。决策支持系统(Decision Support System，DSS)，它是以数据库、模型库和方法库为基础，帮助管理决策者提高决策水平，改善运营策略的正确性与有效性。目前，数据处理已广泛地应用于办公自动化、企事业计算机辅助管理与决策、情报检索、图书管理、电影电视动画设计、会计电算化等等各行各业。信息正在形成独立的产业，多媒体技术使信息展现在人们面前的不仅是数字和文字，也有声情并茂的视频和图像信息。

3. 辅助技术

计算机辅助技术包括 CAD、CAM 和 CAI 等。计算机辅助设计(Computer Aided Design，CAD)是利用计算机系统辅助设计人员进行工程或产品设计，以实现最佳设计效果的一种技术。它已广泛地应用于飞机、汽车、机械、电子、建筑和轻工等领域。例如，在电子计算机的设计过程中，利用 CAD 技术进行体系结构模拟、逻辑模拟、插件划分、自动布线等，从而大大提高了设计工作的自动化程度。又如，在建筑设计过程中，可以利用 CAD 技术进行力学计算、结构计算、绘制建筑图纸等，这样不但提高了设计速度，而且可以大大提高设计质量。计算机辅助制造(Computer Aided Manufacturing，CAM)是利用计算机系统进行生产设备的管理、控制和操作的过程。例如，在产品的制造过程中，用计算机控制机器的运行，处理生产过程中所需的数据，控制和处理材料的流动以及对产品进行检测等。使用 CAM 技术可以提高产品质量，降低成本，缩短生产周期，提高生产率和改善劳动条件。将 CAD 和 CAM 技术集成，实现设计生产自动化，这种技术称为计算机集成制造系统(CIMS)。它的实现将真正做到无人化工厂(或车间)。计算机辅助教学

(Computer Aided Instruction,CAI)是利用计算机系统使用课件来进行教学。课件可以用著作工具或高级语言来开发制作,可以以网站、演示文稿来展现,它能引导学生循环渐进地学习,使学生轻松自如地从课件中学到所需要的知识。CAI 的主要特色是交互教育、个别指导和因人施教。

4. 过程控制

过程控制也称实时控制,是利用计算机及时采集检测数据,按最优值迅速地对控制对象进行自动调节或自动控制。采用计算机进行过程控制,不仅可以大大提高控制的自动化水平,而且可以提高控制的及时性和准确性,从而改善劳动条件、提高产品质量及合格率。因此,计算机过程控制已在机械、冶金、石油、化工、纺织、水电、航天等部门得到广泛的应用。例如,在汽车工业方面,利用计算机控制机床、控制整个装配流水线,不仅可以实现精度要求高、形状复杂的零件加工自动化,而且可以使整个车间或工厂实现自动化。

5. 人工智能

人工智能(Artificial Intelligence)是计算机模拟人类的智能活动,诸如感知、判断、理解、学习、问题求解和图像识别等。现在,人工智能的研究已取得不少成果,有些已开始走向实用阶段。例如,能模拟高水平医学专家进行疾病诊疗的专家系统,具有一定思维能力的智能机器等等。

6. 网络应用

计算机技术与现代通信技术的结合构成了计算机网络。随着网络的快速发展,网络应用软件逐渐占据了计算机应用软件市场的半壁江山。越来愈多的人们在使用网络应用软件,如网络游戏、Web 服务、电子商务、网络论坛和网络教学等。

7. 大数据技术

大数据也称巨量资料,指的是所涉及的资料量规模巨大到无法透过目前主流软件工具,在合理时间内达到撷取、管理、处理并整理成为帮助企业经营决策更积极目的的信息。大数据具有 4 大特点:Volume(大量)、Velocity(高速)、Variety(多样)、Value(价值),业界内称为 4V 特点。具体地说就是:第一,数据量巨大,从 TB 级别跃升到 PB 级别;第二,数据类型繁多,如网络日志、视频、图片、地理位置信息等;第三,价值密度低,商业价值高,以视频为例,连续不间断监控过程中,可能有用的数据仅仅有一两秒;第四,处理速度快,要求符合 1 秒定律。在大数据处理技术中常用的有数据仓库、数据安全、数据分析、数据挖掘等。大数据处理的目的是为了通过对大数据的处理使计算机应用系统具有更强的决策力和洞察发现力,或者更高的流程优化能力,再或者是在海量数据高增长的状态下获得多样化的信息资产。大数据技术的意义不在于掌握庞大的数据信息,而在于对这些含有意义的数据进行专业化处理。换言之,如果把大数据比作一种产业,那么这种产业实现盈利的关键,在于提高对数据的"加工能力",通过"加工"实现数据的"增值"。

8. 云计算

云计算(Cloud Computing)是分布式计算(Distributed Computing)、并行计算(Parallel Computing)、效用计算(Utility Computing)、网络存储(Network Storage

Technologies)、虚拟化(Virtualization)、负载均衡(Load Balance)等传统计算机和网络技术发展融合的产物。美国国家标准与技术研究院(NIST)对云计算的定义是:"云计算是一种按使用量付费的模式,这种模式提供可用的、便捷的、按需的网络访问,进入可配置的计算资源共享池(资源包括网络、服务器、存储、应用软件和服务),这些资源能够被快速提供,只需投入很少的管理工作,或与服务供应商进行很少的交互"。典型的云计算应用有网络云盘和云杀毒服务等,其服务形式包括基础设施即服务(IaaS),平台即服务(PaaS)和软件即服务(SaaS)。基础设施即服务 (Infrastructure as a Service,IaaS)指消费者通过Internet可以从完善的计算机基础设施获得服务。平台即服务 (Platform as a Service,PaaS)是指将软件研发的平台作为一种服务,以 SaaS 的模式提交给用户。因此,PaaS 也是 SaaS 模式的一种应用。但是,PaaS 的出现可以加快 SaaS 的发展,尤其是加快 SaaS 应用的开发速度。软件即服务 (Software as a Service,SaaS)是一种通过 Internet 提供软件的模式,用户无须购买软件,而是向提供商租用基于 Web 的软件,来管理企业经营活动。

1.2 计算机发展的趋向与信息化社会

1.2.1 计算机发展的趋向

现代计算机的发展表现为两个方面:一是深化冯·诺依曼结构模式发展,即巨型化、微型化、多媒体化、网络化和智能化等 5 种趋向发展;二是朝着非冯·诺依曼结构模式发展。

1. 深化冯·诺依曼结构模式发展

(1) **巨型化**,是指高速、大存储容量和强功能的超大型计算机。现在运算速度高达千万亿次每秒。美国还在开发亿亿次每秒运算的超级计算机。

(2) **微型化**,微型机可渗透到诸如仪表、家用电器、导弹弹头等中、小型机无法进入的领地,所以发展异常迅速。当前微型机的标志是运算器和控制器集成在一起,今后将逐步发展到对存储器、通道处理机、高速运算部件、图形卡、声卡的集成,进一步将系统的软件固化,达到整个微型机系统的集成。

(3) **多媒体化**,多媒体是指"以数字技术为核心的图像、声音与计算机、通信等融为一体的信息环境"。多媒体技术的目标是无论在何地,只需要简单的设备,就能自由自在地以交互和对话方式收发所需要的信息。其实质就是使人们利用计算机以更接近自然的方式交换信息。

(4) **网络化**,计算机网络是现代通信技术与计算机技术结合的产物。从单机走向联网,是计算机应用发展的必然结果。把国家、地区、单位和个人联成一体,甚至对普通人家的生活产生一定的影响。

(5) **智能化**,是建立在现代化科学基础之上、综合性很强的边缘学科。它是让计算机来模拟人的感觉、行为、思维过程的机理,使它具备视觉、听觉、语言、行为、思维、逻辑推理、学习、证明等能力,形成智能型、超智能型计算机。智能化的研究包括模式识别、物形分析、自然语言的生成和理解、定理的自动证明、自动程序设计、专家系统、学习系统、智能机器人等。其基本方法和技术是通过对知识的组织和推理求得问题的解答,它需要对数学、信息论、控制论、计算机逻辑、神经心理学、生理学、教育学、哲学、法律等多方面知识进行综合。人工智能的研究更使计算机突破了“计算”这一初级含意,从本质上拓宽了计算机的能力,可以越来越多地代替或超越人类某些方面的脑力劳动。

2. 发展非冯·诺依曼结构模式

从第一台电子计算机诞生到现在,各种类型计算机都以存储程序方式进行工作,仍然属于冯·诺依曼型计算机。

随着计算机应用领域的开拓更新,冯·诺依曼型的工作方式已不能满足需要,所以提出了制造非冯·诺依曼式计算机的想法。自20世纪60年代开始从两个大方向努力,一是创建新的程序设计语言,即所谓的“非冯·诺依曼语言”;二是从计算机元件方面,比如提出与人脑神经网络相类似的新型超大规模集成电路的设想,即“分子芯片”。

在20世纪80年代初,人们提出了生物芯片构想,着手研究由蛋白质分子或传导化合物元件组成的生物计算机。研制中的生物计算机的存储能力巨大,处理速度极快,能量消耗极微,并且具有模拟部分人脑的能力。

与此同时,人们也开始研制光子计算机和量子计算机。光子计算机是用光子代替电子来传递信息。由于光的速度是30万千米每秒,是电子的300多倍,所以理论上光计算机运算速度比目前的计算机高出300倍。1984年5月,欧洲研制出世界上第一台光计算机。量子计算机是由美国阿贡国家实验室提出来的,基于量子力学的基本原理,利用质子、电子等亚原子微粒的某些特性(从一个能态到另一个能态转变中,出现类似数学上的二进制。在实验上已经证明了量子逻辑门的存在),从而在理论上可以进行运算。第一代至第四代计算机代表了它的过去和现在,从新一代计算机身上则可以展望到计算机的未来。目前光计算机和量子计算机都还远没有到实用阶段。到目前为止,人们也还只是搭建出以人脑神经系统处理信息的原理为基础设计的非冯·诺依曼式计算机的模型。但有理由相信,就像查尔斯·巴贝奇100多年前的分析机模型和图灵60年前的“图灵机”都先后变成现实一样,今日还在研制中的非冯·诺依曼型计算机,将来也必将成为现实。

1.2.2 信息化社会与计算机

人类在认识世界的过程中,逐步认识到信息、物质材料和能源是构成世界的三大要素。信息交流在人类社会文明发展过程中发挥着重要的作用,计算机作为当今信息处理工具,在信息获取、存储、处理、交流传播方面充当着核心的角色。能源、材料资源是有限的,而信息则几乎是不依赖自然资源的资源。人类历史上曾经历了4次信息革命:第一次是语言的使用,第二次是文字的使用,第三次是印刷术的发明,第四次是电话、广播、电视的使用。而从20世纪60年代开始第五次信息革命新产生的信息技术,则是计算机与电子通信技术相结合的技术,从此人类开始迈入信息化社会。1993年美国提出“国家信息基础设施(National Information Infrastructure,NII)”,俗称信息高速公路。这实际上是一个交互式多媒体网络,是一个由通信网、计算机、数据库及日用电子产品组成的完备的网络，是一个具有大容量、高速度的电子数据传递系统。发达国家相继仿效，掀起了信息高速公路建设的热潮。作为21世纪社会信息化的基础工程，信息高速公路将融合现有的计算机联网服务、电视功能，能传递数据、图像、声音、文字等各种信息，其服务范围包括教育、金融、科研、卫生、商业和娱乐等极其广阔的领域，对全球经济及各国政治和文化都带来重大而深刻的影响。

高速率、多媒体的全球性的信息网络时代正大踏步地向我们走来。以前人类思维只是依靠大脑，而现在计算机(电脑)作为人脑的延伸，成为支持人脑进行逻辑思维的现代化工具。信息技术影响着人类的思维，影响着记忆与交流。信息技术革命将把受制于键盘和显示器的计算机解放出来，使之成为我们能够与之交谈、随身相伴的对象。这些发展将变革我们的学习、工作、娱乐方式，也就是我们的生活方式。信息技术对人类社会全方位的渗透，使许多领域面目焕然一新，正在形成一种新的文化形态——信息时代的文化。

1.2.3 计算思维与计算机

计算思维(Computational Thinking)又称构造思维，是指从具体的算法设计规范入手，通过算法过程的构造与实施来解决给定问题的一种思维方法。它以设计和构造为特征，以计算机学科为代表，能借助现代和将来的计算机，逐步实现人工智能的较高目标。诸如模式识别、决策、优化和自控等算法都属于计算思维范畴。

目前国际上广泛使用的计算思维概念是由美国卡内基·梅隆大学周以真教授提出的定义，即计算思维是运用计算机科学的基础概念去求解问题、设计系统和理解人类行为的，涵盖了计算机科学之广度的一系列思维活动。

周教授的计算思维理念强调了以下3点。

(1) 求解问题中的计算思维。利用计算手段求解问题的过程是：首先要把实际的应用问题转换为数学问题，可能是一组偏微分方程，其次将偏微分方程离散为一组代数方程组，然后建立模型、设计算法和编程实现，最后在实际的计算机中运行并求解。前两步是计算思维中的抽象，后两步是计算思维中的自动化。

(2) 设计系统中的计算思维。任何自然系统和社会系统都可视为一个动态演化系统，演化伴随着物质、能量和信息的交换，这种交换可以映射为符号变换，使之能用计算机实现离散的符号处理。当动态演化系统抽象为离散符号系统后，就可以采用形式化的规范来描述，通过建立模型、设计算法和开发软件来揭示演化的规律，实时控制系统的演化并自动执行。

(3) 理解人类行为中的计算思维。计算思维是基于可计算的手段，以定量化的方式进行的思维过程。计算思维就是能满足信息时代新的社会动力学和人类动力学要求的思维。在人类的物理世界、精神世界和人工世界等三个世界中，计算思维是建设人工世界所需要的主要思维方式。利用计算手段来研究人类的行为，可视为社会计算(Cyber-Society Computing)，即通过各种信息技术手段，设计、实施和评估人与环境之间的交互。社会计算涉及人们的交互方式、社会群体的形态及其演化规律等问题。研究生命的起源与繁衍、理解人类的认识能力、了解人类与环境的交互以及国家的福利与安全等，都属于社会计算的范畴，这些都与计算思维密切相关。

计算思维的详细描述是：计算思维就是通过约简、嵌入、转化和仿真等方法，把一个看来困难的问题重新阐释成一个人们已知其解决方案的问题。计算思维是一种递归思维，是一种并行处理，既能把代码译成数据又能把数据译成代码，是一种多维分析推广的类型检查方法。计算思维是一种采用抽象和分解来控制庞杂的任务或进行巨大、复杂系统设计的方法，是一种基于关注点分离的方法。计算思维是一种选择合适的方式去陈述一个问题，或对一个问题的相关方面建模并使其易于处理的思维方法。计算思维是按照预防、保护及通过冗余、容错和纠错方式，从最坏情况进行系统恢复的一种思维方法。计算思维是利用启发式推理寻求解答，也即在不确定情况下的规划、学习和调度的思维方法。计算思维是利用海量数据来加快计算，在时间和空间之间、在处理能力和存储容量之间进行折中的思维方法。

通常意义上，计算思维具备如下 5 个主要特征。

(1) 概念化，不是程序化。

计算机科学不是计算机编程。像计算机科学家那样去思维意味着远远不仅限于计算机编程，还要求能够在抽象的多个层面上思维。为了便于理解其含义，可以进一步说，计算机科学不只是关注计算机，就像音乐产业不只是关注话筒或麦克风一样。

(2) 根本的，不是刻板的技能。

根本技能是每一个人为了在现代社会中发挥职能所必须掌握的。刻板技能意味着机械地重复。具有讽刺意味的是，只有当计算机科学解决了人工智能的大挑战——使计算机像人类一样思考之后，思维真的可以变成机械的了。所有已经发生的智力，其过程都是确定的；因此，智力也是一种计算，人们应当将精力集中在“好的”计算上，即采用计算思维来造福人类。

(3) 是人的，不是计算机的思维方式。

计算思维是人类求解问题的一条途径，但绝非要使人类像计算机那样去思考。计算机枯燥且沉闷，人类聪颖且富有想象力。是人类赋予了计算机激情，配置了计算设备，人们就能用自己的智慧去解决那些计算时代之前不敢尝试的问题，达到“只有想不到，没有做不到”的境界。计算机赋予人类强大的计算能力，人类应该更好地利用这种力量去解决各种需要大量计算的问题。

(4) 数学和工程思维的互补与融合。

计算机科学在本质上源自数学思维，因为像所有的科学一样，其形式化基础是建筑在数学之上的。计算机科学又从本质上源自工程思维，因为人们建造的是能够与实际世界互动的系统，基本计算设备的限制迫使计算机科学家必须计算性地思考，而不能只是数学性地思考。构建虚拟世界的自由使人们能够超越物理世界的各种系统。数学和工程思维的互补与融合很好地体现在抽象、理论和设计三个学科形态上。

(5) 是思想，不是人造物。

不只是生产出的计算机硬件和软件等人造物将以物理形式呈现并时时刻刻触及人们的生活，更重要的是计算的概念，这种概念被人们用于问题求解、日常生活的管理以及与他人进行交流。

总之，计算机只是一种计算设备。计算机领域中的理论是人们通过计算机这种设备解决问题的方法和理论，这就意味着和计算机相关的理论和方法都具有明显的计算机的特征，如程序化、步骤清晰、描述准确等。计算思维是一种人们看待问题、思考问题的思维方式，是一种方法论。计算思维并不要求运用计算思维的人像计算机那样去处理问题，但需要运用计算思维的人把计算机领域中的一些方法论、分析问题的方法和角度运用到解决其他领域的问题之中，从而达到另辟蹊径找到合适的解决问题的方法的效果。

1.3 计算机基础课的学习目标与方法

1.3.1 计算机基础课的学习目标与定位

随着社会信息化不断向纵深发展，各行各业的信息化进程不断加速。电子商务、电子政务、数字化校园、数字化图书馆等具有高度信息化特征的典型应用已经被大家广泛接受。在这样的大环境下，学习计算机科学与技术知识成为大学中培养高素质人才最基本教学环节。在学习的过程中，大家应该掌握最基本最重要的计算机基础知识和基本概念，以及相关的计算机文化内涵。重点掌握计算机硬件结构和操作系统的基础知识和基本应用技能；了解程序设计基本原理；了解网络、多媒体开发、网站开发等方面的基础知识；了解计算机主要应用领域，熟悉重要领域的典型案例和典型应用，进而理解信息系统开发涉及的技术、概念和软件开发过程，为后续课程提供基础。

学生在计算机知识与能力方面应该达到如下水平。

(1) 掌握计算机软硬件基础知识；具备使用计算机实用工具处理日常事务的基本能力；具备通过网络获取信息、分析信息、利用信息，以及与他人交流的能力；了解并能自觉遵守信息化社会中的相关法律与道德规范。

(2) 具备使用典型的通用软件和工具来解决问题的能力。

(3) 具备熟练的键盘操作能力和计算机设备的操作维护能力。

(4) 具备通过建模编程、在本专业领域中进行科学计算的基本能力(理工科专业)。

(5) 掌握计算机硬件的基本技术与分析方法，具备利用计算机硬件及接口技术解决本专业领域中问题的基本能力(工科类专业)。

(6) 具备专业领域中计算机应用系统的集成与开发能力(较高要求，针对部分学生)。

(7) 在上述要求中，前 3 条是对每一个大学生的基本要求，而其他要求则是针对某些学校、某些专业或部分学生的。

1.3.2 计算机基础课学习中的方法和注意的问题

计算机基础课程，是一门计算机知识的入门课程，内容主要是计算机的基础知识、基本概念和基本操作技能，并兼顾实用软件的使用和计算机应用领域的前沿知识，为学生熟练使用计算机和进一步学习计算机有关知识打下基础。因此，学生们在学习计算机基础课时，要注意以下几方面。

1. 要注重学习内容的全面性

越来越多的学生在中学就已经学习或使用过计算机，但学生们应注意中学学习的内容和大学有很大区别。这主要体现在三个方面，即中学学习的内容的表面性和大学的深入性的差别，局部性和全面性的差别，以及趣味性和基础性的差别。大学的计算机课程更全面地讲解计算机的基础知识和使用方法。学生们，特别是有过使用计算机经验的学生们，通过大学计算机基础课程的学习，应进一步全面掌握所学知识内容，除了对中学所学内容查漏补缺、加强系统性学习外，更重要的是培养学生利用计算机分析问题、解决实际问题的应用能力，为今后的学习和工作打下良好的基础。有些学生把主要精力放在了网络或游戏上，偏离学习重心，错过了全面的学习机会，导致后续课程学习困难。

2. 要注重学习内容的深入性

学习计算基础课程是为今后进一步学习计算机其他方面的相关知识做准备。目前高校计算机基础教育分三个层次：计算机文化基础、计算机技术基础、计算机应用基础。由此可见计算机基础是一门非常重要的基础课，它是学习后续计算机课程的根本保证。

3. 要重视实验，全面提高实际操作能力

计算机课程是实践性很强的课程，计算机知识与能力的培养在很大程度上有赖于上机的实践与钻研。通常，在学习的过程中不可能只靠看书就能学好计算机基础课程。实验是一个非常重要的学习环节。实验的目的重在提高上机动手能力、知识的综合运用能力、独立分析问题和解决问题能力、创新能力和团队精神等。因此学校在课程安排中也应该为学生们提供较多的上机时间，一般为课堂讲授学时与实验课及课下自己上机练习的比例应不低于1∶1∶1。另外在做实验时主要应注意两个方面：一方面带着问题去做实验，另一方面注重不容易掌握的知识内容和操作方法。总之要多实验，上机实验时多请教他人，观察要仔细、解决的问题要清楚、具体操作要大胆，这样就一定能学好这门课程。

4. 重视网络资源的应用

由于目前各高校校园网建设日趋完善，教师和学生、学生和学生可以方便的利用网络平台实现交流。教师将教学大纲、讲义、多媒体课件等教学资源在网络平台上发布；教师通过网络平台布置、收缴作业，为学生答疑解惑；学生通过网络平台展开讨论，开展协作学习，在网上做上机考试模拟考试题等。以上这些在现在的校园网上基本都可实现，要充分利用网络化教学平台。

习　　题

1.1　第一台电子计算机是哪年产生的？ENIAC的英文缩写意思是什么？

1.2　计算机的主要应用领域有哪些？试分别举例说明。

1.3　计算机的主要特点是什么？举例说明。

1.4　计算机的主要分类有几种？常见的分类类型有哪一些？

1.5　电子计算机划分为哪几个时代？各个时代的计算机的特点是什么？

1.6　“冯·诺依曼结构”的计算机的特点是什么？什么叫“非冯·诺依曼结构”计算机？

1.7　什么是“信息高速公路”？这一概念首先是由哪一国家提出来的？涉及哪些主要领域？

1.8　计算机基础课的学习目标是什么？怎样学习好这门课程？

第2章 计算机基础知识

作为当代社会中的一员，大多数人都是在个人计算机时代成长起来的。硬件、软件、程序设计、网上冲浪等这些术语都是人们耳熟能详的。虽然有些人能够准确的定义出这些计算机术语，但大多数人对他们只有模糊的、直觉的概念。为了大家在今后的学习过程中，能够对计算机的基本概念能有一个统一和准确的认识，在这一章中列出了包括信息的表示，计算机系统的组成，计算机使用者应注意的道德和法律规范，通用计算机有关的基本概念和常识等，为深入探讨计算机领域搭建了一个基本的学习平台。

2.1 信息的表示、存储及运算

2.1.1 关于信息表示的基本概念

在计算机中信息和数据的含义是广义的，从利用计算机进行信息处理的意义来说，数据不仅是通常熟悉的0～9个阿拉伯数字组成的数，而且可以是输入到计算机中进行存储处理传送和输出的各种符号，包括数值、文字、图像、声音和各种专用符号等。

人们学习是为了获得知识和技术。知识是指人们在改造世界的实践中所获得的认识和经验的总和。人们获得知识通常是通过接受、加工和处理不同的信息来获得的。这里的信息是人们用来表示一定意义的符号的集合，即信号。它可以是数字、文字、图形、图像、动画、声音等，是人们用以对客观世界的直接描述。它可以在人们之间进行知识的传递，它是抽象的与设备和载体无关的概念。

数据是指人们看到的形象和听到的事实，是信息的具体表现形式。它通过各种各样的符号表现和反映信息的内容。数据的形式是随着不同的物理载体而不同的，并且可以在不同的介质之间传输和转化。比如文字数据就可以记录在纸张上，声音数据可以记录在磁带上或唱片上等等。在计算机领域，数据是指能够被计算机识别、存储、处理和传送的符号的集合，通常包括数字、文字、图形、图像、声音、视频、动画等多种形式。

对于知识、信息、数据这三个概念来说，知识是信息的综合，信息是数据的综合，而数据又是信息和知识的表示方法。这样就又有了一个概念，即信息处理。信息处理是指对数据进行组织、存储、加工、分类、抽象等操作使之成为有用的信息，然后再对信息进行更高一级的加工处理，使之成为能够指导或帮助我们工作及生活的知识的过程。对任何信息和数据的处理都有一个前提条件，就是首先要把数据表示出来。

2.1.2 常用数制的表示

在任何计算机上对信息和数据的处理都有一个前提条件，就是对数据的表示问题。这就涉及到一个数学概念，即数制。下面介绍几个和数制相关的概念。

数制。用一组固定的数字(数码符号)和一套统一的规则来表示数值的方法，称为数制(Number System)，也称进制。R 进制的规则是逢 R 进 1 或者借 1 为 R。比如十进制，二十四进制(二十四小时为一天)，十二进制(十二个月为一年)，二进制(两个手套为一副)等。

权(位权)。权是指数位上的数字乘上一个固定的数值。十进制是逢十进一，所以对每一位数可以分别赋以权 10^0、10^1、10^2 等。有这样的权可以使每一位上的数字代表不同的意义。

基数。基数是指某一数制中数字的个数。其值为最大的数字加一。比如，十进制数中最大的数字是 9，那么十进制的基数就是 10，而二进制的基数是 2。

以上有关数制的名词可以通过以下表达式来说明。

任何一个数值，在任何一种数制中表达都可以表达成如下公式：

$$N = a_{-m} \times B^{-m} + a_{-m+1} \times B^{-m+1} \cdots + a_{-1} \times B^{-1} + a_0 \times B^0 + \cdots + a_m \times B^m$$

即

$$N = \sum_{i=-m}^{m} a_i \times B^i$$

其中，N 代表绝对数值，a 代表在某一数制下的某一位的数字，m 代表该数字所在的位的位权，B 表示基数。

【例 2.1】 把十进制的 105.4 和二进制的 1011 表示成位权的形式。

$$105.4 = 4 \times 10^{-1} + 5 \times 10^0 + 0 \times 10^1 + 1 \times 10^2$$

$$1011 = 1 \times 2^0 + 1 \times 2^1 + 0 \times 2^2 + 1 \times 2^3$$

其中 10 是基数，4、5、0、1 分别表示数的十分位、个位、十位和百位的数字，−1、0、1、2 分别表示每个数字所在的位权。当然，对于二进制数也是一样。

明白了通用的数制表示法后，应很容易理解其任一数制对数值的表示方法。在计算机领域中经常用到的，除了十进制和二进制外，还有八进制和十六进制。在计算机中对它们的定义如下。

二进制。根据晶体管导通和截止的规律采用数字“0”和“1”表示两种状态，逢 2 进 1，即基数为 2 的数值表示法。

八进制。八进制的基数是 8，分别用 0、1、2、3、4、5、6、7 表示 8 种状态在运算时采用逢 8 进位的数值表示法。

十六进制。十六进制的基数是 16，分别用 0、1、2、3、4、5、6、7、8、9、A、B、C、D、E、F 表示 16 种状态，运算时采用逢 16 进位的数值表示法。

十进制。即通常用的十进制表示法，基数为10，分别用0、1、2、3、4、5、6、7、8、9表示10种状态，逢10进位的数值表示法。

在一般的计算机文献和计算机语言中，十进制数通常在数的末尾加字母D来标识或不加标识，例如235D和235都表示十进制数235。二进制数是在数的末尾加字母B来标识。例如1011B表示二进制的1011(即十进制的11)。八进制数是在数的末尾加O来标识，十六进制数是在数的末尾加H来标识，例如11O代表八进制的11(即十进制的9)；1DH代表十六进制的1D(即十进制的29)。

另外还有一种常用的数值表示方法，就是用小括号把数值括起来并在括号后加脚标来区分不同的数制的数值。如$(1001)_2$表示二进制的1001；$(13)_8$表示八进制的13；$(1A5)_{16}$表示十六进制的1A5等。

2.1.3 不同进制数据的转换

在计算机内部普遍使用的是二进制数制，其原因一是计算简单简，二是物理上容易实现。例如，任何事物都有正反两方面：带电和不带电，反光和不反光，磁体的南极和北极等。但为了编程和书写的方便，我们经常用十进制、十六进制和八进制来表示数据。这样就会经常遇到进制转换的问题。以下是各种进制的转换方法。

1. 任意进制转换为十进制

任意进制转换为十进制的方法都一样。它们都是通过进制的通用定义式来转换，也就是说只要把任意进制的数通过定义按其位权分解展开，然后求出各项的和，这就是该数的十进制表示。

【例2.2】 分别将二进制数$(101101.101)_2$，八进制数$(345)_8$和十六进制数$(2D)_{16}$转换为十进制数。

$$\begin{aligned}(1011011.11)_2 &= 1\times2^6+0\times2^5+1\times2^4+1\times2^3+0\times2^2+1\times2^1\\&\quad+1\times2^0+1\times2^{-1}+1\times2^{-2}\\&=64+0+16+8+0+2+1+0.5+0.25\\&=91.75\end{aligned}$$

$$\begin{aligned}(345)_8 &= 3\times8^2+4\times8^1+5\times8^0\\&=192+32+5\\&=229\end{aligned}$$

$$\begin{aligned}(2D)_{16} &= 2\times16^1+D\times16^0\\&=2\times16+13\\&=45\end{aligned}$$

2. 十进制转换为二进制、八进制和十六进制

十进制转换为二进制、八进制和十六进制时，整数部分和小数部分的转换方法是不同的。其转换规则如下：

(1) 整数部分采用“除基数、取余数、逆排”的长除法。

(2) 小数部分采用“乘基数、取其整、顺排”的方法。

(3) 对于含有整数和小数部分的混小数，先对其整数部分和小数部分分别转换，再相加以获得转换后的数值。

下面通过几道例题来说明以上方法。

【例 2.3】 将十进制数 58.75 转换为二进制数。

具体操作步骤如下。

(1) 先把混小数 58.75 分解为 58 和 0.75 两个数。

(2) 58 采用“除基数、取余数、逆排”的方法，如图 2.1 所示。从下向上读出余数，即为 $(58)_{10}=(111010)_2$。

(3) 0.75 采用“乘基数、取其整、顺排”的方法，如图 2.2 所示。当小数部分为零或已达到要求精度后从上向下读出整数部分，即 $(0.75)_{10}=(0.11)_2$。

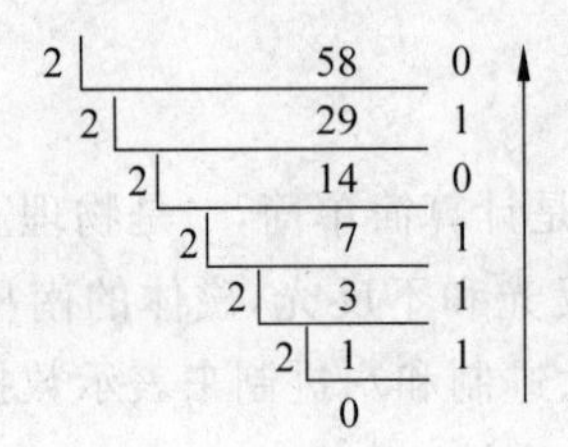

图 2.1 十进制整数转二进制

```
   0.75        取整
×     2
   1.5         1
×     2
   1           1
```

图 2.2 十进制小数转二进制

提示：当乘的结果大于 1 时应取出整数部分，在计算时只对纯小数部分计算。

(4) 把两部分相加获得转换后的结果，$(58.75)_{10}=(111010.11)_2$。

【例 2.4】 把十进制数 124.365 转换为八进制数。

具体操作步骤如下。

(1) 转换整数部分，转换过程如图 2.3 所示，从下向上读出余数即为 $(124)_{10}=(174)_8$。

(2) 转换小数部分，转换过程如图 2.4 所示。从上向下读出取整部分，即 $(0.365)_{10}=(0.2727)_8$（保留 4 位小数）。

```
8 | 124   4
  8 | 15  7
    8 | 1 1
        0
```

图 2.3 十进制整数转八进制

```
   0.365      取整
×      8
   2.92       2
×      8
   7.36       7
×      8
   2.88       2
×      8
   7.04       7
```

图 2.4 十进制小数转八进制

(3) 根据转换规则(3)得出 $(124.365)_{10}=(174.2727)_8$。

3. 二进制与八进制、二进制与十六进制之间的互相转换

由于 8 正好是 2^3，所以每一个八进制数的数字可以用 3 位二进制数来表示，并且是一一映射。因此，二进制与八进制之间的转换可以采用查表法。具体操作办法就是熟记

表 2.1，然后按下面的方法转换。

二进制转换八进制时以小数点为起点，向左、向右每 3 位二进制数为一组，不足 3 位时补 0，再用 1 位八进制数表示二进制数即可。反过来八进制数转换为二进制数时，将八进制数的每一位数字替换成 3 位二进制数就行了。

表 2.1　二进制数与八进制数对照表

二进制数	八进制数	二进制数	八进制数	二进制数	八进制数	二进制数	八进制数
000	0	100	4	010	2	110	6
001	1	101	5	011	3	111	7

【例 2.5】 将二进制数 111100101011.10011101 转换为八进制数。将八进制数 56.31 转换为二进制数。

二进制数：111　100　101　011　.　100　111　010

八进制数：7　4　5　3　.　4　7　2

八进制数：5　6　.　3　1

二进制数：101　110　.　011　001

即$(111100101011.10011101)_2=(7453.472)_8$

$(56.31)_8=(101110.011001)_2$

同理，对于二进制与十六进制的转换，可以参考二进制与八进制的换方法，采用四分位法和四位展开法把每一位十六进制数和 4 位二进制数相对应即可，对照表如表 2.2 所示。

表 2.2　二进制与十六进制数字对应表

二进制数	十六进制数	二进制数	十六进制数	二进制数	十六进制数	二进制数	十六进制数
0000	0	1000	8	0100	4	1100	C
0001	1	1001	9	0101	5	1101	D
0010	2	1010	A	0110	6	1110	E
0011	3	1011	B	0111	7	1111	F

【例 2.6】 将十六进制数 15DF.A8B 转换为二进制数。

十六进制数：　1　5　D　F　.　A　8　B

二进制数：　0001　0101　1101　1111　.　1010　1000　1011

即$(15DF.A8B)_{16}=(1010111011111.101010001011)_2$

2.1.4　二进制的算术与逻辑代数基础

1. 二进制的算术运算

(1) 二进制加法运算如下：

0+0=0　0+1=1　1+0=1　1+1=10(向高位进 1)

(2) 二进制减法运算如下：

0-0=0　1-0=1　1-1=0　0-1=1(向高位借 1)

(3) 二进制乘法运算如下：

0×0=0　0×1=0　1×0=0　1×1=1

2. 二进制的逻辑运算

(1) 与运算(AND)。

逻辑与运算的运算符一般为“·”或“∧”。逻辑表达式一般写作 A·B=C 或 A∧B=C，也可以写成 AB=C。其运算规则如表 2.3 所示。

与运算可以用一个电路来说明，如图 2.5 所示。由图 2.5 可见，A、B 两个开关必须同时闭合，电灯才亮。假如，定义开关闭合为 1，开关打开为 0，电灯亮为 1，电灯灭为 0。这也就是说与运算只有在给定变量都为“1”时结果才是 1。

表 2.3　与运算真值表

A	B	A·B=C
0	0	0
0	1	0
1	0	0
1	1	1

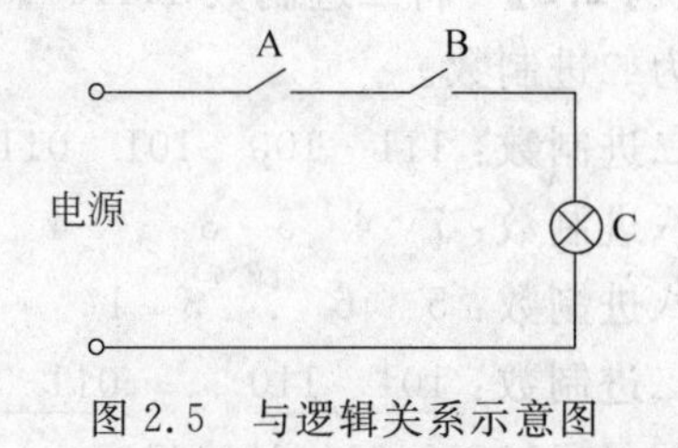

图 2.5　与逻辑关系示意图

(2) 或运算(OR)。

或运算的运算符一般用“+”或“∨”来表示。逻辑表达式一般写作 A+B=C 或 A∨B=C。或运算的真值表如表 2.4 所示。

也就是说，只要给定表达式中的变量中有一个是 1 则表达式为 1。这也可以用一个电路来说明。假如定义开关闭合为 1，开关打开为 0，电灯亮为 1，电灯灭为 0。由图 2.6 可以看出只要有一个开关闭合电灯 C 就能亮。这也就是说“或”运算只有在给定变量都为“1”时结果才是 1。其运算规则如表 2.4 所示。

(3) 非运算(NOT)。

非运算也称为逻辑否定。就是当输入为“1”时其结果为“0”，输入为“0”时结果为“1”，表示为 $\overline{A}$=C。其运算规则如表 2.5 所示。

表 2.4　或运算真值表

A	B	A+B=C
0	0	0
0	1	1
1	0	1
1	1	1

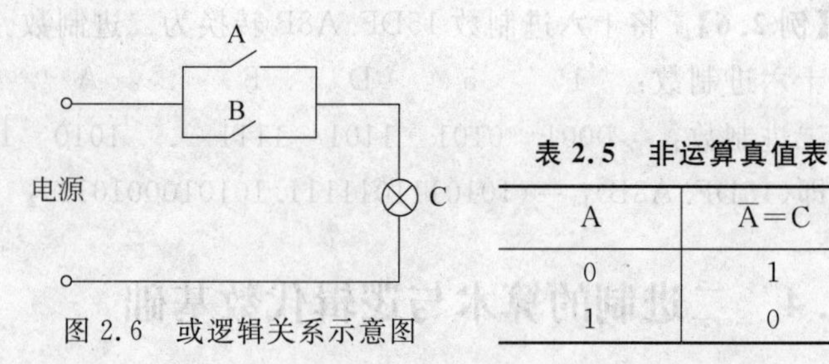

图 2.6　或逻辑关系示意图

表 2.5　非运算真值表

A	$\overline{A}$=C
0	1
1	0

(4) 异或运算(EOR)。

当两个变量同时为“0”或“1”时，异或运算结果为“0”，相反，只要两个变量不同时为“0”或“1”，异或运算结果就为“1”。其运算符为“⊕”，逻辑表达式为 A⊕B=C。异或操作的运算规则如表 2.6 所示。

表 2.6 异或运算真值表

A	B	A⊕B=C	A	B	A⊕B=C
0	0	0	1	0	1
0	1	1	1	1	0

【例 2.7】 计算二进制数 1111 与 1011 的和、差与积。

$$\begin{array}{r} 1111 \\ +\ 1011 \\ \hline 11010 \end{array} \qquad \begin{array}{r} 1111 \\ -\ 1011 \\ \hline 0100 \end{array} \qquad \begin{array}{r} 1111 \\ \times\ 1011 \\ \hline 1111 \\ 1111 \\ 0000 \\ +\ 1111 \\ \hline 10100101 \end{array}$$

【例 2.8】 计算二进制数$(1011)_2$分别与$(0000)_2$和$(1111)_2$的与、或运算的结果。

$$\begin{array}{r} 1011 \\ \wedge\ 0000 \\ \hline 0000 \end{array} \qquad \begin{array}{r} 1011 \\ \vee\ 0000 \\ \hline 1011 \end{array} \qquad \begin{array}{r} 1011 \\ \wedge\ 1111 \\ \hline 1011 \end{array} \qquad \begin{array}{r} 1011 \\ \vee\ 1111 \\ \hline 1111 \end{array}$$

从上面的结果可以看出，0 和任何数的与运算结果都等于 0，任何数和 0 的或运算结果都不变。全是 1 的二进制数和任何的或运算结果都会变成全是 1，任何数和全是 1 的二进制数的与运算结果都不变。

【例 2.9】 计算 1011 与自己的异或运算操作结果。

$$\begin{array}{r} 1011 \\ \oplus\ 1011 \\ \hline 0000 \end{array}$$

从上可以看出，任何数同自己的异或运算，其结果都会得到 0。

2.1.5 数据的存储单位

计算机的内部是使用二进制，二进制的最小单位是 1 位。为了方便地存储和管理计算机中的数据，规定了数据的存储单位、数据的存储与运算单位位、字节等。

位，也称比特，记为 bit 或 b，它是计算机中表示数据的最小单位，是用 0 或 1 表示的一个二进制位。

字节，也称比特，记为 Byte 或 B，是数据存储中最常用的基本单位。在微型计算机中 1Byte=8bit，从最小的 00000000 到最大的 11111111，即一个字节可以有 256 个值，也可表示由 8 个二进制位构成的其他信息，比如，一个字节可以存放一个半角英文字符的编码(ASCII 码)，两个或四个字节可以用来存储一个汉字编码等。

由于字节是计算机中表示数据的基本单位，为了计量计算机中存储的数据量，通常按如下方式计量计算机的存储容量。其中最小单位是 bit，基本单位是 Byte，由于 Byte 的值太小，还有其他单位，如 MB(兆字节)。按顺序给出所有单位：bit、Byte、KB、MB、GB、TB、PB、EB、ZB、YB、BB、NB、DB，它们按照进率 1024(2 的 10 次方)来计算。

$$1\text{Byte} = 8\ \text{bit}$$
$$1\ \text{KB} = 1024\ \text{Bytes} = 2^{10}\ \text{Byte}$$
$$1\ \text{MB} = 1024\ \text{KB} = 2^{20}\ \text{Byte}$$
$$1\ \text{GB} = 1024\ \text{MB} = 2^{30}\ \text{Byte}$$
$$1\ \text{TB} = 1024\ \text{GB} = 2^{40}\ \text{Byte}$$
$$1\ \text{PB} = 1024\ \text{TB} = 2^{50}\ \text{Byte}$$
$$1\ \text{EB} = 1024\ \text{PB} = 2^{60}\ \text{Byte}$$
$$1\ \text{ZB} = 1024\ \text{EB} = 2^{70}\ \text{Byte}$$
$$1\ \text{YB} = 1024\ \text{ZB} = 2^{80}\ \text{Byte}$$
$$1\ \text{BB} = 1024\ \text{YB} = 2^{90}\ \text{Byte}$$
$$1\ \text{NB} = 1024\ \text{BB} = 2^{100}\ \text{Byte}$$
$$1\ \text{DB} = 1024\ \text{NB} = 2^{110}\ \text{Byte}$$

字，记为 word 或 W，是多个字节的组合，是信息交换、加工、存储的基本单元（也叫独立信息单位）。一个字由一个或多个字节构成，它可以代表数据代码、字符编码、操作码、地址编码等不同的意义。在不同型号和类型的计算机中，一个字由几个字节组成是不同的，比如，80286 计算机的字有 2 个字节，奔腾Ⅲ代计算机的一个字就有 4 个字节。所以有时也把字称为计算机字。

字长，在计算机中的主要部件中央处理器（CPU）内，每个字所包含的二进制数码位数（能直接处理、参与运算寄存器所包含的二进制位数）称为计算机的字长，简称字长。它代表计算机的精度与性能水平。为了简便，常常把一个字由多少位来组成说成字长是多少。比如，奔腾Ⅲ代计算机的字长就是 32 位。一般情况下，字长越大代表计算机的运算精度与性能越高，处理信息和数据也越快。

2.1.6 计算机中的数据编码

在计算机中表示的数据一般可以分成两大类，一类是数值型数据，一类是非数值型数据。在计算机中对数据的表示方法称为数据的编码。对应于数值型数据，常用的编码有原码、反码、补码等。对应于非数值型的数据，通常使用的有 ASCII 码、扩展 ASCII 码、国标码等。下面将分别介绍各种不同的数据编码。

1. 数值型数据的编码

在计算机中，数值型数据的正负号采用符号数字化的方法，即指定最左边一位表示数的符号，用 0 代表正数，用 1 代表负数。这种符号化的数称为“机器数”，而机器数对应的原来用正负号和绝对值来表示的数值称为机器数的“真值”。

例如，若一个十进制数为－53，它对应的二进制数（假设用 8 位表示 1 个数）真值为－0110101，其机器数表示形式如图 2.7 所示。

因为有了符号位参与运算，所以给计算机的计算带来了很多麻烦，例如＋0 与－0 是相等的，但其机器数的表示形式是不一样的，＋0 是“00000000”，而－0 是“10000000”。为

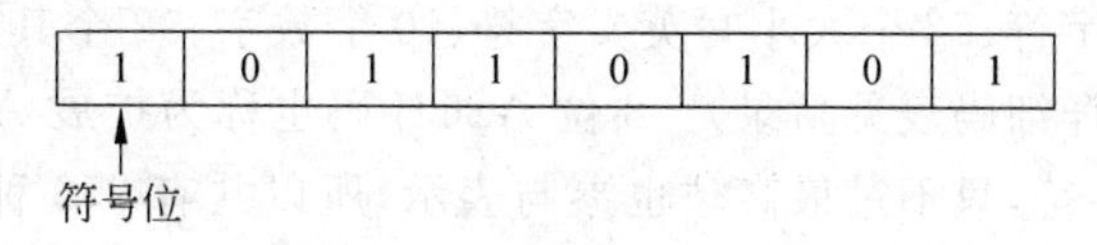

图 2.7 机器数的表示形式

了解决这些问题，带符号机器数通常采用原码、反码和补码三种表示方法。在计算机中规定，正数的原码、反码和补码形式完全相同，即机器数的表示方法。负数则有各自的表示形式。

原码。整数 X 的原码表示为，整数的符号位用"0"表示正，"1"表示负，其数值部分是该数的绝对值的二进制表示。通常用$[X]_{原}$表示 X 原码。

反码。正数 X 的反码和原码相同，负数的反码是对该数的原码除符号位外各位取反，即"0"变"1"，"1"变"0"。数的符号位为"1"。通常用$[X]_{反}$来表示 X 的反码。

补码。正数 X 的补码和原码相同，负数的补码是其原码除符号位外各位取反后，再在末尾加 1。通常用$[X]_{补}$来表示 X 的补码。

【例 2.10】 求十进制数 51、−51、0 的二进制原码、反码和补码。在这里假设用 8 位表示 1 个数。

先求出三个数的机器码表示：

$$(51)_{10}=(00110011)_2 \quad (-51)_{10}=-(00110011)_2$$
$$(+0)_{10}=(00000000)_2 \quad (-0)_{10}=-(00000000)_2$$

则根据定义，它们的原码表示为：

$$(51)_{10}=[00110011]_{原} \quad (-51)_{10}=[10110011]_{原}$$
$$(+0)_{10}=[00000000]_{原} \quad (-0)_{10}=[10000000]_{原}$$

反码表示为：

$$(51)_{10}=[00110011]_{反} \quad (-51)_{10}=[11001100]_{反}$$
$$(+0)_{10}=[00000000]_{反} \quad (-0)_{10}=[11111111]_{反}$$

补码表示为：

$$(51)_{10}=[00110011]_{补} \quad (-51)_{10}=[11001101]_{补}$$
$$(+0)_{10}=[00000000]_{补} \quad (-0)_{10}=[00000000]_{补}$$

从上面例题可以看出，只有补码才可以做到 0 的表示唯一，而其他编码方式 0 都有两种表示方法。0 的反码加 1 后，实际的值为"100000000"，注意是这里 9 位，由于是用 8 位表示 1 个数，最高位的 1 溢出，最后的实际结果是"00000000"，与+0 的补码是相同的。

2. 非数值型数据的编码

计算机中不但要表示数值型数据，而且还要表示大量的非数值信息，这就需要有一些非数值型数据的表示方法。非数值型数据通常指的是中英文文字，对应于英文文字和符号，在计算机中通常用 ASCII(American Standard Code for Information Interchange，美国标准信息交换码)表示。ASCII 码通常有 7 位 ASCII 码和 8 位 ASCII 码两种，7 位 ASCII 码也称为基本 ASCII 码，该编码由一个字节即 8 位二进制位的一个组合，表示一个字母或符号，最高位(最左边的一位)不用并设为 0，共有 128 个组合。所以基本 ASCII

码共包括 34 种控制字符、52 个大小写英文字符、10 个数字、32 个其他字符和运算符在内的 128 个基本字符(详细码表见附录)。8 位 ASCII 码也称为扩展 ASCII 码,它也是使用一个字节表示一个字符,只不过最高位也参与表示,所以共有 256 种状态,可以表示包括基本 ASCII 码在内的 256 种符号。

对于汉字编码,在计算机内表示比较复杂。通常把一个汉字的表示分成三个编码层次来表示。那就是汉字输入码(外码)、汉字机内码(内码)、汉字的字形码(字库)。下面就分别介绍这三种编码。

(1) 汉字输入码(外码)。

汉字输入码,又称外部码,指用户从键盘上输入代表汉字的编码。它由拉丁字母(如汉语拼音)、数字或特殊符号(如王码五笔字型的笔画部件)构成。各种输入方案,就是以不同的符号系统来代表汉字进行输入的。汉字输入码主要分为音码(根据汉字的发音输入,比如全拼输入法等)、形码(根据汉字的字型输入比如五笔字型输入法等)和混合编码(根据汉字的发音和字型混合输入比如太极码等)三大类。

(2) 汉字机内码(内码)。

汉字机内码又称汉字 ASCII 码,是指计算机内部存储处理加工和传输汉字时所用的由"0"和"1"组成的代码。人们输入的外码被计算机接收后就由汉字操作系统的"输入转换模块"转换为机内码,不同汉字操作系统的内码不同。根据国标码的规定,每一个汉字都有了确定的二进制代码,在微机内部汉字代码都用机内码,在磁盘上记录汉字代码也使用机内码。

其中,国标码是指中国标准总局确定的用于汉字的信息交换码。中国标准总局 1981 年制定了中华人民共和国国家标准 GB 2312-1980《信息交换用汉字编码字符集—基本集》,即国标码。我们常说的区位码是国标码的另一种表现形式,把国标 GB 2312-1980 中的汉字、图形符号组成一个 94×94 的方阵,分为 94 个"区",每区包含 94 个"位",其中"区"的序号为 01 至 94,"位"的序号也是 01 至 94。94 个区中位置总数＝94×94＝8836 个,其中 7445 个汉字和图形字符中的每一个占一个位置后,还剩下 1391 个空位,这 1391 个位置空下来保留备用。2001 年 9 月 1 日我国又制定并开始执行 GB1 8030-2000《信息交换用汉字编码字符集基本集的扩充》,它在 GB 2312-80 的基础上扩充收录的汉字,达到 27484 个,并包含藏、蒙、维吾尔等主要少数民族的文字。

(3) 汉字字形码。

每个汉字的输入和显示都是经用户通过外码输入,由计算机的汉字系统转换为内码,然后再由汉字系统根据内码在字库中找到汉字的字形码,并通过一定的程序把字形码所表示的字形信息在显示器上显示出来。字形码就是汉字字库中存储的每个汉字的字形信息。

为了将汉字在显示器或打印机上输出,把汉字按图形符号设计成点阵图,就得到了相应的点阵代码(字形码)。字型码有两种编码方式:点阵编码方式和矢量编码方式。对于点阵编码方式对汉字进行编码后得到的编码集合称为点阵字库。通常的点阵字库根据编码的点阵大小分为 16×16 点阵、24×24 点阵或 48×48 点阵等。已知汉字点阵的大小,可以计算出存储一个汉字所需占用的字节空间。再乘以字库中汉字的个数,就可以计算出字库的大小。如果用16×16点阵表示一个汉字，就是将每个汉字用16行，每行16个点表示，一个点需要1位二进制代码，16个点需用16位二进制代码（即2个字节），共16行，所以需要16行×2字节/行=32字节，即16×16点阵表示一个汉字，字形码需用32字节。

即：　　字节数=点阵行数×（点阵列数/8）

　　　　字库大小=字节数×汉字个数

全部汉字字形码的集合叫汉字字库。汉字库可分为软字库和硬字库。软字库以文件的形式存放在硬盘上，现多用这种方式。硬字库则将字库固化在一个单独的存储芯片中，再和其他必要的器件组成接口卡，插接在计算机上，通常称为汉卡。

矢量字库中汉字的字形是通过数学曲线来描述的，它包含了字形边界上的关键点，连线的导数信息等，字体的渲染引擎通过读取这些数学矢量，然后进行一定的数学运算来进行渲染。这类字体的优点是字体实际尺寸可以任意缩放而不会变形、变色。矢量字体主要包括Type1、TrueType和OpenType等几类。

2.2　计算机系统概述

2.2.1　计算机系统构成

任何设备都是由一些基本部件组成的。电子计算机系统除了由称为硬件的基本部件构成以外，还要靠称为软件的程序去控制。硬件是计算机中“看得见”，“摸得着”的所有物理设备的总称，软件则是指各种程序和数据的总合。这两部分有机地结合在一起，形成了现在的计算机系统，完成各种计算机功能。图2.8给出了一个一般意义上的电子计算机系统的组成结构。

2.2.2　计算机硬件系统

不管计算机怎样变化，其硬件构成仍遵循冯·诺依曼提出的存储程序结构，即一台电子计算机系统的硬件由运算器、控制器、存储器、输入设备、输出设备这五大部分组成，如图2.9所示。

1. 运算器

运算器是计算机的核心部件，主要由加法器和寄存器组成。在计算机中，所有的运算最终都会转化为二进制加法运算。在加法运算过程中，加法器从寄存器中得到数据，进行运算后，再把运算结果放到对应的寄存器中。通过这样多次的反复计算才能得出最终结果。

2. 控制器

控制器是由一系列控制电路组成，其主要功能就是根据系统时钟控制运算器的运算

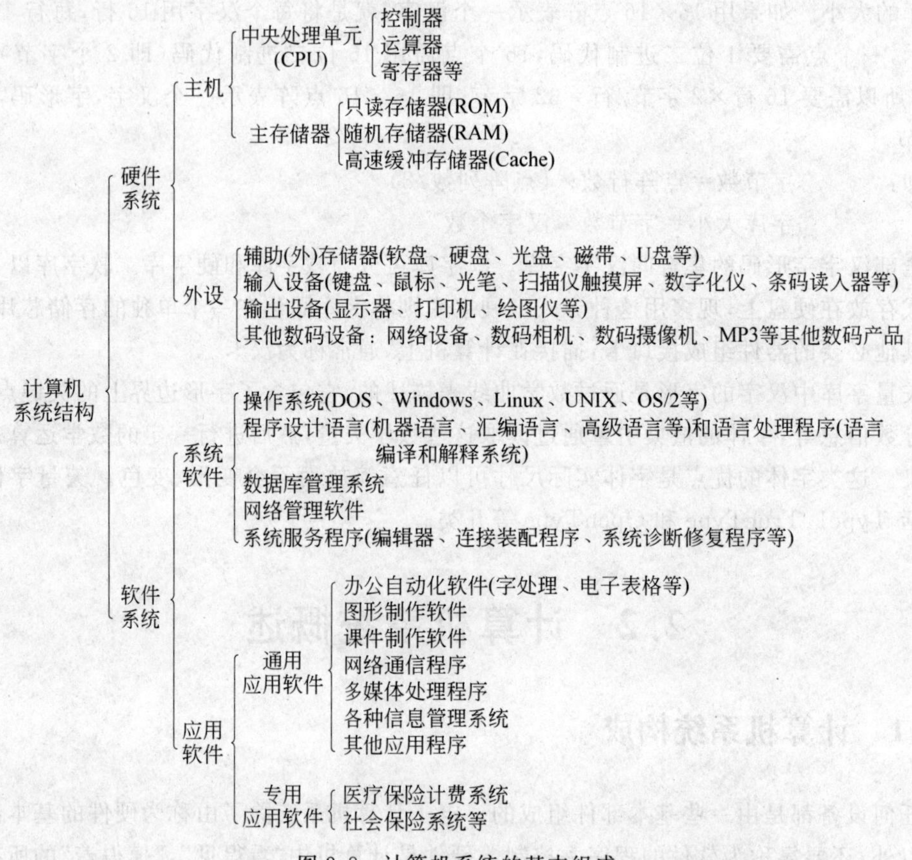

图 2.8 计算机系统的基本组成

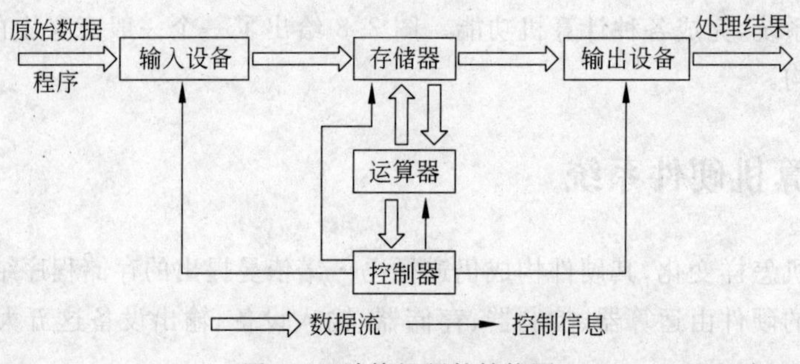

图 2.9 计算机硬件结构图

过程、运算器与存储器的协调工作、存储器与输入输出设备的协调工作等。

3. 存储器

存储器是计算机用来存放数据和程序的地方，它分成主存储器和辅助存储器两大部分。主存储器由很多电子存储单元构成，每个存储单元能够存储一个 0 或 1。主存储器和运算器一起工作，只是暂时存储必要的数据和程序。辅助存储器主要用来长期保存大量的不经常使用的数据和程序。图 2.9 中的存储器一般是指主存储器。

4. 输入/输出设备

输入/输出设备是用户和计算机交换数据的接口，它们一般运行速度较慢，适合人们的使用习惯，它们的主要功能是把用户的数据或程序通过某种方式转换为二进制的0、1序列，或把计算机的运行结果从二进制的0、1序列转换为用户可以接受的数据或表示方法。

在用户使用计算机的过程中，数据由输入设备输入到存储器中，运算器从存储器中调出数据和程序，并在进行运算后把运算结果传回存储器保存，存储器再把结果数据输出到输出设备，再由输出设备输出。这一切都由控制器根据存储器中的程序发出的控制信号进行控制。

输入和输出设备构成人机界面，运算器担负所有计算工作，存储器作为数据和程序的中转场所，控制器统观全局，控制所有设备正常高效地运行。

2.2.3 计算机软件系统

电子计算机系统是由硬件子系统和软件子系统共同构成的。如果只有硬件没有软件，计算机将什么也做不了。可以说，软件是计算机的灵魂，硬件是计算机的躯体。计算机中的软件与硬件的关系如图2.10所示，其中没有任何软件支持的计算机硬件称为裸机。裸机是什么任务也无法完成的。在裸机上安装了系统软件后，计算机才能够协调工作，完成一些基本任务。在系统软件的基础上再安装应用软件，系统才能具体地解决一定的实际问题。在软件子系统中，主要有系统软件和应用软件两大类。

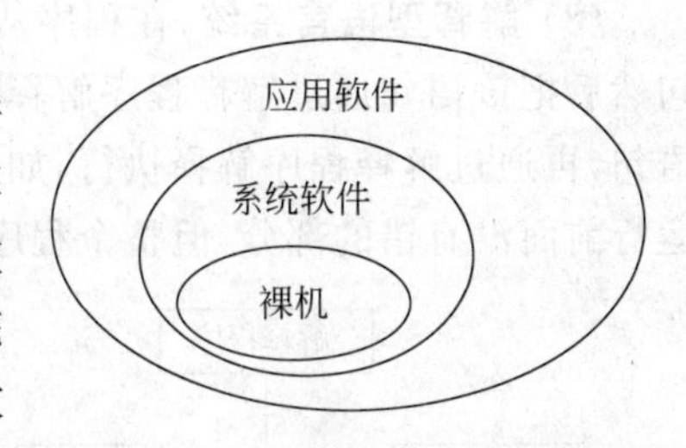

图2.10 计算机软硬件关系

1. 系统软件

系统软件是为计算机系统配置的、与特定应用领域无关的通用软件。系统软件根据功能可以分为操作系统、程序设计语言、数据库系统、网络管理软件和系统服务程序等。

操作系统是计算机系统的管理和指挥中心，是现代计算机不可缺少的一部分。常用的操作系统有DOS、Windows、UNIX、OS/2、Linux等。关于操作系统我们会在第3章详细介绍。

程序设计语言是人们编写程序以控制计算机完成用户所需功能的工具。程序设计语言的有关概念如下。

(1) **机器语言**，又称为机器指令，是可以直接被计算机运行的二进制代码，它是早期计算机使用的语言。机器语言的执行效率高，但存在着编程费时费力、程序难懂的缺点。机器语言是一种面向机器的语言。

(2) **汇编语言**，是第二代语言，是一种符号化了的机器语言，也称为符号语言。虽然现在仍然使用，但主要用在工业控制领域控制机械设备。汇编语言仍是一种面向机器的语言。

(3) **高级语言**，是第三代语言，也称为过程语言，它与自然语言和数学语言更接近，可读性强。它编程方便，使程序员从根本上摆脱了机器的束缚，其编程方式由面向机器编程转换为面向处理过程编程。高级语言是计算机语言大发展的时代，全世界出现了几千种高级语言，其中有很多被广泛使用，比如 Basic、C、COBOL、Pascal、Lisp 等。

(4) **非过程语言**，是第四代语言，也就是通常所说的面向对象编程语言，这种计算机语言其实是高级语言的深入发展，虽然语法遵循高级语言的语法，但程序设计思想和语句的功能却完全从面向过程的程序设计改变为面向对象的程序设计，这种语言的设计思想更贴近于生活，其安全性和可靠性更高。常用的有 C++ 、Java 等。

(5) **智能型语言**，属于正在研究阶段的语言，它除了具有第四代语言的特征外，还具有自动编程的功能，即用户只要告诉计算机所要完成的任务，计算机会自动编写合适的程序来完成。这种语言一般属于人工智能的研究领域，如 PROLOG 语言等。

(6) **源程序**，用户根据程序设计语言的语句和语法编写的能够完成一定任务的程序代码的集合。

(7) **目标程序**，用户通过程序设计语言编译程序把源程序翻译成计算机能够识别的二进制代码程序。

(8) **解释型语言系统**，在程序从头到尾执行的过程中，系统每次从内存中读出一条语句然后把该语句通过解释程序解释为机器语言并执行，然后在此基础之上再读入第二个语句，再通过解释程序解释执行，如此反复直到程序结束。这样即使程序部分有错，仍可运行前面没有错的部分，但整个程序运行速度较慢。其运行过程如图 2.11(a)所示。

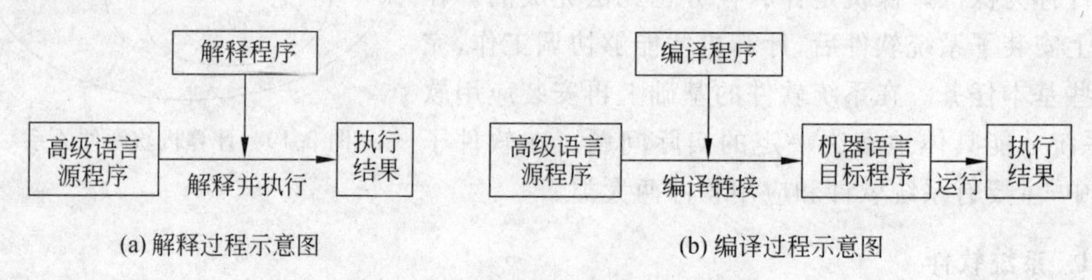

图 2.11　计算机语言工作过程

(9) **编译型语言系统**，在程序执行过程中，系统先把所有的程序统一编译成目标程序，然后链接成可执行的机器码并优化，最后再执行优化过的程序。这种方式虽然在编译的时候费一些时间，但执行时速度快，唯一的缺点就是，如果程序有一点错误系统都不会编译通过，导致整个程序无法运行。其运行过程如图 2.11(b)所示。

数据库系统软件是专门用来处理数据库的一种系统软件，它主要包括数据库(DB)、数据库管理系统(DBMS)和数据库应用系统(DBAS)三部分构成。目前常用的数据库系统软件有 Access、MS SQL Server、Oracal 等。

网络管理软件主要指网络操作系统等。

系统服务程序主要指的是一些软件开发工具、软件运行和支撑平台、工具软件等。比如磁盘分区软件，PWS 个人 Web 服务软件等。

2. 应用软件

应用软件是用户为解决具体的实际问题而开发的各种软件程序。这些程序可以用各种语言编写，并在系统软件的支持下运行，通常按功能分成专用程序和通用程序两种。

(1) **专用程序**，指专门为某个项目或某一类特定功能编写的程序，一般无法移植到别的地方使用，如水文管理程序、人口普查程序、电站控制程序等。

(2) **通用程序**，指由第三方的公司开发的可以在较广泛领域中使用的程序或软件，比如 Office 系列软件，Photoshop 照片处理软件等。

本书在以后章节中会逐步介绍一些操作系统和通用程序的使用。

2.2.4 微型计算机硬件系统的构成

计算机按其性能、价格和体积大小虽然可以分成很多类，但应用最广、使用最多的还是微型计算机。随着计算机技术的发展，微型计算机的性能飞速提高，微型计算机的硬件结构也不断演变。虽然没有突破冯·诺依曼计算机体系结构，但经过不断地改进，其性能已经有很大的提高。如图 2.12 所示，一般微型计算机的基本硬件配置包括主机箱、显示器、键盘、鼠标和音箱等其他外设。

图 2.12 微型计算机

主机箱是微型计算机的主要部件，在机箱内所有部件都通过总线互相连接。下面结合图 2.13 来介绍微型计算机的总线结构。

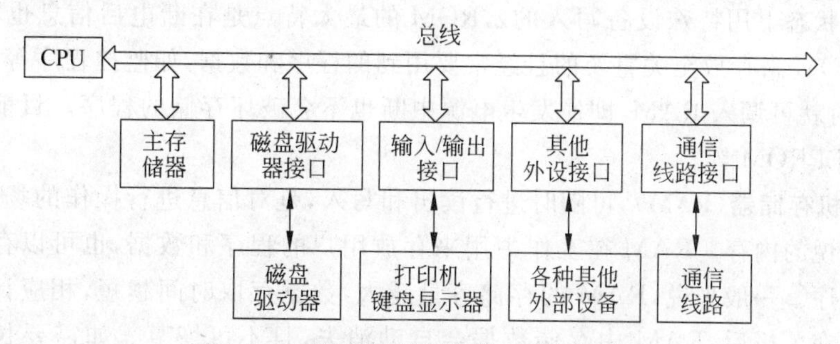

图 2.13 微型计算机硬件体系结构示意图

微型计算机体系结构是一种开放式、积木式的体系结构，因此各厂家都可以开发微型计算机的各个部件，并可在微型计算机上运行各种产品，包括主机板扩展槽中可插的各种扩展卡、系统软件、各种应用软件以及各种外部设备。这样，用户可以在某公司只买主机板，其他公司配置自己认为合适的板卡和外部设备。

微型计算机目前多采用总线结构，其结构如图 2.13 所示。由图看出，微型计算机系统由中央处理器、主存储器、外存储器以及输入输出设备组成。在微型计算机中除了中央处理器运算速度极快以外，其他设备的数据处理速度相对于中央处理器都较慢。这样，当中央处理器有大量数据需要外部设备处理时，由于处理速度的不匹配，很容易导致数据的丢失，而向中央处理器提供数据时，由于存储设备数据处理速度低，就会导致中央处理器为等待被处理的数据而降低中央处理器的利用率。为解决这一问题，所以微型计算机采用总线结构，中央处理器把数据传送到高速总线上，并分别通过各种外设和存储器接口与各种外部设备和外存相连。这些接口电路主要负责数据传输速度的匹配。

1. 中央处理器（CPU）

CPU 主要由运算器、控制器、寄存器等组成。运算器按控制器发出的命令来完成各种操作。控制器控制计算机执行指令的顺序，并根据指令的信息控制计算机各部分协同操作。控制器指挥各部分工作，完成计算机各种操作。

CPU 的类型与主频是微型计算机最主要的性能指标，主频越高，则微型计算机的运行速度就越快。

现代微型计算机通常使用的 CPU 主要由两大公司生产，一个是 Intel 公司，另一个是 AMD 公司。目前，CPU 系列的发展一方面向 CPU 和 GPU 整合的方向发展，如 Intel 公司的 i3、i5 和 i7 系列，一方面向专业计算方面发展，如 Inter 公司的至强系列 CPU。

2. 内存储器

微型计算机的存储器分为内存储器（简称内存）和外储器（简称外存）两种，其中内存又分主存和高速缓存。在计算机中，内存是记忆或用来存放处理程序、待处理数据及运算结果的部件。内存根据基本功能分为只读存储器（Read Only Memory，ROM）和随机存储器（Random Access Memory，RAM）两种。对于 CPU 为 80386 以上的微型计算机，还有高速缓冲存储器，简称“高速缓存”。

(1) **只读存储器（ROM）**，是一种只能读出不能写入的存储器，其信息通常是厂家制造时在脱机状态下用特殊设备写入的。ROM 的最大特点是在断电后信息也不会消失，因此常用 ROM 来存放至关重要的且经常要用到的程序和数据，如监控程序等，只要接通电源，需要时就可调入 RAM，即使发生电源中断也不会破坏存储的程序。目前常用的有 EPROM、EEPROM 等。

(2) **随机存储器（RAM）**，可随时进行读出和写入，是对信息进行操作的场所，也就是我们平常所说的内存。RAM 在工作中用来存放用户的程序和数据，也可以存放临时调用的系统程序。一般来说，RAM 的存储容量越大，数据存取时间越短，相应计算机的功能就越强。在关机后，RAM 中存储数据会自动消失，且不可恢复。如需要长期保存数据，则必须在关机之前把信息存入外存。

RAM 分为双极型（TTL）和单极型（MOS）两种。微型计算机使用的主要是单极型（MOS）存储器，它又分静态存储器（SRAM）、动态存储器（DRAM）、超级动态存储器（SDRAM）、双倍动态存储器（DDR）和 DDRⅡ等多种。

(3) **高速缓存（Cache）**。Cache 在逻辑上位于 CPU 和内存之间，其运算速度高于内存而低于 CPU。Cache 一般采用 SRAM，也有同时内置于 CPU 的。Cache 中保存的是 CPU 经常读写的程序和数据。CPU 读写程序和数据时先访问 Cache，若 Cache 中没有时再访问 RAM。Cache 分内部、外部两种。内部 Cache 集成到 CPU 芯片内部，称为一级 Cache，容量较小；外部 Cache 在系统板上，称为二级 Cache，其容量比内部 Cache 大一个数量级以上，价格也较前者便宜。从 Pentium Pro 开始，一、二级 Cache 都集成在 CPU 的芯片中。

3. 外存储器

外存储器(简称外存)是外部设备的一部分,用于长期存放当前不需要立即使用的信息。它既是输入设备又是输出设备,是内存储器的后备和补充。外存只能和内存交换数据。微型计算机常见的外存主要有磁盘、光盘、U 盘等。磁盘又可分为硬磁盘(简称硬盘)和软磁盘(简称软盘)两种。在这里主要介绍硬盘。

(1) **硬盘(Hard Disk)**。传统的硬盘是由涂有磁性材料的合金圆盘组成,是微型计算机系统的主要外存储器(或称辅存)。硬盘按盘径大小可分为 3.5 英寸、2.5 英寸、1.8 英寸等,按硬盘的接口可以分成 IDE 接口、SCSI 接口、SATA 接口、FC 接口、SAS 接口、FATA 接口,按内部结构分可以分为磁碟结构的硬盘和固态硬盘。目前大多数微型计算机上使用的硬盘是 3.5 英寸的。硬盘有一个重要的性能指标是存取速度。影响存取速度的因素有平均寻道时间、数据传输率、盘片的旋转速度和缓冲存储器容量等。一般来说,转速越高,硬盘寻道的时间越短,数据传输率也就越高。

一个硬盘理论上一般由多个盘片组成,盘片的每一面都有一个读写磁头。硬盘在使用时,要对盘片格式化成若干个磁道(称为柱面),每个磁道再划分为若干个扇区。硬盘的存储容量计算方法如下:

存储容量=磁头数×柱面数×扇区数×每扇区字节数(512B)

常见硬盘的存储容量有:120GB、160GB、250GB、500GB、1TB、2TB、3TB 等。

(2) **光盘(Optical Disk)**。光盘是一种利用激光技术存储信息的装置。目前用于计算机系统的光盘按是否可读写可以分为三类:只读型光盘、一次写入型光盘和可擦写型光盘。按照光盘的刻录标准可以分为 CD 光盘、DVD 光盘和蓝光光盘等。按照光盘的大小可以分为 3 寸盘和 5 寸盘两种。

(3) **U 盘(闪存)**。U 盘有形状小巧,存储容量大,存取速度快,性能稳定等优点,深受用户的喜爱,目前 U 盘已成为移动存储器的主流。图 2.14 显示了 U 盘的外观。由于 U 盘的存储核心是采用 Flash 芯片存储的,所以也叫闪存。在通电以后改变状态,不通电就固定状态,所以断电以后资料能够保存。也因为这种存储器体积很小,通常是通过 USB 接口和计算机相连,所以大家都把这类存储器称为 U 盘。现在的 U 盘存储容量从 4~256GB 不等。

图 2.14 U 盘的外观示意图

4. 常用外部设备

常用外部设备有键盘、鼠标、显示器、打印机、其他数码设备。

键盘(Keyboard)是用户与计算机进行交流的主要工具,是计算机最重要的输入设备,也是微型计算机必不可少的外部设备。键盘上的键可以根据功能划分为几个组。图 2.15 显示这些键在典型键盘上的排列方式。

(1) 控制键:这些键可单独使用,或者与其他键组合使用来执行某些操作。最常用的控制键是 Ctrl、Alt、Windows 徽标和 Esc 键。

(2) 功能键:功能键用于执行特定任务。功能键标记为 F1、F2、F3 等,一直到 F12。

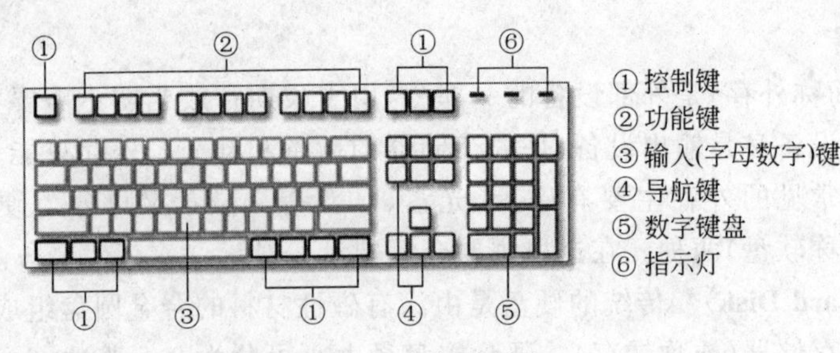

图 2.15 键盘结构

这些键的功能因程序而有所不同。

(3) 输入(字母数字)键：这些键包括与传统打字机上相同的字母、数字、标点符号和符号键。除了字母、数字、标点符号和符号以外，键入键还包括 Shift、Caps Lock、Tab、Enter、空格键和 Backspace。其使用方法如表 2.7 所示。

表 2.7 特殊键入键功能表

键名称	如 何 使 用
Shift	同时按 Shift 键与某个字母将键入该字母的大写字母。同时按 Shift 键与其他键将键入在该键的上部分显示的符号
Caps Lock	按一次 Caps Lock，所有字母都将以大写键入。再按一次 Caps Lock 将关闭此功能。键盘上有一个指示 Caps Lock 是否处于打开状态的指示灯
Tab	按 Tab 键会使光标向前移动几个空格。还可以按 Tab 键移动到表单上的下一个文本框
Enter	按 Enter 键将光标移动到下一行开始的位置。在对话框中，按 Enter 键将选择突出显示的按钮
空格键	按空格键会使光标往后移动一个空格
Backspace	按 Backspace 键将删除光标前面的字符或选择的文本

键盘操作中同时按下多个键的操作，因为有助于加快工作速度，从而将其称为快捷方式。事实上，使用鼠标执行的几乎所有操作或命令，都可以使用键盘上的一个或多个键更快地执行。在菜单中两个或多个键之间的加号(＋)指示应该一起按这些键。例如，Ctrl＋A 表示按住 Ctrl，然后再按 A。Ctrl＋Shift＋A 表示按住 Ctrl 和 Shift，然后再按 A。常用的快捷键如表 2.8 所示。

表 2.8 快捷键功能表

按 键	功 能
Windows 徽标键	打开“开始”菜单
Alt＋Tab	在打开的程序或窗口之间切换
Alt＋F4	关闭活动项目或者退出活动程序
Ctrl＋S	保存当前文件或文档(在大多数程序中有效)
Ctrl＋C	复制选择的项目
Ctrl＋X	剪切选择的项目
Ctrl＋V	粘贴选择的项目

续表

按　键	功　能
Ctrl＋Z	撤消操作
Ctrl＋A	选择文档或窗口中的所有项目
F1	显示程序或 Windows 的帮助
Windows 徽标键＋F1	显示 Windows“帮助和支持”
Esc	取消当前任务
应用程序键	在程序中打开与选择相关的命令菜单。等同于右键单击选择的项目

(4) 数字键盘：数字键盘便于快速输入数字。这些键位于一方块中，分组放置，有点像常规计算器或加法器。数字键盘上的 10 个键印有上档符(数字 0、1、2、3、4、5、6、7、8、9 及小数点)和相应的下档符(Ins、End、↓、PgDn、←、→、Home、↑、PgUp、Del)。上档符全为数字；下档符用于控制全屏幕编辑时的光标移动。由于小键盘上的这些数字键相对集中，所以用户需要大量输入数字时，锁定数字键(Num Lock)更方便。Num Lock 键是数字小键盘锁定转换键。当指示灯亮时，上档字符即数字字符起作用，当指示灯灭时，下档字符起作用。

(5) 导航键：这些键用于在文档或网页中移动以及编辑文本。这些键包括箭头键、Home、End、Page Up、Page Down、Delete 和 Insert。表 2.9 列出这些键的部分常用功能。

表 2.9　导航键功能表

按　键	功　能
↓、↑、←、→	将光标或选择内容沿箭头方向移动一个空格或一行，或者沿箭头方向滚动网页
Home	将光标移动到行首，或者移动到网页顶端
End	将光标移动到行末，或者移动到网页底端
Ctrl＋Home	移动到文档的顶端
Ctrl＋End	移动到文档的底端
Page Up	将光标或页面向上移动一个屏幕
Page Down	将光标或页面向下移动一个屏幕
Delete	删除光标后面的字符或选择的文本；在 Windows 中，删除选择的项目，并将其移动到“回收站”
Insert	关闭或打开“插入”模式。当“插入”模式处于打开状态时，在光标处插入键入的文本。当“插入”模式处于关闭状态时，键入的文本将替换现有字符

(6) 特殊功能键指示灯：用来显示键盘状态，可以通过这些键完成一些特殊功能。如当按 PrtScn 键，系统将捕获整个屏幕的图像(“屏幕快照”)，并将其复制到计算机内存中的剪贴板。可以从剪贴板将其粘贴(Ctrl＋V)到 Microsoft 画图或其他程序中。按 Alt＋PrtScn 键将只捕获活动窗口而不是整个屏幕的图像。在大多数程序中按 Scroll Lock 键都不起作用。在少数程序中，按 Scroll Lock 键将更改箭头键、Page Up 键和 Page Down 键的行为，此时按这些键将滚动文档，而不会更改光标或选择的位置。键盘可能有

一个指示 Scroll Lock 是否处于打开状态的指示灯。在一些旧程序中，按 Pause/Break 键将暂停程序，或者同时按 Ctrl 键停止程序运行。

鼠标(Mouse)又称为鼠标器，也是微型计算机上的一种常用的输入设备，是控制显示屏上光标移动位置的一种指点式设备。在软件支持下，通过鼠标器上的按钮，向计算机发出输入命令，或完成某种特殊的操作。

目前常用的鼠标器有机械式和光电式两类。机械式鼠标底部有一个滚动的橡胶球，可在普通桌面上使用，滚动球通过平面上的滚动，把位置的移动变换成计算机可以理解的信号，传给计算机处理后，即可完成光标的同步移动。光电式鼠标有一个光电探测器，当鼠标滑过时，光电检测根据移动的网格数转换成相应的电信号，传给计算机来完成光标的同步移动。

鼠标器的接口主要有 USB 接口、PS/2 和串口三种。此外还有无线鼠标，可以通过电磁波来和计算机相连。

显示器(Monitor)是微型计算机不可缺少的输出设备。用户可以通过显示器方便地观察输入和输出的信息。显示器按输出色彩可分为单色显示器和彩色显示器两大类；按其显示器件可分为阴极射线管(CRT)显示器和液晶(LCD)显示器；按其显示器屏幕的对角线尺寸可分为 14 英寸、15 英寸、17 英寸和 21 英寸等几种。目前微型计算型机上主要使用 LCD 显示器，如图 2.17 所示。

CRT 显示器也叫阴极射线管显示器(如图 2.16 所示)，是用光栅来显示输出内容的。显示器显示图形的最小单位称为像素。单位面积上像素的个数称为分辨率。光栅的像素应越小越好，光栅的密度越高，即单位面积的像素越多，分辨率越高，显示的字符或图形也就越清晰细腻。常用的分辨率有 640×480、800×600、1024 ×768、1280 ×1024 等。像素色度的浓淡变化称为灰度。一个像素能够显示的颜色数称为颜色深度。这些都是显示器的主要指标。显示器必须配置正确的适配器(显示卡)，才能构成完整的显示系统。常见的显示卡类型有以下几种。

图 2.16　CRT 显示器外观

图 2.17　LCD 显示器外观

(1) VGA (Video Graphics Array)，视频图形阵列显示卡，显示图形分辨率为 640×480，文本方式下分辨率为 720×400，可支持 16 色。

(2) SVGA(Super VGA)，超级 VGA 卡，分辨率提高到 800×600、1024×768，而且支持 1670 万种颜色，称为“真彩色”。

(3) AGP(Accelerate Graphics Porter)显示卡，在保持了 SVGA 的显示特性的基础

上,采用了全新设计的速度更快的 AGP 显示接口,显示性能更加优良。

(4) PCI-E(PCI Express)显示卡,采用了目前业内流行的点对点串行连接,与 PCI 以及更早期的计算机总线的共享并行架构不同,PCI-E 有自己的专用连接,不需要向整个总线请求带宽,而且可以把数据传输率提高到一个很高的频率,达到 PCI 所不能提供的高带宽,是目前常用的显卡接口标准。

打印机(Printer)。打印机是计算机输出的一种重要设备,提供用户保存计算机处理的结果。打印机的种类很多,按工作原理可粗分为击打式打印机和非击打式打印机。目前微型计算机系统中常用的针式打印机(又称点阵打印机)属于击打式打印机;喷墨打印机和激光打印机属于非击打式打印机。

(1) 针式打印机打印的字符和图形是以点阵的形式构成的。它的打印头由若干根打印针和驱动电磁铁组成。打印时使相应的针头接触色带击打纸面来完成。目前使用较多的是 24 针打印机。针式打印机的主要特点是价格便宜,使用方便,但打印速度较慢,噪音大。

(2) 喷墨打印机是直接将墨水喷到纸上来实现打印。喷墨打印机价格低廉、打印效果较好,较受用户欢迎,但喷墨打印机使用的纸张要求较高,墨盒消耗较快。

(3) 激光打印机是激光技术和电子照相技术的复合产物。激光打印机的技术来源于复印机,但复印机的光源是用灯光,而激光打印机用的是激光。由于激光光束能聚焦成很细的光点,因此,激光打印机能输出分辨率很高且色彩很好的图形。激光打印机以速度快、分辨率高、无噪音等优势逐步进入微型计算机外设市场,但价格稍高。

其他数码设备。随着计算机硬件技术的不断发展,现在很多家用电器都因内嵌微处理器和存储器而成为新一代的数码产品。这一类数码产品共同特点是都可以和计算机进行连接或无线通信,可以和计算机交换数据,或通过计算机进行控制。这些产品由于功能各不相同,与计算机之间的关系也就很难说清。所以把它们叫做数码设备。常见的有数码摄像机、数码照相机、具有存储和运行功能的手机、MP3 播放器、数码电冰箱、彩电等家用电器。这些设备通常以有线连接(采用 USB 接口、RS232 接口或 1394 接口)和无线连接两种方式与计算机交换数据。

2.3 计算机信息系统安全基础

2.3.1 计算机信息系统安全的概念

随着人类进入计算机时代,人们对计算机、计算机网络及有关的信息系统的依赖越来越大,这些系统的安全问题也日益突出,有的甚至关系到国家的安全利益,由此也产生了一系列有关的道德与法律问题。我们既然生活在信息社会中,就应该了解一些有关计算机系统安全的法律法规,遵守有关的社会公德。

《中华人民共和国计算机信息安全系统保护条例》规定:“计算机信息系统的安全,应当保障计算机及其相关的和配套设施(含网络)的安全,运行环境的安全,保障信息的安全，保障计算机功能的正常发挥，以维护计算机信息系统的安全运行。”从以上规定可以看出，计算机信息系统的安全不只是通常所说的防黑客，防病毒，它还包括一切影响计算机信息系统安全的因素，以及保障计算机及其运行的安全措施。也就是说，水灾、火灾、电磁干扰、盗窃计算机硬件等一系列对计算机信息系统不利的因素都属于计算机信息系统安全所要考虑的问题。

2.3.2 计算机信息系统安全的范畴

要维护计算机信息系统的安全，首先要知道的是要保护什么？从哪些方面去保护？这就是计算机信息系统安全的范畴问题。先来了解一下什么是计算机信息系统。在我国《计算机信息安全保护等级划分准则》中对计算机信息系统作了如下定义：“计算机信息系统是由计算机及其相关的配套设备、设施（含网络）构成的，按照一定的应用目标和规则对信息进行采集、加工、存储、传输、检索等处理的人机系统。”根据这一定义，可以把计算机信息系统的安全范畴划分为如下三个方面。

1. 计算机信息系统的实体安全

实体安全主要指的是计算机信息系统的硬件安全，它包括以下几个方面。

（1）**环境安全**。对计算机信息系统所在环境的安全保护，主要包括防火、防水等受灾防护和区域防护。

（2）**设备安全**。对计算机信息系统设备的安全保护，例如设备防盗、防雷击、防电磁泄露、防线路截获、抗电磁干扰、电源保护等。

（3）**媒体安全**。对媒体数据和媒体本身即保存数据的外存储器如硬盘、光盘等的安全保护。

2. 计算机信息系统的运行安全

运行安全主要指的是在系统运行过程中可能出现的一些突发事件的处理。它包括以下几个方面。

（1）**风险分析**。对计算机信息系统进行人工或自动风险分析。

（2）**审计跟踪**。对计算机信息系统进行人工的或自动的审计跟踪、保存审计记录和维护详尽的审计日志。

（3）**备份与恢复**。对系统设备和系统数据的备份与恢复。

（4）**应急**。紧急事件或安全事故发生时，保障计算机信息系统继续运行或紧急修复所需软件和应急措施。

3. 计算机信息系统的信息安全

信息安全主要指的是对计算机信息系统的软件进行维护和保障的措施。主要包括以下几个方面。

（1）**操作系统安全**。对计算机信息系统的硬件资源有效控制，能够为所管理的资源提供相应的安全保护。

（2）**数据库安全**。对数据库系统所管理的数据和资源提供安全保护。

(3) **网络安全**。访问网络资源或使用网络服务的安全保护。

(4) **计算机病毒防护**。对计算机病毒的发现与防护措施。

(5) **访问控制**。保证系统的外部用户或内部用户对系统资源的访问以及对敏感信息的访问方式符合组织安全策略。

(6) **加密**。提供数据加密和密钥管理。

(7) **鉴别**。提供身份鉴别和信息鉴别。

从以上说明的属于计算机信息系统安全范畴的几个方面来看,保护计算机信息系统安全并不只是杀杀毒、备备份的问题,而是涉及硬件、软件、规章制度、人员管理等多方面的系统问题。

2.3.3 计算机病毒

常用计算机的人最头疼的就是计算机病毒,一旦计算机染上计算机病毒,经常会导致丢失数据、损坏系统等一系列不愉快的事情发生。为避免这些事情的发生,一定要了解一些有关计算机病毒的基本知识。

1. 计算机病毒简介及其防治

计算机领域引入"病毒"的用法,只是对生物学病毒的一种借用,用以形象地刻画这些"特殊程序"的特征。1994 年 2 月 28 日出台的《中华人民共和国计算机信息系统安全保护条例》中,对病毒的定义如下:"计算机病毒,是指编制或者在计算机程序中插入的破坏计算机功能或者毁坏数据,影响计算机使用,并能自我复制的一组计算机指令或者程序代码。"简单地说,计算机病毒是一种特殊的危害计算机系统的程序,它能在计算机系统中驻留、繁殖和传播,它具有与生物学中病毒某些类似的特征:传染性、潜伏性、破坏性、变异性。

计算机病毒是一种特殊的程序,与其他程序一样可以存储和执行,但它具有其他程序没有的特性。计算机病毒具有以下特性。

(1) **传播性**。病毒有利用操作系统或其他网络软件的漏洞把病毒程序自我复制的特性。

(2) **隐蔽性**。一般的病毒仅在数 KB 左右,这样,除了传播快速之外,隐蔽性也极强。部分病毒使用"无进程"技术或插入到某个系统必要的关键进程中,所以在任务管理器中找不到它的单独运行进程。一旦运行后,就会自己修改自己的文件名并隐藏在某个用户不常去的系统文件夹中,而这样的文件夹通常有上千个系统文档,如果凭手工查找很难找到病毒。病毒在运行前的伪装技术也值得我们关注,将病毒和一个吸引人的文档捆绑合并成一个文档,那么运行正常文档时,病毒也在操作系统中悄悄地运行了。

(3) **感染性**。某些病毒具有感染性,比如感染中毒用户计算机上的可执行文件,如 exe、bat、scr、com 格式文件,通过这种方法达到自我复制,对自己生存保护的目的。通常还可以利用网络共享的漏洞,复制并传播给邻近的计算机用户群,使邻里通过路由器上网的计算机或局域网里的多台计算机程序全部受到感染。

(4) **潜伏性**。部分病毒有一定的"潜伏期",在特定的日子,如某个节日或者星期几按时爆发。如1999年破坏BIOS的CIH病毒就在每年的4月26日爆发。如同生物病毒一样，这使计算机病毒可以在爆发之前，以最大幅度散播开去。

(5) **可激发性**。根据病毒作者的"需求"，设置触发病毒攻击的"玄机"。如CIH病毒的制作者陈盈豪曾计划设计的病毒，就是"精心"为简体中文Windows系统所设计的。病毒运行后会主动检测中毒者操作系统的语言，如果发现操作系统语言为简体中文，病毒就会自动对计算机发起攻击，如果不是简体中文版本的Windows，那么即使运行了病毒，病毒也不会对计算机发起攻击或者破坏。

(6) **表现性**。病毒运行后，如果按照作者的设计，会有一定的表现特征，如CPU占用率100%，在用户无任何操作下读写硬盘或其他磁盘数据，蓝屏死机，鼠标右键无法使用等。但这样明显的表现特征，反倒帮助被感染病毒者发现自己已经感染病毒，并对清除病毒很有帮助，隐蔽性就不存在了。

(7) **破坏性**。某些威力强大的病毒，运行后直接格式化用户的硬盘数据，更为厉害的可以破坏引导扇区以及BIOS，对硬件环境造成相当大的破坏。

在使用计算机时，有时会碰到一些莫名其妙的现象，如计算机无缘无故地重新启动，运行某个应用程序突然出现死机，屏幕显示异常，硬盘中的文件或数据丢失等。这些现象有可能是因硬件故障或软件配置不当引起，但多数情况下是计算机病毒引起的。计算机病毒的危害是多方面的，归纳起来，大致可以分成如下几方面。

- 破坏硬盘的主引导扇区，使计算机无法启动。
- 破坏文件中的数据，删除文件。
- 对磁盘或磁盘特定扇区进行格式化，使磁盘中信息丢失。
- 产生垃圾文件，占据磁盘空间，使磁盘空间逐渐减少。
- 占用CPU运行时间，使运行效率降低。
- 破坏屏幕正常显示，破坏键盘输入程序，干扰用户操作。
- 破坏计算机网络中的资源，使网络系统瘫痪。
- 破坏系统设置或对系统信息加密，使用户系统紊乱。

2. 计算机病毒的结构与分类

由于计算机病毒是一种特殊程序，因此，病毒程序的结构决定了病毒的传染能力和破坏能力。计算机病毒程序主要包括三大部分：一是传染部分(传染模块)，是病毒程序的一个重要组成部分，它负责病毒的传染和扩散；二是表现和破坏部分(表现模块或破坏模块)，是病毒程序中最关键的部分，它负责病毒的破坏工作；三是触发部分(触发模块)，病毒的触发条件是预先由病毒编者设置的，触发程序判断触发条件是否满足，并根据判断结果来控制病毒的传染和破坏动作。触发条件一般由日期、时间、某个特定程序、传染次数等多种形式组成。例如，Jerusalem(黑色星期五)病毒是一种文件型病毒，它的触发条件之一是：如果计算机系统日期是13日，并且是星期五，病毒发作，删除在计算机上运行的任何一个COM文件或EXE文件。

计算机病毒的数量很多，当然计算机病毒的种类也五花八门。但通常对它有以下四种分类方法。

(1) 按感染方式可分为：引导型病毒、一般应用程序型、系统程序型和宏病毒。

(2) 按寄生方式可分为：操作系统型病毒、外壳型病毒、入侵性病毒、源码型病毒。

(3) 按破坏情况可分为：良性病毒、恶性病毒。

(4) 按病毒结构原理分为：木马程序、僵尸网络、蠕虫病毒、脚本病毒、文件型病毒、破坏性程序和宏病毒。

下面对各种类型的病毒进行简单的解释。

(1) **引导型病毒**。在系统启动、引导或运行的过程中，病毒利用系统扇区及相关功能的疏漏，直接或间接地修改扇区，实现直接或间接地传染、侵害或驻留等功能。

(2) **一般应用程序型病毒**。这种病毒感染应用程序，使用户无法正常使用该程序或直接破坏系统和数据。

(3) **操作系统型病毒**。这是最常见的危害最大的病毒。这类病毒把自身贴附到一个或多个操作系统模块或系统设备驱动程序或一些高级的编译程序中，保持主动监视系统的运行，用户一旦调用这些系统软件时，即实施感染和破坏。

(4) **宏病毒**。该病毒一般把自身附在非应用程序的数据文件或文档文件上，当用户使用该文件时病毒发作。

(5) **外壳型病毒**。此病毒把自己隐藏在主程序的周围，一般情况下不对原程序进行修改。许多病毒采取这种外围方式传播的。

(6) **入侵型病毒**。将自身插入到感染的目标程序中，使病毒程序和目标程序成为一体。这类病毒的数量不多，但破坏力极大，而且很难检测，有时即使查出病毒并将其杀除，但被感染的程序已被破坏，无法使用了。

(7) **源码型病毒**。该病毒在源程序被编译之前，隐藏在用高级语言编写的源程序中，随源程序一起被编译成目标代码。

(8) **良性病毒**。该病毒发作方式往往是显示信息、奏乐、发出声响。对计算机系统的影响不大，破坏较小，但干扰计算机正常工作。

(9) **恶性病毒**。此类病毒干扰计算机运行，使系统变慢、死机、无法打印等。极恶性病毒会导致系统崩溃、无法启动，其采用的手段通常是删除系统文件、破坏系统配置等。毁灭性病毒对于用户来说是最可怕的，它通过破坏硬盘分区表、FAT 区、引导记录、删除数据文件等行为使用户的数据受损，如果没有做好备份则将受损失。

(10) **木马程序**。一般也叫远程监控软件，一旦木马连通，木马的拥有者可以得到远程计算机的全部操作权限，操作远程计算机与操作自己计算机没什么大的区别。这类程序可以监视被控用户的摄像头与截取密码。

(11) **僵尸网络**。是一种远程控制软件。用户一旦中毒，就会成为“僵尸”或“肉鸡”，成为黑客手中的“机器人”。通常黑客或脚本小孩(script kids)可以利用数以万计的“僵尸”发送大量伪造包或者是垃圾数据包对预定目标进行拒绝服务攻击，造成被攻击目标瘫痪。

(12) **蠕虫病毒**。蠕虫病毒属于漏洞利用类病毒，也是我们最熟知的病毒，通常在全世界范围内大规模爆发的就是它了。如针对旧版本未打补丁的 Windows XP 的冲击波病毒和震荡波病毒。有时与僵尸网络配合，主要使用缓存溢出技术。

(13) **脚本病毒**。脚本病毒通常是 Java Script 或 VB Script 代码编写的恶意代码，一般带有广告性质,会修改 IE 首页、修改注册表等信息,造成用户使用计算机不方便。

(14) **文件型病毒**。文件型病毒通常寄居于可执行文件(扩展名为.EXE 或.COM 的文件)中,当被感染的文件被运行,病毒便开始破坏计算机。

(15) **破坏性程序**。破坏性程序病毒的前缀通常是 Harm。这类病毒的特性是本身具有好看的图标来诱惑用户点击,当用户点击病毒时,病毒便会直接对用户计算机产生破坏。如格式化 C 盘(Harm.formatC.f)、杀手命令(Harm.Command.Killer)等病毒。

(16) **宏病毒**。宏病毒是一种寄存在文档或模板的宏中的计算机病毒。一旦打开这样的文档,其中的宏就会被执行,于是宏病毒就会被激活,转移到计算机上,并驻留在 Normal 模板上,然后,所有自动保存的文档都会"感染"上这种宏病毒,而且如果其他用户打开了感染病毒的文档,宏病毒又会转移到他的计算机上。宏病毒的感染对象为 Microsoft 开发的办公系列软件。Microsoft Word、Excel 这些办公软件本身支持运行可进行某些文档操作的命令,所以也被 Office 文档中含有恶意的宏病毒所利用。

3. 计算机病毒的预防

计算机病毒及反病毒是两种以软件编程技术为基础的技术,它们的发展是交替进行的,因此,对计算机病毒以预防为生,防止病毒的入侵要比病毒入侵后再去发现和排除要好得多。常用的病毒预防方法如下。

(1) 采用抗病毒的硬件。

目前国内商品化的防病毒卡已有很多种,但是大部分病毒防护卡采用识别病毒特征和监视中断向量的方法,因而不可避免地存在两个缺点:只能防护已知的计算机病毒,面对新出现的病毒无能为力;发现可疑的操作,如修改中断向量时,频频出现突然中止用户程序的正常操作,在屏幕上显示出一些问题让用户回答的情况。这不但破坏了用户程序的正常显示画面,而且由于一般用户不熟悉系统内部操作的细节,这些问题往往很难回答,一旦回答错误,不是放过了计算机病毒就是使自己的程序执行中出现错误。

(2) 加强机房安全措施。

实践证明,计算机机房采用了严密的机房管理制度,可以有效地防止病毒入侵。机房安全措施的目的,主要是切断外来计算机病毒的入侵途径。这些措施主要有以下几个方面。

- 定期检查硬盘及所用到的便携式存储器,及时发现病毒,消除病毒。
- 慎用公用软件和共享软件。
- 给系统盘和文件加以写保护。
- 不用外来磁盘引导机器。
- 不要在系统盘上存放用户的数据和程序。
- 保存所有的重要软件的复制件,主要数据要经常备份。
- 新引进的软件必须确认不带病毒方可使用。
- 教育机房工作人员严格遵守制度,不准保留病毒样品,防止有意或无意扩散病毒。
- 对于网络上的机器,除上述注意事项外,还要注意尽量限制网络中程序的交换。

(3) 社会措施。

计算机病毒具有很大的社会危害,它已引起社会各领域及各国政府的注意,为了防止病毒传播，应当成立跨地区、跨行业的计算机病毒防治协会，密切监视病毒疫情，搜集病毒样品，组织人力、物力研制解毒、免疫软件，使防治病毒的方法比病毒传播得更快。

为了减少新病毒出现的可能性，国家应当制定有关计算机病毒的法律，认定制造和有意传播计算机病毒为严重犯罪行为。同时，应教育软件人员和计算机爱好者认识到病毒的危害性，加强自身的社会责任感，不从事制造和改造计算机病毒的犯罪行为。

4. 常用杀毒软件简介

检查和清除病毒的一种有效方法是使用各种防治病毒的软件。一般来说，无论是国外还是国内的杀毒软件，都能够不同程度地解决一些问题，但任何一种杀毒软件都不可能解决所有问题。国内杀毒软件在处理“国产病毒”或国外病毒的“国产变种”方面具有明显优势。但随着国际互联网的发展，解决病毒国际化的问题也很迫切，所以选择杀毒软件应综合考虑。在我国病毒的清查技术已成熟，市场上已出现的世界领先水平的杀毒软件有金山毒霸系列杀毒软件、瑞星系列杀毒软件和360系列杀毒软件等。国外杀毒软件有Norton公司的Norton Antivirus、Avast软件公司的Avast系列软件、McAffe实验室的McAfee Virus Scan系列软件、F-Secure公司的F-Secure Ant-Virus系列软件、PC-Cillin公司的PC-Cillin系列软件、Panda公司的Panda Antivirus系列软件等。

2.3.4 计算机道德与计算机使用注意事项

随着计算机与网络的飞速发展，以数字化的方式生存成为了通向的未来的必经之路，人们通过网络来进行学习、工作、通信、经营、购物等等各种各样的社会活动。通过网络人们除了可以获得更加丰富多彩的信息，实现更高的效率外，更是体会到了一种前所未有的自由，然而正是这种自由也使不少人丧失了现实的道德约束，在网上为所欲为。计算机犯罪、利用计算机诈骗等一系列计算机道德败坏的事情时有发生，这使我们不得不认真对待这一问题。

我国《公民道德建设实施纲要》指出：“计算机互联网作为开放式信息传播和交流工具，是思想道德建设的新阵地。要加大网上正面宣传和管理工作的力度，鼓励发布进步、健康、有益的信息，防止反动、迷信、淫秽、庸俗等不良的内容通过网络传播。要引导网络机构和广大网民增强网络道德意识，共同建设网络文明。”

大学生作为接受新观念、新思想和新知识的一个特殊群体，网络既为其发展带来了新的机遇，为其成长成才提供了有利的条件，同时也给他们带来不容忽视的负面影响，使一部分大学生在网络中消极沉沦，甚至误入歧途。这些负面影响主要有以下几个方面。

(1) 互联网打破了地域的界限，可以在网上看到各种各样的价值观念、生活方式和意识形态以及不健康的内容，这对正处于形成世界观和人生观的关键时期的大学生造成极大的影响，如收到错误的信息影响，轻者会有错误的价值取向，严重的还会走向反面而走向违法犯罪的深渊。

(2) 互联网淡化人与人之间的交流。由于网络中人们的交往往往是人、机对话或以计算机为中介的交流，人们终日与计算机打交道，长期处于虚拟空间而缺乏有感情的人际交往，容易使人们趋向于孤立、自私和非社会化。当前，有部分学生因为在网上聊天占据了大部分时间，而现实生活的与人交流却少之又少，长此以往，造成了对现实的不适应和不融合。也有部分学生沉迷于网络游戏，难以自拔，造成成绩下降甚至学业荒废。

(3) 互联网的开放性和安全漏洞为网络犯罪提供了可能。在网络的使用中，有的大学生为了成为所谓的高手，效仿“黑客”，利用技术对重要网站进行攻击，还有的人为了炫耀，编制病毒在网上传播。1998 年由 24 岁的陈盈豪(ChenIng-Hal)编制 CIH 病毒，在每年的 4 月 26 日发作，估计全球有 6000 万台计算机受到破坏。

为了避免使用网络所带来的这些负面影响，我们要在网络使用中树立正确的道德规范，请记住以下的这 10 条戒律(选自“The Computer Ethic Institute”)。

① 不使用计算机对他人造成伤害。

② 不侵犯他人的计算机网络。

③ 不窥探他人的计算机文件。

④ 不使用计算机盗窃。

⑤ 不使用计算机作伪证。

⑥ 不复制或使用没有付费的有产权的软件。

⑦ 在没有经过允许或者没有适当补偿的情况下，不使用他人的计算机资源。

⑧ 不盗用他人的智力成果。

⑨ 考虑到所编写的程序或所设计的系统所产生的社会后果。

⑩ 始终以体谅和尊敬同事的态度使用计算机。

习 题

2.1 简要说明什么是进制，什么是二进制、八进制、十六进制。

2.2 一个完整的计算机系统由哪些部分构成？各部分之间关系如何？

2.3 把下面的数据分别转换为二进制、八进制、十六进制：

25,36.8,245.75,160,324,156,0.68,84,220,34.34

2.4 分别写出下面十进制数的原码，反码和补码：

25,－35,－50,－128,0,－80

2.5 简要说明计算机中的汉字编码方法。

2.6 简要说明键盘的布局。

2.7 计算机安全都包括哪些内容？

2.8 什么是计算机病毒？计算机病毒有哪些特征？怎样分类？

2.9 什么是蠕虫病毒？蠕虫病毒有哪些特点？

2.10 宏病毒和脚本病毒有什么区别？

第3章 操作系统

计算机只有在软件和硬件结合起来时才可以完成某种应用。但在纯粹的计算机硬件上,无论程序设计人员设计应用程序,还是普通用户使用应用程序都是非常困难的,这样造成的后果就是计算机的工作效率低下,使用范围受到极大的限制。因此需要在计算机上安装操作系统。操作系统在一定程度上代表了计算机技术的发展。由于它是直接安装在计算机硬件设备上的一种基础软件,是其它软件得以使用的前提和支持,所以在计算机科学领域里,操作系统具有举足轻重的基础作用。

3.1 操作系统概述

3.1.1 操作系统的分类发展

当计算机刚被发明出来时,人们没有操作系统的概念,那时处理程序全靠工作人员手动的设置开关和按键来完成。当有了冯·诺依曼的存储程序思想,操作系统也就顺理成章地被提出来,并逐渐发展。到现在为止,操作系统已经经历了单道批处理系统、多道批处理系统、分时系统、实时系统、微机操作系统、网络操作系统等几个发展过程。

1. 无操作系统时代

第一代计算机的大部分产品是没有操作系统的。整个计算机在人工操作的情况下,用户一个挨一个地轮流使用计算机。每个用户使用过程大致如下:先把手编的机器语言程序(二进制代码序列)穿成纸带或卡片,装到输入机上,然后将程序和数据输入到计算机,接着通过控制台开关启动程序运行。待计算完毕,用户拿走打印结果并卸下纸带或卡片。在这个过程中,装纸带,控制程序运行,卸纸带等操作都由人工完成,这样操作在早期的计算机中是可以容忍的。因为计算机本身计算所花掉的时间要比这些工作所花掉的时间多得多。到了晶体管时代,计算机硬件设备的性能以几十倍甚至上百倍的速度提高,使得手工操作的慢速与计算机运算的快速之间的矛盾成为不得不解决的问题。于是人们开始寻求不用人工干预就能实现计算的方法。这样就出现了成批处理的理论。批处理系统也就随之诞生了。

2. 单道批处理系统

单道批处理系统出现于20世纪50年代中期,它与晶体管计算机的出现相对应。其原理就是为了充分利用昂贵的计算机硬件资源,尽量减少人的干预,设计一个专门管理和调度用户作业且独立于用户程序的程序。这个程序称为监督程序。在计算机启动时首先装入监督程序,然后利用监督程序来管理和调度用户作业。这里的用户作业指的是用户要求计算机完成的工作(用户需要完成的程序)和运行用户程序的步骤。换句话说,就是用户程序和所需数据及运行用户程序的操作命令的集合。在单道批处理系统中,程序员只需把写有程序的磁带交给计算机管理员,由计算机管理员统一把写好的若干个用户的作业排队输入计算机,然后启动计算机,计算机就在监督程序的控制下按照输入的顺序和先入先出的原则对各个作业分别计算并输出结果。在运算过程中,监督程序首先从作业队列中取出一个作业,然后把这个作业调入内存,最后把控制权交给用户程序,由计算机运行用户程序,用户程序运行结束后再把控制权交还给监督程序,监督程序再次运行调入下一个作业,并运行该作业。如此反复运行直到所有作业都运行完毕为止。由于这种处理方式对作业是成批处理的,并且不管在什么时候内存中只保持一道作业,所以称为单道批处理系统。

单道批处理系统解决了每个作业在提交时所造成的硬件资源浪费,在一定程度上提高了计算机的使用效率。

3. 多道批处理系统

在计算机处理作业的程序时,时间消耗主要是CPU处理数据所用的时间和数据输入输出所用的时间。由于输入输出设备的速度比CPU的速度慢很多,这就造成单道批处理系统中CPU要经常处在闲置状态以等待输入输出设备把数据输入或输出。为解决这一问题。在20世纪60年代出现了多道批处理系统。

多道批处理系统的核心是一个调度程序,调度程序每次把若干个作业从作业队列中调入内存,并选择一个作业,将CPU资源分配给它,让它开始运行。若当前正在处理的作业要进行输入输出操作时,就释放对CPU资源的占有权,调度程序则再从其他调入内存的程序中重新选择一个作业来运行。这样在作业程序进行输入输出操作时CPU也不会闲置。这种系统由于在某一时段,CPU可同时处理多个作业,所以称为多道批处理系统。

4. 分时系统

多道批处理系统只适合于运行与用户交互很少的作业程序。交互是指作业程序在运行时与用户之间的数据输入与数据输出的过程,也叫人机交互。对于人机交互较多的作业程序来说,多道批处理系统的效率并不是很高。于是在20世纪60年代末期出现了分时系统。

分时系统的原理是把CPU的使用时间分成非常短的时间片,多个用户的程序可同时驻留在内存中,当轮到某个用户的程序使用CPU时,该程序能在限定的时间片内运行。当用户的时间片用完时,操作系统就暂停该用户程序的运行,并按某种策略调出内存中的另一个用户程序开始运行。直到下一次该用户获得时间片后,他的程序才可以继续运行,如此轮换直到程序运行结束。

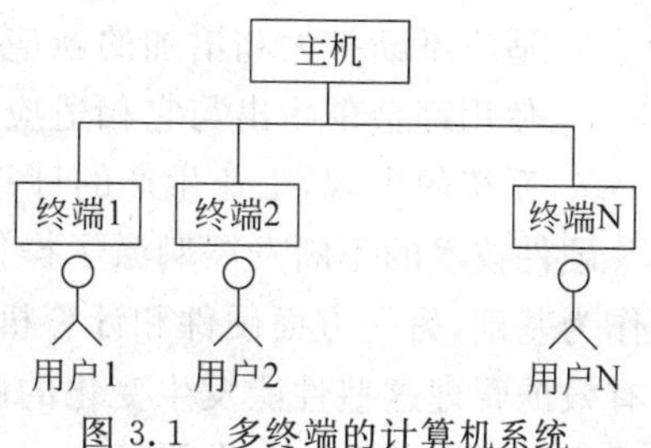

图 3.1 多终端的计算机系统

分时系统可以方便地为人机交互频繁的程序提供服务,当一个用户与计算机交互时不会独占 CPU,使其能够为其他用户服务,这样就大大提高了 CPU 的使用率。另外,由于 CPU 运算速度很快,时间片很短,使得每个用户都感觉不到等待时间。对于程序员来说,他们就像独自操纵计算机一样。一般来说,一个具有分时系统的计算机都会有很多终端供用户使用。如图 3.1 所示。

5. 实时系统

虽然多道批处理和分时系统能获得较为令人满意的资源利用率和用户响应时间,但计算机系统仍不能满足一些实时控制的要求。实时控制是指把计算机系统应用于生产过程的控制,如航天测控系统、生产线的测控系统等方面。这种应用要求计算机系统对所控制的参数变化及时采集,并且要马上做出正确的调整控制。为解决这一问题,20 世纪 70 年代初期出现了实时系统。

实时系统为保证数据处理的及时,一般都采用及时性和稳定性很高的计算机系统,并且有多个备份以免一个系统崩溃后整个实时系统瘫痪。

6. 微机操作系统

自从 IBM 公司的第一台 PC 诞生后,微型计算机有了极大的发展,与它相对应的微机操作系统也迅速发展起来,从单任务、单用户的 DOS 逐渐发展到多用户多任务并且具有图形界面的 Windows,其功能逐渐完善,已经成为当今个人用户所使用的操作系统的主流。

7. 网络操作系统

随着计算机网络的迅速发展,一种主要用在网络服务器上,为其他用户提供各种服务的多用户、多任务的操作系统逐渐发展完善起来,这就是网络操作系统。网络操作系统的主要任务是管理网络传输,管理网络用户的权限,使用户能够透明地共享网络资源。如 Novell 公司的 NetWare,微软公司的 Windows Server,SCO 公司的 SCO UNIX 等。

8. 其他操作系统

随着计算机硬件和软件技术的发展,为了满足各个领域更高的需求,从 20 世纪 70 年代中期至今,又发展出许多新的操作系统,如并行操作系统、分布式操作系统和嵌入式操作系统等。这些操作系统可以支持复杂应用环境下的系统管理和软件运行。

从 20 世纪 50 年代中期,第一个操作系统问世至今,60 多年来操作系统取得了重大进展。总结操作系统的发展过程可以看出,推动操作系统发展的主要有以下几个因素。

- 提高计算机资源利用率的需要。每种系统的推出都在一定程度上提高了硬件资源的利用率。
- 方便用户使用的需要。每种系统的推出都进一步简化用户的使用和操作。比如命令行界面的 DOS 到图形界面的 Windows 的变革。

• 适应不断扩大和增加的新应用方式和应用领域的需要。计算机在每种新领域里使用都会催生出与它相适应的操作系统。例如,计算机的平民化导致了微机操作系统的出现,工业生产的计算机化导致了实时系统的出现等。

硬件技术的不断发展刺激了操作系统的不断变革。操作系统的发展需要硬件技术发展作为基础,另一方面硬件和计算机体系结构的不断发展,也要求不断推出新的操作系统来有效的管理这些性能发生变化的硬件。比如网络的迅速发展催生了网络操作系统和分布式操作系统的诞生和发展等。

3.1.2 常用的操作系统

随着计算机硬件设备的长足发展,现在人们用的计算机设备除了大型机、中小型计算机和PC以外,还广泛使用一些智能设备,如智能手机、平板电脑等。这些设备由于不同的硬件结构,导致安装在这些设备上面的操作系统也互不相同。典型的有大型计算机和中小型计算机中使用的UNIX系统,在PC上常用的Windows系列操作系统,在智能手机和平板电脑上常用的Android系统、iOS、Symbian和Windows Phone等。

其中大型、中型和小型计算机的操作系统通常是由计算机硬件的生产厂商在用户购买相应的计算机硬件时作为产品的一部分由计算机生产厂商提供给用户。这些操作系统名称各异,但基本上均是以UNIX操作系统为原型开发,并使其针对各自厂商所设计的计算机硬件芯片和微命令做了一定程度的优化后开发出来的专门用于那些计算机设备的系统。

对于用在工业生产线上的工控机,由于这些设备的工作环境恶劣,工作时间长,需要完成的功能相对单一,所以在工控机上使用的操作系统通常有实时性、高可靠性、占用存储空间小等一系列要求。为了满足这些要求,在工控机上使用的操作系统通常是一些命令行界面的操作系统的简化版,如早期的51系列单片机作为核心的工控机中常常使用DOS操作系统的核心程序再辅以一些相应的应用程序作为工控机的操作系统,现在的工控机中逐渐使用FreeBSD系统的核心再辅以一些应用程序作为相应工控机上所使用的操作系统。

手机和平板电脑在近几年大行其道,因其重量轻、上网方便、易携带等特点,大有取代低端个人计算机和低端笔记本电脑的趋势。手机和平板电脑上使用的操作系统需要稳定,系统所占存储空间较少,对硬件要求低等特点。由于这部分产品的市场需求极大,所以各个生产厂商纷纷在推出自己的智能手机或平板电脑产品时,同步推出了与之相符的操作系统,其中尤以Symbian、Windows Phone、iOS、黑莓OS和Android表现抢眼。下面我们分别介绍一下这些手机操作系统。

1. Symbian系统

Symbian系统是塞班公司为手机而设计的操作系统。2008年12月2日,塞班公司被诺基亚公司收购,随后诺基亚手机与塞班系统捆绑销售。这个系统曾经占据了60%左右的手机市场,当时绝大部分用户使用的手机都是这个操作系统。很久以来,Symbian系统以人性化、操作方便著称,也有数十亿用户习惯了它的使用。尤其值得的一提的是,现在它已经是一个开放的系统，它得到大量的开发者的支持。然而，Symbian 是 2G 时代开发的系统，虽然面向智能手机时代，已经出了 S60，功能也越来越强大，但是它的底层架构还是存在一些问题，效率不是很高。

2. Windows Phone 系统

Windows Phone 系统是微软公司推出的移动设备用操作系统。在此之前，微软公司投入了很大精力在手机操作系统上，并想有所作为。Windows CE，Windows Mobile 一直到 Windows Phone。坦率地说，情况一直不太好，从来没有达到微软公司希望的份额，甚至未来有被挤垮的危险。出现这样的情况，最重要的一点，微软公司在手机操作系统上，一直没有形成突破性的思维，而是沿袭了 Windows 的思路，一方面这个系统臃肿，许多智能机一上就被拖慢，甚至被拖垮，用户体验不好，另一方面在用户界面的设计上，还是 Windows 多层菜单式，这完全不符合手机的特点。这方面可以说微软公司没有创新，只有守旧。Windows Phone 可圈点之处，就是和 PC 的同步非常强大，也比较方便。

3. iOS

iOS 是苹果公司专门为苹果系列产品开发的操作系统。它是基于 Linux 的操作系统，为智能手机专门开发的。它无论是在外观和设计，还是在操作系统效率和用户界面的都具有很多创新。我们都知道，iPhone 产品的硬件配置都不高，尤其是 CPU，无法和现在高端智能手机相比，但是它的稳定性和反应速度，却比很多的智能手机要好。其原因就是操作系统，这是一个架构简单，反应速度快，稳定性高的系统。它的出现，使智能手机操作的体验和感受发生了质的变化。而它的用户界面设计却革命性地打破了菜单与层级，用平铺式的多屏设计，把每一个应用都平铺在用户的面前，让用户能用最快的速度找到自己喜欢的应用。应该说，到目前为止，对于智能手机的理解，还是 iPhone 的系统做得较好。iPhone 最大的问题，就是 iPhone 系统是一个封闭的系统，只有苹果自己用这个产品，支持的手机非常少。

4. 黑莓 OS

这也是一个封闭的系统。Blackberry 产品最初出现时，并不是为了打电话，是为了收发电子邮件而研发，这个产品一开始就不是为了电话而生的，因此，它的目标是企业移动办公的一体化解决方案，这个系统也是一个智能化程度很高、架构适合智能手机的系统。这个系统一个最大的特点就是，它的立足点不是通信，而是一个企业移动办公的平台，有很多有针对性、商用质量很高的商业应用作为支持，而且它的安全性程度较高。对于高端商业人士而言，不仅可以方便快捷地进行商务处理，同时，很大程度上，它的可靠性是值得期待的。通过相当一段时间发展，黑莓手机已经成为了欧美地区，尤其是美国商务人士的标志。这些和它的稳定、具有安全性的操作系统有很大关系。黑莓也存在一个较为封闭的问题，它只是 Blackberry 手机才使用，而且如果它要开放，就失去了安全性和自己特有应用的价值。

5. Android 系统

Android 系统已经成为当前移动设备操作系统中的霸主，在智能手机和平板电脑市场上稳稳地站在第一的位置。这是一个充满了潜力的操作系统。首先，这是一个为智能手机开发的操作系统；其次，它是没有带着旧的思维定势的操作系统；最后，它是一个开放的操作系统。Android系统具有架构简洁，用户界面设计友好等特点，它基本采用了平铺式的结构，而不是采用层级菜单。它的核心开发者Google并不是手机制造商，这使Android系统兼容性更好，手机厂商使用这个系统，不会有心态上的压力。

总的来说，由于操作系统作为计算机硬件系统的第一层扩充，是和硬件结构和型号息息相关的，但是由于几乎全部的计算机和智能设备所采用的硬件体系结构均没有超出冯·诺伊曼体系结构的范畴，所以虽然不同设备所使用的操作系统有所不同，但大体结构仍然具有很多相通之处，比如都有文件管理模块、进程管理模块和界面等。

3.1.3 操作系统的功能

操作系统之所以能作为各种计算机必须配置的最基本系统软件，主要是因为它的功能。操作系统是以提高系统资源利用率和方便用户使用为其最高目标，也就是说，操作系统的功能主要有两大部分，硬件资源的管理，以及软件和用户接口界面的管理。为此，它的首要任务就是调度、分配系统资源，管理各个设备使之能够正常高效的运转，另外还要为用户提供一个友好的操作界面，使用户可以方便快捷地操作计算机。为达到这一目的，操作系统主要从以下5方面功能来设计。

(1) 处理机的管理。解决如何合理利用处理机时间和资源，使其最大限度的发挥作用，完成作业和进程。

(2) 存储器的管理。解决如何管理主存储器，合理调度和分配存储器空间，使之和处理机相匹配。

(3) 设备管理。主要解决如何把品种繁多、功能各异的设备连接到计算机上，并解决各种设备共同工作的不匹配问题。

(4) 文件管理。解决如何管理存在外存储器上的数据和信息，使之能够在需要的时候用最短的时间从海量外存中找到处理器所需要的数据。

(5) 作业管理。主要解决为多个作业共同处理时怎样分配处理机资源的问题。

3.1.4 处理机与内存的管理

1. 处理机相关概念

(1) **处理机**，是在计算机系统中能够独立处理程序作业或进程的硬件资源的总和。它一般包括CPU和部分存储器。

(2) **作业**，是用户提交给计算机系统的独立运行单位，它由用户程序(系统程序)及其所需的相关数据和命令组成。

(3) **进程**，指一个程序(或程序段)在给定的工作空间和数据集合上的一次执行过程。它是操作系统进行资源分配和调度一个独立单位。在某种意义上处理机的管理主要指的就是进程的调度与管理。

2. 处理机管理应考虑的问题

在计算机系统内最重要的资源是处理机,它是整个计算机的核心,任何操作最终都会在处理机中计算。所以如何使用处理机的运行时间,使之更有效率,是处理机管理的核心问题。总的来说,计算机操作系统中的处理机管理主要有两个因素决定,一是CPU的数量,二是处理机是否允许并发处理。因此通常依此将处理机的管理分为单处理机单任务模型、单处理机多任务模型和多处理机多任务模型三种。

通常情况下,处理机的管理主要考虑处理以下几个问题。

- 启动程序执行。将CPU交给用户程序使用。
- 处理程序结束工作。将CPU的使用权从用户手中收回。
- 提高对CPU的利用率实现并发技术。
- 向用户程序提供与CPU使用相关的用户界面接口。
- 在多CPU背景下使多个CPU共同协作运行所涉及的统一通信等功能。
- 进程、线程与作业的管理。
- 主存的管理应考虑的问题。

在任何计算机系统中仅次于CPU的资源就是主存。主存的存储调度一般应当和处理机结合起来,即只有当程序在主存中时,它才有可能到处理机上执行,而且仅当它可以到处理机上运行时才能把它调入主存。这种调度将能实现对主存的最有效的使用。在现代计算机系统中,通常采用多道程序同时处理的设计技术,这一技术要求存储管理具备以下功能。

(1) 存储分配和存储无关性。如果一个以上的用户程序在机器上运行,则它们的程序和数据都需要占用一定的空间。它们分别安置在主存的什么位置?各占多大空间?这就是存储分配问题。然而,程序员也希望摆脱存储地址、存储空间大小等细节问题。为此存储管理应提供"地址重定位"能力,也就是解决存储无关性问题。

(2) 存储保护。由于主存中可同时存放几道程序,为了防止某道程序干扰、破坏其他用户程序或系统程序,因此存储管理必须保证,每个用户程序只能访问他自己的存储空间而不能存取任何其他范围内的信息,这就是存储保护。

(3) 存储扩充。主存空间是计算机硬件系统中较为缺乏的资源之一,尤其是在多道程序运行的环境中,主存资源变得更加紧张。通常使用磁盘等辅助存储器去扩充主存空间。实现这一功能的软件技术称为"虚拟存储器"。

3.1.5 外存的管理和文件系统

外存储器(简称外存)也叫辅助存储器,主要负责存放长期保存的数据和程序。因此,外存一般存储容量很大,有海量存储器之称,但存取速度较慢。存储介质一般使用硬盘、光盘、磁带、U盘等。它们共同构成计算机存储层次中的最外层。操作系统的外存管理功能主要是按照某种规则把大量的数据分类存储在外存上,并在用户需要时能够帮助用户从存储空间中,迅速、高效、准确地找到用户所要使用的程序和数据并且把它们调入内存供处理器处理。为理解该功能的实现方法,主要要了解以下几方面知识。

1. 外存管理应满足的要求

• 用户在存取(读/写)外存上的数据时不必关心数据在外存上的具体物理存储位置。

• 存取速度尽可能快。

• 外存上存放的信息安全可靠。

• 可以方便地共享、动态地扩充、拆卸、携带、了解存储情况和使用情况等。

为完成以上任务,通常的做法是把需要存储的数据按照其关联性打包后,再根据某一规则统一存储。这样对于计算机就有规矩可循,问题就容易解决了。

2. 文件的概念及命名

(1) **文件**。我们把用统一的名字命名的一个相关数据的集合称为文件。

(2) **文件名**。每个文件都有一个名称,称为文件名,文件名一般由主文件名和扩展名两部分组成,主文件名和扩展名之间由分隔符“.”分隔。其中主文件名就像我们的名字,而扩展名就像我们的姓,它主要表示文件的类型。如“ABC.EXE”就是一个合法的文件名,其中“ABC”是主文件名,“EXE”是扩展名。

(3) **目录**。在具有图形界面的操作系统中也称为文件夹,是具有名称的文件的容器。在目录中可以存放若干个文件或其他目录。

(4) **文件的命名规则**。通常不同种类的操作系统其文件的命名规则也不尽相同,但大部分的操作系统都支持长文件名命名法。即主文件名和扩展名可以由中文、英文和特殊符号等任意字符构成(只要其中不包含少量的系统保留符号如“/ \ : * ? “ ＜ ＞ | ”等就可以了)。Windows 8 的文件名(包含文件名所在的路径)最长可以由 255 个字符组成,并且文件名中可以使用多个分隔符“.”,文件名中可以使用空格,如“a.doc”,“123.张三”,“china.shang hai.shen yang”都是合法的文件名。由于扩展名用来表示文件的类型,所以一般都采用一些约定俗成的字符组合来作为文件的扩展名。这些扩展名已经在全世界广泛使用多年。表 3.1 列出了一些常用文件的扩展名,当我们使用他人的文件时,通过扩展名很容易知道使用什么程序才能打开该文件。

表 3.1 文件扩展名类型表

文件类型	扩展名	文件类型	扩展名	文件类型	扩展名
文档文件	docx	数据表文件	dbf	Flash 动画文件	swf
应用程序文件	exe	数据库文件	dbc	数据文件	dat
命令文件	com	日志文件	log	动画文件	avi
文本文件	txt	Java 程序文件	java	Mp3 音乐文件	mp3
C 程序文件	c	字节码文件	class	图标文件	ico
演示文稿文件	ppt	目标文件	obj	压缩图片文件	jpg
工作簿文件	xlsx	汇编语言程序	asm	网页文件	html

3. 文件系统及其相关概念

文件系统。是对大量文件按照某一规则进行管理的方法、规则以及涉及的文件的总和。

操作系统对外存的管理其主要任务就是对文件系统的管理。对文件系统的管理,大部分的操作系统采用的都是多级树形目录文件系统管理方法。该方法的具体做法如图 3.2 所示。

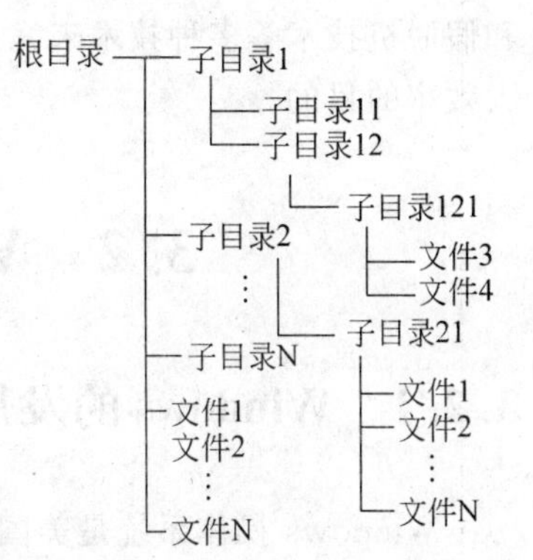

图 3.2 多级目录文件系统结构示意图

操作系统把数据以文件的形式存储,并且建立把文件在外存上的实际物理存储位置和逻辑存储位置的对应表(文件分配表 FAT),以达到用户在存取外存上的数据时不必关心数据在外存上的具体物理存储位置的目的。操作系统在逻辑上认为所有外存储器具有一个或多个根目录。每个根目录就是寻找文件的起点。每个根目录中可以存放若干个子目录和文件,在子目录中又可以存放若干个子目录和文件。在多级目录存储的过程中,在同一个目录下的文件和目录我们称它们处在同一级。如图 3.2 所示,根目录是第 0 级,子目录 1、子目录 2 和文件 1 等处在第 1 级,子目录 11 等处在第 2 级,依次类推。同一个子目录下的文件名和子目录名不可以相同,比如,在根目录下不可以有两个"文件 1"。不同子目录下的文件和目录名可以相同,比如子目录 21 下的"文件 1"和"文件 2"与根目录下的"文件 1"和"文件 2"名称就可以相同。不同的操作系统对一个目录下面可以有多少级有不同的规定。

根据以上的存储方法,用户若要使用某个文件,只需告诉计算机该文件在哪个根目录下的哪个子目录下,操作系统就可以根据用户所指出的存储位置自动找到该文件。有了这种多级目录的文件系统,不管有多少数据或文件,只要知道它的存储位置就能够很快的找到该文件,这样对海量数据的管理也就很简单了。

路径。在多级树形文件系统中,说明文件位置的从某个目录到目标文件或目录所经过的子目录的名称序列称为路径。

绝对路径。如果路径的起点是根目录,就称这种路径为绝对路径。

相对路径。如果路径的起点是用户正在操作的文件所在的目录,就称为相对路径。

当前目录。用户正在操作的文件所在的目录称为当前目录或当前文件夹。

当前盘。用户正在操作的文件所在的磁盘称为当前盘。

3.1.6 设备管理

在计算机硬件中,除 CPU 和主存储器以外的所有其他设备都称其为外部设备,简称外设。当前的计算机系统中外部设备种类越来越多,这就使操作系统的设备管理变得更加复杂。外部设备虽然种类繁多,但它们都是在主机的控制下进行工作的。一般来说,设备管理的主要任务是设备驱动程序的安装与卸载,设备使用时的调度,设备的监测和自动维护等任务。

对于外部设备驱动程序的安装与卸载,操作系统主要通过管理不同的设备驱动程序来实现。对于设备使用时的调度功能,操作系统通常采用中断技术、通道技术、缓冲技术和假脱机技术等多种技术来完成。通过这些技术达到多个外设备共同使用并发挥它们最大效率的目的。

3.2 Windows 操作系统概述

3.2.1 Windows 的发展与版本

Windows 操作系统是美国微软公司继 DOS(Disk Operation System,磁盘操作系统)后开发的基于图形界面的窗口式操作系统。由于其简单的操作方式、友好的图形窗口和操作界面以及强大的系统功能,目前已经成为微型计算机领域广泛使用的主流操作系统。从 1983 年微软推出 Windows1.0 开始,微软公司陆续推出了不同的 Windows 版本、以适合不同时期不同应用环境的微型计算机操作系统。具体发展情况见表 3.2。

表 3.2 微软公司操作系统发展表

操作系统名称	推出时间	说　明
DOS1.0	1981 年	与 IBM PC 捆绑销售
DOS3.3	1987 年	较成功的支持其他语言字符集的版本
DOS5.0	1991 年	开始具有扩展内存管理功能
DOS6.2	1993 年	出现早期的图形界面,功能完善
Windows1.0	1985 年	不成功的图形界面产品
Windows3.2	1994 年	第一个有中文版的 Windows
Windows NT 3.1	1993 年	基于 OS/2 NT 编写的服务器产品
Windows 95	1995 年	非常成功的独立图形界面操作系统
Windows NT4.0	1996 年	较完善的图形界面服务器产品
Windows 98	1998 年	开始与 IE 捆绑销售
Windows ME	2000 年	完全去除 DOS 影响的版本
Windows2000	2000 年	完善的多版本网络操作系统
Windows XP	2001 年	使用 NT 内核的微机操作系统
Windows Server 2003	2003 年	Windows XP 界面的网络服务器操作系统
Windows Vista	2007 年	新一代 Windows 操作系统的过渡产品
Windows 7 系列	2009 年	稳定的 Vista 结构操作系统
Windows 8 系列	2012 年	除了适用于 PC 外,还兼容平板电脑

Windows 8 系列操作系统作为现在主流的 Windows 操作系统,根据用户对象的不同分为 4 个版本:Windows 8(标准版)、Windows 8 Professional(专业版)、Windows 8 RT(ARM 版)和 Windows 8 Enterprise(企业版)。各个版本的特点如下。

(1) Windows 8:普通版面向普通消费者用户,包含 32 位版和 64 位版两种子版本。

(2) Windows 8 Professional:专业版是面向技术爱好者和企业/技术人员,在标准版的功能上增加了加密、虚拟化等专业功能。

(3) Windows 8 RT:Windows RT 版仅有 32 位版,它是专用于平板的,无法单独购买，只能预装在采用 ARM 架构处理器的 PC 和平板电脑中。

(4) Windows 8 Enterprise：企业版是面向企业用户，它在包含专业版功能的基础上新增了包括 Windows To Go 等在内的企业相关功能。

另外，32 位版本和 64 位版本没有外观或者功能上的区别，但是内在有一点不同。64 位版本支持 16GB 或者 192GB 内存，而 32 位版本只能支持最大 4GB 内存。目前所有新的和较新的 CPU 都是 64 位兼容的，可以使用 64 位版本。

总之，Windows 8 进行了 Windows 95 以来的最大创新，除了沿承传统 PC 操作系统功能外，还增加了多点触控操作模式及支持 ARM 架构以适配平板电脑，是微软公司进入移动设备操作系统的排头兵。在后续章节的说明中，将以 Windows 8 Professional 版为例介绍 Windows 系列的系统软件。

3.2.2 Windows 的运行环境、启动与退出

Windows 8 操作系统虽然对系统硬件要求较高，但其运行速度和以往的 Windows 7 系统相比速度有了很大的提升。下面就 Windows 8 的运行环境和系统的启动与退出方法进行简要的说明。

1. Windows 8 的运行环境

Windows 8 作为一种图形界面的操作系统，其能够运行的硬件环境要求相对较高。具体要求如下。

- CPU：1GHz 或更快。
- 内存：1GB RAM(32 位)或 2GB RAM(64 位)及以上。
- 硬盘：16GB(32 位)或 20GB(64 位)。
- 显卡：带有 WDDM 驱动程序的 Microsoft DirectX 9 图形设备。

2. Windows 8 的启动

在计算机上安装好 Windows 8 后，只要打开计算机电源系统就会自动启动，这种启动方式称为加电启动。另外，如果在使用某些软件遇到死机的情况，可以通过按机箱上的 Reset 键使 Windows 8 重新启动。系统启动时，首先执行系统自检模块，然后引导系统到系统锁屏画面如图 3.3 所示。

用户用鼠标单击锁屏画面，系统翻开锁屏画面显示出登录界面如图 3.4 所示。

图 3.3　系统锁屏画面

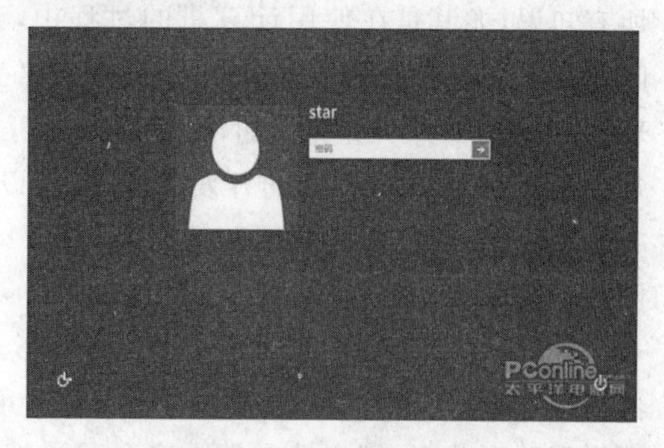

图 3.4　系统登录界面

用户用鼠标单击一下用户名图标，在密码文本框中输入登录密码，单击“→”按钮将显示开始屏幕如图 3.5 所示，并把控制权交给用户。Windows 8 的开始屏幕相当于以前 Windows 版本的开始菜单，用户可以通过鼠标单击开始屏幕上的任何图标来运行相应的应用程序。

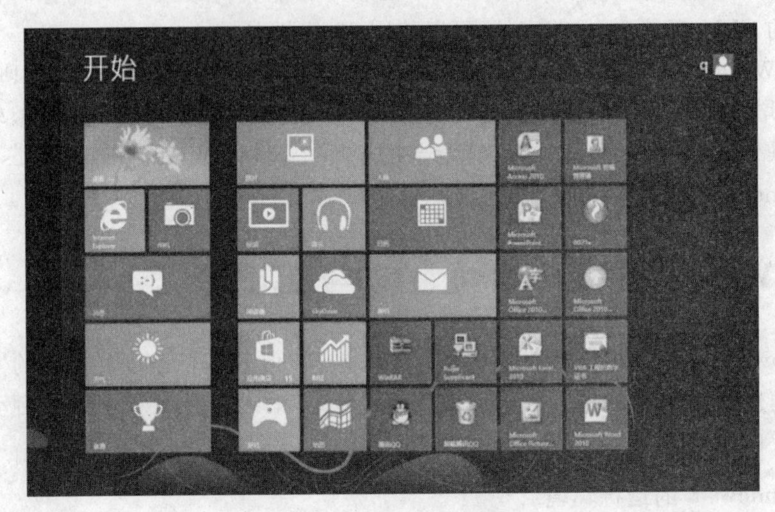

图 3.5　系统开始屏幕

3. Windows 8 的退出

由于 Windows 8 将开始菜单取消，因此很多用户习惯地点击“开始|关机”操作就无法进行了，但旧有的快捷键组合 Alt＋F4 依旧有效，并且是最便捷的关机方法。如果用鼠标，具体操作是用鼠标指针指向屏幕的右上角（唤出超级按钮），然后单击“设置”，选择“电源”，然后在快捷菜单中选择“关机”。

或者按 Ctrl＋Alt＋Delete 组合键，然后单击右下角“关机”按钮，如图 3.6 所示。

图 3.6　关机界面

4. Windows 8 的帮助

在学习计算机的过程中，不可能在书本上获得所有知识，尤其是在使用计算机的过程中，有一个随时放在手边以备查阅的帮助文档是非常必要的。在 Windows 8 中有一套完善的帮助系统，它可以在用户操作时随时为用户提供帮助。这套帮助系统是 Windows 8 的开发者所写，所以最具有权威性和可操作性。打开帮助系统的方法很简单，在任何需要帮助的时候，按 F1 键可以打开帮助系统获取帮助，帮助窗口如图 3.7 所示。

Windows 帮助系统采用搜索引擎的形式。在帮助系统中含有联机帮助和脱机帮助两种搜索形式。用户可以选择图 3.7 左下角的联机帮助和脱机帮助选择菜单来选择。在联机帮助形式下，用户搜索的内容会通过搜索引擎在 Internet 网络中搜索相关问题的答

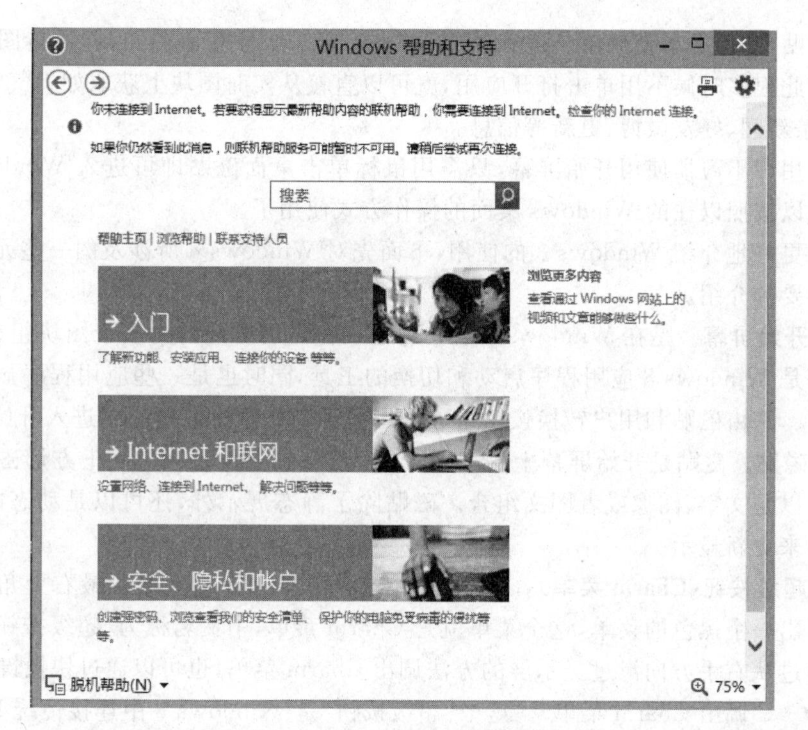

图 3.7 Windows 帮助和支持

案，由于网络内容的自治性，所以搜索结果是不确定的，同时搜索的结果也不保证正确。在脱机帮助形式下，系统会根据用户搜索的问题在计算机内部查找相关答案，这部分答案是 Windows 系统的编写者编写的，其内容的正确性可以保证。

3.2.3 Windows 的界面与基本概念

1. 对 Windows 8 界面的认识

由于为了适用于平板电脑，Windows 8 的界面布局和使用方法与以往的 Windows 产品有明显的区别，但是为了向下兼容，Windows 8 保留了以往 Windows 版本的桌面操作方式。

用户在开机后，首先看到锁屏画面，锁屏是在锁定计算机时，以及重新启动设备或从睡眠状态唤醒它时显示的屏幕。它是一个用户可自定义的界面，既可传达信息，又可保护计算机不被未授权使用。Windows 8 启动之后，用户最先看到的就是锁屏界面，之后才是登录。以后每次系统启动、注销、切换用户及登录的时候这个锁屏界面就会出现。之后如果是 PC 用户，直接单击鼠标或敲击空格键即可，如果是触摸屏设备直接手指一扫即可。

打开锁屏界面后进入登录界面，如图 3.4 所示，登录后才看到 Windows 8 的开始屏幕(Metro 界面)，如图 3.5 所示。

Windows 8 中开始屏幕不仅仅是开始菜单的替代品，它占据了整个屏幕，取代了以前的桌面和开始菜单，成为一个强大的应用程序启动和切换工具，一个提供通知、可自定义、功能强大的动态界面。在开始屏幕中一个个图块不再是简单的静态图标，而是实时动态更新的磁贴，开始屏幕使用单个进程从 Windows 通知服务获取通知，并保持图块的最新状态。因此很多时候不用单击打开应用，就可以直接从实时图块上获取如天气情况、股票报价、头条新闻、好友微博、更新等信息。

如果用户不习惯使用开始屏幕，只需用鼠标单击桌面磁贴即可进入 Windows 桌面，这样就可以按照以往的 Windows 桌面的操作方式使用了。

为了更好地介绍 Windows 8 的使用，下面先对 Windows 8 所涉及的一些元素和概念做一个简要的介绍。

(1) **开始屏幕**。是在 Windows 8 启动后输入密码后看到的由多个图块组成的屏幕。开始屏幕是 Windows 8 应用程序启动和切换的工具，同时也是一些应用程序显示简单信息的界面。它由磁贴和用户转换按钮组成。用户可以通过按下⊞随时进入开始屏幕。

(2) **磁贴**。磁贴是开始屏幕上的表示形式，磁贴具有两种尺寸：正方形磁贴和宽磁贴。它可以是文字、图像或者图文组合。磁贴除了静态展示外，还可以是动态的，它可以通过通知来更新显示。

(3) **超级按钮(Charm 菜单)**。在 Windows 8 中将鼠标移至屏幕最右上角或最右下角会显示出一个黑色的菜单，这个菜单就是 Charm 菜单，中文名称为“超级按钮”(触摸屏用户可通过从右手方向滑过显示屏的方法调出 Charm 菜单，也可以通过快捷键 Windows 徽标键⊞+C 调出 Charm 菜单)。这个“超级按钮”是 Windows 8 中连接传统 PC 桌面和新的 Windows 8 UI 平板界面的桥梁。“超级按钮”上有 5 个菜单“搜索、共享、开始、设备、设置”，每一个都承担着不可或缺的功能。

- 搜索。允许用户搜索这个操作系统或者所有的应用程序。如果位于某应用程序中，单击“搜索”默认搜索当前应用，更多内容请详见后面的“搜索”介绍(Windows 徽标键⊞+Q)。
- 共享。允许用户与其他人或应用共享应用中的内容，并接收共享的内容(Windows 徽标键+H)。
- 开始。单击返回到开始屏幕，等同于 Windows 键(Windows 徽标键⊞+C)。
- 设备。允许用户欣赏从应用中流式传输到家庭网络中的其他设备的音频、视频或图像(Windows 徽标键⊞+K)。
- 设置。显示当前所在界面的应用设置以及系统的网路连接、音量、电源选项和键盘语言设置等(Windows 徽标键⊞+L)。

(4) **桌面**。桌面是打开计算机并登录到 Windows 之后单击桌面磁贴后看到的主屏幕区域。就像实际的桌面一样，它是用户工作的平台。打开程序或文件夹时，它们便会出现在桌面上。桌面上可以存放用户经常用到的应用程序和文件夹图标，用户可以根据自己的需要在桌面上添加各种快捷图标，在使用时双击图标就能够快速启动相应的程序或文件。通过桌面，用户可以有效地管理自己的计算机，与以往任何版本的 Windows 相比，Windows 8 桌面更简洁。它仅包括任务栏和回收站图标。任务栏位于屏幕的底部，显示正在运行的程序，并可以在它们之间进行切换。

(5) **图标**。图标是代表文件、文件夹、程序和其他项目的小图片，它包含图形、说明文字两部分。双击图标可以打开相应的内容。图标按照它所连接的源程序不同可以分为应用程序图标、快捷方式图标、文件夹图标和文档图标四种。通常在桌面只有一个“回收站”图标。在回收站中暂时存放着用户已经删除的文件或文件夹等一些信息，只要用户还没有清空回收站，就可以从中还原删除的文件或文件夹。

(6) **任务栏**。任务栏是位于桌面最下方的一个小长条如图 3.8 所示。它由桌面应用按钮区和通知区域两个主要部分组成。

图 3.8　任务栏

- 桌面应用区：显示用户设定的固定到任务栏的应用程序按钮。这些应用程序按钮在没有运行时是扁平显示的，在运行后显示出一定的立体形式，如图 3.8 所示。在任务栏中，用户可以对不同的应用程序进行快速切换。
- 通知区域：包括时钟以及一些告知特定程序和计算机设置状态的图标(小图片)。在通知区域中包括语言栏、时钟、声音和显示桌面按钮等。

2. Windows 8 中常用的基本概念

在 Windows 8 中除了可以在桌面上看到的一些元素外，还有一些其它的重要元素。比如窗口、菜单、对话框、对象等。

(1) **对象**。在 Windows 8 中用户所能看到的所有东西都可称为对象，比如说桌面就是对象，图标也是对象，当然，窗口、工具栏、文字、图片、文件等都是对象。

(2) **属性**。对象的特征成为对象的属性，桌面对象的背景图案就是桌面对象的属性，文字的大小、颜色等就是文字对象的属性。其实对 Windows 的操作主要就是改变 Windows 各个对象的属性而已。

(3) **窗口**。窗口是在图形界面中常见的一种对象。当用户打开一个文件或者是应用程序时，都会出现一个矩形区域这就是窗口。窗口是用户进行操作时的重要组成部分，它一般由标题栏、菜单栏和工具栏等几部分组成，如图 3.9 所示。下面对窗口的主要组成部分进行简单介绍。

① 导航窗格：使用导航窗格可以访问库、文件夹、保存的搜索结果，甚至可以访问整个硬盘。使用“收藏夹”部分可以打开最常用的文件夹和搜索；使用“库”部分可以访问库。还可以展开“计算机”文件夹来浏览文件夹和子文件夹。

② “后退”和“前进”按钮：使用“后退”按钮 和“前进”按钮，可以导航至已打开的其他文件夹或库，而无须关闭当前窗口。这些按钮可与地址栏一起使用。例如，使用地址栏更改文件夹后，可以使用“后退”按钮返回到上一文件夹。

③ 工具栏：使用工具栏可以执行一些常见任务，如更改文件和文件夹的外观，将文件刻录到 CD 或启动数字图片的幻灯片放映。工具栏的按钮可更改为仅显示相关的任务。例如，如果单击图片文件，则此时工具栏显示的按钮与单击音乐文件时不同。

④ 地址栏：使用地址栏可以导航至不同的文件夹或库，或返回上一文件夹或库。

⑤ 库窗格：仅当用户在某个库(例如文档库)中时，库窗格才会出现。使用库窗格可

图 3.9 Windows 8 中的窗口

自定义库或按不同的属性排列文件。

⑥ 列标题：使用列标题可以更改文件列表中文件的整理方式。例如，可以单击列标题的左侧以更改显示文件和文件夹的顺序，也可以单击右侧以采用不同的方法筛选文件(注意，只有在“详细信息”视图中才有列标题)。

⑦ 文件列表：此为显示当前文件夹或库内容的位置。如果通过在搜索框中输入内容来查找文件，则仅显示与当前视图相匹配的文件(包括子文件夹中的文件)。

⑧ 搜索框：在搜索框中输入词或短语可查找当前文件夹或库中的项。一开始输入内容，搜索就开始了。因此，例如，当输入“B”时，所有名称以字母 B 开头的文件都将显示在文件列表中。

⑨ 信息栏：可以查看与选定文件关联的最常见属性。文件属性是关于文件的信息，如作者、上一次更改文件的日期，以及可能已添加到文件的所有描述性标记。

窗口按它所表示的意义可以分为应用程序窗口和文件夹窗口两类。应用程序窗口是执行一个应用程序时系统打开的窗口，文件夹窗口是在打开“计算机”或其他文件夹时系统打开的窗口。

(4) **菜单**。在使用 Windows 系统时我们使用的最多的就是菜单。菜单中一般会有很多选项，这些选项都是用来创建、删除某个或某些 Windows 对象或改变某个(某些) Windows 对象的属性的，用户可以通过鼠标或键盘操作打开菜单并选择需要的选项。菜单按其特性可以分为以下几种。

① 开始菜单：Windows 8.1 为了和以前版本兼容增加了开始菜单功能，用户使用鼠

标单击开始菜单按钮打开的菜单。在用户操作过程中，要通过它打开大多数的应用程序。

② 下拉菜单：用户在打开应用程序窗口后，通常窗口上方都会有下拉菜单，用鼠标单击可以打开或选中，也可以通过按 Alt＋菜单项后面的字母来打开下拉菜单。

③ 快捷菜单：用户在选定某个对象后，单击鼠标右键所打开的菜单，如图 3.10 所示，菜单中一般是针对该对象的常用操作选项。

④ 控制菜单：用户用鼠标单击窗口左上角的控制菜单栏所打开的菜单，是用来控制窗口大小、位置和状态的菜单，在 Windows 8 中所有的控制菜单都相似，如图 3.11 所示。

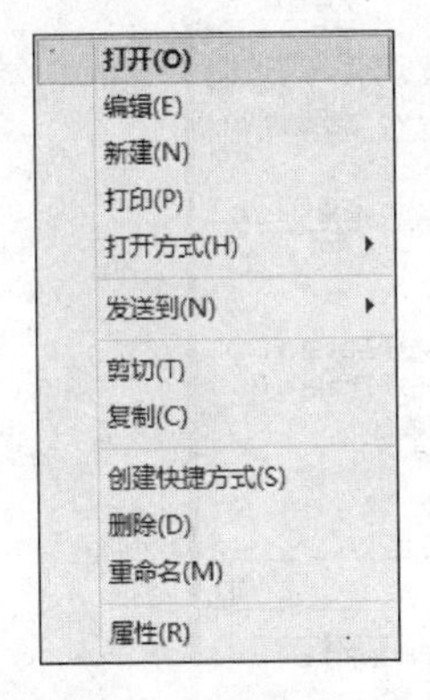

图 3.10　快捷菜单

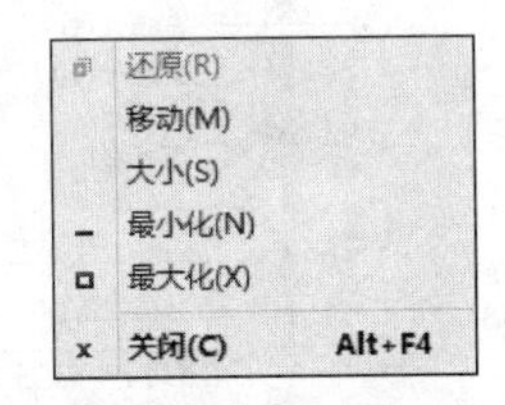

图 3.11　控制菜单

⑤ 级联菜单：在打开某菜单时，如果某个选项功能比较复杂，可以在该选项后看到一个“▶”，用鼠标指针放在该选项上系统会再打开一个菜单，这种菜单称为级联菜单。

⑥ Charm 菜单：在 Windows 8 中将鼠标移至屏幕最右上角或最右下角会显示出一个黑色的菜单，这个菜单就是 Charm 菜单，也叫“超级按钮”，如图 3.12 所示。

图 3.12　Charm 菜单

(5) **对话框**。对话框在 Windows 8 中占有重要的地位，是用户与计算机系统之间进行信息交流的窗口，在对话框中用户通过选项选择，对系统进行对象属性的修改和设置。一般来说，对话框的组成和窗口有相似之处，例如都有标题栏，但对话框要比窗口更简洁、更直观、更侧重于与用户的交流，它一般包含有标题栏、选项卡与标签、文本框、列表框、命令按钮、单选按钮和复选框等几部分，如图 3.13 所示。对话框的各部分说明如下。

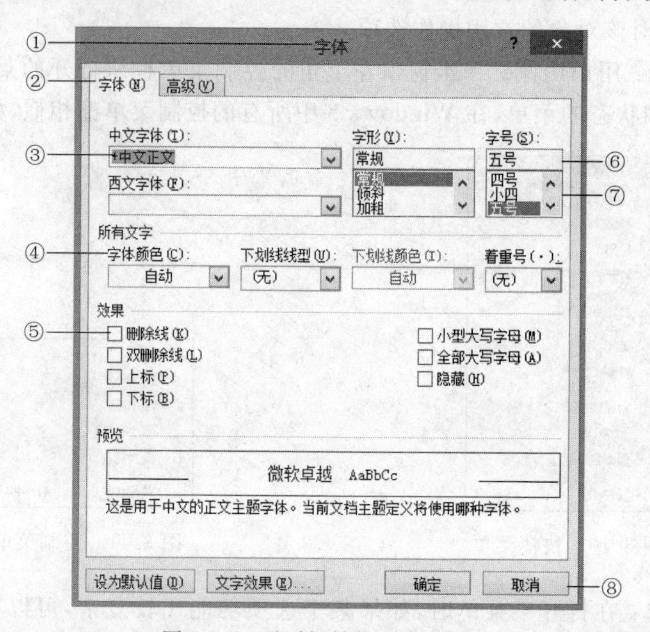

图 3.13 对话框结构示意图(1)

① 标题栏：位于对话框的最上方，系统默认的是深蓝色，标题栏的左侧标明了该对话框的名称，右侧有关闭按钮，有的对话框还有帮助按钮。

② 选项卡：在系统中有很多对话框都是由多个选项卡构成的，用户可以通过各个选项卡之间的切换来查看不同的内容，在选项卡中通常有不同的选项组。

③ 下拉列表框：通常只显示一个选项，用户通过单击选项右边的向下箭头▾列出多个选项供用户选择。

④ 标签：用于显示说明提示性信息的文字。

⑤ 复选框：它通常是一个小正方形，在其后面也有相关的文字说明，当用户选择后，在正方形中间会出现一个√或×标志，它是可以任意选择的。

⑥ 文本框：在有的对话框中需要用户手动输入某项内容，还可以对各种输入内容进行修改和删除操作。

⑦ 列表框：有的对话框在选项组下已经列出了众多的选项，用户可以从中选取，但是通常不能更改。

⑧ 命令按钮：它是指在对话框中圆角矩形并且带有文字的按钮，常用的有“确定”、“应用”、“取消”等等。

⑨ 单选按钮：它通常是一个小圆形，其后面有相关的文字说明，当选中后，在圆形中间会出现一个小圆点，在对话框中通常是一个选项组中包含多个单选按钮，当选中其中一

个后，别的选项是不可以选的，如图 3.14 所示。

⑩ 微调按钮：对话框中用来调节数字的按钮，它由向上和向下两个箭头组成，用户在使用时分别单击箭头即可增加或减少数字，如图 3.14 所示。

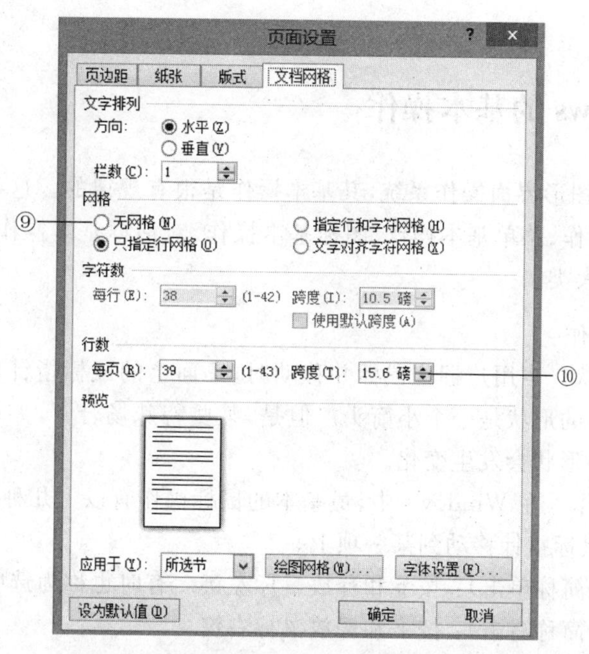

图 3.14 对话框示意图(2)

Windows 中的对话框按操作特性可以分成模式对话框和非模式对话框两类。

- 模式对话框：指打开对话框后只允许用户对对话框上的对象操作，不允用户同时操作对话框所在的窗口的其他对象。直到对话框关闭后为止。
- 非模式对话框：指打开对话框后允许用户对对话框上的对象操作，也允用户同时操作对话框所在的窗口的其他对象。

(6) **Ribbon 界面(功能区用户界面)**。Ribbon 是一种以皮肤及标签页为架构的用户界面如图 3.15 所示。Ribbon 界面最早出现在 Microsoft Office 2007 的 Word、Excel 和 PowerPoint 等中，后来也被运用到 Windows 系统的一些附加组件等其它软件中，如画图和写字板，以及 Windows 8 Preview 版中的资源管理器。Ribbon 界面替代的是传统的菜单栏、工具栏和下拉菜单，它将相关的选项组成在一组，将最常用的命令放到资源管理器

图 3.15 Ribbon 界面

用户界面的最突出位置，用户可以更轻松地找到并使用这些功能，并减少鼠标的单击次数，总体来说比起之前的下拉菜单效率要高上很多。例如，文件管理器主菜单中提供了核心的文件管理功能，包括复制、粘贴、删除、恢复、剪切、属性等。这些功能占用户日常操作的大部分。

3.2.4　Windows的基本操作

Windows作为图形界面操作系统，其基本操作是很有规律的。这些操作分为鼠标基本操作、窗口基本操作、菜单基本操作、图标基本操作、对话框基本操作、桌面基本和任务栏的设置与操作七大类。

1. 鼠标基本操作

鼠标指针的形状。当用户握住鼠标并移动时，桌面上的鼠标指针就会随之移动。正常情况下，鼠标指针的形状是一个小箭头。但是，某些特殊场合下，如鼠标指针位于窗口边沿时，鼠标指针的形状会发生变化。

鼠标的基本操作。在Windows中，最基本的鼠标操作有以下几种。

(1) 指向：将鼠标指针移动到某一项上。

(2) 单击左键(简称单击)：按下和释放鼠标左键。有时也称为选中。

(3) 单击右键(简称右击)：按下和释放鼠标右键。

(4) 双击：快速按下、释放、按下和释放鼠标左键，即连续两次单击。

(5) 拖动(拖曳)：按住鼠标左键并移动鼠标到目的地，释放鼠标。

(6) 三击：连续快速按下并释放鼠标左键三次。

2. 窗口基本操作

窗口操作在Windows系统中是很重要的，不但可以通过鼠标使用窗口上的各种命令来操作，而且可以通过键盘来使用快捷键操作。基本的操作包括打开、缩放、移动等等。

(1) **打开窗口**。当需要打开一个窗口时，可以通过下面三种方式来实现。

① 选中要打开的窗口图标，然后双击打开。

② 选中要打开的窗口图标，然后按回车键。

③ 在选中的图标上右击，在其快捷菜单中选择“打开”命令。

(2) **移动窗口**。用户在打开一个窗口后，不但可以通过鼠标来移动窗口，而且可以通过鼠标和键盘的配合来完成。移动窗口时用户只需要在标题栏上按下鼠标左键拖动，移动到合适的位置后再松开，即可完成移动的操作。用户如果需要精确地移动窗口，可以在标题栏上右击，在打开的快捷菜单中选择“移动”命令，当屏幕上出现“✥”标志时，再通过按键盘上的方向键来移动，到合适的位置后用鼠标单击或者按回车键确认。

(3) **缩放窗口**。窗口不但可以移动到桌面上的任何位置，而且还可以随意改变大小将其调整到合适的尺寸。

当用户只需要改变窗口的宽度时，可把鼠标放在窗口的垂直边框上，当鼠标指针变成双向的箭头时，可以任意拖动。如果只需要改变窗口的高度时，可以把鼠标放在水平边框上，当指针变成双向箭头时进行拖动。当需要对窗口进行等比缩放时，可以把鼠标放在边框的任意角上进行拖动。

用户也可以用鼠标和键盘的配合来完成，在标题栏上右击，在打开的快捷菜单中选择“大小”命令，屏幕上出现“✥”标志时，通过键盘上的方向键来调整窗口的高度和宽度，调整至合适位置时，用鼠标单击或者按回车键结束。

(4) **最大化、最小化窗口**。当用户在对窗口进行操作的过程中，可以根据自己的需要，使窗口最小化、最大化等。

① 最小化按钮：暂时不需要对窗口操作时，可把它最小化以节省桌面空间，用户直接在标题栏上单击此按钮，窗口会以按钮的形式缩小到任务栏。

② 最大化按钮：窗口最大化时铺满整个桌面，这时不能再移动或者是缩放窗口。用户在标题栏上单击此按钮即可使窗口最大化。

③ 还原按钮：当把窗口最大化后想恢复原来打开时的初始状态，单击此按钮即可实现对窗口的还原。

用户在标题栏上双击可以进行最大化与还原两种状态的切换。每个窗口标题栏的左方都会有一个表示当前程序或者文件特征的控制菜单按钮，单击即可打开控制菜单，它与在标题栏上右击所弹出的快捷菜单的内容是一样的，如图 3.11 所示。用户也可以通过快捷键来完成以上的操作。按 Alt＋空格键来打开控制菜单，然后根据菜单中的提示，在键盘上输入相应的字母，比如最小化输入字母“N”，通过这种方式可以快速完成相应的操作。

(5) **切换窗口**。当用户打开多个窗口时，需要在各个窗口之间进行切换，下面是几种切换的方式。

① 当窗口处于最小化状态时，用户在任务栏上选择所要操作窗口的按钮，然后单击即可完成切换。当窗口处于非最小化状态时，可以在所选窗口的任意位置单击，当标题栏的颜色变深时，表明完成对窗口的切换。

② 用 Alt＋Tab 组合键来完成切换，用户可以在键盘上同时按下 Alt 和 Tab 两个键，屏幕上会出现切换任务栏，在其中列出了当前正在运行的窗口，用户这时可以按住 Alt 键不放，然后再按 Tab 键从“切换任务栏”中选择所要打开的窗口，选中后再松开两个键，选择的窗口即可成为当前窗口，如图 3.16 所示。

图 3.16　切换任务栏

③ 用户也可以使用 Alt＋Esc 组合键。先按下 Alt 键，然后再通过按 Esc 键来选择所需要打开的窗口，但是它只能改变激活窗口的顺序，而不能使最小化窗口放大，所以，多用

于切换已打开的多个窗口。

(6) **关闭窗口**。用户完成对窗口的操作后,在关闭窗口时有下面几种方式。

① 直接在标题栏上单击“关闭”按钮 ✕ 。

② 双击控制菜单按钮。

③ 单击控制菜单按钮,在弹出的控制菜单中选择“关闭”命令。

④ 使用 Alt+F4 组合键。

如果用户打开的窗口是应用程序,可以在文件菜单中选择“退出”命令,同样也能关闭窗口。如果所要关闭的窗口处于最小化状态,可以在任务栏上选择该窗口的按钮,然后在右击弹出的快捷菜单中选择“关闭”命令。用户在关闭窗口之前要保存所创建的文档或者所做的修改,如果忘记保存,当执行了“关闭”命令后,会弹出一个对话框,询问是否要保存所做的修改,选择“是”后保存关闭,选择“否”后不保存关闭,选择“取消”则不能关闭窗口,可以继续使用该窗口。

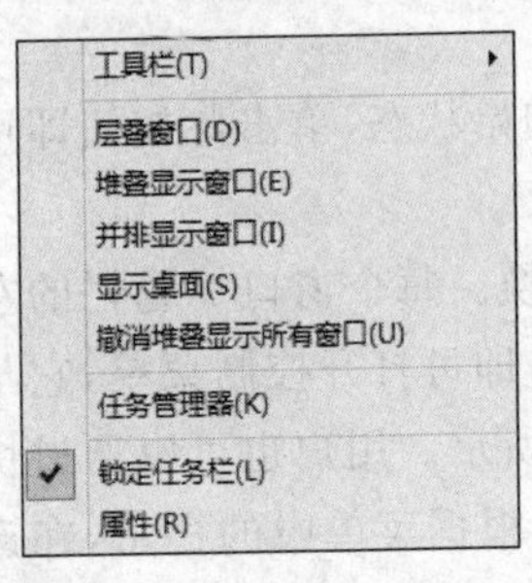

图 3.17　任务栏快捷菜单

(7) **窗口的排列**。当用户同时打开了多个窗口时,用户可以对这些窗口进行排列。在 Windows 8 中为用户提供了三种排列的方案可供选择。在任务栏上的非按钮区右击,弹出一个快捷菜单,如图 3.17 所示。

① 层叠窗口:把窗口按先后的顺序依次排列在桌面上,其中每个窗口的标题栏和左侧边缘是可见的,用户可以任意切换各窗口之间的顺序。

② 堆叠显示窗口:各窗口从上到下并排显示,在保证每个窗口大小相当的情况下,使得窗口尽可能往垂直方向伸展。

③ 并排显示窗口:在排列的过程中,使窗口在保证每个窗口都显示的情况下,尽可能往水平方向伸展。

在选择了某项排列方式后,在任务栏快捷菜单中会出现相应的撤消该选项的命令,例如,用户执行了“层叠窗口”命令后,任务栏的快捷菜单会增加一项“撤消层叠”命令,当用户执行此命令后,窗口恢复原状。

3. 菜单基本操作

在 Windows 中,菜单主要为用户提供了使计算机完成某种操作的命令。在 Windows 中经常使用的有开始菜单、下拉菜单、控制菜单、级联菜单、快捷菜单等五种。菜单种类的不同导致对菜单的操作也有所不同。打开菜单,选择菜单选项是基本的两种操作。选择菜单项操作在各类菜单中都相同,如果用鼠标,只需要用鼠标单击对应选项就可以了,若要用键盘选择,则先用↑、↓、←、→四个箭头键把焦点移动到被选择的选项上,然后按回车键就行了。而对于打开菜单操作各类菜单的操作就有所不同了,下面分别介绍一下不同菜单的打开操作。

(1) Charm 菜单。将鼠标移至屏幕最右上角或最右下角会显示出一个黑色的菜单。使用鼠标或在触摸屏上用手势单击即可选中。

(2) 下拉菜单。用户在打开应用程序窗口后,用鼠标单击下拉菜单栏中选项,可以打开下拉菜单，也可以通过按 Alt 加上菜单项后面的字母来打开下拉菜单。

(3) 控制菜单。用户用鼠标单击窗口左上角的控制菜单栏可以打开控制菜单，也可以按键盘的 Alt+Space 键打开控制菜单。

(4) 快捷菜单。用户在选定某个对象后，单击鼠标右键可打开快捷菜单，或在选定对象后按键盘上的▤键打开快捷菜单。

(5) 级联菜单。在打开其他菜单后，用鼠标指针放在有"▶"的选项上系统会打开级联菜单。或用键盘中的↑、↓、←、→四个箭头键把焦点移到有"▶"的选项上再按"→"键也可打开。

4. 图标基本操作

图标作为 Windows 8 中的一种基本图形对象可以代表很多种意义，比如应用程序图标代表一个应用程序，快捷方式图标代表某个应用程序句柄，文件夹图标则代表某一个文件夹或文件等。不过，虽然图标所代表的意义各不相同，但操作基本相同，主要有图标的创建、排列、移动、复制和删除等操作。

(1) 图标的创建。图标的创建一般是针对快捷方式图标的创建而言的，因为作为应用程序图标或文件夹图标，在建立应用程序或文件夹时，系统会自动创建其图标。创建快捷方式的操作方法如下。

① 打开要创建快捷方式的项目所在的位置。

② 右键单击该项目，然后单击"创建快捷方式"。新的快捷方式将出现在原始项目所在的位置上。

③ 把新的快捷方式拖动到所需位置。

此外，对于一些特殊类的图标，可以通过鼠标拖动来创建，具体有以下几种方式。

① 如果快捷方式链接到某个文件夹，则可以将其拖动到左窗格中的"收藏夹"部分，以创建收藏夹链接。

② 创建快捷方式的另一种方法是将地址栏(位于任何文件夹窗口的顶部)左侧的图标拖动到"桌面"等位置。这是为当前打开的文件夹创建快捷方式的快速方法。

③ 还可以通过将 Web 浏览器中地址栏左侧的图标拖动到"桌面"等位置来创建指向网站的快捷方式。

建立桌面快捷方式图标还有一种简便的方法，就是选中将要建立快捷方式图标的源文件，右击鼠标打开快捷菜单如图 3.18 所示，选择其中的"发送到"级联菜单中的"桌面快捷方式"选项即可。

(2) 图标的排列。当用户在桌面上创建了多个图标时，为避免图标摆放凌乱，可以使用排列图标命令使用户的桌面看上去整洁而富有条理。用户需要对桌面上的图标进行位置调整时，可在桌面上的空白处右击，在弹出的快捷菜单中选择"排列图标"命令，在子菜单项中包含多种排列方式，如图 3.19 所示。

- 名称。按图标名称开头的字母或拼音顺序排列。
- 大小。按图标所代表文件的大小的顺序来排列。
- 项目类型。按图标所代表的文件的类型来排列。

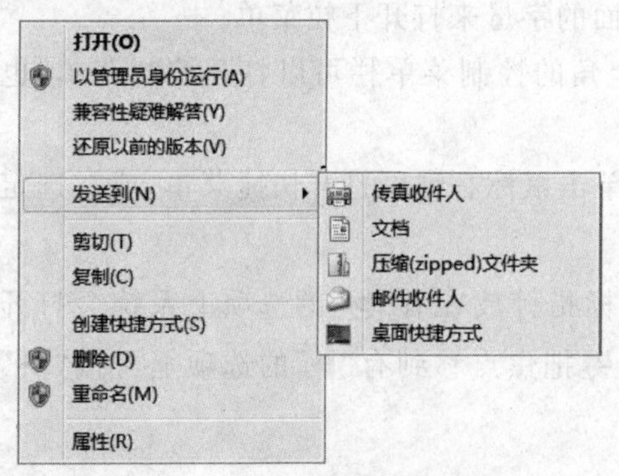

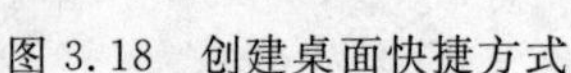

图 3.18 创建桌面快捷方式

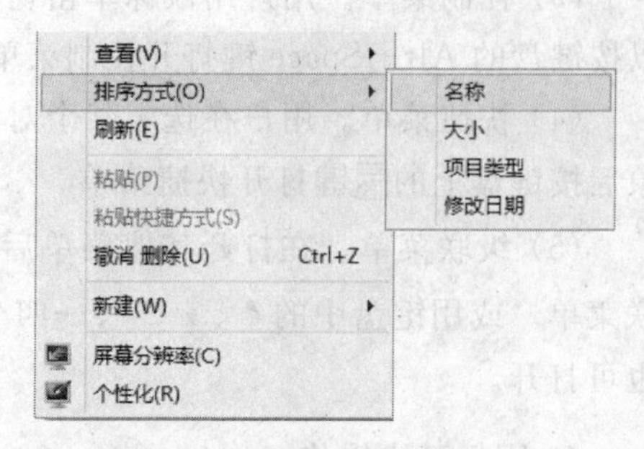

图 3.19 “排列图标”快捷菜单

• 修改日期。按图标所代表文件的最后一次修改时间来排列。

当用户选择“排列图标”子菜单其中几项时，在其旁边出现“●”标志，说明该选项被选中。如果用户选择了“查看”菜单中的“自动排列”命令，在对图标进行移动时会出现一个选定标志，这时只能在固定的位置将各图标进行位置的互换，而不能拖动图标到桌面上任意位置。当选择了“对齐到网格”命令后，如果调整图标的位置时，它们总是成行成列地排列，不能移动到桌面上任意位置。当用户取消了“显示桌面图标”命令前的“√”标志后，桌面上将不显示任何图标。

(3) 图标的移动。如果用户需要移动图标的位置只需选中要移动的图标后，把鼠标指针指向被选中的图标，然后拖曳鼠标到目的位置就行了。如果目的位置和图标的当前位置不在一个磁盘上，可以利用剪贴板移动。具体操作方法如下。

① 选中要移动的图标。

② 单击鼠标右键调出快捷菜单选择“剪切”选项，或按键盘的 Ctrl+X。把图标放到剪贴板上。

③ 选择目标位置，单击鼠标右键调出快捷菜单选择“粘贴”选项或按键盘的 Ctrl+V，把剪贴板上的图标粘到目标位置。

(4) 图标复制。复制图标的操作和移动图标的操作稍有不同。如果在同一磁盘复制图标，需选中要复制的图标后，把鼠标指针指向被选中的图标，然后先按住 Ctrl 键再拖曳鼠标到目的位置就行了。如果目的位置和图标的当前位置不在一个磁盘上，可以利用剪贴板复制。具体操作方法如下。

① 选中要复制的图标。

② 单击鼠标右键调出快捷菜单选择“复制”选项，或按键盘的 Ctrl+C，把图标复制到剪贴板上。

③ 选择目标位置，单击鼠标右键调出快捷菜单选择“粘贴”选项或按键盘的 Ctrl+V，把剪贴板上的图标粘到目标位置。

(5) 图标的删除。用户若想删除图标，只需选中图标后，按键盘的 Delete 键或单击鼠标右键调出快捷菜单选择“删除”选项，系统会弹出一个确认文件删除对话框如图 3.20 所示。用户如果选择“是”则把图标删除到回收站，如果选择“否”则取消删除操作。

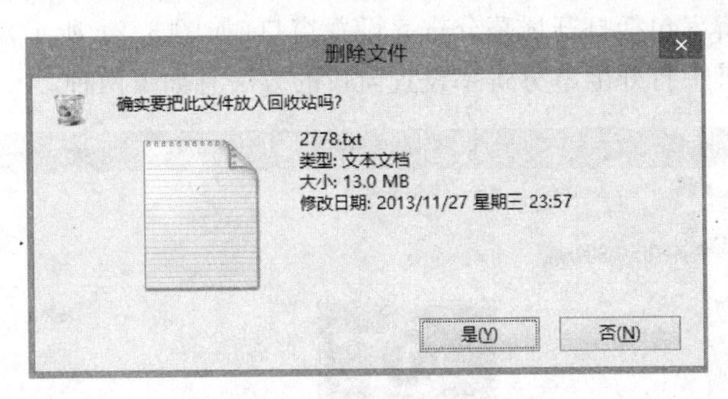

图 3.20 “删除文件”对话框

5. 对话框基本操作

对话框是计算机用来从用户那里获得信息的界面。虽然组成对话框的各种组件形式很多，但从操作角度而言，并不复杂，主要有对话框的移动和关闭、在对话框中切换和使用对话框的帮助等操作。

(1) 对话框的移动和关闭。用户要移动对话框时，可以在对话框的标题上按下鼠标左键把它拖动到目标位置再松开，也可以在标题栏上右击，选择“移动”命令，然后在键盘上按方向键来改变对话框的位置，到达目标位置时，用鼠标单击或者按回车键确认，即可完成移动操作。关闭对话框的方法是单击“确认”按钮或者“应用”按钮，可在关闭对话框的同时保存用户在对话框中所做的修改。如果用户要取消所做的改动，可以单击“取消”按钮，或者直接在标题栏上单击“关闭”按钮，也可以在键盘上按 Esc 键退出对话框。

(2) 在对话框中的切换。由于有的对话框中包含多个选项卡，在每个选项卡中又有不同的选项组，在操作对话框时，可以利用鼠标来切换，也可以使用键盘来实现。

(3) 使用对话框中的帮助。对话框不能像窗口那样任意改变大小，在标题栏上也没有最小化、最大化按钮，取而代之的是“帮助”按钮，当用户在操作对话框时，如果不清楚某选项组或者按钮的含义，可以在标题栏上单击“帮助”按钮 ? 。

6. 桌面基本操作

桌面的主要组成部分有图标、桌面背景和任务栏，关于图标的操作，上面已经介绍过，所以在这里主要介绍桌面的设置和任务栏的设置。在桌面的设置中主要包括设置屏幕分辨率、设置桌面小工具和个性化设置。

(1) 设置屏幕分辨率。屏幕分辨率指的是屏幕上显示的文本和图像的清晰度。分辨率越高(如 1600×1200 像素)，项目越清楚。同时屏幕上的项目越小，因此屏幕可以容纳越多的项目。分辨率越低(如 800×600 像素)，在屏幕上显示的项目越少，但尺寸越大。可以使用的分辨率取决于监视器支持的分辨率。LED 监视器(也称为平面监视器)和笔记本电脑屏幕通常支持更高的分辨率，并在某一特定分辨率效果最佳。监视器越大，通常所支持的分辨率越高。是否能够增加屏幕分辨率取决于监视器的大小和功能及显卡的类型。

设置屏幕分辨率包括打开屏幕分辨率设置窗口(如图 3.21 所示)和在设置窗口设置参数两个步骤。其中打开屏幕分辨率设置窗口的方法有如下两种。

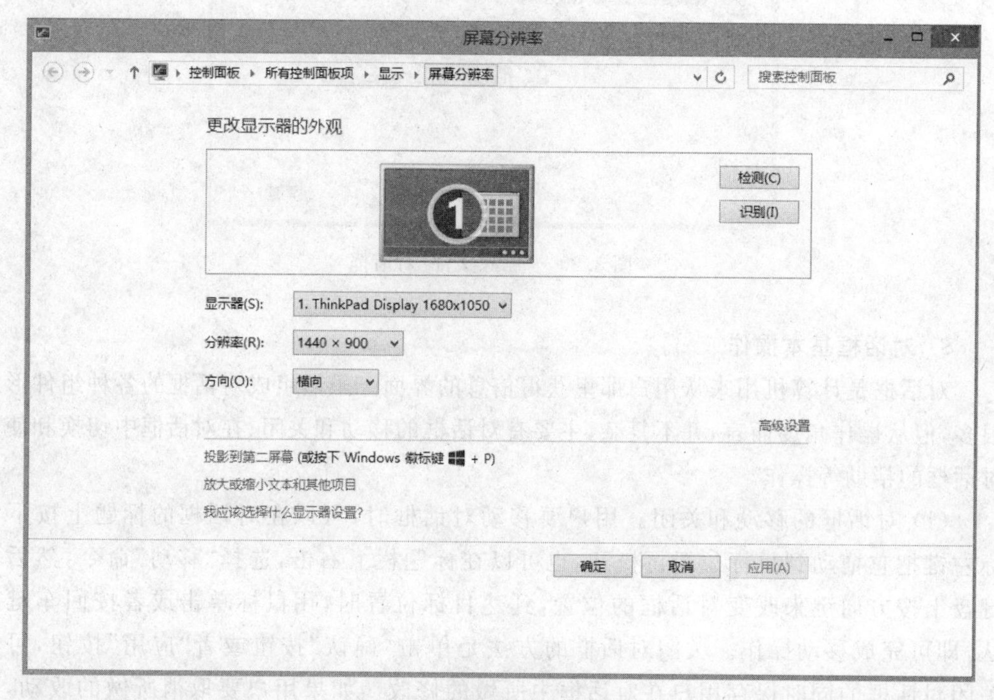

图 3.21 设置屏幕分辨率窗口

① 在桌面上右击鼠标,选择快捷菜单中的“屏幕分辨率”选项,然后进行设置。

② 选择“开始”菜单中的“控制面板”选项,在分类显示的控制面板窗口中选择“外观和个性化”大类中的“调整屏幕分辨率”选项。

在屏幕分辨率窗口中,单击“分辨率”旁边的下拉列表,将滑块移动到所需的分辨率,然后单击“应用”。单击“保持”使用新的分辨率,或单击“还原”回到以前的分辨率。

在此窗口中还可以设置桌面显示的一些其他的设置,如在一机多显示器的情况下识别各个显示器,选择主显示器,设置显示方向,设置图标大小等操作。

(2) 个性化设置。在 Windows 8 中可以通过更改计算机的主题、颜色、声音、桌面背景、屏幕保护程序、字体大小和用户账户图片来向计算机添加个性化设置。

主题是计算机上的图片、颜色和声音的组合。它包括桌面背景、屏幕保护程序、窗口边框颜色和声音方案。某些主题也可能包括桌面图标和鼠标指针。

在 Windows 8 中主题的设置是通过个性化窗口来设置的。用户可以在个性化窗口中从多个 Aero 主题中进行选择。可以使用整个主题,或通过分别更改图片、颜色和声音来创建自定义主题。具体操作如下。

① 右击桌面,在快捷菜单中选择“个性化”打开如图 3.22 所示的个性化窗口。

② 在个性化窗口中双击喜欢的主题以设置当前系统主题。

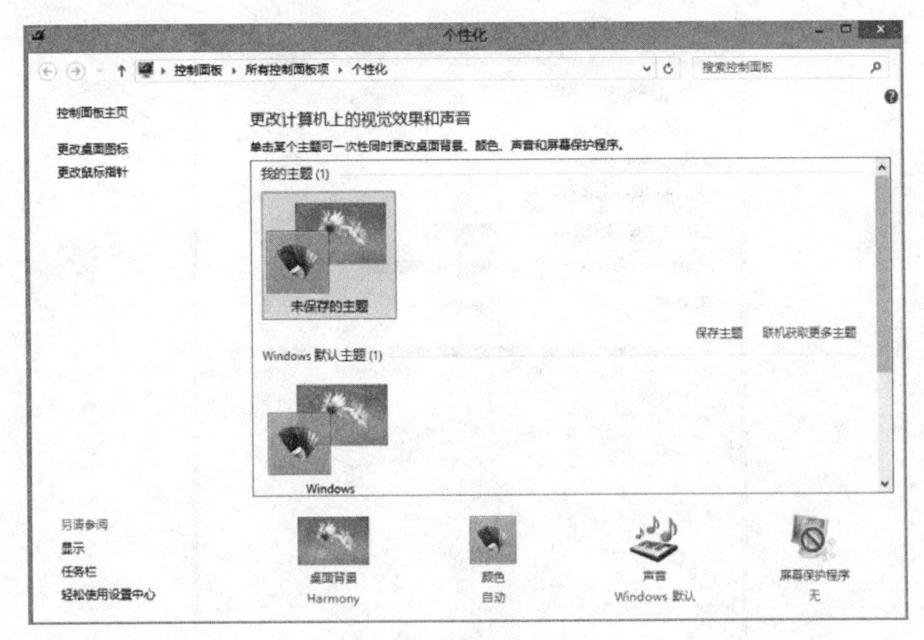

图 3.22　Windows 个性化窗口

③ 在打开的个性化窗口中单击相应选项，设置 Windows 桌面背景、窗口颜色、声音和屏幕保护程序等个性化元素。

④ 在个性化窗口中通过单击左边的“更改桌面图标”、“更改鼠标指针”、“更改账户图片”、“显示”、“任务栏和开始菜单”、“轻松访问中心”等选项分别设置系统桌面默认显示的图标、鼠标指针方案、登录账户图片、桌面图标的大小、任务栏的位置与状态、开始菜单中的关机设置和一些为残障人士应用 Windows 的设置。

7. 任务栏的设置与操作

任务栏显示了系统正在运行的程序和打开的窗口、当前时间等内容，用户通过任务栏进行一系列的设置，主要包括自定义任务栏、使用工具栏、设置通知区域图标的显示与隐藏、将程序锁定到任务栏。

(1) 自定义任务栏。系统默认的任务栏位于桌面的最下方，用户可以根据自己的需要，把它放到桌面的任何边缘处，改变任务栏的宽度，改变任务栏的属性。用户在任务栏上的非按钮区域右击，在弹出的快捷菜单中选择“属性”命令，即可打开“任务栏和菜单属性”对话框，如图 3.23 所示。在此对话框中可以通过对复选框的选择来设置任务栏是否锁定，是否自动隐藏，是否使用小图标等任务栏状态的设置。还可以通过下拉列表框设置任务栏的位置和任务栏按钮的显示规则，以及通过“自定义”按钮设置通知区域的显示规则。

(2) 使用工具栏。在任务栏中使用不同的工具栏，可以方便而快捷地完成一般的任务。用户可以根据需要添加或者新建工具栏。

当用户在任务栏的非按钮区域右击，在弹出的快捷菜单中指向“工具栏”，可以看到在

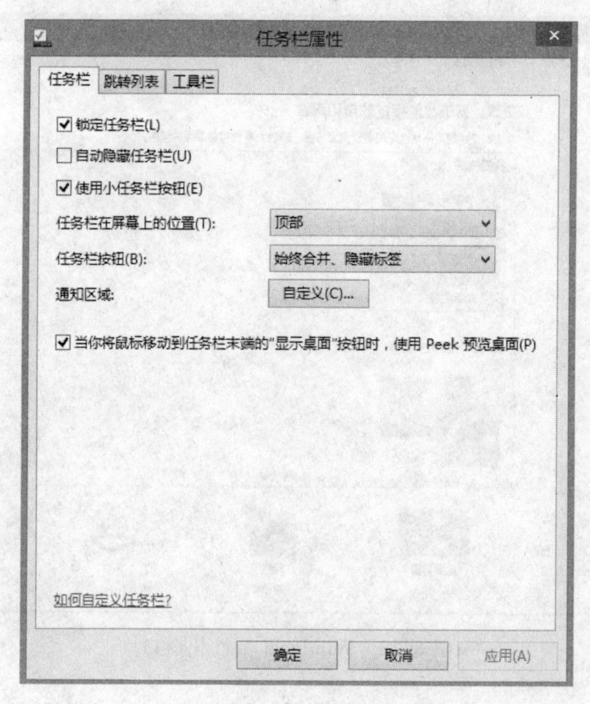

图 3.23 “任务栏属性”对话框

其子菜单中列出的常用工具栏列表如图 3.24 所示。其中包括地址工具栏、链接工具栏、触摸键盘等。

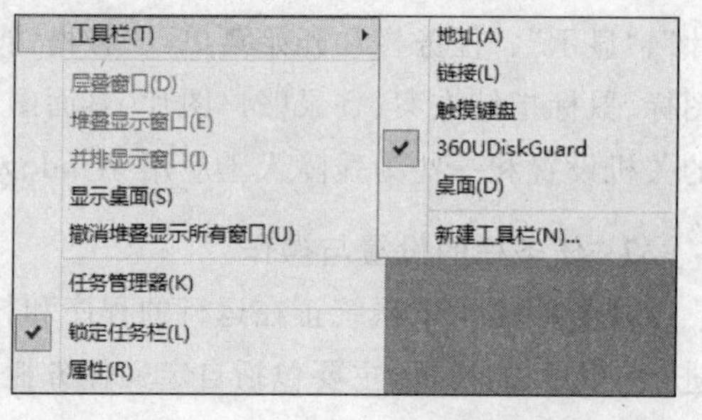

图 3.24 工具栏快捷菜单

当选择其中的一项时，任务栏上会出现相应的工具栏。当添加工具栏完成后，再次打开工具栏快捷菜单时，会发现打开的工具栏的标题前面带有“√”标志。当用户不再需要某工具栏时，可以按照以上的方式再选择一次，取消工具栏名称前面的“√”，就可以删除添加的工具栏。在添加了工具栏后，用户直接在任务栏上操作，就可以启动程序或者打开文件，这是比较方便和快捷的。

如果需要经常用到某些程序或者文件，可以在任务栏上创建工具栏，其作用相当于在桌面上创建快捷方式。用户可以参照下面的方式来创建一个新的工具栏。

① 在任务栏的非按钮区域右击，执行“工具栏”菜单下的“新建工具栏”命令，打开“新工具栏”窗口，用户可以在此选择自己所要创建的工具栏所在的文件夹，然后单击“确定”按钮，如图 3.25 所示。

② 此时已完成创建，在任务栏上出现新建的工具栏，在快捷菜单中“工具栏”下也增加了用户新建的工具栏选项。

③ 当用户不再使用此工具栏时，可在右击所弹出的快捷菜单中选择“工具栏”菜单下用户建立的工具栏，取消其前面的“√”即可删除所创建的工具栏。

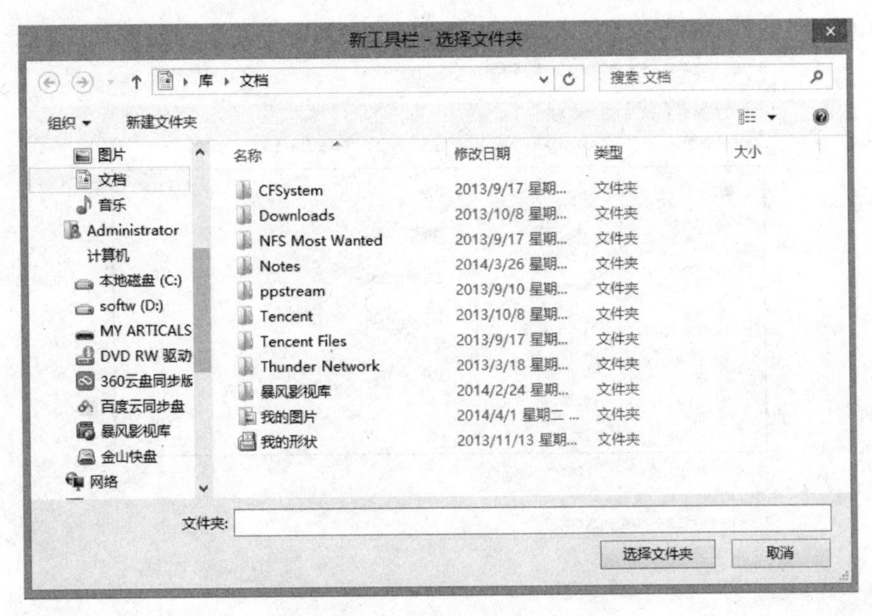

图 3.25 “新建工具栏”对话框

(3) 设置通知区域图标的显示与隐藏。使用“显示/隐藏”图标按钮可以设置通知区域图标的显示与隐藏。显示/隐藏图标按钮是在通知区域中用于管理常驻内存的程序图标的工具，正常时显示为一个“▲”。其位置如图 3.26(a)所示。

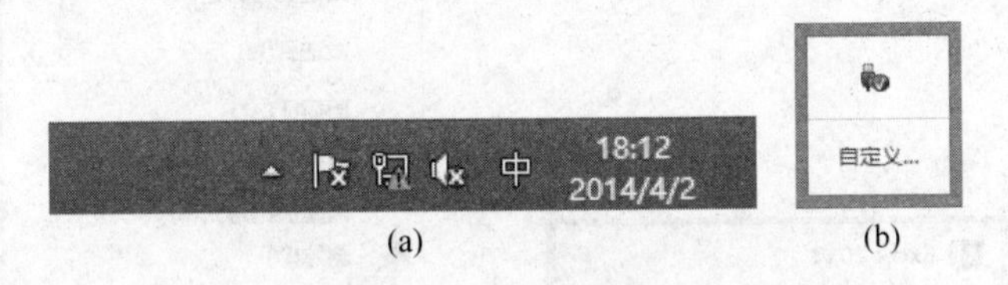

图 3.26 显示/隐藏图标

当用户单击该按钮时，打开如图 3.26(b)所示的对话框。用户可以通过单击“自定义”按钮打开如图 3.27 所示对话框，设置通知栏中图标的显示和隐藏。

在每个图标后的下拉列表框中都允许用户把图标设置为“显示图标和通知”、“仅显示图标”和“隐藏图标和通知”这三种选项中的一个。用户还可以通过“打开或关闭系统图标”选项设置系统图标的显示和隐藏；通过“还原默认图标行为”设置图标的默认状态；通过选择“始终在任务栏上显示所有图标和通知”复选框来设置所有的任务栏上图标的显示。

(4) 将程序锁定到任务栏。有时为了启动应用程序方便，可以将程序直接锁定到任务栏。用户可以通过以下几种操作方法，把程序锁定到任务栏。

① 如果程序正在运行，则右键单击任务栏上此程序的按钮打开程序快捷菜单，如图 3.28(a)所示，然后选择“将此程序固定到任务栏”。如果程序未运行，可通过资源管理器找到相应的应用程序，然后右击打开快捷菜单，如图 3.28(b)所示，然后选择“固定到任务栏”。

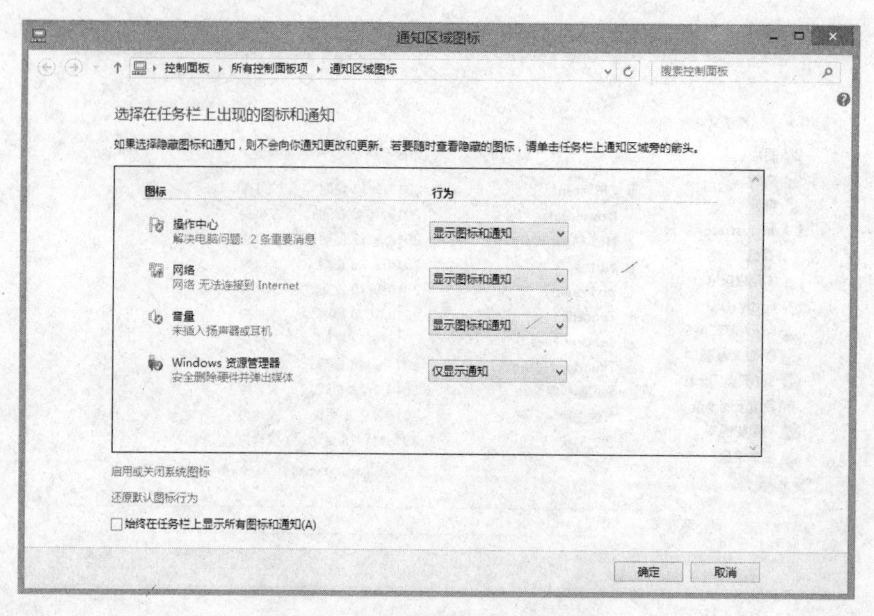

图 3.27　通知区域图标设置窗口

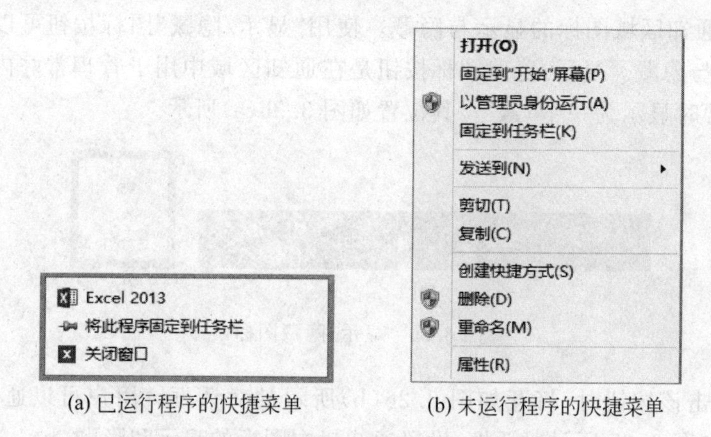

(a) 已运行程序的快捷菜单　　(b) 未运行程序的快捷菜单

图 3.28　任务栏上运行程序的快捷菜单

② 如果此程序在开始屏幕中有磁贴，可按“Windows 徽标”键进入“开始”屏幕找到此程序的磁贴，然后右击相应的磁贴在下方选择，在“开始”屏幕下方选择“固定到任务栏”按钮。

③ 也可以通过将程序的快捷方式从桌面拖到任务栏来锁定程序。此外，如果将文件、文件夹或网站的快捷方式拖动到任务栏，并且关联的程序尚未锁定到任务栏，则此程序会锁定到任务栏。

8. 开始界面基本操作

开始界面也叫 Metro 界面，它是 Windows 8 适应触屏操作的产物。开始界面的操作包括基本操作、应用贴靠、搜索和“开始”界面设置等操作。

(1) 基本操作。Metro 界面的基本操作包括显示超级按钮、切换应用、显示之前使用过的应用、关闭当前应用、了解应用详情、执行应用、移动应用磁贴位置、缩放应用大小、翻转等操作。具体方法如下。

① 显示超级按钮：从屏幕右侧轻扫将显示系统命令的超级按钮。等效的鼠标操作是将鼠标指针置于屏幕右下角。

② 切换应用：从屏幕左侧轻扫将显示开启的应用的缩略图，因此可快速切换至这些应用。等效的鼠标键盘操作是通过 Windows＋Tab 键可完成 Windows 8 应用切换，通过 Alt＋Tab 键完成所有应用切换，鼠标单击最左上角完成最近两个应用间切换，鼠标放置左上角选择切换。

③ 显示之前使用过的应用：从屏幕左侧轻扫将显示最近使用的应用，可以从该列表中选择应用。等效的鼠标操作是将鼠标置于屏幕左上角，并沿屏幕左侧向下滑动查看最近使用的应用。

④ 关闭当前应用：通过从底部或顶部边缘轻扫显示应用命令。可从屏幕顶部轻扫至底部以停靠或关闭当前应用。等效的鼠标操作是右键单击应用，查看应用命令。拖动应用以将其关闭。通常用户不必关闭应用。应用将不会减缓 PC 的运行速度，它们将在长时间未使用时自动关闭。如果仍希望关闭某应用，可将该应用拖动至屏幕底部。

⑤ 了解应用详情：某些情况下，长按应用磁贴可以打开提供更多选项的菜单。

⑥ 执行应用：单击某些内容将引发某种操作，如开启某个应用或进入某个链接。等效的鼠标操作是单击某个项目以执行操作。

⑦ 移动应用磁贴位置：通过滑动进行拖拽应用磁贴以改变磁贴位置，该动作主要用于平移或滚动列表和页面，也可以用于其他交互，例如移动一个对象或进行绘画和书写。等效的鼠标操作是单击、按住并拖曳进行平移或滚动。

⑧ 缩放应用大小：可以通过在屏幕上收缩或拉伸两根手指来实现缩放。等效的鼠标或键盘操作是按住键盘上的 Ctrl 键，同时用鼠标滚轮上下滚动以扩展或收缩某个项目或屏幕中的磁贴，或者用 Ctrl＋加号/减号键以扩展或收缩某个项目或屏幕中的磁贴。

⑨ 翻转：转动两个或更多手指可翻转一个对象。在转动设备时，将整个屏幕旋转 90°。

(2) 应用贴靠。贴靠功能是任意两个 Win RT 应用并排展示，分为 1024 像素的主屏应用界面和 320 像素的助屏应用界面。需要注意的是，只有电脑屏幕分辨率在 1366×768 之上才能进行贴靠操作。方法是拖动应用至屏幕两侧，系统会自动出现贴靠边界线，将应用“放置”进去就会自动适应大小。此外，将鼠标放到左上角，然后在应用切换界面上右击应用，也可以选择贴靠。除了 Metro 应用间可以贴靠外，还可以让 Metro 应用与传统桌面贴靠共存。

(3) 搜索。在“开始屏幕”直接输入即可自动搜索；也可以唤出“超级菜单”后单击“搜索”按钮。Windows 8 中的搜索功能最大的特色就是其“一站式”搜索体验，用户在一个页面就能完成对应用、设置、文件以及包括邮件、应用商店在内的所有应用的搜索，搜索结果也是汇聚在一个视图中，有很明显的搜索结果分类、预览和数字提示，此外还可以很方便地切换搜索选项。也可以使用如下快捷键。

- Windows 键＋Q：应用程序搜索。
- Windows 键＋W：设置搜索。

• Windows 键+F：文件搜索。

(4)“开始”界面设置。用户可以通过拖曳开始界面的磁贴来设置磁贴的位置，可以通过右击磁贴并单击开始界面下方的设置按钮来设置磁贴的属性，还可以通过右击开始界面空白处，然后选择“所有应用”按钮来显示 PC 中的所有应用程序，通过右击用户感兴趣的应用来完成对特定应用的设置。

3.2.5 文件管理

Windows 8 的文件管理主要通过“资源管理器”来管理文件，也可以通过 DOS 虚拟控制台上输入命令的方法来实现文件管理。这两种文件管理方法从风格上各不相同，但从功能上是基本一样的。相比较而言，利用“资源管理器”管理文件系统则更快捷，它有点像管理图书馆目录系统。而在 DOS 虚拟控制台上输入命令来管理文件系统，更适合于那些有其他命令行界面操作系统使用经验的用户。下面先介绍一些和文件管理相关的概念。

1. 文件资源管理器的组成

文件资源管理器是 Windows 8 中的一个核心应用程序，用户通过它可以管理文件、设备、网络等各种对象。在桌面上，只需单击任务栏上的文件资源管理器图标即可打开文件资源管理器，如图 3.29 所示。

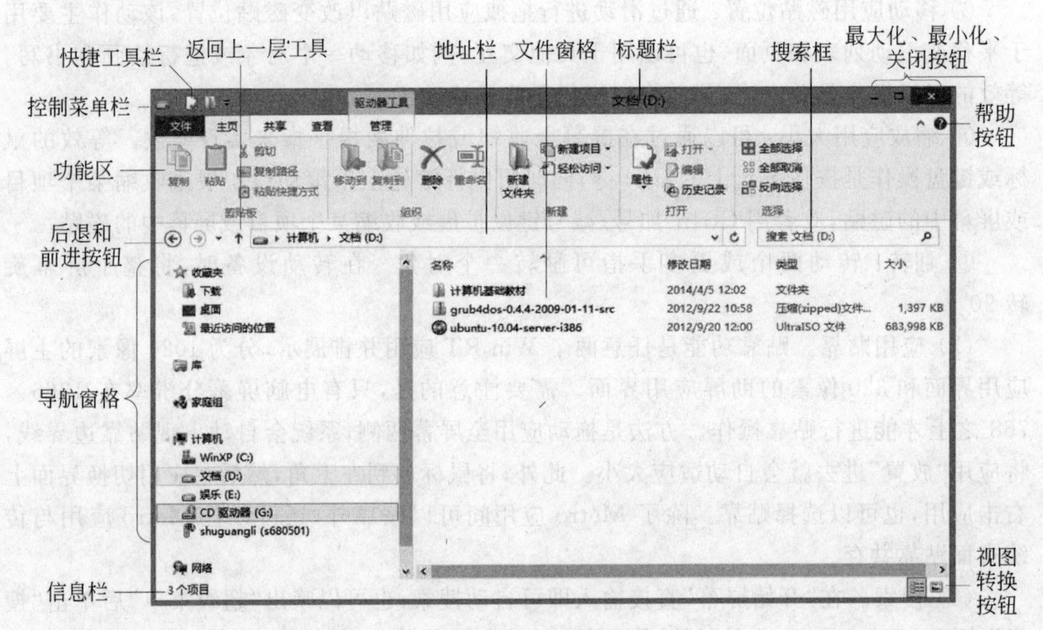

图 3.29 文件资源管理器

文件资源管理器窗口是一个比较标准的 Windows 窗口。它是 Windows 集中管理文件系统和各种资源设定的应用程序。如图 3.29 所示，文件资源管理器主要包括控制菜单栏、快捷工具栏、返回上一层工具、地址栏、文件窗格、标题栏、搜索框、最大化按钮、最小化按钮、关闭按钮、帮助按钮、功能区、前进按钮、后退按钮导航窗格、信息栏和视图转换按钮等部分组成。各部分功能介绍如下。

(1) 控制菜单栏：单击控制菜单栏或按 Alt＋Space 键可以打开控制菜单，用于调整窗口大小和位置。

(2) 快捷工具栏：允许用户通过单击▾按钮把自己常用的功能图标设置为快捷工具图标，设定的快捷工具图标会显示在快捷工具栏中。单击快捷工具栏中的图标即可运行相应功能。

(3) 返回上一层工具：用户单击可以使文件窗格中显示的内容转换为显示当前文件位置的上一层位置。

(4) 地址栏：显示文件窗格显示内容所在的地址。单击"▸"可以转换到同级的其他文件夹。

(5) 文件窗格：显示当前文件夹的内容。

(6) 标题栏：显示窗口标题，双击可以使其最大化或最小化，用鼠标拖曳可以移动窗口。

(7) 搜索框：在导航窗格中选中搜索范围后，可以在搜索栏中输入搜索内容，然后点击放大镜即可使计算机在指定的范围中搜索指定的内容。其搜索结果将在文件窗格中显示。

(8) 最大化、最小化、关闭按钮区：对窗口进行最大、最小和关闭等操作。

(9) 帮助按钮：单击可以打开帮助窗口。

(10) 功能区：以图标的形式显示文件资源管理器的各种功能，包括文件、主页、共享、查看和管理五个功能区。除可以使用鼠标选择外，还可以先按 Alt 键再按相应的选择键进行选择。

(11) 前进按钮：单击该按钮可以使文件资源管理器执行下一个操作。

(12) 后退按钮：单击该按钮可以使文件资源管理器返回上一个操作。

(13) 导航窗格：显示本计算机相关的所有资源，包括收藏夹、库、家庭组、计算机和网络等。

(14) 信息栏：当用户选择文件资源管理器的任何对象时信息栏中会显示相应的信息。

(15) 视图转换按钮：允许用户选择文件窗格是以详细列表视图还是以大图标视图显示内容。

2. "文件资源管理器"的使用

文件资源管理器的各个图标虽然代表的意义各不相同但，从管理的角度来看，通常都具有图标管理的基本特性，如复制、粘贴、移动、建立和删除等操作。此外，通过文件资源管理器还可以完成各种文件、文件夹、库和其他资源的设定和管理。具体操作如下。

(1) 格式化磁盘。格式化磁盘就是在磁盘内划分和标记数据的存储区，以方便数据的存取。格式化磁盘可分为格式化硬盘和格式化软盘和格式化 U 盘三种。格式化硬盘又可分为高级格式化和低级格式化，高级格式化是指在 Windows 8 操作系统下对硬盘进行的格式化操作；低级格式化是指在高级格式化操作之前，对硬盘进行的分区和物理格式化，这种格式化一般是通过专门软件来完成。进行高级格式化磁盘的具体操作如下。

① 若要格式化的磁盘是软盘，应先将其放入软驱中；若要格式化的磁盘是 U 盘，应

先插入 U 盘;若要格式化的磁盘是硬盘,可直接执行第②步。

② 打开单击任务栏上的文件资源管理器图标,打开资源管理器窗口。

③ 在导航窗格中选择要进行格式化操作的磁盘,右击要进行格式化操作的磁盘,在打开的快捷菜单中选择“格式化…”命令。打开“格式化”对话框,如图 3.30 所示。

④ 若格式化的是硬盘,在“文件系统”下拉列表中可选择 NTFS 或 FAT32,在“分配单元大小”下拉列表中可选择要分配的单元大小。若需要快速格式化,可选中“快速格式化”复选框。

提示:快速格式化不扫描磁盘的坏扇区而直接从磁盘上删除文件。只有在磁盘已经进行过格式化而且确信该磁盘没有损坏的情况下,才使用该选项。

⑤ 单击“开始”按钮,将弹出“格式化警告”对话框,若确认要进行格式化,单击“确定”按钮即可开始进行格式化操作。

⑥ 这时在“格式化”对话框的“进程”框中可看到格式化的进程。

⑦ 格式化完毕后,将出现“格式化完毕”对话框,单击“确定”按钮即可。

提示:格式化磁盘将删除磁盘上的所有信息。

(2) 查看磁盘属性。磁盘的属性通常包括磁盘的类型、文件系统、空间大小、卷标信息等常规信息,以及磁盘的查错、碎片整理等处理程序和磁盘的硬件信息等。查看磁盘的属性包括磁盘的类型、文件系统、空间大小、卷标信息等,具体操作步骤如下。

① 打开资源管理器。

② 右击要查看属性的磁盘图标,在弹出的快捷菜单中选择“属性”命令。

③ 打开磁盘属性对话框,选择“常规”选项卡,如图 3.31 所示。

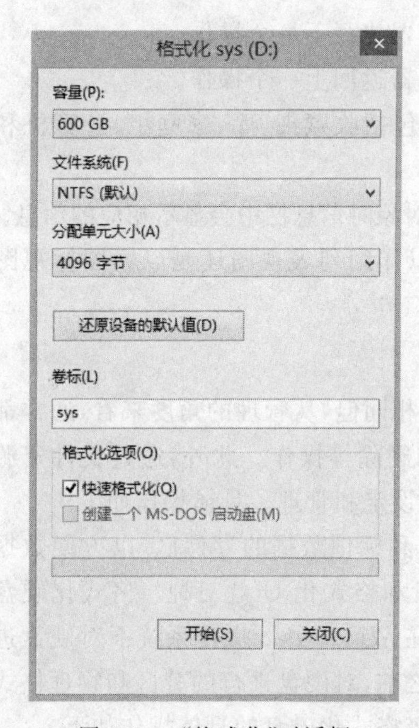

图 3.30 “格式化”对话框

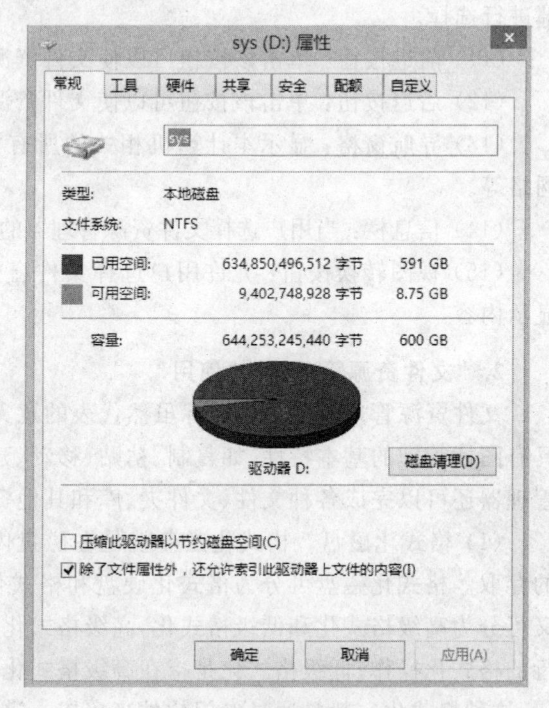

图 3.31 磁盘属性对话框

④ 在该对话框中的“常规”选项卡中，用户可以更改该磁盘的卷标；查看该磁盘的类型、文件系统、打开方式、已用空间及可用空间等信息；另外单击“磁盘清理”按钮，可启动磁盘清理程序，进行磁盘清理。

⑤ 在该对话框的“工具”选项卡中，可以检查磁盘错误和整理磁盘碎片。

⑥ 在该对话框的“硬件”选项卡中，可以查看磁盘的硬件信息及更新驱动程序。

⑦ 单击“应用”按钮，即可应用在该对话框中更改的设置。

⑧ 在“共享”选项卡中设置磁盘是否共享以及共享的权限。

⑨ 在“安全”选项卡中设置系统用户的操作权限。

⑩ 在“配额”选项卡中设置用户使用硬盘空间的限制。

⑪ 在“自定义”选项卡中设置文件夹图标上显示的文件。

(3) 文件与文件夹的操作。在资源管理器中对文件和文件夹的操作，主要有查看和排列文件与文件夹，文件与文件夹的建立和删除，文件与文件夹的更名，文件与文件夹的复制和移动，文件与文件夹属性的设置，设置文件与文件夹的显示状态等。这些功能的操作方法如下。

① 选择文件或文件夹：用户可以单击文件或文件夹图标来选中一个文件或文件夹。也可以通过拖曳鼠标形成一个矩形框来选择相连的多个文件或文件夹图标。还可以按住 Ctrl 键，用鼠标跳跃地单击多个文件或文件夹来选择多个不相连的文件或文件夹图标。

② 查看和排列文件与文件夹：在打开文件夹或库时，可以更改文件在窗口中的显示方式。例如，可以首选较大(或较小)图标，或者首选允许查看每个文件的不同种类信息的视图。若要执行这些更改操作，使用“查看”功能区中的布局组。每次单击“布局”组中对应的按钮即可切换相应的视图，包括超大图标、大图标、中图标、小图标、列表、详细信息、平铺以及内容视图，如图 3.32 所示。

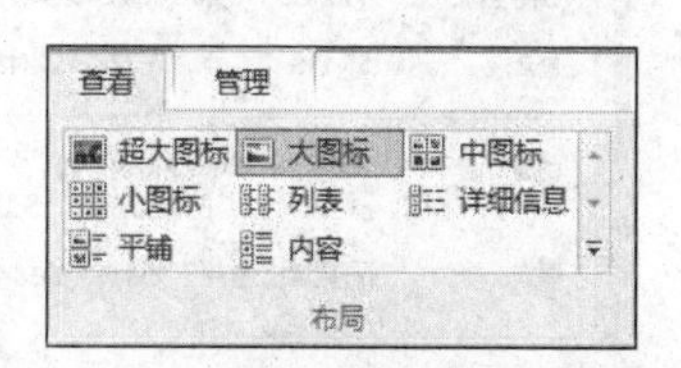

图 3.32　布局组

③ 文件与文件夹的建立和删除。创建新文件的最常见方式是使用程序。例如，可以在字处理程序中创建文本文档或者在视频编辑程序中创建电影文件。有些程序一经打开就会创建文件。例如，打开写字板时，它使用空白页启动。这表示空(且未保存)文件。开始输入内容，并在准备好保存用户的工作时，单击“保存”按钮。在所显示的对话框中，输入文件名(文件名有助于以后再次查找文件)，然后单击“保存”按钮。创建新文件夹的方法通常是先选择创建文件夹的位置，然后单击资源管理器中的“新建文件夹”工具或右击鼠标，在快捷菜单中选择“新建”菜单中的“文件夹”选项，最后在新建的文件夹上修改文件夹的名称就可以了。当不再需要某个文件时或文件夹时，可以从计算机中将其删除。删除文件的步骤如下。

- 选中需要删除的文件或文件夹。
- 按键盘上的 Delete 键，然后在“删除文件”对话框中，单击“是”按钮。

删除文件时，它会被临时存储在“回收站”中。“回收站”可视为最后的安全屏障，它可恢复意外删除的文件或文件夹。删除“回收站”中的文件或文件夹，意味着将该文件或文件夹彻底删除，无法再还原；若还原已删除文件夹中的文件，则该文件夹将在原来的位置重建，然后在此文件夹中还原文件；当回收站充满后，Windows 将自动清除“回收站”中的空间以存放最近删除的文件和文件夹。也可以选中要删除的文件或文件夹，将其拖到“回收站”中进行删除。若想直接删除文件或文件夹，而不将其放入“回收站”中，可在删除文件的同时按住 Shift 键。

④ 文件与文件夹的更名：连续单击两次文件或文件夹图标或右击文件或文件夹图标在快捷菜单中选择“重命名”，然后输入新的名称即可。

⑤ 文件与文件夹的复制和移动：复制与移动的第一种方法就是使用拖放的方法。拖放的过程是指，首先打开包含要移动的文件或文件夹，然后，在其他窗口中打开要将其移动到的文件夹。将两个窗口并排置于桌面上，以便可以同时看到它们的内容。然后从第一个文件夹将文件或文件夹拖动到第二个文件夹。若要复制或移动文件，只需将其从一个窗口拖动到另一个窗口。如果在存储在同一个硬盘上的两个文件夹之间拖动某个项目，则是移动该项目，这样就不会在同一位置上创建相同文件或文件夹的两个副本。如果将项目拖动到其他位置（如网络位置）中的文件夹或 U 盘之类的可移动媒体中，则会复制该项目。复制或移动文件的另一种方法是在导航窗格中将文件从文件列表拖动至文件夹或库，从而不需要打开两个单独的窗口。

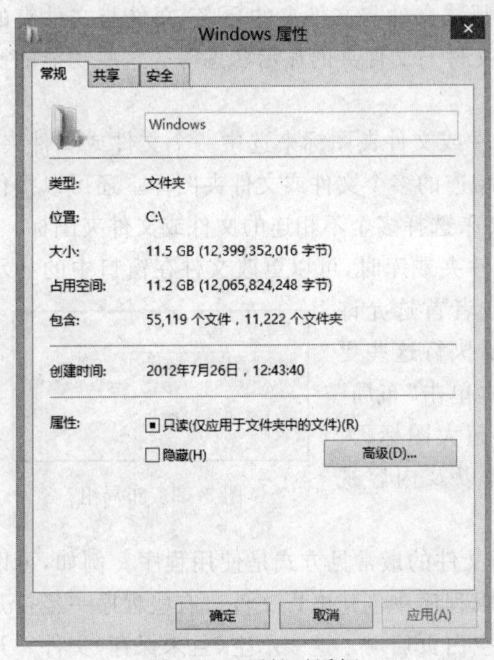

图 3.33　属性对话框

⑥ 文件与文件夹属性的设置：首先选中需设置属性的文件与文件夹。然后，选择“组织”工具中的属性选项或右击鼠标，选择快捷菜单中的“属性”选项，打开属性对话框，如图 3.33 所示。最后，在属性对话框中设置属性后单击“确定”按钮完成设置。

搜索文件或文件夹：有时候用户需要查看某个文件或文件夹的内容，却忘记了该文件或文件夹存放的具体的位置或具体名称，这时候 Windows 8 提供的搜索文件或文件夹功能就可以帮用户查找该文件或文件夹。搜索文件或文件夹的具体操作如下。

- 打开文件资源管理器。在窗口的搜索栏中输入要搜索的内容。
- 在搜索工作区设置“修改日期”和“大小”、类型等选项来缩小搜索范围，如图 3.34 所示。
- 单击放大镜图标启动搜索。

⑦ 文件内容的显示与关联等操作：双击文件图标通常会打开文件或显示文件内容。但当文件类型未曾与系统中的应用程序关联时系统会自动打开如图 3.35(a)所示对话框，提示用户上网下载打开不明类型文件的相关应用程序。如果用户不想上网搜寻，则可单击“更多选项”打开如图 3.35(b)所示对话框。在对话框中选择合适的应用程序即可，

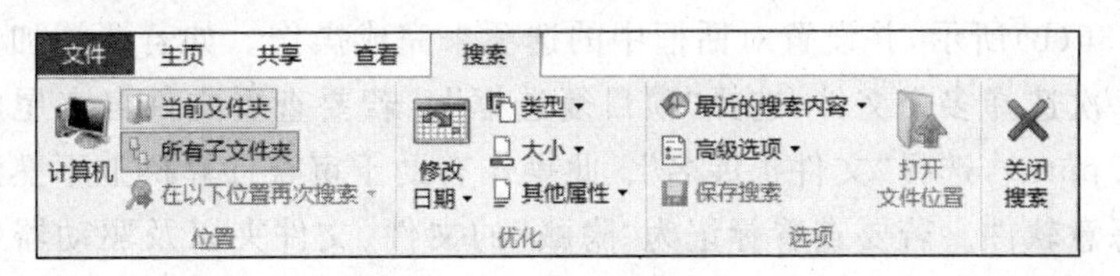

图 3.34　搜索工作区

如果对话框中没有合适的应用程序，可以选择“在这台电脑上查找其他应用”打开如图 3.35(c)所示窗口，然后在窗口中选择合适的应用程序后确定。

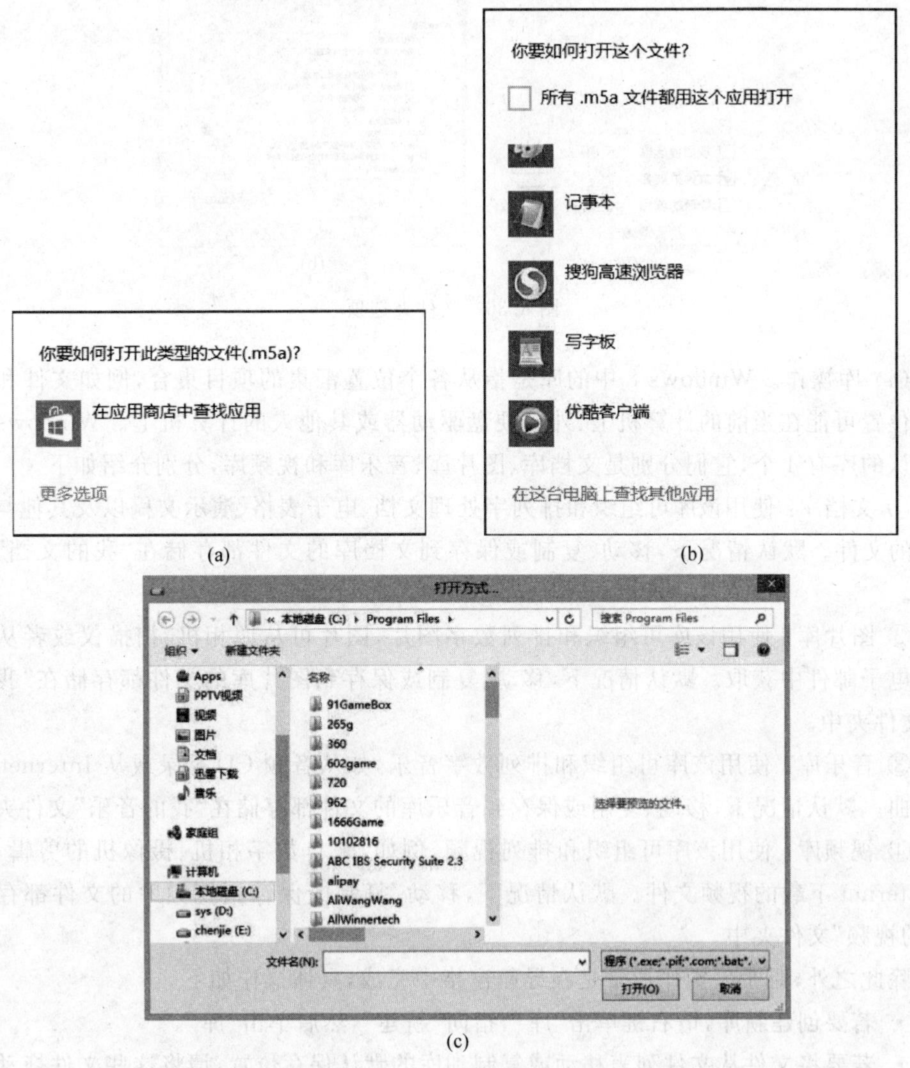

图 3.35　打开不明类型文件

⑧ 设置文件与文件夹的显示状态。在文件资源管理器窗口中单击或单击“查看”选项卡，在如图 3.36(a)所示的“显示/隐藏”组中可以设置增加项目复选框，显示文件扩展名等多种操作，另外一些高级操作可以通过单击“选项”按钮打开对应的“文件夹选项”对

话框，如图 3.36(b)所示，并设置对话框中的选项来完成操作。如若要添加文件旁的复选框以便轻松一次选择多个文件，选择“项目复选框”。若要查看文件名末尾的文件扩展名(如 .docx 和 .pptx)，选择“文件扩展名”。此操作有助于审查计算机上不熟悉的文件以确保它们不是恶意软件。若要查看标记为“隐藏”的文件、文件夹以及驱动器(通常称为“隐藏文件”)，选择“隐藏的项目”。

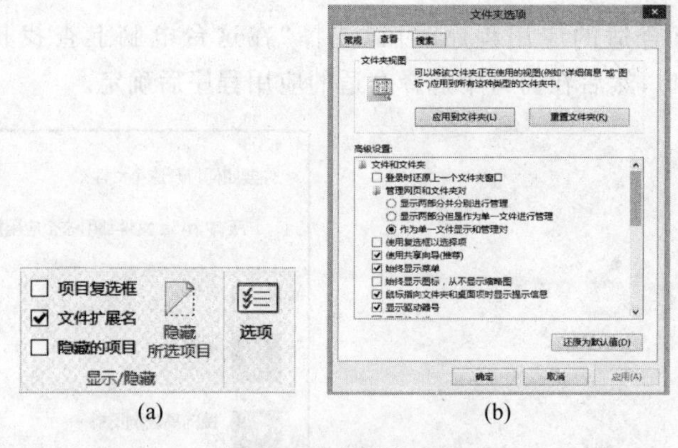

图 3.36　文件夹选项

(4) 库操作。Windows 8 中的库是指从各个位置汇集的项目集合，例如文件和文件夹。位置可能在当前的计算机上、外部硬盘驱动器或其他人的计算机上。Windows 8 系统默认的库有 4 个，它们分别是文档库、图片库、音乐库和视频库，分别介绍如下。

① 文档库：使用该库可组织和排列字处理文档、电子表格、演示文稿以及其他与文本有关的文件。默认情况下，移动、复制或保存到文档库的文件都存储在“我的文档”文件夹中。

② 图片库：使用该库可组织和排列数字图片，图片可从照相机、扫描仪或者从其他人的电子邮件中获取。默认情况下，移动、复制或保存到图片库的文件都存储在“我的图片”文件夹中。

③ 音乐库：使用该库可组织和排列数字音乐，如从音频 CD 翻录或从 Internet 下载的歌曲。默认情况下，移动、复制或保存到音乐库的文件都存储在“我的音乐”文件夹中。

④ 视频库：使用该库可组织和排列视频，例如，来自数字相机、摄像机的剪辑，或者从 Internet 下载的视频文件。默认情况下，移动、复制或保存到视频库的文件都存储在“我的视频”文件夹中。

除此之外，对于库操作通常是在导航窗格中完成，具体操作如下。

- 若要创建新库，请右键单击“库”，指向“新建”，然后单击“库”。
- 若要将文件从文件列表移动或复制到库的默认保存位置，请将这些文件拖动到导航窗格中的库。如果文件与库的默认保存位置位于同一硬盘上，则移动这些文件。如果它们位于不同的硬盘上，则复制这些文件。
- 若要重命名库，请右键单击该库，单击“重命名”，输入新名称，然后按回车键。
- 若要查看已包含在库中的文件夹，请双击库名称将其展开，此时将在库下列出其中的文件夹。

- 若要删除库中的文件夹，请右键单击要删除的文件夹，然后单击“从库中删除位置”。这样只是将文件夹从库中删除，不会从该文件夹的原始位置删除该文件夹。
- 若要隐藏库，请右键单击该库，然后单击“不在导航窗格中显示”。如果导航窗格中的空间已满，但是又不希望删除库，则这是一个很好的解决方案。
- 若要显示/隐藏库，请单击“库”，右键单击文件列表中的库，然后单击“在导航窗格中显示”。

(5) 映射网络驱动器。通常，在经常要访问局域网中的某个位置，最方便的方法是映射网络驱动器。映射网络驱动器后，可以从“计算机”或“Windows资源管理器”中直接转至共享文件夹或计算机，而无须每次进行查找或输入其网络地址。映射网络驱动器的方法如下。

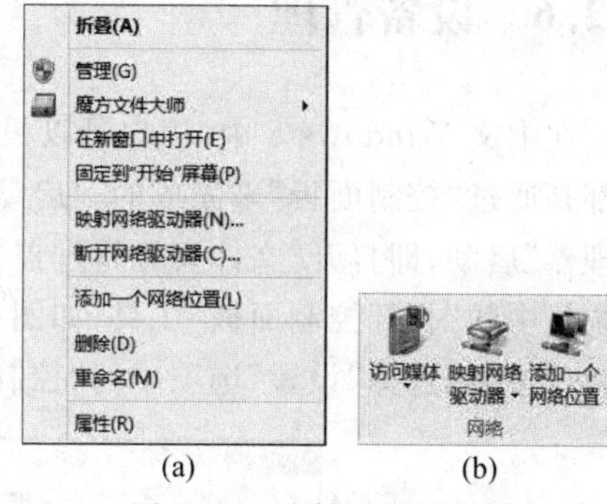

(a) (b)

图 3.37 映射网络驱动器

① 在导航窗格选择“计算机”。

② 右击“计算机”图标，打开快捷菜单如图 3.37(a)所示，也可以在“计算机”工作区选择“网络”组如图 3.37(b)所示。单击“映射网络驱动器”，打开“映射网络驱动器”对话框，如图 3.38 所示。

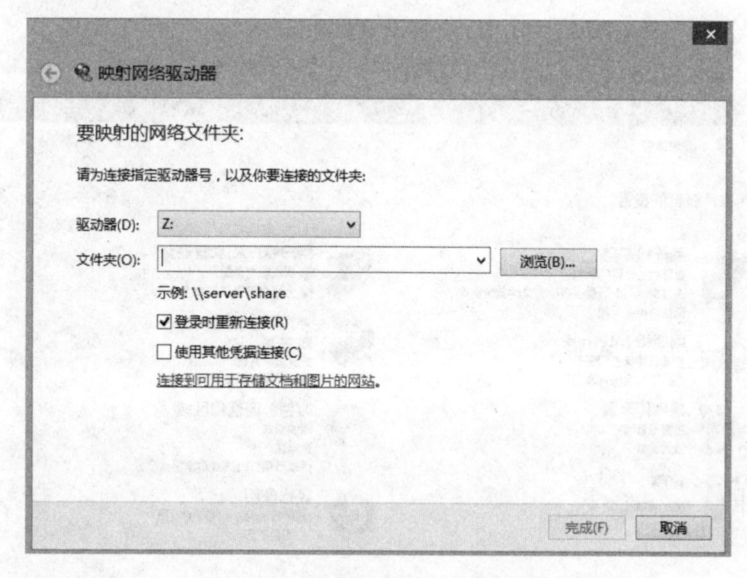

图 3.38 “映射网络驱动器”对话框

③ 在“驱动器”列表中，单击某个驱动器号。

④ 在“文件夹”框中，输入文件夹或计算机的路径，或者单击“浏览”以查找文件夹或计算机。

⑤ 若要在每次登录计算机时进行连接，请选中“登录时重新连接”复选框。

⑥ 单击“完成”则建立了网络驱动器。

(6) 设置网络位置。在资源管理器中还可以创建快捷方式到 Internet 位置，如网站或 FTP 站点。下面是具体操作方法。

① 在导航窗格选择“计算机”。

② 右键单击文件夹的任意处，然后单击“添加一个网络位置”，或者在“计算机”工作区选择“网络”组，如图 3.37(b)所示，单击“添加一个网络位置”工具。

③ 按照向导中的步骤将快捷方式添加到网络、网站或 FTP 站点上的某个位置。

3.2.6 设备管理

在中文 Windows 8 中，用户可以根据自己的需要配置各种软硬件设备环境，这些操作都是通过“控制面板”来完成的。启动“控制面板”有两种方法。第一是通过“文件资源管理器”启动，即打开“文件资源管理器”窗口，选择“计算机”，然后选择计算机工作区中的系统组中的“打开控制面板”工具，如图 3.39 所示；第二种方法从“超级”按钮启动，即打开“超级”按钮，选择“设置”选项中的“控制面板”选项，弹出如图 3.40 所示的控制面板窗口。

图 3.39 计算机工作区

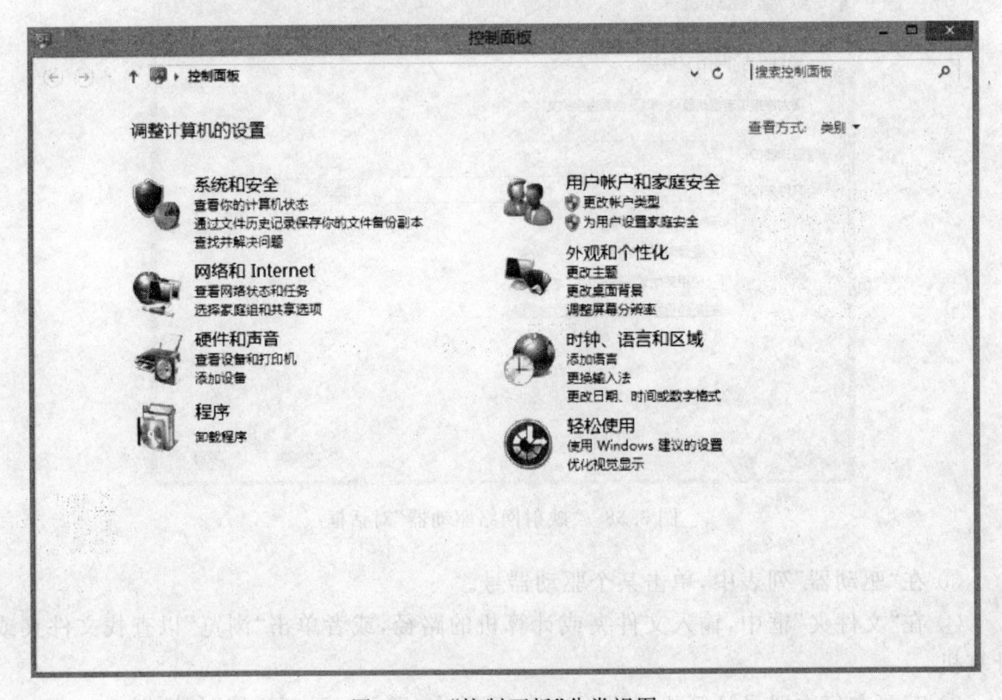

图 3.40 “控制面板”分类视图

控制面板有三种视图,分别是类别视图、大图标视图和小图标视图。用户只需用鼠标单击控制面板左上角的“查看方式”下拉列表工具就可以进行视图的切换。其中大图标视图和小图标视图界面只有图标大小的差别在形式上是一致的,如图 3.41 所示。

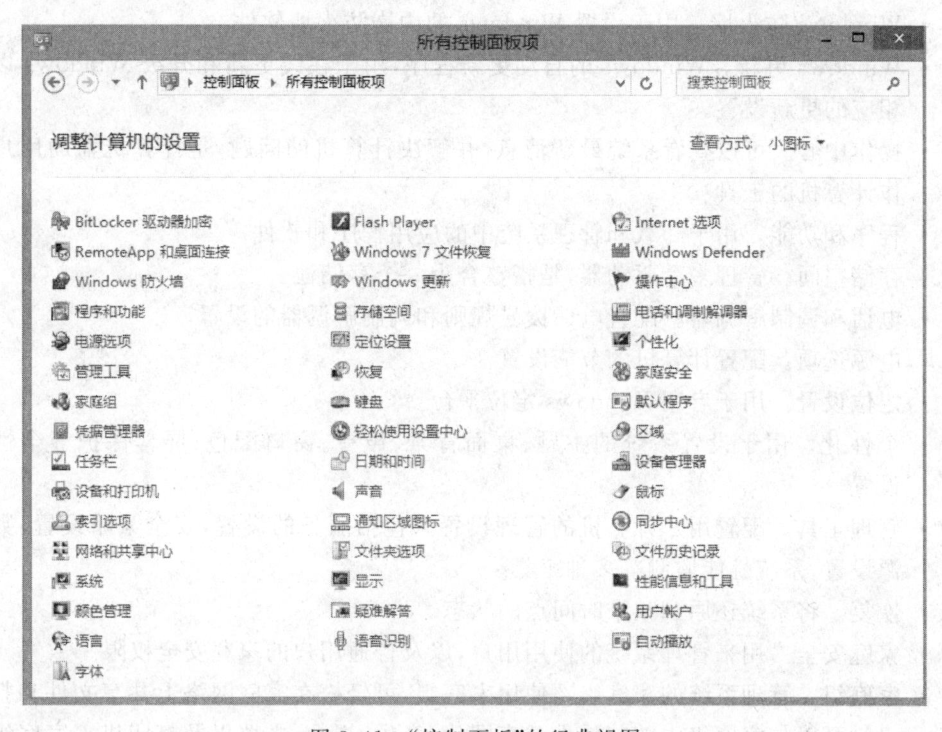

图 3.41 “控制面板”的经典视图

在这三种视图中,类别视图可以方便用户根据对计算机的设置需要,快速地查找到相应的设置工具。而大、小图标视图则更适用于对系统熟悉的用户,它可以使用户一步到位地找到相应的设置图标。

在控制面板的类别视图中,系统提供了“系统和安全”、“用户账户和家庭安全”、“网络和 Internet”、“外观和个性化”、“硬件和声音”、“时钟、语言和区域”、“程序”和“轻松使用”八类设置操作。用户可以单击相应的类别显示该类的相关设置图标后再进一步选择合适的图标。

在控制面板的大图标和小图标视图,看到大约有四十几个不同功能的应用程序图标。可以通过双击运行这些图标来完成对系统的所有软硬件环境的设置。下面是对这些图标功能的简要说明。

- BitLocker 驱动器加密。BitLocker 可加密整个驱动器。用户可以正常登录和使用文件,但是 BitLocker 会帮助阻止黑客访问系统文件。
- Flash Player。设置 Flash 播放所涉及的一些选项。该项只有在安装了 Flash Player 软件才有。
- Internet 选项。配置 Internet 显示和连接设置,一般是指 IE 浏览器中的 Internet 连接设置等。

- RemoteApp 和桌面连接。用来设置远程桌面连接的工具。
- Windows 7 文件恢复。帮助用户设置系统备份和还原系统。
- Windows Defender。Windows 自带的反间谍软件,具有一定的杀毒功能。
- Windows 防火墙。用于设置 Windows 的内嵌防火墙软件。
- Windows 更新。Windows 的自动更新程序,用于在线更新和升级 Windows 以及相应的更新设置。
- 操作中心。可以查看系统最新消息,并解决计算机的问题,是计算机辅助用户操作计算机的工具。
- 程序和功能。用于卸载和管理系统中的应用程序和软件。
- 存储空间。管理多个驱动器,是指整合为一个存储池。
- 电话和调制解调器。配置电话拨号规则和调制解调器的设置。
- 电源选项。配置计算机的节能设置。
- 定位设置。用于启用 Windows 定位平台。
- 个性化。用于设置系统的主题、桌面背景、声音、窗口配色、屏幕保护等个性化设置。
- 管理工具。配置用户计算机的管理设置。包括服务的设置,安全策略设置,数据源设置、系统性能监测等多种工具。
- 恢复。将系统还原到某个时间点的状态。
- 家庭安全。用来管理系统的使用用户,以及普通用户的家庭安全权限。
- 家庭组。管理系统的家庭组。使用家庭组,可轻松在家庭网络上共享文件和打印机。可以与家庭组中的其他人共享图片、音乐、视频、文档以及打印机。家庭组外的人无法更改家庭组内共享的文件,除非授予他们执行此操作的权限。
- 键盘。自定义键盘设置,如指针闪烁速度和字符重复速度等。
- 默认程序。用于设置文件类型或协议与程序关联,"自动播放"设置等。
- 凭据管理器。可将用户名和密码存储到保管库中,方便用户登录到计算机或网站,也管理用户的证书。
- 轻松使用设置中心。为视觉、听觉和行动能力有障碍的人设置特殊的计算机使用方案。使计算机更易于使用。
- 区域。自定义语言、数字、货币、时间和日期的显示格式。
- 任务栏。自定义开始菜单和任务栏中显示的内容和风格等。
- 日期和时间。为用户的计算机设置日期、时间和时区信息。
- 设备管理器。用来管理系统的所有硬件设备,包括各种驱动程序的安装和更新。
- 设备和打印机。显示安装的打印机和设备,帮助用户添加、设置打印机或其他设备。
- 声音。更改计算机的声音方案,或者配置扬声器和录音设备的设置。
- 鼠标。自定义鼠标设置,例如按钮设置、双击速度设置、鼠标指针方案和移动速度等的设置。
- 索引选项。管理系统的文件搜索索引以提高系统搜索的速度。

- 通知区域图标。设定通知区域图标的显示状态。
- 同步中心。专门用于帮助用户在网络位置与文件同步。
- 网络和共享中心。查看网络状态、更改网络设置,并为共享文件和打印机设置首选项。
- 文件夹选项。自定义文件和文件夹的显示,改变文件与应用程序的关联,设置网络文件的脱机使用等。
- 文件历史记录。设置文件历史记录驱动器,访问文件的历史操作记录。
- 系统。查看用户计算机系统信息、配置环境变量。
- 显示。设置桌面图标大小和显示设置。
- 位置和其他传感器。用于帮助用户配置连接在系统上的传感器。
- 性能信息和工具。显示当前系统性能信息,帮助用户更改系统设置,提高系统性能。
- 颜色管理。更改用于显示器、扫描仪、打印机等的高级颜色管理设置。
- 疑难解答。排除并解决计算机常见问题,介绍 Windows 基本功能和使用方法。
- 用户账户。更改、管理此计算机的用户账号、密码、使用权限等。
- 语言。设置语言与输入法。
- 语音识别。改变文字语言转换和语音识别设置,配置计算机上的语音工作方式。
- 自动播放。设置插入每种媒体或设备时的后续操作。
- 字体。添加、删除和管理用户的计算机上的字体。

3.3 Windows 的命令行操作

Windows 8 的命令行操作类似于以前版本 Windows 下的"MS-DOS 方式",虽然随着计算机产业的发展,Windows 操作系统的应用越来越广泛,但以文本命令来完成计算机应用的控制台模式以其快捷的运行模式仍有其不可替代的作用。

3.3.1 控制台模式

当用户需要使用控制台时,可以在"开始"界面输入"CMD"并回车,也可以选择"命令提示符"磁贴,即可启动控制台,如图 3.42 所示。

这时用户可以执行控制台命令来完成日常工作。在工作区域内右击鼠标,会出现一个编辑快捷菜单,如图 3.43 所示,用户可以先选择对象,然后可以进行"复制"、"粘贴"、"查找"等编辑工作。

控制台利用命令行来管理文件系统的。由于命令行状态下只能输入 ASCII 码或汉字,所以利用控制台来管理文件系统时不得不对文件系统中的一些概念和表示方法做特殊的规定。对照 3.1.5 节,我们对控制台中的一些操作系统概念做一个简要的说明。

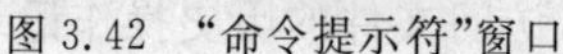

图 3.42 “命令提示符”窗口

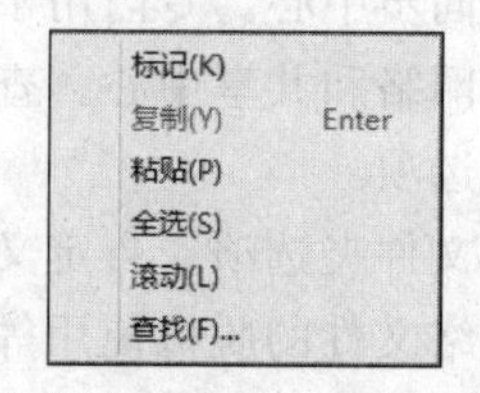

图 3.43 “命令提示符”窗口快捷菜单

(1) 盘符。用来表示磁盘或磁盘分区的名字，一般由一个英文字母和一个“:”组成，如“C:”表示 C 盘。盘符一般代表磁盘的根。

(2) 当前位置(目录)。在控制台中用户所在的位置，即用户正在操作的文件所在的文件夹。

(3) 系统提示符。在控制台的命令行界面中，用来提示用户当前位置信息的提示性文字称为系统提示符。它们一般以盘符开始，以“>”结束。在盘符和“>”之间是从磁盘的根到用户当前位置所经过的文件夹名称序列即路径。如图 3.42 所示，“命令提示符”窗口中的最后一行字符就是系统提示符。

(4) 通配符。在命令行操作中一次选择或操作一批文件或文件夹只能通过通配符来完成。在命令行操作中规定“?”代表任意一个字符，“*”代表任意若干个字符。通常用“*”代表一个主文件名、扩展名、文件夹名或它们的一部分。比如，“w?.c”代表所有以字母“w”开头并且主文件名有两个字符的扩展名为“c”的所有文件。“w*.*”代表以字母“w”开头的所有文件。

3.3.2 路径的表示方法

在控制台中，系统支持“绝对路径”和“相对路径”两种表示方法。绝对路径要求必须以根作为路径的起点，以符号“\”表示磁盘的根，其后是用“\”分隔的从根到当前文件夹所经过的所有文件夹的序列，如图 3.44 所示文件夹结构。如果当前位置为“ime”文件夹。那么在控制台中表示的到当前位置的绝对路径为“\windows\system\ime\”。

图 3.44 文件夹结构图

在控制台中还可以使用相对路径告诉计算机文件所在的位置。相对路径的是以当前文件夹为起点的文件夹名称序列。为了方便路径的表示，用“.”表示当前文件夹，用“..”表示某个文件夹的上一级文件夹。比如，当前的文件夹为“system”，可以用“..\system32\”来表示从当前文件夹到“system32”文件夹的路径。

【例 3.1】 如图 3.44 所示，假设当前文件夹为“addins”，分别用绝对和相对路径两种方法表示“setup”文件夹中的文件 a.txt 的位置。

用绝对路径表示文件位置：\windows\system\setup\a.txt。

用相对路径表示文件位置：..\system\setup\a.txt。

3.3.3 常用控制台命令

在 Windows 控制台界面中，可以使用命令有两种，一种是 Windows 自带的常用命令，用户可以通过按照命令格式输入这些命令在按回车来执行命令。另一种是系统中一些扩展名为 EXE、COM 和 BAT 的文件的文件名。这些文件名称为外部命令。用户可以通过敲入这些文件的带有完整的盘符路径和文件名的形式来执行这些命令。如果这些外部命令所对应的文件不存在，系统将无法执行这些外部命令。外部命令的一般格式如下：

```
[盘符：路径]<命令名>[命令参数表]
```

其中[盘符：路径]指的是，如果＜命令名＞是应用程序名或命令文件名(扩展名为 exe 或 com 的文件名)，就用[盘符:路径]向计算机指出该文件所在的位置。如果＜命令名＞不是应用程序名或命令文件名，则不需要写出[盘符:路径]。

＜命令名＞：命令的名称，它可以是应用程序名或命令文件名，也可以是专有的控制台命令，称其为内部命令。

[命令参数表]：根据命令的不同，有的命令没有参数则可以省略[命令参数表]部分，如果有参数则依次写在＜命令名＞的后面以空格作为分隔符。在以后的命令说明中遵循以下约定。

“[ ]”内的部分为可选项，根据功能的不同可有可无。

“＜＞”内的部分为必选项，不可省略。

【例 3.2】 假如在计算机 C 盘上的 Windows 文件夹下，system32 文件夹中有一个应用程序文件 freecell.exe，如果要运行它，可以使用如下命令。

```
C:\windows\system32\freecell.exe
```

或

```
C:\windows\system32\freecell
```

在该命令中，C:\windows\system32\是[盘符:路径]，freecell 或 freecell.exe 是命令名，没有参数，所以没写参数表部分，由于在控制台中执行命令文件可以省略文件的扩展名，所以只写 freecell 也可以。

在这里主要介绍一些内部命令。常用的 DOS 命令一般都是用来对磁盘、文件夹和文件进行操作的。下面分别按和磁盘相关命令和文件夹相关命令以及和文件相关命令三部分为大家介绍常用的 DOS 命令。

1. 磁盘操作命令

磁盘操作命令的作用范围为整个磁盘，主要包括磁盘格式化、磁盘分区转换两个命令。

(1) 磁盘格式化命令。

命令格式：FORMAT＜盘符＞[/s][/q]。

功能：格式化磁盘并删除磁盘分区上的所有数据。

命令说明：＜盘符＞是指磁盘分区的盘符或移动存储器的驱动器符。如果有[/s]参数，系统会在格式化磁盘后把系统启动文件复制到磁盘上，使其成为系统启动磁盘。如果有[/q]参数，系统会快速格式化磁盘，但[/q]参数只能在曾经做过格式化的磁盘上使用。

【例 3.3】 指出命令"FORMAT D:"和"FORMAT D:/q"的功能。

FORMAT D:/q 的功能是在该分区曾经进行过格式化操作的前提下快速格式化硬盘的 D 分区(或外部 D 盘所对应的外部存储器)。

(2) 磁盘分区转换命令。

命令格式：＜盘符:＞。

功能：将用户转到指定的磁盘上工作。

命令说明："盘符:"可以是任何存在的磁盘分区、光盘或网络映射的驱动器符。

2. 文件夹操作命令

(1) 文件夹建立命令。

命令格式：MD [盘符:][路径]＜文件夹名＞。

功能：在指定的盘符路径下以指定的文件夹名建立新文件夹。

命令说明：如果缺省[盘符:]，系统会把文件夹建在当前盘的指定路径下。如果缺省，[路径]则系统会在当前文件夹下建立指定的文件夹。另外，注意系统不能把新文件夹建立在不存在的文件夹下。

【例 3.4】 假设用户的当前文件夹在 C 盘的根上，指出下列命令的功能。

① MD C:\WINDOWS\AA

② MD AA

③ MD D:\AA

MD C:\WINDOWS\AA　该命令在 C 盘的 Windows 文件夹内建立 AA 文件夹。

MD AA　该命令在 C 盘的根上建立 AA 文件夹。

MD D:\AA　该命令在 D 盘的根上建立 AA 文件夹。

(2) 更改当前位置命令。

命令格式：CD [盘符:]＜路径＞。

功能：把当前文件夹转换到 [盘符:][路径] 所指定的位置。

命令说明：如果缺省[盘符:]，系统会把当前文件夹转到当前盘的指定路径下。＜路径＞代表用户需要作为当前文件夹的位置。在路径中可以使用"."代表当前文件夹；".."代表当前文件夹的父文件夹；"\"代表根，例如，CD.. 代表返回上一级文件夹。

【例 3.5】 说明下面命令的功能。

(1) CD C:\WINDOWS\AA

(2) CD AA

(3) CD D:\AA

CD C:\WINDOWS\AA　该命令把当前文件夹设为 C 盘的 WINDOWS 文件夹内的 AA 文件夹。

CD AA　该命令把当前文件夹设为当前文件夹下的 AA 文件夹。

CD D:\AA　该命令把当前文件夹设为 D 盘的根上的 AA 文件夹。

(3) 删除空文件夹命令。

命令格式：RD [盘符:][路径]<文件夹名>。

功能：删除用户指定的文件夹。

命令说明：如果缺省[盘符:]，系统会把当前盘下的指定文件夹删除。如果缺省[盘符:][路径]，系统会删除当前文件夹下的指定文件夹，<文件夹名>指将被删除的文件夹名。另外注意，系统无法删除非空的文件夹和不存在的文件夹。

【例 3.6】 假如有如图 3.45 的文件夹结构。

其中 bb1 文件夹中有文件，cc 文件夹中为空。当前文件夹为 C 盘的根。如果要删除 cc 文件夹，用 RD C:\aa\cc 或 RD \aa\cc 都可以，其中"RD\aa\cc"命令中的第一个"\"代表当前盘的根。如果要删除 bb 文件夹，则必须删除 bb1 文件夹后才可删除 bb 文件夹。

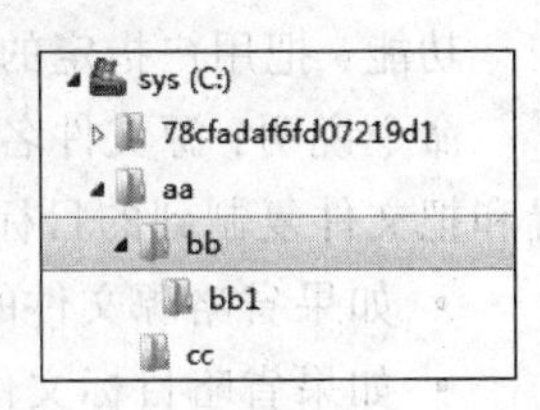

图 3.45　文件夹结构图

具体操作如下：

```
DEL c:\aa\bb\bb1\*.*
RD C:\aa\bb\bb1
RD C:\aa\bb
```

以上三条命令第一条用于删除 bb1 文件夹下的所有文件，第二条命令删除 bb1 使 bb 文件夹成为空文件夹，第三条命令删除 bb。如果没有上两条命令，第三条命令是不能被执行的。

3. 文件操作命令

文件操作命令的主要操作对象是文件和文件夹。

(1) 文件列表命令。

命令格式：DIR [盘符:路径][文件名] [/s][/w][/p]。

功能：显示指定文件夹或文件列表。

命令说明：

- 如果不加任何参数，该命令显示当前文件夹中的所有文件。
- 如果只加[盘符:路径]，系统将显示指定位置的文件及文件夹列表。
- 如果加[盘符:路径][文件名]，系统将只显示指定位置的指定文件名信息。其中文件名可以使用通配符来代表一批文件。
- 如果加[/s]参数，系统将显示指定位置的文件和文件夹以及其子文件夹中的文件和文件夹的内容。
- 如果加[/w]参数，系统在显示结果时，将用每行显示五个的格式，只显示文件和文件夹的名称。
- 如果加[/p]参数，系统显示结果时，如果显示内容多于一屏，则以分页的形式显示。

【例 3.7】 请说明下面命令的功能。

① DIR C:\Windows/s

该命令列出 C 盘 Windows 文件夹下所有的文件和文件夹。

② DIR C:\/w/p

该命令以每行显示五个名称的格式，分页显示 C 盘根上的所有文件和文件夹。

③ DIR C:\windows\system32\ *. exe

该命令显示"C:\windows\system32\"文件夹下的所有扩展名为 exe 的文件。

(2) 文件复制命令。

命令格式：COPY [盘符:路径]<源文件名> [盘符:路径][目标文件名]。

功能：把用户指定的<源文件>复制到用户指定位置。

命令说明：源文件名和目标文件名前的[盘符:路径]分别指用户复制时，源文件的位置和把文件复制到的目标位置。

- 如果省略源文件的[盘符:路径]，说明被复制的文件在当前文件夹下。
- 如果省略目标文件名前的[盘符:路径]，说明文件将别复制到当前文件夹下。
- 如果省略[目标文件名]，说明文件在复制的过程中不改名，如果不省略，源文件将目标文件名作为新的文件名存储在指定目标位置上。
- 源文件名可以使用通配符来表示复制一批文件或文件夹，其中"?"代表一个字符，"*"代表多个字符。

【例 3.8】 已知文件夹结构如图 3.45 所示，其中 bb1 中有三个文件"a. txt"，"ab. c"，"aaa. java"。当前文件夹在 C 盘根上。请分别说明下面命令的意义。

① COPY c:\aa\bb\bb1\ab. c c:\aa\cc\cc. c

该命令把 bb1 文件夹下的 ab. c 文件复制到 cc 文件夹下并改名为 cc. c。

② COPY c:\aa\bb\bb1\ab. c c:\aa\cc

该命令把 bb1 文件夹下的 ab. c 文件复制到 cc 文件夹下文件名不变。

③ COPY c:\aa\bb\bb1\a?. c c:\aa\cc

该命令把 bb1 文件夹下的主文件名只有两个字符且第一个字符为"a"的所有文件复制到 cc 文件夹下。

④ COPY c:\aa\bb\bb1\a*. * c:\aa\cc

该命令把 bb1 文件夹下的主文件名第一个字符为"a"的所有文件复制到 cc 文件夹下。

(3) 显示文本文件内容命令。

命令格式：TYPE [盘符:路径] <文件名>。

功能：显示指定文件的内容。

命令说明：[盘符:路径]用来指定需要显示文件内容的文件所在的位置。该命令只能显示文本文件的内容。

(4) 删除文件命令。

命令格式：DEL [盘符:路径]<文件名>。

功能：删除指定位置的文件。

命令说明：如果没有[盘符:路径]，系统将删除当前文件夹中的指定文件。

4. 网络操作命令

(1) 网络联通探测命令

命令格式：ping <IP 地址> [－n 探测包数]。

功能：ping 可以用来检查网络是否通畅或者网络连接速度。

命令说明：<IP 地址>表示用户希望探查连通的主机 IP 地址，在没有[－n 回显次数]时，系统默认只发四个探测包，回显数据也只有四行。如果在命令中加入[－n 探测包数]时，系统会根据探测包数发出对应个数的探测数据包，回显数据也有对应的行数。

【例 3.9】 测试本机的网卡回转时间。

```
ping 127.0.0.1
```

【例 3.10】 发 5 个测试包测试本机到 192.168.1.110 主机是否联通。

```
ping 192.168.1.110 -n 5
```

(2) 网络配置查看命令。

命令格式：ipconfig [/all][/renew][/release]。

功能：显示所有当前的 TCP/IP 网络配置值。

命令说明：如果没有参数，那么 ipconfig 实用程序将向用户提供所有当前的 TCP/IP 配置值，包括 IP 地址和子网掩码。该使用程序在运行 DHCP 的系统上特别有用，允许用户决定由 DHCP 配置的值。当命令中带有"/all"参数命令时将产生完整显示。当命令中带有"/renew"参数系统将更新 DHCP 配置参数。当命令带有"/release"参数命令将释放全部(或指定)适配器的由 DHCP 分配的动态 IP 地址。其中[/renew]和[/release]参数只在 DHCP 客户端上有效。

【例 3.11】 查看本机网络配置：

① ipconfig

② ipconfig/all

【例 3.12】 释放本机网络配置：

```
ipconfig/release
```

5. 批处理命令

在 Windows 中可以建立一种称为批处理文件的可执行的文本文件。这种文件是将一系列命令按一定的顺序集合为一个可执行的文本文件，其扩展名为 BAT 或者 CMD。在批处理文件中使用的命令称为批处理命令。通常批处理命令的使用方法是先建立批处理文件，批处理文件的内容是由若干条命令(批处理命令或控制台命令)组成。批处理文件建立成功后。只需在命令行输入批处理文件名后回车或用鼠标双击该命令文件图标即可按顺序执行批处理文件中所有命令。下面简要介绍常用的批处理命令。

(1) REM 或::(注释命令)。

命令格式 1：REM [说明性文字]。

命令格式 2：::[说明性文字]。

功能：REM 为注释命令，一般用来给程序加上注解，该命令后的内容不被执行。

命令说明：REM 命令注释的文字能回显。但“::”后的说明文字不会回显。

(2) ECHO 和@。

命令格式 1：@＜命令＞。

命令格式 2：echo[{on|off}]。

功能：打开或关闭回显。

命令说明：@字符放在命令前将关闭该命令回显，无论此时 echo 是否为打开状态。echo on 为打开回显，echo off 为关闭回显。如果想关闭“ECHO OFF”命令行自身的显示，则需要在该命令行前加上“@”。当 echo 后没有参数时显示当前 ECHO 设置状态。

(3) PAUSE。

命令格式：PAUSE。

功能：停止系统命令的执行并显示“请按任意键继续…”。

命令说明：该命令可以使批处理执行过程中中断等待用户操作。

【例 3.13】 建立批处理文件 aa.bat 完成在 C:盘根目录上建立例 3.6 所示的结构并显示该结构。

aa.bat 文件内容如下：

```
@ echo off
c:
cd\
md aa
md\aa\bb
md\aa\bb\bb1
md\aa\cc
pause
dir aa/s
```

3.4 Windows 8 中常用的工具软件

3.4.1 记事本

记事本用于纯文本文档的编辑，适于编写一些篇幅短小的纯文本格式的文件，由于它使用方便、快捷，应用也是比较多的，比如一些程序的帮助文件通常是以记事本的形式打开的。启动记事本时，用户可依以下步骤来操作：

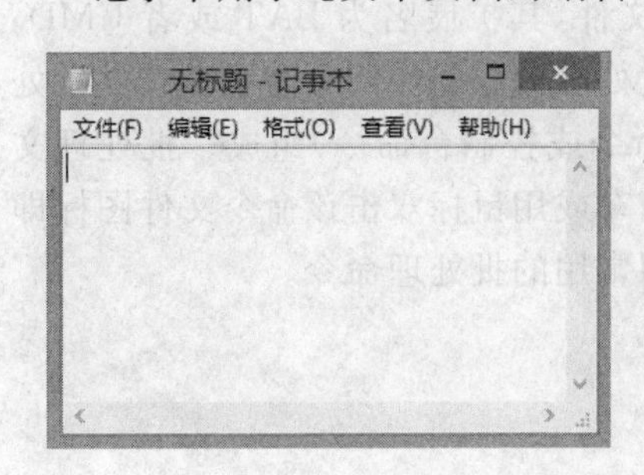

图 3.46 记事本

按下键盘上的“Windows 徽标”键，然后右击鼠标，选择“所有应用”按钮，在“开始界面”选择“记事本”磁贴，即可启动记事本，如图 3.46 所示。

要使用记事本建立文本文件，基本上遵循建立或打开文件、输入内容、编辑修改、设置格式和保存等几个步骤。

1. 新建或打开文件

当用户需要新建或打开一个文档时,可以在“文件”菜单中进行操作,执行“新建”或“打开”命令,在新建文件时系统自动建立一个空记事本文件。当执行打开命令时系统会弹出“打开”对话框,用户可以选择要打开的文件。单击“确定”按钮后,即可新建或打开一个文件进行文字的输入。

2. 输入内容

在记事本中只能输入ASCII码所能表示的文字、汉字等符合ANSI、Unicode、Unicode Big Endion、UTF-8等“国际通用字符集”中的符号。

3. 编辑修改

编辑功能是记事本程序的灵魂,通过各种方法,比如复制、剪切、粘贴等操作,使文档能符合用户的需要。

4. 设置记事本显示格式

用户可以利用“格式”菜单中的“字体”命令来实现,选择这一命令后,出现“字体”对话框,如图3.47所示。在“字体”的下拉列表框中有多种中英文字体可供用户选择,在“字形”中用户可以选择常规、斜体等。在字体“大小”中,字号用阿拉伯数字标识的,字号越大,字体就越大,而用汉语标识的,字号越大,字体反而越小。

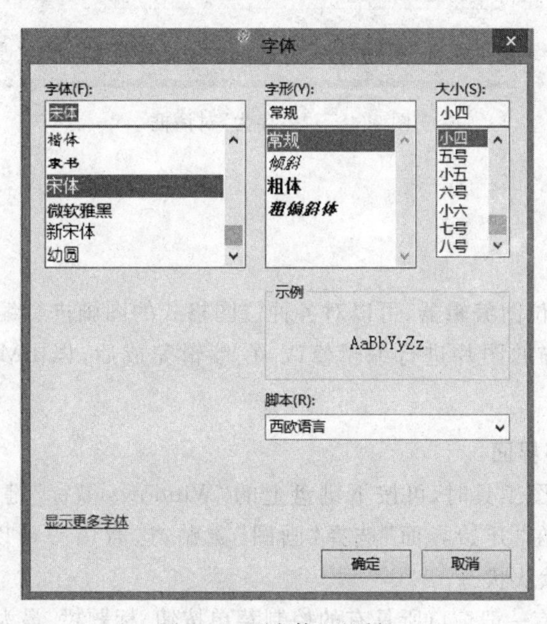

图3.47 “字体”对话框

注意:如果在记事本中更改文本的“字体”格式,不是更改当前正在编辑的文本的格式,而是更改本计算机中记事本软件的显示格式,记事本文件在其他计算机中打开是以当前计算机中记事本软件的默认格式显示文字。

5. 保存文件

当用户编辑完文件后一般需要保存在某个地方，具体操作如下。

打开“文件”菜单下的“保存”命令，如果不是第一次保存则系统会按原先的文件名和存储位置保存。如果是新建的文件第一次保存，系统会调出“另存为”对话框，如图3.48所示。用户设置文件保存的文件夹位置，然后在“文件名”标签后面的文本框中输入文件名。在“保存类型”标签后的文本框中选择文件类型，在“编码”标签后的文本框中选择合适的编码标准（这些一般都使用默认的选项），然后单击“保存”按钮。系统就会根据用户的指示把文件保存在用户指定的文件夹中。

图3.48 “另存为”对话框

3.4.2 画图

画图程序是一个位图编辑器，可以对各种位图格式的图画进行编辑，用户可以自己绘制图画，也可以对扫描的图片进行编辑修改，在编辑完成后，以BMP、JPG、GIF等格式保存。

1. 认识画图程序界面

当用户要使用画图工具时，可按下键盘上的“Windows徽标”键，然后右击鼠标后单击“所有应用”按钮，在“开始界面”选择“画图”磁贴，这时用户可以进入“画图”界面，图3.49所示为程序默认状态。

画图窗口除了具有一般窗口所具有的控制菜单按钮、标题栏、最大/最小/还原按钮、关闭按钮和状态栏外，还具有“画图”按钮、快速访问工具栏、功能区和绘图区域四个主要部分。

①“文件”选项卡：单击“文件”选项卡，打开Backstage视图，如图3.50所示。该视图中包括画图文件的操作，如新建、打开、保存、另存为等选项。图形数据输入输出操作，如打印、从扫描仪或照相机和在电子邮件中发送等。其他包括设置为桌面背景、属性、退出和打开最近的图片等操作。

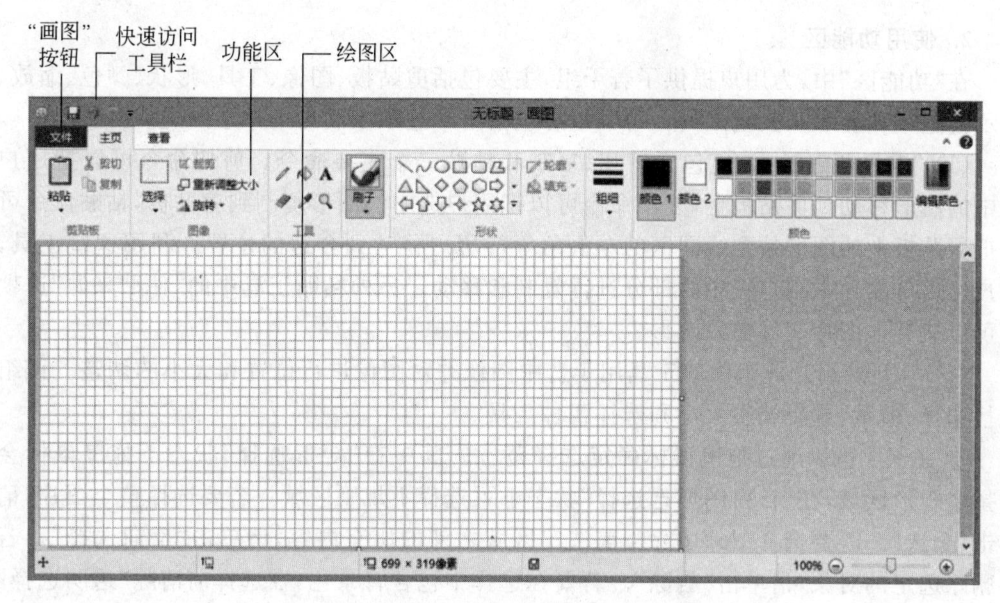

图 3.49　画图界面

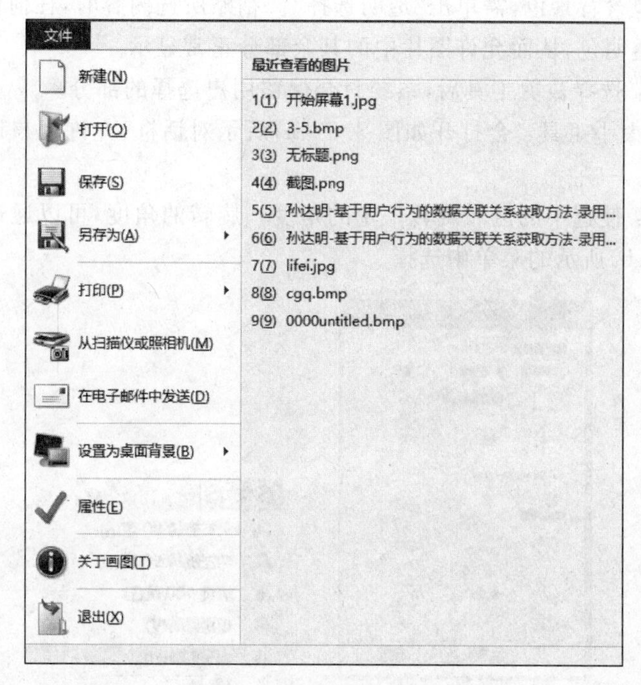

图 3.50　“文件”选项卡视图

② 快速访问工具栏。快速访问工具栏把画图中常用的工具以工具栏的形式显示出来。它们可以通过打开快速访问工具栏右边的按钮进行定制。

③ 功能区。功能区是画图软件的工具箱。它包含主页和查看两栏共八大类工具。

④ 绘图区。是界面的主体部分，为用户提供画布。

2. 使用功能区

在“功能区”中,为用户提供了若干组,主要包括剪贴板、图像、工具、形状、颜色、缩放、显示或隐藏和显示八大组工具。每个组有包括若干选项以满足用户绘图的需要。

(1)“剪贴板”组。该组包括剪切、复制和粘贴三个主要命令。剪切命令可以把用户选中的图形移动到剪贴板上,复制命令可以把用户选中的图形复制到剪贴板,粘贴命令可以把剪贴板上的图形粘到绘图区的左上角等待用户移动到合适的位置。利用这些工具,用户可以对图片中用户选中的部分进行复制和移动。另外粘贴工具中的“粘贴来源”选项还可以从其他图片文件输入图形。

(2)“图像”组。此组中的工具用于选中图像并对图像进行位置和大小的调整。该组包括选择、剪裁、重新调整大小和选择四种工具。

① 工具:可以通过拖曳鼠标确定选择范围。其中在“矩形选择”状态下拖曳鼠标会选择个矩形区域,在“自由图形选选择”状态下可选择不规则区域。若要选择整个图片,请单击“全选”。若要选择图片中除当前选定区域之外的所有内容,请单击“反向选择”。若要删除选定的对象,请单击“删除”。若要在选择中包含背景色,在选择前清除“透明选择”前的“√”。粘贴所选内容时,会同时粘贴背景色,并且填充颜色将显示在粘贴的项目中。若要在选择中不包含背景色,需单击“透明选择”。粘贴所选内容时,任何使用当前背景色的区域都将变成透明色,从而允许图片中的其余部分正常显示。

② 剪裁工具:选择裁剪工具后,系统只会保留用户选择的部分。

③ 重新调整大小工具:会打开如图 3.51(a)所示对话框,允许用户调整图形的大小和倾斜角度。

④ 旋转工具:使选中的区域旋转一定的角度。旋转的角度,可以通过单击“旋转”按钮打开如图 3.51(b)所示的菜单中选择。

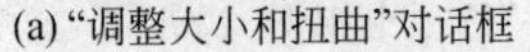

(a)“调整大小和扭曲”对话框

(b) 旋转列表框

图 3.51 重新调整大小对话框

(3)“工具”组。该组是手工画图的常用工具,包括铅笔、填充工具(油漆桶)、文本工具、擦出工具、颜色选取工具(吸管)、放大镜工具和刷子工具。

① 铅笔:此工具用于不规则线条的绘制。直接选择该工具按钮即可使用,线条的颜

色依前景色而改变，可通过改变前景色来改变线条的颜色。

② 填充：运用此工具可对一个选区内进行颜色的填充，来达到不同的表现效果。

③ 文字：用户可采用文字工具在图画中加入文字。单击此按钮，在绘图区单击，出现文字框时用户可以在文本框中输入文字，同时系统会自动显示"文本"功能区。用户可以在此功能区设置输入文字的各种属性。如设置文字的字体、字号，给文字加粗、倾斜、加下划线，改变文字颜色等等。

④ 橡皮：用于擦除绘图中不需要的部分。

⑤ 取色：此工具的功能等同于在颜料盒中进行颜色的选择。运用此工具时可单击该工具按钮，在要操作的对象上单击，颜料盒中的前景色(颜色 1)随之改变，而对其右击，则背景色会发生相应的改变，当用户需要对两个对象进行相同颜色填充，而这时前、背景色的颜色已经调乱时，可采用此工具，能保证其颜色的绝对相同。

⑥ 放大镜：当用户需要对某一区域进行详细观察时，可以使用放大镜进行放大。选择此工具按钮，绘图区会出现一个矩形选区，选择所要观察的对象，单击即可放大，右击缩小。用户也拖曳在窗口右下角的滑块精确设置放大倍数。

⑦ 刷子：使用此工具可选择不同的笔尖，绘制不规则的图形。使用时单击该工具的下拉按钮，选择需要的笔尖效果，然后在绘图区按下左键拖动即可绘制显示前景色的图画，按下右键拖动可绘制显示背景色图画。用户可以根据需要选择不同的笔刷粗细及形状。

(4)"形状"组。利用该组中的工具按钮，用户可以方便地在绘图区拖拽出简单的线、图形、箭头等形状，还可以通过轮廓按钮设置形状的边框类型，通过填充按钮设置形状的填充效果，通过粗细选项设置线的粗细。

(5)"颜色"组。"颜色 1"代表前景色，"颜色 2"代表背景色，还有多个色块的调色板以及用户可以自定义颜色的"编辑颜色"按钮。用户可以从颜色栏中进行颜色的选择，先选择颜色 1 或颜色 2，然后在调色板中选择需要的颜色，即可设置相应的前景色和背景色。用户可以通过单击"编辑颜色"打开如图 3.52 所示对话框。在对话框中设定自己的自定义颜色。自定义颜色会自动加在调色板上。

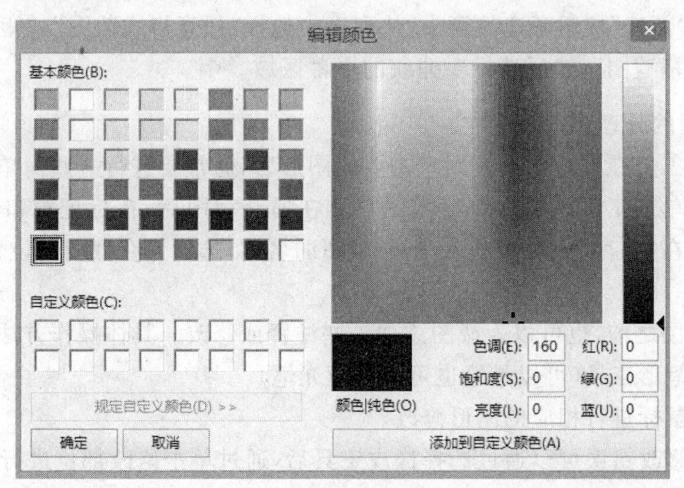

图 3.52 "编辑颜色"对话框

3.4.3 截图工具

截图工具是 Windows 8 提供的一款非常实用的桌面截图软件。用户可以使用截图工具捕获屏幕上任何对象的屏幕快照或截图，然后对其添加注释、保存或共享该图像。

截图工具可以通过按下“Windows 徽标”键，然后右击鼠标，选择“所有应用”按钮，在“开始界面”选择“截图工具”磁贴来打开。其应用程序窗口如图 3.53 所示。

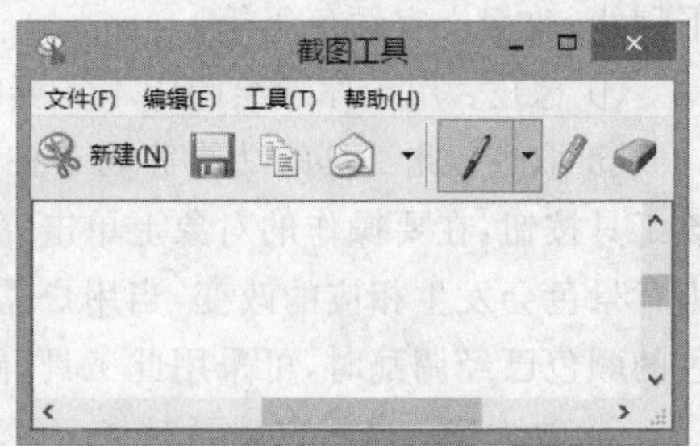

图 3.53 截图工具窗口

1. 截图的方法

在截图工具中有“任意格式截图”、“矩形截图”、“窗口截图”和“全屏幕截图”四种截图模式。分别介绍如下。

(1) 任意格式截图：可以围绕对象绘制任意格式的形状作为截图的形状。

(2) 矩形截图：可以在对象的周围拖动光标构成一个矩形作为截图的形状。

(3) 窗口截图：可以选择一个窗口，例如希望捕获的浏览器窗口或对话框。

(4) 全屏幕截图：可以捕获整个屏幕。

截图的操作步骤是打开“截图工具”后单击“新建”按钮旁边的箭头，从列表中选择“任意格式截图”、“矩形截图”、“窗口截图”或“全屏幕截图”，然后选择要捕获的屏幕区域即可。

特别的对于应用程序菜单或“开始”菜单的截图操作步骤如下：

(1) 打开“截图工具”。

(2) 打开截图工具后，按 Esc 键，然后打开要捕获的菜单。

(3) 按 Ctrl＋PrtScn 键。

(4) 单击“新建”按钮旁边的箭头，从列表中选择“任意格式截图”、“矩形截图”、“窗口截图”或“全屏幕截图”，然后选择要捕获的屏幕区域。

2. 对截图的处理

通过截图工具在屏幕中捕获用户需要的图形后，通常要进行一些简单的处理，比如保存或对图形简单加工。在这里保存截图只需在捕获截图后，在标记窗口中单击“保存截图”按钮，然后在“另存为”对话框中，输入截图的名称，选择保存截图的位置，最后单击“保存”即可。

在保存截图之前，也可以为截图添加一些注释或修改。具体操作方法如下。

(1) 选择笔形工具(可以是笔也可以是荧光笔)。

(2) 拖曳鼠标进行相应的图形修改。

(3) 如果修改错误可以通过选择橡皮工具后，通过单击修改部位进行擦除。

3.4.4 计算器

计算器可以帮助用户完成数据的运算，它可分为“标准型”、“科学型”、“程序员”型和“统计信息”型四种。“标准型”计算器可以完成日常工作中简单的算术运算；“科学型”计算器可以完成较为复杂的科学运算，比如函数运算等；“程序员”型计算器更有利于程序员进行数值转换；“统计信息”型计算器有利于进行数据统计。

计算器的运算的结果不能直接保存，而是将结果存储在内存中，以供粘贴到别的应用程序和其他文档中。它的使用方法与日常生活中所使用的计算器的方法一样，可以通过鼠标单击计算器上的按钮来取值，也可以通过从键盘上输入来操作。

1. 标准型

在处理一般的数据时，用户使用“标准计算器”就可以满足工作和生活的需要了，按下“Windows 徽标”键，进入“开始界面”，然后右击鼠标，单击“所有应用”按钮，在“开始界面”中选择“计算器”磁贴，即可打开“计算器”窗口，系统默认为“标准计算器”，如图 3.54(a)所示。其使用方法与普通计算器无异，可以通过键盘或鼠标按键操作。

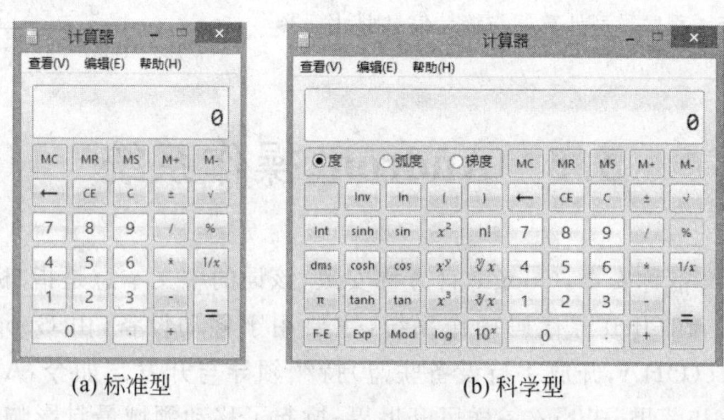

(a) 标准型　　(b) 科学型

图 3.54　标准型计算器与科学型计算器

2. 科学型

当用户从事非常专业的科研工作时，要经常进行较为复杂的科学运算，可以选择计算器中“查看”菜单下的“科学型”命令，弹出“科学计算器”窗口，如图 3.54(b)所示。此窗口增加了角度、弧度、梯度等单位选项及一些函数运算符号。

3. 程序员型

为了适应程序员对数值计算的要求，可以选择“程序员”型计算器。该类计算器此窗口增加了十六进制、十进制、八进制、二进制等数制选项和字节容量转换选项。在程序员模式下，计算器最多可精确到 64 位数，这取决于所选的字大小。以程序员模式进行计算时，计算器采用运算符优先级。程序员模式只是整数模式。小数部分将被舍弃。其界面如图 3.55(a)所示。

4. 统计信息型

使用统计信息模式时，可以输入要进行统计计算的数据，然后进行计算。其界面如图 3.55(b)所示。输入数据时，数据将显示在历史记录区域中，所输入数据的值将显示在计算区域中。其中一些特殊按钮的功能如表 3.3 所示。

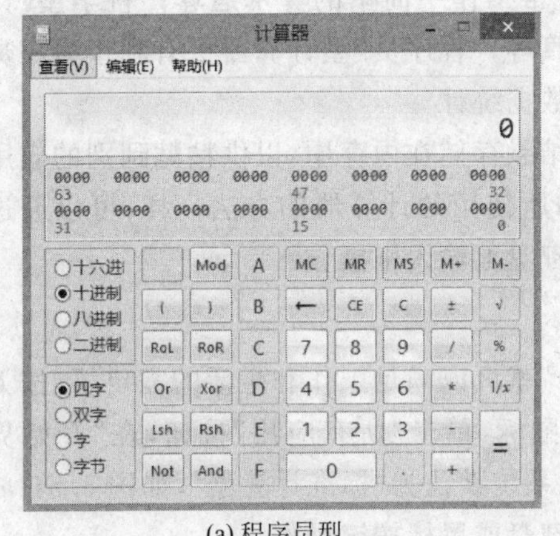

(a) 程序员型　　(b) 统计信息型

图 3.55　程序员型计算器与统计信息型计算器

表 3.3　特殊功能按钮表

按　钮	功　能
$\overline{x}$	平均值
$\overline{x^2}$	平均平方值
$\sum x$	总和
$\sum x^2$	平方值总和
σ_n	标准偏差
σ_{n-1}	总体标准偏差

3.5　Android 操作系统

Android 中文俗称安卓，Google 官方称安致，该词的中文本意是指“机器人”。它是一个以 Linux 为基础的开放源代码操作系统，主要用于移动设备，由 Google 成立的 Open Handset Alliance(OHA，开放手持设备联盟)持续领导与开发。如今，Android 及它的绿色小机器人标志和苹果 iPhone 一样风靡世界，掀起了移动领域最具影响力的风暴。

3.5.1　Android 的历史

Android 系统最初由安迪·鲁宾(Andy Rubin)开发制作。安迪·罗宾是 Android 开发的领头人。最初开发这个系统的目的是利用其创建一个能够与 PC 连网的“智能手机”生态圈。但是后来，随着智能手机市场快速成长，Android 被改造为一款面向手机的操作系统。

2003 年 10 月，有“Android 之父”之称的安迪·鲁宾在美国加利福尼亚州帕洛阿尔托创建了 Android 科技公司(Android Inc.)，并与利奇·米纳尔(Rich Miner)、尼克·席尔斯(Nick Sears)、克里斯·怀特(Chris White)共同发展这家公司。

2005 年 8 月 17 日，Google 收购了 Android 科技公司，所有 Android 科技公司的员工都被并入 Google。Google 正是借助此次收购正式进入移动领域。在 Google，鲁宾领导着一个负责开发基于 Linux 核心移动操作系统的团队，这个开发项目便是 Android 操作系统。

2007 年 9 月,Google 提交了多项移动领域的专利申请。

2007 年 11 月,Google 与 84 家硬件制造商、软件开发商及电信营运商成立开放手持设备联盟来共同研发改良 Android 系统,随后,Google 以 Apache 免费开放源代码许可证的授权方式,发布了 Android 的源代码。让生产商推出搭载 Android 的智能手机,Android 操作系统后来更逐渐拓展到平板电脑及其他领域上。

2010 年年末数据显示,仅正式推出两年的 Android 操作系统在市场占有率上已经超越称霸逾十年的诺基亚 Symbian 系统,成为全球第一大智能手机操作系统。

根据 IDC 最新的报告显示,Android 系统占据了全球智能手机市场份额从 2012 年的 69%上升到 2013 年的 78.6%,其在中国市场的份额更高。如今,安卓已经确立了移动操作系统中毫无疑问的霸主地位。

3.5.2 界面与基本操作

安卓系统为适应触摸屏的操作和手机平板电脑等小面积屏幕的操作,在设计时采用了大图标、多屏显示的设计特点。

如图 3.56 所示,通常安卓系统界面包括应用程序界面、窗口小部件界面等多组界面。在屏幕下方还包括若干基本操作工具。常用的图标功能如表 3.4 所示。

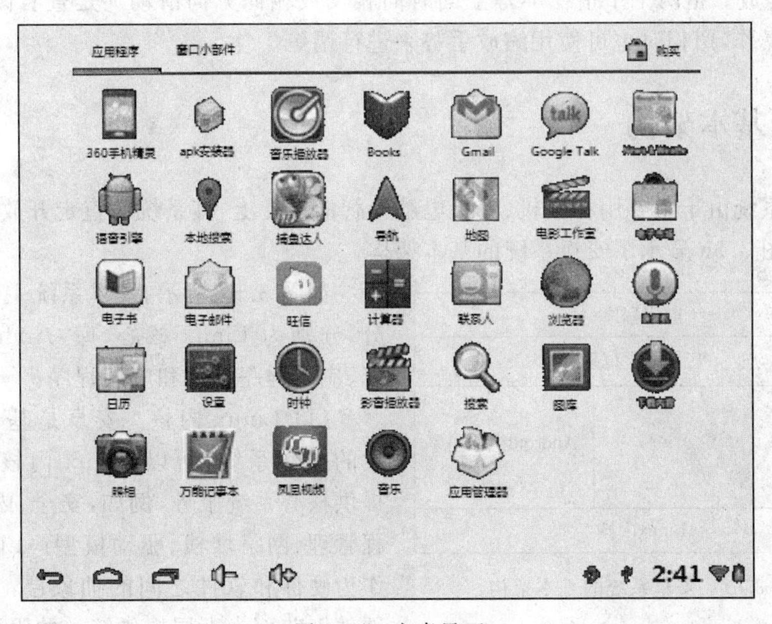

图 3.56 安卓界面

安卓系统由于主要用于手机和平板电脑等触屏设备。所以其基本操作均为一些手势。常见的手势如下。

(1) 点击。也叫"单击",即轻触屏幕一下。点击是使用频率最高的动作,主要用来打开程序。

表 3.4　常用的图标功能

图标	功　能	图标	功　能
	返回上一个操作		USB 连接设置
	回到主界面	2:41	时间设置
	任务管理		Wi-Fi 设置
	声音设置		电量显示

(2) 长按。按住屏幕超过两秒。此动作通常用来调出“快捷菜单”。某些应用程序在界面空白处长按可以调出菜单;某些条目长按也可以弹出菜单,比如当需要转发短信时,在短信对话界面长按短信内容,必然会弹出菜单,菜单中通常会有“转发”选项。

(3) 拖动。准确来说应该叫做“按住并拖动”。“拖动”主屏幕是编辑时的常见动作,比如对桌面“小组件”或者“图标”进行位置编辑时。另外也用于进度定位,比如播放音乐或者视频时,需要常常拖动进度条。

(4) 双击。就是短时间内连续点击屏幕两次,主要用于快速缩放,比如浏览图片时双击可以快速放大,再次双击可以复位;浏览网页时,对文章正文部分双击可使文字自适应屏幕,当然某些视频播放器双击可切换至全屏模式。

(5) 滑动。主要用于查看屏幕无法完全显示的页面,功能类似鼠标的滚轮。此操作主要用于查看图片、网页、纯文本(短信、邮件、笔记)。

(6) 缩放。指两个手指在屏幕上同时向相反或相向方向滑动。是查看图片、网页时最常见的操作,照相时也可使用缩放手势来进行调焦。

3.5.3　基本架构

安卓系统由于主要用在手机、平板电脑等智能设备上,其系统一直走开放性和模块化的路子。图 3.56 显示了安卓系统的基本架构。

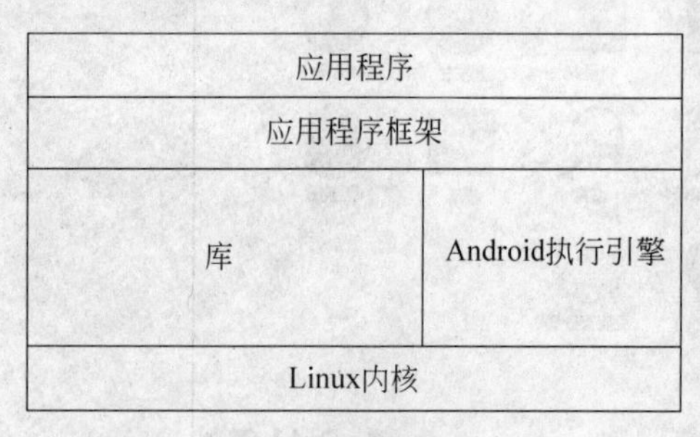

图 3.57　安卓系统的基本架构

如图 3.57 所示,安卓系统主要分成 5 部分,分别为 Linux 核心、库、Android 执行引擎、应用程序框架和应用程序。

(1) Linux 内核。安卓是基于 Linux 开发的操作系统,所以 Linux 内核为 Android 提供核心系统服务,例如,安全、内存管理、进程管理、网络堆栈、驱动模型。Linux 内核也作为硬件和软件之间的抽象层,它隐藏具体硬件细节而为上层提供统一的服务。

(2) Android 执行引擎。也叫 Android Runtime,是一个核心库的集合,提供大部分在 Java 编程语言核心类库中可用的功能。每一个 Android 应用程序是 Dalvik(Dalvik 是 Google 公司自己设计用于 Android 平台的 Java 虚拟机)虚拟机中的实例,运行在他们自己的进程中。Dalvik 虚拟机依赖于 Linux 内核提供基本功能,如线程和底层内存管理。

(3) 库。也叫 Libraries，是一个 C/C++ 库的集合，供 Android 系统的各个组件使用。这些功能通过 Android 的应用程序框架暴露给开发者。

(4) 应用程序框架。是 Android 为开发者提供的能够编制丰富和新颖的应用程序的一个接口。开发者可以自由地利用设备硬件优势、访问位置信息、运行后台服务、设置闹钟、向状态栏添加通知等等。应用程序框架可以简化组件的重用。框架中包括视图(View)、内容提供者(Content Providers)、资源管理器(Resource Manager)、通知管理器(Notification Manager)、活动管理器(Activity Manager)等部分。

(5) 应用程序。是 Android 系统中各种与用户打交道的应用程序的集合，包括电子邮件客户端、SMS 程序、日历、地图、浏览器、联系人和其他设置等。所有应用程序都是用 Java 编程语言写的。

3.5.4 Android 系统基本文件夹结构

由于 Android 系统是一个开放的系统，所以在不同公司的移动产品上搭载的 Android 系统，其目录结构也各不相同，但基本的目录结构是相同的。打开 Android 文件管理器，会发现里面数十多个英文名称命名的文件夹罗列其中，很多功能可以从其名字上略有所知，内部大批量的文件却让我们有些一头雾水。其中大部分目录都是不同版本的安卓系统所特有的在这里不作介绍。另外一些通用重要目录在这里简单介绍一下，如图 3.58(a)所示。

在根目录中重要的的文件夹主要有“sqlite_stmt_journals”、“cache”、“sdcard”、“etc”、“system”、“sys”、“sbin”、“proc”、“data”、“root”、“dev”等 11 个。各文件夹功能介绍如下。

(a) 根目录　　(b) System目录

图 3.58　安卓系统目录结构

- sqlite_stmt_journals 目录是一个根目录下的 tmpfs 文件系统，用于存放临时文件数据。
- cache 目录是缓存临时文件夹。
- sdcard 目录是 SD 卡中的 FAT32 文件系统挂载的目录。
- etc 目录指向“/system/etc”，是系统配置文件存放目录。
- system 目录是一个很重要的目录，大部分系统文件都在该文件夹中。
- sys 目录用于挂载 sysfs 文件系统。在设备模型中，sysfs 件系统用来表示设备的结构，将设备的层次结构形象的反应到用户空间中，用户空间可以修改 sysfs 中的文件属性来修改设备的属性值。
- sbin 目录只放了一个用于调试的 adbd 程序。
- proc 目录下的多种文件提供系统的各种版本、设备等信息。
- data 目录存放用户安装的软件以及各种数据。
- root 目录是系统的根目录。
- dev 目录保存设备节点文件。

在 Android 系统中的 Systm 目录包括系统中最重要的一些系统文件。它的结构如图 3.58(b)所示。其中主要目录的功能如下。

1. app 目录

这个目录里面主要存放的是常规下载的应用程序，可以看到都是以 APK 格式结尾的文件。在这个文件夹下的程序为系统默认的组件，自己安装的软件将不会出现在这里，而是\data\文件夹中。

2. bin 目录

这个目录下的文件都是系统的本地程序，从 bin 文件夹名称可以看出是二进制的程序，里面主要是 Linux 系统自带的组件和命令。

3. etc 目录

该目录保存的都是系统的配置文件，比如 APN 接入点设置等核心配置。

4. fonts 目录

该目录是系统的字体文件夹，除了标准字体和粗体、斜体外可以看到文件体积最大的可能是中文字库，或一些 Unicode 字库。

5. framework 目录

framework 主要是一些核心的文件，文件的后缀名通常为 jar，framework 目录保存的是系统平台框架。

6. lib 目录

lib 目录中存放的主要是系统底层库，一些 so 文件，如平台运行时库等。

7. media 目录

用来保存系统的默认铃声音乐等文件。其中 media\audio 目录保存除了常规的铃声外还有一些系统提示事件音。

8. sounds 目录

sounds 目录是默认的音乐测试文件，仅有一个 test.mid 文件，用于播放测试的文件。

9. usr 目录

表示用户文件夹，包含共享、键盘布局、时间区域文件等。

通过简单了解这些目录的功能，可以对安卓系统的内部资源有个比较透彻的理解，同时也避免了用户误删造成的数据丢失和系统崩溃。

习　题

3.1　什么是操作系统，有哪些常见的操作系统？

3.2　操作系统主要有哪些功能？

3.3　Windows 8 有哪些特点？

3.4　鼠标主要有哪些使用方法？

3.5　窗口有哪些操作？

3.6　菜单分哪几种？怎样打开？

3.7　图标有哪几种？怎样建立快捷方式图标？

3.8　写出两种设置桌面背景的方法？

3.9　分别说出四种运行写字板程序的方法？

3.10　任务栏上主要由什么组成？它们各有什么功能？

3.11　记事本中设置的字体属性能保存到编辑的文本文件中吗？

3.12　Android 操作系统的架构是怎样的？

第4章 Office办公软件

本章知识点

- Word 的基本操作
- Excel 的基本操作
- PowerPoint 的基本操作

4.1 概 述

Office 是办公软件的英文简称，通常包括文字处理软件、表格处理软件和演示文稿处理软件等。Microsoft Office 是微软公司开发的一款办公软件套装，在办公软件领域占据着统治地位，被认为是开发文档的事实标准。正因为如此，Microsoft Office 通常被人们习惯性地简称为 Office，成为了现代办公软件的代名词。目前最新的正式版本为 Office 2013，其完整的名称是 2013 Microsoft Office System。作为一款冠以 System 的软件，其不仅包括诸多的客户端软件，还有强大的服务器软件，同时包括相关的服务、技术和工具。使用 Office 2013，不同的企业都可以构建属于自己的核心信息平台，实现协同工作、企业内容管理以及商务智能。作为一款集成软件，Office 2013 由各种功能组件构成，包括 Word 2013、Excel 2013、PowerPoint 2013、Outlook 2013 等。

4.1.1 Office 2013 的操作界面

从 Office 2007 开始，Office 就摒弃了传统的菜单和工具栏模式，转而使用了一种称为功能区的用户界面模式。这种改变使操作界面更加简洁明快，用户操作更加便捷。

由于 Office 组件统一使用功能区用户界面模式，因此在这一小节中，将以 Word 2013 为例对 Office 2013 的操作界面进行介绍。如图 4.1 所示，Office 2013 的操作界面主要包括功能区、快速访问工具栏、标题栏和状态栏。

1. 功能区

在 Office 2013 中，功能区是位于屏幕顶端的带状区域，它包含用户使用 Office 程序时需要的所有功能。功能区的结构如图 4.2 所示，其中包含一系列的选项卡，每个选项卡

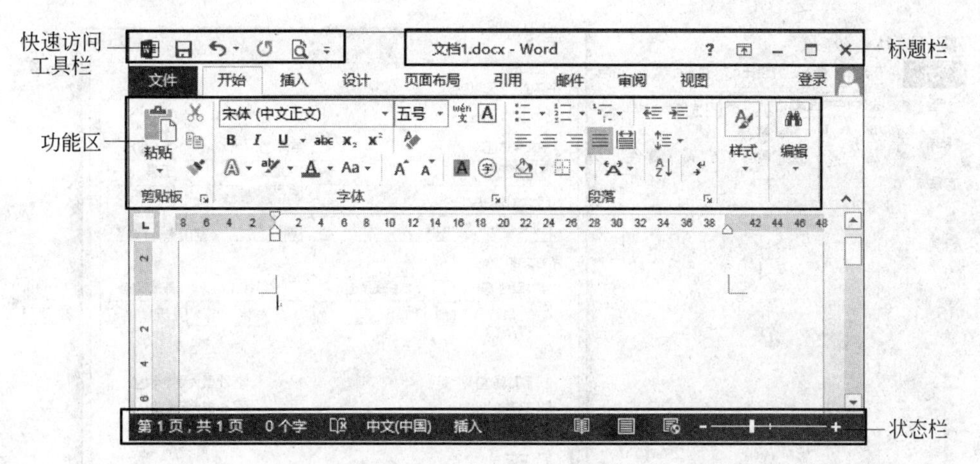

图 4.1　Office 2013 操作界面

中集成了各种操作命令，每一条命令按钮可以执行一个具体的操作，或者显示下一级的命令菜单。而这些命令根据完成任务的不同分为不同的命令组。在一些命令组中，不仅提供了常用的命令按钮，还在命令组区域的右下角提供了“对话框启动器”按钮，单击该按钮，即可打开与该命令组相关的对话框，进行详细的内容设置，如图 4.3 所示。

图 4.2　Office 2013 功能区的结构

功能区中还会出现一类对具体对象进行操作时才出现的选项卡。例如，选择一张图片进行操作时，功能区就会出现“格式”选项卡，其中集合了所有与图片操作有关的命令，如图 4.2 所示。

在 Office 2013 中，用户需要通过“文件”标签获得与文件有关的操作选项，如“打开”、“另存为”或“打印”等。“文件”标签的结构，如图 4.4 所示。

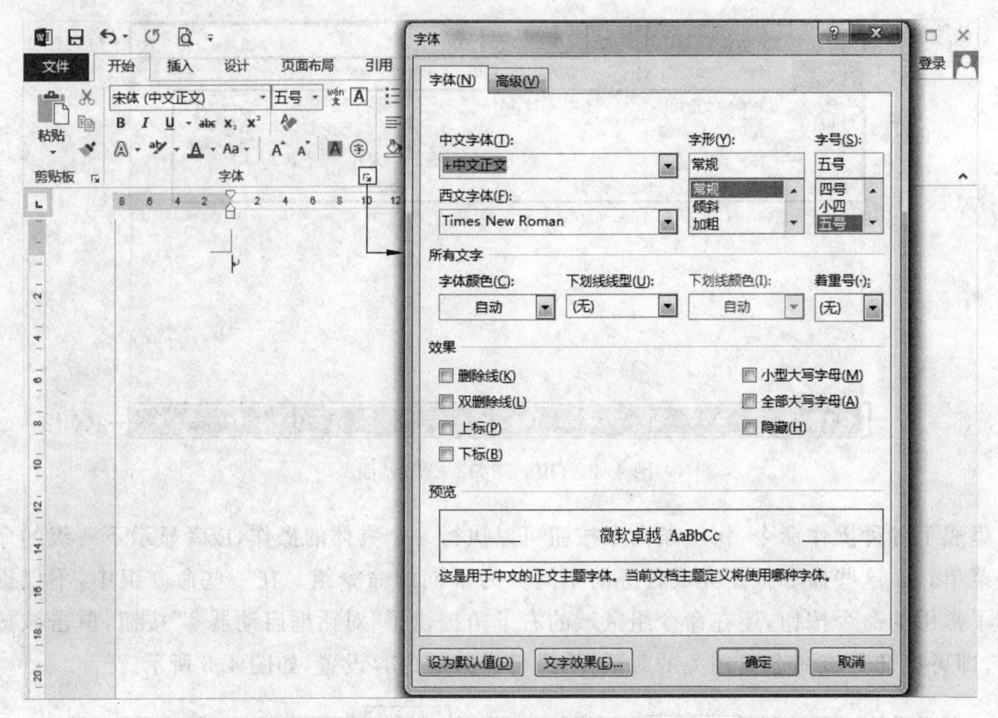

图 4.3　单击“字体组”的“对话框启动器”打开“字体”对话框

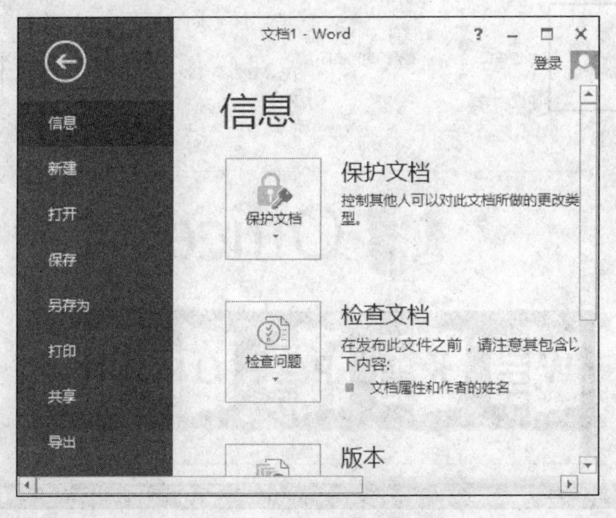

图 4.4　“文件”标签

“文件”标签实际上是一个类似于多级菜单的分级结构，分为 3 个区域。左侧区域为命令选项区，该区域列出了与文档有关的操作选项。选择某个操作选项后，中间区域将显示该命令选项的可用命令按钮。在中间区域选择某个命令按钮后，右侧区域将显示其下级命令按钮或操作选项。同时，右侧区域也可以显示与文档有关的信息，如文档属性信息、打印预览等。

2. 快速访问工具栏

默认状态下,快速访问工具栏位于程序主界面的左上角。其中包含一组独立的命令按钮。使用这些按钮,操作者可以快速实现某些操作。

快速访问工具栏作为命令按钮的一个容器,具有高度的可定制性,用户可以自行添加或删除快速访问工具栏中的命令按钮。

(1) 单击“自定义快速访问工具栏”按钮,在下拉列表中选择添加的命令,如图 4.5 所示。此时,选中的命令就会被添加到快速访问工具栏中。

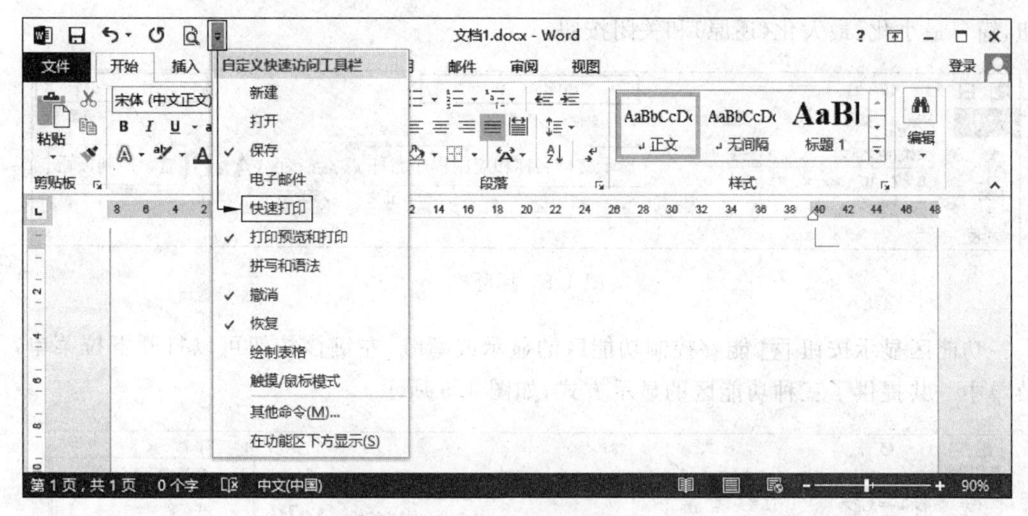

图 4.5　选择添加的命令

(2) 在功能区中打开相应的选项卡,在需要添加到快速访问工具栏中的命令按钮上右击,选择菜单中的“添加到快速访问工具栏”命令。如图 4.6 所示,将“字符底纹”按钮添加到快速访问工具栏中。

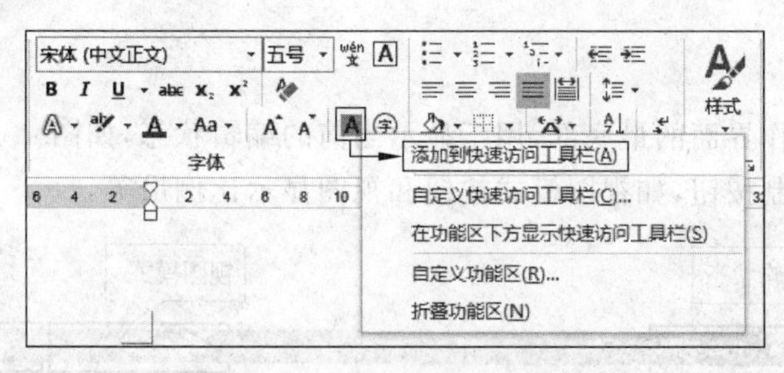

图 4.6　将功能区中的命令按钮添加到快速访问工具栏中

(3) 若要从快速访问工具栏中删除命令按钮,可以再次在图 4.5 的下拉菜单中单击相应的命令按钮,去掉其前面的“√”标志即可;也可以在快速访问工具栏中右击某命令按钮,在菜单中选择“从快速访问工具栏删除”命令,如图 4.7 所示。

3. 标题栏

标题栏位于操作界面的顶端,用于显示当前应用程序的名称和正在编辑的文档名称,

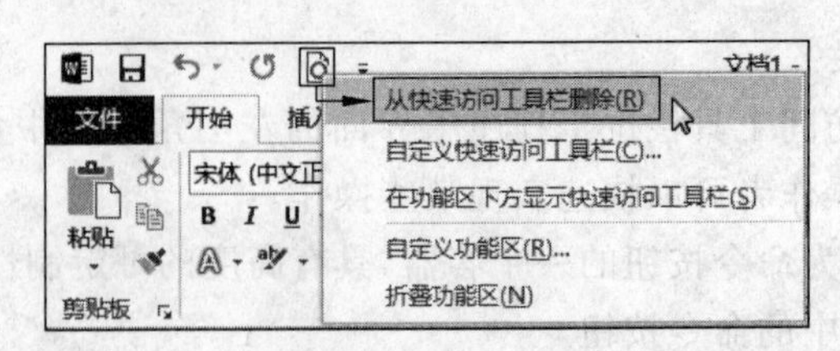

图 4.7　从快速访问工具栏中删除命令按钮

如图 4.8 所示。标题栏右侧有 5 个控制按钮，从左到右分别是帮助按钮，功能区显示按钮，窗口最小化、最大化（还原）和关闭按钮。

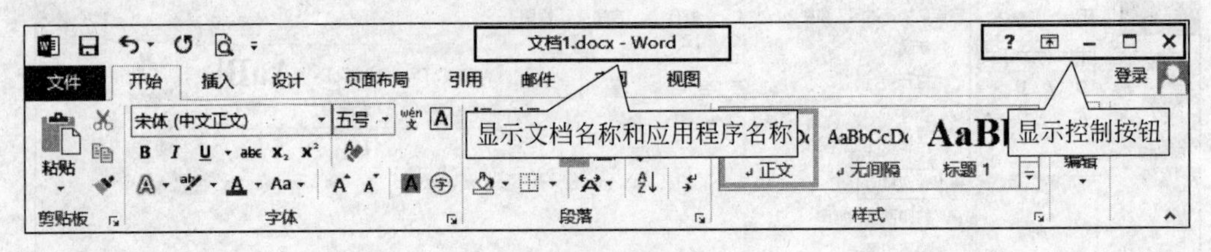

图 4.8　标题栏

功能区显示按钮 能够控制功能区的显示或隐藏，左键该按钮可以打开下拉菜单，菜单中一共提供了三种功能区的显示方式，如图 4.9 所示。

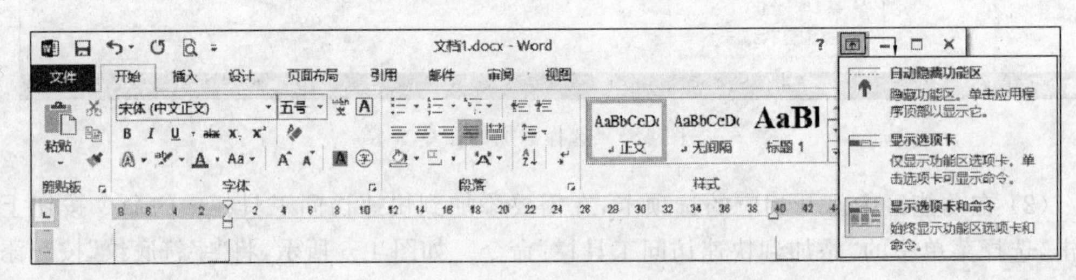

图 4.9　功能区显示控制

4. 状态栏

状态栏位于操作界面的最底部，用于显示当前的编辑状态，如图 4.10 所示。同时，状态栏还包含一些控制按钮，如视图模式按钮和视图显示比例尺等。

图 4.10　状态栏

4.1.2　Office 2013 组件的通用操作

Office 2013 办公软件的不同组件程序在使用时往往具有一些相同的基本操作，因此在这一小节中，仍以 Word 2013 为例介绍这些基本操作的具体方法。

4.1.2.1 启动和退出

1. 启动

启动 Office 的常用方法有以下几种。

(1) 通过 Windows 系统的“开始”菜单启动。

单击“开始”按钮,选择“所有程序”|“Microsoft Office 2013”命令,在下拉菜单中包含所有已安装的 Office 2013 组件的快捷方式,单击其中一个即可启动相应的程序,如图 4.11 所示。

(2) 利用桌面快捷方式启动。

在 Windows 操作系统中,快捷方式能够使用户快速访问应用程序。用户只需要双击快捷方式即能完成程序的启动,无须知道程序在磁盘上的具体安装位置。但是 Office 2013 安装程序并未在桌面上创建快捷方式,因此,如果要从桌面上的快捷方式启动,应该为 Office 2013 的应用程序创建快捷方式:在图 4.11 中选择一个已安装的 Office 2013 组件的快捷方式(如 Word 2013 的快捷方式),通过复制粘贴的方式放到桌面上即可。此时,桌面上会出现一个名为“Word 2013”的快捷方式,如图 4.12 所示,双击即可启动 Word 2013。

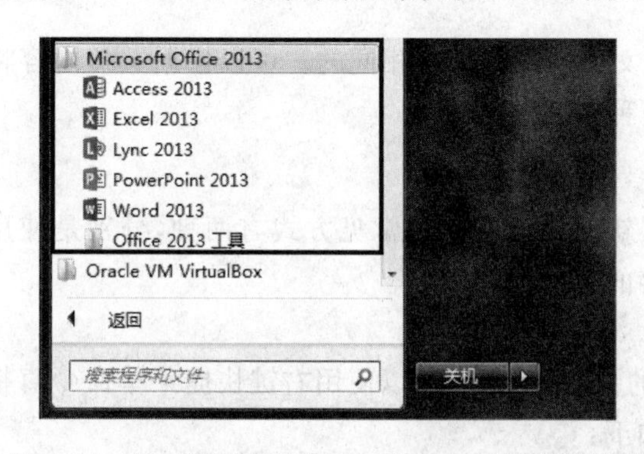

图 4.11 从“开始”菜单启动 Office 2013 的组件程序

图 4.12 双击桌面快捷方式启动 Word 2013

(3) 利用已建立的 Office 文档启动。

通过 Windows 的“资源管理器”中找到已建立的 Office 文档,双击该文档不仅可以打开该文档,还同时启动了相应的 Office 应用程序。

2. 退出

在结束工作之前,应先关闭正在编辑的文档,再退出相应的应用程序。退出时,可以选择以下任意一种方法。

(1) 单击“功能区”的“文件”标签,在菜单中选择“关闭”命令,如图 4.13 所示。此时,如果文档没有保存,Office 2013 会询问用户是否保存。

(2) 单击程序窗口右上角的“关闭”按钮 ✕ 。

(3) 按下 Ctrl+W 键执行退出命令,或按下 Alt+F4 键执行关闭操作。

(4) 在标题栏上按下鼠标右键,并在弹出的快捷菜单中选择“关闭”命令。

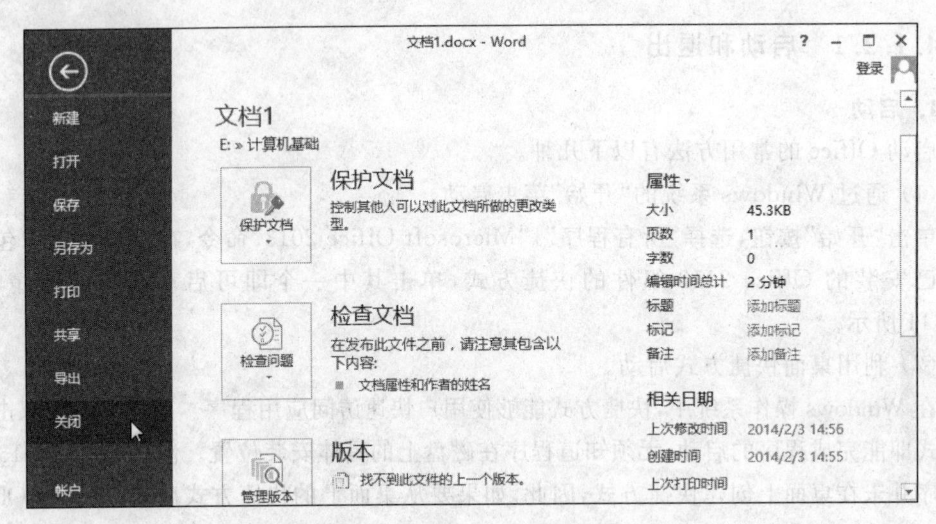

图 4.13　通过“文件”标签选择“关闭”命令

4.1.2.2　新建文档

在 Office 2013 的各个组件中，新建文档的方式都是相同的。可以根据文档内容将其分为新建空白文档和用模板新建文档两种。

1. 新建空白文档

空白文档就是没有编辑过的文档。新建空白文档的常见方式有两种，分别是使用右键快捷菜单命令和使用 Office 组件程序的菜单命令。

(1) 使用右键快捷菜单命令。

在没有启动 Office 2013 应用程序的情况下，用户可以使用右键快捷菜单命令直接新建需要的 Office 文档。具体操作方法如下：

① 选择要新建空白文档的位置，可以是 Windows 操作系统的桌面或文件夹。

② 在桌面或文件夹的空白位置右键，在弹出的快捷菜单中选择“新建”|“Microsoft Word 文档”命令，如图 4.14 所示。

③ 此时，将会新建一个空白 Word 文档，默认文件名是“新建 Microsoft Word 文档”。该文件名此时处于突出显示，可以重新命名。然后，双击该文档图标即可启动 Word 2013 打开该文档进行编辑了，如图 4.15 所示。

(2) 使用 Office 组件程序的菜单命令。

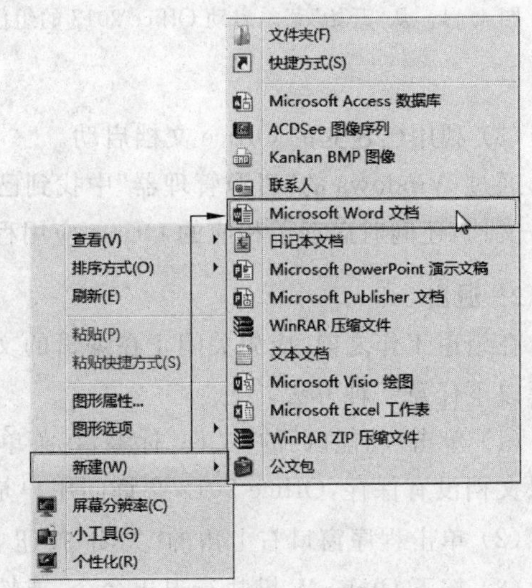

图 4.14　选择“新建”|“Microsoft Word 文档”命令

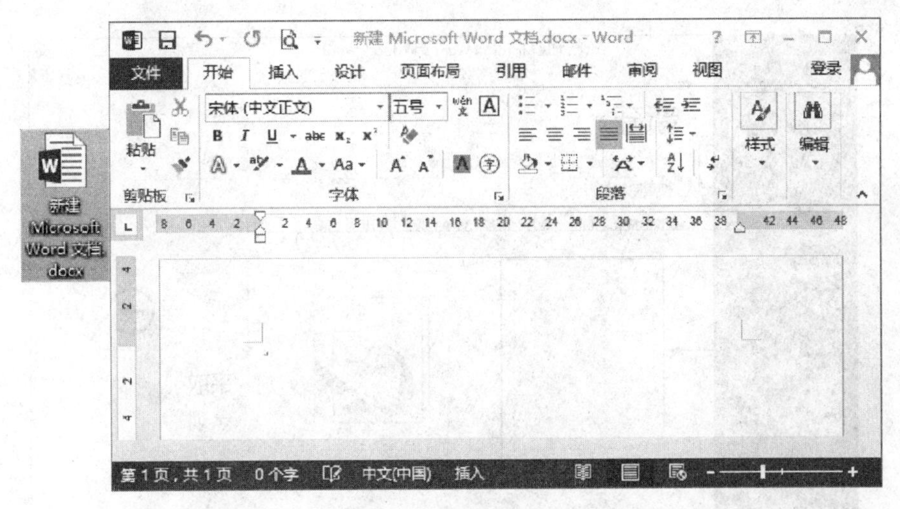

图 4.15 启动应用程序打开新建空白文档

启动 Office 2013 应用程序后，用户可以直接新建文档。此时，用户既可以新建空白文档，也可以根据 Office 自带的设计模板新建文档。这里，只介绍新建空白文档的具体操作方法：

① 双击 Word 2013 应用程序的快捷方式启动 Word 2013，会出现如图 4.16 所示的界面；或双击某一 Word 文档启动 Word 2013，单击功能区中的“文件”标签，在选项卡中选择“新建”选项，如图 4.17 所示。

图 4.16 双击 Word 2013 应用程序的快捷方式，单击“空白文档”

② 在中间的“可用模板”栏中单击“空白文档”图标即可新建一个空白文档。

2. 用模板新建文档

在新建文档时，有时需要创建具有某种格式的新文档。在这种情况下，可以根据

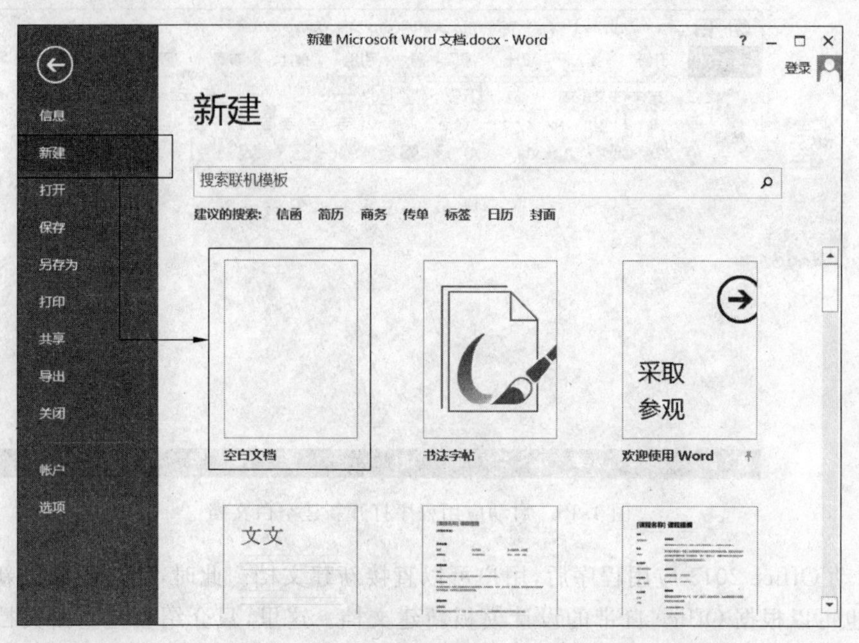

图 4.17　选择“新建”|“空白文档”

Office 提供的模板来创建新文档。模板中包含一类文档的共同特征，即这一类文档中都要具备的文字、图形和用户在处理这一类文件时所使用的样式，甚至预先设置了版面、打印方式等。用户选择了一种特定模板来新建一个文档时，得到的是这个文档模板的复制品。

（1）双击 Word 2013 应用程序的快捷方式启动 Word 2013；或双击一个 Word 文档启动 Word 2013，在“文件”标签中选择“新建”命令。选择“可用模板”栏中的“简历”，如图 4.18 所示。

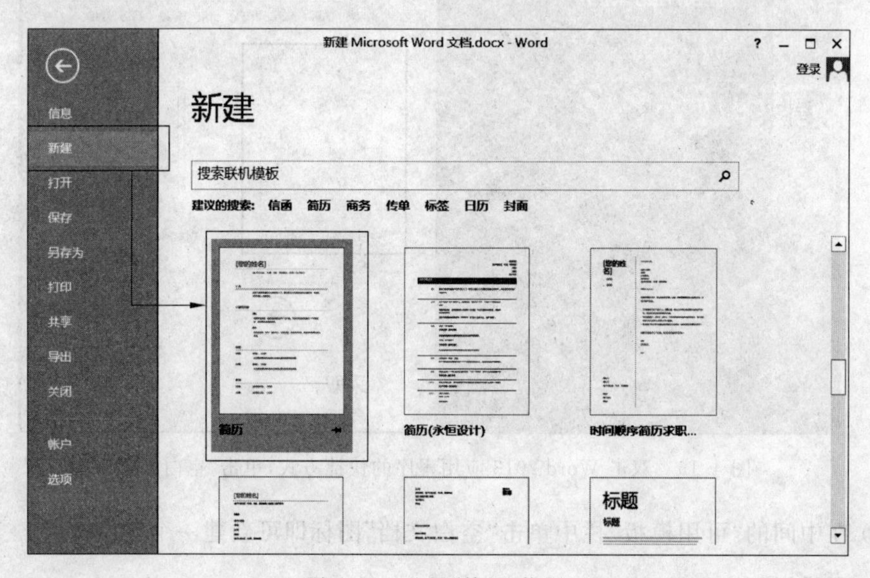

图 4.18　选择“简历”模板

(2) 此时单击该模板打开模板说明,如图 4.19 所示。如果确定使用该模板新建文档,单击“创建”按钮。此时,Office 将创建一个具有简历基本格式的新文档,如图 4.20 所示。

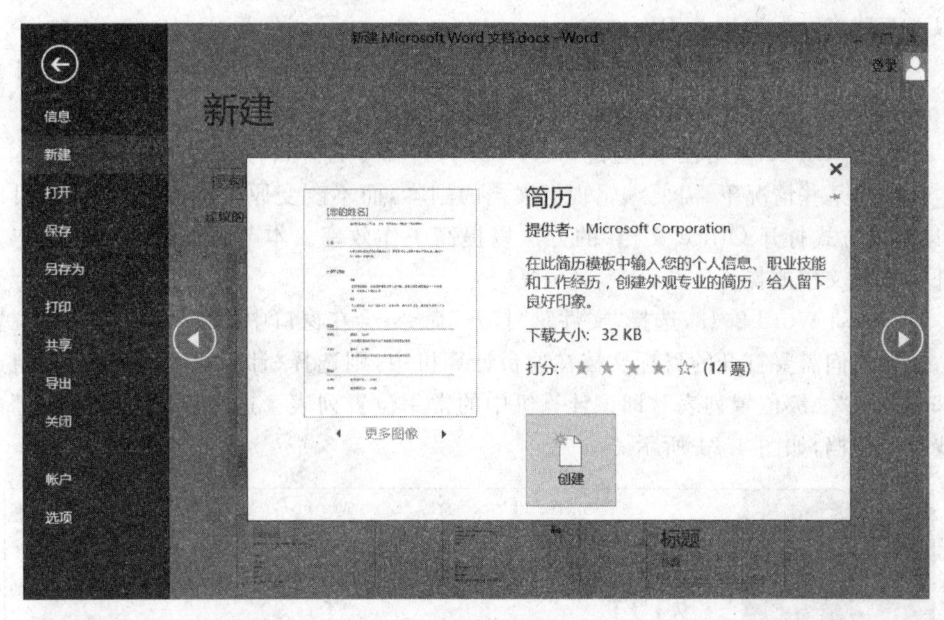

图 4.19　打开模板说明

图 4.20　根据选定模板创建的新文档

4.1.2.3 打开文档

不同的 Office 2013 组件应用程序具有相同的文档打开方法。打开文档的基本方法有以下两种：

- 找到目标文档，然后双击该文档图标，即可启动相应的 Office 应用程序打开该文档。
- 启动 Office 应用程序，通过“文件”|“打开”命令打开目标文档。

但是在某些情况下，需要编辑现有文档的副本，而不改变原文档的内容，此时可以采用“以副本方式打开 Office 文档”的方法以提高工作效率。本节将详细介绍以副本方式打开 Office 文档的操作方法。

(1) 启动 Word 2013，选择“文件”|“打开”命令，会在窗口中间部分显示“一级位置列表”，如果我们需要打开的目标文档在这台计算机中，则选择“计算机”。然后会在窗口右侧部分显示“二级位置列表”，即该计算机中的常用位置列表。这时可以选择“浏览”命令查找目标文档，如图 4.21 所示。

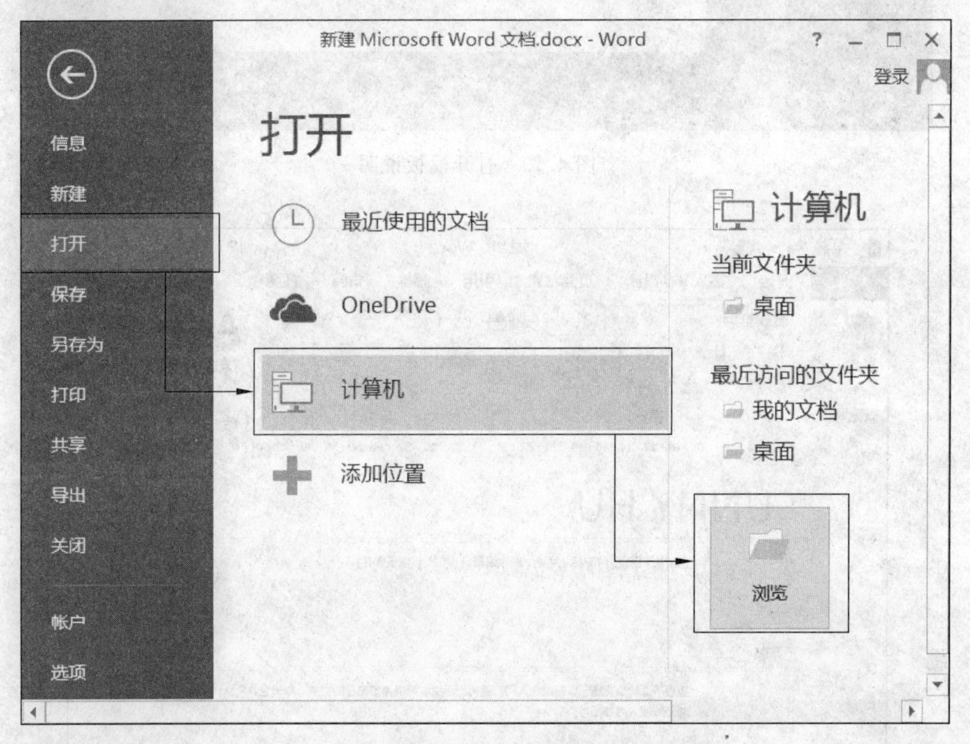

图 4.21　根据目标文档所在位置选择打开路径

(2) 在打开的“打开”对话框中，选中找到的目标文档。然后单击“打开”按钮右侧的“下三角”按钮▼，在弹出的列表中选择“以副本方式打开”，如图 4.22 所示。此时，打开的是目标文档的一个副本，该副本与目标文档具有相同的文本内容和格式，对该副本的任何编辑都不会影响目标文档。

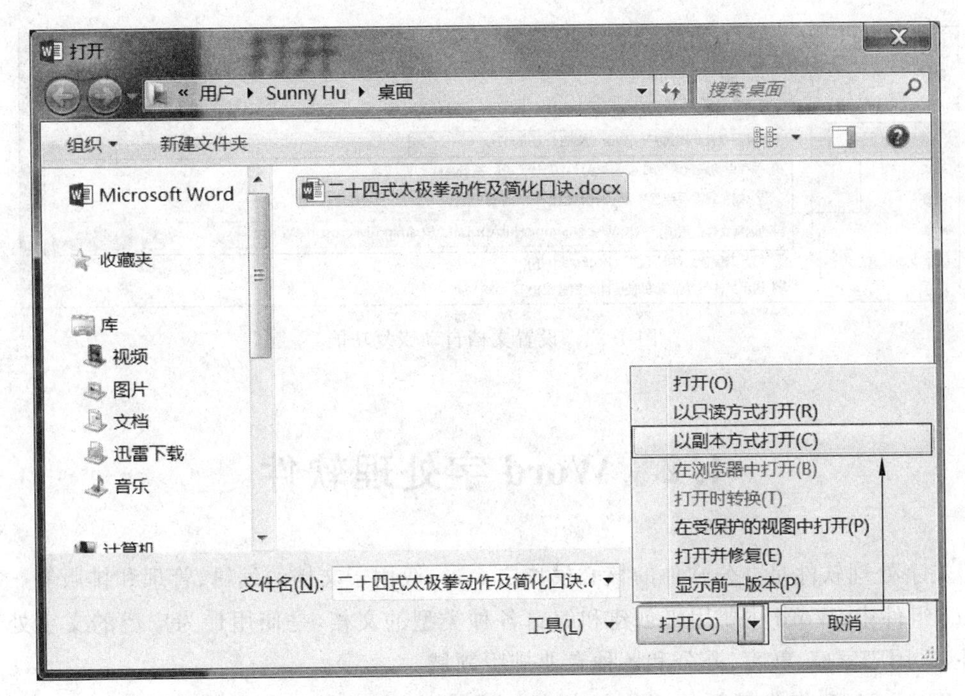

图 4.22　以副本方式打开文档

4.1.2.4　保存文档

在工作中，养成随时保存文档的习惯，可以避免很多意外情况造成的损失。

保存文档的方法有两种：(1)选择“文件”|“保存”命令；(2)选择“文件”|“另存为”命令。其中，如果选择“保存”命令，Office 将按照该文档上次保存的方式来保存文档；但如果是第一次保存，则将打开“另存为”对话框。而“另存为”命令提供了更丰富的保存功能，包括重新设置文档的保存位置、文件名以及保存的文档类型。

在 Office 2013 中，Word、Excel 和 PowerPoint 均提供文档自动恢复功能，即程序能自动定时保存当前打开的文档。当遇到突然断电等意外情况时，程序能够使用自动保存的文档来恢复未保存的文档，避免了重大损失。下面详细介绍文档自动恢复功能的设置步骤。

(1) 选择“文件”|“选项”命令，打开“Word 选项”对话框。在对话框左侧列表选择“保存”选项。

(2) 在右侧的“保存文档”栏中勾选“保存自动恢复信息时间间隔”复选框，开启自动文档保存功能。

(3) 在“保存自动恢复信息时间间隔”右侧的设置框中输入时间值(以分钟为单位)，Office 2013 会依据这个设定的时间间隔自动保存当前打开的文档，如图 4.23 所示。

至此，以 Office 2013 为例，对 Office 的操作界面和通用操作有了一个初步的了解和学习。下面仍将以 Office 2013 为例，对 Office 办公软件的三个主要功能组件：文字处理(Word 2013)、表格处理(Excel 2013)和文稿演示(PowerPoint 2013)分别进行详细的介绍。

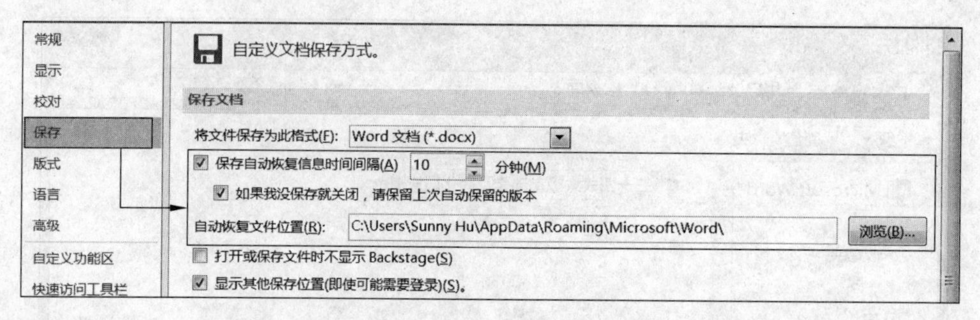

图 4.23　设置文档自动恢复功能

4.2　Word 字处理软件

文字处理软件是办公软件的核心模块之一，一般用于文档的编辑、管理和排版等。在 Office 组件中，Word 主要用来创建和编辑各种类型的文档，是使用最为广泛的文字处理软件，适用于家庭、教育、办公和各种专业排版领域。

Word 2013 作为最新的 Office 文字处理软件，拥有强大的文字处理能力。使用它能够方便地创建各种图文并茂的办公文档，如企业宣传单、标书、合同等。并且可以对创建的各类办公文档进行编辑、排版和打印等操作。此外，Word 2013 还可以进行各类表格、图形和图像的添加、绘制和效果设计，制作出内容丰富、样式美观的图文混排文档。

4.2.1　Word 的视图及窗口操作

在字处理时，Word 2013 会将基本的编辑环境以一种默认的显示方式提供给用户。但是这种默认的显示方式无法满足不同的编辑要求。例如，我们只是浏览文档内容，而不进行文档的编辑，因此希望文档的显示区域尽可能大，并符合我们的阅读习惯；或者我们要对两篇文档进行比较和修改，希望能够同时查看两篇文档的内容，这样更加有利于提高工作效率。因此，在着手进行文档编辑之前，应该选择适合的视图和窗口，以提高文档编辑的效率。

4.2.1.1　Word 的视图

Word 中的视图是指文档窗口的显示方式。Word 2013 提供的视图模式包括页面视图、阅读视图、Web 版式视图、大纲视图和草稿。在查看、审阅或编辑文档时，可以根据需要选择不同的视图，以方便操作。

通过单击功能区的“视图”选项卡，就可以在“视图”组中选择自己需要的视图模式，如图 4.24 所示。

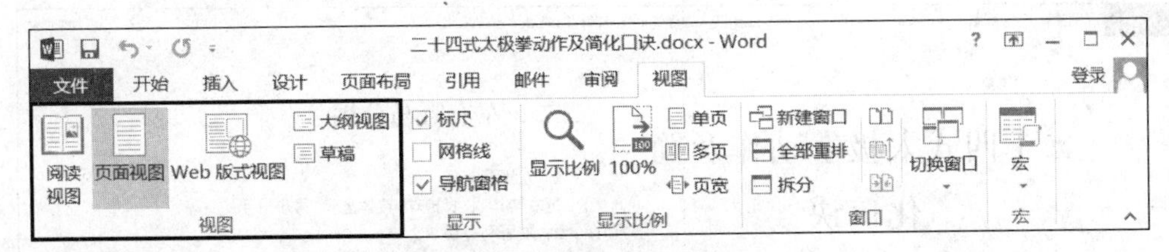

图 4.24 选择需要的视图模式

1. 页面视图

页面视图将文档以页面的形式显示，是最常用的视图模式，其显示效果与实际打印效果相同，如图 4.25 所示。

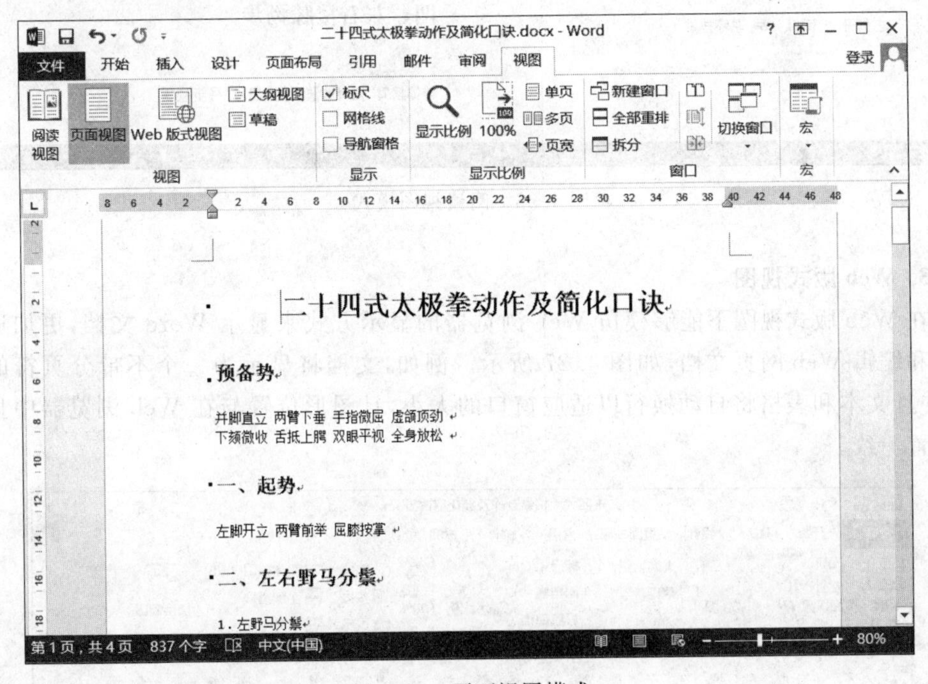

图 4.25 页面视图模式

页面视图适合于对图形对象进行操作和对其他附加内容进行操作。在页面视图下，能够方便地插入图片、文本框、图文框、媒体剪辑等对象，并可对它们进行编辑；可以看到纸张边缘，但是看不到分页符和分节符；可以显示和编辑标尺、页眉和页脚、页码、页边距、分栏等绝大多数常用的文档属性。

2. 阅读视图

阅读视图能够更方便地查看文档。

该视图模式隐藏了常用的功能区，只显示“文件”、“工具”和“视图”三个工具按钮。在阅读视图下，根据窗口大小的不同，一屏最多可以同时查看文档中的两个连续页面，并且通过屏幕左右两端的方向按钮可以实现页面的翻动，如图 4.26 所示。如果此时按下键盘上的 Esc 键，就会退出阅读视图，返回页面视图模式。

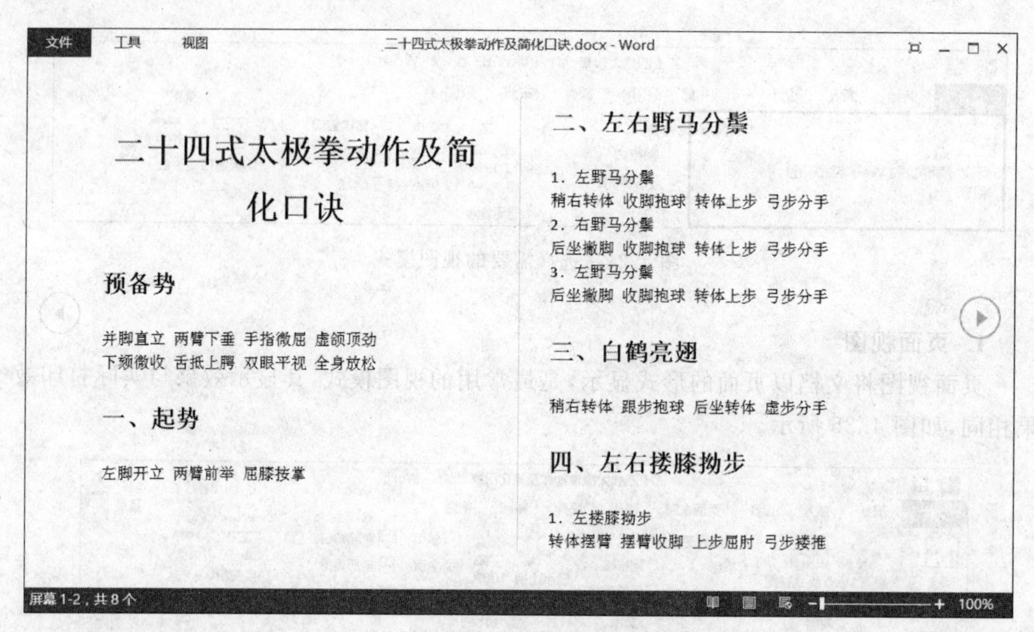

图 4.26 阅读视图模式

3. Web 版式视图

在 Web 版式视图下能够模仿 Web 浏览器的显示方式来显示 Word 文档，更加适合浏览和编辑 Web 网页文档，如图 4.27 所示。例如，文档将显示为一个不带分页符的长页，并且文本和表格将自动换行以适应窗口的大小，且图形位置与在 Web 浏览器中显示的位置一致。

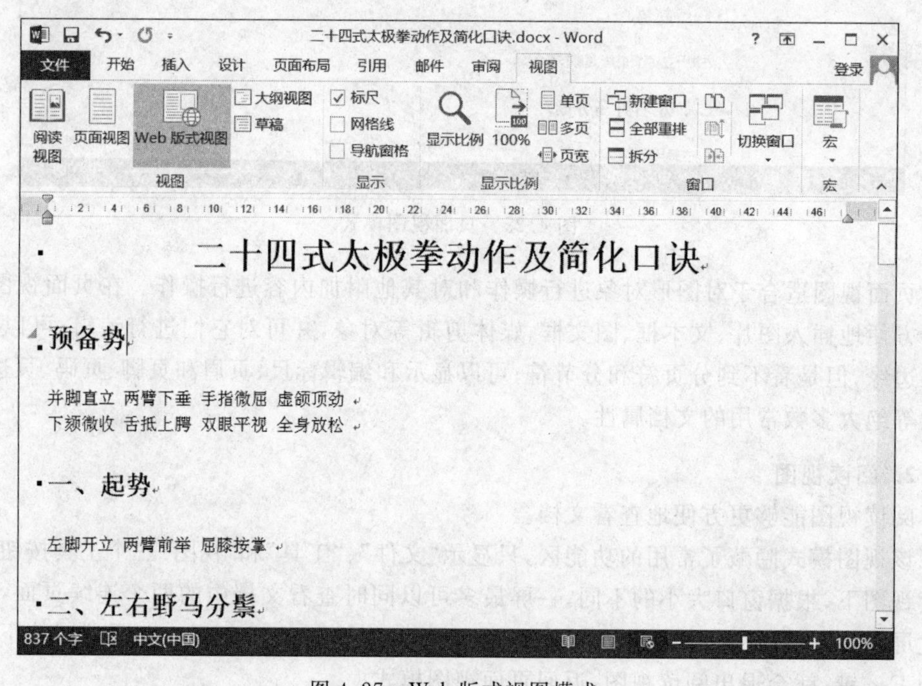

图 4.27 Web 版式视图模式

4. 大纲视图

大纲视图主要用于显示和编辑文档的结构。在这种视图模式下，用户可以看到Word文档标题的层次关系，如图4.28所示。

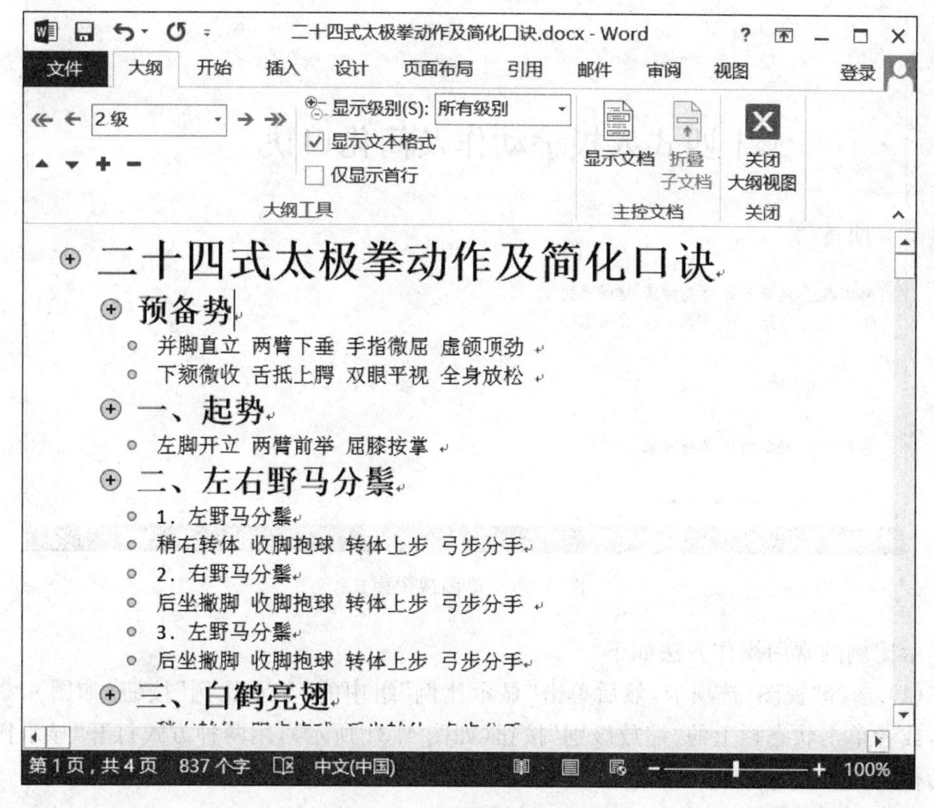

图4.28 大纲视图模式

在大纲视图中可以折叠文档，只查看标题，易于对文档结构的编辑。大纲视图不显示段落格式、页边距、页眉和页脚、图片和页面背景等元素。

5. 草稿

草稿是一种显示文本格式设置或简化页面的视图模式，如图4.29所示。

在草稿视图下，能够对文档进行大多数的编辑和格式化操作，如文本的输入、编辑，文本格式的设置等。草稿简化了页面布局，不显示页边距、页面页脚、背景和图形对象。

4.2.1.2 Word的文档窗口

为了方便文档内容的查看和编辑，往往需要对文档窗口进行一些调整，如拆分窗口、并排查看文档窗口以及改变视图显示比例等。

1. 改变文档的显示比例

通过改变文档的显示比例，能够实现改变文档页面的显示尺寸。当查看或编辑文档时，放大文档能够更方便地查看文档内容；缩小文档可以在一屏中显示更多内容。改变文

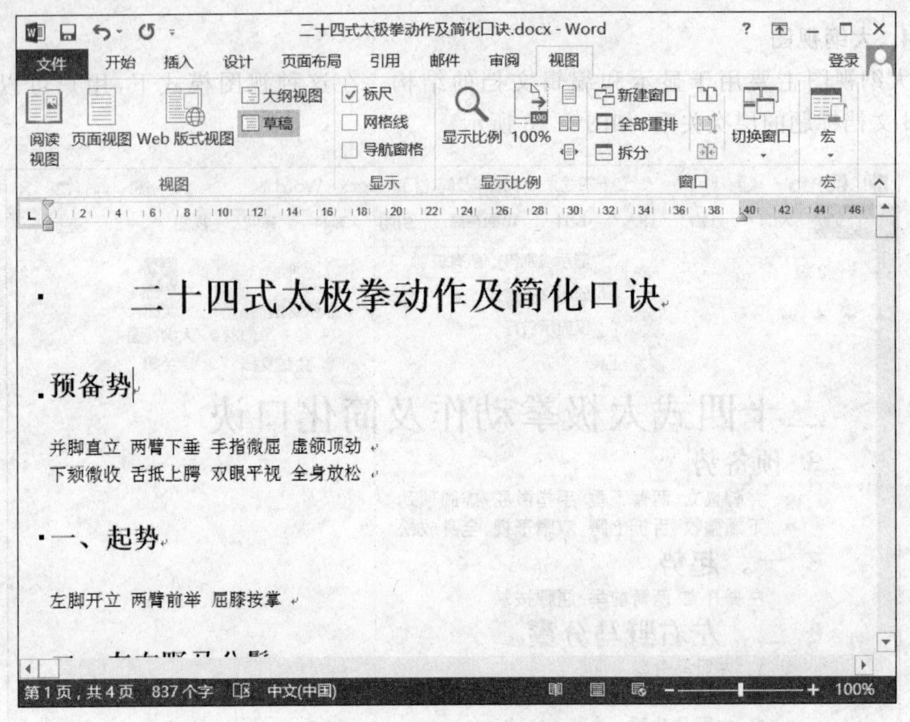

图 4.29　草稿视图模式

档显示比例的常用操作方法如下。

(1) 选择“视图”选项卡，然后单击“显示比例”组中的“显示比例”按钮(如图 4.30 所示)，或者单击状态栏上的“缩放级别”按钮(如图 4.31 所示)，用两种方式打开“显示比例”对话框进行设置，如图 4.32 所示。

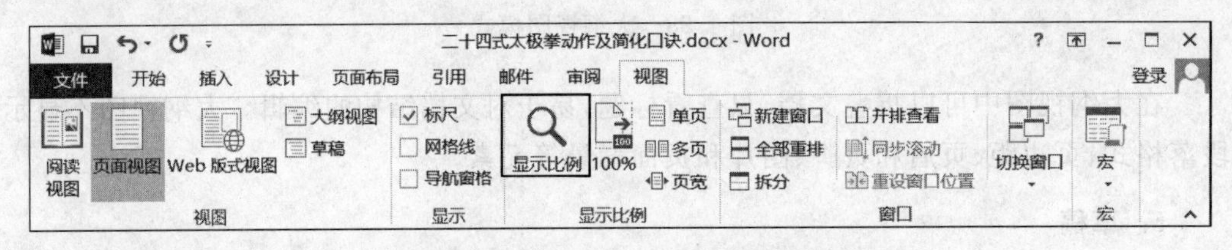

图 4.30　选择“视图”|“显示比例”按钮

图 4.31　单击状态栏上的“缩放级别”按钮

在“显示比例”对话框中：选中“页宽”，文档会按照页面宽度进行缩放；选中“文字宽度”，文档会按照文字宽度进行缩放；选中“整页”，文档会在一屏中显示一整页的内容；选中“多页”，文档将在窗口中同时排列显示多个页面。但需要说明的是，“文字宽度”、“整页”和“多页”只有在页面视图模式下可用，且“多页”的设置最多为 5×9 页。

(2) 在状态栏中拖动“显示比例”滚动条上的滑块，可以直接改变文档的显示比例，如图 4.33 所示。

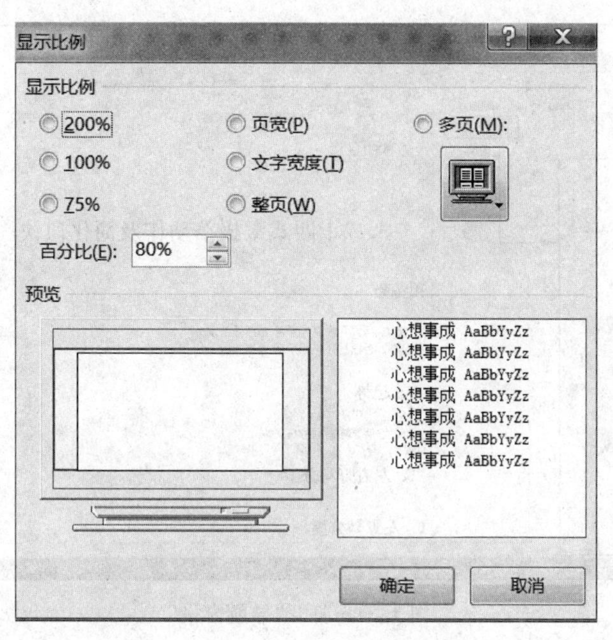

图 4.32 “显示比例”对话框

图 4.33 拖动“显示比例”滚动条上的滑块改变显示比例

2. 显示文档结构图

在文档编辑过程中，我们首先要对整篇文档的结构进行安排，为不同段落设置好相应的大纲级别。然后，通过文档结构图能够对文档的整体结构进行有效地观察和修改，并且单击文档结构图中的任意一级结构标题，都可快速切换到文档中的对应位置。显示文档结构图的操作方法如下。

(1) 首先根据文档的结构安排，给文档的不同段落设置好对应的大纲级别。注意，如果不给文档内容设置大纲级别，则使用“导航窗格”无任何意义。

(2) 打开“视图”选项卡，勾选“显示”组中的“导航窗格”复选框。这样，就会在文档窗口的左侧打开“导航窗格”，在窗格中将根据文档中不同段落的大纲级别，按照级别的高低缩进式地显示文档结构，如图 4.34 所示。

3. 拆分文档窗口

当文档的长度超出窗口的范围，而同时又要对这篇文档的前后内容进行比较、编辑时，可以将文档窗口拆分为两部分，在不同的窗口中显示同一篇文档的不同部分。拆分窗口不会对文档造成任何影响，只是改变了浏览文档的方式。拆分文档窗口的操作方法如下。

(1) 打开需要拆分窗口的文档，在“视图”选项卡中，单击“窗口”组中的“拆分”按钮，如图 4.35 所示。

(2) 此时在文档中会出现一条拆分线，将鼠标放置在拆分线上鼠标指针变为$\div$，移动

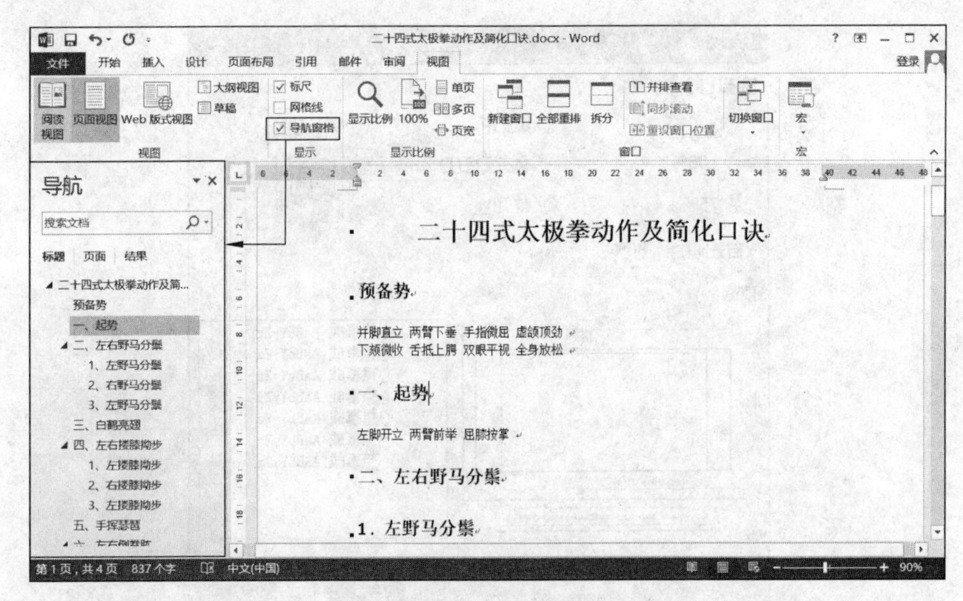

图 4.34　打开“导航窗格”

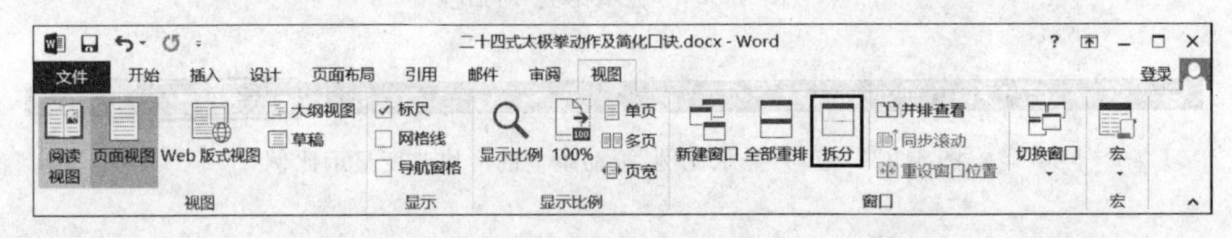

图 4.35　单击“视图”|“窗口”组中的“拆分”按钮

鼠标即可移动这条拆分线。此时，将鼠标移动到文档中需要拆分的位置，并单击鼠标，则文档窗口被拆分为上下两个窗格，如图 4.36 所示。不同的窗格中可以显示文档的不同内容，拖动两窗格之间的拆分线可以调整两个窗格的大小关系。需要说明的是，在任一窗格中对文档的编辑处理都会对文档产生影响。

(3) 此时，功能区中的“拆分”按钮将变为“取消拆分”按钮(如图 4.36 所示)，单击该按钮即可取消窗口的拆分。

4. 并排查看文档

拆分文档窗口可以对比查看同一文档的不同部分，而并排查看文档则可以对比查看两个不同文档的内容。并排查看不同文档的操作方法如下。

(1) 首先打开需要对比查看的两个文档。在其中一个文档窗口的功能区的“视图”选项卡中，单击“窗口”组中的“并排查看”按钮，如图 4.37 所示。

(2) 这样，Word 2013 就会对当前打开的两个文档进行并排查看，如图 4.38 所示。此时，“窗口”组中的“同步滚动”按钮默认处于按下状态。因此，在滚动浏览其中一个文档时，另外一个文档会同步滚动。单击该按钮即可取消同步滚动功能。在并排查看状态下，如果改变其中某个窗口的大小和位置，可以单击“重设窗口位置”按钮，使两个窗口恢复到默认的并排状态。

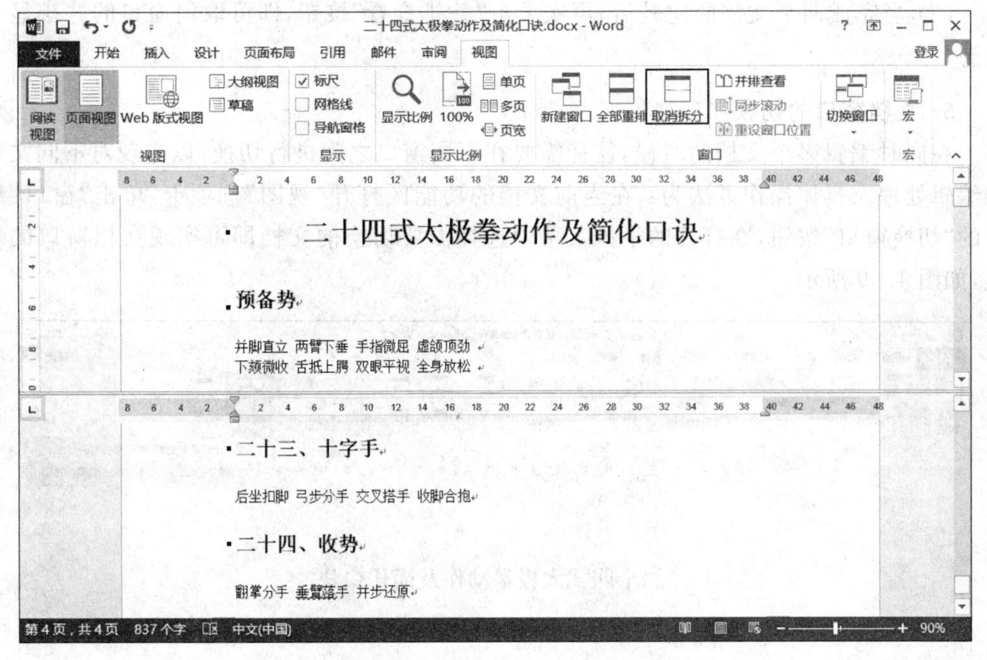

图 4.36 拆分后的文档窗口

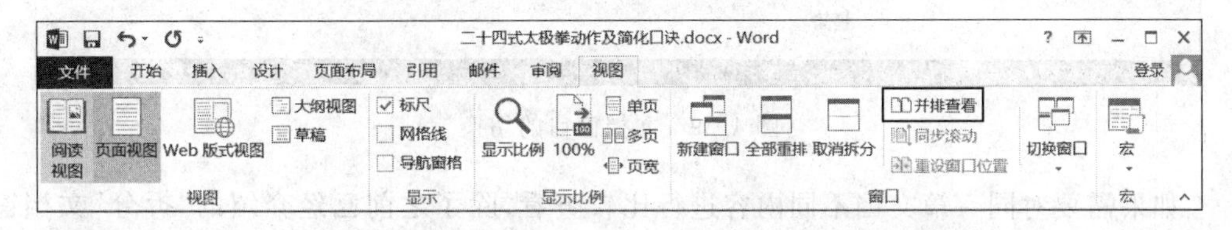

图 4.37 单击“视图”|“窗口”组中的“并排查看”按钮

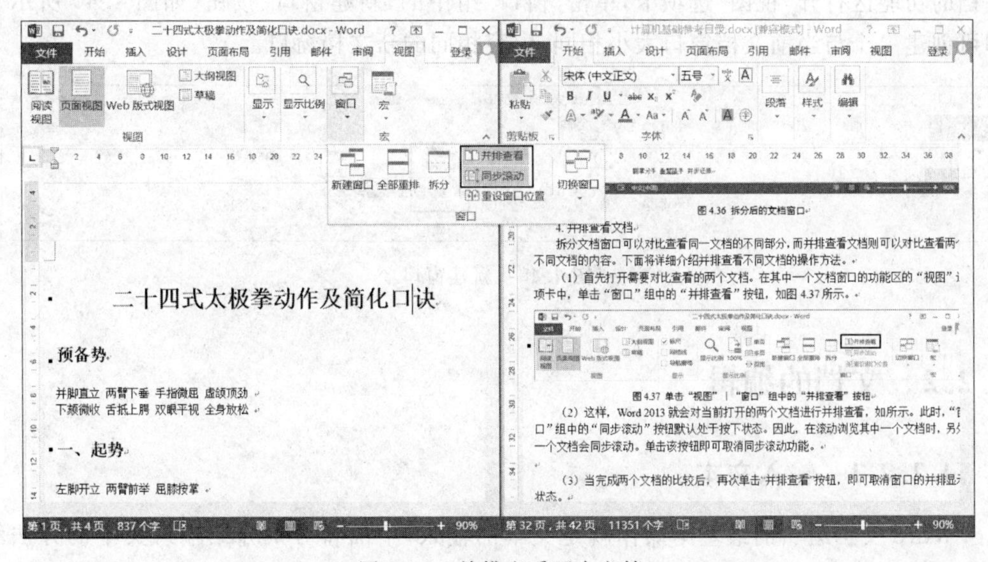

图 4.38 并排查看两个文档

(3) 当完成两个文档的比较后，再次单击“并排查看”按钮，即可取消窗口的并排显示状态。

5. 文档窗口的切换和新建

在同时编辑多个文档的时候，往往需要在不同窗口之间进行切换，以实现对不同文档的编辑处理。具体操作方法为：在当前文档的功能区打开“视图”选项卡，单击“窗口”组中的“切换窗口”按钮，在打开的下拉菜单中选择需要切换的文档即可实现文档窗口的切换，如图 4.39 所示。

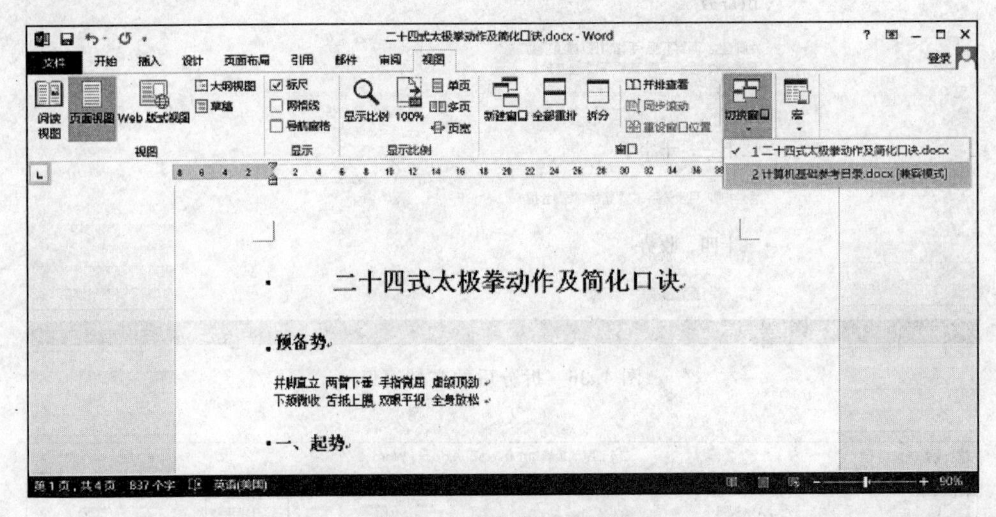

图 4.39　文档窗口的切换

如果需要对同一篇文档不同内容进行比较查看，除了之前已经介绍的“拆分”文档窗口的方法，我们还可以通过新建窗口的方法实现相同的效果。具体操作方法为：在当前文档的功能区打开“视图”选项卡，单击“窗口”组中的“新建窗口”按钮(如图 4.40 所示)，即可创建一个与当前文档窗口大小相同，内容相同的新文档窗口。

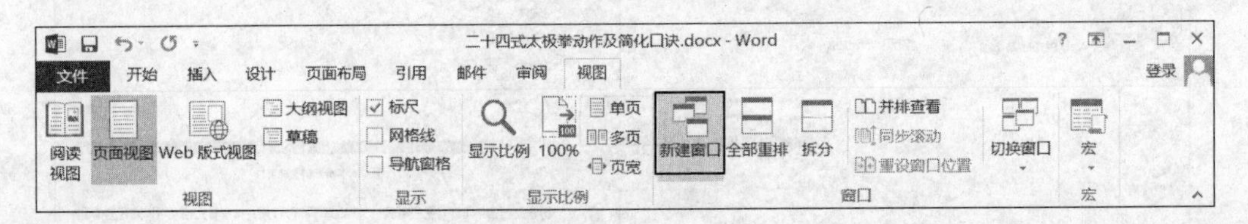

图 4.40　新建窗口

4.2.2　文档的编辑

4.2.2.1　输入文本

Word 文档编辑的最基本操作就是文本的输入，下面将分别介绍输入文本的方法和技巧。

1. 文本输入的位置

创建新文档后，在文档页面中会出现一个不停闪烁的“|”，称为“插入点光标”。插入点光标指出了文本输入的位置。通过单击鼠标，可以在任意文本对象的后面插入插入点光标。

2. 文本输入的一般原则

通常情况下，在新建的空白文档中输入文本时，汉字默认为宋体、五号字，英文默认为Calibri体、五号字。同时在输入过程中应该遵循以下原则：

(1) 一般情况下，文本输入时通常选择页面视图模式，采用默认的文字和段落格式，在输入结束后再进行相关格式的设置；而对于如毕业论文之类的长篇文档，由于对文档格式的要求较多，因此在输入文本前，应先编辑好文档模板，包括文档结构、文字和段落格式等。

(2) 随着文本的输入，插入点光标不断右移。如果输入的内容到达页面的右边界，Word会自动换行到下一行；如果文本的输入没有到达页面右边界就需要另起一行，可以在插入点光标的位置上使用组合键Shift＋Enter来添加一个换行符“↓”，此时插入点光标将移动到下一行的行首。需要注意的是，由换行符分开的两行文本仍然属于同一段落；只有在需要开始新的段落时，才在插入点光标的位置上输入Enter键来添加一个段落结束标记“↵”，插入点光标将移动到下一行的行首。段落结束标记“↵”分开的两行文本分别属于不同的段落。

3. 特殊符号的输入

在输入文本时，通常需要插入一些无法直接用键盘输入的特殊符号，如拉丁字母、货币符号、数学运算符等。此时，可以打开“插入”选项卡，单击“符号”组中的“符号”按钮，在下拉菜单中单击“其他符号”按钮，打开“符号”对话框，如图4.41所示，选择需要的字符进行插入。

图4.41　输入特殊符号

4. 公式的输入

编辑数学、物理等自然科学文档时，通常需要输入大量的公式。但是由于这些公式不仅结构复杂，而且使用大量的特殊符号，因此要使用 Office 2013 提供的功能强大的公式编辑工具来完成公式的输入。在文档中插入公式的操作方法如下。

(1) 快速插入常用公式。

打开“插入”选项卡，单击“符号”组中的“公式”按钮右侧的下三角▾。在打开的下拉菜单中，我们可以看到“内置列表”和“Office. com 中的其他公式”，如图 4. 42 所示。它们分别给出了常用公式列表，在列表中选择某个公式，该公式就被插入到文档中。

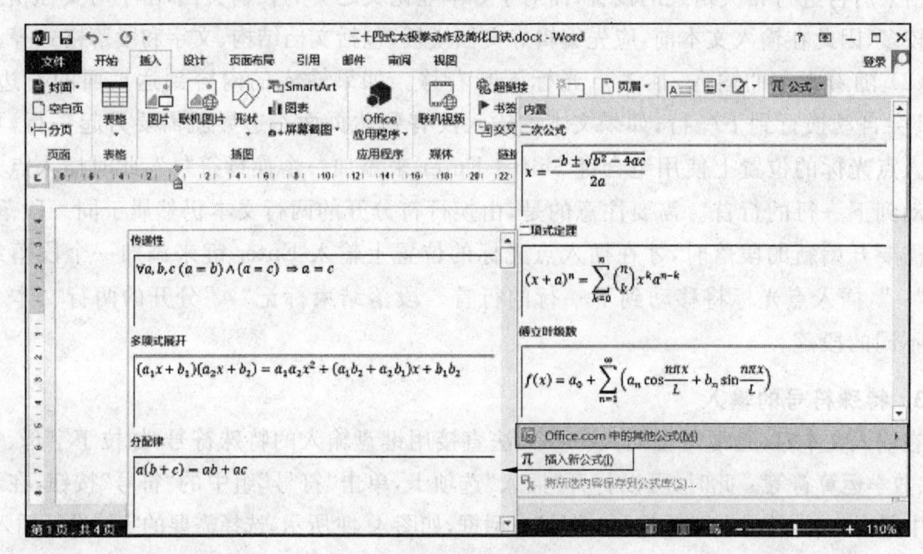

图 4.42　常用公式列表

(2) 手动编辑公式。

如果内置的常用公式无法满足需要，则可以利用公式编辑器来手动输入需要的公式。具体操作方法如下。

打开“插入”选项卡，单击“符号”组中的“公式”按钮，此时会在文档中插入一个公式对象框，如图 4. 43 所示。只要单击该对象框就会打开公式工具的“设计”选项卡，如图 4. 44 所示。在不同的组中选择需要的符号、函数、结构等元素编辑出需要的公式。

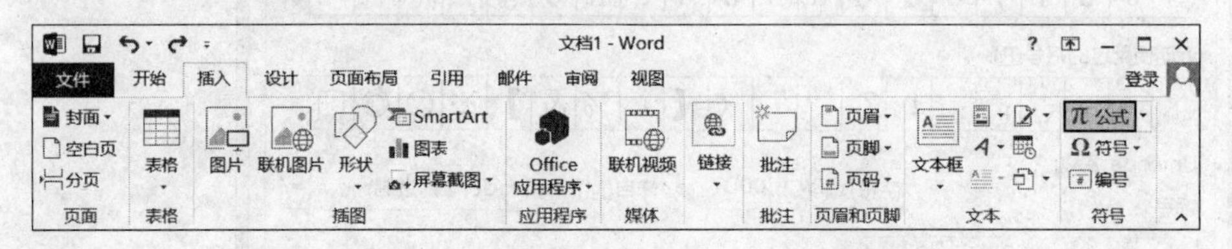

图 4.43　单击“公式”按钮插入公式对象框

需要注意的是，Word 2013 的公式编辑器只能在“ *. docx”格式的 Word 文档中使用，而在“ *. doc”格式的 Word 文档中，公式按钮不可用，也就是说在兼容模式下无法使用 Word 2013 的公式编辑器。而且在 Word 2013 中创建的公式在低版本 Word 中只能

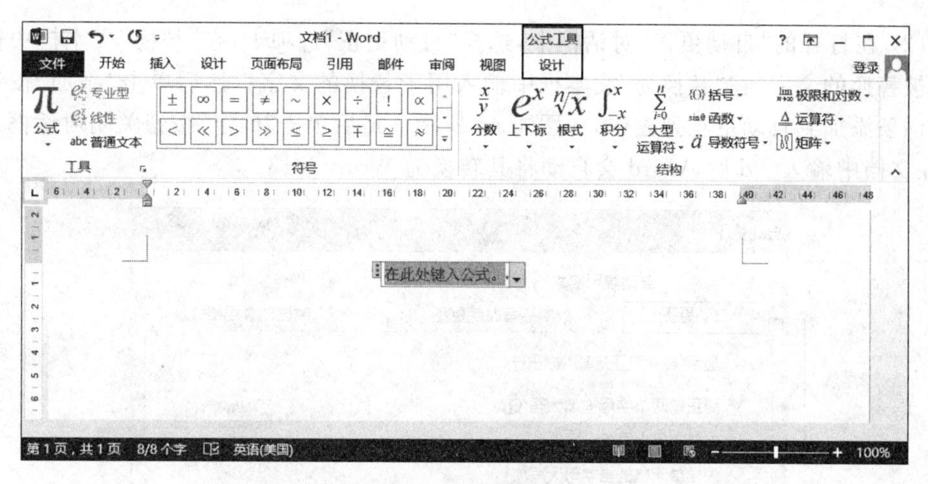

图 4.44　手动编辑公式

以图片方式显示。

5. 自动更正

输入文本时，Word 会自动实现对单词、符号和中文文本或图形进行指定的更正，即以设定的内容替换输入的内容，这就是 Word 的自动更正。

在输入文本时，通常会频繁地输入一些固定的特殊词组。例如，在编辑本书时，要频繁地输入 Word 2013 这个词组。如果每次都逐个字母进行输入，效率很低，这时就可以使用自动更正功能实现词组的快速输入。具体操作方法如下：

(1) 单击“文件”标签，在左侧的列表中选择“选项”命令，打开“Word 选项”对话框。在对话框左侧的列表中选择“校对”选项，然后单击“自动更正选项”按钮，如图 4.45 所示。

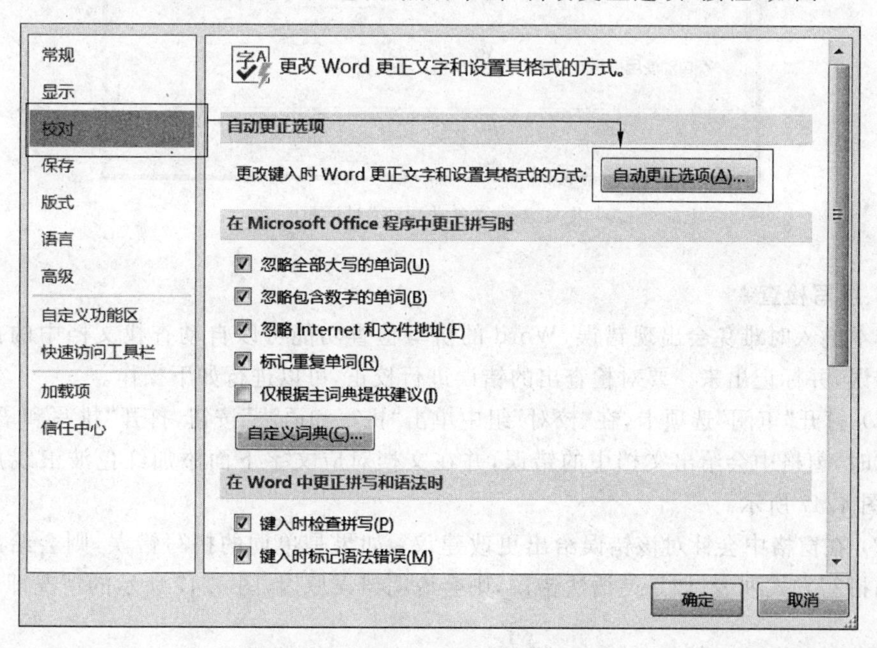

图 4.45　单击“自动更正选项”按钮

(2) 在打开的“自动更正”对话框中，选择“自动更正”选项卡，在“替换”文本框中输入需要被替换的文字，在“替换为”文本框中输入用于替换的文字。然后单击“添加”按钮即可将词条添加到自动更正列表中，如图 4.46 所示。最后单击“确定”按钮关闭对话框。这样，在文档中输入 wd 后，Word 会自动将其转换为 Word 2013。

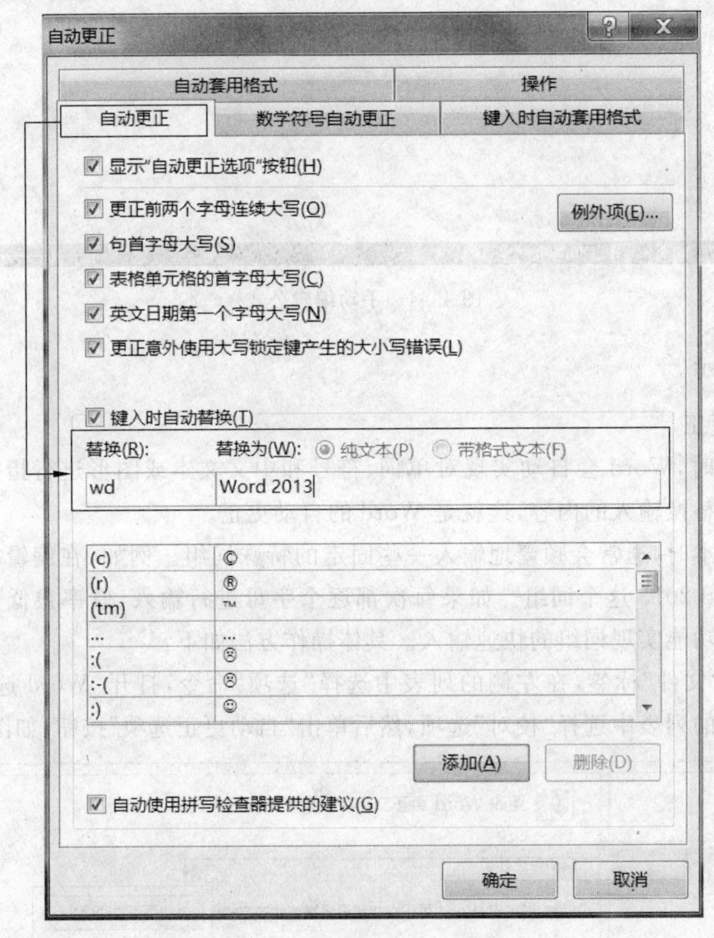

图 4.46 “自动更正”对话框

6. 拼写检查

文本输入时难免会出现错误，Word 的拼写检查功能可以自动查找文档中的拼写和语法错误，并标记出来。要对检查出的错误进行校正，可以进行如下操作。

(1) 打开“审阅”选项卡，在“校对”组中单击“拼写和语法”按钮，打开“拼写和语法”窗格。此时，窗格中会给出文档中的错误，并在文档对应文字下面添加红色波浪线加以标识，如图 4.47 所示。

(2) 在窗格中会针对该错误给出更改建议：如果是单词的拼写错误，则会给出可能的正确拼写方式列表；如果是语法错误，则会说明错误原因，图 4.47 所示的情况即为语法错误。

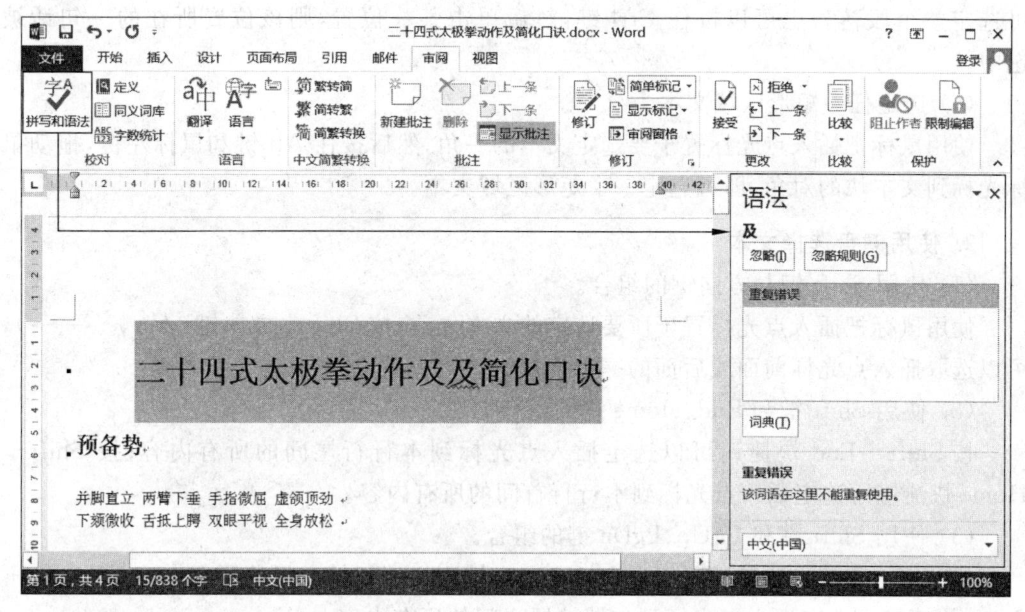

图 4.47　对文中的错误语法进行检查

4.2.2.2　选择文本

在对文本进行编辑及修饰前，首先要选定文本。在 Word 2013 中，文档中的文本是以白底黑字显示，而选中的文本则是高亮显示，即灰底黑字。选择文本一般有使用鼠标选择和使用键盘选择两种方式。

1. 使用鼠标选择文本

使用鼠标选定文本的方法很多，常用的有以下几种。

(1) 使用拖曳法选定文本块。

使用鼠标把插入点光标置于要选定的文本前，然后按下鼠标左键，拖动到要选定的文本的末端，然后松开鼠标左键。用该方法可以选择任何长度的文本块。

(2) 双击选定一个词。

在文档中某个词的任意位置双击左键，即可自动选定这个词。

(3) 使用 Shift 键和鼠标来选定文本。

首先，使用鼠标把插入点光标插入到要选取的文本之前，并按下 Shift 键。然后，把插入点光标移到要选定的文本末尾，并单击鼠标左键，Word 将自动选定两个插入点光标之间的所有文本。

(4) 单击选定一行。

把鼠标指针移动到该行左侧的选定栏(文档窗口左边界与文档内容左边界之间的空白区域)中，此时，鼠标指针将变为一个向右的箭头，然后单击鼠标左键，即可选定一整行。

(5) 选定一段文本。

使用鼠标把插入点光标置于段内的任意位置，然后三击(连续单击三次)鼠标左键，即可选定整个段落。也可以按住 Ctrl 键，然后单击某一位置，则该位置所在的一句话被选中。

(6) 选定任一矩形区域文本。

使用鼠标把插入点光标置于要选定文本的一角，然后按住 Alt 键和鼠标左键，拖动鼠标光标到文本块的对角，即可选定一个矩形区域文本。

2. 使用键盘选择文本

(1) 使用 Shift 键与方向键的组合。

使用鼠标把插入点光标置于所要选定的文本之前，按 Shift＋方向键(↑、↓、←、→)，可以选取插入点光标前面或后面的一个字符、一行、一段，甚至所有文档内容。

(2) 使用 Shift 键和 End、Home 键的组合。

按 Shift＋End 快捷键可以选定插入点光标到本行行尾间的所有内容；按 Shift＋Home 快捷键可选定插入点光标到本行行首间的所有内容。

(3) 使用 Shift 键和 PgUp、PgDn 键的组合。

按 Shift＋PgUp 快捷键可以选定插入点光标到文档开始之间的所有内容；按 Shift＋PgDn 快捷键可选定插入点光标到文档结尾之间的所有内容。

(4) 使用 Ctrl 键、Shift 键和↑、↓键的组合。

按 Ctrl＋Shift＋↑键可以选定插入点光标到段首间的所有内容；按 Ctrl＋Shift＋↓键可以选定插入点光标到段尾间的所有内容。

(5) 使用 Ctrl＋A 快捷键可以选定整篇文档。

4.2.2.3 删除、插入和改写文本

1. 删除文本

在编辑文档时，往往需要删除多余的内容，此时可以选中需要删除的文本，按 Delete 键或 Backspace 键即可将选中的文本删除。如果仅仅需要删除一个字符，则单击 Delete 键是删除插入点光标后面的一个字符，而单击 Backspace 键则是删除插入点光标前面的一个字符。

2. 插入和改写文本

在 Word 中，文本的输入有插入和改写两种模式。因为 Word 默认的是插入模式，因此一般情况下，编辑文档就是在插入点光标所在位置插入新的内容。

但是如果对某些内容不满意，需要重新编辑，就可以使用改写功能。使用改写功能时，首先把插入点光标置于需要改写的文字前面，然后按下键盘上的 Insert 键将插入模式变为改写模式。这样，新输入的文字将逐个替换其后的文字。

需要说明的是，如果 Word 2013 的状态栏中没有显示“插入/改写”状态按钮，可以在状态栏的空白处右键，在弹出的菜单中勾选“改写”选项，即可在状态栏中显示该按钮。此时，可以用 Insert 键或单击该按钮在“插入”和“改写”两种模式之间进行切换，切换后该状态按钮显示的模式即为当前输入模式，如图 4.48 所示。

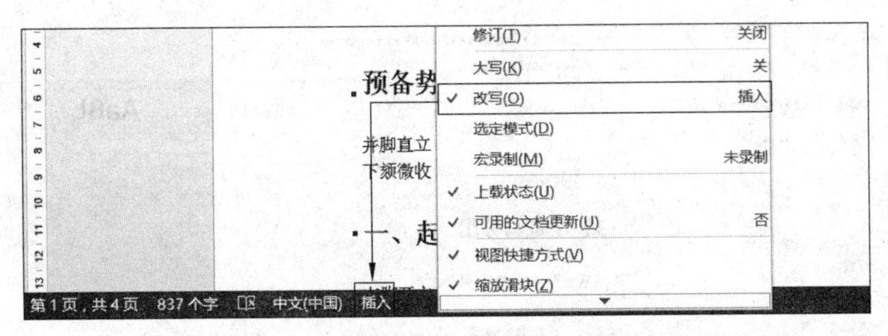

图 4.48　在状态栏中添加"插入/改写"状态按钮

4.2.2.4　复制、粘贴和移动文本

在输入或修改文本时，某些文字经常需要从一个地方移动到另一个地方，或者多次重复，这时就要用到复制和移动文本操作。我们可以把文本或图形等对象剪切或复制到剪贴板中，然后再从剪贴板中把这些内容粘贴到其他地方。应注意的是，如果剪贴板已满，则后进入剪贴板的内容将覆盖掉以前的内容。

1. 复制/粘贴文本

(1) 用拖曳法复制文本。

首先选定要复制的文本，把鼠标指针指向所选定的内容。此时，按住 Ctrl 键，同时按住鼠标左键拖动到新的位置，松开鼠标左键即可。

(2) 用"开始"选项卡中的"剪贴板"复制文本。

首先选定要复制的文本，然后单击"剪贴板"组中的"复制"按钮，把所选定的文本复制到剪贴板中。把插入点光标移到目标位置，单击"剪贴板"组中的"粘贴"按钮，将剪贴板中的文本粘贴到该位置。此方法可以将文本粘贴到多个地方。也就是说，只要剪贴板中的内容没有被新的内容所覆盖，就能不断地被使用。

(3) 用快捷键复制文本。

首先选定所要复制的文本，并按 Ctrl＋C 快捷键进行复制。然后把插入点光标移到要粘贴的位置，按 Ctrl＋V 快捷键进行粘贴。

如果做了两次以上的复制操作，剪贴板会把多次复制结果记忆下来，单击"剪贴板"组中的对话框启动器按钮，会在文档窗口左侧显示"剪贴板"窗格，如图 4.49 所示。单击其中的一个内容，即可在插入点光标处进行粘贴。这样，就可以有选择地粘贴剪贴板中的内容。

2. 移动文本

(1) 用拖曳法移动文本。

首先选定要移动的文本，把鼠标指针指向要移动的文本。然后按住鼠标左键，并拖动到新的位置，松开鼠标左键即可。

(2) 用"剪贴板"移动文本。

首先选定要移动的文本，选择"剪贴板"组中的"剪切"命令，所选择的文本被剪切到剪贴板中，原有文本消失。把插入点光标移到目标位置，选择"剪贴板"组中的"粘贴"命令，将剪切板中的文本粘贴到该位置。此方法同样可以将文本粘贴到多个地方。

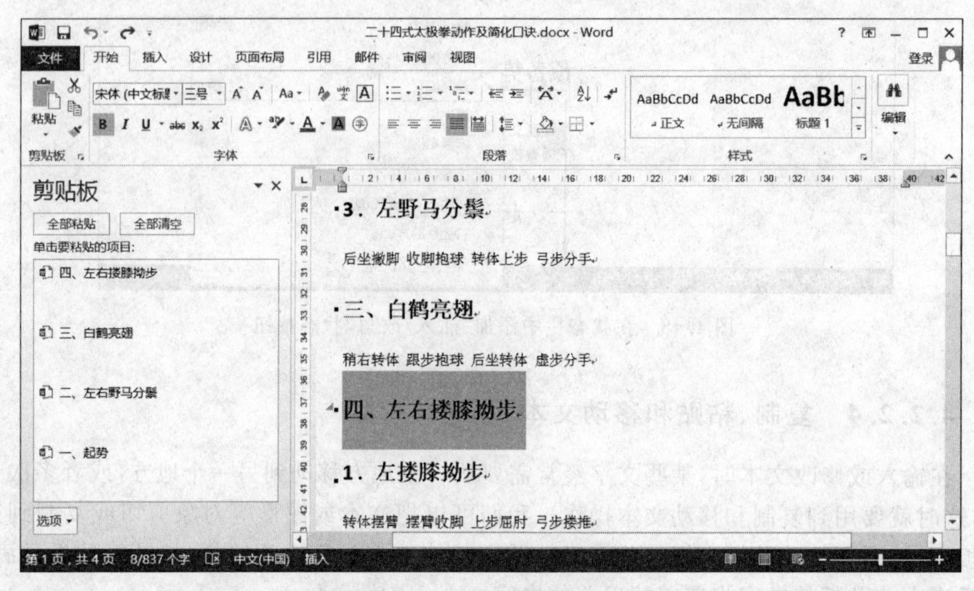

图 4.49 “剪贴板”窗格

(3) 用快捷键移动文本。

首先选定所要移动的文本，并按 Ctrl＋X 快捷键。然后把插入点光标移到目标位置，按 Ctrl＋V 快捷键进行粘贴，即可将文本移动到该位置。

3. 选择性粘贴

(1) 使用“选择性粘贴”对话框。

用户可以根据需要将剪贴板中的内容有选择性地粘贴。如仅粘贴文本，即不粘贴格式；将剪贴板中的内容粘贴为图片格式等。单击“粘贴”按钮下的小三角，选择“选择性粘贴”命令，弹出如图 4.50 所示的“选择性粘贴”对话框，用户可以根据需要将剪贴板中的内容按某种格式粘贴。

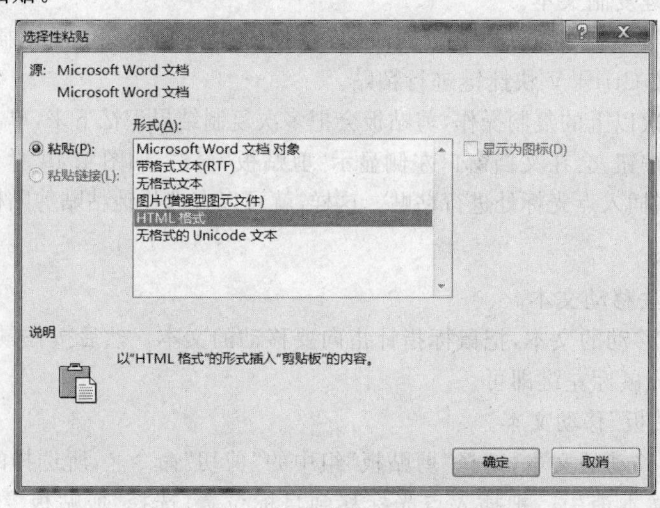

图 4.50 “选择性粘贴”对话框

(2) 使用鼠标右键菜单中的“粘贴选项”。

在复制文本后,在目标位置单击鼠标右键,在弹出的菜单中可以看到“粘贴选项”,单击选项中的某一个按钮,即可实现对应方式地粘贴,如图 4.51 所示。

图 4.51　使用“粘贴选项”进行选择性粘贴

4.2.2.5　查找和替换文本

查找命令一般只起到搜索修改对象的作用,替换命令则可以既查找特定文本,又可以用指定的文本替代查找到的对象。另外,查找和替换功能还能查找和替换带有格式的文本以及一些特殊字符,如空格符、制表符、回车符和图片等。

1. 文本的查找

用于查找特定的文字,以便针对不同位置出现的对象做不同的修改。具体操作方法如下。

打开“开始”选项卡,单击“编辑”组中的“查找”命令,在文档窗口左侧打开“导航”窗格,如图 4.52 所示。在“搜索文档”输入框中输入要查找的文字,单击“搜索”按钮。Word 2013 会在导航窗格中列出文档中包含查找文字的段落,同时查找的文字在文档中将突出显示。此时,在列表中单击某一段落,文档将定位到该段落。

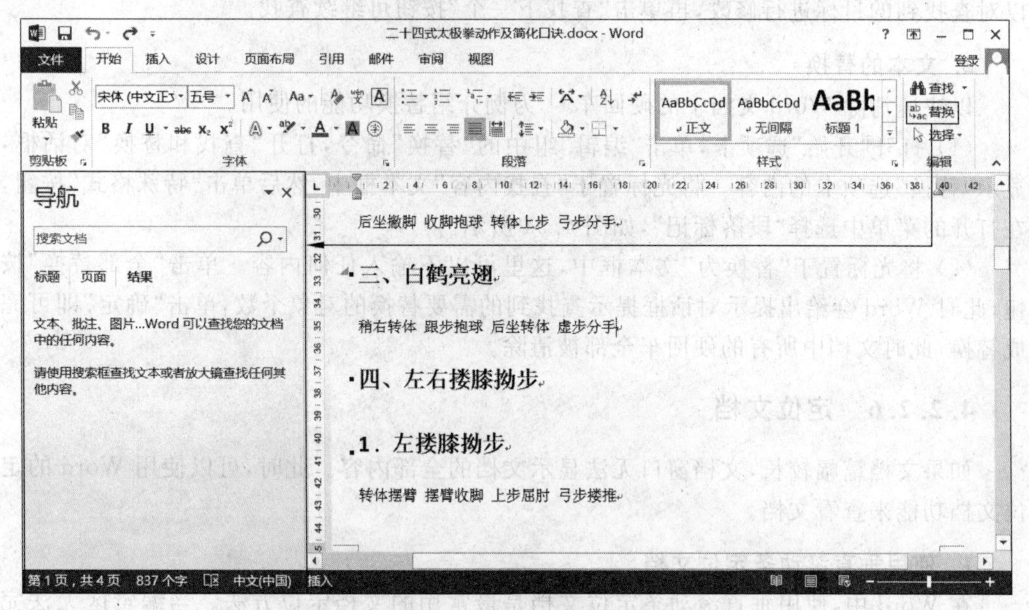

图 4.52　单击“查找”按钮打开“导航”窗格

单击“搜索”按钮右侧的下三角按钮,在下拉菜单中选择“高级查找”命令。此时打开“查找和替换”对话框,显示“查找”选项卡的内容,单击“更多”按钮使对话框完全显示,在“搜索选项”中可设置搜索的范围,选择“区分大小写”、“全字匹配”等,如图 4.53

所示。如果需要查找特定的格式或特殊字符可利用搜索选项底部的“格式”或“特殊格式”按钮。

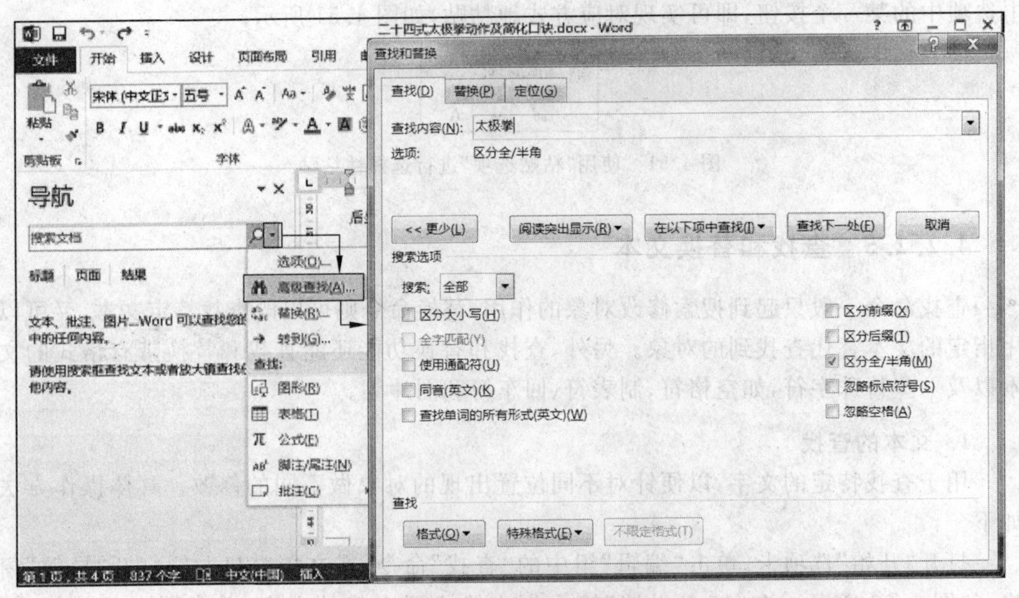

图 4.53　高级查找

单击“查找下一处”按钮，Word 开始查找，并定位到查找到的第一个目标处，用户可以对查找到的目标进行修改，再单击“查找下一个”按钮可继续查找。

2. 文本的替换

以快速清除 Word 文档中的硬回车 ↵ 为例介绍替换功能的使用。

(1) 打开“开始”选项卡，单击“编辑”组中的“替换”命令，打开“查找和替换”对话框，显示“替换”选项卡的内容。将光标置于“查找内容”文本框中，然后单击“特殊格式”按钮，在打开的菜单中选择“段落标记”，如图 4.54 所示。

(2) 将光标置于“替换为”文本框中，这里可以不输入任何内容。单击“全部替换”按钮，此时 Word 会给出提示对话框提示查找到的需要替换的对象个数，单击“确定”即可完成替换，此时文档中所有的硬回车全部被清除。

4.2.2.6　定位文档

如果文档篇幅较长，文档窗口无法显示文档的全部内容。此时，可以使用 Word 的定位文档功能来查看文档。

1. 使用垂直滚动条定位文档

在 Word 中，使用垂直滚动条定位文档是最常用的文档定位方法。当编辑区无法完全显示文档时，在编辑区的右侧就会显示垂直滚动条，拖动垂直滚动条上的滑块就可实现文档的翻页操作，如图 4.55 所示。

2. 使用“定位”命令定位文档

如果需要快速找到文档中的某节或某页，使用垂直滚动条进行定位就不太方便。

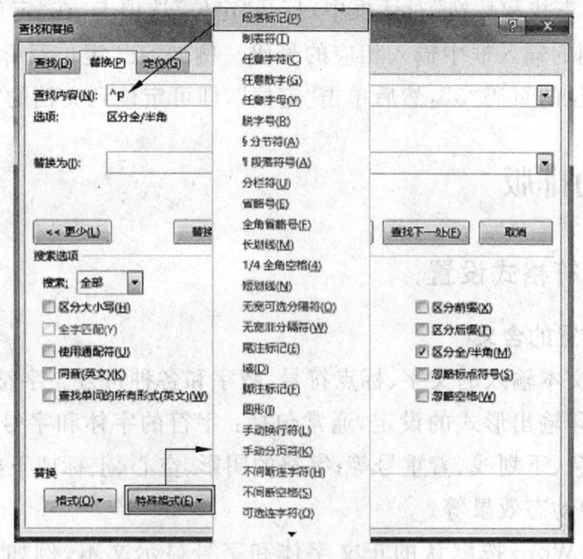

图 4.54　查找段落标记

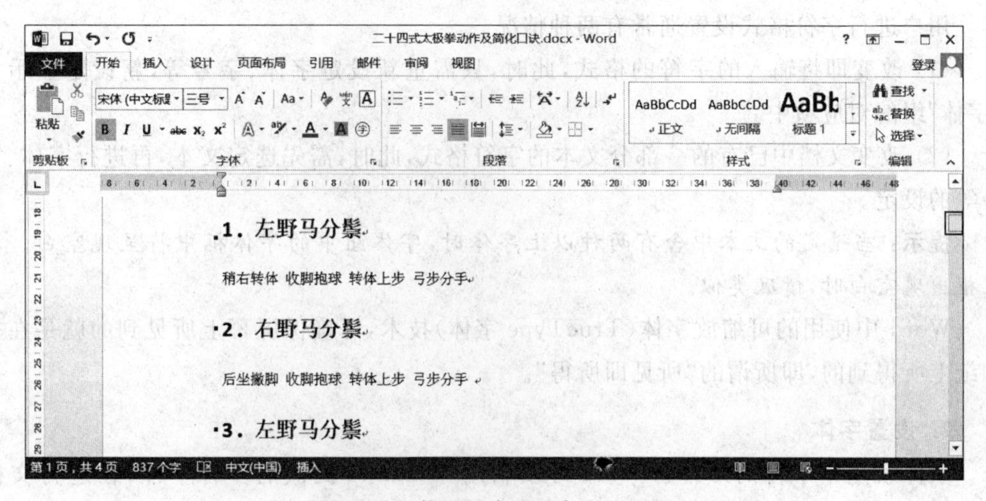

图 4.55　使用垂直滚动条定位文档

Word 中提供了一个定位命令。该命令可以通过指定页码、节标题和行号快速地定位到文档的指定位置。具体操作方法如下。

（1）打开“开始”选项卡，单击“编辑”组中的“查找”按钮右侧的下三角按钮，在下拉菜单中选择“转到”命令，如图 4.56 所示。

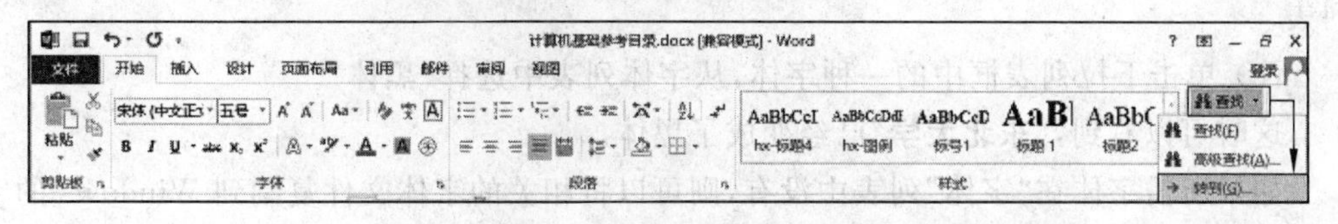

图 4.56　选择“转到”命令

(2) 在打开的“查找和替换”对话框中，打开“定位”选项卡，在“定位目标”栏中选择定位目标，然后在右侧的输入框中输入相应的号码。例如，在“定位目标”中选择“页”，在输入框中输入想要定位的页码“3”，然后单击“定位”，即可定位到文档的第3页。

4.2.3 文档的排版

4.2.3.1 字符格式设置

1. 字符格式设置的含义

字符是指作为文本输入的文字、标点符号、数字和各种符号。字符格式设置是指对字符的屏幕显示和打印输出形式的设定，通常包括：字符的字体和字号；字符的字形，即加粗、倾斜等；字符颜色、下划线、着重号等；字符的阴影、空心、上标或下标等特殊效果；字符间距；为文字加各种动态效果等。

在输入字符时，Word按默认的正文字体和字号显示文本，例如中文字为宋体五号字，英文字符为Calibri字体五号字。

用户进行字符格式设置通常有两种情况。

(1) 改变即将输入的字符的格式，此时，只需重新设定字体、字号等，新设定显示在“字体”组的对应项中。

(2) 改变文档中已有的一部分文本的字符格式，此时，需先选定文本，再进行字体、字号等的设定。

提示：当选定的文本中含有两种以上字体时，字体组中的字体框中将呈现空白。其它框出现空白时，情况类似。

Word中使用的可缩放字体(TrueType字体)技术，可确保屏幕上所见到的就是在打印纸上所得到的，即所谓的“所见即所得”。

2. 设置字体

字体就是指字符的形体。Word可以利用Windows提供的多种字体，在进行文档的编辑时根据版面需要，任意选择一种字体，可以应用于全文，也可以应用于文档的一部分。

【例4.1】 将“东北大学”一行字设置为黑体，其操作方法如下。

(1) 选定要改变字体的文本。

(2) 单击“格式”组中的“字体”的下拉列表框按钮，这时会显示出所需的字体列表。

(3) 单击下拉列表框中的一种字体，从字体列表中选择“黑体”。

这时可以看到，**“东北大学”**已经变成了黑体。

如果所需字体在“字体”列表中没有，则可以将相关的字体文件复制到Windows的字体文件夹中，重新启动Word，则在“字体”列表中能看到相关字体。字体文件夹的默认路径是“C:\Windows\Fonts”，字体文件的扩展名是“ttf”。

3. 设置字号

字号是指字符的大小，通常是默认的五号字。字号如果用中文表示，字号越大，字越小，如四号字比五号字大；如果用阿拉伯数字表示字号，数字越大，字越大，如 12 号字比 10 号字大。字号的下拉列表中显示的最大字号是 72 号字，如果所需的字号比 72 号字还要大，可以直接在字号文本框中输入需要的字号，然后按 Enter 键即可。如输入 100，然后回车，则相关字符就变为 100 号字。

【例 4.2】 将"东北大学"设置为二号字，其操作方法如下。

(1) 选定要改变字号的文本；

(2) 单击"格式"组中的"字号"列表框的下拉按钮，这时会显示出相关字号列表。

(3) 单击字号列表框中的某个字号，在这里，选择"二号"，这时可以看到"东北大学"已经变大了，成了二号字。显示如下。

东北大学

4. 设置字形

字形是指附加于文字某些属性后使原来的字体、字号发生一些变化，使之更加美观，满足需要。如使文字加粗、倾斜，加下划线，使文字变宽或变长等修饰。

【例 4.3】 将"东北大学"设置为加粗、倾斜、加下划线。其操作方法如下。

(1) 选定要改变字形的文本。

(2) 单击"字体"组中的"加粗"按钮。

(3) 单击"字体"组中的"倾斜"按钮。

(4) 单击"字体"组中的"下划线"按钮。

"东北大学"的字形变成了加下划线的粗斜体。显示如下。

东北大学

对于已经设置了字形的字符，如果想要取消，只要再次单击这些按钮，字形就可以恢复原样。

5. 设置字符颜色

可以为字符设置颜色，用彩色打印机输出彩色的文本。其操作方法如下。

(1) 选定要进行修饰的字符。

(2) 单击"字体"组中的"字体颜色"按钮右侧的下三角按钮，显示调色板，如图 4.57 所示。

(3) 用鼠标单击调色板中的某种颜色即可将步骤(1)所选中的字符设置颜色。在调色板中，"自动"颜色通常都是黑色。

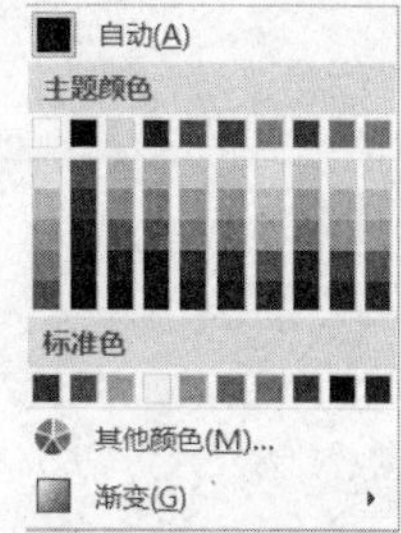

图 4.57 调色板

6. 为汉字标注拼音

在 Word 2013 中可以为汉字标注拼音。使用"字体"组中的"拼音指南"按钮实现对选中的汉字标注拼音。

【例 4.4】 将"东北大学"标注拼音。其操作方法如下。

(1) 选中要标注拼音的文本。

(2) 单击格式组中的“拼音指南”按钮 wén 文，弹出如图 4.58 所示的“拼音指南”对话框，进行相关的设置，即可对“东北大学”标注拼音，显示效果如图 4.59 所示。

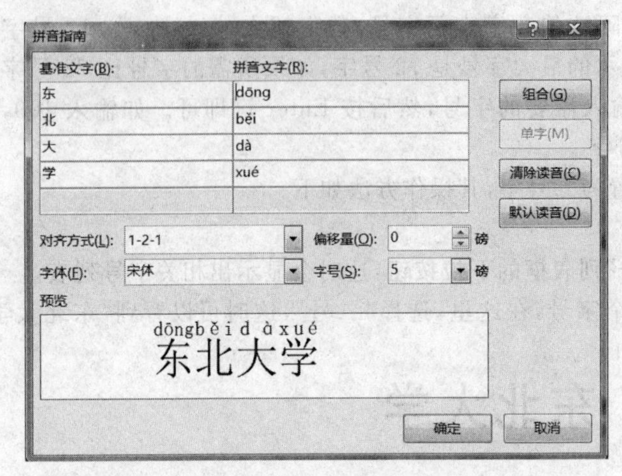

图 4.58 “拼音指南”对话框

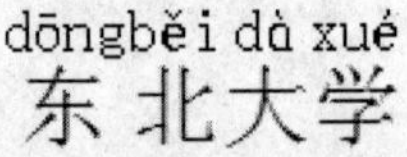

dōngběi dà xué
东 北大学

图 4.59 标注拼音显示效果

7. 其他字符修饰设置

可以使用“字体”组中的相关命令进行其它字符修饰的设置，如字符加框、字符底纹、带圈字符、以不同颜色突出字符、上标、下标等，设置方法基本相同，这里就不一一赘述。

8. 使用“字体”对话框对字符格式进行设置

前面介绍的对字符格式进行设置的方法，都是使用“字体”组中的按钮进行的。大部分字符格式设置均可在“字体”对话框中找到。在“字体”组中，单击“对话框启动器”按钮，弹出如图 4.60 所示的“字体”对话框。

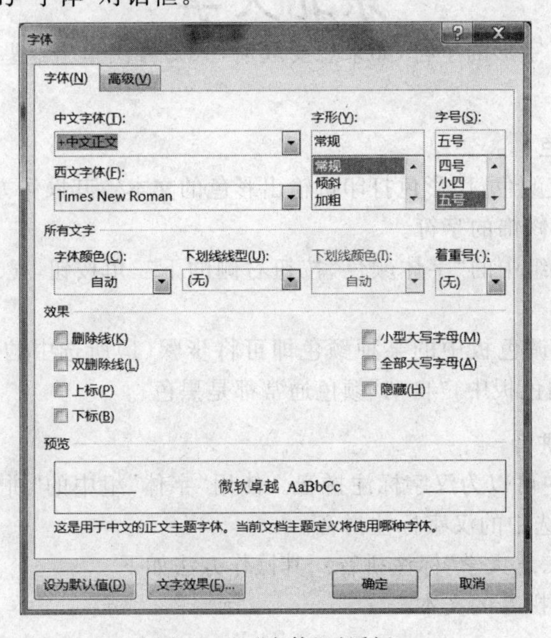

图 4.60 “字体”对话框

(1)“字体”选项卡。

字体选项卡如图 4.60 所示，利用其中的选项，可以对字符格式进行多样化的设置，效果显示在“预览”窗口中，满意则可单击“确定”按钮。

(2)“高级”选项卡。

“高级”选项卡如图 4.61 所示。字符间距默认值为“标准”，欲加宽或紧缩字符间距可输入需要的数值或利用磅(point)值的微调按钮。在这里，1 磅为 1/72 英寸。

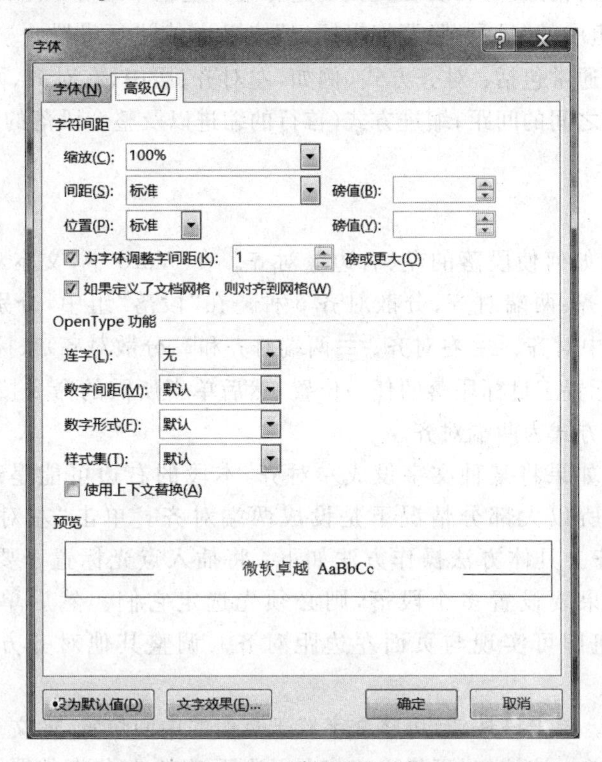

图 4.61 “高级”选项卡

“位置”栏用于设置字符的垂直位置，可选“标准”、“提升”或“降低”，提升或降低是相对于 Word 基准线(一条假设的恰好在文字之下的线)把文字升高或降低。“位置”栏的提升或降低与“字体”选项卡中的上标和下标的概念不同：提升或降低只改变字符的垂直位置不改变字号大小。

【例 4.5】 使用“字体”对话框，输入如下的数学表达式。

$$3^2+4^2=25$$

(1) 输入基本字符“32＋42＝25”。

(2) 选中字符 3 后面的 2。

(3) 单击“开始”选项卡中“字体”组中的对话框启动器按钮，弹出“字体”对话框，如图 4.60 所示，选中“效果”中的“上标”复选框，然后单击“确定”，即将第一个 2 设置为上标。或直接单击“字体”组中的“上标”按钮 $\mathbf{x}^2$。

(4) 使用相同的方法将第二个 2 也设置为上标，即完成本题中数学表达式的设置。

4.2.3.2 段落格式设置

一个段落就是文字、符号或其他项目与最后面的一个段落结束标记的集合。段落结束标记不仅标识一个段落的结束，还存储着这一个段落的格式设置信息。

移动或复制段落时，注意选定的文字块应包括其段落结束标记，以便在移动或复制段落后仍保持其原来的格式。因此，在文档创建和编辑过程中最好显示出段落结束标记，为此，可单击“段落”组中的“显示/隐藏编辑标记”按钮 来进行设置。

段落格式设置通常包括：对齐方式（例如，左对齐、居中、右对齐、两端对齐或分散对齐）；行间距和段落之间的间距；缩进方式（首行的缩进以及整个段落的缩进等）；制表位的设置等。

1. 对齐方式

文本对齐是指如何使段落的左、右边缘对齐。在 Word 中，文本对齐的方式有左对齐、居中对齐、右对齐、两端对齐、分散对齐 5 种。在“段落”组中，分别用 5 个命令按钮（左对齐、居中对齐、右对齐、两端对齐和分散对齐）来标明它们的功能，先选定段落，或将光标置于目标段落的任一位置，然后单击所需的命令按钮，就可以进行对齐设置。默认对齐方式为两端对齐。

(1) 左对齐。如果将某种文字设成左对齐，本段的右边可能呈现锯齿状，尤其是英文字符更明显，所以大部分情况下是设成两端对齐。单击“左对齐”按钮，可将文字与左页边距对齐。具体方法操作方法如下：将插入点光标置于要设置左对齐的段落任意位置处，如果要设置多个段落，则必须先选定它们。然后单击“段落”组中的“左对齐”命令按钮即可实现与页面左边距对齐。调整其他对齐方式的操作方法基本相同。

(2) 居中对齐。单击该按钮，可将文字置于页面的中间位置，如文章的标题等。

(3) 右对齐。单击该按钮，可将文字与右页边距对齐，如作者的署名及日期一般设置成右对齐。

(4) 两端对齐。“两端对齐”是指在输入文本时，Word 自动调整字或词（英文是词）之间的距离，使一行文本恰好从左页边距到右页边距均匀地填满。

(5) 分散对齐。“分散对齐”是指在输入文本时，Word 自动调整字符间距，甚至不惜分散单词的各个字母，使一行文本恰好从左页边距到右页边距均匀地填满。

2. 设置段落缩进

段落缩进是指段落中的文本相对于左、右页边距的位置。段落缩进有 4 种类型：左缩进、右缩进、首行缩进及悬挂缩进。

(1) 左缩进。是指段落的左边界相对于左页边距的缩进量。

(2) 右缩进。是指段落的右边界相对于右页边距的缩进量。

(3) 首行缩进。段落的首行一般都采用首行缩进来标明段落的起始。

(4) 悬挂缩进。可缩进段落除首行以外的所有行，从而造成悬挂效果。

方法一：使用“标尺”设置段落缩进。

Word 的默认设置为不显示标尺，要想显示标尺，只要打开“视图”选项卡，在“显示”组中勾选“标尺”复选框即可。

在“标尺”上有用于设置段落缩进的标记（左缩进、右缩进、首行缩进和悬挂缩进），如图 4.62 所示。通过移动这些缩进标记来设置段落缩进。具体操作方法如下：

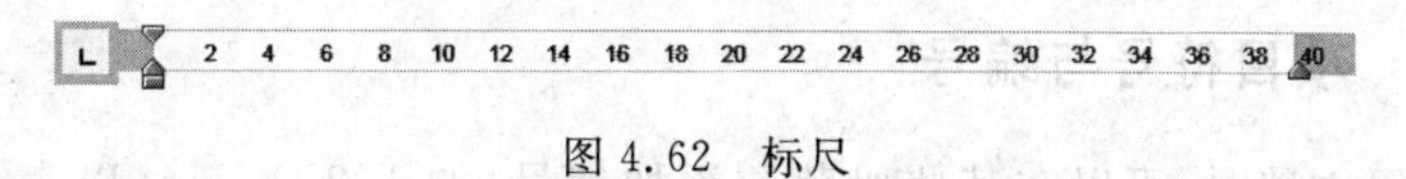

图 4.62　标尺

(1) 将插入点移到需设置段落中，或选择若干段落；

(2) 用鼠标拖动标尺上的缩进标记，将段落边界设置到新的位置。

提示：如果只改变段落左缩进，可单击“开始”选项卡中“段落”组中的“减少缩进量”命令按钮或“增加缩进量”命令按钮来设置段落缩进。

方法二：使用“段落”对话框设置缩进。

使用“段落”对话框可以更精确地设置段落缩进。单击“段落”组中的“对话框启动器”按钮，或右击鼠标，在弹出的快捷菜单中选择“段落”命令，打开如图 4.63 所示的“段落”对话框。使用“段落”对话框设置段落缩进的操作方法如下。

(1) 将插入点（光标）移到段落中，或选择若干段落。

(2) 执行“段落”组中的“对话框启动器”按钮，打开“段落”对话框。在对话框中“缩进”栏的“左侧”数值栏中设置段落左缩进量。在“右侧”数值栏中设置段落右缩进量。在“特殊格式”下拉列表框中选择“首行缩进”或“悬挂缩进”，并在“磅值”框中设置缩进量。

(3) 单击“确定”按钮，关闭对话框，即可完成缩进设置。

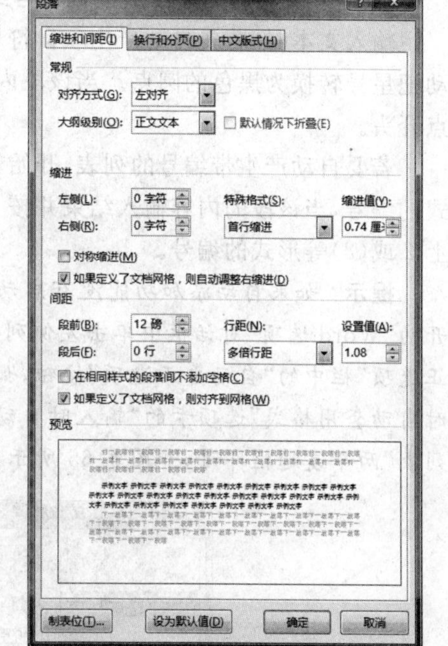

图 4.63　“段落”对话框

3. 设置行距与段落间距

行距是指行与行之间的距离。如不设置行距，则采用默认行距。调整行距有单倍行距、1.5 倍行距、2 倍行距、最小值、固定值及多倍行距 6 种选择。

段落间距分为段前间距和段后间距两种。段前间距是指该段与前一段落之间的距离，段后间距是指该段与后一段落之间的距离。

设置段落行距和段间距的操作方法如下。

(1) 将插入点光标置于段落中或选择若干段落。

(2) 单击“段落”组中的“对话框启动器”命令，弹出“段落”对话框，如图 4.63 所示，选择“缩进和间距”选项卡。

(3) 若要设置行距，打开“行距”下拉列表，选择一种行距类型。如果选择的行距类型为“多倍行距”或“固定值”时，还需要在“设置值”框中设定一个行距值。

(4) 若要设置段间距，在对话框中的“段前”数值框中设置段前间距；在“段后”数值框中设置段后间距。

4.2.3.3 项目符号与编号

输入或编辑文档时，可以在某些段落前添加编号(如1,2,3,…)，以表示这些内容之间的顺序关系。另外，为了突出某些重点，通常在段落前添加项目符号(如★、●等)，添加项目符号的各段落之间一般为并列关系。

为段落添加项目符号或编号可以在输入文本时自动产生，也可以在输入文本之后进行添加。

1. 输入文本时自动添加项目符号或编号

输入文本时，若要自动产生项目符号列表，可先输入一个“*”，后跟一个空格，系统自动把星号转换为黑色的圆点。当该段内容输入结束，按回车键之后，下一段自动以黑色圆点开头。

若要自动产生带编号的列表，开始输入有序段落的第一段时，应先输入1或(1)等形式的编号，当该段的内容输入结束并按Enter键后，Word会自动在第二段起始位置处加上2或(2)等形式的编号。

提示：如果自动添加功能没有启动，则可以单击“文件”标签中的“选项”命令。在打开的“Word选项”对话框中单击左侧列表中的“校对”命令，此时单击右侧窗格中“自动更正选项”栏中的“自动更正选项”按钮，如图4.64所示。打开“自动更正”对话框，在“键入时自动套用格式”选项卡的“输入时自动应用”栏中勾选“自动项目符号列表”和“自动编号列表”两个复选框即可，如图4.65所示。

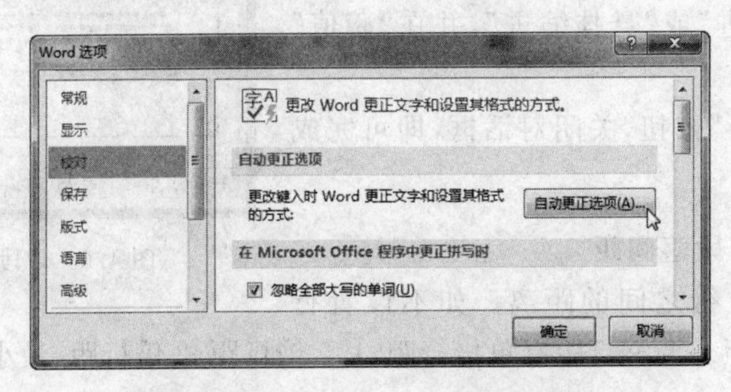

图4.64 单击“自动更正选项”按钮

如果要结束自动产生的项目符号或编号列表，其方法如下：

(1) 当按Enter键产生新的一段后，再按Backspace键或者再次按Enter键，即可将项目符号或编号删除，结束自动生成项目符号或编号列表。

(2) 单击“段落”组的“项目符号”或“编号”按钮右侧的下三角按钮，在下拉列表中选择“无”，则结束自动生成项目符号或编号列表。

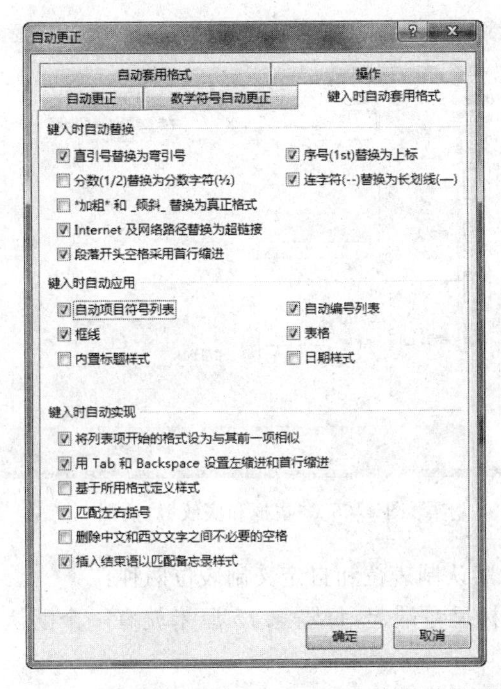

图 4.65 勾选“自动项目符号列表”和“自动编号列表”

2. 输入文本后添加项目符号或编号

在输入文本之后，添加项目符号或编号的操作方法如下。

(1) 将插入点光标移到段落中，或选择若干段落。

(2) 单击“段落”组中的“项目符号”按钮右侧的下三角按钮，在下拉列表中选择合适的形状符号；或单击“编号”按钮右侧的下三角按钮，在弹出下拉列表中选择合适的编号格式。

4.2.3.4 为段落添加边框和底纹

为段落添加边框和底纹的操作方法如下。

(1) 选定若干段落，单击“段落”组的“底纹”按钮或“边框”按钮右侧的下三角按钮，在下拉菜单中选择需要的底纹颜色或边框类型即可。

(2) 单击“边框”按钮右侧的下三角按钮，在下拉菜单中选择“边框和底纹”。打开“边框和底纹”对话框，如图 4.66 所示。打开“边框”选项卡，为选定的段落设置边框；打开“底纹”选项卡，为选定的段落设置底纹。在“应用于”下拉列表框中设置应用范围为“段落”。设置完成后单击“确定”命令。

4.2.3.5 设置制表位

制表位常用于对齐文档中的文本。一般来说，对齐文本往往使用 Tab 键，而不使用空格键。若使用空格来对齐文本，因字号不同，同样的空格可能占据不同的空间。

设置制表位之后，每当按 Tab 键，插入点光标就会从当前位置移到下一个制表位所

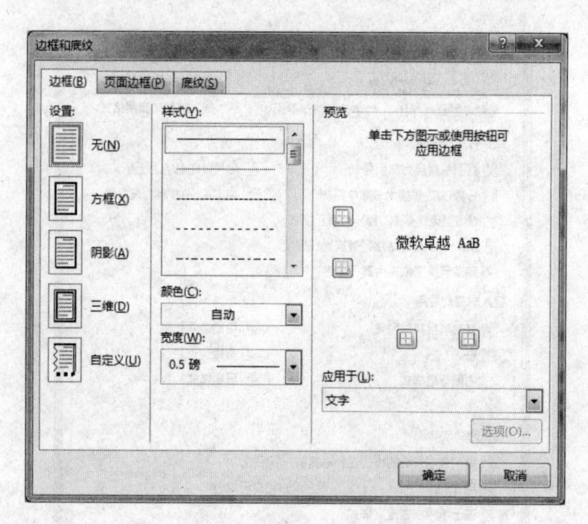

图 4.66 “边框和底纹”对话框

在的位置。制表位分为默认制表位和自定义制表位两种：

（1）默认制表位自标尺左端起，每隔 0.75 厘米就有一个默认制表位，而且此制表位设置为左对齐方式；

（2）自定义制表位由用户根据自己的需要进行设置。设置制表位可以使用水平标尺，也可以执行“段落”对话框中的“制表位”命令来弹出“制表位”对话框。

设置制表位包括选择制表位的类型和制表位的位置。制表位的类型有左对齐、居中对齐、右对齐及小数点对齐。设置一个自定义的制表位之后，该制表位左边所有默认制表位都被清除。

制表位属于段落的属性。每一个段落都可以设置自己的制表位，按 Enter 键后制表位的设置将转入下一个段落中。

1. 使用标尺设置制表位

（1）将插入点光标移到段落中，或选定若干段落。

（2）单击水平标尺最左端“制表位对齐方式”按钮 ⌊ ，选择制表位的类型。连续单击该按钮，制表位的类型将循环改变。

（3）当出现所需的制表位类型之后，在标尺上需要设置制表位的地方单击鼠标，相应的制表符类型将出现在标尺上。

（4）重复(3)，可设置多个相同的制表位；重复(2)和(3)，可设置多个不同类型的制表位。

制表位设置完毕后，双击制表位即可打开制表位对话框，查看制表位的详细信息及其他设置选项。

要移动制表位，先将鼠标指针指向水平标尺上的制表位，然后按住鼠标左键在标尺的水平方向上左右拖动即可。

2. 使用“制表位”对话框设置制表位

执行“段落”对话框中“制表位”命令，可以精确地设置制表位以及带前导符的制表位。

具体操作方法如下：

(1) 执行“段落”对话框中的“制表位”命令，打开如图 4.67 所示的“制表位”对话框。

(2) 在“制表位位置”文本框中设置制表位的位置。

(3) 在“对齐方式”设置区选择制表位的对齐方式，即制表位的类型。

(4) 单击“设置”按钮，将制表位加入到“制表位位置”列表框中。

(5) 重复(3)、(4)，设置其它制表位。

(6) 所有制表位全部设置完以后，单击“确定”按钮即可完成设置。

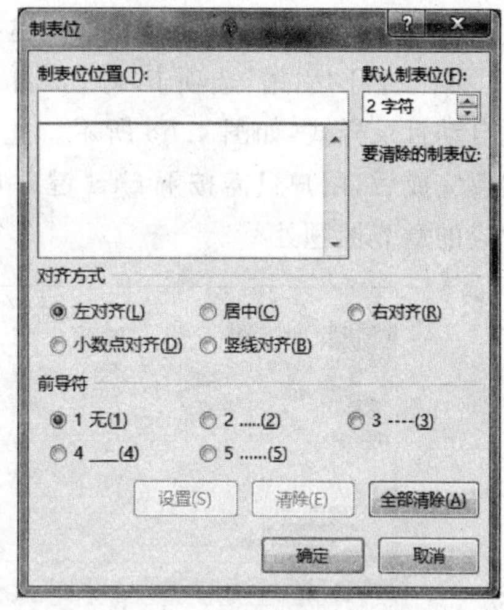

图 4.67 “制表位”对话框

3. 取消制表位

要取消制表位可以使用鼠标拖动法，也可以使用“制表位”对话框来完成。

(1) 使用鼠标拖动法取消制表位

移动鼠标指针指向水平标尺上的制表位，然后按住鼠标的左键将该制表位拖出标尺范围即可。

(2) 使用“制表位”对话框来取消制表位

在“制表位”对话框中，从制表位列表框中选取要取消的某一个制表位，单击“清除”按钮即可。如果要取消全部制表位，则直接单击“全部清除”按钮即可。最后单击“确定”按钮，完成取消制表位的操作。

4. 应用制表位排列数据

设置制表位的应用之一就是将数据排列整齐，其排列数据的方法如下。

(1) 首先使用标尺或“制表位”对话框设置制表位，然后再输入数据。输入数据时使用“Tab”键，按该键插入点就会从当前位置移到下一个制表位。

(2) 先输入数据，数据之间用 Tab 键分隔。选择需要进行排列的数据之后，再使用标尺或执行“格式”菜单中的“制表位”命令设置制表位。

4.2.3.6 创建文档目录

编制篇幅较长的文档，例如毕业论文、项目方案、项目报告等，往往需要在最前面给出文档的目录。目录一般包含文档中各章节的标题和编号以及起始页码，使用目录便于读者了解文档结构，把握文档内容。Word 提供了方便的目录自动生成功能，具体操作方法如下。

(1) 设定多级标题的样式：选中要设置为 1 级标题的文档内容，例如选中“第一章 概述”，在“开始”选项卡的“样式”组中选择“标题 1”样式即可；再选中要设置 2 级标题的文档内容，例如选中“第一节 Office 2013 的操作界面”，在“样式”组中选“标题 2”样式即可；其他标题级别的设置依此类推。

(2) 将插入点光标置于准备创建文档目录的位置，例如文档的开始位置。

(3) 打开“引用”选项卡，单击“目录”组中的“目录”按钮，在弹出的下拉菜单中选择一款自动目录样式，如图 4.68 所示。此时就会在插入点光标处创建所选样式的目录。目录创建完成后，用户只需按下 Ctrl 键并单击目录中某一章节的标题，将自动跳转到正文中对应的章节标题处。

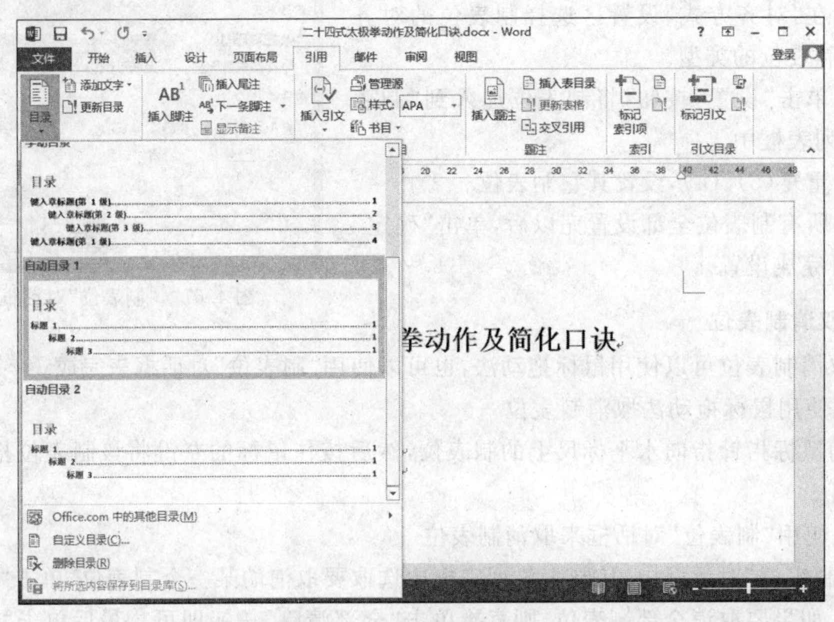

图 4.68　选择自动目录样式

(4) 选择创建的目录，单击“目录”按钮，在下拉菜单中选择“自定义目录”，打开“目录”对话框，如图 4.69 所示。在对话框中可以对目录的样式进行设置，例如设置制表符前导符等。

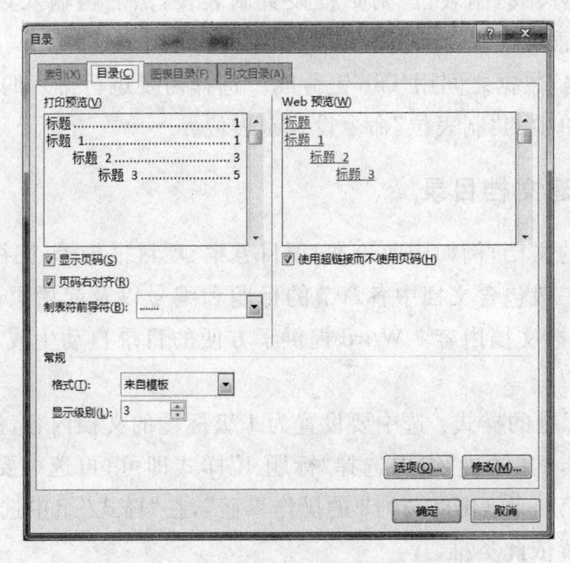

图 4.69　“目录”对话框

利用 Word 提供的目录生成功能所生成的目录，可以随时进行更新，以反映文档中标题内容、位置以及对应页码的变化，而不必重新生成目录。如要更新目录，可以单击“引用”选项卡“目录”组中的“更新目录”按钮，弹出如图 4.70 所示的“更新目录”对话框，选择“只更新页码”或“更新整个目录”。

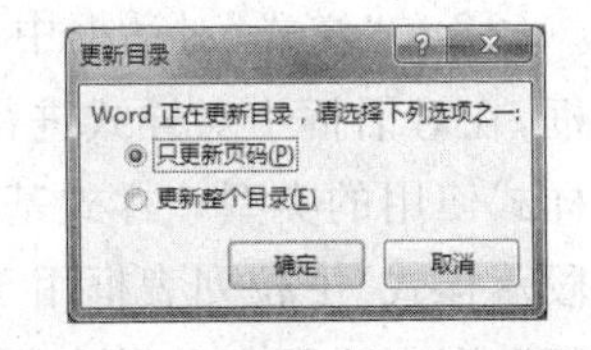

图 4.70 “更新目录”对话框

4.2.3.7 应用样式

样式是某个特定文本(一行文字、一段文字或整篇文档)所有格式的集合。在文档中，如果存在多处文本需要使用相同的格式设置，可以将这些相同的格式定义为一种样式，在使用时直接将这种定义好的样式应用到文本中即可完成多种格式设置。

1. 新建样式

一段文字的格式设置包括多个方面，如字体、字号、行间距和段间距等。如果文档中有多处不相邻的文本需要使用相同的格式设置，就可以将这些相同的格式定义为一种样式，在需要时直接对文本应用此样式即可快速设置多种格式。

Word 中提供了一些内置样式供用户使用，但是往往不能满足个性化的文档编辑需要，因此 Word 允许用户自定义新的样式。自定义新样式的操作方法如下。

(1) 打开“开始”选项卡，单击“样式”组中的对话框启动器，打开“样式”对话框。其中提供了 Word 2013 内置的样式列表可供选择使用，如图 4.71 所示。此时如果将鼠标指针放置到列表中的某个样式上，将显示该样式所对应的字体、字号、段落格式等具体设置情况。

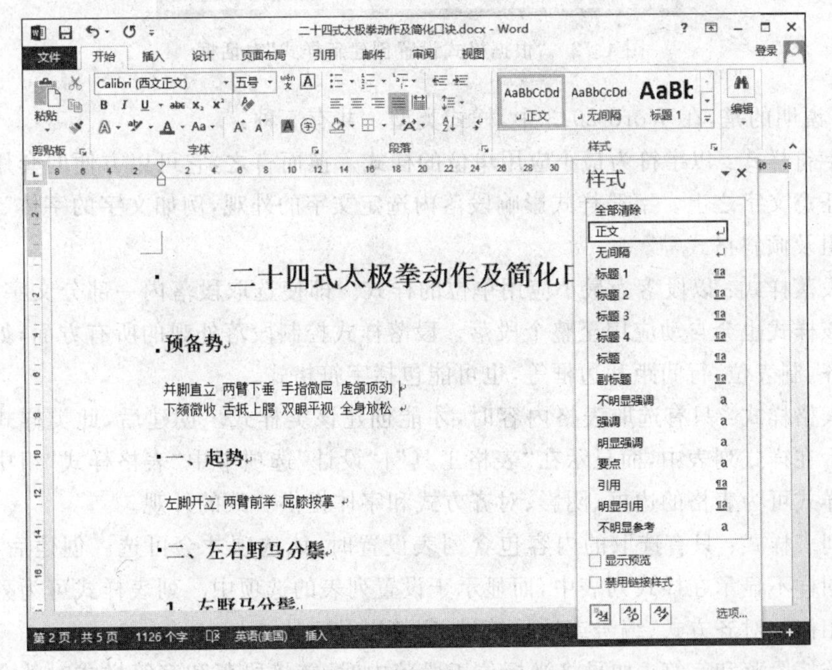

图 4.71 “样式”对话框

(2) 在“样式”对话框中单击“新建样式”按钮，打开“根据格式设置创建新样式”对话框，在对话框中对样式进行设置，如图 4.72 所示。其中，“样式类型”下拉列表框用于设置样式使用的类型；“样式基准”下拉列表框用于指定一个内置样式作为设置的基准；“后续段落样式”下拉列表框用于设置应用该样式的文字的后续段落样式；如果勾选了“自动更新”，则当应用某种样式的文本或段落的格式发生改变后，该样式中的格式设置也随着自动改变；如果需要将该样式应用于其他文档，可以选中“基于该模板的新文档”单选按钮；如果只需要应用于当前文档，可以选中“仅限此文档”单选按钮。

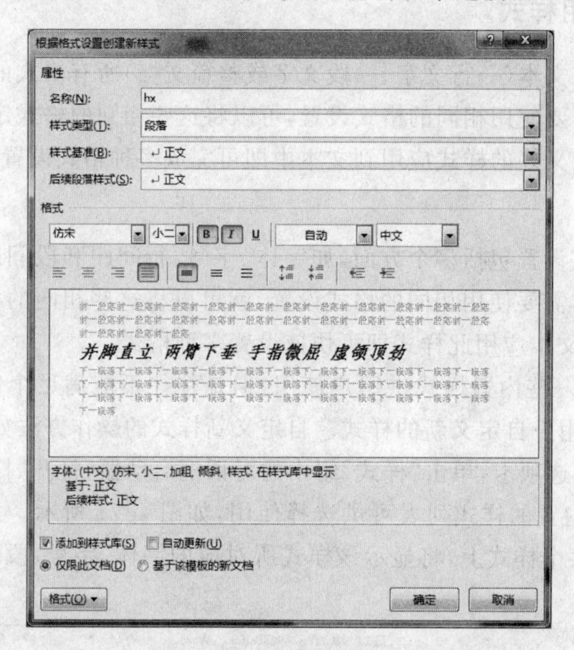

图 4.72 “根据格式设置创建新样式”对话框

需要说明的是，在 Word 2013 中，样式类型一共有 5 种：

- 字符样式：以字符为最小应用单位的样式。换而言之，它可以方便的套用和选取任意文字之上。字符样式影响段落内选定文字的外观，例如文字的字体、字号、加粗及倾斜格式等。
- 段落样式：以段落为最小应用单位的样式。即使选取段落内一部分文字，应用时该样式也会自动应用至整个段落。段落样式控制段落外观的所有方面，如文本对齐、制表位、行间距和边框等，也可能包括字符格式。
- 表格样式：只有选取表格内容时，才能创建该类样式。创建后，此类样式不会显示在样式列表中，而显示在“表格工具”|“设计”选项卡中“表格样式”组中。表格样式可为表格的边框、阴影、对齐方式和字体提供一致的外观。
- 列表样式：只有选取的内容包含列表设置时，该选项才会可选。创建后，此样式同样不显示在样式列表中，而显示于设置列表的选项中。列表样式可为列表应用相似的对齐方式、编号或项目符号、字符以及字体。
- 链接段落和字符：如果将光标位于段落中时，链接段落和字符样式对整个段落有效，此时等同于段落样式；如果选定段落中的部分文字时，其只对选定的文字有效，此时等同于字符样式。

(3) 单击“确定”按钮关闭对话框，此时创建的新样式被添加到“样式”对话框的样式列表中。此时选中一段文本，单击列表中创建的新样式，该段文字将被应用该样式。

2. 保存快速样式

在 Word 2013 中，可以将当前已经完成格式设置的文字或段落的格式保存为样式放置在样式列表中，以便以后使用。具体操作方法如下：

(1) 选择文本，对文本的格式进行设置。

(2) 首先单击“开始”选项卡“样式”组中的对话框启动器，打开“样式”对话框。然后单击“新建样式”按钮，打开“根据格式设置创建新样式”对话框，在名称文本框中输入新样式的名称，勾选添加到样式库，单击确定按钮关闭该对话框。此时，该样式被保存到样式列表中。

3. 修改样式

对于自定义的样式，用户可以随时对其进行修改。下面以修改列表中的“自定义样式-01”样式为例，对样式进行修改的操作方法如下。

(1) 打开“样式”对话框，将鼠标指针放置在列表中需要修改的自定义样式上，单击其右侧出现的下三角按钮，在下拉菜单中单击“修改”命令，如图 4.73 所示。

(2) 此时打开“修改样式”对话框，对样式进行修改，如图 4.74 所示。如果需要对字体、段落或边框等进行更为详细的修改，可以单击对话框中的“格式”按钮，在弹出的菜单中选择相应的命令。

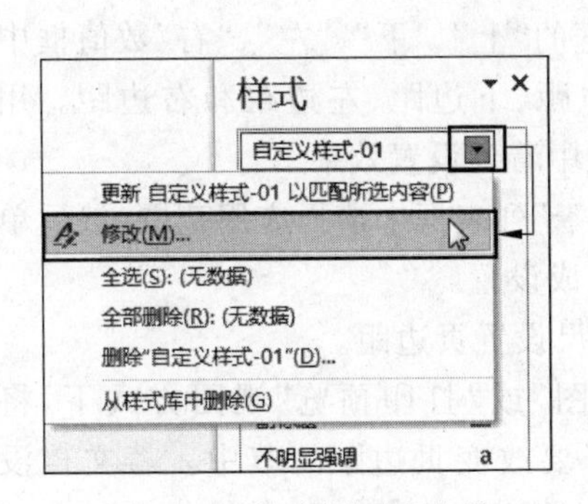

图 4.73　单击“修改”选项

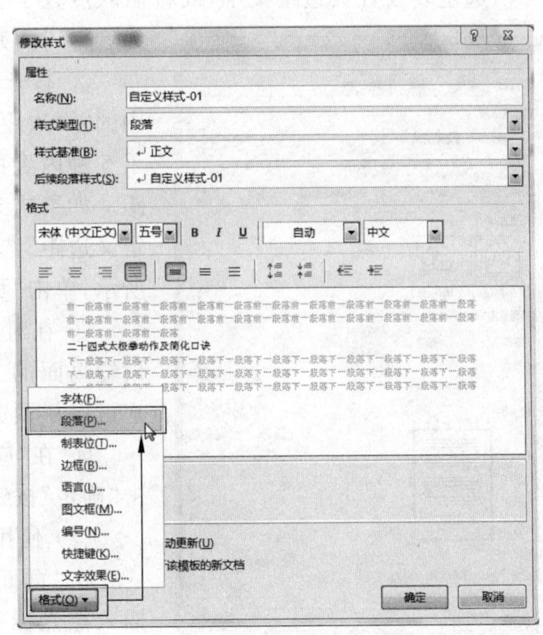

图 4.74　“修改样式”对话框

4. 快速复制样式

“格式刷”是专门用于格式复制的工具。对于已经格式化的文本，使用格式刷可以把该文本的格式快速地应用于其它文本。使用格式刷复制文本格式的操作方法如下：

(1) 选定要复制格式的文本(源格式文本)。如果要复制段落样式，则只需将插入点光标置于段落中，或者选中段落中的所有文字以及段落标记符↵。

(2) 单击“剪贴板”组中的“格式刷”按钮，鼠标指针变为格式刷形状。

(3) 按住并拖动鼠标左键经过目标文本，松开鼠标左键后，目标文本的格式变为源格式文本的格式，同时鼠标指针恢复为正常形状；如果在步骤(2)中双击“格式刷”按钮，则可以对格式进行多次复制，直到再次单击“格式刷”按钮或按 Esc 键取消格式复制状态。

4.2.4 页面设置与打印

4.2.4.1 页面设置

页面设置是指对页边距、纸张大小等属性进行设置。这些信息在文件编辑和打印时起着重要作用。Word 具有默认的页面设置值，用户可以改变这些设置值，以满足实际需要。

1. 设置页边距

页边距是指一页文本中的文字距离纸张的上、下、左、右 4 个边界的距离。

(1) 使用“页面设置”对话框设置页边距。

① 选定要设置页边距文本，或将插入点置于相应的节(“节”的概念将在本节后面的内容中讲到)中。

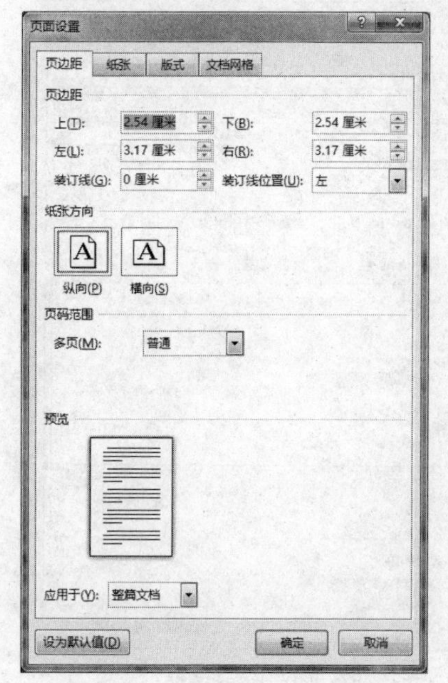

图 4.75 “页面设置”对话框

② 打开“页面布局”选项卡，单击“页面设置”组中的“页边距”按钮，在下拉菜单中，Word 2013 提供了 5 种内置的页边距设置方案以便快速设置页边距。如果这 5 种方案无法满足要求，则可以选择“自定义边距”选项，打开“页面设置”对话框，如图 4.75 所示，单击“页边距”选项卡。

③ 在对话框的“上”、“下”、“左”、“右”数值框中设置页面的上边距、下边距、左边距和右边距。用户可以从预览框中看到设置效果。

④ 在“应用于”列表框中选择应用范围，然后单击“确定”按钮完成设置。

(2) 使用标尺设置页边距。

在“页面视图”或“打印预览”视图方式下，将插入点光标置于要改变页边距的节中。若文档没有分节，则对整篇文档设置页边距。操作方法如下：

移动鼠标指针至水平标尺或垂直标尺上的页边距线上，如图4.76所示。当鼠标指针变成双向箭头时，便可按住鼠标左键拖动水平标尺或垂直标尺上的页边距线来调整页边距。

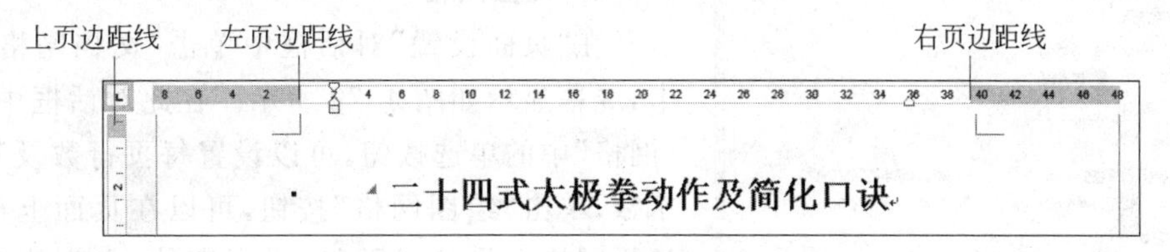

图4.76 使用“标尺”调整页边距

2. 设置纸张

在“页面设置”对话框中，打开“纸张”选项卡，显示如图4.77所示。在此选项卡中，可以设置纸张的大小和方向。纸张大小可以从下拉列表框中选择一种标准纸张类型，也可自定义纸张的大小；纸张方向可以选择“纵向”或“横向”。设置纸张的操作方法如下。

(1) 选定文本或将插入点光标置于要设置的节中。

(2) 打开“页面布局”选项卡，单击“页面设置”组的对话框启动器，打开“页面设置”对话框，单击“纸张”选项卡。

(3) 在“纸张大小”框中，选定纸张类型，在“宽度”和“高度”框中设置需要的尺寸，在“方向”设置框中，选定“纵向”或“横向”。

(4) 在“应用于”框中选定文档范围，然后单击“确定”按钮即可完成设置。

3. 设置版式

在“页面设置”对话框中单击“版式”选项卡，屏幕如图4.78所示。可以设置节的起始位置、奇偶页不同及首页不同的页眉和页脚、页眉和页脚距边界的距离、垂直对齐方式、行

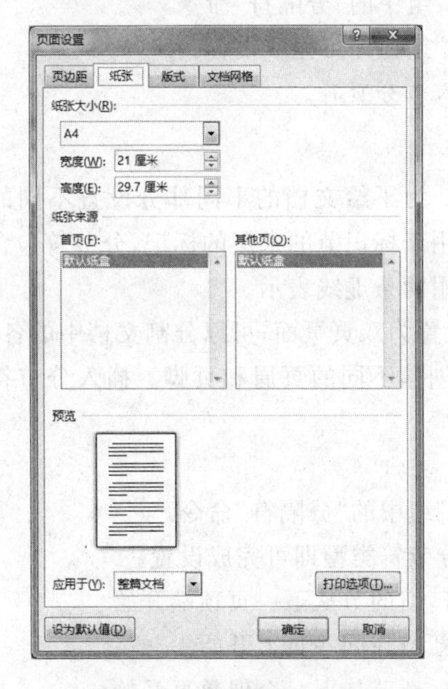

图4.77 “纸张”选项卡

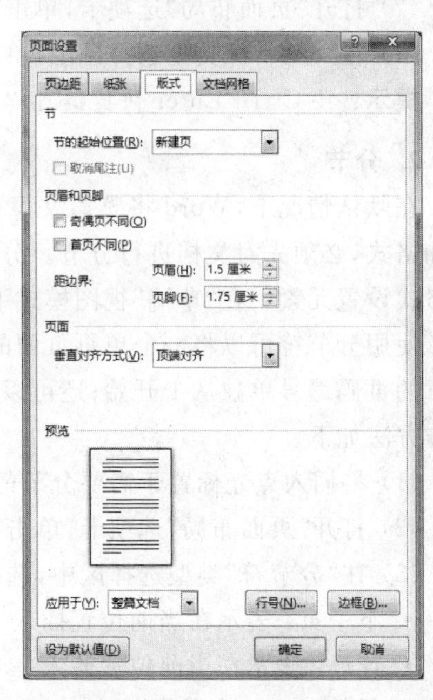

图4.78 “版式”选项卡

号及边框等属性。

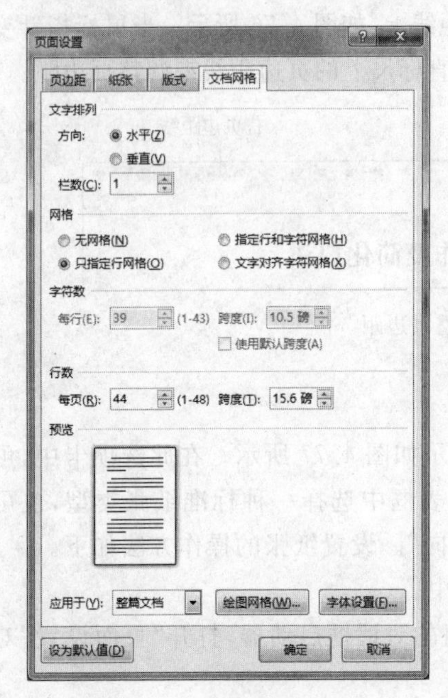

图 4.79 “文档网格”选项卡

4. 文档网格

在“页面设置”对话框中单击“文档网格”选项卡，屏幕显示如图 4.79 所示。在此对话框中，单击“网格”中的单选按钮，可以设置每页行数及每行的字数；单击“绘图网格”按钮，可以在页面上设置并显示网格。另外，还可以设置字体、文字排列方向等属性。

4.2.4.2 分页与分节

1. 分页

在输入文本时，当输入完一页内容之后，Word 会自动分页，即在上一页结束和下一页开始的位置之间自动插入一个分页符，称为软分页。如果需要在页中指定位置进行分页，例如每一章的起始页都要另起一页，可以在需要分页的位置手动插入分页符进行强制分页，这就是硬分页。在“页面视图”模式下，每页内容独立显示，分页符不可见；而在“草稿”视图模式下，分页符用一条虚线表示。Word 自动产生的分页符不能删除，人工插入的分页符可以被删除。插入分页符的操作方法如下。

(1) 将插入点光标置于需要分页的位置。

(2) 打开“页面布局”选项卡，单击“页面设置”组中的“分隔符”命令。

(3) 在“分页符”类型选择区中，单击“分页符”按钮即可完成设置。

提示：按 Ctrl+Enter 快捷键可以快速插入人工分页符。

2. 分节

在默认情况下，Word 将整篇文章作为一节。为了给文档的不同部分设置不同的版式和格式，必须先对文档进行分节。分节符就是用于标识节的末尾的标记，分节符包含节的格式设置元素。在“草稿”视图模式下，分节符用两条虚线表示。

使用分节符可以将一个单页页面的一部分设置为双页页面；可以分割文档中的各章，使章的页码编号单独从 1 开始；还可以为各章节创建不同的页眉和页脚。插入分节符的操作方法如下。

(1) 将插入点光标置于需要分节的位置。

(2) 打开“页面布局”选项卡，单击“页面设置”组中的“分隔符”命令。

(3) 在“分节符”类型选择区中，选择需要的分节符类型即可完成设置。

- 下一页：表示在当前位置插入一个分节符，新的节从下一页顶端开始。
- 连续：表示在当前位置插入一个分节符，新节在同一页上开始。
- 偶数页：表示在当前位置插入一个分节符，新节从下一个偶数页开始。

• 奇数页：表示在当前位置插入一个分节符，新节从下一个奇数页开始。

删除分页符、分节符与删除普通文本相同，只需切换到草稿视图，将光标移到分隔符、分节符出现的位置，再按 Delete 键或 Backspace 键即可删除，删除后将取消分页、分节功能。

4.2.4.3 页眉和页脚

页眉和页脚分别出现在每页的顶端及底端，其内容可以是文字，也可以是图片、页码、日期及时间等。最简单的页眉和页脚就是页码。

1. 添加页眉和页脚

添加页眉和页脚的操作方法如下。

(1) 打开“插入”选项卡，在“页眉和页脚”组中单击“页眉”或“页脚”按钮，从下拉列表中选择一种内置的页眉/页脚类型即可在文档中插入页眉/页脚，并进入页眉/页脚编辑状态，如图 4.80 所示。

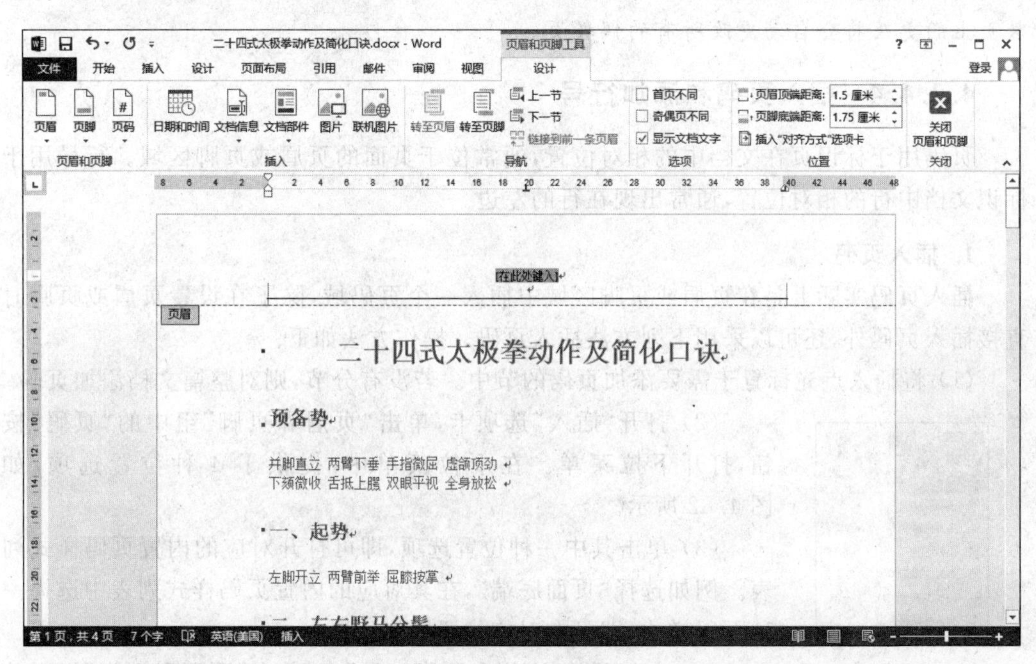

图 4.80 页眉编辑区

(2) 移动插入点光标至页眉或页脚区中，输入页眉或页脚的内容，可以和普通文本一样进行格式编排。并且使用“页眉和页脚工具”中的功能按钮，可以对页眉或页脚进行编辑设计，如图 4.81 所示。

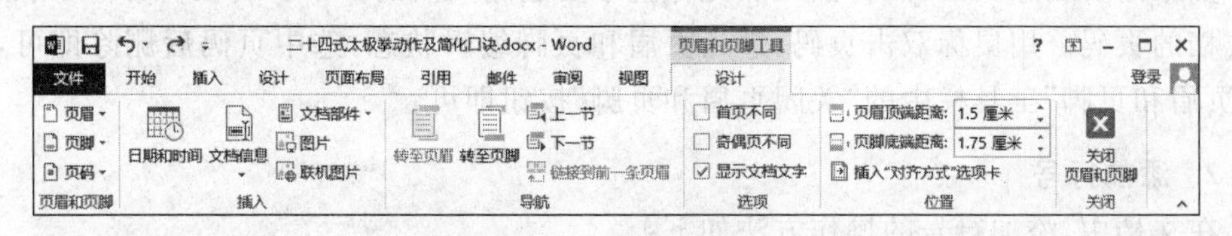

图 4.81 页眉和页脚工具

(3) 单击工具中的“关闭页眉和页脚”按钮,返回文档正文。

2. 修改或删除页眉、页脚

要对页眉、页脚进行修改或删除,其操作方法如下。

(1) 将插入点光标置于要修改或删除页眉、页脚的节中。

(2) 打开“插入”选项卡,在“页眉和页脚”组中单击“页眉”或“页脚”按钮,在下拉菜单中选择“编辑页眉”或“编辑页脚”命令;或者直接双击页面中的页眉或页脚,打开“页眉和页脚”编辑窗口及“页眉和页脚工具”。此时可以对页眉、页脚进行修改或删除。

(3) 要修改或删除其它节中的页眉、页脚,单击“页眉和页脚工具”中的“上一节”或“下一节”按钮,查找并进行修改或删除。

(4) 单击“关闭页眉和页脚”按钮,返回文档正文。

说明:如果整个文档属于同一节,每一页的页眉、页脚都是相同的。在任意页面上直接修改或删除页眉、页脚的内容,Word 将自动更改所有页中的页眉、页脚。如果奇偶页的页眉、页脚是不同的,则在任意奇数页上的更改将会自动更改所有的奇数页;在任意偶数页上的更改将会自动更改所有的偶数页。

4.2.4.4 插入页码和添加行号

页码用于标识页在文档中的相对位置,通常位于页面的页眉或页脚区域。行号用于标识文档中行的相对位置,通常出现在行的左边。

1. 插入页码

插入页码实际上是在页眉或页脚区域中插入一个页码域,除了在设置页眉或页脚时直接插入页码外,还可以采用下列方法插入页码。操作方法如下。

(1) 将插入点光标置于需要添加页码的节中。若没有分节,则对整篇文档添加页码。

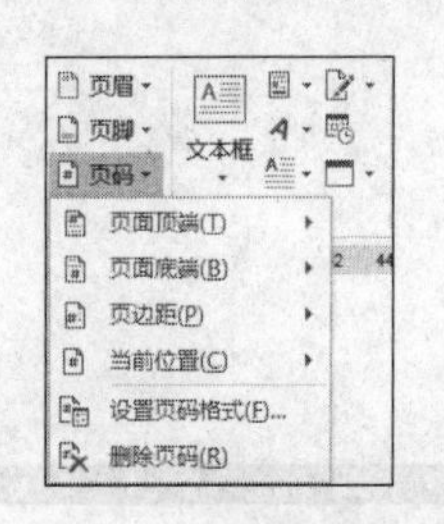

图 4.82 打开“页码”下拉菜单

(2) 打开“插入”选项卡,单击“页眉和页脚”组中的“页码”按钮,打开下拉菜单。在下拉菜单中,提供了 4 种位置选项,如图 4.82 所示。

(3) 单击其中一种位置选项,即可打开对应的内置页码样式列表。例如选择“页面底端”,在其对应的内置页码样式列表中选择一种页码样式,即可在对应位置添加页码。

(4) 在打开的“页眉和页脚工具”中,单击“页眉和页脚”组中的“页码”按钮,在下拉菜单中选择“设置页码格式”选项,打开“页码格式”对话框,如图 4.83 所示。在对话框中可设置页码的编码格式及编排方式。设置结束后,单击“确定”按钮,退出“页码格式”对话框,即完成页码设置。

如果需要删除页码,需将插入点光标置于要删除页码的节中。若没有分节,则删除整篇文档的页码。用鼠标双击页码,进入页眉和页脚编辑状态,选中页码后删除即可,再单击“页眉和页脚”工具栏中的“关闭页眉和页脚”按钮即可。

2. 添加行号

在文档中,添加行号的操作方法如下。

（1）将插入点光标置于要添加行号的节中。若文档未分节，则将行号添加到整篇文档中。如果需要对分为多节的文档全部添加行号，则先选定整篇文档。

（2）打开“页面布局”选项卡，单击“页面设置”组中的“行号”按钮，在打开的下拉菜单中提供了5种内置样式，如图4.84所示；还可以选择“行编号选项”，在弹出的“页面设置”对话框，打开“版式”选项卡，单击“行号”按钮，打开“行号”对话框，如图4.85所示。

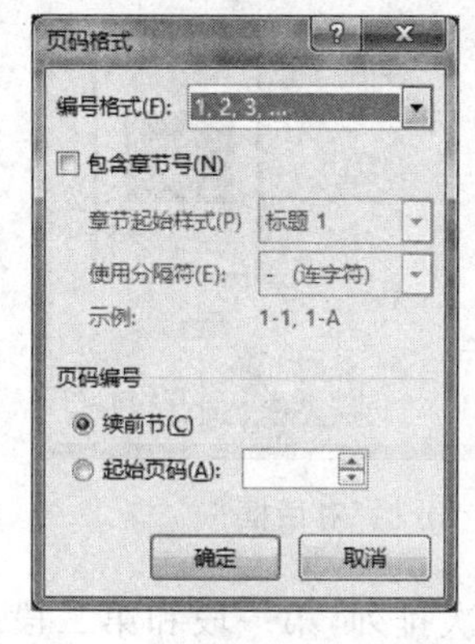

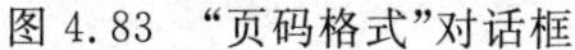

图4.83 “页码格式”对话框

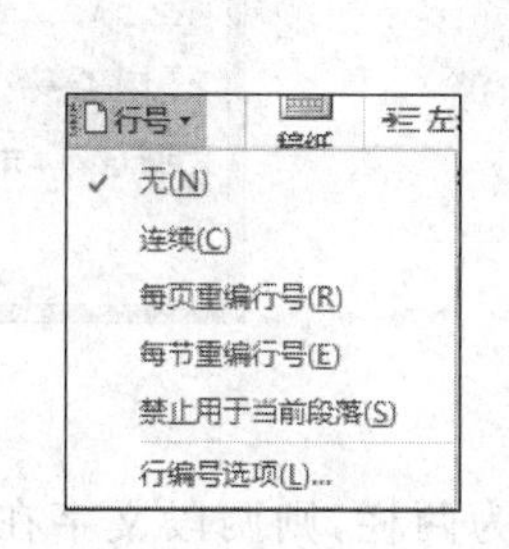

图4.84 打开“行号”下拉菜单

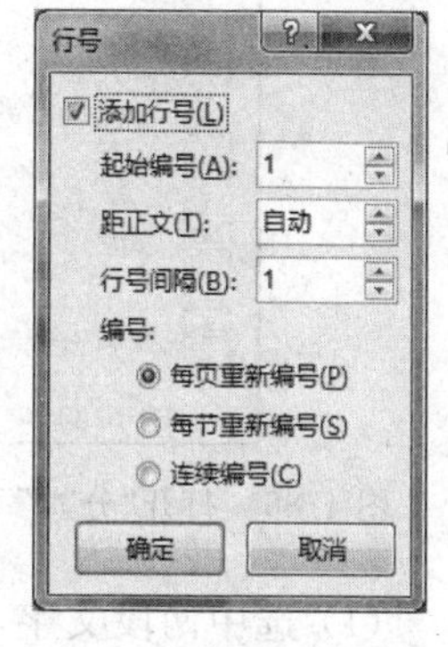

图4.85 “行号”对话框

（3）选择“添加行号”复选框，并设定相关选项。

（4）单击“行号”对话框中的“确定”按钮，返回“页面设置”对话框，单击“确定”按钮即可完成设置。

若要删除行号，只要重复以上操作，在“行号”对话框中，清除“添加行号”复选框即可。

4.2.4.5 分栏

分栏排版常见于杂志、报刊等读物。进行分栏排版后，文档更易于阅读，版面也显得紧凑、美观。Word提供的分栏排版具有很大的灵活性，可以控制栏数、栏宽及栏间距等。

1. 创建分栏

Word 2013的页面布局选项卡中提供了用于创建分栏的按钮，使用相关按钮能够将选择的文本进行分栏。创建分栏的具体操作方法如下。

（1）将插入点光标置于需要进行分栏的节中，或者选中需要分栏的文档或节。

（2）打开“页面布局”选项卡，单击“页面设置”组中的“分栏”按钮，在下拉菜单中选择需要的内置分栏形式，如图4.86所示，即可将文本分栏。

（3）如果对内置分栏形式不满意，可以选择下拉菜单中的“更多分栏”命令打开“分栏”对话框，如图4.87所示。在对话框中对分栏格式进行自定义，然后单击“确定”按钮关闭对话框，即可完成对文本的分栏。

2. 使用分栏符

完成分栏后，Word会从第一栏开始依次往后排列文档内容。如果希望某一点文字从开始出现在下一栏的顶部，则可以通过插入分栏符来实现。具体的操作方法如下。

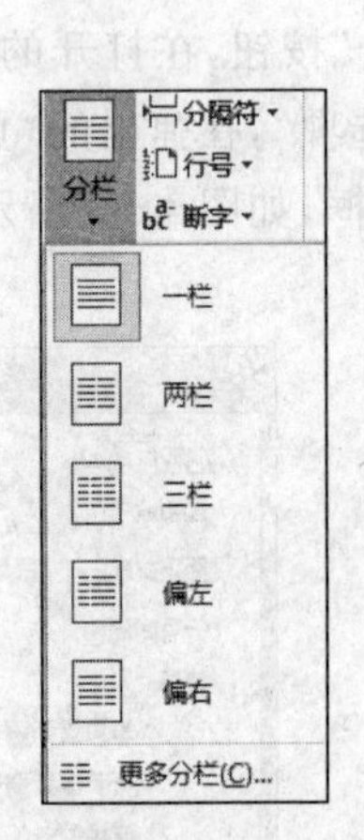

图 4.86 打开“分栏”下拉菜单

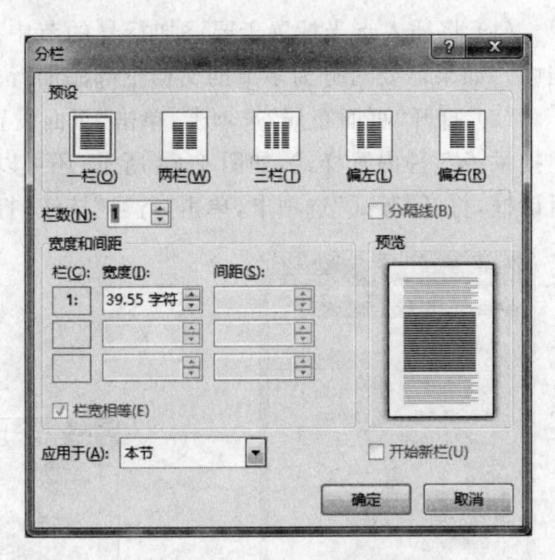

图 4.87 “分栏”对话框

(1) 选中两段文字，并设置为两栏，则两段文字在栏中依次排列，第一段和第二段内容都在第一栏中，如图 4.88 所示。

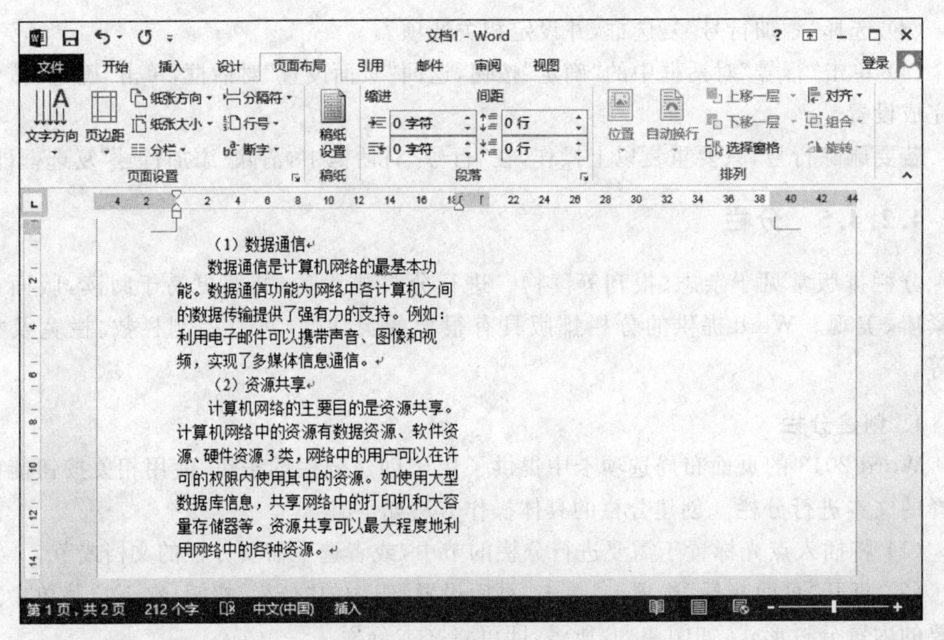

图 4.88 将两段文字分为两栏

(2) 将插入点光标置于“(2)资源共享”之前。

(3) 打开“页面布局”选项卡，单击“页面设置”组中的“分隔符”命令。在下拉菜单中选择“分栏符”，此时，插入点光标后的文字将从第二个栏的顶部开始依次排列，如图 4.89 所示。

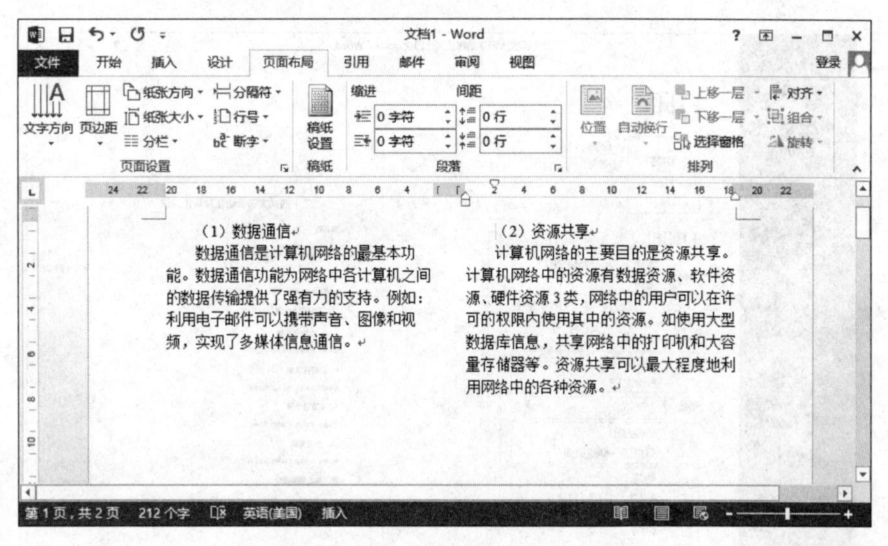

图 4.89　插入分栏符后的两段文字

4.2.4.6　打印文档

文档经过排版后，即可进行打印输出。在打印文档之前，应该先进行打印预览，以观察打印效果，避免打印出错。

1. 打印预览

打印预览可以根据文档的打印设置模拟文档被打印在纸张上的效果。在打印文档之前进行打印预览，可以预先浏览打印输出的效果，对错误或不满意之处进行及时的修改，以获得满意的打印效果。

(1) 打开文档，单击“文件”标签，在文档窗口左侧的选项列表中单击“打印”选项，此时中间窗格将显示所有与文档打印有关的命令选项，而右侧窗格中可以预览打印效果，如图 4.90 所示。

(2) 拖动“显示比例”滚动条上的滑块可以调整文档的显示大小，单击“下一页”和“上一页”按钮，可以进行预览翻页。

2. 打印文档

如果对预览效果满意后，即可对文档进行打印。具体操作方法如下：

打开需要打印的文档，单击“文件”标签，在文档窗口左侧的选项列表中单击“打印”选项，此时中间窗格将显示所有与文档打印有关的命令选项，根据打印要求分别进行设置，然后单击“打印”按钮即可开始打印。

4.2.5　插入和编辑表格

表格是最常用的文档格式，Word 具有强大的表格处理功能，可以在文档中制作复杂的表格，同时，还能实现表格中数据的计算、文本与表格间的转换等功能。

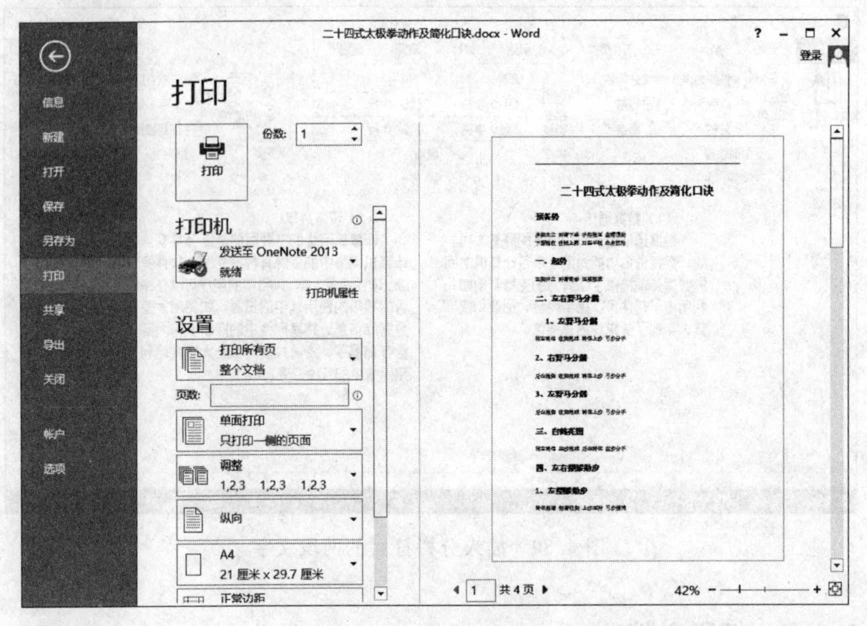

图 4.90 打印预览

4.2.5.1 插入表格

Word 2013 中插入表格的方法有两种：一种是通过“插入表格”按钮来快速插入表格；另一种是使用“插入表格”对话框来实现表格的定制。下面分别介绍这两种方法。

1. 通过“插入表格”按钮来快速插入表格

将插入点光标置于需要插入表格的位置。打开“插入”选项卡，在“表格”组中单击“表格”按钮。在下拉菜单中的插入表格栏中有一个 8 行 10 列的按钮区，如图 4.91 所示。在这个区域内移动鼠标，文档中会随之出现与鼠标划过区域具有相同行列数的表格。当行

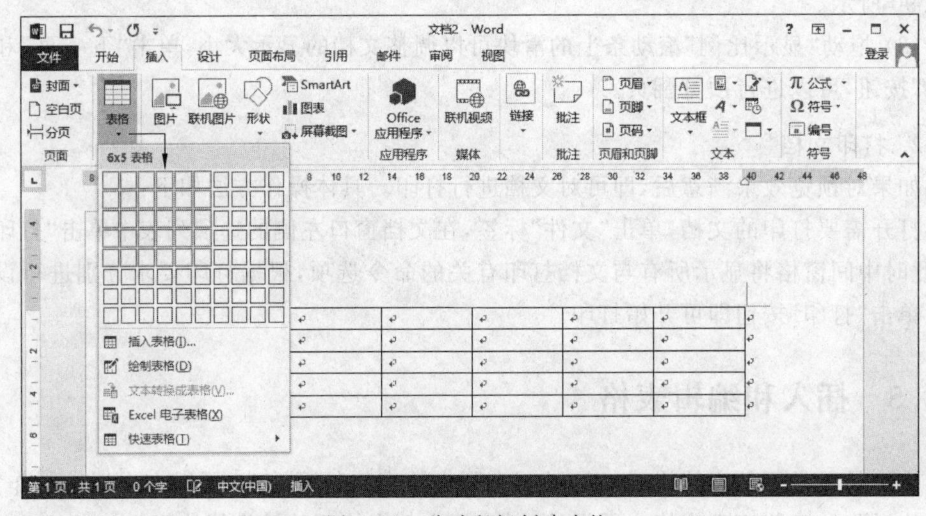

图 4.91 移动鼠标创建表格

列数满足需要后，单击鼠标，即可在文档中创建对应的表格。

2. 使用“插入表格”对话框来实现表格的定制

将插入点光标置于需要插入表格的位置。打开“插入”选项卡，在“表格”组中单击“表格”按钮。在下拉菜单中选择“插入表格”命令打开“插入表格”对话框，如图 4.92 所示。根据需要对对话框中的相关参数进行设置。然后单击“确定”按钮关闭对话框，文档中将按照设置插入一个表格。

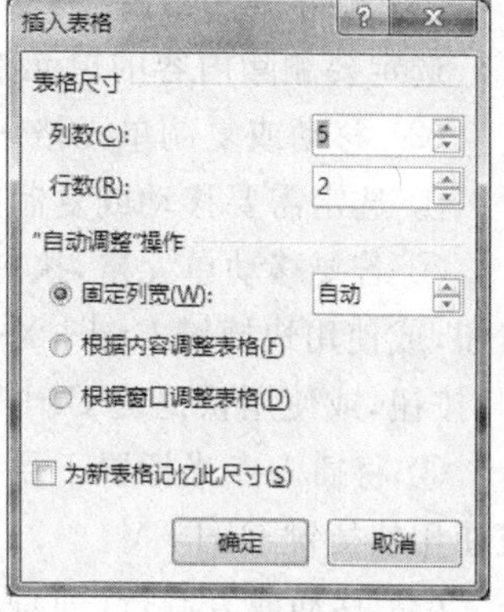

图 4.92 “插入表格”对话框

4.2.5.2 绘制表格

在 Word 2013 中，可以通过手动绘制不规则的表格，它为复杂表格的处理提供了便捷的手段。通常制作的表格均属于二维表，如果要制作一个非规则的二维表，可先创建一个标准的二维表，然后通过“绘制表格”命令在二维表的基础上进行修改。使用“绘制表格”命令绘制表格的操作方法如下：

(1) 打开“插入”选项卡，在“表格”组中单击“表格”按钮。在下拉菜单中选择“绘制表格”命令，此时鼠标指针变成铅笔形状。

(2) 按住鼠标左键，在文档中拖动鼠标绘制表格边框。在表格中水平拖动鼠标可以绘制一条水平的行线；在表格中垂直拖动鼠标可以绘制垂直的列线。

(3) 在表格的单元格中拖动鼠标可以添加水平、垂直或斜向的边框线。

4.2.5.3 编辑表格

编辑表格包括增加或删除单元格、行或列，移动或复制单元格、行或列中的内容等操作。

1. 选定表格

(1) 选定一个单元格。

移动鼠标指针至某个单元格的最左边，当鼠标指针变成向右倾斜的箭头时，单击鼠标选定单元格。

(2) 选定多个连续单元格。

选定一个单元格后，继续按下鼠标左键并拖动鼠标，便可选定若干个相邻的单元格。

(3) 选定行。

移动鼠标指针至表格某行的左侧，当鼠标指针变成向右倾斜的箭头时，单击鼠标左键即可选定该行。若按下鼠标左键上、下拖动可选定若干行甚至整个表格。

(4) 选定列。

当鼠标指针移到表格的上方，指针就变成了向下的黑色箭头，这时，按下鼠标左键，并左右拖动就可以选定表格的一列、多列乃至整个表格。

(5) 选定整个表格。

当鼠标指针指向表格线的任意地方，表的左上角会出现一个十字花的方框标记，用鼠标单击它，可以选定整个表格；同时右下角出现小方框标记时，用鼠标单击它，沿着对角线方向，可以均匀缩小或扩大表格的行宽或列宽。

2. 编辑表格内容

(1) 删除单元格内容。

选定要删除内容的单元格，再按 Delete 键即可。

(2) 移动或复制单元格。

① 选定需要移动或复制的单元格。

② 若要移动单元格，执行“剪切”命令，单击“开始”选项卡|“剪贴板”组中的“剪切”按钮，或使用快捷键 Ctrl＋X；若要复制单元格，单击“开始”选项卡|“剪贴板”组中的“复制”按钮，或使用快捷键 Ctrl＋C。

③ 将插入点光标置于目标位置，单击“开始”选项卡|“剪贴板”组中的“粘贴”按钮。或使用快捷键 Ctrl＋V。

(3) 移动或复制行(列)操作方法如下：

① 选定需要移动或复制的行(列)。

② 若要移动行(列)，执行“剪切”命令；若要复制行(列)，执行“复制”命令。

③ 将插入点定位到目标行或列的第一个单元格，执行“粘贴”命令即可。

(4) 使用鼠标拖动法进行移动或复制操作。

① 选定需要移动的对象(单元格、行或列)。

② 使用鼠标拖动选定对象至目标位置后松开，则将选定的对象移动到新的位置。如果拖动鼠标过程中按住 Ctrl 键，则将选定的对象复制到新的位置。

3. 调整表格结构

(1) 删除操作。

当创建好一个表格后，如果对它不满意，可以将其中的一部分单元格、行、列或整个表格删除，以实现对表格结构的调整，达到所需的效果。删除表格项的操作方法如下：

① 选定要删除表格的选项：“表格”、“行”、“列”或“单元格”。

② 打开“表格”工具中的“布局”选项卡，单击“行和列”组中的“删除”命令，打开如图 4.93 所示的删除选项列表。

③ 在列表中选择所需要的操作，例如选择“删除单元格命令”，则弹出“删除单元格”对话框，如图 4.94 所示。

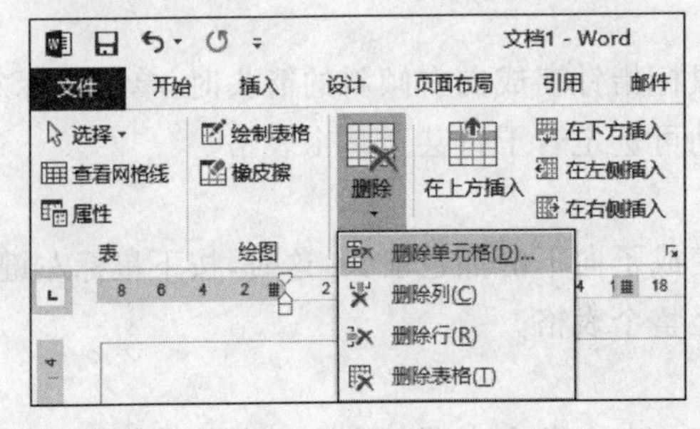

图 4.93 单击“删除”按钮打开删除选项列表

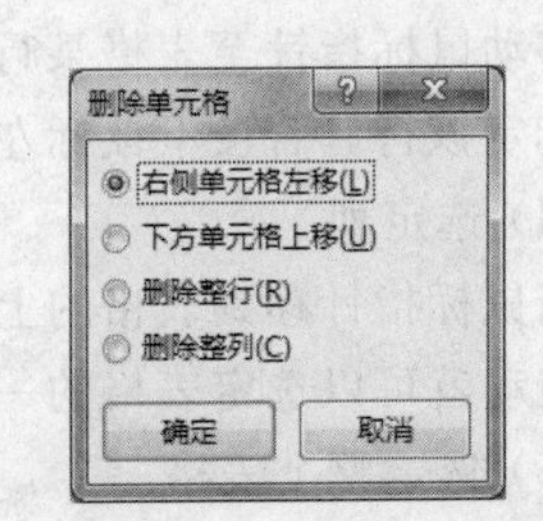

图 4.94 “删除单元格”对话框

④ 在对话框中根据需要选择不同的操作，然后单击“确定”即可完成删除操作。

(2) 插入操作。

可以对已创建好的表格插入行、列或单元格，具体操作方法如下：

① 使用功能区中的“插入”按钮。

首先将光标移到要插入行(列或单元格)的位置。然后打开“表格”工具中的“布局”选项卡，在“行和列”组中，根据需要选择合适的插入操作，如图 4.95 所示。

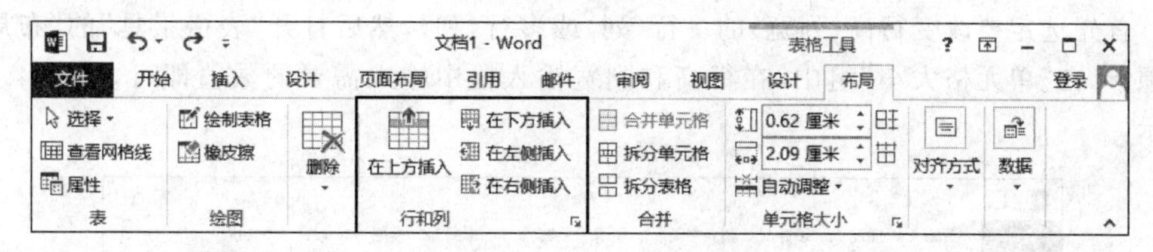

图 4.95　插入操作列表

② 使用鼠标进行插入。

把鼠标指针从表格外边框线外侧指向行或列的边框线，就会出现如图 4.96 所示的“插入”按钮，单击该按钮即可插入一行或一列。

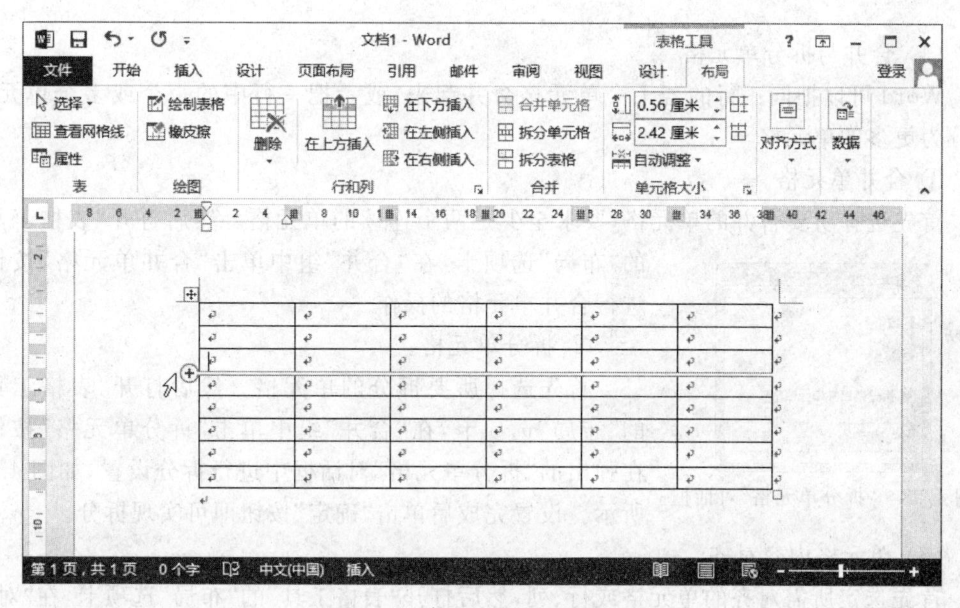

图 4.96　使用鼠标插入行或列

(3) 调整行高和列宽。

在表格中输入文本时，其行高和列宽将根据输入的内容自动调整。若要改变表格的行高和列宽有以下 3 种方法。

① 用鼠标直接移动表格边框线来改变行高和列宽。

首先将鼠标指针移动到表格的行、列边框线上，直到鼠标指针变为水平分割双向箭头或垂直分割双向箭头。然后按下鼠标左键，此时显示一条虚线，向左右或上下拖动鼠标，松开鼠标后虚线的位置便是调整后表格边框线的新位置。

② 使用标尺调整列宽和行高。

将插入点光标置于表格相应行或列中，则表格所在窗口的水平标尺上将显示若干个“移动表格列”标记▦，用鼠标拖动其中的标记，与该标记对应的表格列宽也随之改变。同样，利用垂直标尺可调整行高。

③ 使用“表格工具”精确调整表格的行高和列宽。

首先选定要改变行高(列宽)的一行(列)或多行(列)，然后打开“表格工具”的“布局”选项卡，在“单元格大小”组中，在行高和列宽输入框中输入需要的数值即可，如图 4.97 所示。

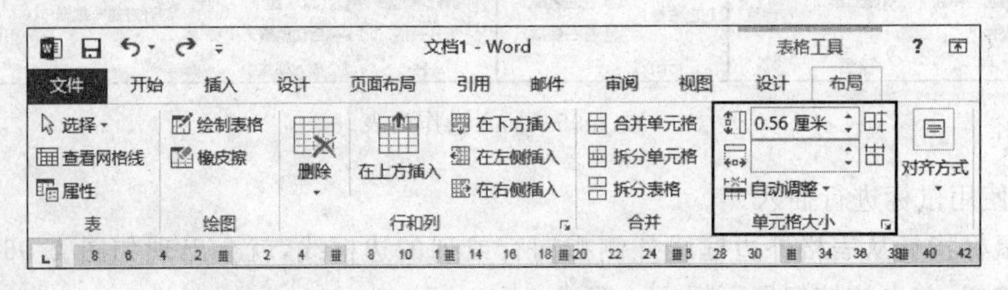

图 4.97　使用“表格工具”调整行高或列宽

(4) 合并与拆分单元格。

Word 可以把同一行的若干个单元格合并起来，或者把一行中的一个或多个单元格拆分为更多的单元格

① 合并单元格。

首先选择所要合并的单元格，要求至少是两个连续的单元格。然后打开“表格工具”的“布局”选项卡，在“合并”组中单击“合并单元格”按钮，进行合并单元格的操作。

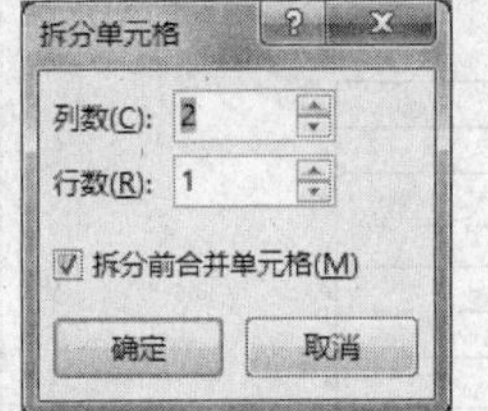

图 4.98　“拆分单元格”对话框

② 拆分单元格。

首先选择所要拆分的单元格。然后打开“表格工具”的“布局”选项卡，在“合并”组中单击“拆分单元格”按钮，在弹出的“拆分单元格”对话框中进行拆分设置，如图 4.98 所示。设置完成后单击“确定”按钮即可实现拆分。

(5) 单元格内容对齐。

首先选定所需对齐的单元格或行、列，然后打开“表格工具”的“布局”选项卡，在“对齐方式”组中的对齐按钮列表中选择需要的对齐方式按钮，如图 4.99 所示，单击即可。

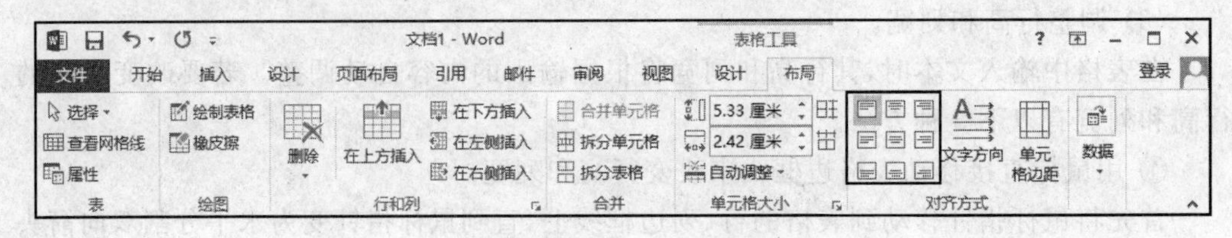

图 4.99　选择“对齐方式”按钮

4.2.5.4 表格属性

对于一个新建立的表格，它的默认位置是居左放置，即整个表格向左边靠齐，表格的所有边框线都是0.5磅的单线，而且Word会自动地调整单元格大小以适应插入的文本或图形的大小。

可以用鼠标拖动调整表格的行高和列宽，但不精确。在实际应用中，可以用“表格属性”对话框来进行设置。Word 2013的“表格属性”对话框包括5个选项卡：表格、行、列、单元格和可选文字，可以设置表格的位置、宽度、行高，表格的宽度，单元格的宽度及数据的对齐方式等。

1. 设置表格的位置

(1) 将插入点光标置于表格中，打开“表格工具”的“布局”选项卡，单击“单元格大小”组的对话框启动器，打开“表格属性”对话框，选择“表格”选项卡，如图4.100所示。

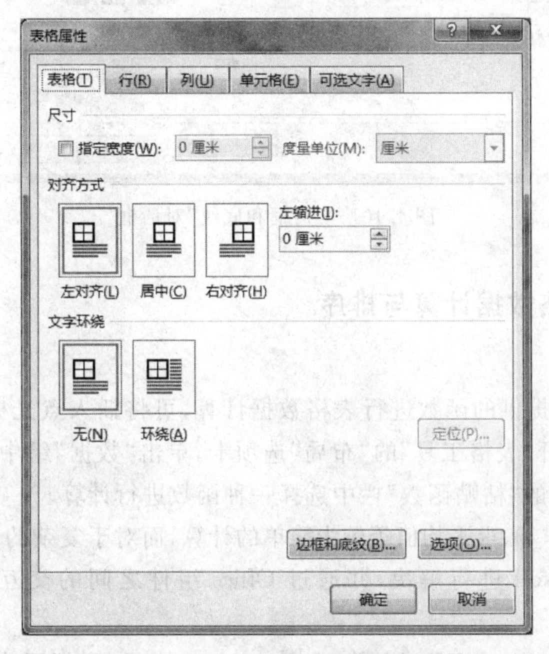

图4.100 “表格属性”对话框

(2) 在“尺寸”框中，可以指定表格的宽度；在“对齐方式”框中，可以设置表格居中、右对齐及左缩进的尺寸。在默认情况下，Word的对齐方式是左对齐；在“文字环绕”框中，可以设置无环绕或环绕形式。

(3) 单击“确定”按钮即可完成设置。

2. 设置表格的行高、列宽和单元格的宽度

用同样的方法，可以在“表格属性”对话框中选择“行”、“列”或“单元格”选项卡，进行不同的设置。

3. 设置边框和底纹

可以单击“边框和底纹”，弹出“边框和底纹”对话框，如图 4.101 所示，对表格边框和底纹进行设置。

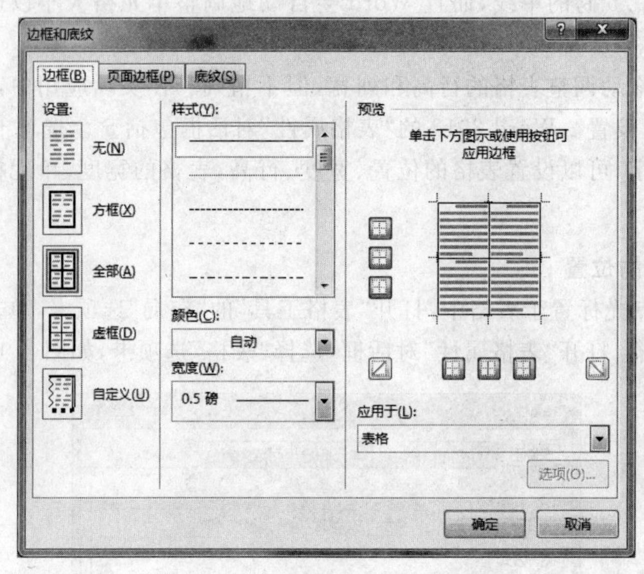

图 4.101 “边框和底纹”对话框

4.2.5.5 表格数据计算与排序

1. 数据计算

可以利用 Word 提供的函数进行表格数据计算，可将插入点光标置于准备显示计算结果的单元格中，打开“表格工具”的“布局”选项卡，单击“数据”组中的“公式”命令，再从弹出的“公式”对话框的“粘贴函数”栏中选择一种函数进行计算。

Word 只能进行求和、求平均值等较为简单的计算，而对于复杂的表格数据计算和统计问题，则可以使用 Excel 进行解决，并通过 Office 组件之间的交互功能将结果显示在 Word 中。

Word 规定表格中的“行”是以数字(1,2,3,…)来表示，“列”用英文字母(A,B,C,…)来表示，英文字母不区分大小写。例如，表 4.1 所示格中的单元格分别用 A1,A2,A3,A4,…,E1,E2,E3,E4 等来表示。A1 表示第 1 列第 1 行的单元格，A2 表示第 1 列第 2 行的单元格，B1 表示第 2 列第 1 行的单元格，依此类推。

表 4.1 表格单元格的表示

A1	B1	C1	D1	E1
A2	B2	C2	D2	E2
A3	B3	C3	D3	E3
A4	B4	C4	D4	E4

【例 4.6】 已经建立好一个学生成绩表,如表 4.2 所示。要求用函数完成统计数据。

表 4.2 学生成绩表

科目 姓名	数学	英语	计算机	总分
张 山	88	80	93	
李 世	92	94	90	
王 武	92	82	89	
科目平均				

操作方法如下。

(1) 将插入点光标置于要计算结果的单元格中,如第 2 行第 5 列。

(2) 打开"表格工具"的"布局"选项卡,单击"数据"组中的"公式"命令,弹出的"公式"对话框,如图 4.102 所示。

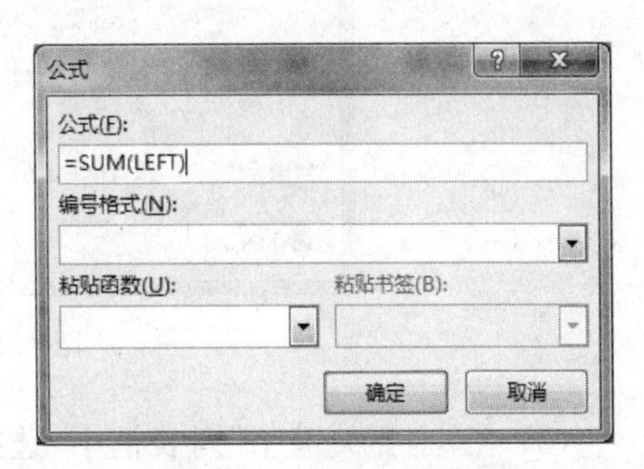

图 4.102 "公式"对话框

(3) 此时,"公式"框中的内容默认为"＝SUM(LEFT)",即对当前行左边的数据进行求和。单击"确定"即可。如果不使用默认的形式,也可以在公式输入框中输入"＝SUM(B2,C2,D2)"(此函数可以从"粘贴函数"下拉列表框中选择),或者输入"＝B2＋C2＋D2",然后单击"确定"按钮。

(4) 用同样方法求出需要计算的其他单元格中的数值。计算结果如表 4.3 所示。

表 4.3 学生成绩表(计算结果)

科目 姓名	数学	英语	计算机	总分
张 山	88	80	93	261
李 世	92	94	90	276
王 武	92	82	89	263
科目平均	90.67	85.33	90.67	266.67

2. 排序

在 Word 中可以对表格中的数据进行排序。若要对列中的数据进行排序,先将插入点光标置于该列的单元格中,打开"表格工具"中的"设计"选项卡,单击"数据"组中的"排序"按钮,弹出"排序"对话框,在该对话框中进行排序设置。表中的记录可按笔画、拼音、日期及数字等进行递增或递减排序,排序后各行的内容不变而位置则按排列顺序变化。

【例 4.7】 将表 4.3 所示的学生成绩进行排序。

操作方法如下:

(1) 选中除"科目平均"外的所有行。

(2) 打开“表格工具”的“布局”选项卡，单击“数据”组中的“排序”按钮，弹出如图 4.103 所示的“排序”对话框。

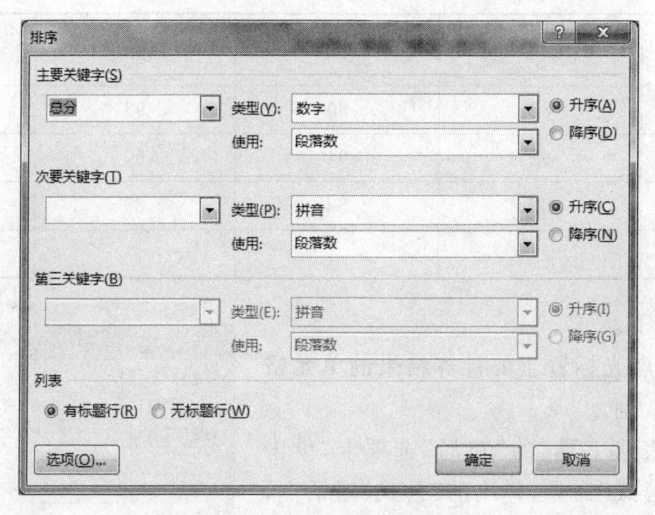

图 4.103 “排序”对话框

(3) 在“主要关键字”列表框中，选择要进行排序的列。这里选择标题为“总分”，即按总分进行排序。

(4) 在“类型”列表框中，选择排序所依据的类型。如选择“数字”、“升序”项。

(5) 单击“确定”按钮。排序结果如表 4.4 所示。

表 4.4 学生成绩表(排序结果)

科目 姓名	数学	英语	计算机	总分
张 山	88	80	93	261
王 武	92	82	89	263
李 世	92	94	90	276
科目平均	90.67	85.33	90.67	266.67

4.2.5.6 文本和表格的转换

Word 提供文本和表格相互转换功能，使用此功能可方便地进行文本和表格之间的相互转换。

1. 将文本转换成表格

(1) 选定待转换的文本。

(2) 打开“插入”选项卡，在表格组中单击“表格”按钮，在下拉菜单中的选择“文本转换成表格”命令。弹出“将文字转换成表格”对话框，在此对话框中设定表格尺寸、文字分隔符位置等选项后，单击“确定”按钮即可完成转换，如图 4.104 所示。

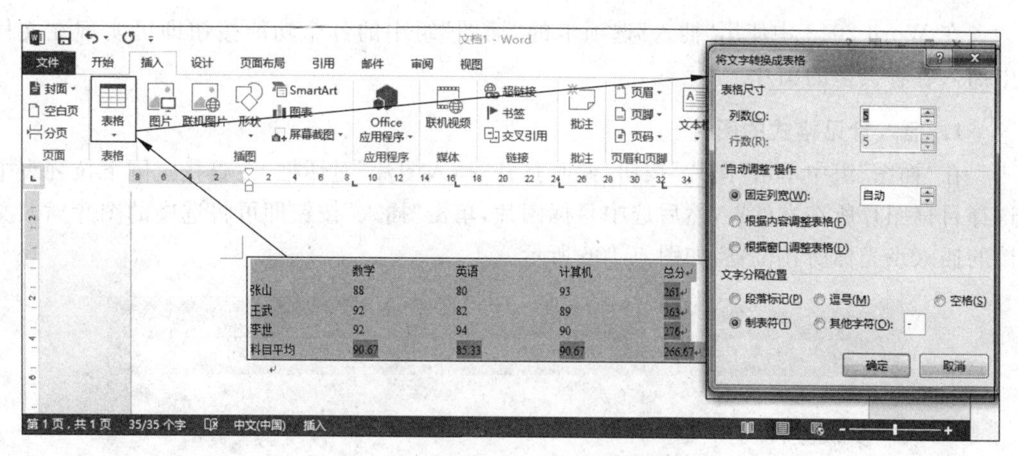

图 4.104 “将文字转换成表格”对话框

2. 将表格转换成文本

(1) 选定待转换的表格。

(2) 打开“表格工具”中的“布局”选项卡，单击数据组中的“转换为文本”按钮，弹出“表格转换成文字”对话框，在该对话框中选择一种文字分隔符来代替表格中所有的垂直框线。单击“确定”按钮，即可完成转换，如图 4.105 所示。

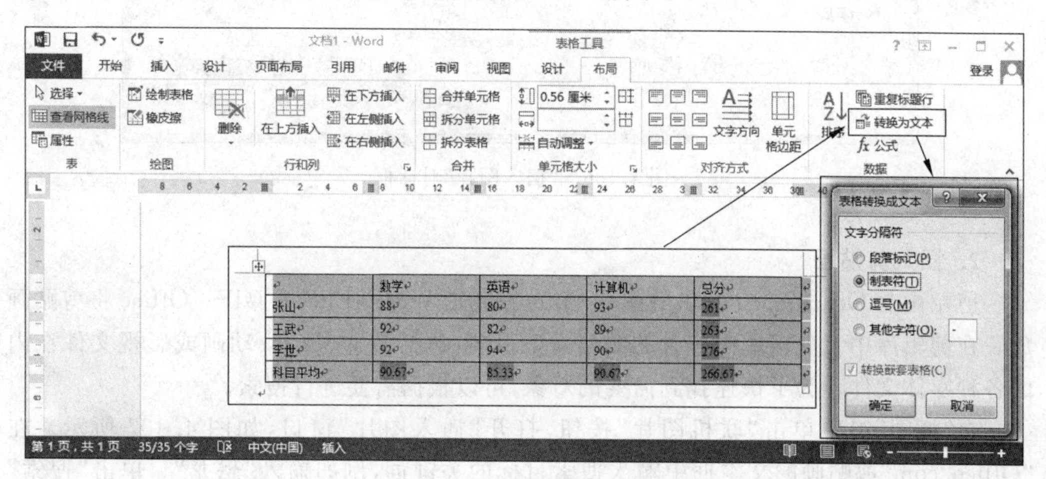

图 4.105 “表格转换成文本”对话框

4.2.6 图文混排

4.2.6.1 在文档中插入图片

Word 中准备了大量的彩色剪贴画和图片，用户可以很方便地把它们插入到文档中。使用剪贴板也可以复制其他应用程序中的图片，使文档更加丰富多彩。用这种功能排出的版面可以图文并茂，生动活泼。

在 Word 2013 中使用“插入”选项卡的“插图”组中的各个功能按钮即可实现在文档中插入各种类型的图片。

1. 插入常见格式的图片

在“插图”组中单击“图片”按钮，此时打开“插入图片”对话框，在查找范围下拉列表中选择目标图片所在文件夹，然后选中目标图片，单击“插入”按钮即可将选中的图片插入文档的插入点光标所在位置，如图 4.106 所示。

图 4.106 “插入图片”对话框

2. 插入剪贴画

剪贴画是 Office 2013 提供的图片，格式一般是 WMF、EPS 或 GIF。Office 将剪贴画放置在剪辑库中。剪辑库中包含的文档类型很多，包括图片、声音、动画或影视文件在内的各种媒体文件。为了快速找到需要的对象，可以根据需要进行搜索。

在“插图”组中单击“联机图片”按钮，打开“插入图片”窗口，如图 4.107 所示。在“Office.com”剪贴画的文本框中输入搜索目标的关键词，例如输入“恐龙”。单击“搜索”按钮，在窗口中将显示所有找到的符合条件的剪贴画。选择其中一个，单击“插入”按钮，如图 4.108 所示，即可将选中的剪贴画插入文档。

提示：(1)插入的图片默认为“嵌入型”，即嵌于文字所在的那一层。Word 中的图片或图形，可以设置成嵌于文字所在的那一层，也可以浮于文字之上或衬于文字之下。(2)若想改变插入方式，则在“插入图片”对话框中，单击“插入”按钮右侧的向下箭头，弹出下拉菜单。若选择“插入”选项，则在文档中嵌入图片，此时文档中的图片与源图片没有任何关联；若选择“链接到文件”，则以链接方式将图片插入到文档中，此时文档中的图片与源图片仍然存在一定的联系，例如删除源图片或改变源图片位置，再次打开文档时，图片将无法显示。由于链接的图片仍保持在原来的位置，因此使用链接方式插入图片可以减

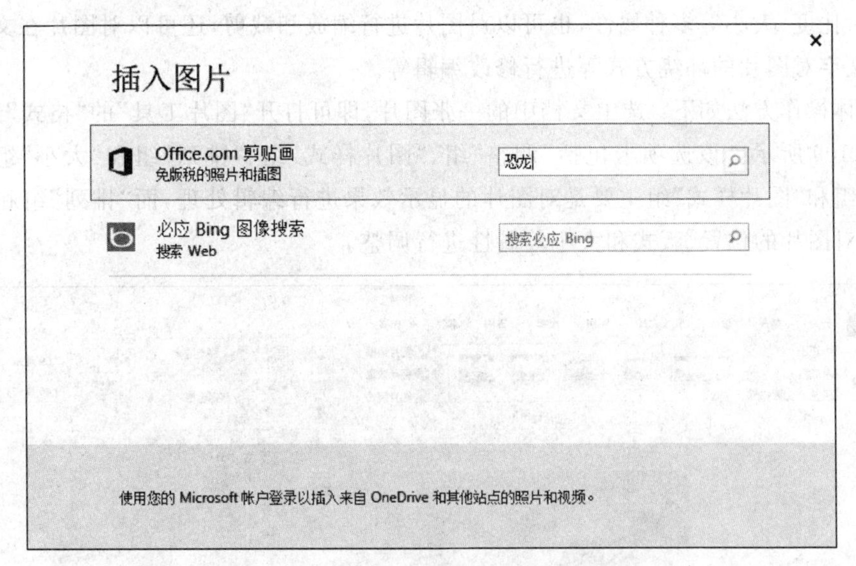

图 4.107　搜索剪贴画

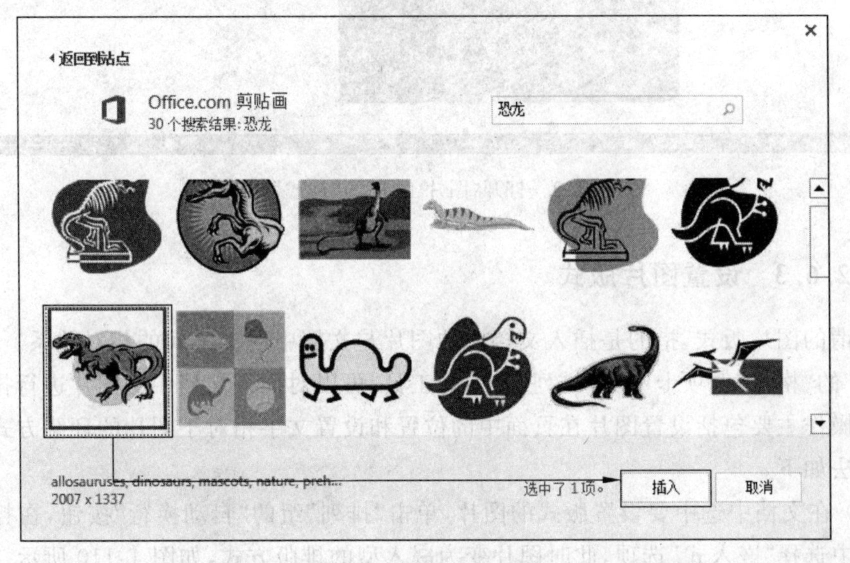

图 4.108　插入剪贴画

小文件大小；若选择“插入和链接”，则在文档中嵌入图片，同时该图片文件发生变化时，文档中插入的图片也随之更新。

3. 使用剪贴板插入图片

首先选中目标图片，按 Ctrl+C 快捷键将其复制到剪贴板中。然后在 Word 中，将插入点光标置于要插入图片的位置，按 Ctrl+V 快捷键，图片就被插入到该位置。

4.2.6.2　编辑图片

对于文档中的图片，用户可以根据需要设置图片对象的格式，可以调整它们的色调、亮度、对比度、大小等多种属性，也可以对图片进行缩放和裁剪，还可以对图片在文档中的位置、文字对图片的环绕方式等进行修改编辑等。

具体操作方法如下：选中文档中的一张图片，即可打开“图片工具”的“格式”选项卡，如图 4.109 所示。该选项卡包括“调整”组、“图片样式”组、“排列”组和“大小”组。其中“调整”组和“图片样式”组主要是对图片的显示效果进行编辑处理，而“排列”组和“大小”组则是对图片的位置、版式和大小等属性进行调整。

图 4.109　打开“图片工具”的“格式”选项卡

4.2.6.3　设置图片版式

所谓的图片版式，指的是插入文档中的图片与文档中的文字间的相对关系。使用“图片工具”的“格式”选项卡中的“排列”组中的工具，可以对插入文档中的图片进行排版。图片排版操作主要包括设置图片在页面中的位置和设置文字相对于图片的环绕方式。具体操作方法如下。

(1) 在文档中选中要设置版式的图片，单击“排列”组的“自动换行”按钮，在打开的下拉菜单中选择“嵌入式”选项，此时图片变为嵌入型的排版方式，如图 4.110 所示。如果在下拉菜单中选择其他环绕方式，则可以得到不同的文字环绕效果。

(2) 单击“排列”组的“自动换行”按钮，在打开的下拉菜单中选择“其他布局选项”选项，打开“布局”对话框，如图 4.111 所示。在文字环绕选项卡中能够对文字的环绕方式进行精确设置，如设置距正文的位置等。完成设置后单击“确定”按钮关闭对话框，图片与正文的位置关系就会发生改变。

(3) 单击“排列”组的“位置”按钮，在打开的下拉菜单中选择“文字环绕”组中的选项，可以设置文字环绕方式下图片与文字的相对位置关系。如果选择“其他布局选项”选项，打开“布局”对话框中的“位置”选项卡，如图 4.112 所示，可以对图片与文字的相对位置进行更为精确的设置。

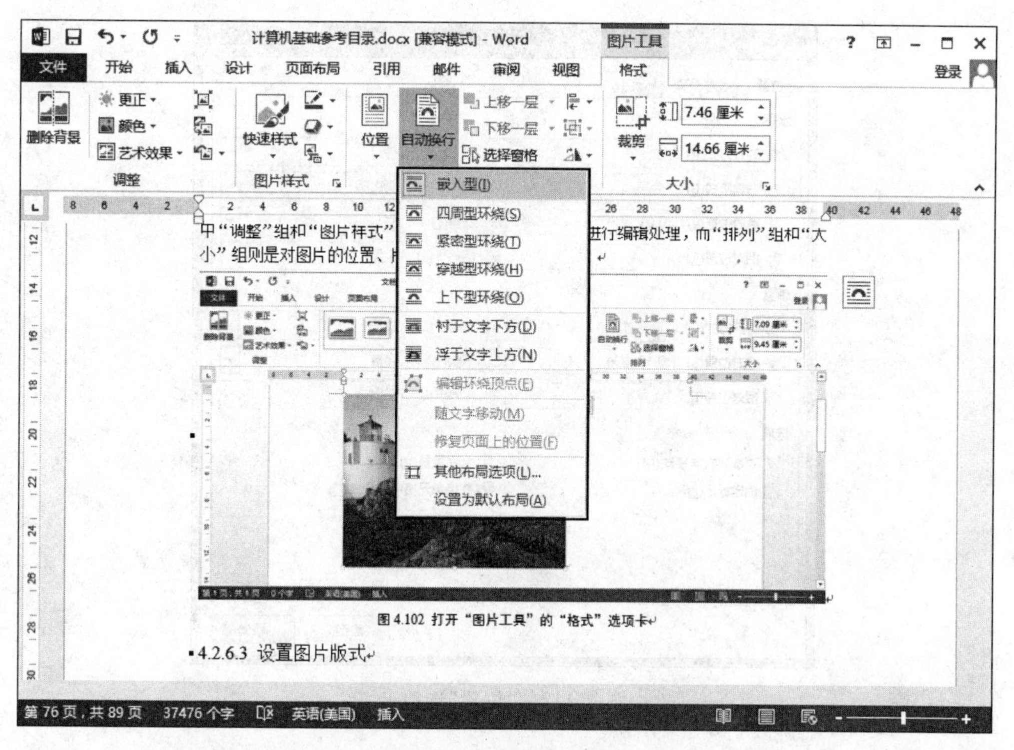

图 4.110 选择“嵌入型”选项

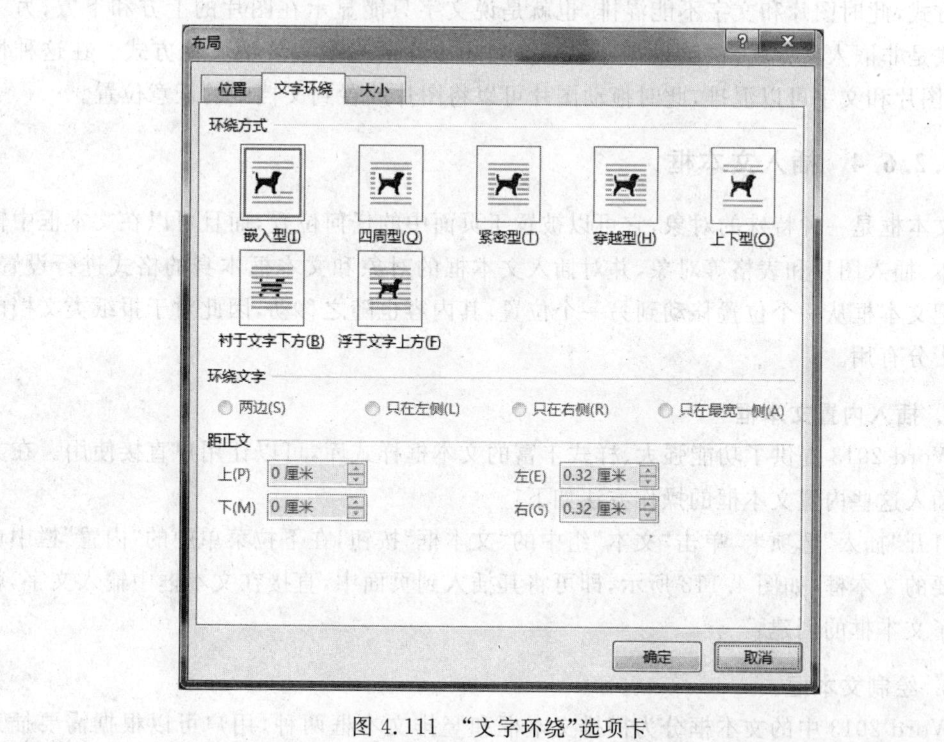

图 4.111 “文字环绕”选项卡

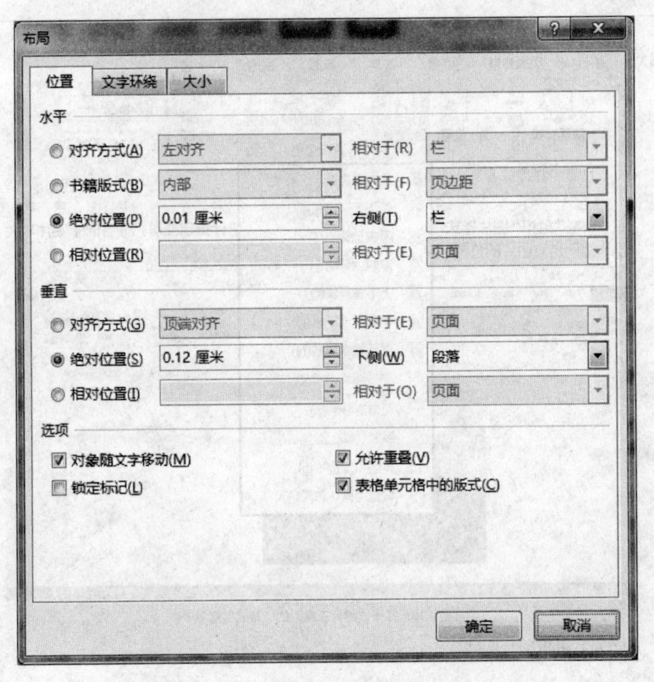

图 4.112 “位置”选项卡

需要说明的是，在文档中，图片和文字的相对位置有两种情况。一种方式是嵌入型的排版方式，此时图片和文字不能混排，也就是说文字只能显示在图片的上方和下方；另一种方式是非嵌入型方式，也就是在文字环绕列表中除嵌入型以外的其他方式。在这种情况下，图片和文字可以混排，此时拖动图片可以将图片放置到文档中的任意位置。

4.2.6.4 插入文本框

文本框是一种特殊的对象，它可以被置于页面中的任何位置，而且可以在文本框中输入文本、插入图片和表格等对象，并对插入文本框的对象和文本框本身的格式进行设置。由于把文本框从一个位置移动到另一个位置，其内容也随之移动，因此对于报纸类文档的排版十分有用。

1. 插入内置文本框

Word 2013 提供了功能强大、样式丰富的文本框样式库，可以让用户直接使用。在文档中插入这些内置文本框的操作方法如下：

打开“插入”选项卡，单击“文本”组中的“文本框”按钮，在下拉菜单中的“内置”栏中单击需要的文本框，如图 4.113 所示，即可将其插入到页面中，直接在文本框中输入文字，就完成了文本框的创建。

2. 绘制文本框

Word 2013 中的文本框分为横排文本框和竖排文本框两种，用户可以根据需要插入任一类型的文本框。具体操作方法如下：

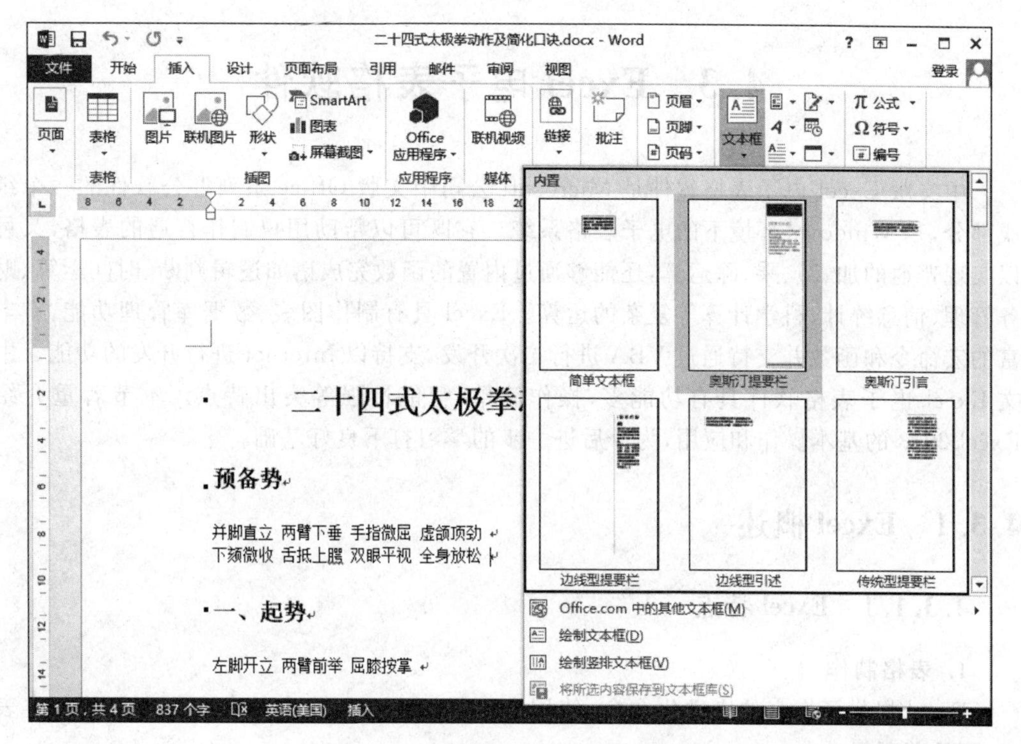

图 4.113　选择“内置”栏中的文本框

打开“插入”选项卡，单击“文本”组中的“文本框”按钮，选择下拉菜单中的“绘制文本框”命令，然后在页面中拖动鼠标即可绘制横排文本框，完成文本框的绘制后，插入点光标会自动放置在文本框中。在文本框中输入文字，就完成了文本框的创建；选择下拉菜单中的“绘制竖排文本框”命令，即可在文档中绘制竖排文本框。

3. 调整文本框大小

文本框中的内容有时候会有一部分未被显示出来，那是因为文本框太小，可以通过调整文本框大小，使文本全部显示出来。

选定文本框后，在其周围出现 8 个控制点，可以用鼠标拖动控制点来改变文本框的大小。

4. 设置文本框格式

文本框可以看作一个特殊的图形，其版式、填充颜色、边框线条以及阴影效果和三维效果都可以进行设置。具体操作方法如下：

(1) 选中文档中的文本框，打开“绘图工具”的“格式”选项卡，单击“插入图形”组中的“编辑形状”按钮，在弹出的菜单中单击“更改形状”按钮，在下拉菜单中选择图形选项，单击可以更改文本框形状。

(2) 在“艺术字样式”组中，单击对话框启动器，在文档窗口右侧打开“设置文本效果格式”窗格，在窗格中可以对文本框的版式和内部边距等参数进行设置。

4.3 Excel 电子表格软件

中文版 Excel 电子表格软件是 Microsoft 公司中文版 Office 系列办公软件的一个组成部分，是 Windows 环境下的电子表格系统。它既可以帮助用户制作普通的表格，又可以实现普通的加、减、乘、除运算，还能够通过内置的函数完成诸如逻辑判断、时间运算、财务管理、信息统计、科学计算等复杂的运算。Excel 具有制作图表、数据库管理功能，有丰富的宏命令和函数并支持通过 VBA 进行二次开发，支持以 Internet 进行开发的功能。中文 Excel 电子表格软件具有功能多，操作简单，智能性强等突出特点。本节着重介绍 Excel 2013 的基本操作和应用，为今后进一步的学习打下良好基础。

4.3.1 Excel 概述

4.3.1.1 Excel 特点

1. 表格制作

Excel 提供了丰富的格式化命令，使用户可以轻松地制作出具有专业水平的各类表格，所见即所得。

2. 完成复杂运算

在 Excel 中，不但可以自己编制公式，而且可以使用系统所提供的 400 多个函数进行复杂运算。系统提供的“自动求和”、“排序”按钮，可以在瞬间完成对表格数据的分类求和、统计和排序等操作。

3. 数据表格处理

在 Excel 中，单元格的相对引用和绝对引用，极大地方便了公式的使用，很好地完成工作表与工作表之间及工作簿与工作簿之间的数据传递。

4. 数据库管理与分析

在 Excel 中提供的有关处理数据库的命令和函数，使得 Excel 具备了组织和管理大量数据的能力。它提供了财务、日期与时间、数学与三角函数、统计、查找与引用、数据库、文本、逻辑和信息等 9 大类几百个内置函数，可以满足多个领域的数据处理与分析要求。因而使其用途更加广泛。

5. 自动建立图表功能

在 Excel 中提供了约 100 种不同格式的图表，使用几个简单的按键操作，就可以制作出精美的图表，更直观的表现出数据分布规律。

6. 与其它软件资源共享

在 Excel 中提供了一个非常实用的与其它软件数据资源共享的操作功能，就是数据的导出、导入。这一功能使 Excel 中数据与其它常用的数据库软件和系统格式数据相互置换，极大地方便了用户。

7. 宏和 VBA 功能

为更好地发挥 Excel 的强大功能，Excel 还提供有宏功能以及内置的 VBA，可以使用它们来进行二次开发，拓展和提高 Excel 的应用水平。

4.3.1.2 Excel 的工作表区

启动 Microsoft Excel 后，屏幕上出现如图 4.114 所示的工作窗口。与 Word 的窗口类似，Excel 工作窗口也包括快速访问工具栏、标题栏、选项卡、功能区和状态栏等元素。而不同的是 Excel 的工作表区，图 4.114 给出了工作表中的组成元素。

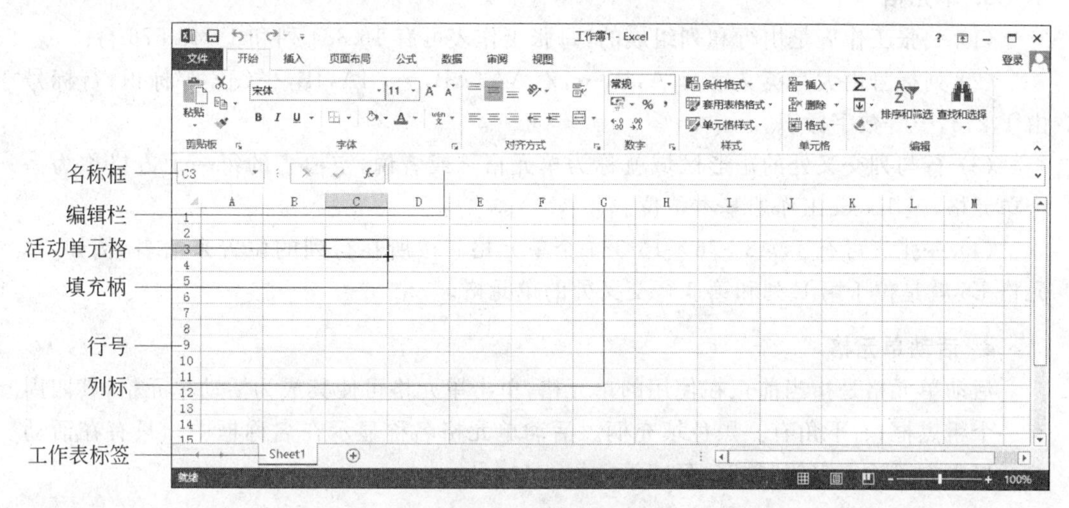

图 4.114　Excel 窗口

(1) 名称框：主要用于定义或显示当前单元格的名称与地址。

(2) 编辑栏：位于选项组的下面，左边为名称框，右边编辑区，显示活动单元格的内容。向单元格输入数据时，可在单元格中输入，也可在编辑区输入、编辑。

(3) 工作表区：位于编辑栏下方，占据屏幕的大部分，用来记录和显示数据。

(4) 行号：表示当前单元格所在的行号。

(5) 列标：表示当前单元格所在的列号。

(6) 工作表标签：用来标识工作簿中不同的工作表，以便快速进行工作表间切换。

(7) 活动单元格：用户选中且正在编辑的单元格。

(8) 填充柄：是活动单元格黑框中右下角的小黑点，用它可以填充数据和复制数据。

4.3.1.3 Excel 的基本概念

1. 工作簿

工作簿是 Excel 用来计算和存储数据的文件，其扩展名为.xlsx，其中可含有一个或多个工作表。启动 Excel 后会有默认空白工作簿 Book1，在保存时可重新命名。一个工作簿就好像一本书或一个活页夹，工作表就像书的其中一页或者一张活页纸。在一个工作簿中可以含有多张不同类型的工作表。默认情况下,一个新工作簿中只含3个工作表,名为Sheet1、Sheet2和Sheet3,分别显示在窗口下边的工作表标签中。工作表可增添、删除。单击工作表标签名,即可对该表进行编辑。

2. 工作表

工作表是工作簿的重要组成部分,是工作簿的其中一页。又称为电子表格,电子表格为一个二维表,是由行和列组成的。如果要编辑某个工作表,就单击该工作表标签,这时,编辑区内表格是用户选定的工作表,称为活动工作表或当前工作表,其工作表标签以反白显示,名称下方有单下划线。

3. 单元格

(1) 一张工作表是由行和列组成的,每张工作表可有16 384列和1 048 576行。

(2) 列标号由大写英文字母A,B,…,Z,AA,AB,…, IA,IB,…CJZ等标识,行标号由1,2,3,…等数字标识。

(3) 行与列交叉处的矩形区域就称为单元格。或者说,空白表的每一个方格称为一个单元格,是Excel工作的基本单位。

(4) 一张表可有1 048 576×16 384个单元格。按所在行列的位置来命名,例如,单元格E5就是位于第E列和第5行交叉处的单元格。

4. 活动单元格

活动单元格是指当前正在使用的单元格,单击单元格可使其成为活动单元格,其四周有一个粗黑框,右下角有一黑色填充柄。活动单元格名称显示在名称框中。只有在活动单元格中方可输入字符、数字、日期等数据。

5. 单元格的地址

在工作表中,每一个单元格都有其固定的地址,单元格与地址是一一对应的。同样,一个地址也只表示一个单元格。例如:E4,是指第E列第4行所交界的单元格。

若要表示一个连续的单元格区域,可用该区域左上角和右下角单元格行列位置名来表示,中间用冒号":"分隔,例如,"B3:D8"表示从单元格B3到D8的矩形区域。

4.3.2 Excel基本操作

4.3.2.1 工作表的基本操作

1. 工作表的建立

任何一个二维数据表都可建成一个工作表。在新建的工作簿中,选取一个空白工作表,是创建工作表的第一步。逐一向表中输入文字和数据,就形成了一张工作表的结构。

【例4.8】 建立一张统计学生实验成绩的成绩登记表,操作步骤如下。

(1) 首先选中A1到M1之间的所有单元格,在"开始"选项卡中单击"对齐方式"组中的"合并后居中"按钮合并选中的单元格,然后输入表的标题:"平时成绩登记表"。

(2) 合并A2到M2之间的所有单元格,然后输入学期:" 至 学年第 学期"。

(3) 合并 A3 到 M3 之间的所有单元格,然后输入"课程名称:　实验学时:　班级:实验教师签字:　"文字信息。

(4) 向 A4、B4、C4 等各列输入学生成绩单的各列标题:学号、姓名、1(代表实验 1)、2、3、…、8、测验、设计、总评。这样就建立了一张包括标题及各栏目名称的工作表结构,如图 4.115 所示。

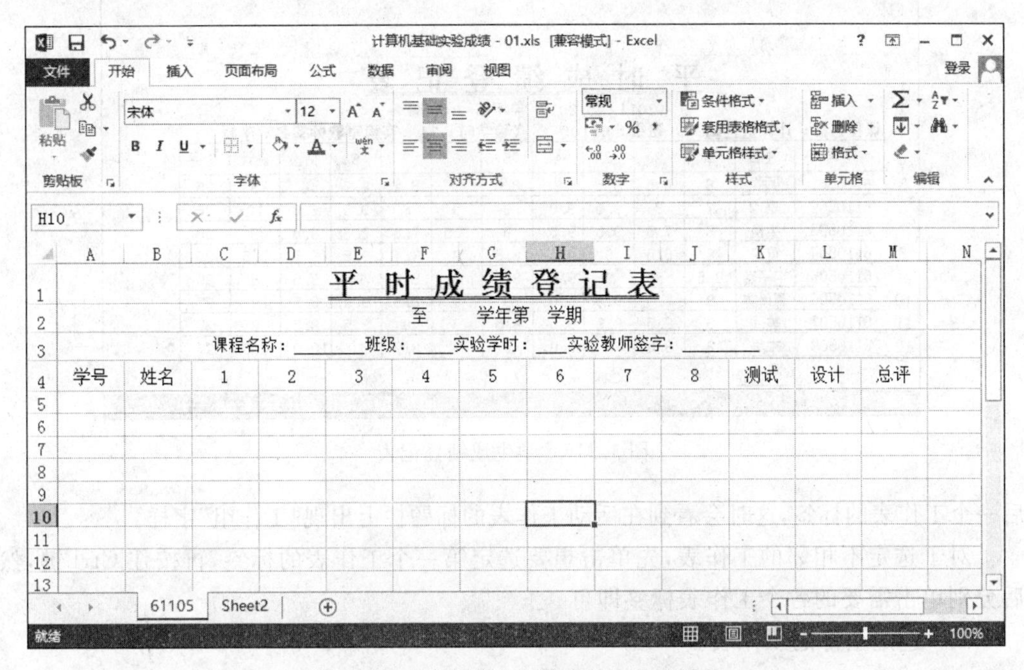

图 4.115　建立学生实验成绩工作表结构

(5) 建立工作表结构后就要进行数据输入。激活要输入数据的相应单元格,在单元格或编辑区中输入数据即可。若输入数值位数太多,系统会自动改成科学计数法表示。经输入数据和格式化后的工作表如图 4.116 所示。

2. 工作表的选定

用户除了可以在一张工作表中执行选定操作外,还可以在同一工作簿中选定一个或多个工作表,从而可以同时处理工作簿中的多个工作表。对于选中的工作表,可以进行如下三种主要操作:输入多个工作表用的公式;针对选中工作表上的单元格和区域进行格式化;一次隐藏或者删除多个工作表。

(1) 选定单个工作表。

选定工作表就是将工作表变成当前工作表,因此在需要选定的工作表的标签上单击即可。例如当前工作表为 Sheet1,单击工作簿中 Sheet2 标签,Sheet2 即被选定,成为当前工作表。

(2) 选定多个工作表。

根据需要可以选取相邻或不相邻的多个工作表,选定的若干个工作表组成"工作表组"。要选取相邻的工作表,必须先单击要选定的第一张工作表的标签,按住 Shift 键,然后单击最

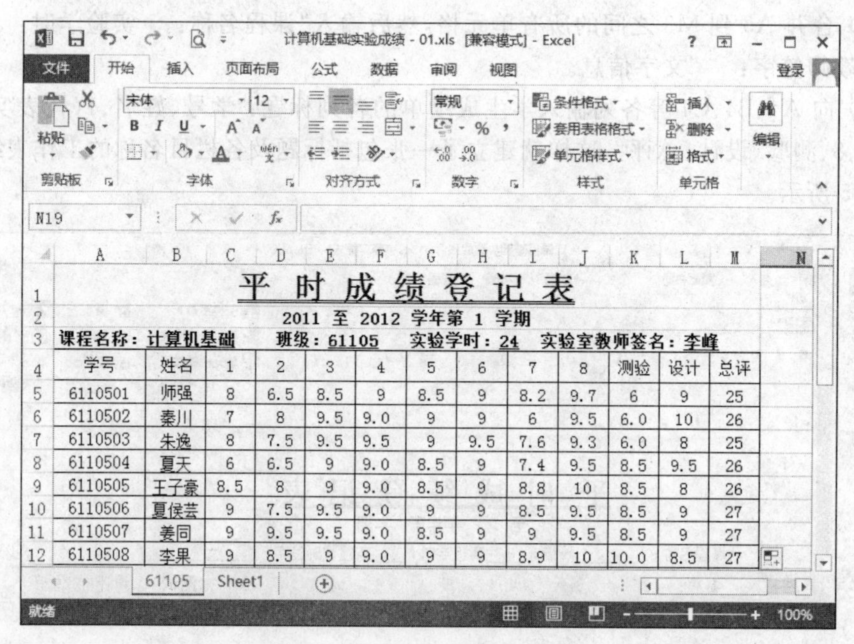

平时成绩登记表

2011 至 2012 学年第 1 学期

课程名称：计算机基础　班级：61105　实验学时：24　实验室教师签名：李峰

学号	姓名	1	2	3	4	5	6	7	8	测验	设计	总评
6110501	师强	8	6.5	8.5	9	8.5	9	8.2	9.7	6	9	25
6110502	秦川	7	8	9.5	9.0	9	9	6	9.5	6.0	10	26
6110503	朱逸	8	7.5	9.5	9.5	9	9.5	7.6	9.3	6.0	8	25
6110504	夏天	6	6.5	9	9.0	8.5	9	7.4	9.5	8.5	9.5	26
6110505	王子豪	8.5	8	9	9.0	8.5	9	8.8	10	8.5	8	26
6110506	夏侯芸	9	7.5	9.5	9.0	9	9	8.5	9.5	8.5	9	27
6110507	姜同	9	9.5	9.5	9.0	8.5	9	9	9.5	8.5	9	27
6110508	李果	9	8.5	9	9.0	9	9	8.9	10	10.0	8.5	27

图 4.116　学生成绩登记表

后一个工作表的标签，这时会看到在活动工作表的标题栏上出现"工作组"字样。

对于选定不相邻的工作表，先单击想要选定第一个工作表的标签，再按住 Ctrl 键，然后分别单击需要的各个工作表标签即可。

(3) 选定全部的工作表。

选定全部的工作表对于执行类似于在工作簿中进行查找与替换的工作是十分有意义的。要选定工作簿中的全部工作表，只要右击工作表标签，在弹出的菜单中选择"选定全部工作表"项即可。

(4) 取消工作表组。

如果要取消工作表组，在任意一个工作表标签上单击即可。

3. 工作表的添加、删除和重命名

(1) 添加工作表。

① 单击"开始"选项卡"单元格"组中的"插入"按钮右侧的下三角按钮，在下拉菜单中"插入工作表"命令即可，如图 4.117 所示。

② 在最右侧工作表标签的右侧有一个"⊕"按钮，单击该按钮即可添加新工作表，如图 4.118 所示。

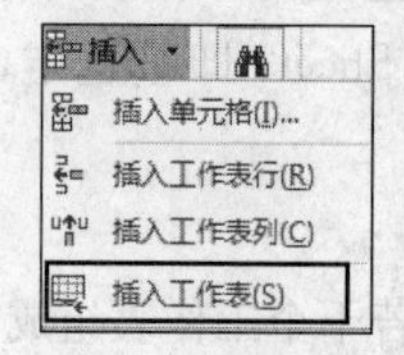

图 4.117　单击"插入工作表"

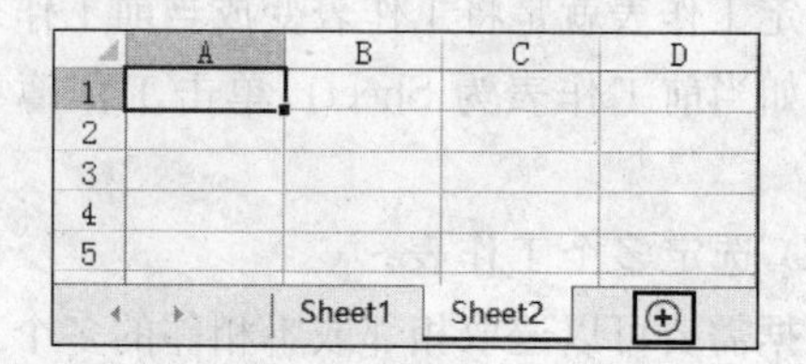

图 4.118　单击"⊕"添加工作表

(2) 删除工作表。

首先清空要删除的工作表中的所有数据，然后在该工作表标签上右键鼠标，在弹出的菜单中选择“删除”命令；也可以选中该工作表标签，再单击“单元格”组中的“删除”按钮右侧的下三角按钮，在弹出的下拉菜单中选择“删除工作表”命令，完成删除空白表。需要说明的是，删除的工作表不能用“撤消”按钮恢复。

如果工作表中有数据，则删除该工作表，Excel 会弹出如图 4.119 所示的提示对话框。

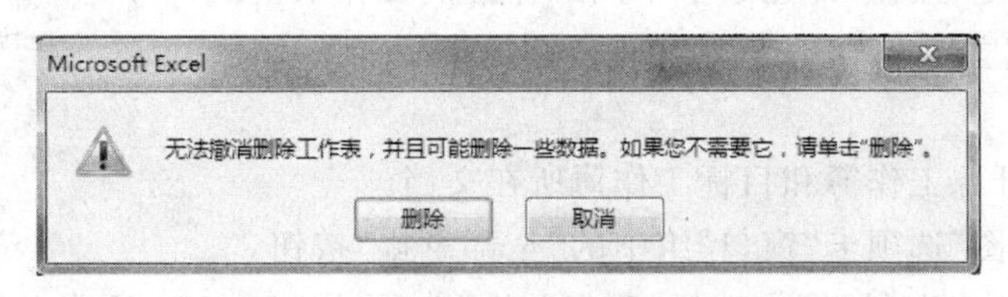

图 4.119 删除错误的提示对话框

(3) 重命名工作表。

默认情况下，工作表将按照 Sheet1、Sheet2、……的顺序和方式依次命名。如用户想更改工作表名称，操作方法如下：

① 双击要修改名称的工作表标签，使其反白显示。此时，直接输入一个新的名称并按 Enter 键确认即可。

② 选中要修改名称的工作表标签，单击“单元格”组中的“格式”下拉菜单中的“重命名工作表”命令，输入一个新的名称并按 Enter 键确认即可。

4. 工作表的移动和复制

(1) 在同一个工作簿内移动或复制工作表。

① 选中要移动或复制的工作表，单击“单元格”组中的“格式”下拉菜单中的“移动或复制工作表”命令；或鼠标右键工作表标签，在快捷菜单中选择“移动或复制工作表”命令，将弹出“移动或复制工作表”对话框，如图 4.120 所示。

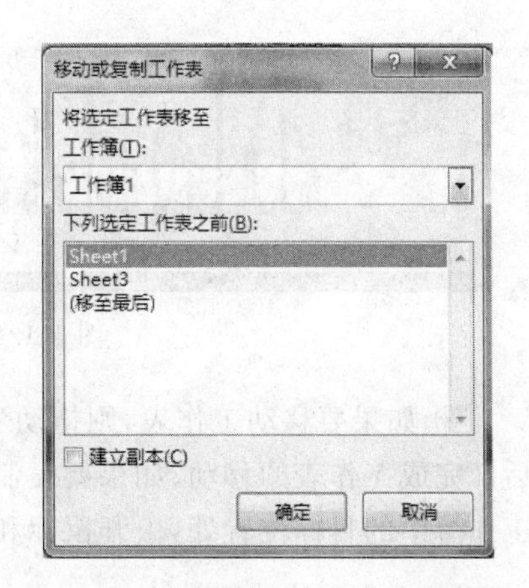

图 4.120 “移动或复制工作表”对话框

② 在对话框的“下列选定工作表之前”列表框中，选择工作表的目标位置，若选择“建立副本”选项则为复制工作表，否则为移动工作表。

③ 单击“确定”按钮，完成工作表的移动或复制。

也可以使用另一种更快捷的方法：选中要移动或复制的工作表标签，按下 Ctrl 键，同时按下鼠标左键拖动该工作表标签到目标位置处再松开，则完成工作表的复制；若不按下 Ctrl 键，只是拖动选中的工作表标签到目标位置后松开，则完成工作表的移动。

(2) 在工作簿之间移动或复制工作表。

方法一：

① 分别打开源工作簿和目标工作簿所在文档。

② 在源工作簿中，在选定的工作表标签上单击鼠标右键，在弹出的菜单中选择“移动或复制工作表”命令，或选中要移动或复制的工作表标签，在“单元格”组中选择“格式”下拉菜单中的“移动或复制工作表”命令，均会出现如图 4.120 所示对话框，在“工作簿”下拉框中选择目标工作簿，在下列“选定工作表之前”列表框中选择在目标工作簿中的插入位置，即目标工作簿中的某个工作表之前或移动到最后。

③ 单击“确定”按钮，即完成了不同工作簿间工作表的移动，若选择“建立副本”复选框则实现复制操作。

方法二：

① 分别打开源工作簿和目标工作簿所在文档。

② 单击“视图”选项卡“窗口”组中的“全部重排”按钮，在弹出的“重排窗口”对话框中选择“垂直并排”选项，如图 4.121 所示。此时，在屏幕上会并排显示两个工作簿窗口，如图 4.122 所示。

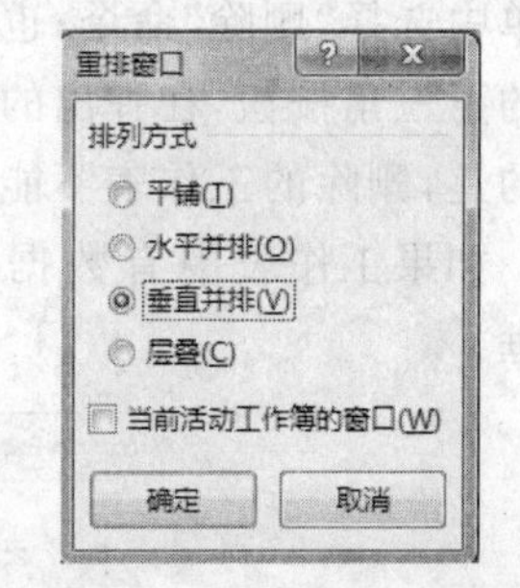

图 4.121 “重排窗口”对话框

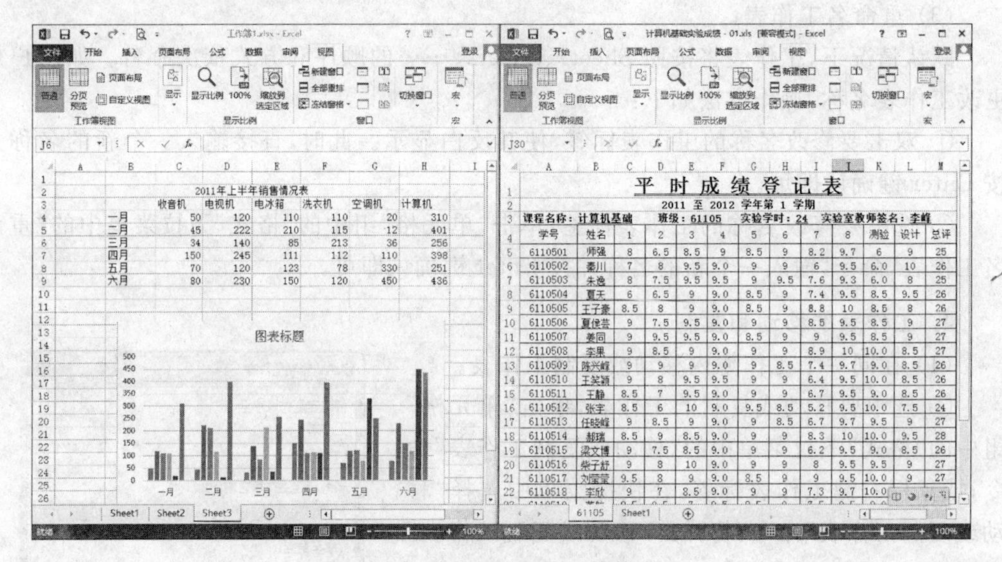

图 4.122 并排显示两个工作簿窗口

③ 如果要移动工作表，则拖动工作表标签到另一个工作簿中的目标位置，松开鼠标后即完成工作表的移动；如果要复制工作表，则按下 Ctrl 键并拖动工作表标签到另一个工作簿中的目标位置处，松开鼠标和按键后即完成工作表的复制。

5. 工作表的拆分和冻结

工作表的拆分和冻结，可实现在同一窗口下同一个工作表不同数据区域的显示和编辑。

(1) 拆分工作表。

通过拆分可以把工作表活动窗口拆分成几个独立的窗格，在每个窗格中都可以拖动滚动条以显示工作表不同部分的内容。具体操作方法如下：

在工作表中选定作为拆分分割点的单元格，单击“视图”选项卡“窗口”组中的“拆分”按钮，工作表就会被拆分成 4 个窗格。拖动窗格间的分隔线可调节窗格大小。

同样地，如果拆分窗口后再次单击“拆分”按钮，将取消对工作表的拆分。

(2) 冻结工作表。

冻结窗格功能可以将工作表中选定单元格的上窗格或左窗格冻结在屏幕上，从而在滚动工作表时，屏幕上始终保持显示行标题或列标题。具体操作方法如下：

打开“视图”选项卡，在“窗口”组中单击“冻结窗格”按钮，此时会弹出“冻结选项”菜单，如图 4.123 所示。

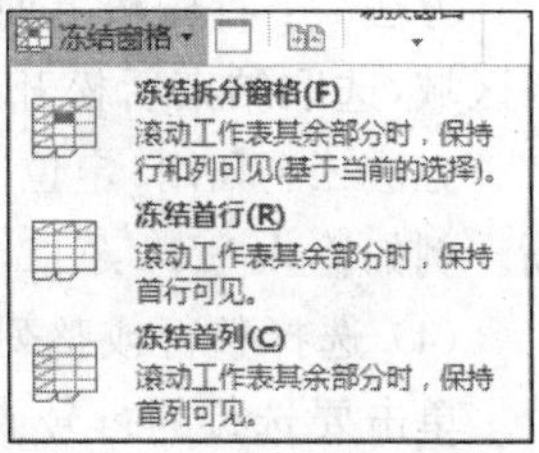

冻结窗格
冻结拆分窗格(F)
滚动工作表其余部分时，保持行和列可见(基于当前的选择)。
冻结首行(R)
滚动工作表其余部分时，保持首行可见。
冻结首列(C)
滚动工作表其余部分时，保持首列可见。

图 4.123 “冻结窗格”选项

- 如果选择冻结拆分窗口，则以当前选中的单元格作为拆分冻结点，将工作表拆分为 4 个窗格。此时，左上角窗格内的所有单元格都被冻结，将一直显示在屏幕上。滑动窗口的垂直滚动条，只有水平分隔线下面的两个窗格随之滚动；滑动窗口的水平滚动条，只有垂直分隔线右侧的两个窗格随之滚动。
- 如果选择冻结首行，则工作表的第一行将被冻结。也就是说当滑动窗口的垂直滚动条时，工作表的第一行将始终显示在屏幕上，而其余部分随之滚动。
- 如果选择冻结首列，则工作表的第一列将被冻结。也就是说当滑动窗口的水平滚动条时，工作表的第一列将始终显示在屏幕上，而其余部分随之滚动。

在窗口冻结后，冻结选项菜单中的第一个命令将变为“取消冻结窗格”命令，单击该命令即可取消工作表的冻结。

4.3.2.2 单元格的基本操作

在 Excel 中的操作主要是围绕工作表展开的，无论是在工作表中输入数据还是使用 Excel 命令，一般都应首先选定单元格或单元格区域，然后再进行各种操作。其中单元格区域可由连续的或不连续的多个单元格组成。

1. 选定单元格或单元格区域

(1) 选取一个单元格。

单击要选取的单元格即可。

(2) 选取单元格区域。

方法一：单击要选区域的第一个单元格，按下 Shift 键不动，再单击要选区域的最后一个单元格。

方法二：打开“开始”选项卡，单击“编辑”组中的“查找和选择”命令，在弹出的下拉菜单中选择“转到”命令。在打开的“定位”对话框中，在“引用位置”编辑框中输入数据区域范围值。例如输入“C5:F11”来表示以 C5 为起点，以 F11 为终点的矩形区域，如图 4.124 所示。

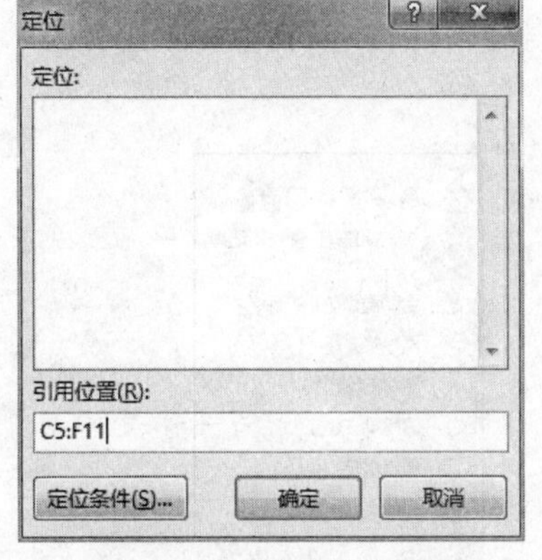

图 4.124 “定位”对话框

方法三：将鼠标指向要选区域左上角的第一个单元格，然后按住鼠标沿着对角线从第一个单元格拖动鼠标到最后一个单元格，放开鼠标左键即可。

(3) 选定不相邻的矩形区域。

方法一：首先按上面的方法选择第一个区域，然后按住 Ctrl 键，再次选取其他的单元格区域，选取结束后松开 Ctrl 键即可。

方法二：利用"定位"对话框指定不连续数据区，此时每两个区域地址间需用逗号分隔。例如输入"E10:F11,E13:F15,H10:H15"，表示选择 3 个不连续的单元格区域。

(4) 选择整行或整列。

单击要选行的行号或要选列的列标即可。

(5) 选取多行或多列。

首先按下 Ctrl 键，然后分别单击要选择的行号或列标。

(6) 选择整个工作表。

单击 Excel 工作表区左上角行号和列标交叉处的"全选按钮"，或者选中工作表中的一个单元格，然后按下 Ctrl＋A 快捷键即可。

2. 插入和删除单元格

在工作表中进行数据编辑处理时，经常会遇到数据遗漏的情况，此时可以使用插入单元格的方式进行补充。具体操作方法如下：

(1) 在需要插入单元格的位置选中一个单元格，右键打开快捷菜单，并选择"插入"命令；或者打开"开始"选项卡，在"单元格"组中单击"插入"按钮右侧的下三角按钮，在弹出的菜单中选择"插入单元格"命令，都可打开"插入"对话框，如图 4.125 所示。

(2) 在对话框中选择相应的选项，设置单元格的插入方式，这里选择"活动单元格下移"选项。如果选择"整行"或"整列"，则可以在工作表中插入一行单元格或一列单元格。

(3) 单击"确定"按钮关闭对话框，即可在工作表中插入一个单元格，且当前选择的单元格下移。

当遇到不需要的数据时，也可以通过删除单元格的方式将其删除。删除操作有两种形式：一是只删除所选单元格区域中的数据内容，而保留该区域占用的单元格，通常将这种删除操作称作"清除"；二是将数据内容和该区域所占单元格一起删除，通常将这种删除操作操作称作"删除"。具体操作方法如下。

(1) 清除数据内容。

方法一：首先选定要清除数据内容的区域或单元格。然后打开"开始"选项卡，单击"编辑"组中的"清除"按钮，在弹出的下拉菜单中选择"清除内容"命令，如图 4.126 所示。即可清除被选区域或单元格中的数据。

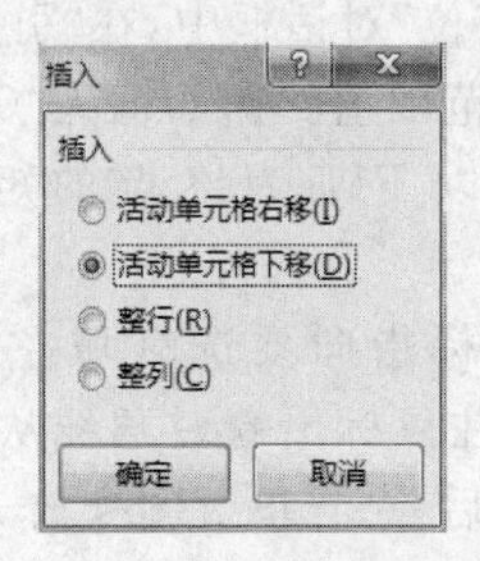

图 4.125 "插入"对话框

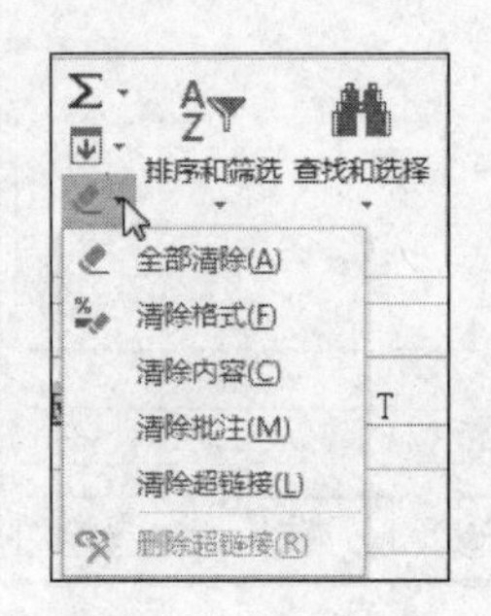

图 4.126 "清除"选项

方法二：选定要清除数据内容的区域或单元格，然后按 Delete 键，也可清除数据内容。

由图 4.126 可以看出，除了能够清除单元格的内容外，Excel 还可以清除单元格或者区域的全部、格式、批注以及超链接。操作方法与上述相同，但需要说明的而是，在清除格式时，是指将 Excel 表格的格式恢复到默认格式。

(2) 删除数据和单元格。

首先选定要删除的单元格或者区域。然后右键打开快捷菜单，并选择“删除”命令；或者打开“开始”选项卡，在“单元格”组中单击“删除”按钮右侧的下三角按钮，在弹出的菜单中选择“删除单元格”命令，都可打开“删除”对话框，如图 4.127 所示。用户可以根据具体需要来选择删除方式：右侧单元格左移、下方单元格上移、整行、整列。最后单击“确定”按钮关闭对话框，即可完成删除操作。

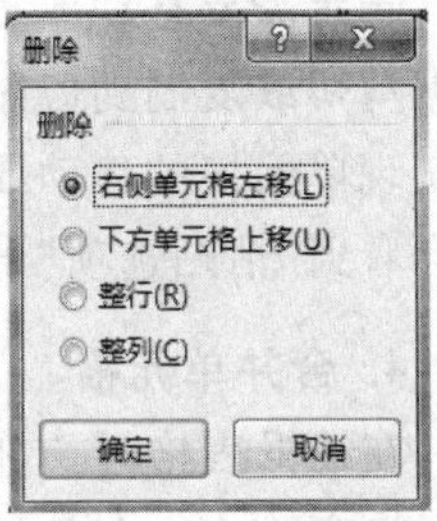

图 4.127 “删除”对话框

3. 移动和复制单元格

Excel 的单元格还可以进行移动或复制。移动或复制的目标位置可以是同一个工作表的不同位置，也可以是不同的工作表甚至是另外的一个应用程序中。该功能对于设计表格是非常有用的。

使用鼠标和使用快捷键进行单元格移动和复制的具体操作方法如下。

(1) 使用鼠标移动单元格。

选定要移动的单元格或区域，使其成为反白显示。将鼠标指针指向选定区域的边框上，可以看到鼠标指针由一个十字✥变成一个带十字的箭头符号✥。此时按下鼠标左键，并拖动边框线到新的位置上。拖动时，会出现一个与所选区域相同大小的空白框，并与鼠标指针一起移动，同时会显示空白框覆盖区域的第一个单元格的地址，如图 4.128 所示。当达到目标位置后松开鼠标左键即可完成单元格的移动。

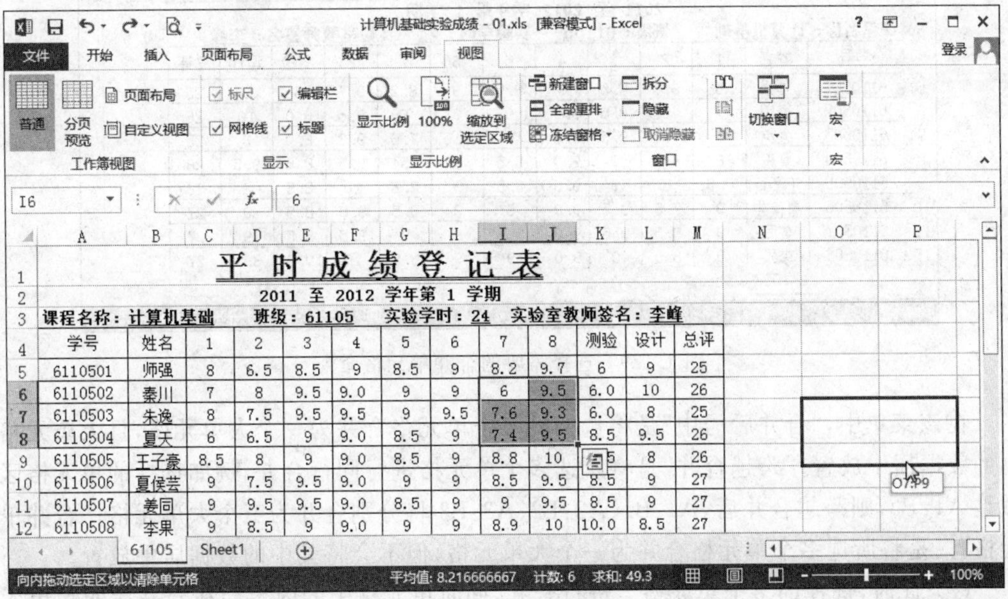

学号	姓名	1	2	3	4	5	6	7	8	测验	设计	总评
6110501	师强	8	6.5	8.5	9	8.5	9	8.2	9.7	6	9	25
6110502	秦川	7	8	9.5	9.0	9	9	6	9.5	6.0	10	26
6110503	朱逸	8	7.5	9.5	9.5	9	9.5	7.6	9.3	6.0	8	25
6110504	夏天	6	6.5	9	9.0	8.5	9	7.4	9.5	8.5	9.5	26
6110505	王子豪	8.5	8	9	9.0	8.5	9	8.8	10	8.5	8	26
6110506	夏侯芸	9	7.5	9.5	9.0	9	9	8.5	9.5	8.5	9	27
6110507	姜同	9	9.5	9.5	9.0	8.5	9	9	9.5	8.5	9	27
6110508	李果	9	8.5	9	9.0	9	9	8.9	10	10.0	8.5	27

图 4.128 移动单元格

(2) 使用鼠标复制单元格。

选定要复制的单元格或区域，将鼠标指针指向选定区域的边框上，同时按下 Ctrl 键。此时按住鼠标左键，拖动选定的区域到目标位置。在拖动时，可以看到鼠标指针会变成箭头且右上方出现一个“+”的形状。当到达目标位置后，松开鼠标左键即可完成单元格的复制。

(3) 使用快捷键进行单元格的移动和复制。

选定需要移动或复制的单元格或区域。按下快捷键 Ctrl+X 或 Ctrl+C，将区域中的数据剪切或复制到剪贴板中。然后在工作表中选定一个单元格，按下 Ctrl+V 快捷键即可实现单元格的移动或复制。此外，如果在选定的目标单元格上右击鼠标，在弹出的菜单中会看到“粘贴选项”，选择其中的命令可以实现选择性粘贴，如粘贴格式、公式、数值等。

4. 合并单元格

在编辑表格时，有时一个单元格的内容需要占用几个单元格的位置，此时需要将几个单元格合并为一个单元格。具体操作方法如下：

(1) 在工作表中选择需要合并的单元格，在“开始”选项卡的“对齐方式组”中单击“合并后居中”按钮右侧的下三角按钮，在弹出的菜单中选择需要的命令，如图 4.129 所示。

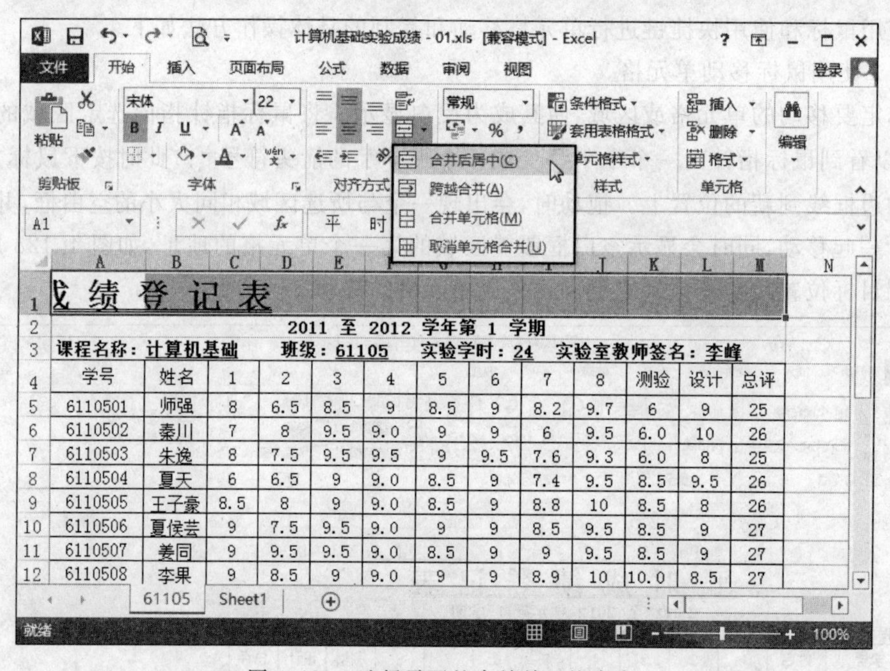

图 4.129 选择需要的合并单元格命令

在该菜单中，“合并后居中”是将选中的多个单元格合并为一个大单元格，且大单元格中的数据居中放置；“跨越合并”是将所选多个单元格进行同行合并，例如选择的单元格区域是 A1:B3，则跨越合并后，A1:B1、A2:B2、A3:B3 将分别合并为三个大单元格；“合并单元格”只是将所选多个单元格合并为一个大单元格，但不会将其中的数据居中放置。

(2) 此时，选择的多个单元格会进行合并，同时单元格中的内容会在合并后的大单元格中放置。但是如果进行合并的单元格中存有不同的数据，则 Excel 会提示合并后的单元格中将只保留左上角单元格中的数据，如图 4.130 所示。

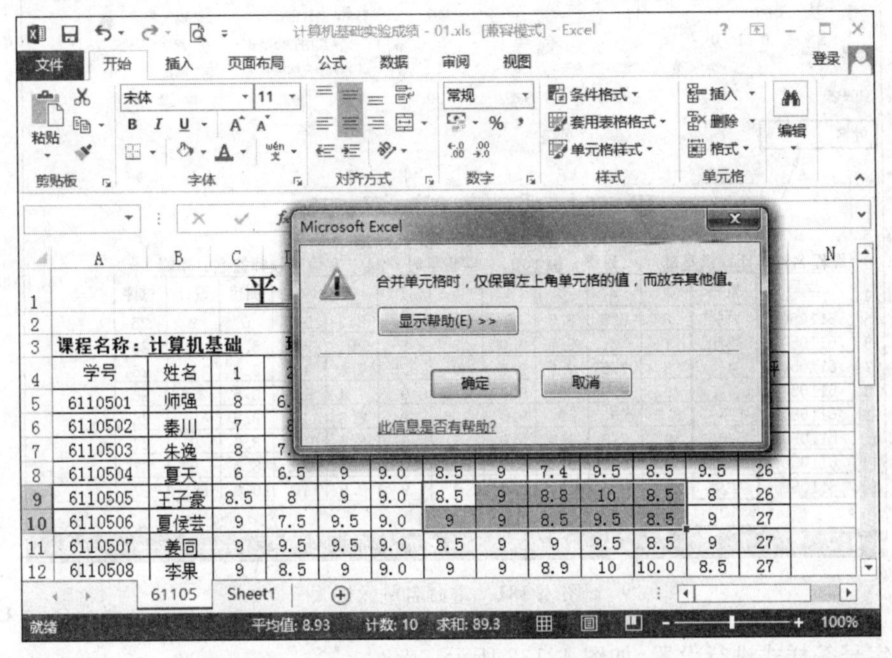

图 4.130　Excel 提示只保留最上角单元格的数据

(3) 如果要取消单元格的合并，则选中合并后的大单元格，在菜单中选择“取消单元格合并”命令即可。

5. 重命名单元格

为了能够方便地找到特定数据所在的单元格，同时为了在使用公式和函数进行计算时能够方便地引用单元格，可以对单元格进行重命名。具体操作方法如下：

(1) 在工作表中选中需要重命名的单元格或区域，在名称框中输入该单元格或区域的名称，如图 4.131 所示。完成输入后按 Enter 键确认重命名操作。

(2) 重命名单元格后，单击名称框右侧的下三角按钮，在下拉列表中选中定义好的名称即可快速选择对应的单元格或区域。

4.3.3　单元格的格式化

在日常工作中，为了使表格美观或者突出表格中的某一部分，需要改变或设置单元格中的字体、字号、对齐方式、边框、底纹、行高和列宽等样式，而这些样式都可以在“设置单元格格式”对话框进行设置。本节将介绍对单元格格式进行设置的方法。

1. 设置文字的样式

在工作表中选择需要设置文字样式的单元格。打开“开始”选项卡，单击“字体”组的对话框启动器，在打开的“设置单元格格式”对话框的“字体”选项卡中可以对文字的字体、

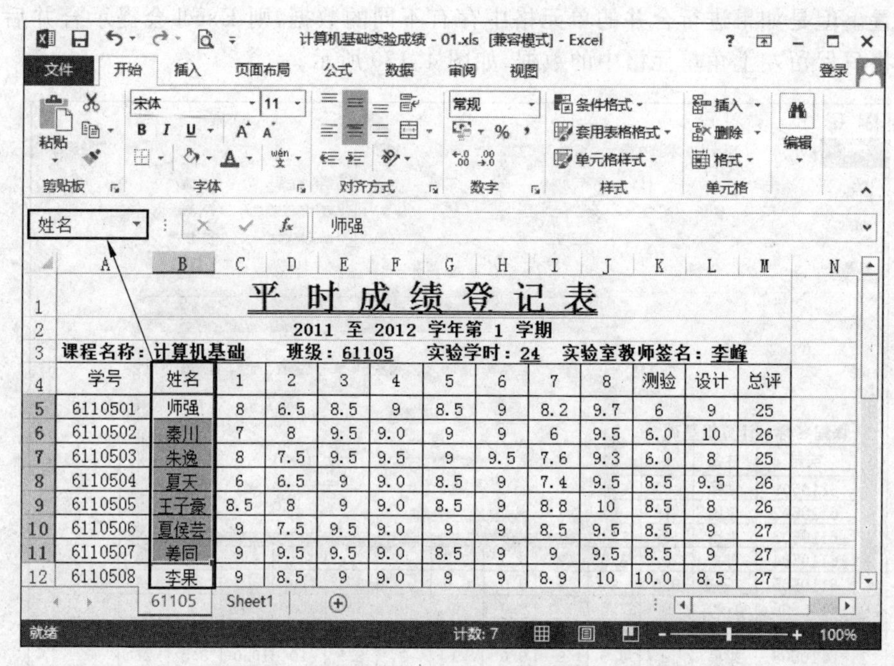

图 4.131　重命名单元格

字形和字号等样式进行设置，如图 4.132 所示。

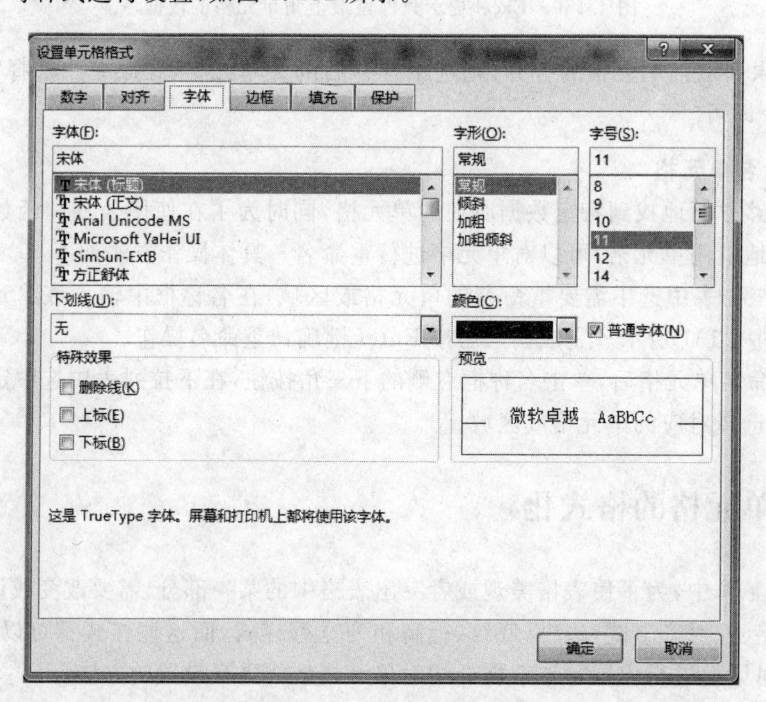

图 4.132　“字体”选项卡

2. 设置数据的对齐方式

在 Excel 中,单元格中的数据有两种对齐方式:水平对齐和垂直对齐。具体设置方法如下:

打开“开始”选项卡,单击“对齐方式”组的对话框启动器,在打开的“设置单元格格式”对话框的“对齐”选项卡中可以对单元格数据的对齐方式进行设置,如图 4.133 所示。

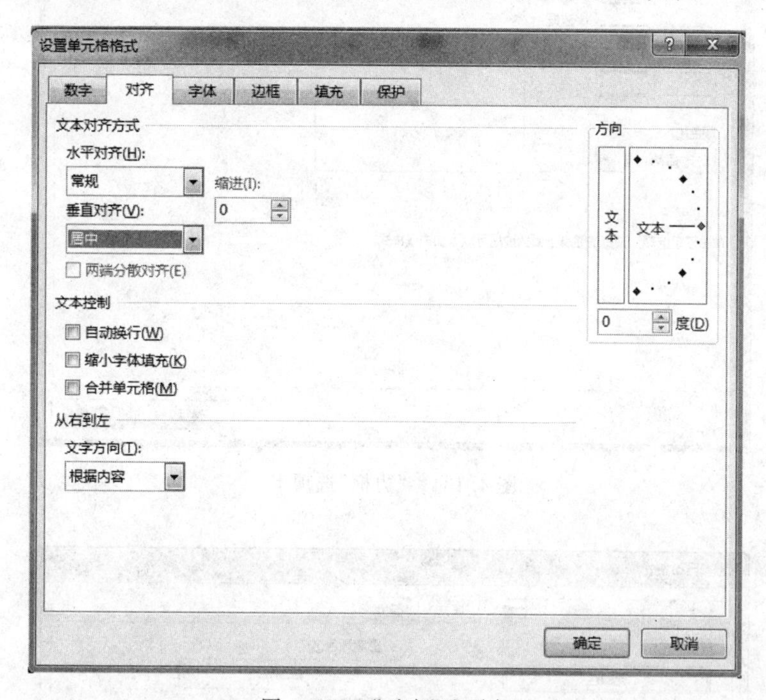

图 4.133 “对齐”选项卡

3. 设置单元格的边框和底纹

默认情况下,工作表中显示的表格边框都是灰色的,这些灰色的边框线在打印时是不会打印出来的。如果要打印这些边框线,则需要进行添加。除了边框外,Excel 还可以对单元格的底纹颜色和样式进行设置,这样可以突出显示指定的数据区,使工作表更加清晰明了,便于阅读。具体的操作方法如下:

(1) 设置边框:首先选定要设置边框线的单元格或区域,然后打开“设置单元格格式”对话框,在“边框”选项卡中对边框线的样式、颜色,以及添加边框线的位置进行设置,如图 4.134 所示。

(2) 设置底纹:首先选定要设置添加底纹的单元格或区域。然后打开“设置单元格格式”对话框,在“填充”选项卡选择填充的图案样式、颜色,设置背景色等,如图 4.135 所示。

4. 设置列宽和行高

默认情况下,各个单元格的行高和列宽都是相等的,但在输入了不同长度的内容后,单元格的大小或内容的显示就可能发生变化。此时,用户可以根据情况对单元格的行高

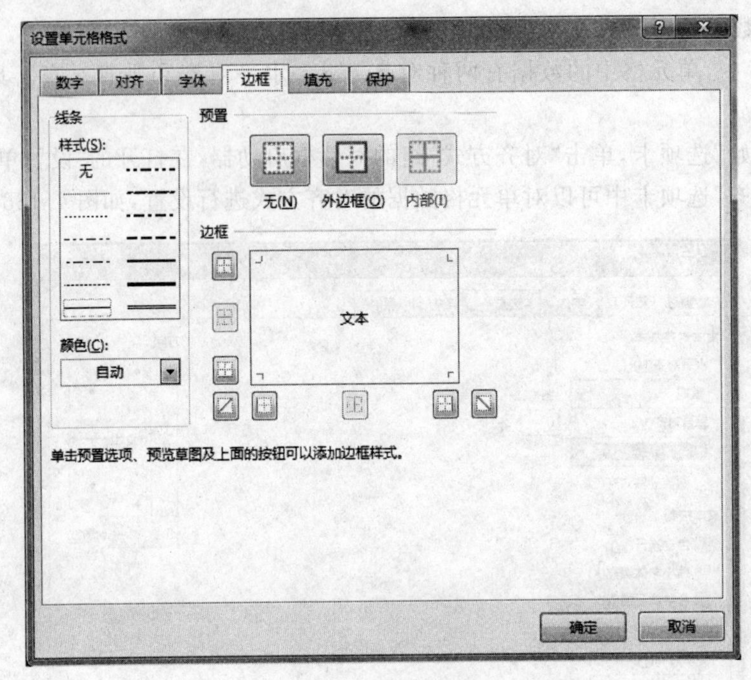

图 4.134 “边框”选项卡

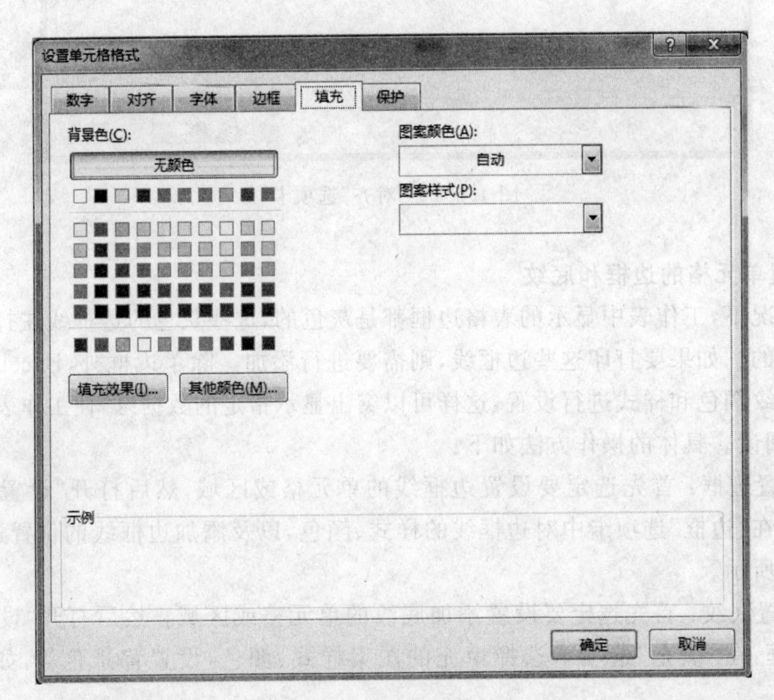

图 4.135 “填充”选项卡

或列宽进行调整,使表格变得美观且内容显示正常。

对表格的行高和列宽的调整,除了在“设置单元格格式”对话框进行设置外,也可进行手工的简单调整。具体操作方法如下。

(1) 调整列宽。

在Excel中,单元格的默认列宽是72个像素。若输入的内容超过了这个宽度,则文本型数据不显示,数字型数据以科学计数法显示,日期型数据以多个"#"字符代替,此时需要调整列宽。

方法一:精确调整列宽。选定要调整列宽的列,在"开始"选项卡中单击"单元格"组中的"格式"按钮,在下拉菜单中选择"自动调整列宽"命令,则Excel将自动调整列宽到合适的宽度;若选择下拉菜单中的"列宽"命令,则打开"列宽"对话框,可输入想要设置的列宽值。

方法二:粗略调整列宽。将鼠标指向需调整列宽的列列标的左边框线或右边框线上,当鼠标指针变为一个带左右箭头的黑色十字✛时,按下鼠标并拖动边框线,直到得到所需列宽即可。

(2) 调整行高。

在Excel中,单元格的默认行高是13.5个像素。若输入数据的字形高度超过行高时,则可适当调整行高。

方法一:精确调整行高。选定要调整行高的行,在"开始"选项卡中单击"单元格"组中的"格式"按钮,在下拉菜单中选择"自动调整行高"命令,则Excel将自动调整行高到合适的高度;若选择下拉菜单中的"行高"命令,则打开"行高"对话框,可输入想要设置的行高值。

方法二:粗略调整行高。将鼠标指向所需调整行高的行行号的上边框线或下边框线上,使鼠标指针变为一个带有上下箭头的黑色十字✛,按下鼠标并拖动边框线,直到得到所需行高即可。

5. 快速格式设置

快速格式设置可以在已有的格式基础上,迅速对其它单元格进行格式化。常用的快速格式设置工具有"格式刷"和"套用表格格式"两种。

(1) 格式刷。

"格式刷"按钮被设计为让用户从一个选定的单元格中拾取格式化信息,并把这个格式应用于另一个单元格或区域。所有依附于选定单元格的格式,包括数据格式、背景和边框格式等都被复制,所有的复制操作就像刷油漆一样简单——只要在源单元格中蘸一下,然后刷过目标单元格。其具体操作方法如下:

① 选定想要从中复制格式的单元格(源单元格)。

② 在"开始"选项卡中的"剪贴板"组中,单击"格式刷"按钮 格式刷,鼠标指针变成"十"和"刷子"形状。

③ 拖动鼠标到目标单元格或区域上。按下鼠标左键让刷子在目标单元格上划过,这时源单元格的格式就被应用于新的单元格或区域。

④ 当鼠标释放时,屏幕指针恢复正常形状,格式复制操作完成。

提示:如果双击"格式刷"按钮,可以连续使用"格式刷"。要恢复正常,可以按Esc键或再次单击“格式刷”按钮。

(2) 套用表格格式。

Excel内置了一些表格修饰方案,其中对表格的组成部分定义了一些特定的格式。套用这些格式,既可美化工作表,又可省去设置过程。具体操作方法如下:

① 选定工作表中要格式化的数据区域。

② 单击“开始”选项卡“样式”组中的“套用表格格式”命令,打开下拉菜单,其中显示了许多内置的表格样式,如图4.136所示。

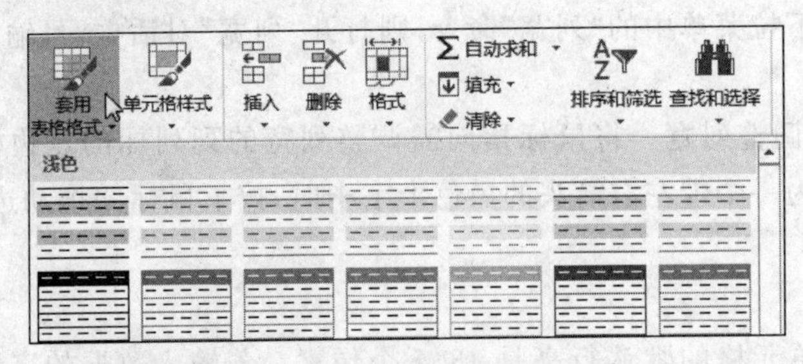

图4.136 “套用表格格式”下拉菜单

③ 在菜单的内置格式列表中选择一种格式,即可将所选格式套用到所选表格区域上。

6. 单元格的条件格式设置

条件格式是指当给定条件为真时,Excel自动应用于单元格的格式。使用条件格式,用户可以用不同的颜色或格式突出显示符合条件的单元格,便于区分数据,突出重点。下面以学生成绩表为例来说明应用方法。

【例4.9】 根据所示“学生成绩登记表”的结果,对“总评”成绩设置条件格式。要求:如果学生的总评成绩小于14分,将不允许参加期末考试,因此需要设置满足条件的单元格的格式为浅红色填充红色字体显示;否则正常显示。具体操作方法如下:

① 打开“学生成绩登记表(平时成绩)”工作表,选定要设置条件格式的单元格区域R5:R35。

② 单击“开始”选项卡“样式”组中的“条件格式”按钮,打开“条件格式”下拉菜单,如图4.137所示。

③ 在菜单中选择“突出显示单元格规则”中的“小于”命令,弹出如图4.138所示对话框,在“为小于以下值的单元格设置格式”的输入框中输入14,在“设置为”选择框的下拉列表中选择“浅红色填充”,最后单击“确定”按钮即可完成设置。

④ 此时,所选数据区域中所有总评成绩小于“14”的成绩都采用“浅红填充”和红字显示,如图4.139所示。

⑤ 若要增加条件,可以重复①~⑤步骤。

⑥ 如果想要删除设置的条件,可以在“条件格式”下拉菜单中单击“删除规则”命令,从弹出的下一级菜单中选择需要的删除选项。

图4.137 “条件格式”下拉菜单

图 4.138　条件格式设置对话框

学 生 成 绩 登 记 表(平时成绩)

2002 至 2003 学年第 2 学期

课程名称:《数据库基础》实验　实验学时: 20　班级: 30101　实验教师签字:

学号	姓名	1	2	3	4	5	6	7	8	9	10	作业	测验	合计	平时	设计	总评
301101	张升文	3	3	4	5	5	3	4	4	5			3		8	7	15
301102	顾博	4	3	3	5	5	3	4	4	0			0		7	7	14
301103	王世杰	3	4	4	5	4	1	5	3	4			3		7	7	14
301104	王磊	5	3	3	3	3	0	5	0	4			1		6	7	13
301105	李响	3	4	5	5	5	0	5	3	5			3		8	9	17
301106	江敦明	3	3	3	3	3	0	0	0	0			0		2	5	7
301107	曹磊	3	0	4	2	4	0	3	4	4			3		6	8	14
301108	靖永志	4	3	5	3	5	0	4	4	5			3		7	7	14
301109	强海滨	4	3	5	5	5	2	4	0	5			3		7	9	16
301110	于红雨	4	3	4	3	3	0	3	3	3			0		6	8	14
301111	王飞	3	3	5	5	4	0	0	0	0			0		6	8	14
301112	董宗浩	3	5	5	3	5	2	4	4	3			3		9	9	18
301113	杜宗峰	4	4	4	5	5	2	4	4	4			3		8	9	17
301114	张阿宁	3	3	5	3	3	0	4	3	4			0		6	8	14
301115	陈凡	4	5	5	3	5	5	5	4	5			3		10	8	18
301116	孙蕙心	4	3	5	3	5	3	5	4	5			2		9	9	18
301117	郑丽君	4	5	4	5	5	0	5	4	5			3		8	10	18
301118	吕晓宁	4	4	5	5	5	3	4	4	0			3		8	9	17

图 4.139　条件格式设置显示结果

4.3.4　数据的输入

Excel 中常见的数据类型有数字、文本、时间和日期等。

1. 输入数据的方法

(1) 单击要输入数据的单元格,然后直接输入数据。

(2) 双击单元格,单元格内出现插入点光标,即可开始输入,这种方法通常用于修改单元格中的内容。

(3) 首先单击单元格,然后单击编辑栏,可以在编辑栏中编辑或添加单元格中的数据。当用户向活动单元格中输入一个数据时,输入的内容会显示在编辑栏里。

2. 数值型数据的输入

在 Excel 中,当建立新的工作表时,所有单元格都采用默认的“通用”数字格式。在通用格式下,数值型数据可分为整数和实数两种类型,在单元格中输入后为右对齐。正数输入时可省略“+”;负数输入时,或者加负号,或者将数值加上圆括号。例如,−6.09 与

(6.09)同义。输入的数据除了数字 0123456789 外，还包括一些其它符号，如：＋，－，( )，$，%等。

3. 文本型数据的输入

文本是指字母、汉字以及非计算性的数值型数据，默认情况下输入的文本在单元格中以左对齐形式显示。在输入文本型数据时有以下一些规定：

(1) 在输入学号、电话号码等数字形式的文本信息时，必须在第一个数字前先输入一个英文半角状态的单引号“'”，例如“'302030405”或“'010-8836757”。

(2) 只要输入的数值不符合数值型数据的两种类型，如电话号码、公式、日期、时间、逻辑值等，Excel 一律将其视为文本。

(3) 系统默认的单元格的宽度为 8 个字符。在输入的内容超出了单元格的默认宽度时，超出的内容会溢出显示到右边相邻的单元格内，如果右边相邻的单元格内有内容，则按默认宽度显示，但超出单元格宽度的内容仍然存在，此时可在编辑栏中显示完整内容。

4. 日期和时间的输入

如果在单元格中输入 Excel 可识别的日期和时间的格式数据时，单元格的数据格式会自动从“通用”格式转换为相应的“日期”或者“时间”格式。以下是有关日期和时间数据的有关规定：

(1) Excel 将日期和时间视为数值处理，默认情况下也以右对齐方式显示。

(2) 输入日期时，可用“/”或“－”(减号)分隔年、月、日部分。例如，2002/02/12。输入时间时，用“:”(英文半角状态的冒号)分隔时、分、秒。例如 12:40:47。

(3) 如果系统使用 12 小时制显示时间，则需要输入 am(上午)或 pm(下午)。例如 8:00pm。在时间与 pm 之间必须用空格分隔。

(4) 可以在同一个单元格中输入日期和时间，但二者之间必须用空格分隔。

5. 公式的输入与编辑

运用公式可方便地对工作表、工作簿的数据进行统计和分析。公式是由运算符和参与计算的运算数组成的表达式。

输入公式必须以符号“＝”开始，然后紧跟公式的表达式。

例如，求第一个学生的成绩总和时要输入公式：“＝C5＋D5＋E5＋F5＋J5＋K5”。

6. 相同数据的输入

要在同一行或同一列中输入相同的数据，只要选中此行或此列第一个数据所在的单元格，使用鼠标拖动填充柄至合适的位置后松开，就可以得到一行或一列相同数据。

7. 序列数据的输入

在工作中，经常需要输入一系列的日期、数字或文本。例如，要在某列上输入序列号，如 1，2，3，…等；或者填入一个日期序列，如“一月、二月、三月”等，此时可以使用 Excel 提供的序列填充功能来快速完成此类数据的输入。

(1) 利用鼠标填充序列号。

选定要生成序列数据的第一个单元格，并输入起始序号。然后按下 Ctrl 键，拖动填充柄，这时在鼠标旁出现一个小＋号以及随鼠标移动而变化的数字标识，当数字标识与需要的最大序列号相等时，松开 Ctrl 键和鼠标即可，如图 4.140 所示。

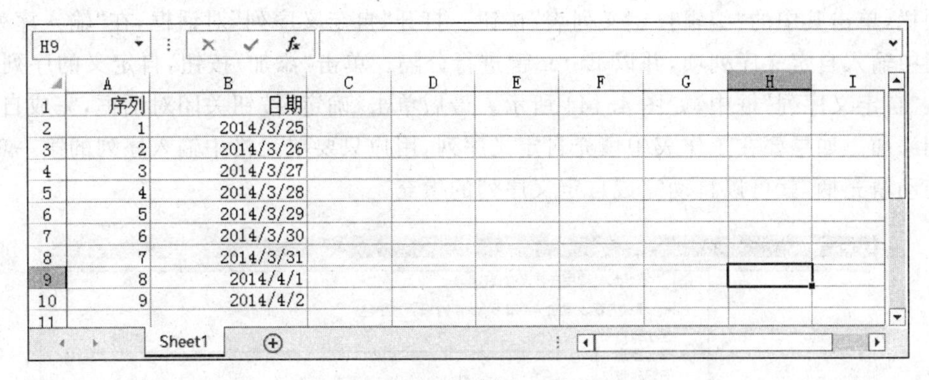

图 4.140　填充序列数据

提示：当输入有序的日期数据时，则拖动填充柄时不需按下 Ctrl 键。

(2) 利用鼠标填充序列数据。

首先按照序列的规律在第一个和第二个单元格中输入序列的第一个和第二个数据，如输入 1、3。然后选定这两个单元格，并将鼠标指向填充柄。按下鼠标左键并拖动填充柄，当到达目标单元格时，松开鼠标左键，即可完成序列数据填充，如 1、3、5、7、9、11、……。

(3) 利用"序列"对话框填充序列数据。

首先选定要生成序列数据的第一个单元格。输入起始值，如输入 12，并选定要填充序列的单元格区域。然后在开始选项卡中单击选择"编辑"选项组中"填充"按钮右侧的下三角按钮，在下拉列表中选择"序列"命令，如图 4.141 所示。在打开的"序列"对话框中设置步长值，单击"确定"按钮关闭对话框，如图 4.142 所示，即可按照设定的步长在选定的单元格中填充数字。

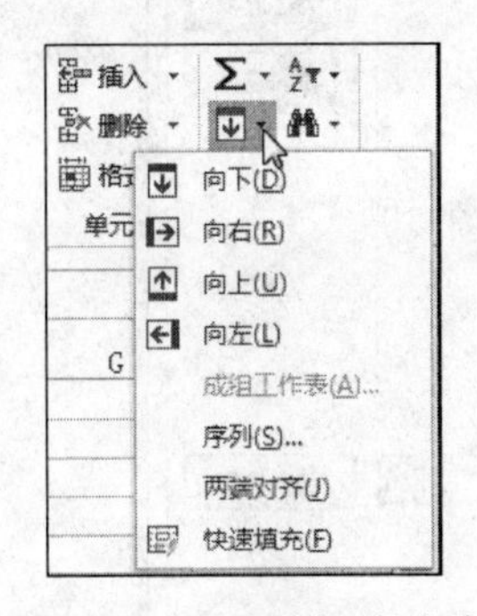

图 4.141　选择"序列"命令

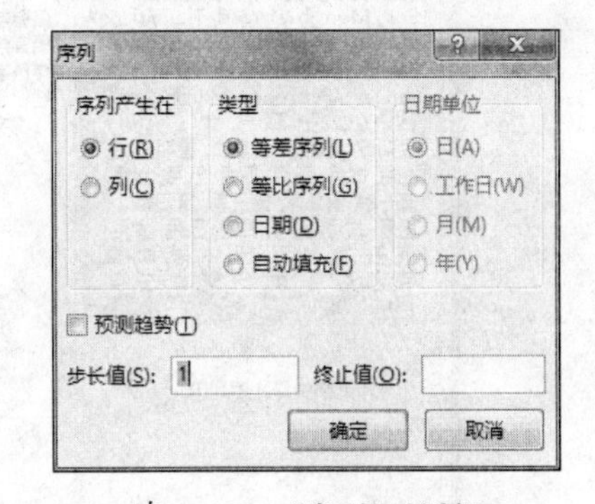

图 4.142　"序列"对话框

(4) 创建自定义填充序列。

自动填充只能填充系统中已有的序列数据，而在日常工作中经常会遇到需要频繁输入一些系统中没有的序列数据。在这种情况下，用户可以定义自己的序列，实现自定义序列的填充。具体操作方法如下：

单击“文件”标签，在左侧窗格的列表中单击“选项”命令，弹出“Excel选项”对话框，如图4.143所示。在左侧列表中单击“高级”命令，并拖动右侧的垂直滚动条找到“常规”选项栏，单击其中的“编辑自定义列表”按钮。打开“自定义序列”对话框，在“输入序列”文本框中输入自定义序列项，并以Enter键进行分隔。单击“添加”按钮，自定义的序列将出现在“自定义序列”框中，如图4.144所示。最后单击“确定”按钮关闭对话框，完成自定义序列添加。如果要在工作表中填充自定义序列，用户只要单元格中输入序列的第一项，然后拖动填充柄，就可以自动完成自定义序列的填充。

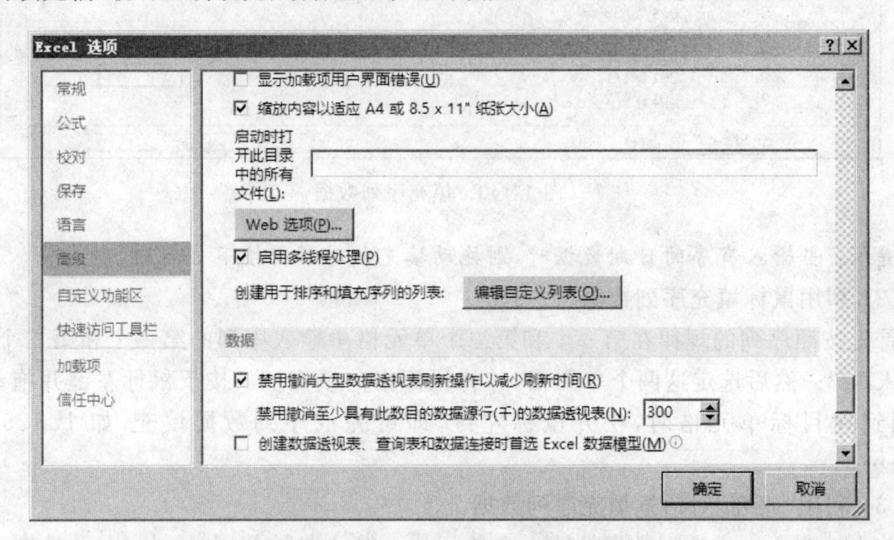

图4.143 “Excel选项”对话框

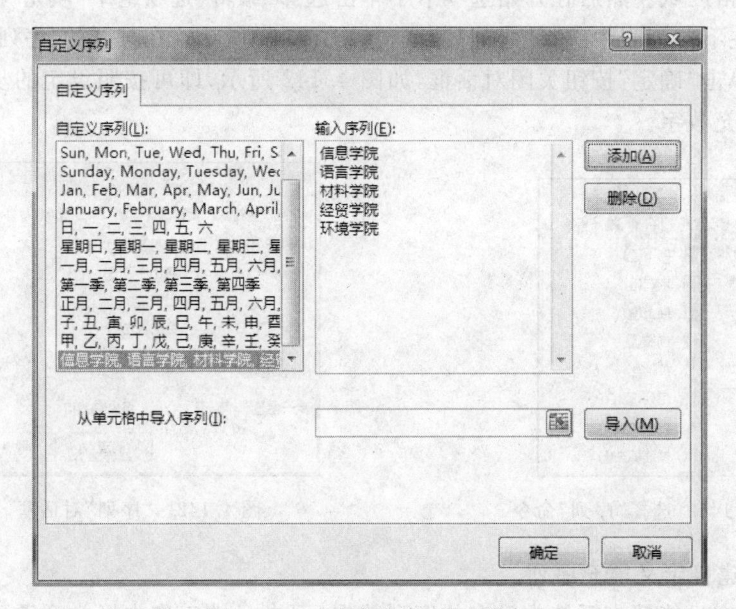

图4.144 “自定义序列”选项卡

4.3.5 数据的格式化

Excel 工作表往往包含大量的数据，其中包括数值、货币、日期、百分比、文本和分数等类型。不同类型的数据在输入时会有不同的方法，为了方便输入，同时使相同类型的数据具有相同的外观，需要对单元格数据进行格式化。下面将介绍不同类型数据在输入时进行格式化的设置方法。

1. 设置数据格式

默认情况下，在单元格中输入数据时，Excel 会自行判断该数据的类型，并根据其类型对数据进行格式化。例如，当输入 $ 12345 时，Excel 会将其格式化成 $ 12,345；当输入 1/3 时，Excel 会显示 1 月 3 日，在编辑栏中显示 2014/1/3。但是 Excel 认为适当的格式，有时会与用户需要的格式不一致，例如用户需要以分数形式显示数值，但是 Excel 会将输入的分数以日期的格式显示。此时就需要用户对数据进行格式化，具体操作方法如下。

方法一：使用“数字”组的命令按钮快速设置数据格式。

在“开始”选项卡的“数字”组中，Excel 提供了一些命令按钮，可以完成一些常用数据类型的格式设置，如时间、货币和百分数等。

(1) 选中要设置格式的单元格或区域。

(2) 打开“数字”组的“数字格式”选择框的下拉列表，选择需要的常用格式按钮，即可完成设置。下拉列表中共提供 12 种常用的格式按钮：常规、数字、货币、会计专用、长日期、短日期、时间、百分比、分数、科学计数、文本、其它数字格式。

方法二：使用“设置单元格格式”对话框设置数据格式。

如果使用方法一中的格式设置无法满足需要，还可以使用“设置单元格格式”对话框进行数据的格式化。

(1) 选中要设置格式的单元格或区域。

(2) 单击“数字”组的“数字格式”选择框下拉列表中的“其它数字格式”命令，或者单击“数字”组的对话框启动器，都可打开“设置单元格格式”对话框。在打开的对话框中选择“数字”选项卡，如图 4.145 所示。

(3) 在“分类”列表框中选择需要的类型。在对话框的右侧窗格中，对选中类型进行详细的设置。最后单击“确定”按钮，即完成格式设置。

2. 自定义数字格式

Excel 内置了大量的数据格式供用户选择使用，但对于一些个性化的格式需求仍然可能无法满足。因此，需要用户自定义数字格式。在 Excel 2013 中，可以使用内置代码编写任意类型的数字格式，以满足个性化格式数据的要求。具体操作方法如下：

(1) 选择要设置格式的单元格或区域。

(2) 单击“数字”组的“数字格式”选择框下拉列表中的“其它数字格式”命令，或者单击“数字”组的对话框启动器，打开“设置单元格格式”对话框。

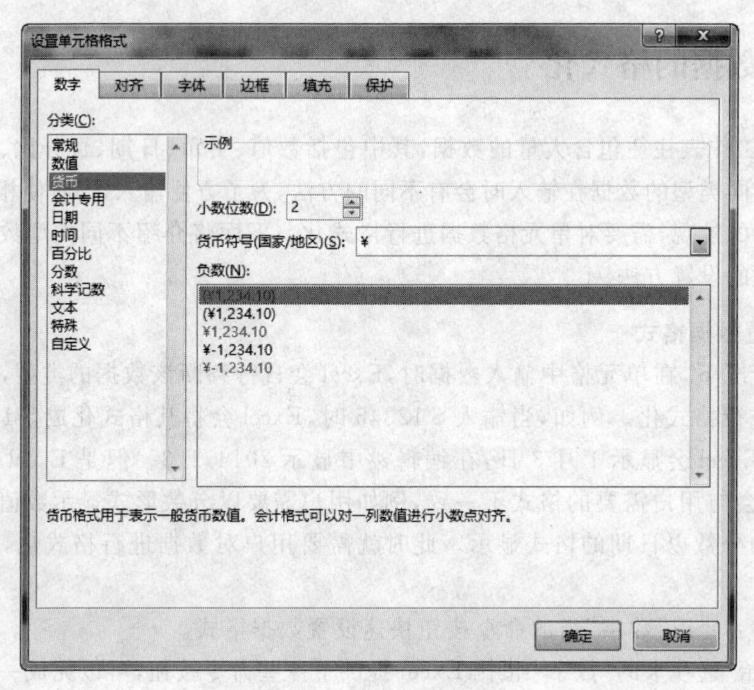

图 4.145 “数字”选项卡

(3) 在“设置单元格格式”对话框中打开“数字”选项卡，并在“分类”列表框中选定“自定义”选项，如图 4.146 所示。

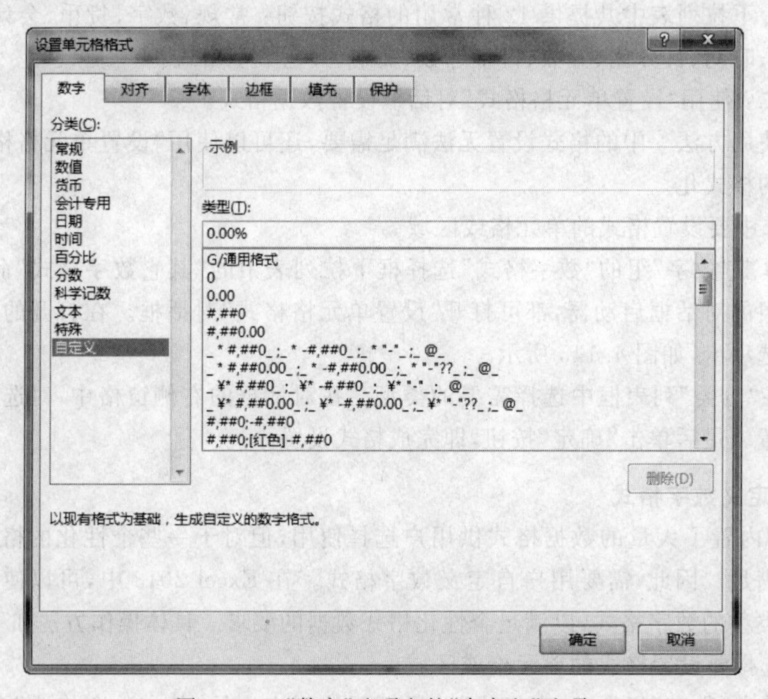

图 4.146 “数字”选项卡的“自定义”选项

（4）在右侧的“类型”文本框中输入数字格式。此时可依据代码规则自行编写新数字格式，或者以内置格式为基础编辑新数字格式。例如在内置格式列表中选择 0.00%，此格式将显示在“类型”文本框中，然后可在该文本框中再次编辑，从而得到新的数字格式 0.0000%。

（5）单击“确定”按钮关闭对话框。此时，被选单元格中的数据将按照自定义格式显示，例如单元格中的数据为 1，则显示 100.0000%。

提示：(1)在 Excel 自定义数字格式所使用的代码中，“#”为数字占位符，表示只显示有效数字，而不显示无意义的 0；“0”为数字占位符，当数字比代码数量少时显示无意义的 0，并且数值按固定的位数显示；“?”为数字占位符，表示在小数点两侧增加空格以使列中的小数点对齐；“_”表示留出与下一个字符等宽的空格；“*”表示重复下一个字符来填充列宽。“@”为文本占位符，表示引用输入的字符；“[蓝色]”为颜色代码，用于更改数据的颜色。(2)数字格式最多可包含四个代码部分，各个部分用分号分隔。这些代码部分按先后顺序定义正数、负数、零值和文本的格式。自定义数字格式中无须包含所有代码部分。如果仅为自定义数字格式指定了两个代码部分，则第一部分用于正数和零，第二部分用于负数。如果仅指定一个代码部分，则该部分将用于所有数字。如果要跳过某一代码部分，则使用分号代替该部分即可。

4.3.6 公式和函数

4.3.6.1 单元格地址的引用方式

单元格作为一个整体，以单元地址的描述形式参与运算，称为单元格引用。通过引用，可以在公式中使用不同单元格中的数据，或者在多个公式中使用同一单元格中的数据，还可以使用工作簿中不同工作表的单元格数据。

默认情况下，Excel 使用“A1”形式的地址描述来引用单元格，即用字母表示列标，用数字表示行号。另一种单元格引用形式为“R1C1”，在这种形式中行号和列标都用数字表示。

若要使用第二种引用形式，可以在“文件”标签栏中单击“选项”命令，在弹出的“Excel 选项”对话框左侧列表中单击“公式”选项，在右侧窗格中的“使用公式”栏中勾选“R1C1 引用样式”，单击“确定”按钮关闭对话框即可，如图 4.147 所示。

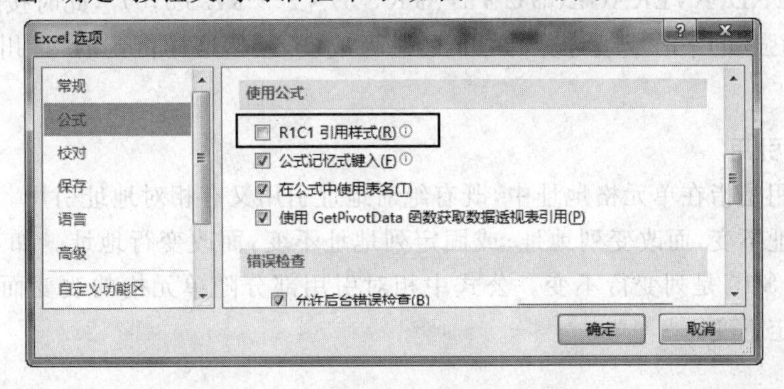

图 4.147 使用 R1C1 引用样式

单元格地址的引用方式有四种：相对引用、绝对引用、混合引用和外部引用。

1. 相对引用

相对引用是指当把一个含有单元格地址的公式复制到一个新的位置时，公式中的单元格地址也随之改变。相对引用一般用字母表示列标，用数字表示行号，例如"=ROUND(SUM(Q17:S17),0)"。

相对引用的单元格地址随单元格改变而改变的特点在工作表的实际应用中非常有效。例如图 4.148 所示的成绩登记表，要在 M5 单元格中计算"师强"的总评成绩，因此选中该单元格，在编辑栏中编辑公式为"=ROUND(AVERAGE(C5:K5)＊2＋L5,0)"，按 Enter 键后 M5 中显示"师强"的总评成绩。接下来，要在 M6 单元格中计算"秦川"的总评成绩，将 M5 的公式复制到 M6 中，则 M6 的公式自动变为"=ROUND(AVERAGE(C6:K6)＊2＋L6,0)"，按 Enter 键后 M6 中显示"秦川"的总评成绩。使用这种方法可以快速计算出每位同学的总评成绩。

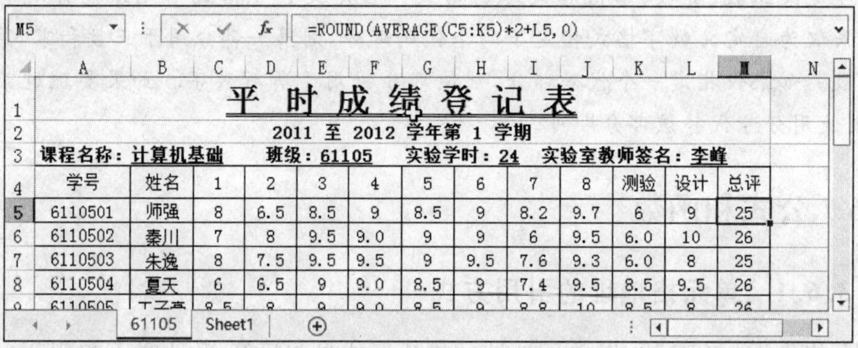

学号	姓名	1	2	3	4	5	6	7	8	测验	设计	总评
6110501	师强	8	6.5	8.5	9	8.5	9	8.2	9.7	6	9	25
6110502	秦川	7	8	9.5	9.0	9	9	6	9.5	6.0	10	26
6110503	朱逸	8	7.5	9.5	9.5	9	9.5	7.6	9.3	6.0	8	25
6110504	夏天	6	6.5	9	9.0	8.5	9	7.4	9.5	8.5	9.5	26

图 4.148 相对地址引用公式

2. 绝对引用

绝对引用是指在把公式复制到新位置时，其中的单元格地址保持不变。设置绝对地址需在行号和列标前面分别加上"$"。例如，将图 4.148 中 M5 单元格的公式改写成"=ROUND(AVERAGE($C$5:$K$5)＊2＋$L$5,0)"，此时"师强"的总评成绩不变。但把 M5 的公式复制到 M6 后，公式中的单元格地址不会发生改变，即 M6 的公式仍然是"=ROUND(AVERAGE($C$5:$K$5)＊2＋$L$5,0)"，此时按 Enter 键后其实是在用"师强"的平时成绩计算"秦川"的总评成绩，显然这样得到的"秦川"的总评成绩是错误的。

3. 混合引用

混合引用是指在单元格地址中，既有绝对地址引用又有相对地址引用。也就是说，可以固定行地址不变，而改变列地址；或固定列地址不变，而改变行地址。如 $F10 是列不变行变，而 F$10 是列变行不变。公式中相对引用部分随单元格的改变而改变，绝对引用部分则固定不变。

4. 外部引用

外部引用是指引用本工作表以外的单元格,可以是同一工作簿其他工作表中的单元格地址,也可以是其他工作簿中的某张工作表中的单元格地址。例如,要在工作表Sheet1的A1单元格的公式中引用工作表Sheet2的B4单元格,则在公式中使用"Sheet2! B4"的格式进行引用。如果要引用另一个工作簿中的单元格,则要在公式中加上路径。例如,要在A1单元格的公式中引用D盘file文件夹下的book2工作簿中的Sheet2工作表的B4单元格,则在公式中使用"'d:\file\[book2.xlsx]sheet2'! b4"的格式进行引用,其中单引号里的是路径部分,其中工作簿名用方括号[]括上,工作表名称与单元格之间用!号分隔。

4.3.6.2 Excel的运算符

运算符用于对公式中的元素进行特定类型的运算。常用的运算符有算术运算符、文本运算符、比较运算符和引用运算符,如表4.5所示。

表4.5 Excel的运算符

类型	符号	说明
算术运算符	+(加)、-(减)、-(负数)、*(乘)、/(除)、%(百分号)、^乘方	
文本运算符	&(文本连接符)	例如:B5中输入公式为"=A2&"大学"&A5",其中A2单元格中输入了"北京",A5单元格中输入了"校长"。B5单元格的结果为"北京大学校长"
比较运算符	=(等于)、<(小于)、>(大于)、<>(不等于)、<=(小于等于)、>=(大于等于)	
引用运算符	:(区域运算符)	对两个引用之间,包括两个引用在内的所有单元格进行引用。例如:SUM(A1:A5)
	,(联合运算符)	将多个引用合并为一个引用。例如:SUM(A2:A5,C2:C5)
	空格(交叉运算符)	表示几个单元格区域所重叠的那些单元格。如:SUM(B2:D3 C1:C4)这两相交区域的共有单元格为C2和C3

4.3.6.3 使用公式

公式是对数据进行分析与计算的等式,使用公式可以对工作表中的数据进行加、减、乘、除等运算。

1. 输入公式

输入公式必须以符号"="开始,然后是公式的表达式。具体操作方法如下:

(1) 单击要输入公式的单元格。

(2) 在编辑栏的输入框中输入公式“=(A2+A3)/2”。其中“=”并不是公式的组成部分,而是系统识别公式的标志。

(3) 如果输入完毕,按下Enter键或单击编辑栏中的“√”按钮。

2. 复制公式

在工作表中可以将公式复制到其他单元格张。在工作表中复制公式的方法一般有两种:在近距离复制公式是可以使用鼠标直接拖到;如果需要远距离复制公式,可以使用功能区中的命令按钮来实现操作。下面具体介绍这两种方法的操作步骤。

(1) 将鼠标指针指向需要复制公式的单元格的右下角。当鼠标指针变为快速填充柄时,按住鼠标左键进行拖动,当到达最后一个单元格后松开鼠标,公式就被复制到拖动鼠标所经过的单元格中,并在这些单元格中显示公式的计算结果。

(2) 在工作表中选择源单元格。打开“开始”选项卡,在“剪贴板”组中单击“复制”按钮。在工作表中选中目标单元格,单击“粘贴”按钮上的下三角按钮,在下拉菜单中选择“公式”选项,此时在选中的单元格中可以预览粘贴公式后的计算结果。

提示: 当公式被复制到目标单元格后,单元格中将显示公式的计算结果,如果需要查看公式,则可以双击该单元格,或者选中该单元格,在编辑栏中进行查看。

3. 命名公式

在Excel的工作表中,可以对经常使用的公式进行命名。在以后的应用中,可以直接使用其名称来引用该公式。命名公式并使用命名公式进行计算的具体操作方法如下:

(1) 命名公式。

① 打开“公式”选项卡,在“定义的名称”组中单击“定义名称”按钮。

② 此时打开“新建名称”对话框,在“名称”文本框中输入公式名称,在“备注”文本框中输入公式的备注信息,在“引用位置”文本框中输入公式、函数或公式所在的单元格地址。完成设置后单击“确定”按钮关闭对话框。例如图4.148中的总评成绩公式“ROUND(AVERAGE(C5:K5)*2+L5,0)”命名为“总评”。

③ 在工作表中选择需要使用公式的单元格,在编辑栏中输入“=总评”。完成后按Enter键确认,公式就被引用,单元格中将显示公式结算结果。

④ 在“定义的名称”组中单击“名称管理器”按钮,打开“名称管理器”对话框。使用该对话框可以创建新的命名公式,并对已有的命名公式进行编辑。

(2) 使用命名公式进行计算。

① 选择需要使用命名公式的单元格,在“定义的名称”组中单击“用于公式”按钮,在下拉菜单中选择“粘贴名称”选项。此时打开“粘贴名称”对话框,在“粘贴名称”列表中选择需要粘贴的名称。

② 单击“确定”按钮关闭“粘贴名称”对话框后,名称就被粘贴在单元格中。此时按Enter键即可引用公式并显示计算结果。

4.3.6.4 使用函数

Excel包含大量的函数,包括数学、财务、统计、文字、逻辑、查找与引用、日期与时间等。这些函数可以直接使用以实现某种功能。直接使用函数可以避免用户花费大量的时间和精力编写、调试需要的公式,从而提高工作效率。因此,函数实际上是Excel内置的公式,其使用具有一定的语法规则。

1. 手动输入函数

在使用函数之前,必须写出该函数。对一些单变量的函数或者一些简单的函数,可以直接在单元格中输入。手动输入函数的方法与在单元格中输入公式的方法相同,即只需先在单元格或编辑框中输入一个"=",然后再输入函数本身。例如,在单元格中输入函数"=COUNT(A5:A20)",其中 COUNT 是函数名,而 A5:A20 是函数的参数,也就是参与计算的数值,参数可以是常量、数组、单元格引用、逻辑值、函数等。

2. 使用函数向导输入

对于一些比较复杂或者参数较多的函数,用户往往不知道正确的函数表达式,此时可以使用函数向导来完成函数的输入。使用函数向导,可以指导人们一步一步地输入一个复杂的函数,避免输入过程中产生输入错误。具体操作方法如下:

(1) 选定要输入函数的单元格。单击编辑栏左侧的"插入函数"按钮 fx,或者在"公式"选项卡中单击"插入函数"按钮。

(2) 此时打开"插入函数"对话框。在"或选择类别"下拉列表中选择需要使用函数的类别,这里选择"常用函数"选项,在"选择函数"列表中选择需要使用的具体函数,完成后单击"确定"按钮,如图 4.149 所示。

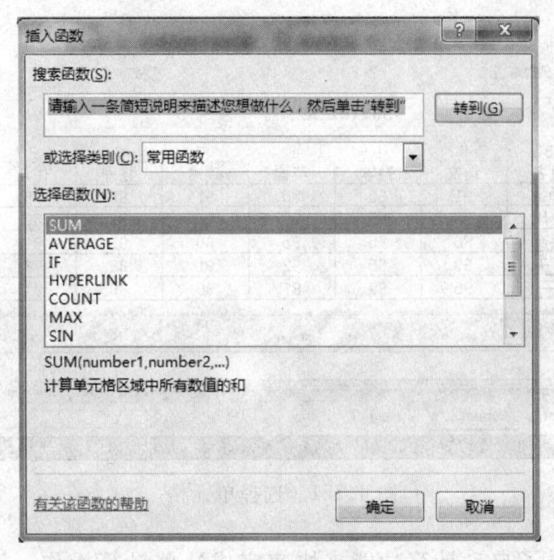

图 4.149 "插入函数"对话框

(3) 此时打开"函数参数"对话框,如图 4.150 所示。单击 Number1 文本框右侧的"参照"按钮,此时文本框被收缩,在工作表中拖动鼠标选择需要参加计算的单元格,如图 4.151 所示。完成参数设置后再次单击"参照"按钮,返回"函数参数"对话框。

(4) 完成函数设置后,单击"确定"按钮关闭"函数参数"对话框,单元格中将显示函数的计算结果。

3. 自动计算

在对数据进行处理时,比较常见的操作是对数据进行求和、求平均值以及求最大最小

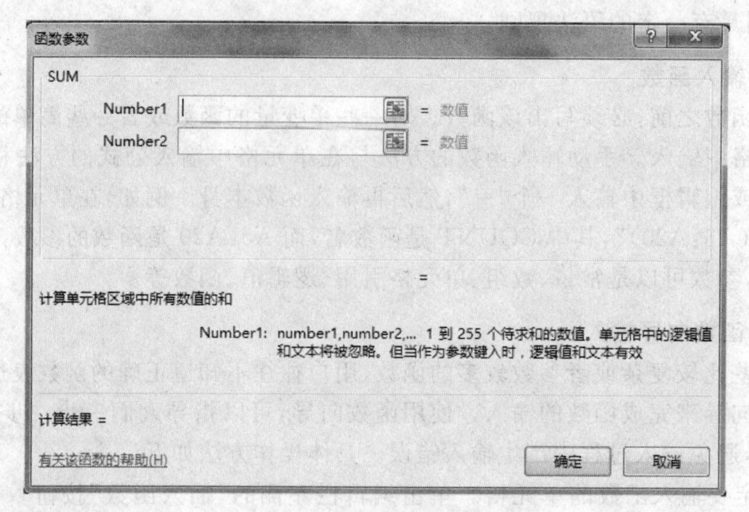

图 4.150 “函数参数”对话框

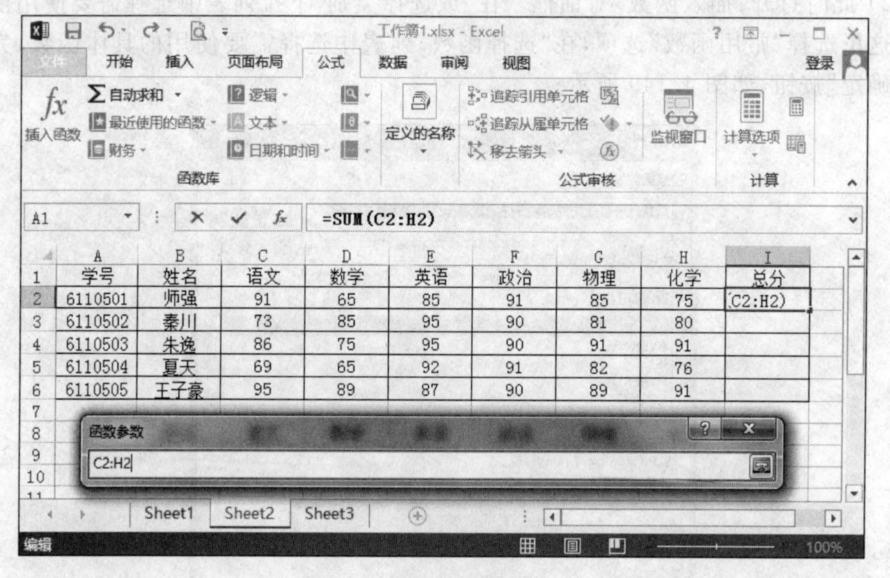

图 4.151 选择单元格

值的计算。Excel 提供了自动计算功能来快速完成这些计算操作。用户在进行这些计算时无须输入参数，即可获得需要的结果。下面以计算平均分为例介绍在工作表中使用自动计算功能的操作方法。

(1) 在工作表中选择放置计算结果的单元格。在“开始”选项卡的“编辑”组中单击“自动求和”按钮的下三角按钮。在下拉列表中选择需要的命令，例如这里选择“平均值”命令。

(2) 此时，Excel 会自动在选中单元格中填充用于求平均值的函数，函数默认对选中单元格上方的数值进行计算。在编辑栏中根据实际需要对函数参数进行设置，这里直接使用函数默认值。按 Enter 键确认，选中单元格中即可显示函数计算结果。

4.3.7 数据的图表化

在 Excel 中,图表是基于数据系列而形成的,它将数据转换为图形图表表示,是数据的直观表现形式,可以使数据更加直观、生动、醒目,易于阅读和理解,可以帮助人们分析数据和比较数据,从而找出事物的规律。

Excel 可以建立两种类型的图表:嵌入式图表和图表工作表。其中嵌入式图表是置于数据工作表中而非独立的图表;而图表工作表是指图表单独放置在另外的工作表中,并将这种工作表称为图表工作表。

1. 图表中的常用术语

(1) 图表区域:整个图表及其包含的元素。

(2) 绘图区:在二维表中,以坐标轴为界并包含全部数据系列的区域。在三维图表中,绘图区以坐标轴为界并包含数据系列、分类名称、刻度线和坐标轴标题的区域。如图 4.152 所示,图中显示了一个二维表中的各个元素。

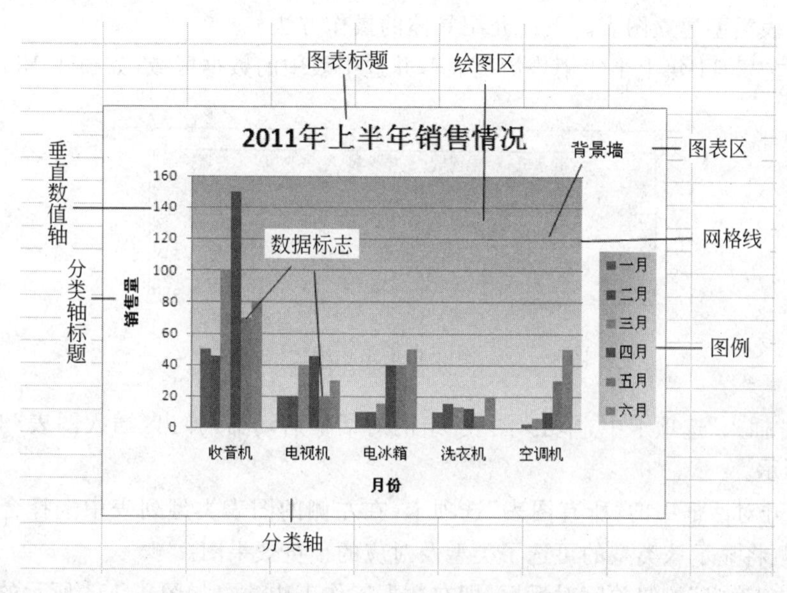

图 4.152 二维图表中的各个元素

(3) 图表标题:是说明性的文本,可以自动与坐标轴对齐或者在图表顶端居中。

(4) 数据点:一个独立的数据部分,是工作表的一个单元格中的数据。Excel 图表是基于这些数据建立起来的。

(5) 数据系列:绘制在图表中的一组相关数据点,来源于工作表中的行或列。图表中的每一个数据系列都具有选定的颜色或图案。

(6) 数据标志:图表中的条形、线条、柱形、面积、圆点、扇区或其它类似符号,来源于工作表单元格的单一数据点或数值。

(7) 坐标轴:分类轴的水平 X 轴和数值轴的垂直 Y 轴。若是三维图,用 Z 轴作为第三个坐标。

(8) 网格线：可添加到图表中以方便查看和计算数据的线条。网格线是坐标轴上刻度线的延伸。

(9) 图例：位于图表中适当位置处的一个方框，内含各个数据系列名。

2. 图表类型

Excel 中提供了 11 种类型图，如柱形图(默认)、条形图、折线图、饼图、XY 散点图、面积图、圆环图、雷达图、曲面图、气泡图、股价图。每种图表类型又包含若干个子类型，如二维图表、三维图表等。

4.3.7.1 图表的建立

图表既可以放在工作表上，也可以放在工作簿的图表工作表上。直接出现在工作表上的图表叫嵌入式图表，而图表工作表是工作簿中仅包含图表的特殊工作表。嵌入式图表和图表工作表都与工作表的数据相链接，并随工作表数据的更改而更新。

在 Excel 中创建图表，首先建立一张包含数据的工作表，然后选中数据区域并选择需要创建的图表类型建立图表。下面介绍具体的操作方法。

(1) 建立“2011 年上半年销售情况表”，并选中表中的数据区域，如图 4.153 所示。

	A	B	C	D	E	F
1	2011年上半年销售情况表					
2		收音机	电视机	电冰箱	洗衣机	空调机
3	一月	50	120	110	110	20
4	二月	45	222	210	115	12
5	三月	34	140	85	213	36
6	四月	150	245	111	112	110
7	五月	70	120	123	78	330
8	六月	80	230	150	120	450
9						

图 4.153　2011 年上半年销售情况表

(2) 在“插入”选项卡中，单击“图表”组的对话框启动器，弹出“插入图表”对话框，如图 4.154 所示。

(3) 打开对话框中的“所有图表”选项卡，在左侧的图表类型列表中选择合适的图表类型，在右侧将显示该类型的可选子类型及对应的预览效果图。

(4)单击“确定”按钮关闭对话框，即在数据工作表中建立如图 4.155 所示的图表。

提示：在图表组中，Excel 2013 提供了 8 种图表类型的插入按钮，因此也可直接单击其中的按钮，选择合适的图表进行建立。

4.3.7.2 编辑图表

1. 修改图表数据

创建图表之后，用户往往由于某种原因需要再次编辑图表数据，以实现对图表的修改。

(1) 添加数据。

建立图表之后，可以向工作表中添加数据序列，操作方法主要有以下两种：

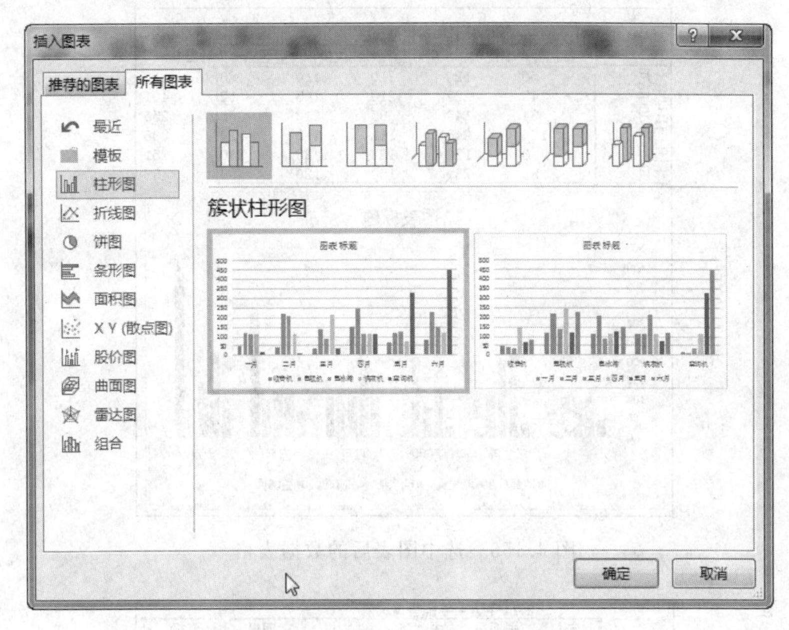

图 4.154 “插入图表”对话框

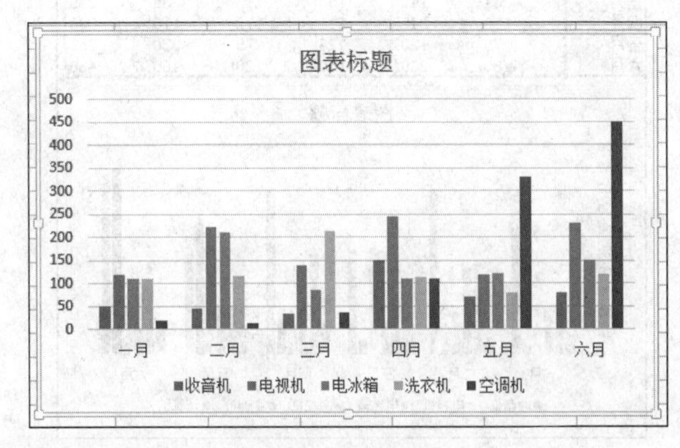

图 4.155 建立的图表

方法一：选中要修改的图表。此时，数据表格中与该图表相关联的不同数据区域将自动添加不同颜色的边框，如图 4.156 所示。此时将鼠标指针指向蓝色边框的右下角，当鼠标指针变成黑色双向箭头时，按下鼠标左键并拖动边框将新数据包含进来，松开鼠标即可完成图表中数据的添加，如图 4.157 所示。

方法二：选中要修改的图表。打开“图表工具”的“设计”选项卡，单击“数据”组中的“选择数据”命令按钮。在弹出如图 4.158 所示的“选择数据源”对话框中，单击“图表数据区域”文本框右侧的“参照”按钮，在数据表格中重新选择数据区域，再次单击“参照”按钮返回对话框，最后单击“确定”按钮关闭对话框即可在图表中添加数据。

(2) 删除数据。

删除图表中的数据序列，可以使用以下操作方法：

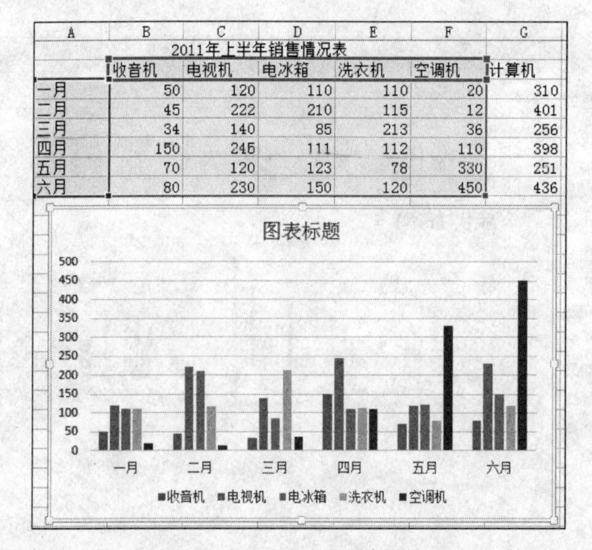

A	B	C	D	E	F	G
2011年上半年销售情况表						
	收音机	电视机	电冰箱	洗衣机	空调机	计算机
一月	50	120	110	110	20	310
二月	45	222	210	115	12	401
三月	34	140	85	213	36	256
四月	150	245	111	112	110	398
五月	70	120	123	78	330	251
六月	80	230	150	120	450	436

图 4.156　选中图表后的数据表格

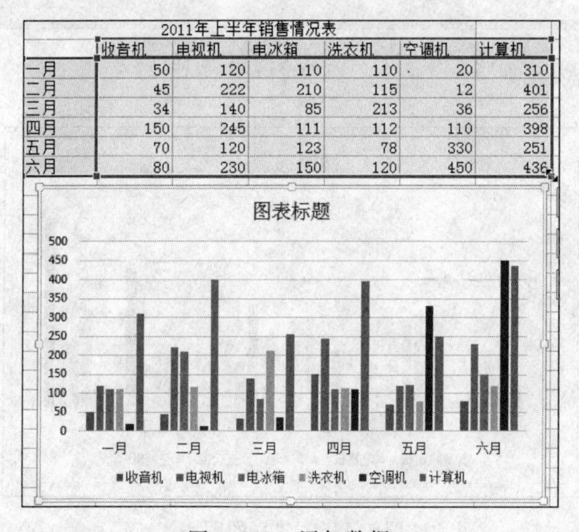

	收音机	电视机	电冰箱	洗衣机	空调机	计算机
2011年上半年销售情况表						
一月	50	120	110	110	20	310
二月	45	222	210	115	12	401
三月	34	140	85	213	36	256
四月	150	245	111	112	110	398
五月	70	120	123	78	330	251
六月	80	230	150	120	450	436

图 4.157　添加数据

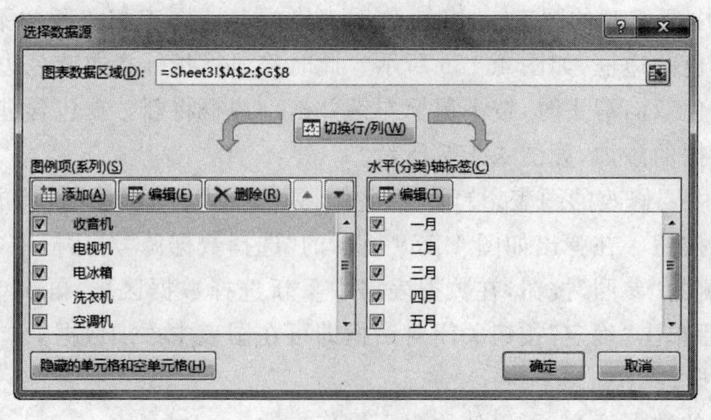

图 4.158　“选择数据源”对话框

首先在“选择数据源”对话框的“图例项(系列)”列表中,选中要删除的数据序列的图例名称,例如要删除洗衣机的销售数据,则选中“洗衣机”图例项。然后单击“删除”按钮,最后单击“确定”按钮关闭对话框即可删除对应的数据序列。

(3) 修改数据。

如果数据表格中的数据有错误,则图表显示的数据也就有错误。此时需要选中有错误的图表,在对应的数据表格中单击含有错误数据的单元格,重新输入正确数据,按Enter键确认后图表中的数据也将随之修改。

2. 添加或修改图表标题

(1) 添加图表标题。

选中图表,打开“图表工具”的“设计”选项卡,单击“图表布局”组中的“添加图表元素”按钮。在下拉列表中选择“图表标题”,并在打开的下一级下拉列表中选择“图表上方”命令。此时,会在图表的上方添加一个文本框,即为该图表的标题,其中默认显示“图表标题”字样,如图4.159所示。

(2) 修改图表标题。

首先单击选中图表标题的文本框,然后在标题文字中间再次单击鼠标,进入文本编辑状态,如图4.159所示。此时删除原有的标题文本,输入替换的新标题文本即可。

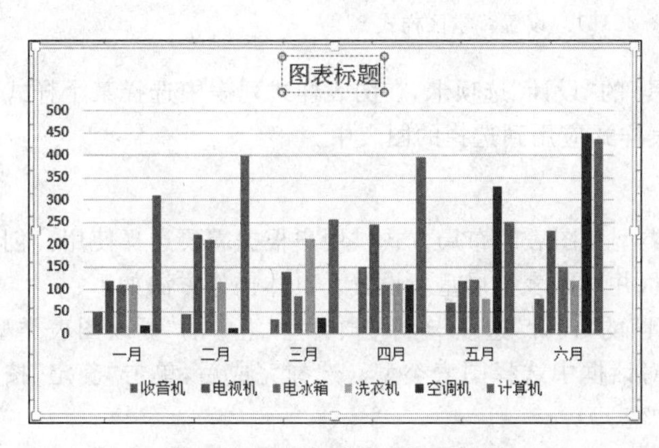

图4.159 添加或修改图表标题

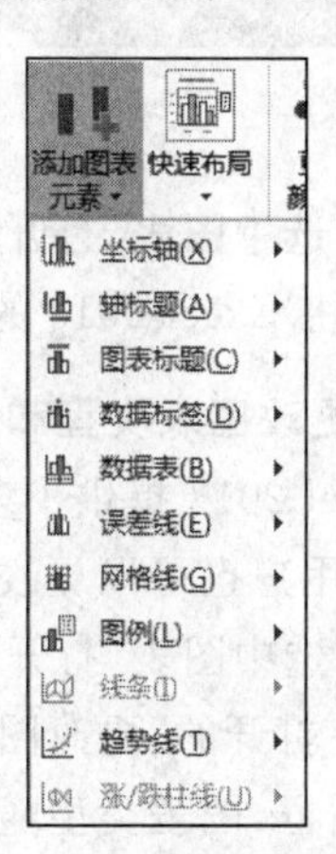

图4.160 “添加图表元素”列表

提示:在“添加图表元素”按钮的下拉列表中提供了所有图表元素的设置选项,如图4.160所示。这些图表元素的设置方法与图表标题相同,因此不再赘述。

3. 设置图表样式

Excel 2013提供了大量预设样式帮助用户快速修改图表外观。下面以设置图表区背景样式、绘图区背景样式和图表样式等为例介绍改变图表外观的方法。

(1) 在图表的背景区单击,打开“图表工具”的“格式”选项卡,单击“形状样式”组中的“其他”按钮,在下拉列表中选择一款形状样式,即可应用到该背景区,如图4.161所示。

(2) 在图表的绘图区单击,在“形状样式”组的样式列表中选择一款样式,即可应用到该绘图区。

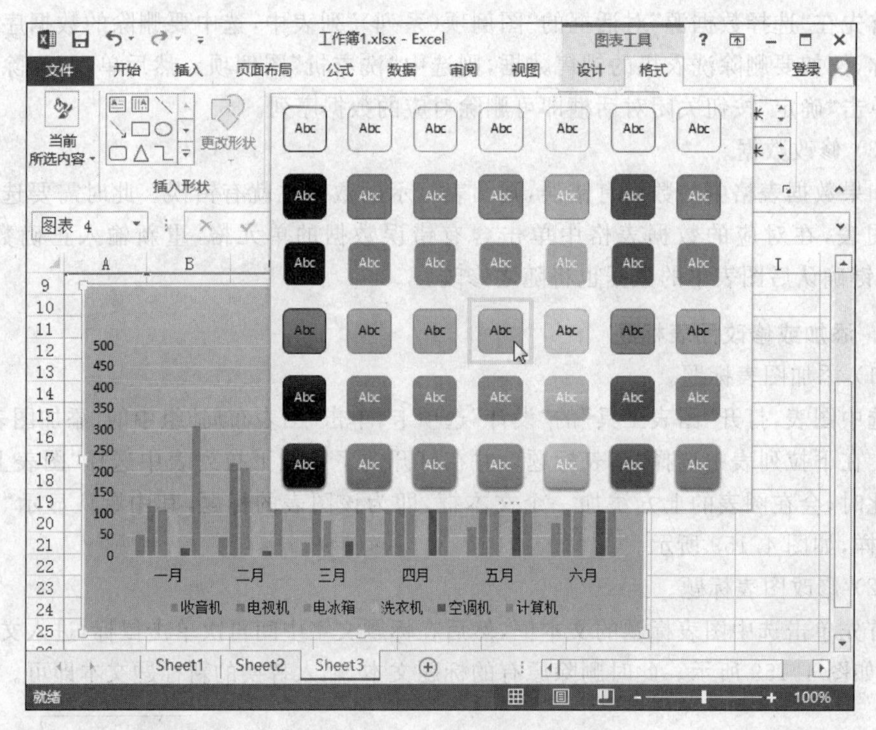

图 4.161　设置背景区样式

(3) 选中图表,打开“图表工具”的“设计”选项卡,在图表样式列表中选择某个样式选项,即可将 Excel 2013 的内置图表样式应用到选择的图表中。

4. 更改图表类型和布局

Excel 2013 提供了多种图表类型和图表的布局方式供用户根据需要选择使用。创建图表后,用户也可以更改图表类型,并对图表布局重新设置。具体操作方法如下:

(1) 选中图表,打开“图表工具”的“设计”选项卡,单击“类型”组中的“更改图表类型”按钮。在打开的“更改图表类型”对话框中选择图表类型。选择完成后,单击“确定”按钮关闭对话框,图表类型随之发生改变。

(2) 单击“设计”选项卡的“快速布局”按钮,在下拉列表中单击相应的选项可将该布局应用到图表,此时图表布局发生改变。

4.3.8　数据处理

Excel 2013 是专业的数据处理软件,它不仅能够方便地创建各种类型的表格、图表和进行各种类型的计算,还具有强大的数据分析处理能力。

4.3.8.1　数据的排序

数据排序是指按照一定的规则对数据表中的数据进行整理和排序。排序为数据的进一步处理提供了方便,同时也可有效地帮助用户对数据进行分析。

1. 数据的简单排序

只以单列数据作为排序依据进行的排序称为简单排序。下面介绍对单列数据进行升序或降序排列的方法。

(1) 选择工作表中需要排序的单元格区域。打开“数据”选项卡,在“排序和筛选”组中单击“排序”按钮,如图 4.162 所示。

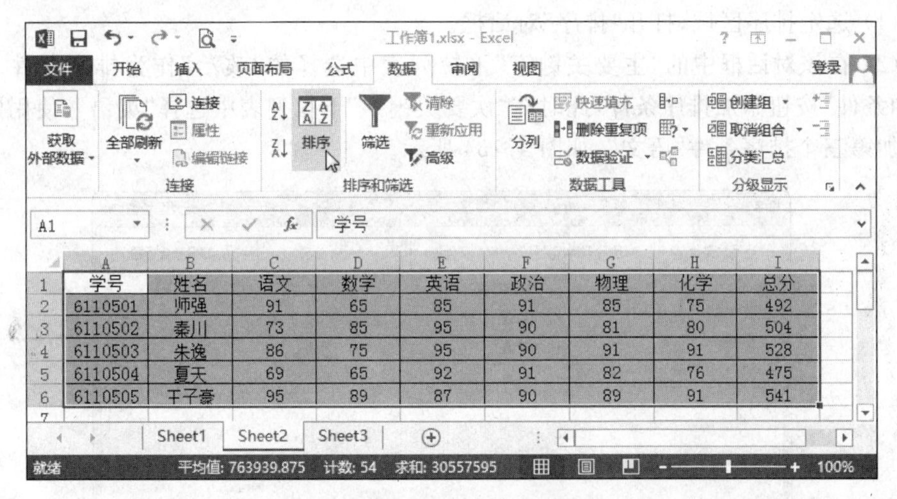

	A	B	C	D	E	F	G	H	I
1	学号	姓名	语文	数学	英语	政治	物理	化学	总分
2	6110501	师强	91	65	85	91	85	75	492
3	6110502	秦川	73	85	95	90	81	80	504
4	6110503	朱逸	86	75	95	90	91	91	528
5	6110504	夏天	69	65	92	91	82	76	475
6	6110505	王子豪	95	89	87	90	89	91	541

图 4.162　单击“排序”按钮

(2) 打开“排序”对话框,在该对话框中的“主要关键字”下拉列表中选择排序关键字,这里选择工作表中的“总分”,在“排序依据”下拉列表中选择排序的依据为“数值”,在“次序”下拉列表中选择以“升序”排列数据,如图 4.163 所示。设置完成后,单击“确定”按钮关闭对话框。

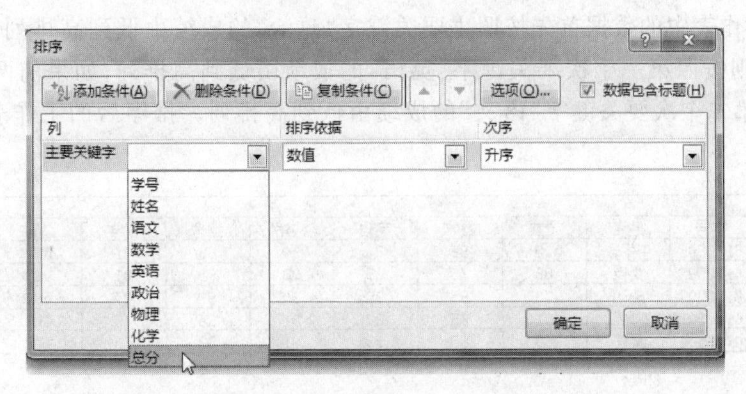

图 4.163　“排序”对话框

(3) 此时工作表中的数据将以总分成绩由小到大进行升序排列。

提示: (1)按某列数据排序,但各行数据(记录)同时变动。(2)若选择的字段是日期型数据,则系统按照日期值的先后顺序排列;若选择的排序字段是字符型,则按照其 ASCII 码值的大小排列。注意汉字默认排序方式是按照其拼音的顺序排列。

2. 数据的复杂排序

在进行简单排序时，是使用工作表中的某列作为排序条件的。如果该列中具有相同的数据，就需要使用多级的复杂排序。例如，当以“政治”字段值进行排序后，发现有三个分数相同的同学，这时可以继续根据“英语”字段值进行排序，依此类推。具体操作方法如下：

(1) 选定排序区域，打开“排序”对话框。

(2) 在该对话框中的“主要关键字”下拉列表中选择的“政治”作为排序条件。单击“添加条件”按钮添加排序条件，此时在“次要关键字”下拉列表中选择“英语”；使用同样方法添加第三个排序条件“语文”，如图 4.164 所示。

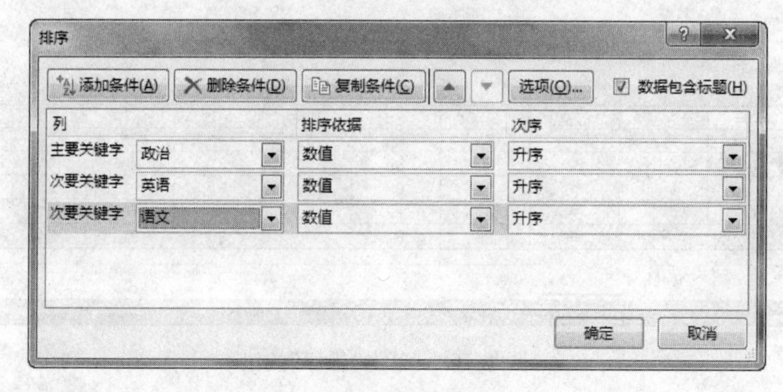

图 4.164　设置复杂排序

(3) 若选定数据区的首行是每列的字段名，则在“排序”对话框中勾选“数据包含标题”复选框。

(4) 设置完成后，单击“确定”按钮关闭对话框。

此时工作表中的数据首先按照主要关键字“政治”的成绩由低到高排列；如果“政治”成绩相同，则按照第一个次要关键字“英语”的成绩由低到高排列；如果前两个成绩都相同，则按照第二个次要关键字“语文”的成绩由低到高排列。排序后的工作表如图 4.165 所示。

	A	B	C	D	E	F	G	H	I
1	学号	姓名	语文	数学	英语	政治	物理	化学	总分
2	6110505	王子豪	95	89	87	90	89	91	541
3	6110503	朱逸	86	75	95	90	91	91	528
4	6110502	秦川	73	85	95	90	81	80	504
5	6110501	师强	91	65	85	91	85	75	492
6	6110504	夏天	69	65	92	91	82	76	475
7									

Sheet1　Sheet2　Sheet3

图 4.165　复杂排序结果

3. 自定义排序

对数据的排序一般是按数值大小，或按英文字母顺序排序。但是如果用户对数据的排序有特殊的要求，也可以自定义排序。

(1) 选择需要排序的单元格区域，打开“排序”对话框。首先将“主要关键字”设置为

“姓名”,然后在“次序”下拉列表中选择“自定义序列”选项,如图 4.166 所示。

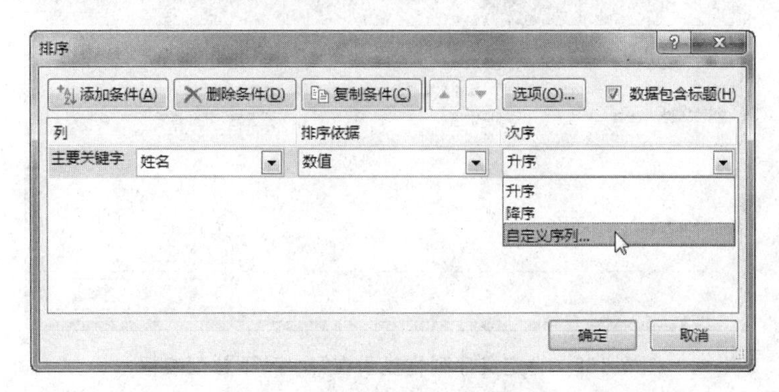

图 4.166 选择“自定义序列”选项

(2) 此时打开“自定义序列”对话框,在对话框的“自定义序列”列表中选择需要使用的“自定义序列”选项,这里选择“新序列”选项。在“输入序列”文本框中输入新的自定义序列,例如序列“王子豪、师强、夏天、秦川、朱逸”。单击“添加”按钮,新序列将被添加到“自定义序列”列表中,如图 4.167 所示。单击确定按钮关闭“自定义序列”对话框,则创建的自定义序列将显示在“排序”对话框的“次序”下拉列表框中,如图 4.168 所示。

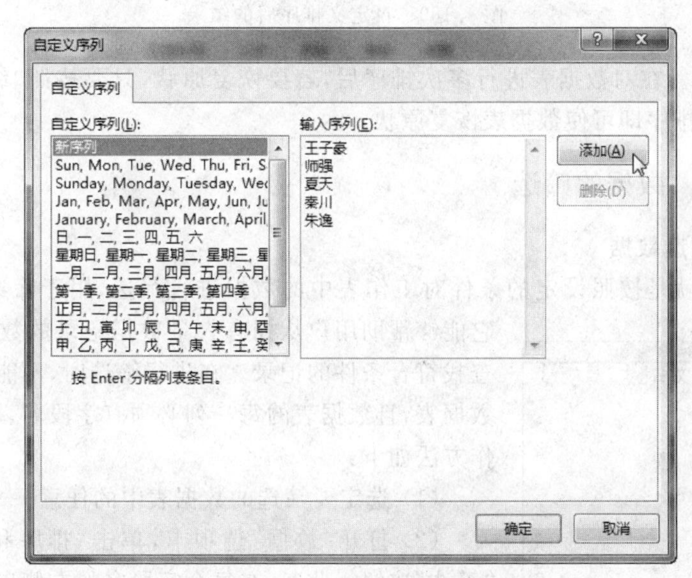

图 4.167 “自定义序列”对话框

(3) 设置完成后,单击“确定”按钮关闭“排序”对话框。此时工作表数据将按照自定义的姓名序列进行排序,如图 4.169 所示。

4. 撤消排序

(1) 在“排序”对话框中,各关键字的下拉列表框中均选“无”,单击“确定”按钮。

(2) 若想将排序后的数据表恢复到排序前,仅通过“撤消”功能有时无法做到。一种有效的方法是排序前在数据表中增加一个名为“编号”的字段,依次为每行数据记录建立

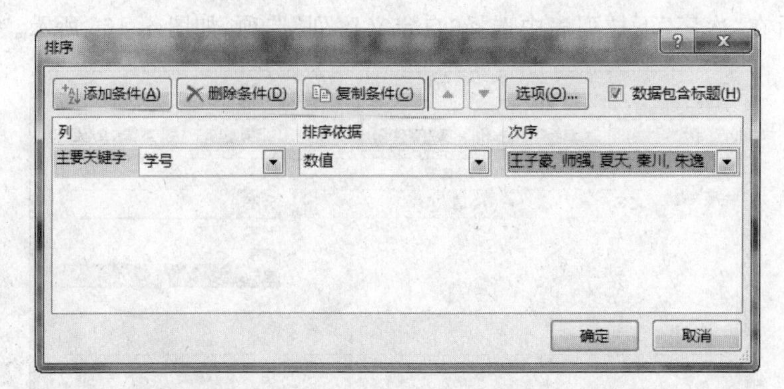

图 4.168　自定义序列将显示在“次序”下拉列表框中

	A	B	C	D	E	F	G	H	I
1	学号	姓名	语文	数学	英语	政治	物理	化学	总分
2	6110505	王子豪	95	89	87	90	89	91	541
3	6110501	师强	91	65	85	91	85	75	492
4	6110504	夏天	69	65	92	91	82	76	475
5	6110502	秦川	73	85	95	90	81	80	504
6	6110503	朱逸	86	75	95	90	91	91	528

Sheet1　Sheet2　Sheet3

图 4.169　自定义排序后的结果

编号 1,2,3,…。在对数据表进行多次排序后,若要恢复原状,只要按照“编号”字段重新进行一次升序排序即可使数据表恢复原状。

4.3.8.2　数据的筛选

1. 自动筛选数据

自动筛选就是按照设定的条件对工作表中的数据进行筛选,用于筛选简单的数据。它能够帮助用户从拥有大量数据记录的数据列表中快速查找符合条件的记录。在进行筛选时,不能同时筛选两张数据表,且数据表的每一列必须有字段名。自动筛选的操作方法如下:

(1) 选定要筛选的数据表中的任意一个单元格。

(2) 打开“数据”选项卡,单击“排序和筛选”组中的“筛选”按钮。此时,在每个字段名的右侧出现一个下三角按钮。

(3) 单击想要筛选的列的下三角按钮,在下拉菜单的“文本筛选”栏中取消勾选“全选”复选框,此时所有姓名选项的选择被取消。勾选需要显示的姓名选项后,如图 4.170 所示,单击“确定”按钮。此时将隐藏没有勾选的姓名所在的数据记录行,而只显示勾选的姓名所在的数据记录行,如图 4.171 所示。

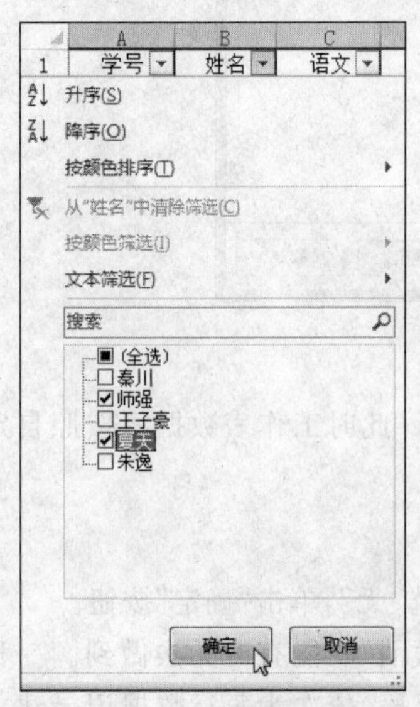

图 4.170　“筛选”学生成绩表

	A	B	C	D	E	F	G	H	I
1	学号	姓名	语文	数学	英语	政治	物理	化学	总分
2	6110501	师强	91	65	85	91	85	75	492
5	6110504	夏天	69	65	92	91	82	76	475

图 4.171　筛选后的学生成绩表

提示：(1)筛选完成后，筛选列的字段名右侧的下三角按钮 ▾ 将变为下三角＋漏斗的形状，表示是依据该列进行的筛选。(2)如果单击某一筛选列字段名右侧的按钮，在下拉菜单中选择“清除筛选”选项，此时可以清除对该列进行的筛选；如果想要一次清除多次筛选结果，则可以单击“数据”选项卡“排序和筛选”组中的“清除”按钮，此时，可以清除所有的筛选结果。

2. 自定义筛选

如果“文本筛选”栏中的选项不能满足用户的筛选需求，则可以使用自定义筛选自行设置筛选的条件，与自动筛选相比具有更大的灵活性。自定义筛选的操作方法如下：

(1) 如自动筛选一样，单击“筛选”按钮，使列标题右侧出现下三角按钮。

(2) 单击“数学”字段名右侧的下三角，在下拉菜单中选择“数字筛选”选项，在下级列表中选中“高于平均值”选项，如图 4.172 所示。

图 4.172　自定义筛选

(3) 此时，将筛选出数学成绩高于平均值的学生成绩记录。

3. 高级筛选

在进行工作表筛选时，如果需要筛选的字段比较多，且筛选的条件比较复杂，使用自动筛选操作比较麻烦，此时可以使用高级筛选来完成符合条件的筛选操作。进行高级筛选时，首先要选定一个单元格区域放置筛选条件，然后以该区域中的条件进行筛选，如图 4.173 所示。

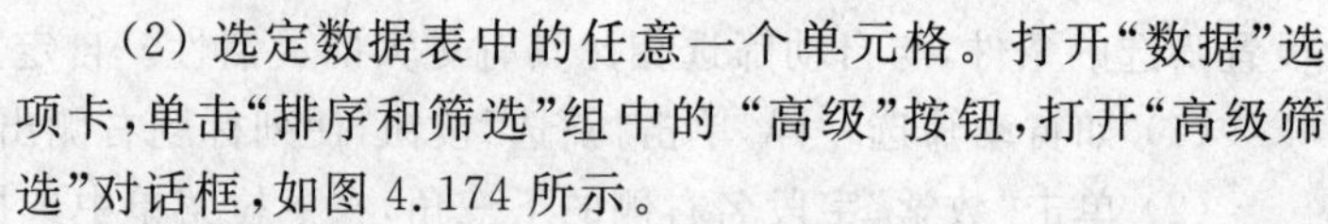

	A	B	C	D	E	F	G	H	I
1	学号	姓名	语文	数学	英语	政治	物理	化学	总分
2	6110501	师强	91	65	85	91	85	75	492
3	6110502	秦川	73	85	95	90	81	80	504
4	6110503	朱逸	86	75	95	90	91	91	528
5	6110504	夏天	69	65	92	91	82	76	475
6	6110505	王子豪	95	89	87	90	89	91	541
7									
8	学号	姓名	语文	数学	英语	政治	物理	化学	总分
9					>90				>500
10									

图 4.173　建立条件区域

使用高级筛选的操作方法如下：

(1) 打开工作表，在工作表中输入筛选条件，如图 4.173 所示。放置筛选条件的条件区域与数据区域之间必须至少留有一个空行，而且添加的筛选条件字段名必须与工作表中的字段名完全相同。

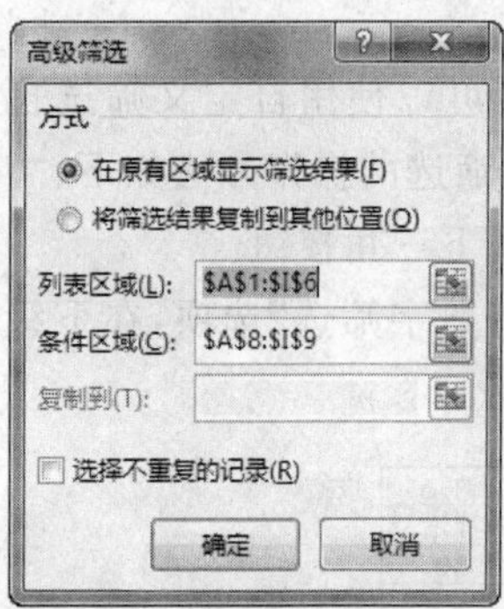

图 4.174　“高级筛选”对话框

(2) 选定数据表中的任意一个单元格。打开“数据”选项卡，单击“排序和筛选”组中的“高级”按钮，打开“高级筛选”对话框，如图 4.174 所示。

(3) 在“方式”选项中选择筛选结果放的位置(本例中选择“在原有的区域显示筛选结果”)；在“列表区域”框中指定要筛选的数据区域；在“条件区域”框中指定条件区域，如图 4.174 所示。

(4) 单击“确定”按钮关闭对话框，则在原数据区域将显示高级筛选的结果，如图 4.175 所示。

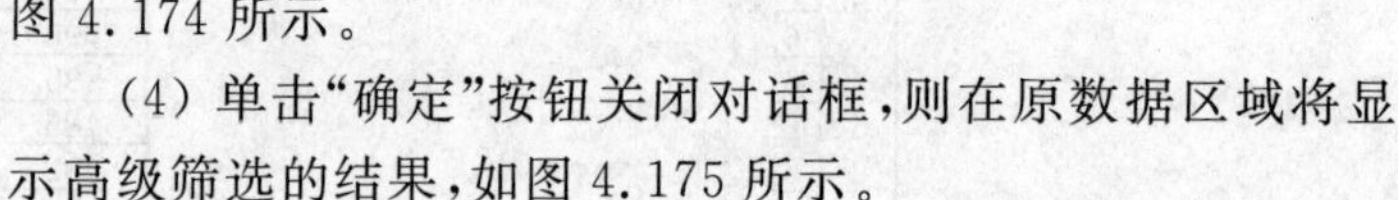

	A	B	C	D	E	F	G	H	I
1	学号	姓名	语文	数学	英语	政治	物理	化学	总分
3	6110502	秦川	73	85	95	90	81	80	504
4	6110503	朱逸	86	75	95	90	91	91	528
7									
8	学号	姓名	语文	数学	英语	政治	物理	化学	总分
9					>90				>500

图 4.175　高级筛选结果

4. 清除高级筛选

单击“数据”选项卡中“排序和筛选”组中的“清除”按钮，即可清除高级筛选，恢复到原始数据表状态。

提示：

(1) 当使用高级筛选时，可以在条件区域中的同一行中输入多重条件，条件之间是“与”的关系。为了使一个记录能够匹配该多重条件，全部条件都必须被满足。例如图 4.175 中的就是一个“与”条件。

(2) 若要建立“或”关系的条件区域时，则将条件放在不同的行中。这时，一个记录只要能满足一个条件，即可被筛选出来。如果要模糊查找，可以用通配符“*”，例如查找姓“刘”的学生，可以在姓名列中输入“刘*”。

(3) “高级筛选”与“自动筛选”的区别有以下两个方面：①“高级筛选”是在多个字段

(列)间设置筛选条件，显示的条件表达式有多个，且在表的条件区域中输入条件表达式。在使用“高级筛选”之前，用户必须建立一个条件区域，而且条件区域的内容也需要用户自行输入。“自动筛选”以单一字段(列)来建立筛选条件，不需用户建立条件区域。②“自动筛选”的条件不影响“高级筛选”的运行和结果。两种方法相互独立。

4.3.8.3 分类汇总数据

分类汇总是对数据列表中的数据进行分析的一种方法，先对数据表中指定字段的数据进行分类，再对同一类记录中的有关数据进行统计。Excel 2013 的分类汇总能够实现创建数据组、在数据列表中显示一级组的分类汇总、在数据列表中显示多级组的分类汇总以及在数据表中执行不同的计算功能。

1. 简单分类汇总

(1) 对需要分类汇总的字段进行排序，排序后相同的记录排在一起。例如，在资金支出明细表中的按“部门”字段进行降序排列，排序结果如图 4.176 所示。

	A	B	C	D	E
1	2012年上半年季度资金支出明细				
2	序号	部门	资金用途	第一季度金额（元）	第二季度金额（元）
3	2	会计室	工资	¥ 13,000.00	¥ 18,000.00
4	4	会计室	工资	¥ 50,000.00	¥ 39,587.00
5	7	会计室	工资	¥ 48,834.00	¥ 51,045.00
6	9	会计室	工资	¥ 98,730.00	¥ 82,367.00
7	1	办公室	员工福利	¥ 8,000.00	¥ 11,023.00
8	3	办公室	差旅费	¥ 6,300.00	¥ 15,312.00
9	5	办公室	差旅费	¥ 36,671.00	¥ 2,358.00
10	6	办公室	员工福利	¥ 4,072.00	¥ 6,398.00
11	8	办公室	员工福利	¥ 2,345.00	¥ 4,102.00
12					

图 4.176 降序排列资金明细表

(2) 选定数据表中的任意一个单元格。打开“数据”选项卡，单击“分级显示”组中的“分类汇总”按钮，出现如图 4.177 所示的“分类汇总”对话框。

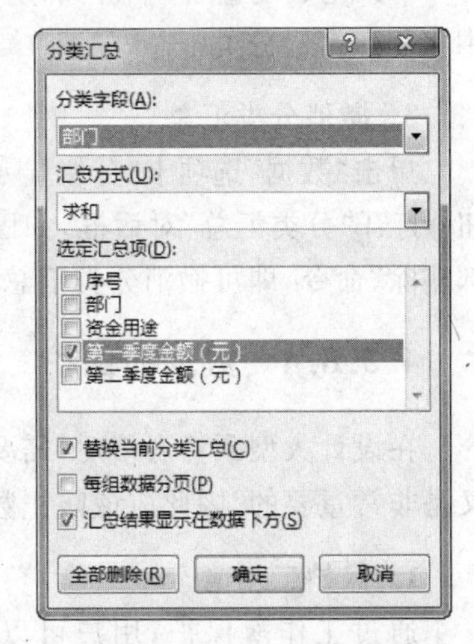

图 4.177 “分类汇总”对话框

(3) 在“分类字段”下拉列表框中，选择排序依据字段，这里选择“部门”；在“汇总方式”下拉列表框中，选择“求和”汇总方式；在“选定汇总项”下拉列表框中，选择汇总对象列，这里选择“第一季度金额(元)”。

(4) 单击“确定”按钮关闭对话框，在工作表中将根据设置创建分类汇总，如图 4.178 所示。

提示：“汇总”方式有求和、平均值、最大值、最小值等。在已生成的汇总结果的左侧将显示分级显示标志，通过单击其折叠、展开“+”、“-”标志，可以选择隐藏记录数据，只显示汇总数据，使汇总结果更加醒目。

	A	B	C	D	E
1	2012年上半年季度资金支出明细				
2	序号	部门	资金用途	第一季度金额（元）	第二季度金额（元）
3	2	会计室	工资	¥ 13,000.00	¥ 18,000.00
4	4	会计室	工资	¥ 50,000.00	¥ 39,587.00
5	7	会计室	工资	¥ 48,834.00	¥ 51,045.00
6	9	会计室	工资	¥ 98,730.00	¥ 82,367.00
7		会计室 汇总		¥ 210,564.00	
8	1	办公室	员工福利	¥ 8,000.00	¥ 11,023.00
9	3	办公室	差旅费	¥ 6,300.00	¥ 15,312.00
10	5	办公室	差旅费	¥ 36,671.00	¥ 2,358.00
11	6	办公室	员工福利	¥ 4,072.00	¥ 6,398.00
12	8	办公室	员工福利	¥ 2,345.00	¥ 4,102.00
13		办公室 汇总		¥ 57,388.00	
14		总计		¥ 267,952.00	
15					

图 4.178　分类汇总结果

2. 嵌套分类汇总

对一个字段的数据进行分类汇总后，再对该数据表的另一个字段进行分类汇总，即构成了分类汇总的嵌套。嵌套分类汇总是一种多级的分类汇总。

(1) 打开已经分类汇总的工作表，单击数据区域中的任意一个单元格。打开“数据”选项卡，单击“分级显示”组中的“分类汇总”按钮。

(2) 打开“分类汇总”对话框，在“分类字段”下拉列表框中，选择“部门”字段；在“汇总方式”下拉列表框中，选择“求和”汇总方式；在“选定汇总项”下拉列表框中，选择“第二季度金额(元)”，并取消对“替换当前分类汇总”复选框的勾选，如图 4.179 所示。

(3) 完成设置后，单击“确定”关闭对话框，在工作表中将创建多级分类汇总，如图 4.180 所示。

3. 撤消分类汇总

单击“数据”选项卡“分级显示”组中的“分类汇总”按钮，打开“分类汇总”对话框，如图 4.179 所示。单击“全部删除”命令，即可撤消分类汇总。

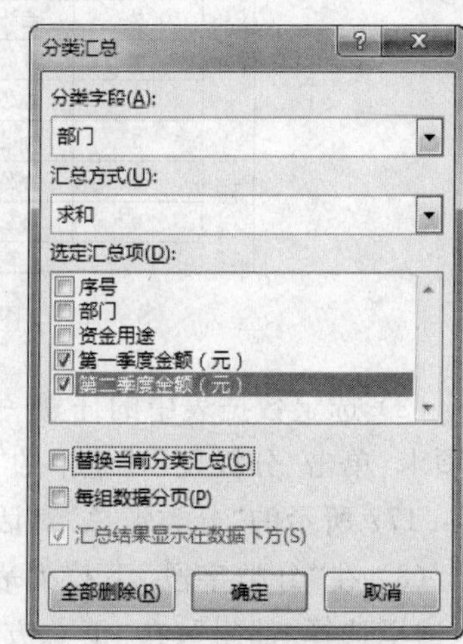

图 4.179　设置多级分类汇总

4.3.8.4　数据的保护

在设计大型预算表格时，需要多人共同参与制作，而工作表的数据对于一个企业来说又是非常重要的，因此应该防止数据被人任意阅读或更改。

1. 保护工作簿

通过工作簿保护，用户可以锁定工作簿的结构，这样可以有效地防止别人在工作簿中任意添加或删除工作表，禁止其他人更改工作表窗口的大小和位置。具体操作

	A	B	C	D	E
1	2012年上半年季度资金支出明细				
2	序号	部门	资金用途	第一季度金额（元）	第二季度金额（元）
3	2	会计室	工资	¥ 13,000.00	¥ 18,000.00
4	4	会计室	工资	¥ 50,000.00	¥ 39,587.00
5	7	会计室	工资	¥ 48,834.00	¥ 51,045.00
6	9	会计室	工资	¥ 98,730.00	¥ 82,367.00
7		**会计室 汇总**		¥ 210,564.00	¥ 190,999.00
8		**会计室 汇总**		¥ 210,564.00	
9	1	办公室	员工福利	¥ 8,000.00	¥ 11,023.00
10	3	办公室	差旅费	¥ 6,300.00	¥ 15,312.00
11	5	办公室	差旅费	¥ 36,671.00	¥ 2,358.00
12	6	办公室	员工福利	¥ 4,072.00	¥ 6,398.00
13	8	办公室	员工福利	¥ 2,345.00	¥ 4,102.00
14		**办公室 汇总**		¥ 57,388.00	¥ 39,193.00
15		**办公室 汇总**		¥ 57,388.00	
16		**总计**			¥ 230,192.00
17		**总计**		¥ 267,952.00	
18					

图 4.180　多级分类汇总结果

方法如下：

(1) 打开需要保护的工作簿。

(2) 打开“审阅”选项卡，在“更改”组中单击“保护工作簿”按钮。此时“打开保护结构和窗口”对话框，在对话框的“保护工作簿”组中根据需要勾选相应的复选框，确定需要保护的对象。在“密码(可选)”文本框中输入保护密码，如图 4.181 所示。

提示：若选择保护工作簿的“结构”，则在右击工作簿中的工作表标签后弹出的快捷菜单中，“插入”、“删除”、“移动和复制”以及“重命名”等命令无法使用；若选择保护工作簿的“窗口”，则该工作簿中的工作表的“还原窗口”、“关闭窗口”和“窗口最小化”按钮消失。

(3) 单击“确定”按钮，打开“确认密码”对话框。在“确认密码”文本框中重复输入用户设置的密码值后，单击“确定”按钮，完成保护工作簿的设置。

2. 撤消工作簿保护

打开“审阅”选项卡，单击“更改”组中的“保护工作簿”按钮。打开“撤消工作簿保护”对话框，如图 4.182 所示。在对话框中的“密码”文本框中输入正确的密码即可撤消对工作簿的保护。

3. 保护工作表

除了能够对工作簿保护外，还可以对正在使用的工作表进行保护。具体操作方法如下：

(1) 打开要设置保护的工作簿文件，并且使 Sheet1 工作表成为当前工作表。

(2) 单击“审阅”选项卡“更改”组中的“保护工作表”命令。打开“保护工作表”对话框，如图 4.183 所示。

图 4.181 “保护结构和窗口”对话框

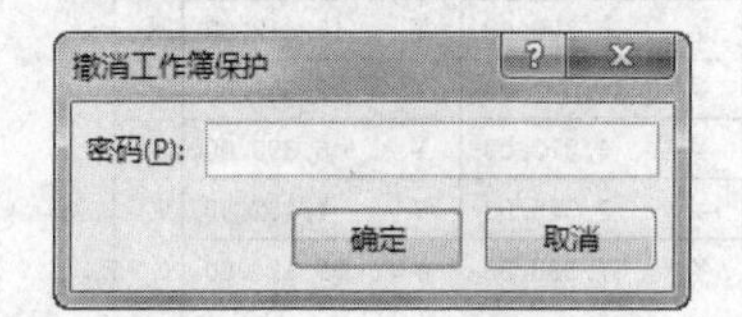

图 4.182 “撤消工作簿保护”对话框

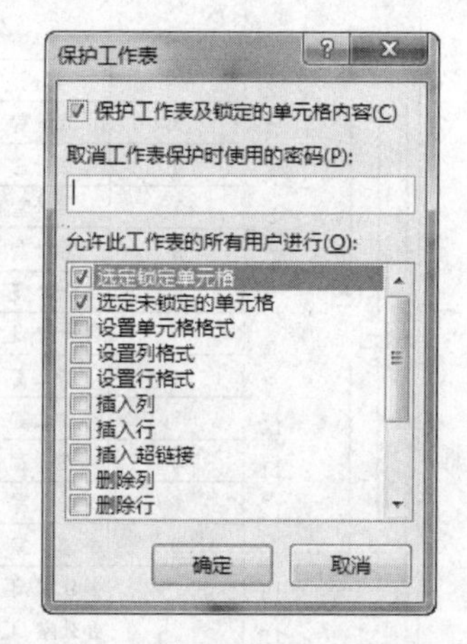

图 4.183 “保护工作表”对话框

(3) 选中“保护工作表及锁定的单元格内容”复选框，然后在“允许此工作表的所有用户进行”列表框中选择允许用户执行的操作，或者撤消禁止操作的复选框。

(4) 在“取消工作表保护时使用的密码”文本框中输入密码。

(5) 单击“确定”按钮关闭该对话框，并在弹出的“确认密码”对话框中再次输入相同的密码，即完成保护工作表的设置。

4. 撤消工作簿保护

如果要取消对工作表和保护，单击“审阅”选项卡“更改”组中的“撤消工作表保护”按钮。若给工作表设置了密码，会出现“撤消工作表保护”对话框，输入正确的密码即可撤消对工作表的保护。

4.3.8.5 数据透视表与数据透视图

数据透视是一种对大量数据快速汇总和建立交叉列表的交互式表格。使用数据透视表可以深入分析数值数据，并发现一些预计不到的数据问题。

数据透视表是针对以下用途特别设计的：以多种友好方式查询大量数据；对数值数据进行分类汇总，按分类和子分类对数据进行汇总，创建自定义计算和公式；展开或折叠要关注结果的数据级别，查看感兴趣区域摘要数据的明细；将行移动到列或将列移动到行，以查看源数据的不同汇总；对最有用和最关注的数据子集进行筛选、排序、分组和有条件地设置格式。

1. 数据透视表的创建

使用数据透视表可以轻松实现排列或汇总复杂数据，同时能方便查看详细信息。下面介绍创建数据透视表的操作方法。

(1) 打开要创建数据透视表的工作表，单击选中数据表中的任意一个单元格。打开“插入”选项卡，单击“表格”组中的“数据透视表”按钮，将打开“创建数据透视表”对话框，如图 4.184 所示。

图 4.184 单击“数据透视表”按钮

(2) 在打开的“创建数据透视表”对话框中，选中“选择一个表或区域”单选按钮，在“表/区域”文本框中输入数据所在单元格区域地址。选中“新工作表”单选按钮，选择在新工作表中创建数据透视表，如图 4.184 所示。完成设置后，单击“确定”按钮关闭对话框。

(3) 此时将打开一张新工作表，并开始数据透视表的创建。在新工作表中将显示数据透视表区域，并在窗口右侧自动打开“数据透视表字段”窗格，如图 4.185 所示。

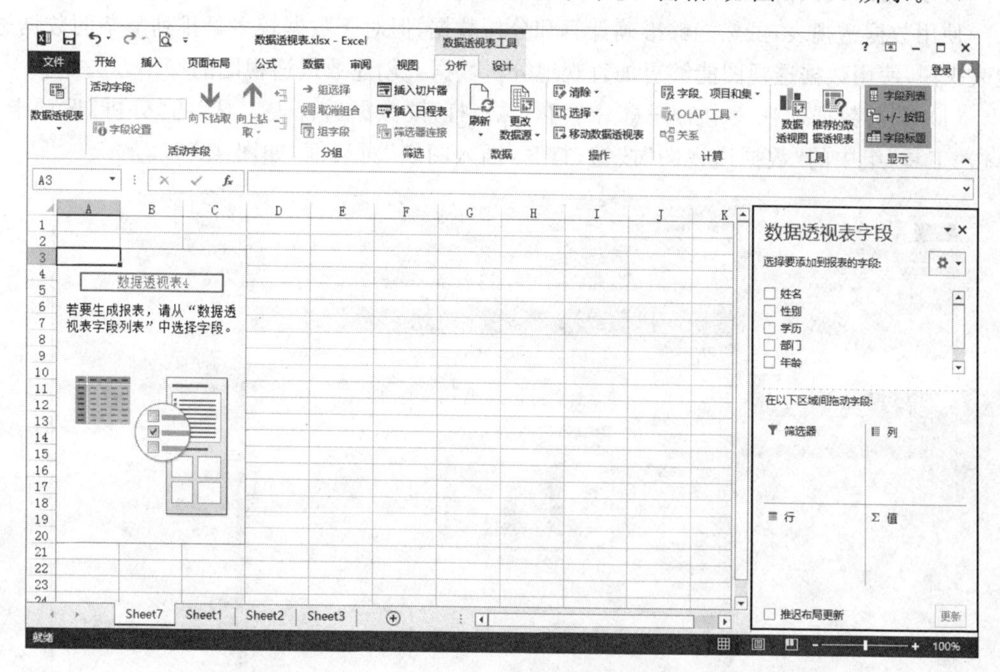

图 4.185 在新工作表中开始创建数据透视表

(4) 在“数据透视表字段”窗格的“选择要添加到报表的字段”列表中拖动其中的选项到窗格下方的不同区域中，即可按照设置自动生成数据透视表的结构，如图 4.186 所示。

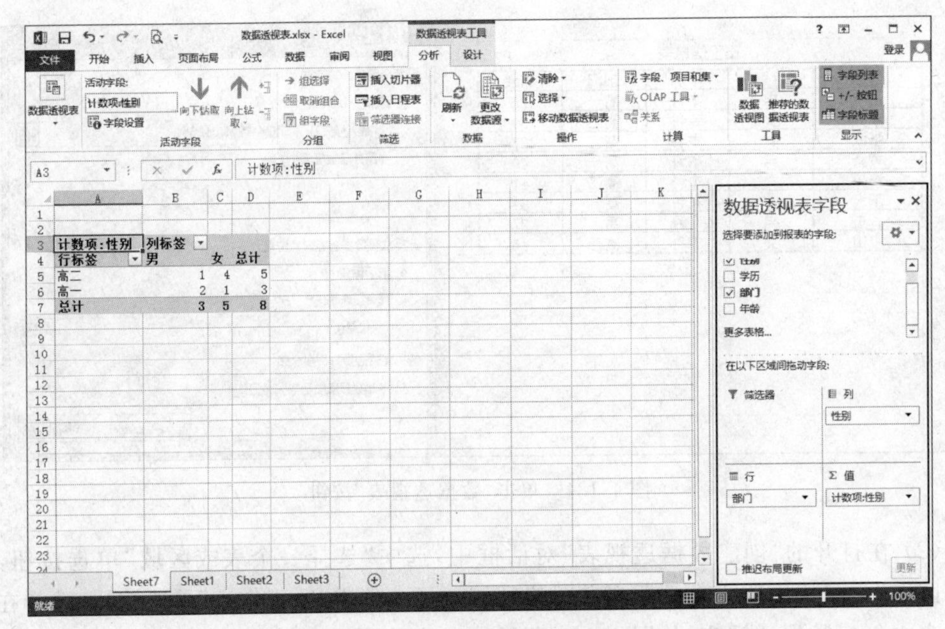

图 4.186　创建数据透视表结构

2. 数据透视图的创建

使用数据透视表，虽然能够准确计算和分析数据，但对于数据较多且排列复杂的数据透视表来说，使用数据透视图能够更加直观地分析数据。创建数据透视图的操作方法如下：

(1) 单击数据透视表中的任意一个单元格，打开“数据透视表工具”的“分析”选项卡，单击“工具”组中的“数据透视图”按钮，打开“插入图表”对话框，如图 4.187 所示。

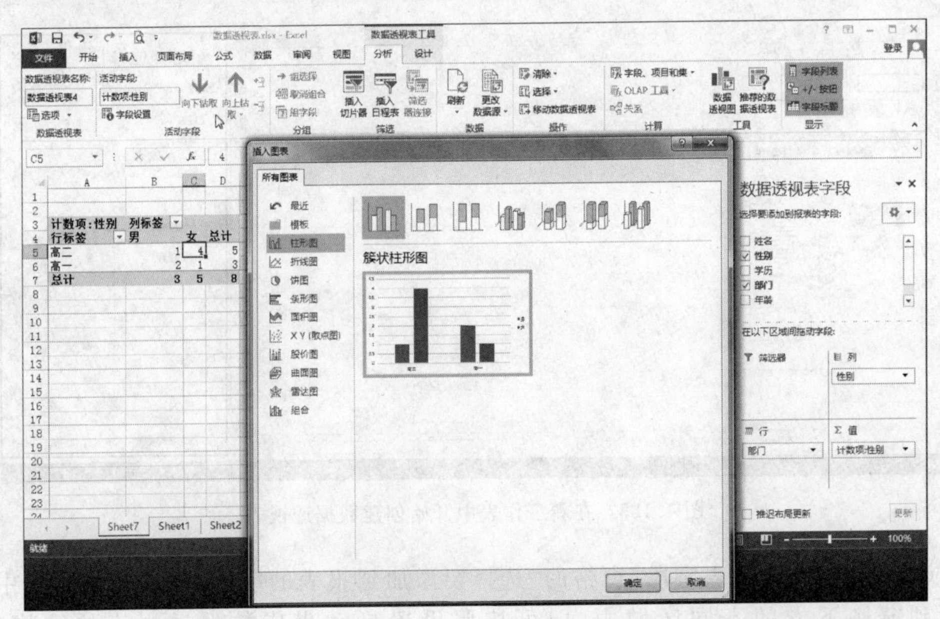

图 4.187　打开“插入图表”对话框创建数据透视图

(2) 在对话框中选择需要插入的图表样式，单击“确定”关闭对话框即可在工作表中插入数据透视图，同时显示“数据透视图字段”窗格，如图 4.188 所示。

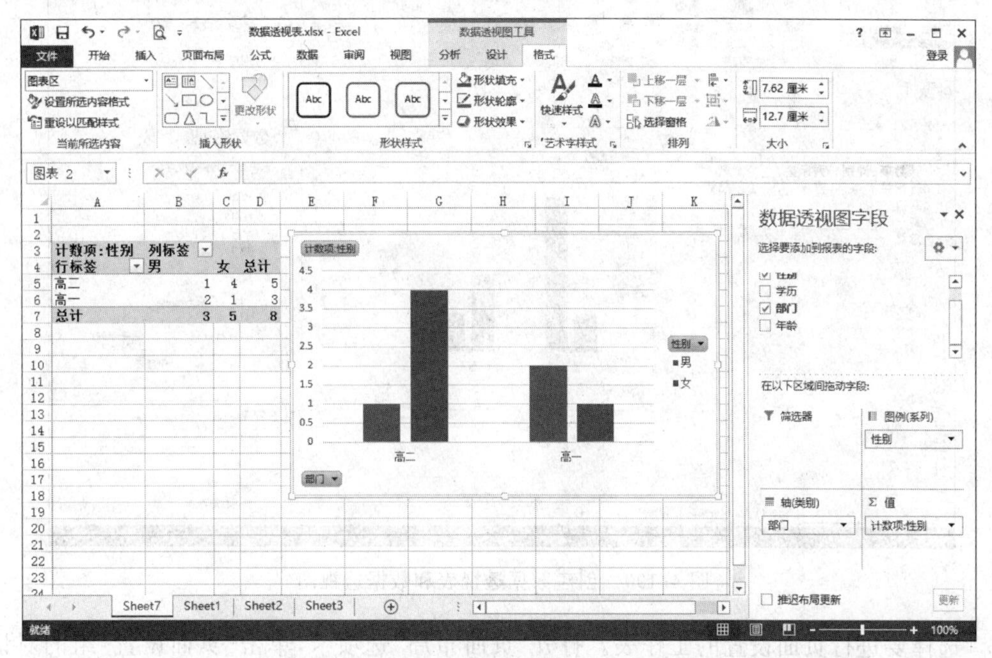

图 4.188　在工作表中插入数据透视图

3. 同时创建数据透视表和数据透视图

(1) 打开“插入”选项卡，单击“图表”组中的“数据透视图”按钮下方的下三角按钮，在下拉列表中选择“数据透视图和数据透视表”命令，如图 4.189 所示。

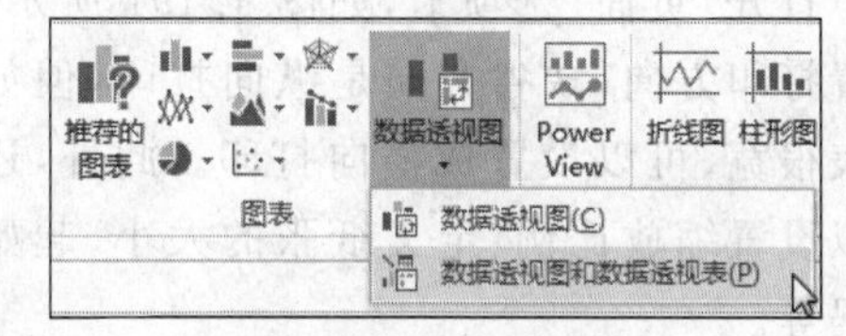

图 4.189　选择“数据透视图和数据透视表”命令

(2) 在打开的“数据透视表”对话框中，选中“选择一个表或区域”单选按钮，在“表/区域”文本框中输入数据所在单元格区域地址。选中“新工作表”单选按钮，选择在新工作表中创建数据透视表。完成设置后，单击“确定”按钮关闭对话框。

(3) 此时在新工作表中将开始创建数据透视表和数据透视图，同时自动打开“数据透视图字段”窗格，在“选择要添加到报表的字段”列表中拖动其中的选项到窗格下方的不同区域中，即可按照设置自动完成数据透视表和数据透视图的创建，如图 4.190 所示。

4.3.9　页面设置与打印

4.3.9.1　页面设置

在打印工作表之前，需要对页面进行设置。页面设置主要包括：纸张的大小、方向(横向打印还是纵向打印)、打印内容在打印纸中的位置等。页面设置的操作方法如下：

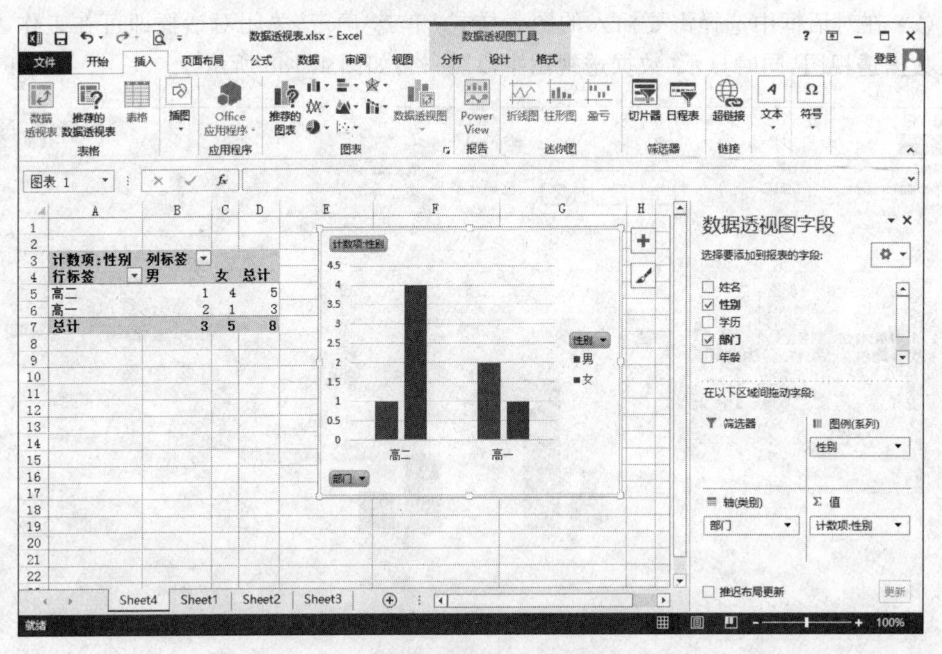

图 4.190　创建数据透视表和数据透视图

选择要进行页面设置的工作表。打开“页面布局”选项卡，单击“页面设置”组的对话框启动器，打开“页面设置”对话框，如图 4.191 所示。

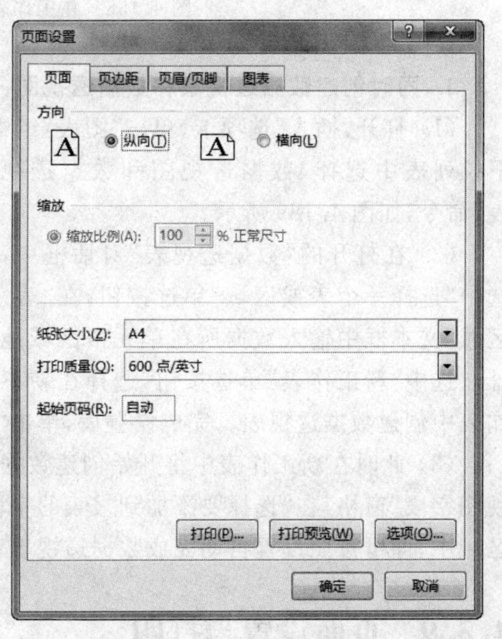

图 4.191　“页面”选项卡

1. 设置页面

打开“页面”选项卡，如图 4.191 所示。设置打印方向，缺省方向是纵向打印，但如果表很宽，可以设置成横向打印。此外，还可以设置缩放比例、定义纸张的大小、起始页码等。

2. 调整页边距

打开“页边距”选项卡，如图 4.192 所示。包括 6 项数据，分别表示文本边界距离页面的上边界、下边界、左边界、右边界、顶部上边界、底部下边界的距离。

3. 设置页眉/页脚

打开“页眉/页脚”选项卡，如图 4.193 所示。“页眉/页脚”允许给打印页面添加页眉和页脚。如果想更改页眉/页脚的设置，可以单击“自定义页眉”和“自定义页脚”按钮来进行设置。

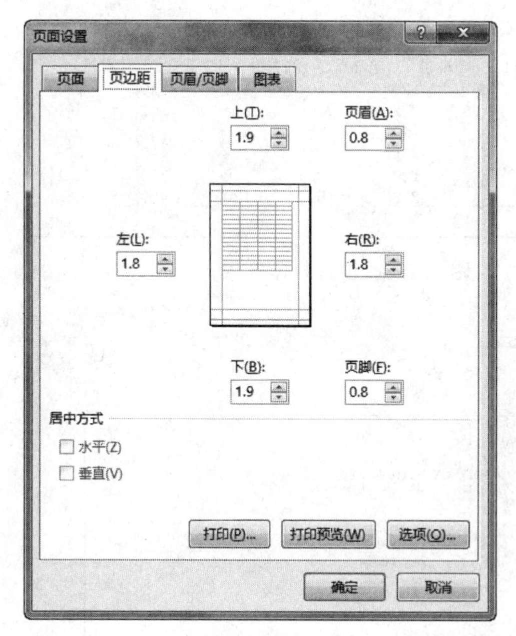

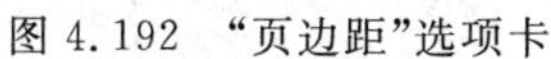
图 4.192 “页边距”选项卡

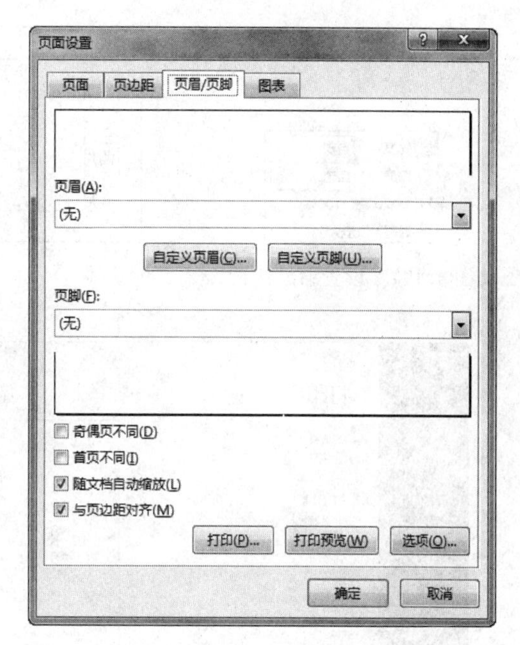

图 4.193 “页眉/页脚”选项卡

4.3.9.2 设置缩放比例

打印工作表时，有时需要将多页内容打印到一页中，此时可以通过拉伸或收缩工作表的实际尺寸来打印工作表。具体操作方法如下：

打开需要缩放打印的工作表，在“页面布局”选项卡的“调整为合适大小”组中将“宽度”和“高度”设置为“自动”。在“缩放比例”增量框中输入数值，设置缩放比例，如图 4.194 所示。设置完成后，可以通过打印预览查看打印效果。

需要说明的是，如果需要缩放打印工作表，“调整为合适大小”组中的“宽度”和“高度”必须设置为“自动”。

4.3.9.3 设置打印区域

在某些情况下，只需要打印工作表中的部分单元格区域。此时，需要对打印区域进行设置，具体操作方法如下：

首先打开工作表，在工作表中选择需要打印的单元格区域。然后在“页面布局”选项卡的“页面设置”组中单击“打印区域”按钮，在下拉列表中选择“设置打印区域”选项。此时所选单元格区域会被灰色实线框环绕，实线框中的区域就是设置的打印区域，如图 4.195 所示。设置完成后，可以通过打印预览查看打印效果，如图 4.196 所示。

4.3.9.4 设置打印标题行

为了便于阅读文档，在打印时可以在各页上打印标题行。具体操作方法如下：

首先打开需要打印的工作表，然后在“页面布局”选项卡的“页面设置”组中单击“打印

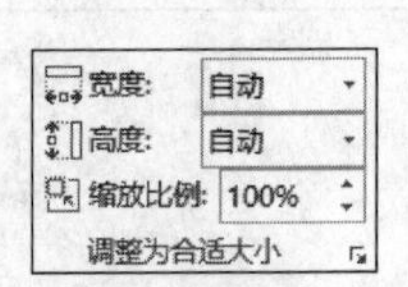

图 4.194　设置缩放比例

2011年上半年销售情况表						
	收音机	电视机	电冰箱	洗衣机	空调机	计算机
一月	50	120	110	110	20	310
二月	45	222	210	115	12	401
三月	34	140	85	213	36	256
四月	150	245	111	112	110	398
五月	70	120	123	78	330	251
六月	80	230	150	120	450	436

图 4.195　设置打印区域

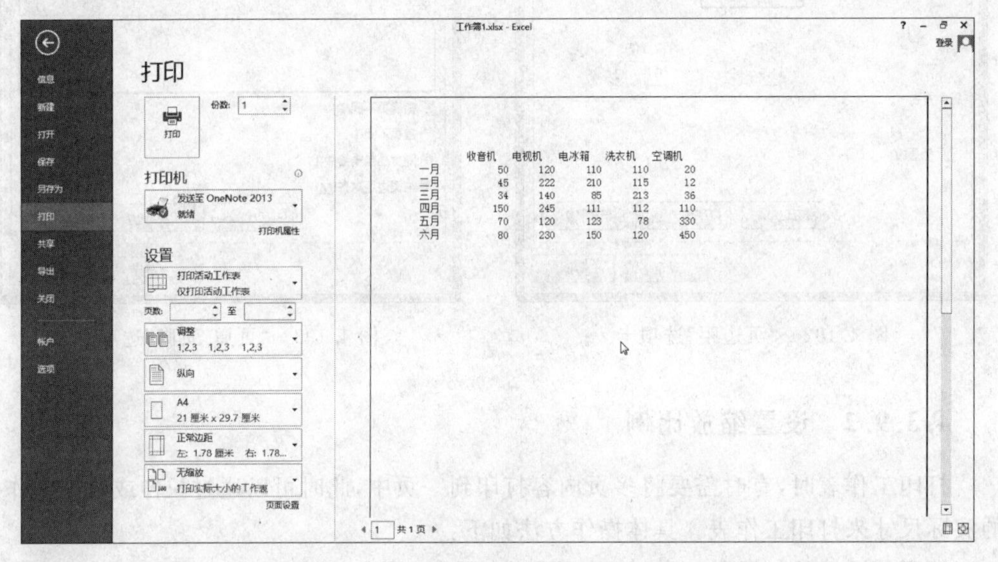

图 4.196　设置打印区域后的打印预览效果

标题”按钮。在打开的“页面设置”对话框的“工作表”选项卡，在“顶端标题行”文本框中输入需要作为标题行打印的单元格地址，或使用参照按钮选择作为标题行打印的单元格。设置完成后，可以通过打印预览查看打印效果。

4.3.9.5　打印

1. 打印预览

在打印工作表或图表之前，可以先模拟显示实际打印的效果，这种模拟显示称为打印预览。利用打印预览功能，能够在打印文档之前发现文档布局中的错误，从而避免浪费纸张。

在 Excel 2013 中，实现打印预览非常简单。只需单击“文件”标签，在左侧的列表中选择“打印”命令，即可在最右侧的窗格中显示打印预览的效果，如图 4.197 所示。

2. 打印

当工作表确定无误，即可将其打印输出。在 Excel 2013 中，单击“文件”标签，在左侧的列表中选择“打印”命令，即可在中间的窗格中显示打印设置选项，如图 4.197 所示。

- 在“份数”增量框中设置需要打印的份数。

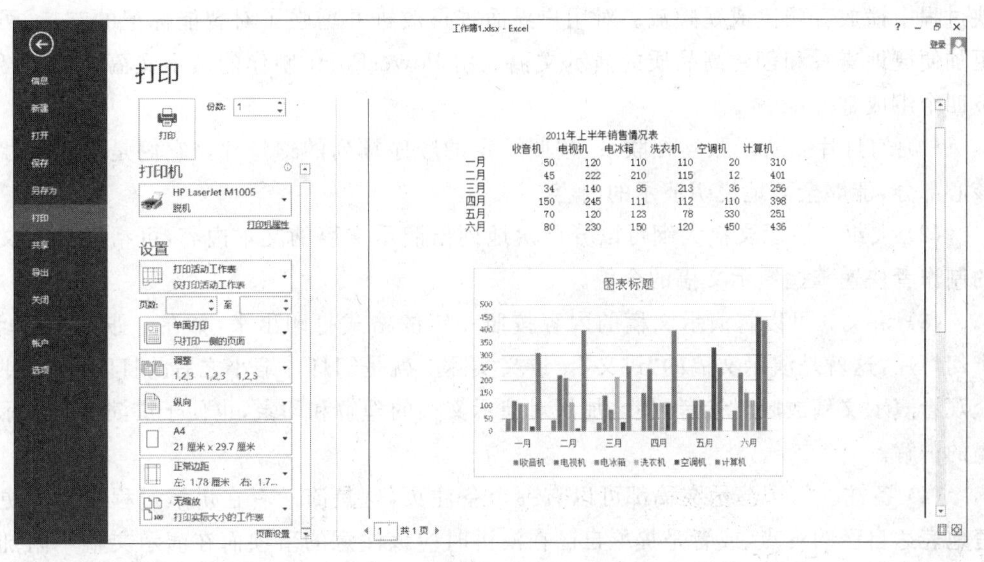

图 4.197 在“文件”标签的列表中选择“打印”命令

- 在“打印机”下拉列表框中可以选择执行打印任务的打印机，如果单击“打印机属性”按钮还可以对打印机的打印效果等属性进行设置。
- 在“设置”组中可以对打印内容、打印范围、打印方式、纸张方向、纸张大小、页面边距以及缩放比例进行简单设置。如果以上选项不能满足打印需求，则可以单击“页面设置”按钮，在打开的“页面设置”对话框中进行更加详细的设置。

当各个打印参数设置无误后，即可单击“打印”按钮开始打印。

4.4 PowerPoint 演示文稿

PowerPoint 是微软 Office 办公套装软件中的一个重要组成部分，专门用于设计和制作信息展示领域各种类型的电子演示文稿。它能够制作出集文字、图形、图像、声音以及视频剪辑等多媒体元素于一体的多媒体演示文稿。可用于介绍公司产品、展示学术成果、会议报告、课堂教学等活动。使用 PowerPoint 创建的演示文稿不仅能够通过计算机和投影设备进行播放，还可以用于互联网上的网络会议或在 Web 上展示。本节着重介绍 PowerPoint 2013 的基本操作和应用，为今后进一步的学习打下良好基础。

4.4.1 PowerPoint 概述

4.4.1.1 功能概述

PowerPoint 是一种演示文稿图形程序，可协助用户独自或联机创建永恒的视觉效果。增强了多媒体支持功能，可以将演示文稿保存到光盘中以进行分发，并可在幻灯片放映过程中播放音频流或视频流。对用户界面进行改进并增强了对智能标记的支持,可以更加便捷地查看和创建高品质的演示文稿。用 PowerPoint 制作的演示文稿一般包括以下四个组成部分:

(1) 幻灯片。若干张互相联系、按照一定的顺序排列的幻灯片。它们是演示文稿的核心部分,能够全面地说明演示的内容。

(2) 大纲。演示文稿大纲可以分层次地列出演示文稿的文本内容,可帮助演示文稿的制作者快速掌握演示文稿的全貌。

(3) 讲义。可以将演示文稿的内容按照一定的格式打印出来,如在一张纸上打印 6 个幻灯片,这就是演示文稿的"讲义"。讲义实际上就是幻灯片缩小之后的打印件,可供观众观看演示文稿放映时参考,使之加深对演示文稿的理解和印象,也便于讲演者对演示文稿的讲解。

(4) 备注。每个演示文稿都可以有一个备注页,这是演示者在讲解过程中为了更清楚地表达自己的观点,或者是提醒自己在演讲时应该注意的事项而在演示文稿中附加的准备材料。

4.4.1.2 视图模式

用户根据自己的工作需要,可以选择使用不同的视图模式查看 PowerPoint 幻灯片,有些幻灯片合适创建演示文稿,有些适合放映演示文稿。下面将从用于创建演示文稿的视图和用于放映和查看演示文稿的视图两个方面进行具体介绍。

1. 用于创建演示文稿的视图

(1) 普通视图。

普通视图是 PowerPoint 2013 的默认视图模式,是创建幻灯片最常使用的视图模式。在该视图下,可以方便地编辑和查看幻灯片的内容、调整幻灯片的结构以及添加备注内容。

启动 PowerPoint 2013,将进入普通视图模式,或者打开"视图"选项卡,单击"演示文稿视图"组中的"普通"按钮,如图 4.198 所示。在普通视图下,文档窗口的左侧窗格中显示该演示文稿中所有幻灯片的缩略图;右侧上方的窗格显示当前幻灯片,此时可以查看当前幻灯片中的文本外观及内容,并对整个演示文稿和当前幻灯片进行编辑处理;而右侧下方的窗格显示当前幻灯片的演讲者备注。

(2) 大纲视图。

PowerPoint 2013 提供了独立的大纲视图,这不同于 PowerPoint 2010 中的大纲模式。大纲视图能够在左侧窗格中显示幻灯片内容的主要标题和大纲,便于用户更好、更快地编辑幻灯片内容。

启动 PowerPoint 2013,打开"视图"选项卡,单击"演示文稿视图"组中的"大纲视图"按钮,即可打开大纲视图模式,如图 4.199 所示。可以看到演示文稿中的每张幻灯片都以内容提要的形式呈现。

图 4.198　普通视图模式

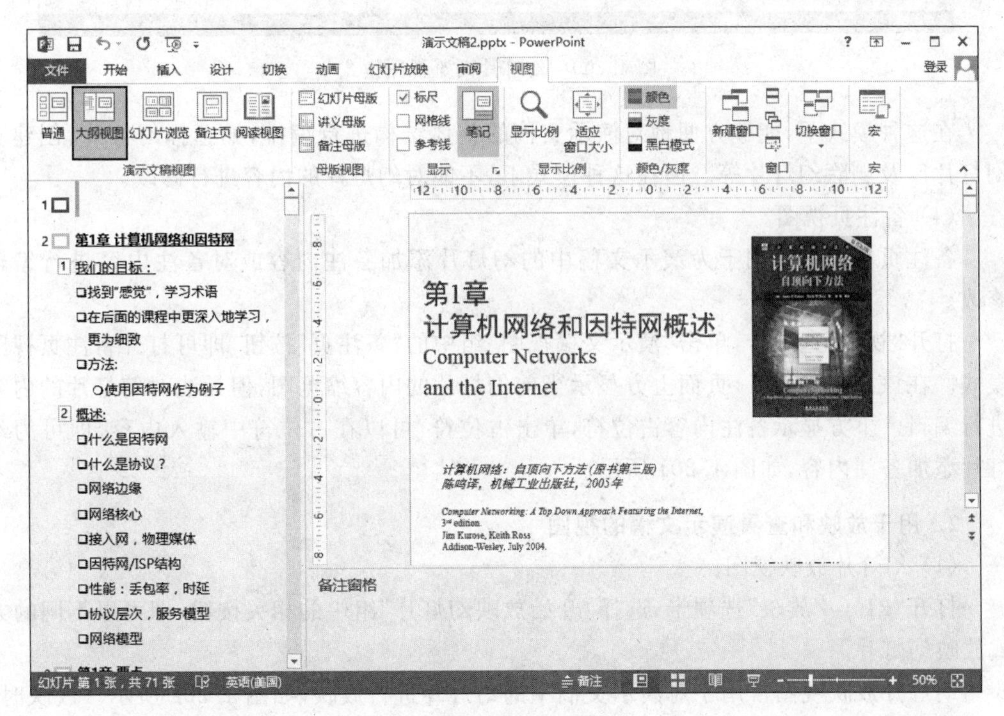

图 4.199　大纲视图模式

(3) 幻灯片浏览视图。

打开“视图”选项卡，单击“演示文稿视图”组中的“幻灯片浏览”按钮，即可打开幻灯片浏览视图模式。利用幻灯片浏览视图，可以浏览演示文稿中的幻灯片，如图 4.200 所示。

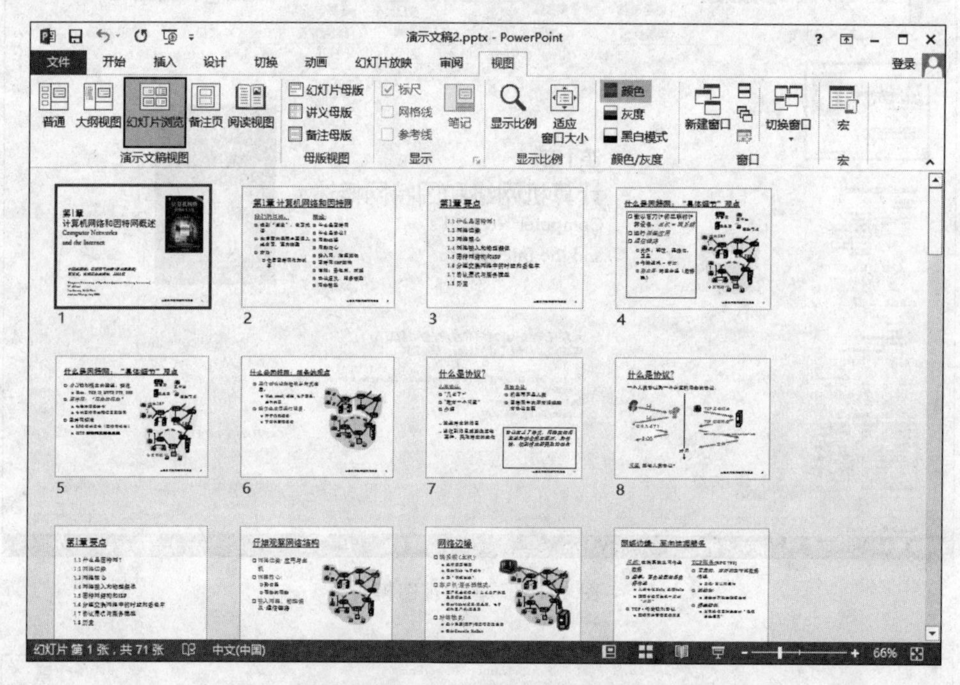

图 4.200　幻灯片浏览视图模式

在这种模式下，能够方便地对演示文稿的整体结构进行编排，如选择幻灯片、创建新幻灯片以及删除幻灯片等。但在这种模式下，不能对幻灯片的内容进行修改。

(4) 备注页视图。

备注页视图主要用于为演示文稿中的幻灯片添加备注内容或对备注内容进行编辑修改。

打开“视图”选项卡，单击“演示文稿视图”组中的“备注页”按钮，即可打开备注页视图模式。在该视图模式下，页面上方显示当前幻灯片的内容缩览图，但无法对幻灯片的内容进行编辑。下方显示备注内容占位符，单击占位符，可以在占位符中输入内容，即可为幻灯片添加备注内容，如图 4.201 所示。

2. 用于放映和查看演示文稿的视图

(1) 幻灯片放映视图。

打开“幻灯片放映”选项卡，选择“开始放映幻灯片”组中的相关按钮，即可以不同的方式放映幻灯片。

幻灯片放映视图常用于对演示文稿中的幻灯片进行放映，如图 4.202 所示。放映时，视图将占据整个屏幕，并可设置进行自动切换或手动切换幻灯片。在该视图模式下，可以查看演示文稿中的动画、声音以及切换效果等内容的放映效果，但无法对幻灯片进行编辑。

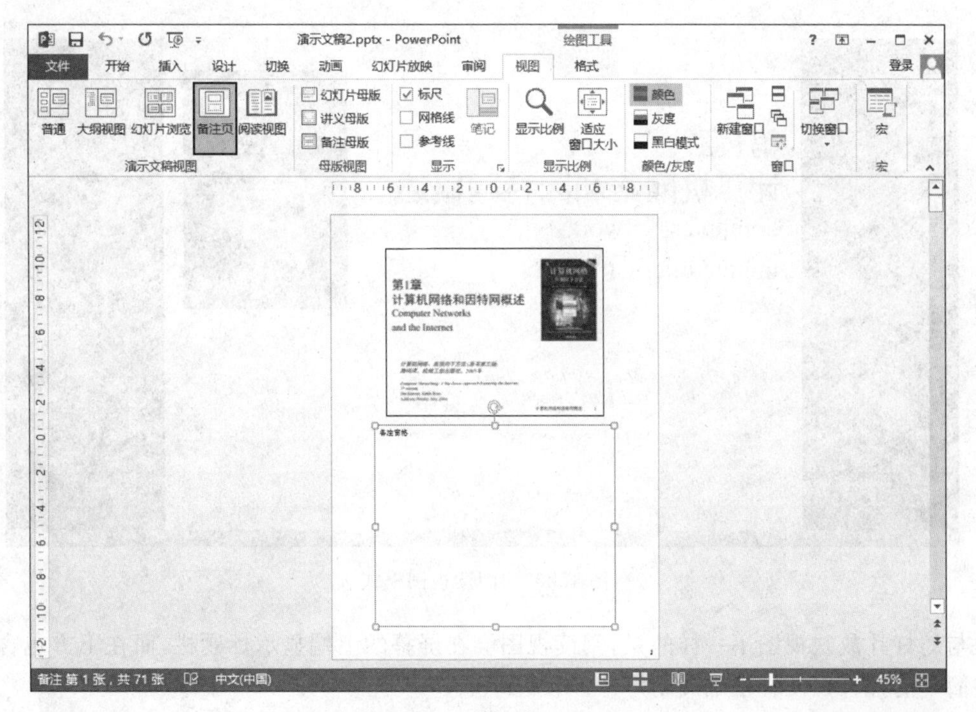

图 4.201　备注页视图

图 4.202　幻灯片放映视图模式

(2) 阅读视图。

打开“视图”选项卡，单击“演示文稿视图”组中的“阅读视图”按钮，即可打开阅读视图模式，如图 4.203 所示。

阅读视图适用于审阅演示文稿内容。放映时，也将采用全屏播放的方式进行放映，但

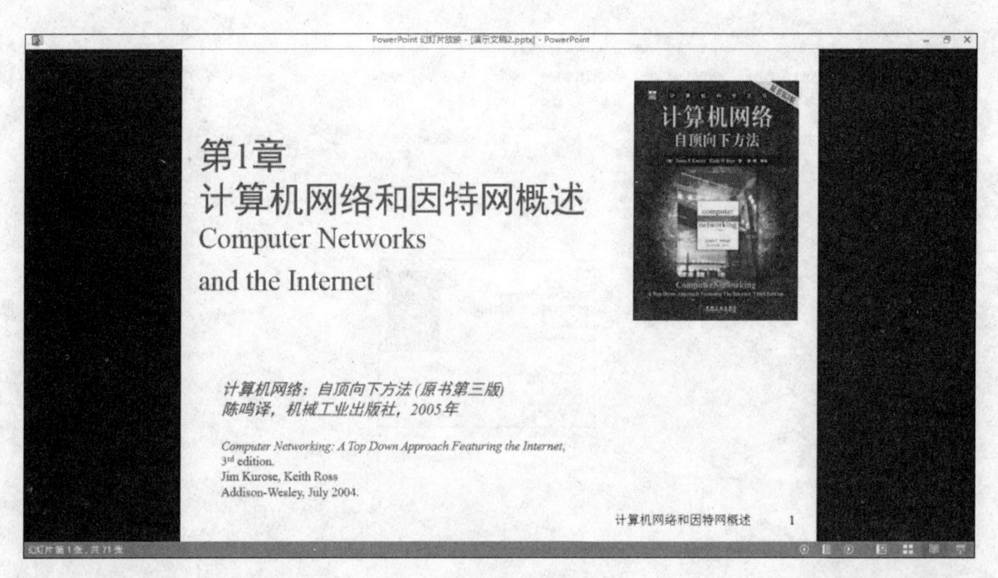

图 4.203 阅读视图模式

是与幻灯片放映视图不一样的是，阅读视图会在屏幕的上端显示标题栏，而在下方包含一些简单的控件以便轻松翻阅幻灯片。

4.4.2 演示文稿的创建和编辑

4.4.2.1 创建演示文稿

PowerPoint 为用户提供了多种创建新的演示文稿的方法，用户可以根据设计模板创建新的演示文稿，还可以创建一个空白的演示文稿。

1. 使用空白幻灯片创建演示文稿

PowerPoint 在启动时会自动创建一张“主、副标题”版式的空白幻灯片，可以在该幻灯片的占位符中输入标题文字，如图 4.204 所示。也可以单击“开始”选项卡中“幻灯片”组中的“幻灯片版式”按钮，在下拉菜单中选择一种内置的幻灯片版式来替换当前幻灯片的版式。

2. 利用模板创建演示文稿

PowerPoint 2013 内置了很多模板，可以方便地利用已有的模板创建符合要求的演示文稿。利用模板创建演示文稿的操作步骤如下：

(1) 单击“文件”标签，在打开的窗口左侧的选项列表中单击“新建”选项，此时右侧窗格将显示内置模板列表，如图 4.205 所示。

(2) 单击需要的模板，将弹出如图 4.206 所示的模板窗口，在该窗口中可以预览该模板幻灯片的效果，选择演示文稿的样式。当设置完成后，单击“创建”按钮即可完成利用幻灯片模板创建演示文稿。

(3) 创建完成后的演示文稿如图 4.207 所示。

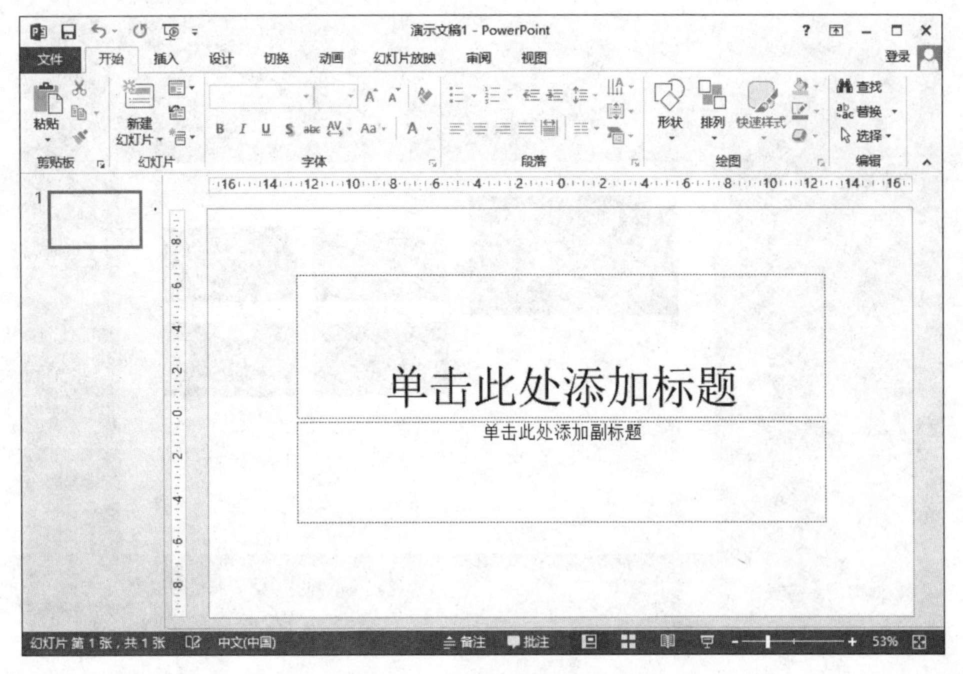

图 4.204　创建空白演示文稿

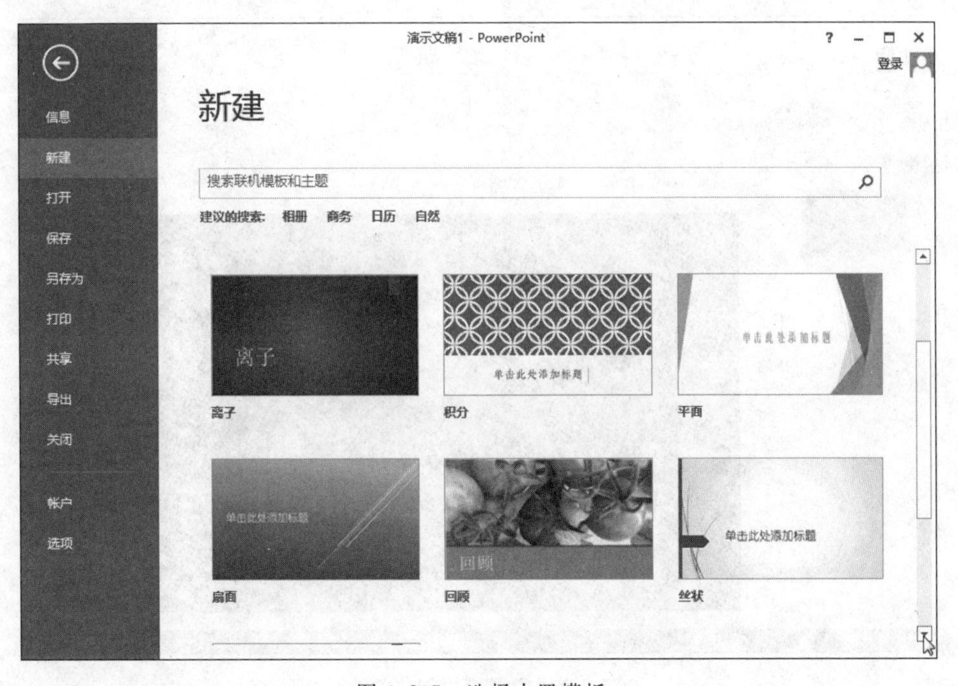

图 4.205　选择内置模板

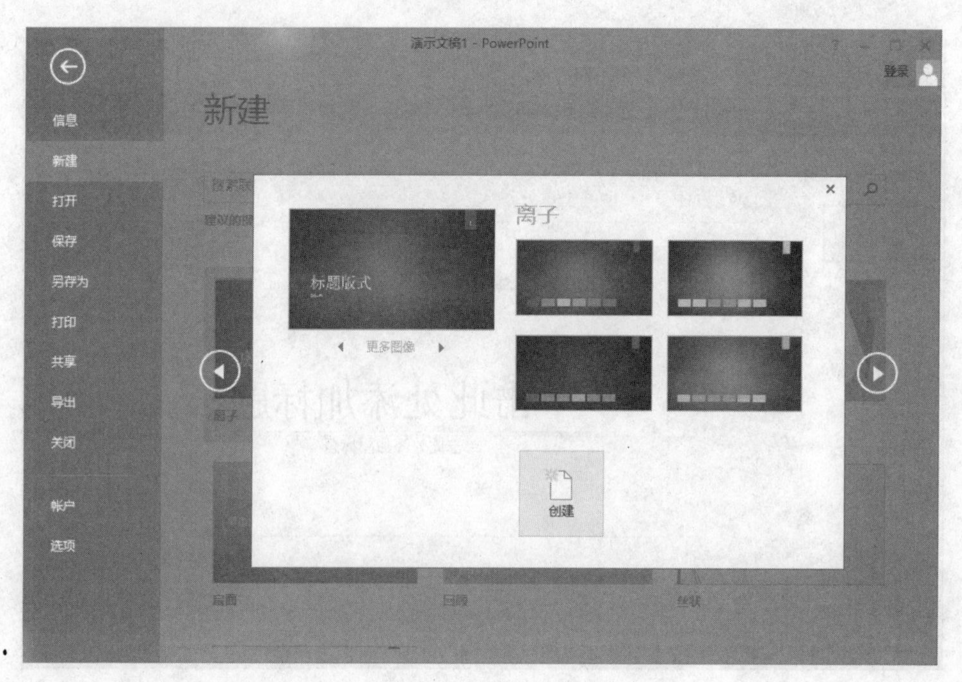

图 4.206　单击创建按钮

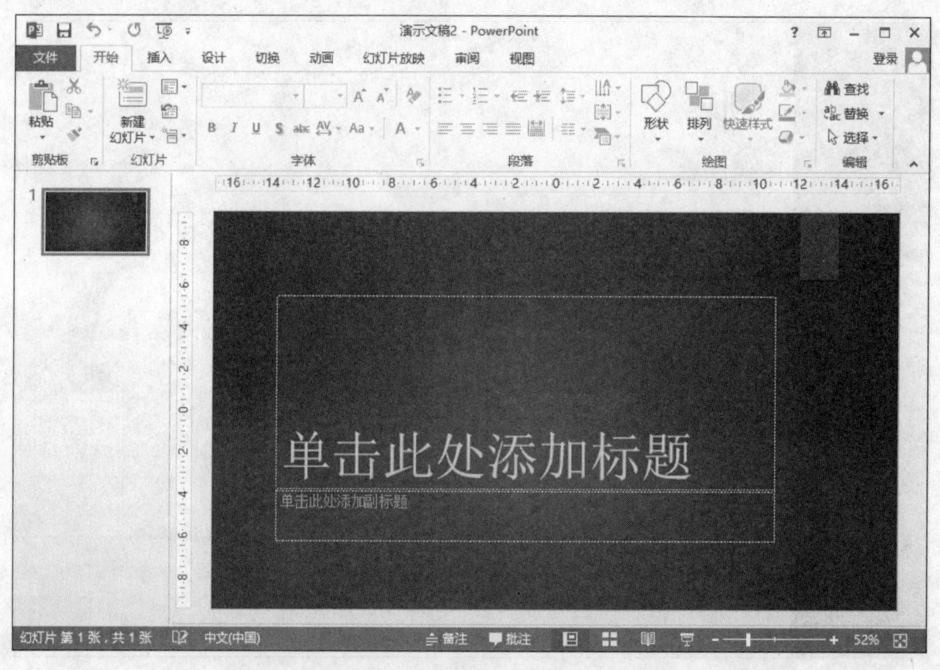

图 4.207　利用内置模板创建的演示文稿

4.4.2.2 编辑演示文稿

1. 选择幻灯片

在对幻灯片进行操作之前，需要先选择幻灯片。此时可以选择单张幻灯片，也可以选择多张幻灯片。

(1) 选择单张幻灯片。

在普通视图下，单击左侧"幻灯片"窗格中的某一张幻灯片缩略图，即可选中该张幻灯片；在幻灯片浏览视图下，只需单击幻灯片列表中的某一张幻灯片缩略图，即可选中该张幻灯片。

(2) 选择多张连续幻灯片。

首先单击要选择的连续幻灯片中的第一张，然后按下 Shift 键，再单击要选择幻灯片中的最后一张。这样，即可选中从第一张到最后一张之间的所有幻灯片。

(3) 选择多张不连续幻灯片。

首先单击选中某张幻灯片，然后按住 Ctrl 键，分别单击要选择的多张不连续的幻灯片即可。

提示：在选择多张幻灯片的情况下，如果要取消对某一张幻灯片的选择，只需要按下 Ctrl 键，然后单击要取消的幻灯片即可。

2. 插入和删除幻灯片

在制作演示文稿的过程中，常常需要在演示文稿中插入或删除某些幻灯片。

(1) 插入新幻灯片。

① 在普通视图左侧的"幻灯片"窗格中，选取一张幻灯片，将在该幻灯片之后插入新的幻灯片。

② 打开"开始"选项卡，单击"幻灯片"组中的"新建幻灯片"按钮，即可插入一张幻灯片；如果希望插入不同版式的幻灯片，则单击"新建幻灯片"按钮下方的下三角按钮，选择需要的版式，即可插入一张具有该版式的幻灯片。

(2) 删除幻灯片。

在普通视图左侧的"幻灯片"窗格中，选中要删除的幻灯片，直接按 Delete 键即可。

3. 复制和移动幻灯片

在演示文稿中，幻灯片的排列顺序确定了幻灯片的播放顺序。如果这个顺序不符合要求，用户可以根据需要复制或移动幻灯片来编辑这个顺序。

(1) 复制幻灯片。

复制幻灯片可以将已存在的幻灯片复制一份到其它位置，便于直接修改与利用。

方法一：切换到幻灯片浏览视图，在幻灯片列表中选中想要复制的一个或几个幻灯片；单击"开始"选项卡中"剪贴板"组中的"复制"按钮或使用快捷键 Ctrl＋C；再选中一个幻灯片(当前幻灯片)，执行"剪贴板"组中的"粘贴"命令或使用快捷键 Ctrl＋V，即可将复制的幻灯片粘贴到当前幻灯片之后。

方法二：在普通视图的"幻灯片"窗格中或者在幻灯片浏览视图中，选择一个或多个幻灯片缩略图,然后按下 Ctrl 键,并将其拖动到目标位置即可。

(2) 移动幻灯片。

方法一:移动幻灯片的操作与复制幻灯片基本相同,只是要在“剪贴板”组中单击“剪切”按钮或使用快捷键 Ctrl+X,然后粘贴到目标位置即可。

方法二:在普通视图的“幻灯片”窗格中或者在幻灯片浏览视图中,选择一个或多个幻灯片缩略图,然后将其拖动到目标位置即可。

4. 隐藏/显示及放大/缩小幻灯片

(1) 隐藏幻灯片。

① 在普通视图的“幻灯片”窗格中,选取要隐藏的幻灯片。

② 单击“幻灯片放映”选项卡“设置”组中的“隐藏幻灯片”命令或右击该幻灯片从弹出的快捷菜单中选择“隐藏幻灯片”命令即可。

③ 在普通视图的“幻灯片”窗格中,隐藏的幻灯片的编号上将添加一条反斜线。

提示:隐藏的幻灯片仍然保留在演示文稿中,在普通视图、大纲视图和幻灯片浏览视图下是可见的,而在阅读视图和幻灯片放映视图中是不可见的。

(2) 显示隐藏的幻灯片。

① 取消幻灯片的隐藏。

在普通视图的“幻灯片”窗格中,选取要显示的隐藏幻灯片。单击“幻灯片放映”选项卡“设置”组中的“隐藏幻灯片”命令或右击该幻灯片从弹出的快捷菜单中选择“隐藏幻灯片”命令,则可取消隐藏。

② 在幻灯片放映时查看隐藏幻灯片。

在幻灯片放映时,默认不显示隐藏幻灯片。此时如果要显示隐藏幻灯片,只需在幻灯片放映时用鼠标右键单击任意一张幻灯片,单击“查看所有幻灯片”命令,在显示的所有幻灯片列表中单击所要查看的隐藏幻灯片即可。

(3) 更改显示比例。

编辑演示文稿时,有时需要放大或缩小幻灯片的显示比例,此时可以通过改变显示比例的功能来实现,具体操作方法如下:

① 单击要更改显示比例的区域,例如“幻灯片”窗格或“幻灯片”窗格中的幻灯片。

② 单击“视图”选项卡“显示比例”组中的“显示比例”命令,在弹出的“缩放”对话框中选择所需的比例或直接输入显示比例,最后单击“确定”按钮即可。

5. 在幻灯片中添加文本

PowerPoint 通常有 4 种类型的文本可以添加到幻灯片中,即占位符文本、自选图形中的文本、文本框文本和艺术字文本。

(1) 占位符文本。

占位符是一种带有虚线或阴影线边缘的框,绝大部分幻灯片版式中都有占位符,如图 4.208 所示。这些占位符起到了建议主题的作用,但也可以用于输入标题、正文或者插入图表、图片等元素。占位符中的文字事先已经被格式化了,输入的文字使用占位符的默认字体和字号。

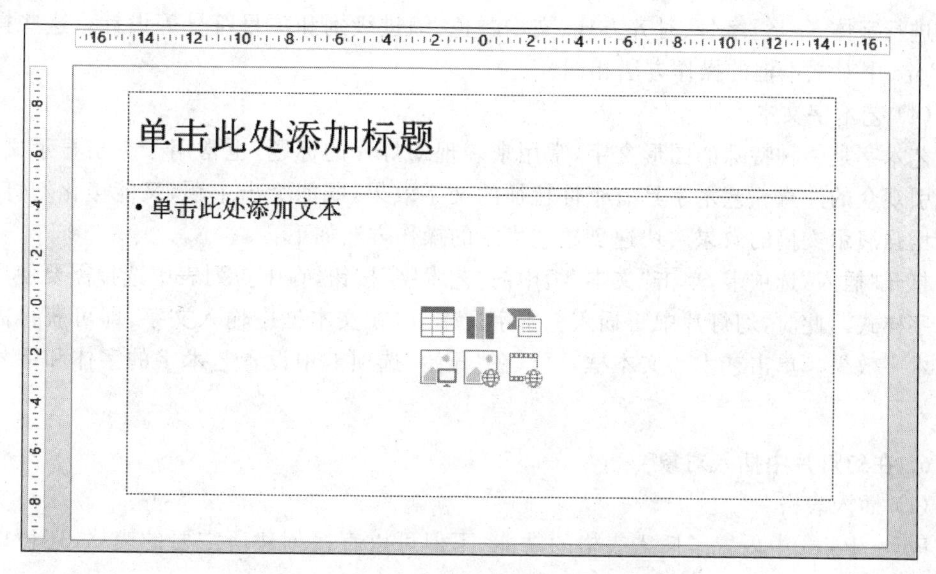

图 4.208　用“占位符”输入标题或文本

默认情况下，PowerPoint 自动调整输入文本的字体大小以适应占位符。例如，如果输入的项目符号列表文本超出了占位符的大小，PowerPoint 将减少字号和行距直到容下所有文本为止。文本自动调整还会缩小文本以适应变小的占位符，如果此时将占位符变大，它又会扩大文本。

(2) 自选图形文本。

自选图形是一组现成的形状，包括如矩形和圆之类的基本形状，以及各种线条和连接符、箭头总汇、流程图符号、星与旗帜和标注等。插入自选图形及文本的方法如下：

打开“插入”选项卡，在“插图”组中单击“形状”按钮，在下拉菜单中选择需要的图形，此时在幻灯片中拖动鼠标左键进行图形插入。自选图形（例如标注气球和方块箭头等）中可输入文本信息，右键单击选中的自选图形，选择“编辑文字”命令，即可在图形中输入文本。在自选图形中输入文本后，文本被附加到图形，并随图形移动或旋转，如图 4.209 所示。

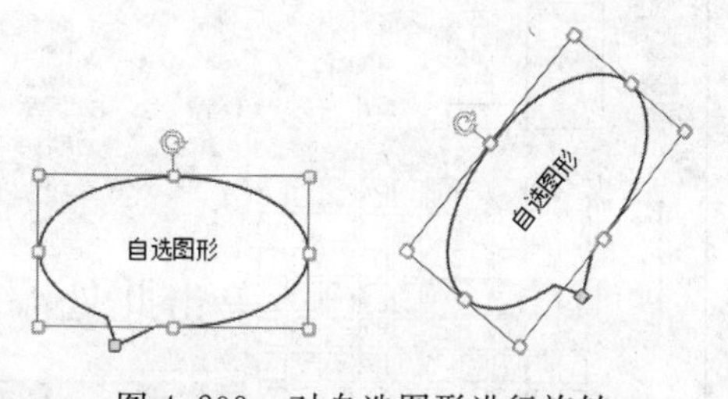

图 4.209　对自选图形进行旋转

(3) 文本框文本。

使用文本框可以将文本放置到幻灯片的任何位置。例如，可以创建文本框并将它放在图片旁以便添加图片标题。而且，如果要将文本添加到自选图形而不附加到图形中，使用文本框将非常方便。插入文本框的方法如下：

单击“插入”选项卡“文本”组中“文本框”按钮下方的小箭头，可以选择“横排文本框”或“竖排文本框”。根据需要选择一种类型的文本框，在幻灯片中单击并拖动鼠标左键，即可插入文本框。插入文本框后，插入点光标自动定位于文本框内，输入文本后，还可以对文本进行字体、字形、字号、对齐方式、文本颜色、缩进级别和项目符号等设计。这些操作与 Word 中对文本框的操作方法相同。

(4) 艺术字文本。

艺术字是一种特殊的图形文字，常用来表现幻灯片的标题，也常用于突出显示文字，以吸引观众的注意。艺术字具有个性特征的文字效果，既能突出主题，又能美化幻灯片，从而增强演示文稿的效果。快速创建艺术字的操作方法如下：

打开“插入”选项卡，单击“文本”组中的“艺术字”按钮，在下拉列表中选择需要使用的艺术字样式。此时，幻灯片中将插入艺术字文本框，在文本框中输入文字，即可获得需要的艺术字效果。单击艺术字文本框，可以在“开始”选项卡中设置艺术字的字体和字号等属性。

6. 在幻灯片中插入对象

(1) 插入表格。

PowerPoint 中内置了插入表格的功能，不但可以直接创建所需要的表格，还可以插入 Excel 表格。

① 插入空白表格。

方法一：用鼠标拖动的方式创建表格。

单击“插入”选项卡“表格”组中的“表格”按钮。在打开的“插入表格”区域中拖动鼠标，选中的区域会高亮度显示，窗口的标题位置也会显示“×××表格”的文字。同时，幻灯片编辑区会有该表格的预览效果，如图 4.210 所示。调整合适的列数与行数，然后单击鼠标，该大小的表格即被创建。

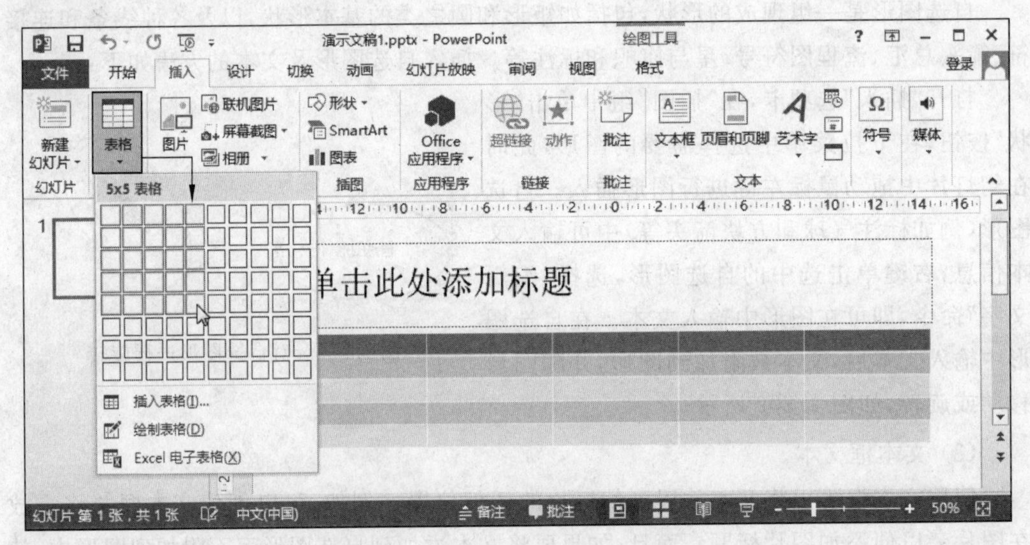

图 4.210 预览插入表格的效果

方法二：通过直接输入列数与行数的方式创建表格。

单击“插入”选项卡“表格”组中的“表格”按钮。在弹出的菜单中单击“插入表格”命令。在打开的“插入表格”对话框中，输入列数与行数，单击“确定”按钮即可创建具有相关列数与行数的表格，如图 4.211 所示。

② 绘制表格。

插入表格后，有时还要在表格中添加新的表格，此时可以使用绘制表格功能。具体的操作步骤如下：

单击“插入”选项中“表格”组中的“表格”按钮。在弹出的菜单中执行“绘制表格”命令。将鼠标置于幻灯片的编辑区，此时鼠标指针会变成笔的形状，拖动鼠标就可以绘制表格及表格线。

③ 插入 Excel 表格。

除了创建普通的表格外，PowerPoint 还允许用户插入 Excel 表格，这样就可以方便地使用 Excel 强大的公式、函数功能，来进行统计、计算等操作。插入 Excel 表格的操作步骤如下：

单击“插入”选项卡“表格”组中的“表格”按钮。在弹出的菜单中执行“Excel 电子表格”命令。此时，在幻灯片中就会出现一个可以改变位置及大小的 Excel 电子表格，可以像操作 Excel 一样，输入各种数据和函数，如图 4.212 所示。

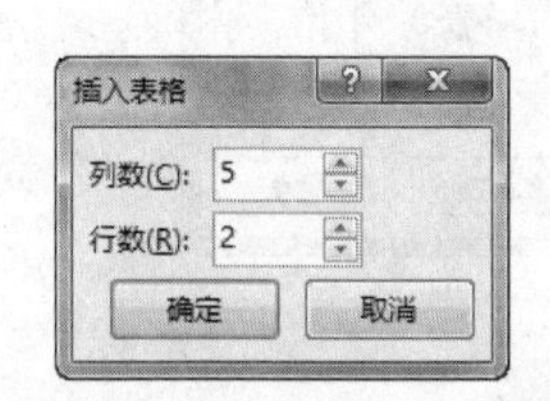

图 4.211 “插入表格”对话框

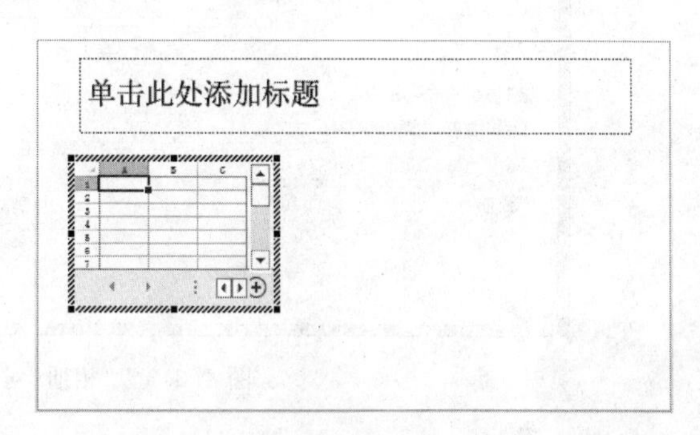

图 4.212 插入 Excel 表格

(2) 插入图像和插图。

PowerPoint 能够使用外部图片来丰富幻灯片的内容，增强幻灯片的演示效果。PowerPoint 2013 允许用户在幻灯片中插入各种常见格式的图形文件，并对图片的大小、亮度和色彩等进行调整。通过使用“格式”选项卡中的命令能够设置图片的样式，以更改幻灯片中图片的外观。

① 插入剪贴画或图片。

在“插入”选项卡中，单击“图像”组中的“联机图片”命令开始插入插图的操作，或者单击“图片”命令开始插入本机中的图片，具体操作方法与 Word 中插入联机图片和图片的方法相同，请参照 4.2.6 节的相关内容。

② 插入相册。

PowerPoint 相册就是 PowerPoint 的演示文稿。可以通过创建相册，展示个人照片或工作照片，可以在其中添加引人注目的幻灯片切换效果。将图片加入相册后，可以添加标题，调整顺序和版式，在图片周围添加相框，甚至可以应用主题，以便进一步自定义相册的外观。创建相册的操作步骤如下：

在“插入”选项卡中，单击“图像”组中的“相册”按钮。在打开的“相册”对话框中，单击“文件/磁盘”按钮。在“插入新图片”窗口中，选择要插入的一张或多张图片，单击“插入”按钮返回“相册”对话框。这样，在“相册中的图片”列表框中，会出现所有被选择图片的文件名。单击某张图片，可以在右侧的“预览”框中进行预览，如图 4.213 所示。然后根据需要，调整图片在相册中的顺序、版式、相框形状，主题等属性，完成设置后，单击“创建”按钮即可创建相册。相册实际上就是一个展示图片的演示文稿文件，因此创建完成后还可以进行相关修饰、设置幻灯片的切换方式等操作。

图 4.213 “相册”对话框

③ 插入形状。

PowerPoint 中提供的形状主要包括：线条、矩形、基本形状、箭头总汇、公式形状、流程图、星与旗帜、标注、动作按钮等。插入形状的操作步骤如下：

在“插入”选项卡中，单击“插图”组中的“形状”按钮。在打开的“形状选择窗口”中，单击想要插入的形状，此时鼠标指针会变成“十”形状。在幻灯片编辑区，单击鼠标，该形状便出现在鼠标单击的位置上。此外，还可以通过拖动鼠标的方式，创建自由大小的图形。

④ 插入 SmartArt 图形。

SmartArt 图形是信息和观点的视觉表示形式。可以通过从多种不同布局中进行选择来创建 SmartArt 图形，从而快速、轻松、有效地传达信息。SmartArt 图形可理解成一种图形文字。SmartArt 图形用来为幻灯片添加图解，以便更加直观地显示流程、概念、层次和结构关系。SmartArt 图形主要包括以下几类：列表、流程、循环、层次结构、关系、矩形和棱锥图等。创建 SmartArt 图形的步骤如下。

单击“插入”选项中“插图”组中的“SmartArt”按钮。打开如图 4.214 所示的“选择 SmartArt 图形”对话框，选择所需的类型和布局。在右侧的预览窗口可以看到所选图形的效果。单击“确定”按钮关闭对话框，即可在幻灯片中插入 SmartArt 图形。然后，在 SmartArt 图形的文本框中单击即可输入文字，此时，SmartArt 图形边框左侧的文本窗格的对应选项也会添加相同的文字，如图 4.215 所示。完成文字输入后，关闭该窗格即可。

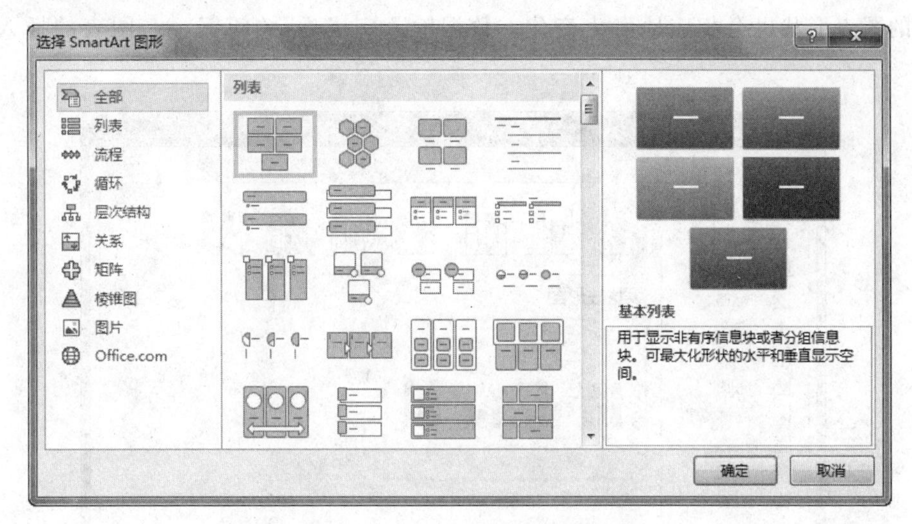

图 4.214 “选择 SmartArt 图形”对话框

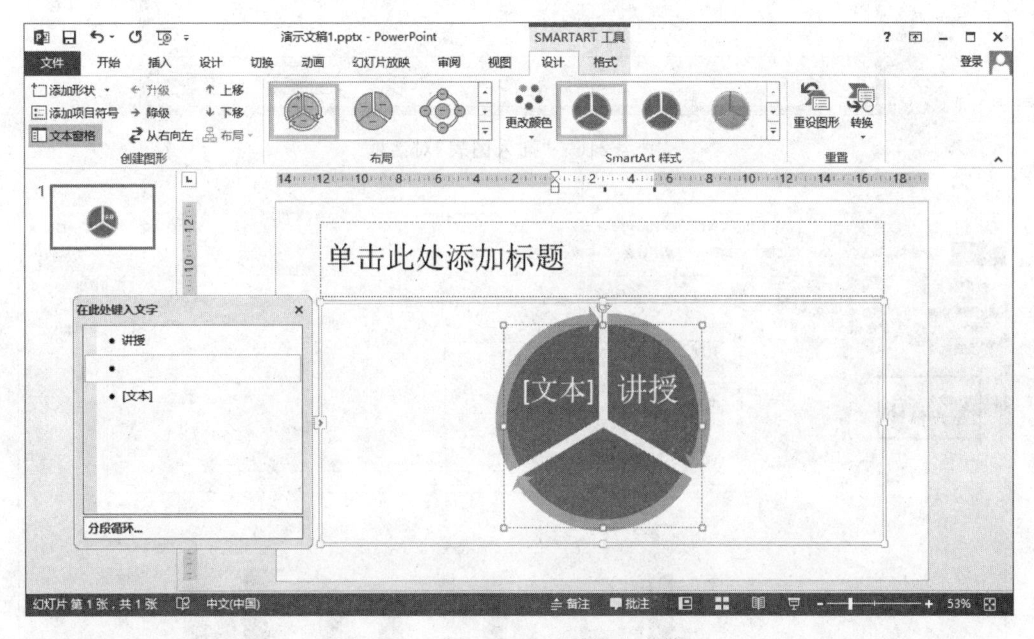

图 4.215 SmartArt 图形的文字输入

⑤ 插入图表。

为了使表格的数据表达得更直观，还可以在幻灯片中插入图表。插入图表的具体操作步骤如下：

在“插入”选项卡中，单击“插图”组中的“图表”按钮。打开如图 4.216 所示的“插入图表”对话框，选择要创建的图表类型。单击“确定”按钮，系统会自动打开 Excel，并在其中预备了示例数据。同时在 PowerPoint 的幻灯片编辑区域，对应该数据的图表也显现出来，如图 4.217 所示。在 Excel 窗口中，输入真正的数据。随着数据的修改，幻灯片编辑区中的图表形状也会相应地发生变化。数据输入完成后，关闭 Excel，图表的插入便完成了。

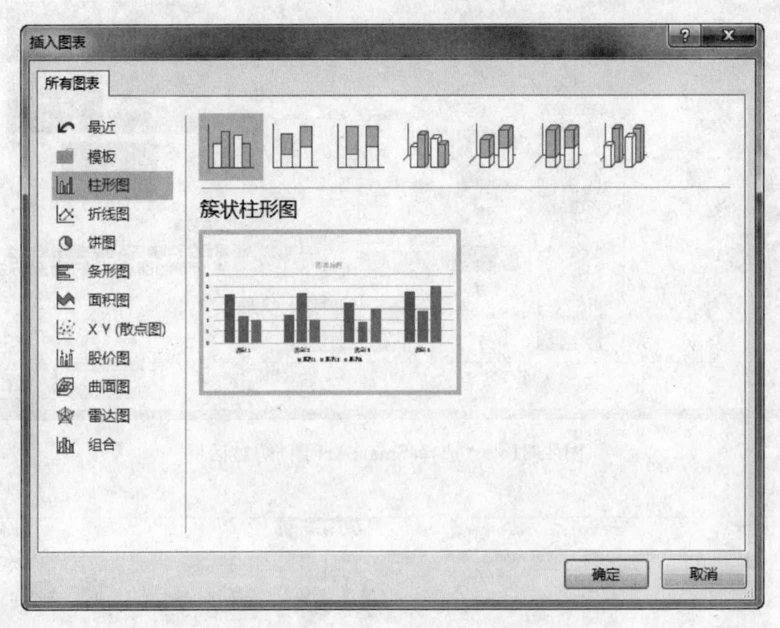

图 4.216 “插入图表”对话框

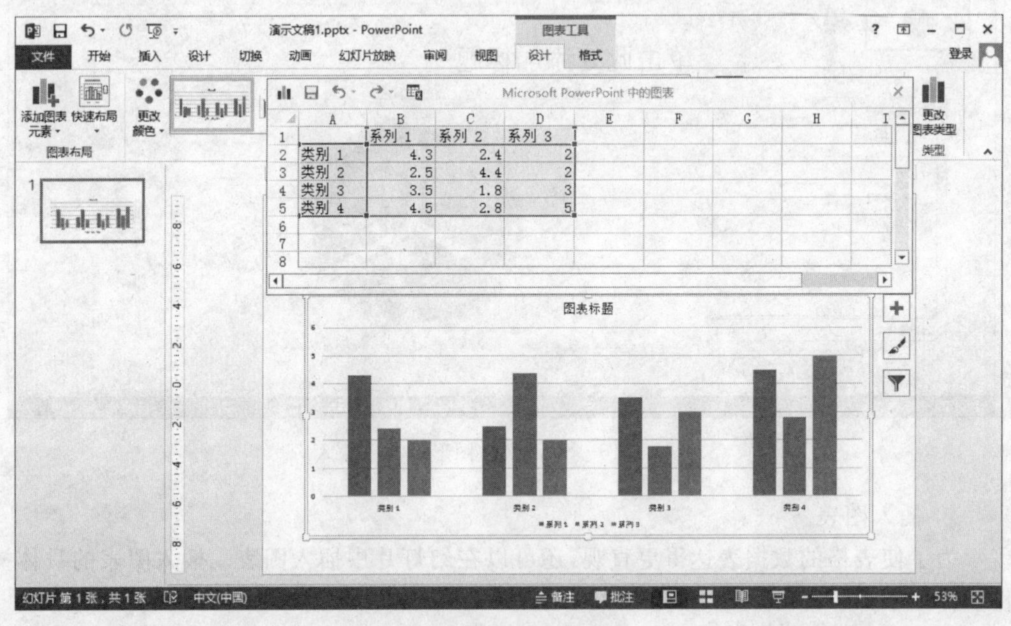

图 4.217 图表数据的输入

图表插入后，可以通过功能区中的“图表工具设计”选项卡中的相关命令，调整图表的形状、大小和位置等。也可能通过“图表工具设计”选项卡中“数据”组中的命令对图表中的原始数据进行修改。

⑥ 插入媒体剪辑。

用户可以向幻灯片中插入声音、视频剪辑和动画等，用来改善幻灯片的放映效果。

a）在幻灯片中插入视频。

在普通视图或幻灯片浏览视图中，选定要插入声音或视频剪辑的幻灯片。在“插入”选项卡中，单击“媒体”组中的“视频”按钮下方的下三角按钮，弹出“视频”级联菜单，如图4.218所示。选择“联机视频”或“PC上的视频”，这里选择“PC上的视频”。在打开的“插入视频”对话框中，选择目标视频文件，单击“确定”按钮关闭对话框即可在幻灯片中插入视频。

视频插入完成后，功能区中会显示“视频工具”的“格式”和“播放”两个选项卡。其中“格式”选项卡用于控制放映窗口的外观和样式，“播放”选项卡用于控制视频的放映方式。

插入视频文件实际上是在幻灯片中建立一个该视频文件的链接，如果之后将该视频文件或演示文稿文件移动到其他位置，使视频文件的路径发生了变化，则在需要播放时，PowerPoint将找不到视频文件。为了防止可能出现的链接问题，向幻灯片中添加视频之前，最好先将视频文件复制到演示文稿所在的文件夹。

b）在幻灯片中插入声音。

在普通视图或幻灯片浏览视图中，选定要插入声音文件的幻灯片。在“插入”选项卡中，单击“媒体”组中的“音频”按钮下方的下三角按钮。弹出“音频”级联菜单，如图4.219所示。选择“联机音频”、“PC上的音频”或“录制音频”，这里选择“PC上的音频”。在打开的“插入音频”对话框中，选择目标音频文件，单击“确定”按钮关闭对话框即可在幻灯片中插入音频。

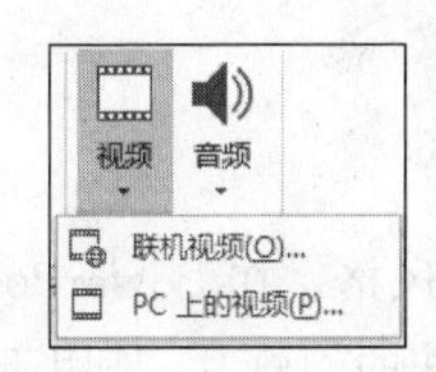

图4.218 “视频”级联菜单

图4.219 “音频”级联菜单

声音文件插入完成后，在幻灯片中会出现一个“声音”图标🔈。同时，功能区中会显示“音频工具”的“格式”和“播放”两个选项卡。

4.4.3 幻灯片的修饰

4.4.3.1 应用主题

演示文稿中的主题就是一组统一的设计元素，使用颜色、字体和图形设置文档的外观。使用主题可以简化专业设计师水准的演示文稿的创建过程，在PowerPoint中使用主题颜色、字体和效果，可以使演示文稿中的幻灯片具有统一的风格。与模板相比，主题只是提供了字体、颜色、效果和背景的设置。应用主题的操作方法如下：

(1) 在“设计”选项卡“主题”组中,单击“其他”按钮 ,在打开的主题列表中选择需要使用的主题,即可将其应用到幻灯片中,如图 4.220 所示。

(2) 如果要应用外部的主题文件,可以选择“浏览主题”命令,打开“选择主题或主题文档”对话框,在对话框中找到目标主题文件后单击“应用”按钮即可将其应用到当前演示文稿中。

(3) 如果要对主题的颜色、字体或效果进行修改,可以在“设计”选项卡“字体”组中,单击“其他”按钮,在下拉列表中根据设计需要选择“颜色”、“字体”、“效果”或“背景样式”按钮来修改幻灯片的主题元素,如图 4.221 所示。

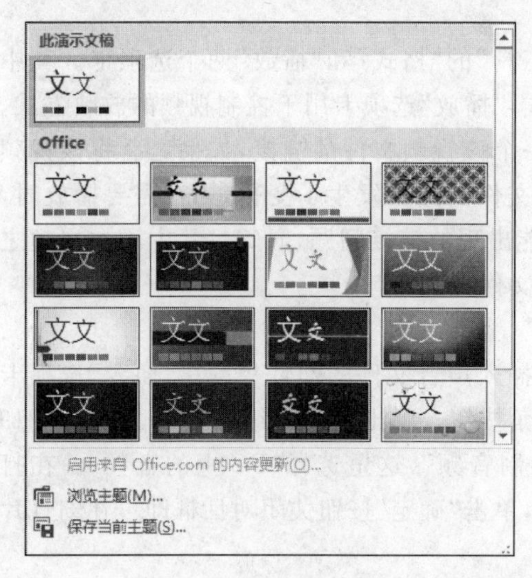

图 4.220　内置主题列表

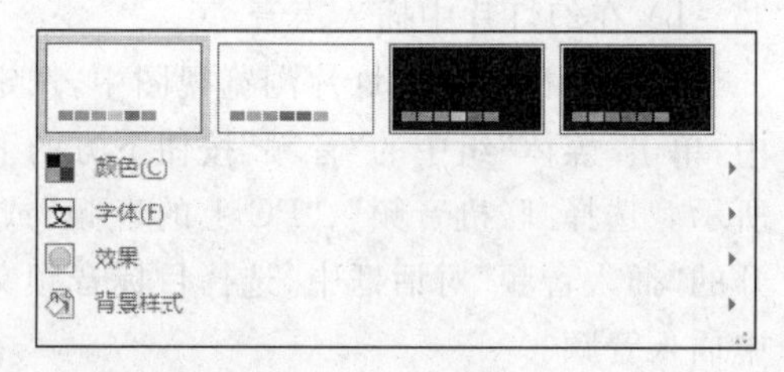

图 4.221　自定义主题

4.4.3.2　使用幻灯片母版

一个演示文稿中,各个幻灯片应该具有统一的外观风格。在 PowerPoint 中可以使用幻灯片母版来快速实现这种统一。母版本身是一张特殊的幻灯片,是用于创建幻灯片的框架。使用母版可以确定幻灯片中共同出现的内容,以及各个构成要素(如背景、标题和正文等)的格式,用户可以在创建每张幻灯片时直接套用设置好的格式。

1. 幻灯片母版视图

在“视图”选项卡中,单击“母版视图”组中的“幻灯片母版”命令,则进入“幻灯片母版”视图,如图 4.222 所示。其中第一张母版幻灯片称为“Office 主题幻灯片母版”,而其它母版幻灯片均称为“幻灯片版式”。

幻灯片版式包含要在幻灯片上显示的全部内容的格式设置、位置和占位符。占位符是版式中的容器,可容纳如文本(包括正文文本、项目符号列表和标题)、表格、图表、SmartArt 图形、影片、声音、图片及剪贴画等内容。尽管每个幻灯片版式的设置方式都不同,然而与给定幻灯片母版相关联的所有幻灯片版式均包含相同主题(配色方案、字体和效果)。

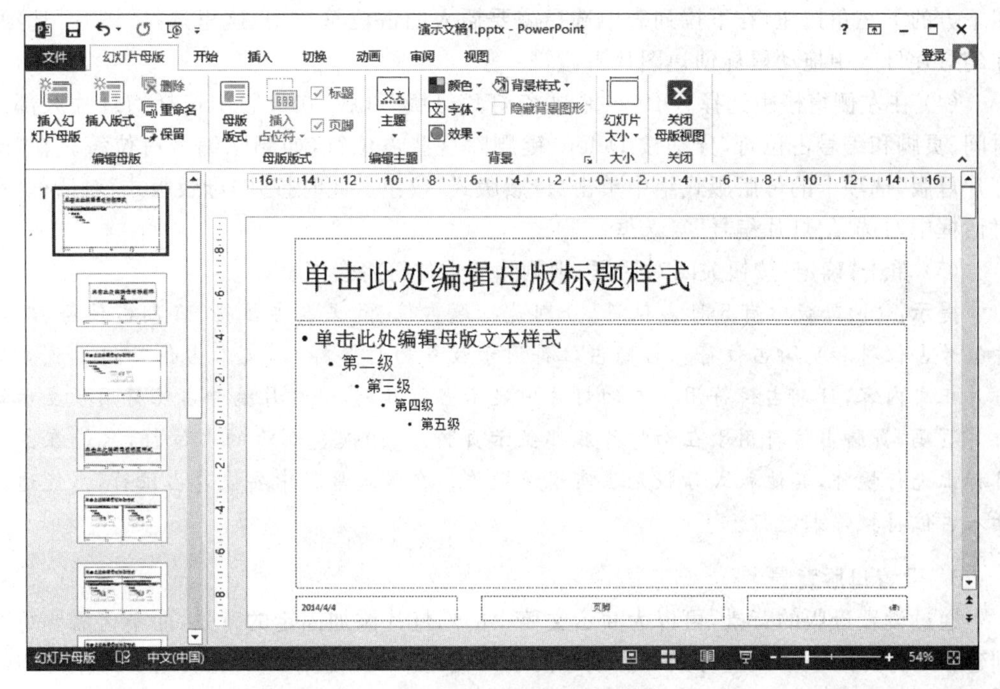

图 4.222　幻灯片母版视图

图 4.223 显示了一个应用“奥斯汀”主题的幻灯片母版，以及与之关联的三个幻灯片版式。三个幻灯片版式展现了不同版本的“奥斯汀”主题——使用相同的配色方案，但版式排列方式有所不同。此外，每个版式在幻灯片上的不同位置提供文本框和页脚，并在不同文本框中使用不同的字号。

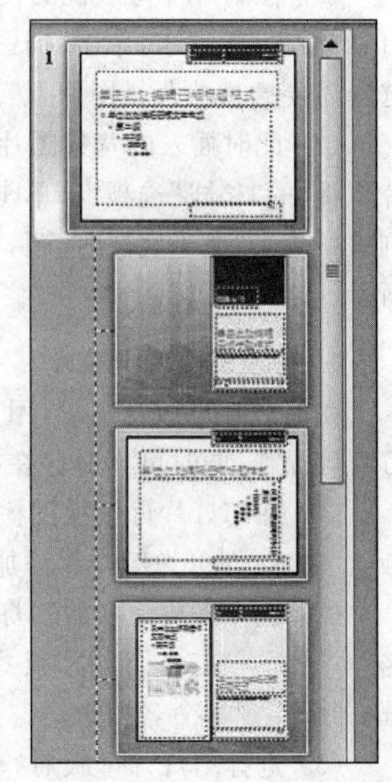

图 4.223　具有 3 种不同版式的幻灯片母版

2. 使用占位符

占位符是幻灯片母版的重要组成要素。用户可以根据需要，直接在这些具有预设格式的占位符中添加内容，如图片、文字和表格等。这些占位符的格式以及在幻灯片中的位置可以通过幻灯片母版来进行设置。下面介绍在母版中添加占位符以及设置占位符格式的具体操作方法。

(1) 打开演示文稿，在“视图”选项卡中，单击“母版视图”组中的“幻灯片母版”按钮，此时进入幻灯片母版视图。

(2) 在幻灯片母版视图中，左侧窗格中显示不同用途的幻灯片母版。在窗格中的母版幻灯片缩略图上单击选择母版幻灯片，如这里选择“标题幻灯片”母版。在右侧的编辑区中即可对该幻灯片母版进行设计，这里重新设置主标题的字体。

(3) 在“幻灯片母版”选项卡中，单击“插入占位符”按钮下方的下三角按钮，在下拉列表中选择需要插入的占位符类型，这里选择“图片”选项。在幻灯片母版中拖动鼠标创建图片占位符。

(4) 在左侧窗格中选择“Office 主题 幻灯片母版”母版，在母版中选择幻灯片底部的时间、页脚和编号占位符，分别按 Delete 键删除这些占位符，如删除编号占位符。在“幻灯片母版”选项卡的母版版式组中单击“母版版式”按钮。此时打开“母版版式”对话框，在对话框中勾选“幻灯片编号”复选框。

(5) 单击“确定”按钮关闭对话框，则删除的占位符将会恢复。

提示：(1)母版中有5种占位符，分别是标题占位符、文本占位符、日期占位符、幻灯片编号占位符和页脚占位符。标题占位符用于放置幻灯片标题，文本占位符用于放置幻灯片正文内容，日期占位符用于在幻灯片中显示当前日期，幻灯片编号占位符用于显示幻灯片页码，页脚占位符用于在幻灯片底部显示页脚。(2)恢复删除的占位符，只能在主题目标上进行操作，其他版式母版无法实现该操作。在版式母版中要恢复占位符，只能通过插入占位符操作来进行。

3. 设置母版背景

通过设置母版的背景，可以为演示文稿中的幻灯片添加固定的背景，而不再需要每次创建新幻灯片时重新设置背景。在创建演示文稿时，一般使用图片或填充效果作为幻灯片的背景。下面以添加外部图片作为幻灯片背景为例，介绍设置幻灯片母版背景的操作方法。

(1) 在幻灯片母版视图模式下，在左侧的窗格中选择“Office 主题 幻灯片母版”母版。打开“插入”选项卡，单击“插图”组中的“图片”按钮，打开“插入图片”对话框。在对话框中选择需要插入的背景图片，然后单击“插入”按钮。

(2) 此时插入的背景图片会盖住母版中的占位符，还需要对图片进行调整。打开“图片工具”的“格式”选项卡，单击“排列”组中的“下移一层”按钮右侧的下三角按钮，在下拉列表中单击“置于底层”选项，图片将置于幻灯片的底层，占位符将显示出来，如图 4.224 所示。

4. 管理幻灯片母版

在幻灯片母版视图下，用户可以对幻灯片母版进行添加幻灯片、删除幻灯片和复制幻灯片等操作，同时可以对存在的幻灯片母版进行重命名操作。具体操作方法如下：

(1) 在幻灯片母版视图模式下，在“幻灯片母版”选项卡的“编辑母版”组中单击“插入版式”按钮，即可为幻灯片添加一个版式母版。

(2) 选择需要命名的幻灯片母版，在“编辑母版”组中单击“重命名”按钮，打开“重命名”对话框。在对话框的“版式名称”文本框中输入名称后，单击“重命名”按钮关闭对话框，即可实现重命名操作。

(3) 选择幻灯片母版后，单击“编辑母版”组中的“删除”按钮，即可将选择的母版删除。完成母版的设置创建后，单击“关闭母版视图”按钮，即可退出幻灯片母版视图，回到普通视图模式。

图 4.224　设置母版背景

4.4.4　幻灯片的动画和交互

在 PowerPoint 中,动画是对象进入和退出幻灯片的方式,可以使演示文稿具有更强的感染力。交互是指幻灯片与操作者之间的互动,通常通过超链接或动作来实现,可以使操作者根据自己的需要控制演示文稿的播放,增强与操作者之间的契合度。

4.4.4.1　幻灯片的切换

幻灯片的切换效果是以幻灯片为对象的动画效果。在幻灯片放映过程中,由一张幻灯片切换到另一张幻灯片时,切换效果可使下一张幻灯片以不同的方式显示到屏幕上,如“垂直百叶窗”、“盒状展开”等。具体操作方法如下:

(1) 打开演示文稿,选择需要添加切换效果的幻灯片,在“切换”选项卡的“切换到此幻灯片”组中单击“其他”按钮,然后在下拉列表中选择一种切换效果,将其应用到幻灯片中,如图 4.225 所示。

(2) 此时该幻灯片已添加切换效果,同时在“幻灯片”窗格中,该幻灯片缩略图的编号下方会出现“动画”按钮。用户可以在“切换”选项卡的“预览”组中单击“预览”按钮即可预览切换效果,或者单击“动画”按钮也可预览幻灯片的切换效果。

(3) 当幻灯片添加切换效果后,可以对切换效果进行手动设置。在“切换”选项卡的“计时”组中,使用“声音”下拉列表框可以设置切换声音;使用“持续时间”增量框可以设置

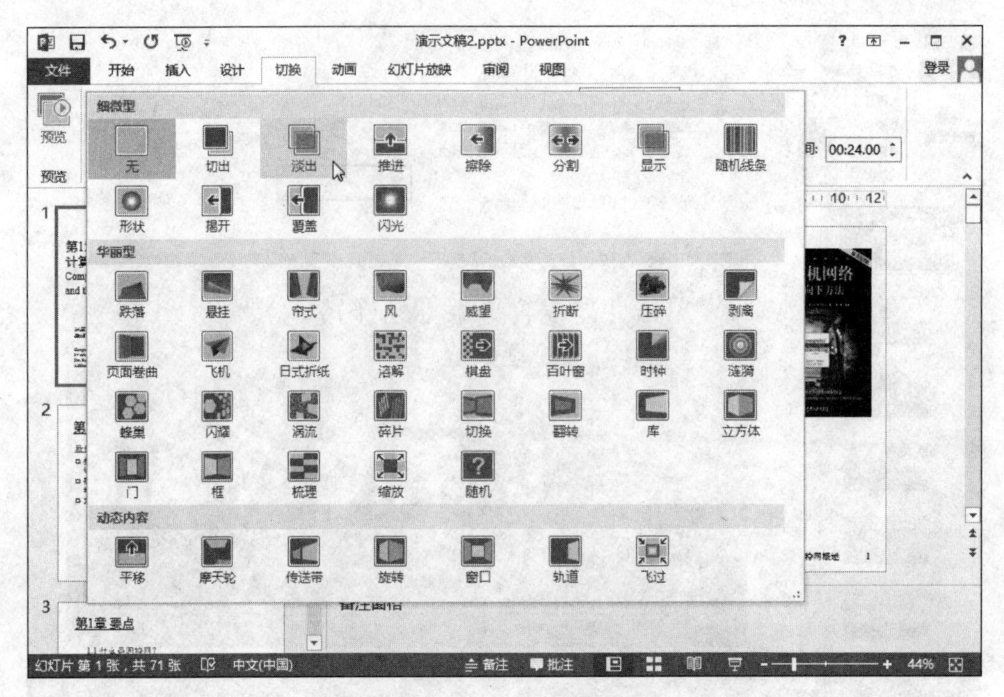

图 4.225　选择幻灯片切换效果

切换的持续时间；勾选“设置自动换片时间”复选框，并输入切换时间值，则在放映时，在指定时间之后将自动切换到下一张幻灯片。

(4) 在“切换”选项卡的“切换到此幻灯片”组中，单击“效果选项”按钮，可以在下拉列表中选择该切换效果的不同设置选项。

4.4.4.2　创建对象动画

动画可以使幻灯片中的对象运动起来，实现对某种运动规律的演示，对特定对象的突出，以及创建对象出场和退场效果。在 PowerPoint 2013 中，幻灯片中的任意一个对象都可以添加动画效果，并可以对添加的动画效果进行设置。

1. 给对象添加动画效果

PowerPoint 2013 为用户创建对象动画提供了大量的动画效果。这些动画效果分为进入、强调、退出和动作路径 4 类。下面将以为幻灯片中的对象添加“进入”动画效果为例介绍具体的操作方法。

(1) 打开演示文稿，在幻灯片中选择需要添加动画效果的对象。打开“动画”选项卡，单击“高级动画”组中的“添加动画”按钮，在下拉列表中可以直接选择预设动画应用到选择的对象，如图 4.226 所示。

(2) 如果“添加动画”列表中没有满意的“进入”动画效果，可以单击列表中的“更多进入效果”选项，此时打开“添加进入效果”对话框，如图 4.227 所示。该对话框中分类列出了所有可用的“进入”动画效果。选择一种进入效果后，单击“确定”按钮。

(3) 单击“预览”按钮能够预览到当前对象添加的动画效果。

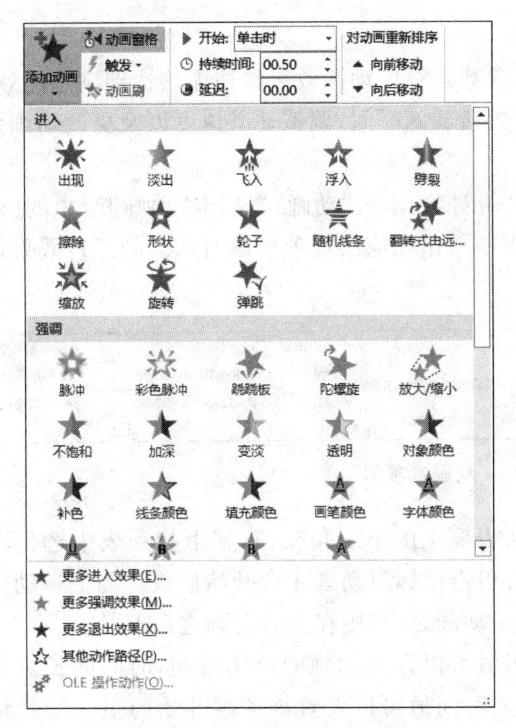

图 4.226　动画效果列表选项　　　　图 4.227　“添加进入效果”对话框

(4) 当向对象添加动画效果后,对象上将出现带有编号的动画图标,如图 4.228 所示。编号表示动画播放的先后顺序。选择添加了动画效果的对象,在“动画”选项卡的“计时”组中单击“向前移动”或“向后移动”,可以对动画的播放顺序进行调整。

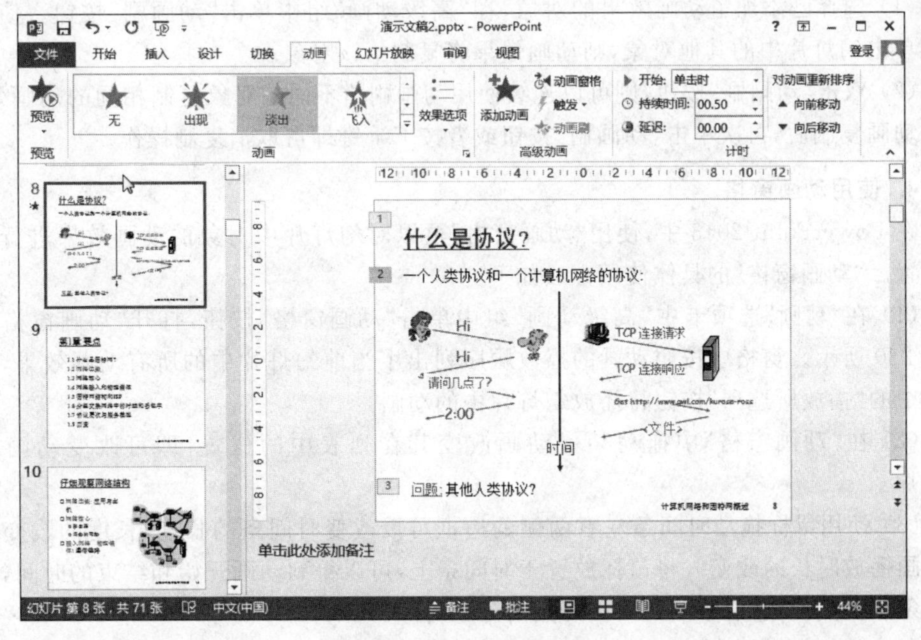

图 4.228　动画编号

2. 设置动画效果

在为对象添加动画效果后，按照默认参数运行的动画效果往往无法达到满意的效果，此时可以对动画进行设置，如设置动画开始播放的时间、调整动画速度以及更改动画效果等。具体操作方法如下：

(1) 在幻灯片中选择已添加动画效果的对象，单击“动画”选项卡“动画”组中的“效果选项”按钮，如图 4.229 所示。在下拉列表中单击相应的选项可以对动画的运行效果进行修改。

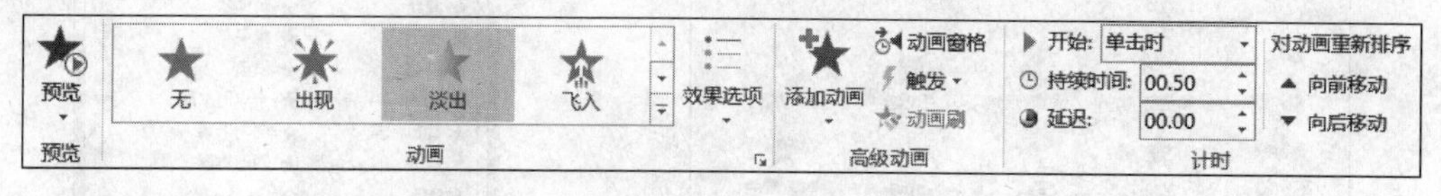

图 4.229 动画选项卡

(2) 单击“计时”组中的“开始”下拉列表框上的下三角按钮，在下拉列表中选择动画开始播放的方式。其中“单击时”表示只有单击鼠标时动画才会开始播放；“与上一动画同时”则当前动画与上一动画同时开始；“上一动画之后”则在上一动画之后开始。

(3) 在“持续时间”增量框中输入时间值可以设置动画的持续时间，时间的长短决定了动画演示的速度；在“延迟”增量框中输入时间值可以设置该动画开始与上一动画结束时之间的延迟时间。

3. 复制动画效果

在 PowerPoint 2013 中，若要为对象添加与已有对象完全相同的动画效果，可以直接使用“动画刷”来实现，具体操作方法如下：

(1) 选择已添加了动画效果的对象，在“高级动画”组中单击“动画刷”按钮。使用动画刷单击幻灯片中的其他对象，则动画效果将复制给该对象。

(2) 双击“动画刷”按钮，则可以连续使用动画刷给不同的对象复制相同的动画效果。完成动画复制后，再次单击“动画刷”按钮或者按 Esc 键即可取消复制操作。

4. 使用动画窗格

在 PowerPoint 2013 中，使用“动画窗格”可以对幻灯片中对象的动画效果进行详细的设置。“动画窗格”的具体使用方法如下：

(1) 在“动画”选项卡中“高级动画”组中单击“动画窗格”按钮，打开“动画窗格”，如图 4.230 所示。窗格中按照动画的播放顺序列出了当前幻灯片中的所有动画效果，单击窗格中的“播放所选项”按钮将播放幻灯片中的动画。

(2) 在“动画窗格”中拖动某一动画改变其在列表中的位置，即可改变动画的播放顺序。

(3) 使用鼠标拖动时间条左右两侧的边框可以改变时间条的长度，长度的改变意味着动画播放时长的改变。将鼠标放置于时间条上，可以得到动画开始和结束的时间，拖动时间条改变其位置，能够改变动画开始的延迟时间。

(4) 在“动画窗格”的动画列表上单击某个动画选项右侧的下三角按钮，在下拉列表

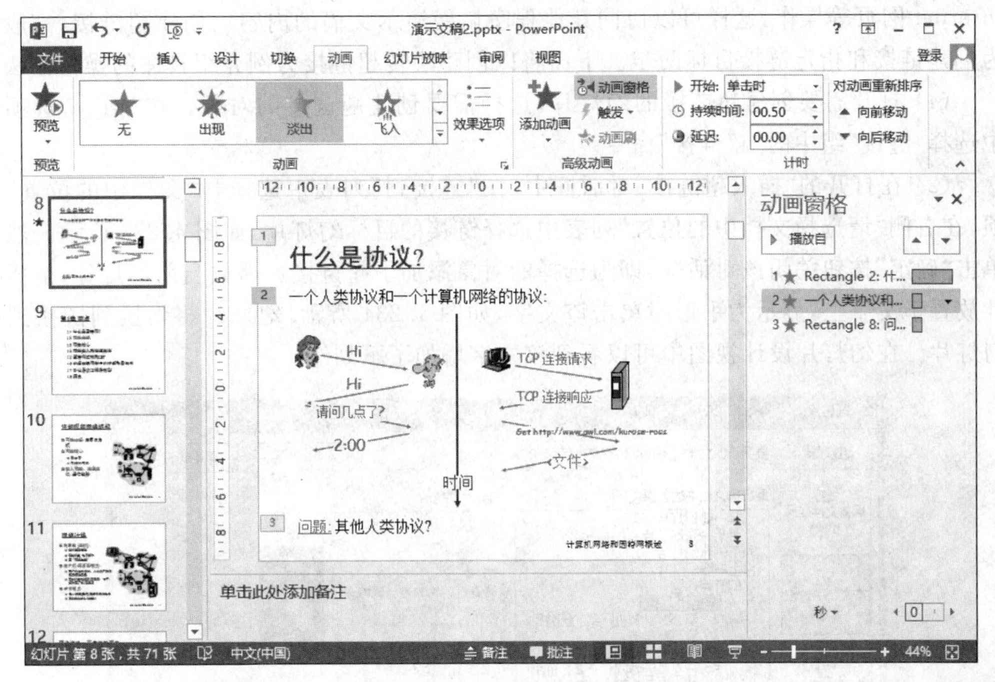

图 4.230　打开“动画窗格”

中选择“效果选项”，如图 4.231 所示。此时打开该动画的设置对话框，分别可以对动画的效果、计时选项进行设置，如图 4.232 所示。

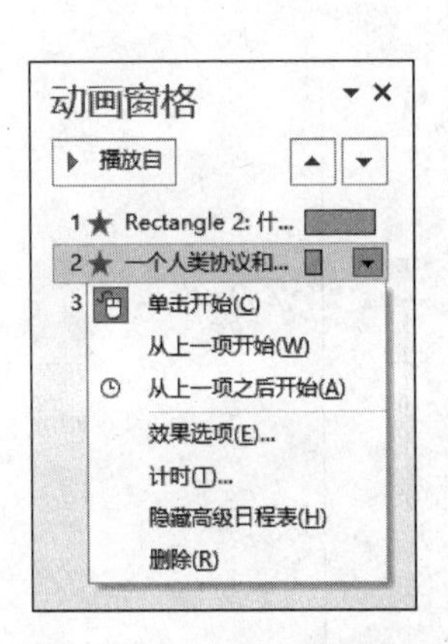

图 4.231　“动画”下拉列表

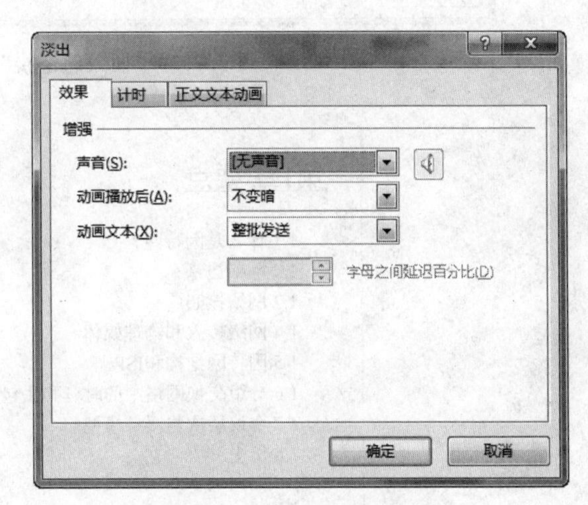

图 4.232　动画设置对话框

4.4.4.3　使用超链接

在 PowerPoint 演示文稿中，实现幻灯片导航的一种有效方式就是使用超链接。在幻灯片中为各种对象添加超链接，通过单击该对象即可实现从演示文稿的一个位置跳转到另一个位置。当然，演示文稿中的这种超链接也可以实现启动外部程序或打开某个

Internet 网页等操作，这样可以协同其他程序拓展演示文稿的内容。创建超链接，一般分为创建链接和指定链接目标两步。下面将以创建跳转超链接为例介绍具体的操作方法。

(1) 打开需要创建超链接的幻灯片，选择需要创建超链接的对象。在“插入”选项卡中选择“链接”组中的“超链接”命令。

(2) 在打开的“插入超链接”对话框中，在“链接到”列表中选择“本文档中的位置”选项，在右侧“请选择文档中的位置”列表中选择链接的目标幻灯片，如图 4.233 所示。然后单击“确定”按钮关闭该对话框，即为选择的对象添加了超链接。播放当前幻灯片，鼠标指针放置于文字上，显示为手形时单击该文字，如图 4.234 所示，幻灯片将切换到链接到的幻灯片。在幻灯片设计视图中可以看到该文字增加了下划线。

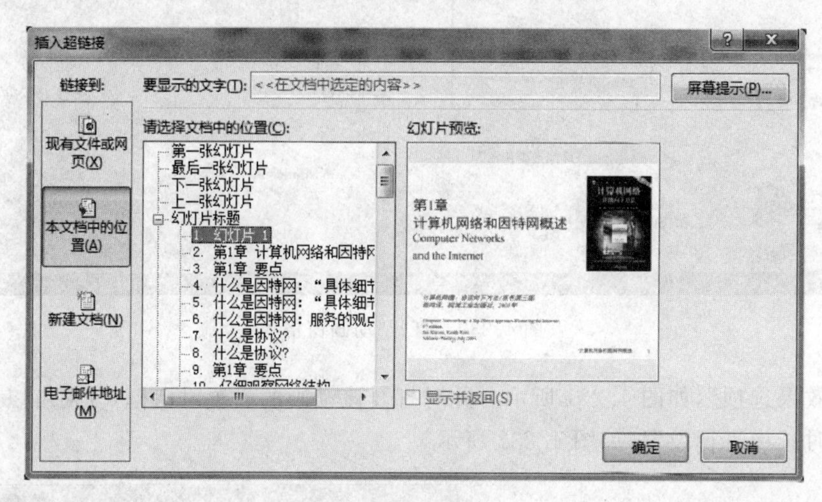

图 4.233 “插入超链接”对话框

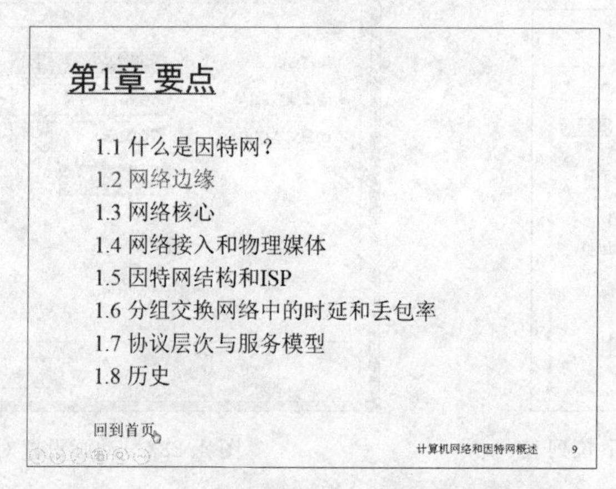

图 4.234 鼠标指向添加了超链接的文字

(3) 在幻灯片中右键添加了超链接的对象，选择快捷菜单中的“编辑超链接”命令。此时打开“编辑超链接”对话框，使用该对话框可以对超链接进行修改；如果选择“取消超链接”命令，则可以删除添加的超链接，如图 4.235 所示。

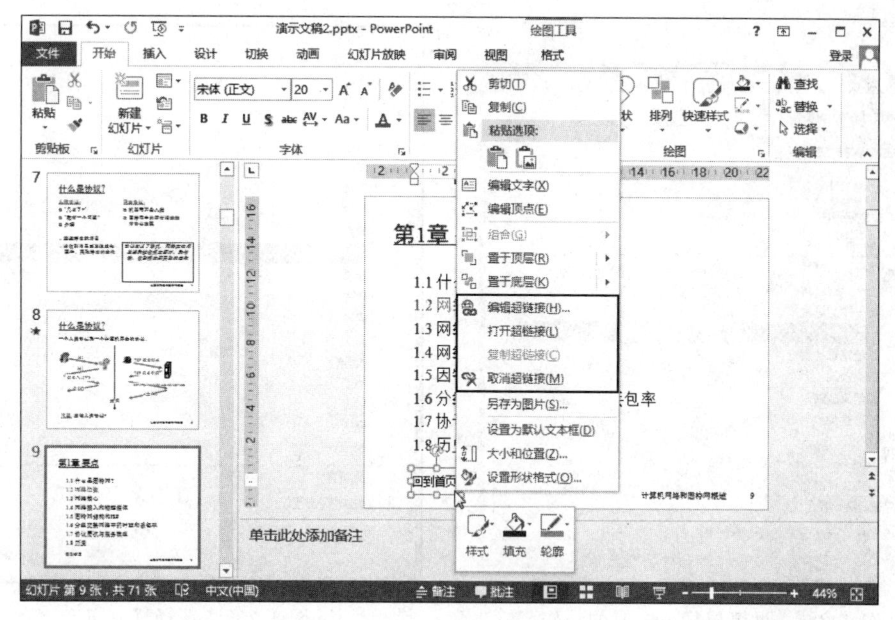

图 4.235　超链接的快捷菜单

4.4.4.4　使用动作

在幻灯片中为对象添加动作，可以让对象在单击或鼠标移过该对象时执行某个特定的操作，如链接到某张幻灯片、运行某个程序或播放声音等。动作与超链接相比，其功能更加强大，除了能够实现幻灯片的导航外，还可以添加动作声音，常见的有鼠标移过时的操作动作。下面将以为对象添加动作以实现幻灯片导航为例介绍使用动作的具体操作方法。

(1) 打开幻灯片，在幻灯片中插入作为导航按钮的图片，并以该图片为对象添加动作。选择"插入"选项卡的"链接"组中的"动作"命令。

(2) 在打开的"操作设置"对话框中，在"单击鼠标"选项卡中设置鼠标单击时的动作。这里选择"超链接到"选项，将单击动作设置为链接到某张幻灯片，在下拉列表中选择链接目标，如图 4.236 所示。勾选"播放声音"复选框，在下拉列表中选择声音，如图 4.237 所示。这样，幻灯片放映时，单击对象，对象将播放选择的声音作为动作的提示音。完成设置后，单击"确定"按钮关闭对话框。此时，在播放该幻灯片时，单击添加了动作的图片，则切换到动作指定的幻灯片。

(3) 在幻灯片中右击添加了动作的对象，选择快捷菜单中的"编辑超链接"命令。此时打开"操作设置"对话框，对动作进行修改；如果选择"取消超链接"命令，则可以删除添加的动作。

4.4.4.5　使用触发器

什么是触发器？微软官方给出的解释是：PPT 触发器仅仅是 PPT 中的一项功能，它可以是一个图片、图形、按钮，甚至可以是一个段落或文本框，单击触发器时它会触发一个操作，该操作可能是声音、电影或动画。

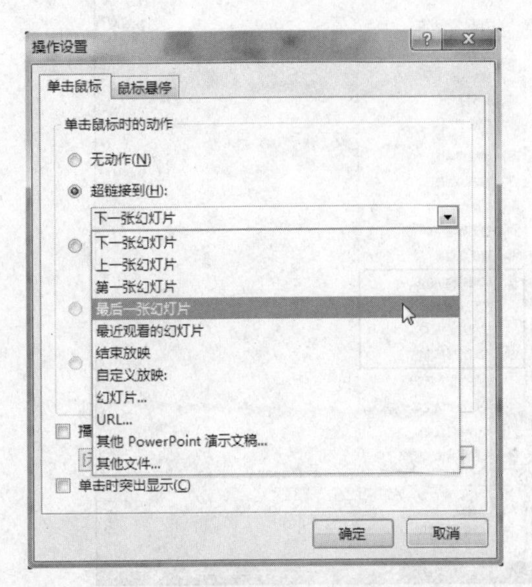

图 4.236 设置鼠标单击时的动作

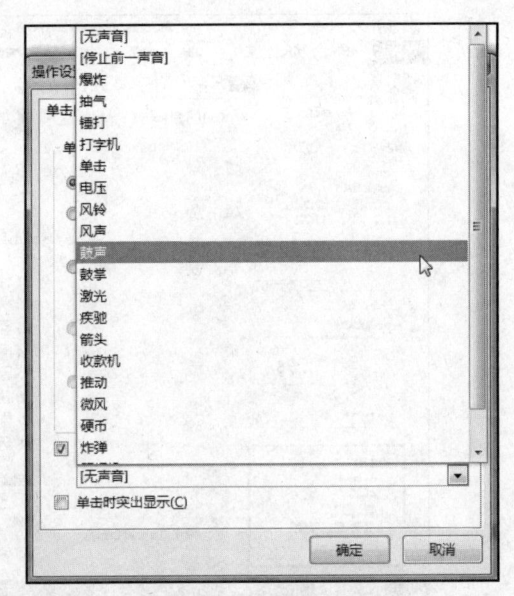

图 4.237 选择播放声音

传统方式对于 PPT 动画的执行一般以自定义动画中的“单击”,“之后”和“之前”作为控制 PPT 动画执行的条件。需要注意的是,这里的“单击”是在页面空白处单击鼠标执行动画。当页面所有的动画执行完毕后,再次单击进入下一页,也就是说要想观看下一页的内容,必须在当前页所有动画放映完之后。但是,在一些特殊情况下比如一次培训或销售的 PPT 演示,我们需要根据时间和现场情况决定是否要演示一些动画,如果不需要,就可以通过 PPT 触发器的原理,跳过当前动画,直接进入下一页,如图 4.238 所示。下面将以控制表情变化为例介绍触发器使用的具体方法。

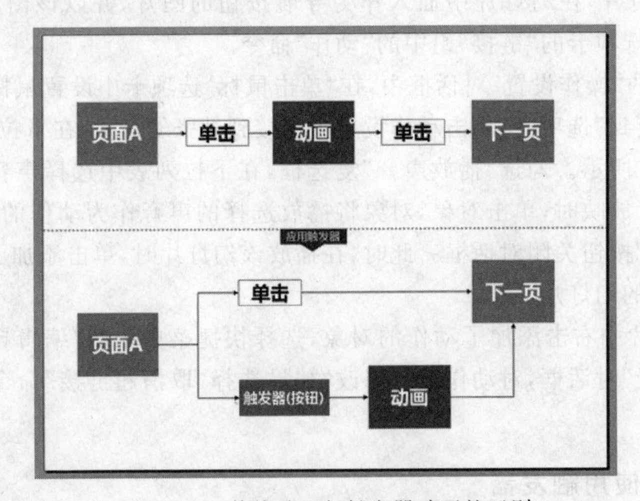

图 4.238 传统动画与触发器动画的区别

(1) 在幻灯片中插入两张不同的表情图片,如哭脸和笑脸,然后为每张图片添加进入和退出的动画效果,并调整动画播放顺序,如图 4.239 所示。完成后的动画效果为:单击

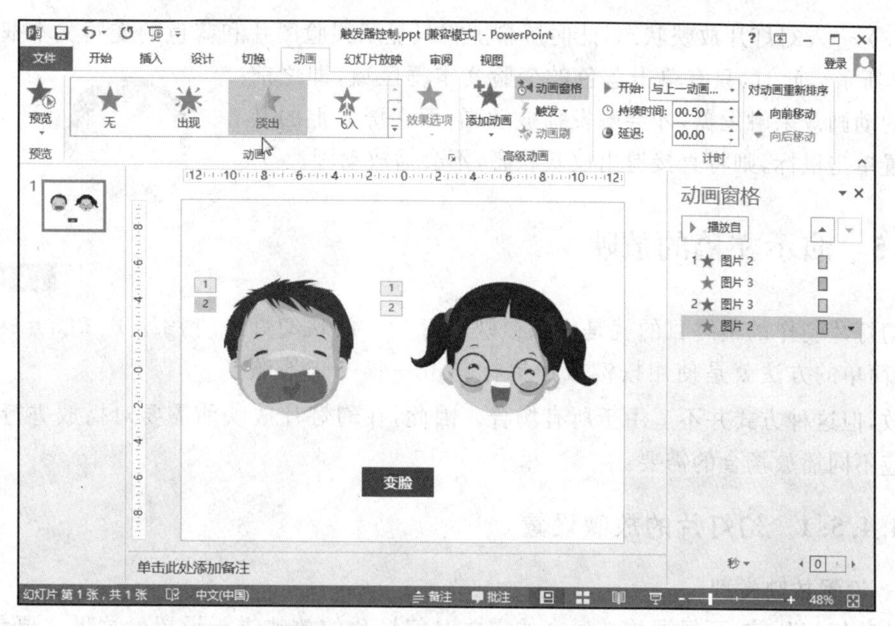

图 4.239　为图片添加动画效果

鼠标，哭脸图片淡出幻灯片，同时笑脸图片淡入幻灯片；再次单击鼠标，笑脸图片淡出幻灯片，同时哭脸图片淡入幻灯片；第三次单击鼠标则退出幻灯片放映状态。

(2) 在“动画窗格”中选择需要添加触发器的动画效果，这里选择所有动画效果。然后在“动画”选项卡的“高级动画”组中单击“触发”按钮，在下拉列表中选择“单击”选项，并在级联列表选择“AutoShape 8”，如图 4.240 所示。此时，幻灯片中蓝色的“变脸文本框”被设置成所有动画效果的触发器。

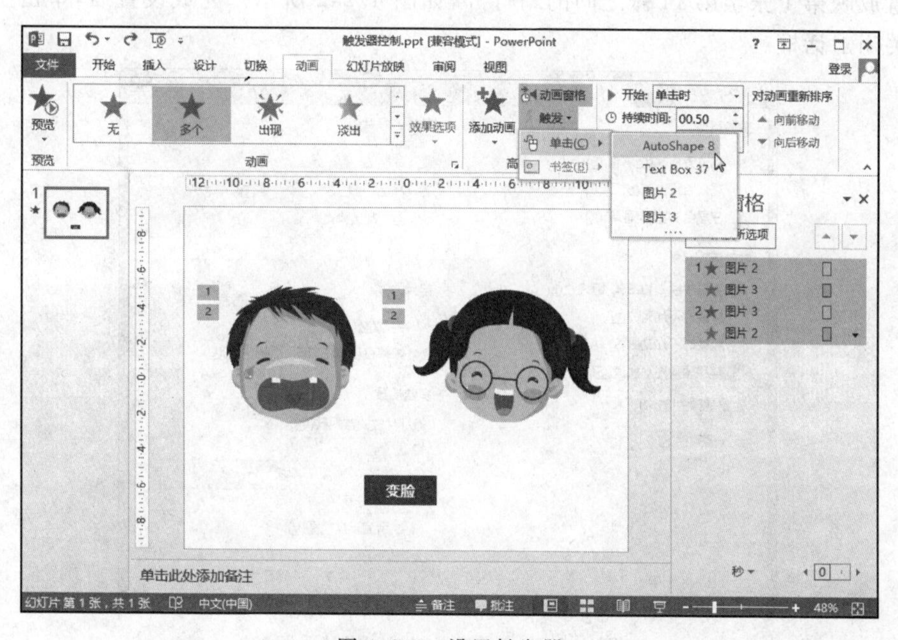

图 4.240　设置触发器

(3) 进入幻灯片放映状态，此时屏幕上将只显示哭脸图片和蓝色的变脸文本框，如图4.241所示。此时，只有单击蓝色的变脸文本框区域，即之前设置的动画效果触发器，才会触发播放动画；而在屏幕上的其他位置单击鼠标，则将直接退出放映状态，不会播放动画。

图 4.241 幻灯片放映

4.4.5 演示文稿的放映

幻灯片制作的最终目的就是为了放映幻灯片。放映幻灯片，最简单的方法就是使用按键或用鼠标单击一张一张地顺序播放，但这种方式并不适用于所有场合。因此，在幻灯片放映前需要对播放进行设置，以适应不同播放场合的需要。

4.4.5.1 幻灯片的放映设置

1. 设置放映类型

放映幻灯片前，可根据放映场合的需要对幻灯片的放映进行设置。这里主要包括设置幻灯片的放映类型、需要放映的幻灯片以及幻灯片是否循环播放等。具体操作方法如下：

(1) 打开演示文稿，在“幻灯片放映”选项卡中单击“设置”组中的“设置幻灯片放映”按钮。

(2) 此时打开“设置放映方式”对话框，在对话框中对演示文稿的放映方式进行设置。这里勾选“循环放映，按 Esc 键终止”复选框使幻灯片能够循环放映。在“放映幻灯片”栏中设置放映第1张至第14张之间的幻灯片，如图4.242所示。完成设置后，单击“确定”按钮关闭对话框。

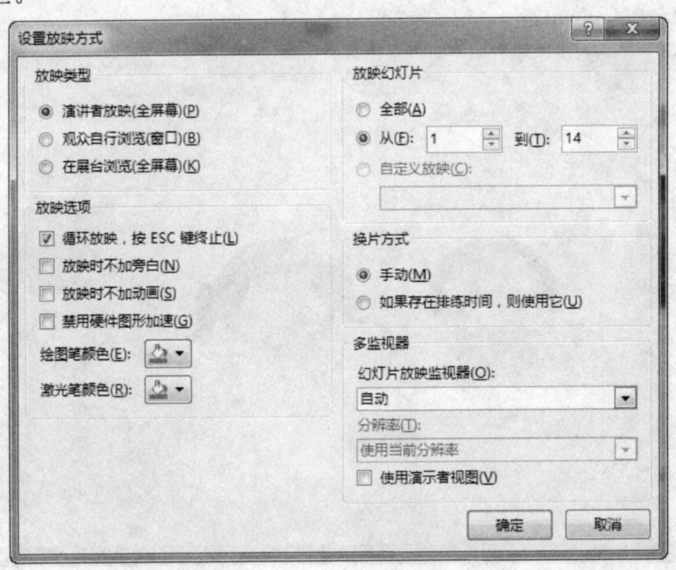

图 4.242 “设置放映方式”对话框

提示：演讲者放映(全屏幕)是默认的放映方式，在观众面前全屏幕演示幻灯片，演讲者对幻灯片的放映过程有完全的控制权。观众自行浏览(窗口)方式，让观众在带有导航菜单或按钮的标准窗口中通过滚动条、方向键或控制按钮来自行控制浏览演示内容。在展台浏览(全屏幕)方式，让观众手动切换或通过设置好的排练计时时间自动切换幻灯片，此时观众只能通过鼠标选择屏幕对象，不能对演示文稿进行修改，并且演示文稿循环播放。

(3) 在普通视图模式下，在“幻灯片”窗格中选择幻灯片，在“幻灯片放映”选项卡的“设置”组中单击“隐藏幻灯片”按钮。此时，选择的幻灯片在放映时会被隐藏，即该幻灯片不会被播放。

2. 使用排练计时放映

如果希望幻灯片能够按照事先计划好的时间进行自动播放，就需要先通过排练计时来记录真实播放过程中每张幻灯片的放映时间，然后在“设置放映方式”对话框中设置按照记录的排练计时时间进行幻灯片的放映。具体操作方法如下：

(1) 打开演示文稿，在“幻灯片放映”选项卡中单击“设置”组的“排练计时”按钮。

(2) 此时幻灯片进行播放，播放时在屏幕左上角会出现一个“录制”工具栏，其中显示当前幻灯片放映时间和总放映时间，如图 4.243 所示。

(3) 按照放映的实际需要来切换幻灯片，切换到新的幻灯片时，“录制”工具栏中的当前幻灯片放映时间将重新计时，但总放映时间将继续计时。如果需要计时暂停，可以单击工具栏中的“暂停”按钮▮▮。此时 PowerPoint 会给出提示对话框，单击“继续录制”按钮将重新开始计时。

(4) 逐个完成每张幻灯片排练计时后，退出幻灯片放映状态。此时 PowerPoint 给出提示对话框，提示是否保存排练计时时间，如图 4.244 所示。单击“是”按钮保存排练计时时间。切换到幻灯片浏览视图模式，每张幻灯片右下角将会出现幻灯片播放需要的时间，如图 4.245 所示。

图 4.243 “录制”工具栏

图 4.244 结束排练计时

(5) 此时，如果在“设置放映方式”对话框的“换片方式”栏中选中“如果存在排练时间，则使用它”单选按钮，在放映类型栏中同样选中“演讲者放映(全屏)”单选按钮，那么在幻灯片放映时，既可以使用手动控制幻灯片放映，且排练时也可以发挥作用。

(6) 在幻灯片浏览视图模式下，选择某一张幻灯片，打开“切换”选项卡，勾选“设置自动换片时间”复选框，并在其后的增量框中输入时间值。该幻灯片的排练计时时间将更改为当前的输入值。

3. 录制对幻灯片的操作

播放演示文稿时，如果需要为每张幻灯片添加讲解，可以使用 PowerPoint 2013 内置

图 4.245　幻灯片缩略图右下角显示排练时间

的“录制旁边”功能，在放映排练的同时录制旁边，录制完成后保存旁白声音即可。录制旁白常用于自动放映的幻灯片，如展会上自动放映的宣传资料、Web 上自动放映的幻灯片或者某些需要特定个人解说的幻灯片等。具体操作方法如下：

(1) 选择需要录制旁白的幻灯片，在“幻灯片放映”选项卡中单击“录制幻灯片演示”按钮的下三角按钮，在下拉列表中选择“从头开始录制”选项。PowerPoint 弹出“录制幻灯片演示”对话框，在对话框中勾选“旁白和激光笔”复选框。单击“开始录制”按钮开始录制旁白，如图 4.246 所示。

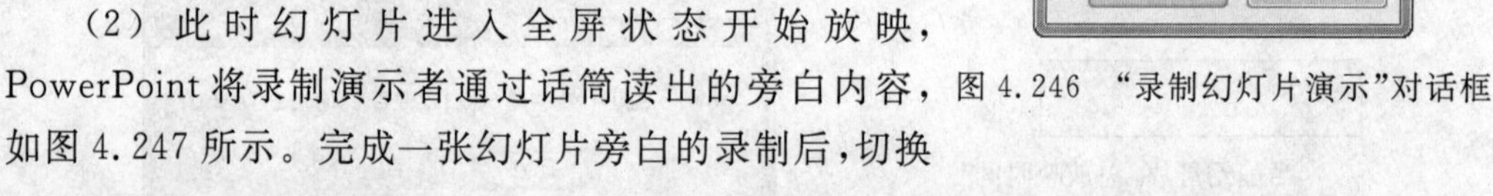

图 4.246　“录制幻灯片演示”对话框

(2) 此时幻灯片进入全屏状态开始放映，PowerPoint 将录制演示者通过话筒读出的旁白内容，如图 4.247 所示。完成一张幻灯片旁白的录制后，切换到下一张幻灯片接着进行录制。录制完成后，按 Esc 键退出幻灯片的放映状态。

(3) 退出录制状态后，PowerPoint 进入幻灯片浏览视图，此时幻灯片中会出现音频图表。切换到普通视图，单击浮动控制栏上的“播放”按钮即可预览旁白的录制效果，如图 4.248 所示。

(4) 如果对录制的旁白不满意，可以在“录制幻灯片演示”下拉列表中选择“清除”选项，在下级列表中选择“清除当前幻灯片中的旁白”选项或“清除所有幻灯片中的旁白选项”进行不同的清除操作。

4. 创建放映方案

对于演示文稿，可能会因为观众的不同而展示其中的不同部分。此时，如果针对每一类用户都单独制作一份演示文稿，显然过于烦琐。在 PowerPoint 2013 中，可以通过设置

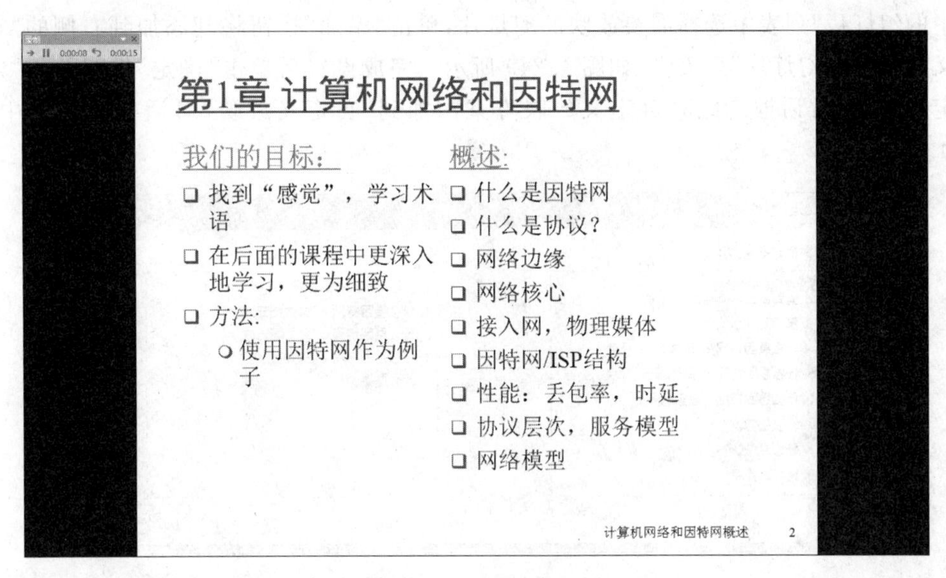

图 4.247 录制旁白

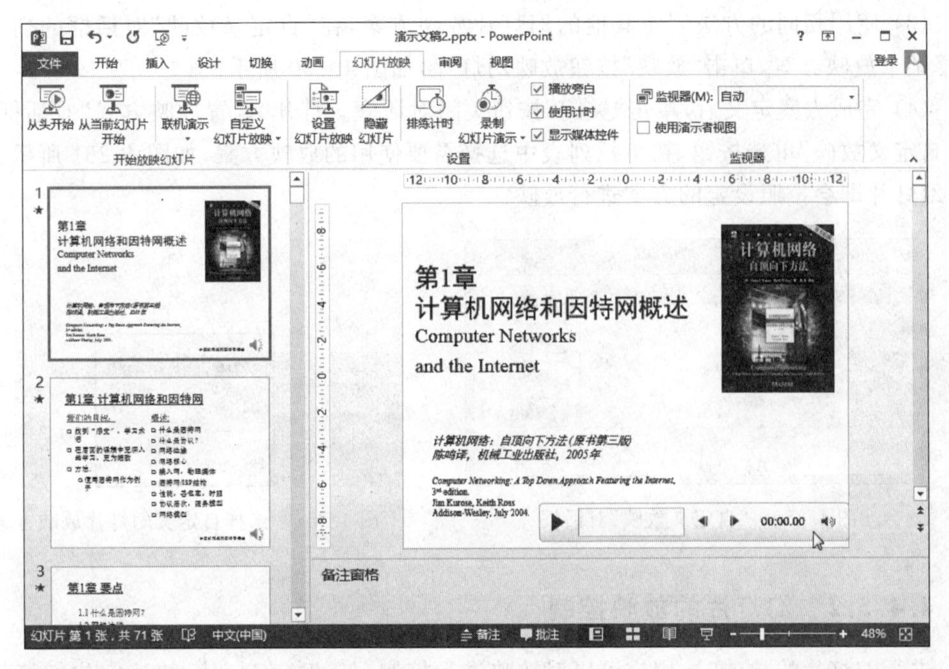

图 4.248 播放旁白

放映方案实现同一套演示文稿的多种放映方式，这样可以针对不同的观众需求，使用不同的放映方案放映特定的演示内容。下面介绍在同一演示文稿中设置放映方案的方法。

(1) 打开演示文稿，在“幻灯片放映”选项卡的“开始放映幻灯片”组中单击“自定义幻灯片放映”按钮，在下拉列表中选择“自定义放映”选项。

(2) 此时打开“自定义放映”对话框，在对话框中单击“新建”按钮打开“定义自定义放映”对话框。在对话框的“幻灯片放映名称”文本框中输入自定义放映名称，在“在演示文稿中的幻灯片”列表中选择需要放映的幻灯片，单击“添加”按钮将其添加到右侧的“在自定义放映中的幻灯片”列表中，如图 4.249 所示。完成设置后单击“确定”按钮关闭“定义自定义放映”对话框。此时自定义放映方案添加到“自定义放映”对话框的列表中，如图 4.250 所示。

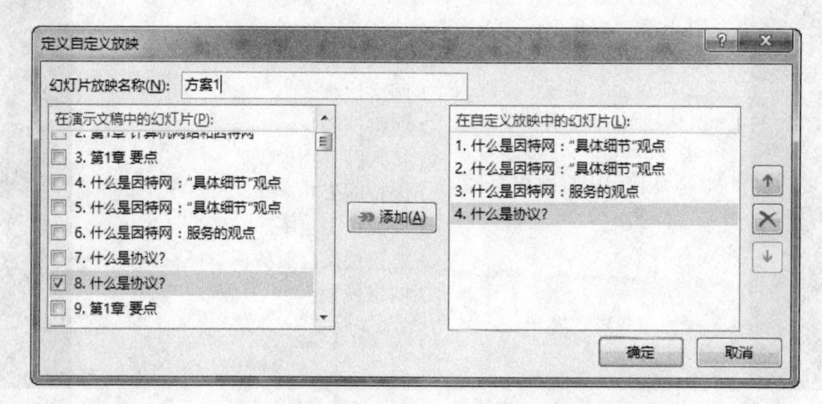

图 4.249 “定义自定义放映”对话框

(3) 使用相同的方法创建其他的幻灯片放映方案，在“自定义放映”对话框的列表中选择某个放映方案，单击“放映”按钮放映幻灯片，如图 4.250 所示。

(4) 完成方案定义后，单击“关闭”按钮关闭对话框。打开“设置放映方式”对话框，选中“自定义放映”单选按钮，在下拉列表中选择需要使用的放映方案，如图 4.251 所示。这样，幻灯片即会按照设定的方案进行放映。

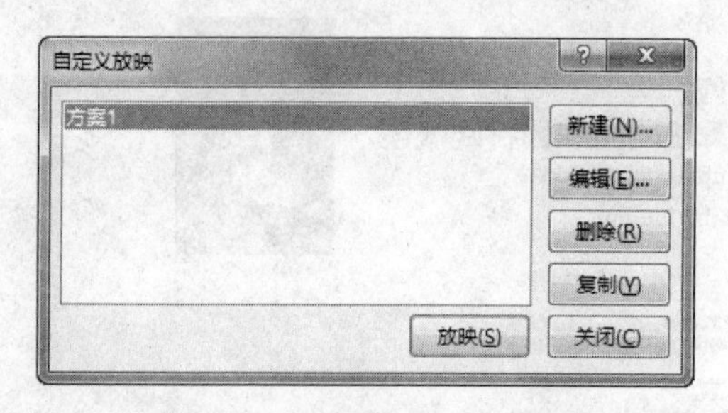

图 4.250 “自定义放映”对话框

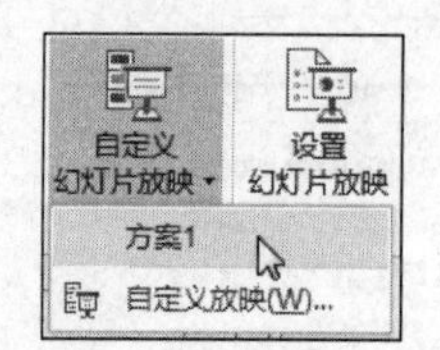

图 4.251 选择自定义幻灯片放映方案

4.4.5.2 幻灯片的放映控制

进行幻灯片的放映时，用户可以对放映进行控制，如切换幻灯片、快速定位幻灯片和使用画笔勾画幻灯片中的重点内容等。

1. 幻灯片的放映

在放映幻灯片时，可以对幻灯片进行多种控制，例如单击鼠标、按空格键或按 Enter 键进行幻灯片切换。另外，还可以使用一些针对所有幻灯片的控制方法。下面对这些方法进行介绍。

(1) 打开演示文稿，在“幻灯片放映”选项卡的“开始放映幻灯片”组中单击“从头开始”按钮或“从当前幻灯片开始”按钮，即可从不同的位置开始放映幻灯片。

(2) 在放映时，将鼠标放置到屏幕的左下角时，将会出现一排透明的播放控制按钮，单击相应的按钮能够实现对幻灯片的切换控制。

(3) 在放映时，右击当前放映的幻灯片，选择快捷菜单中的“查看所有幻灯片”命令，即可进入幻灯片浏览状态，此时可以快速定位到目标幻灯片；若选择“指针选项”命令，则可以在幻灯片上勾画重点；若选择“自定义放映”，则可以从当前放映方案转换到其他放映方案；若选择“屏幕”命令，则可以选择将当前放映幻灯片显示为黑屏或白屏。

2. 在幻灯片上勾画重点

在进行讲解时，若遇到重点问题或需要突出重点时，往往需要对幻灯片内容进行圈点。此时可以使用 PowerPoint 2013 提供的画笔功能。这种画笔能够根据需要设置笔尖的大小、形状和颜色，同时勾画的笔迹可以被擦除和保存。具体操作方法如下：

(1) 在放映时，右击当前放映的幻灯片，选择快捷菜单中的“指针选项”命令，再在级联菜单中选择一种类型的笔尖，如图 4.252 所示。

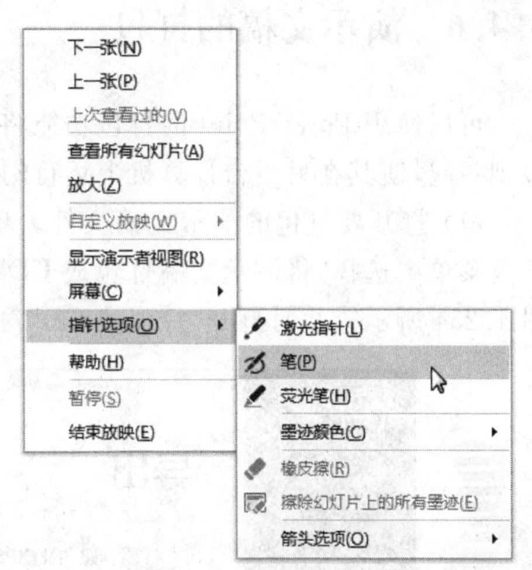

图 4.252 选择笔尖类型

(2) 再次右击当前放映的幻灯片，并在“指针选项”命令的级联菜单中选择“墨迹颜色”命令，在弹出的色卡中选择一种颜色。

(3) 完成设置后，在幻灯片中按住鼠标左键拖动即可绘制出线条，对幻灯片中的重点内容进行勾画。例如选择荧光笔，红色墨迹勾画幻灯片内容，如图 4.253 所示。

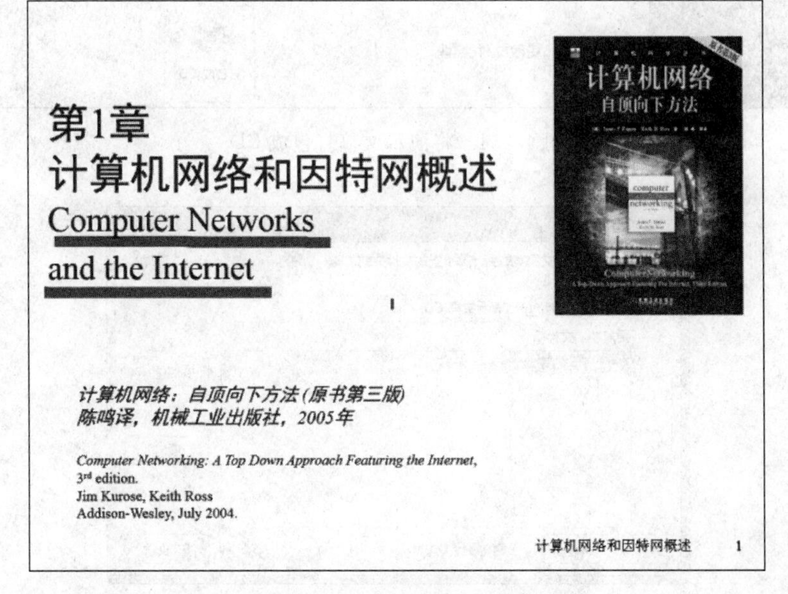

图 4.253 勾画幻灯片内容

(4) 当需要擦除墨迹时,右击当前放映的幻灯片,并在“指针选项”命令的级联菜单中选择“橡皮擦”命令,在勾画的墨迹上单击鼠标左键即可将墨迹擦除。或者选择“擦除幻灯片上的所有墨迹”命令,一次性擦除幻灯片上的所有墨迹。

(5) 按 Esc 键退出幻灯片放映状态时,PowerPoint 2013 将提示是否保存墨迹,此时可根据需要进行选择。

4.4.6 演示文稿的打包

可以使用 PowerPoint 的打包功能将演示文稿的文件、字体及 PowerPoint 播放器打包到一起,使其在另一台计算机上运行幻灯片放映,即便该计算机没有安装 PowerPoint。

(1) 打开要打包的演示文稿文件。单击“文件”标签,在列表中选择“导出”命令。在下级菜单中选择“将演示文稿打包成 CD”命令,在右侧窗格中单击“打包成 CD”按钮,如图 4.254 所示。此时打开“打包成 CD”对话框,如图 4.255 所示。

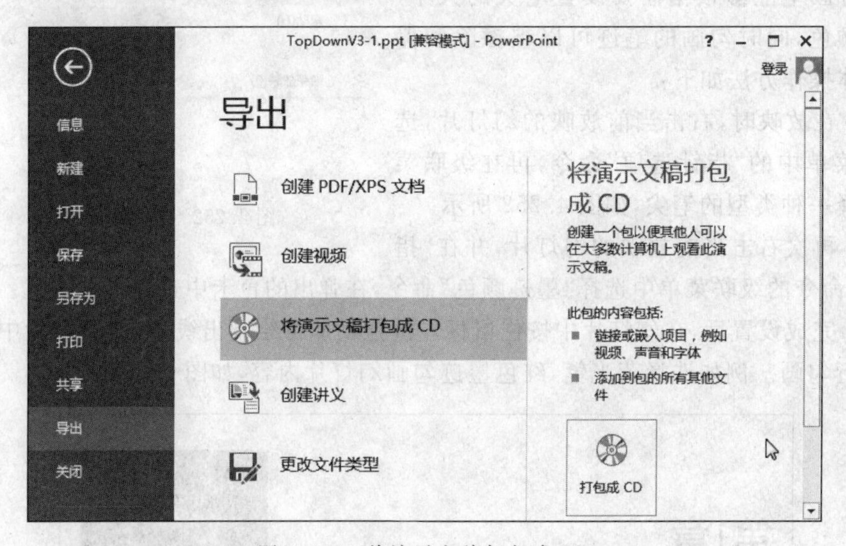

图 4.254 将演示文稿打包成 CD

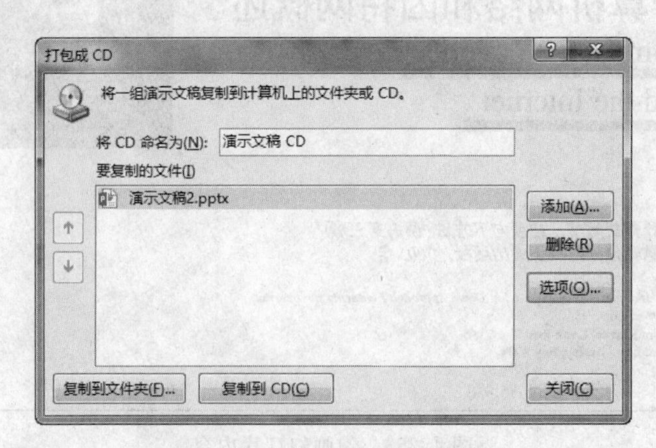

图 4.255 “打包成 CD”对话框

(2) 在“打包成 CD”对话框中，选择要打包的演示文稿。此时可单击对话框中的“选项”按钮，在打开的“选项”对话框中勾选“嵌入的 TrueType 字体”复选框，如图 4.256 所示，以避免该幻灯片字体无法在其他计算机上演示的问题。

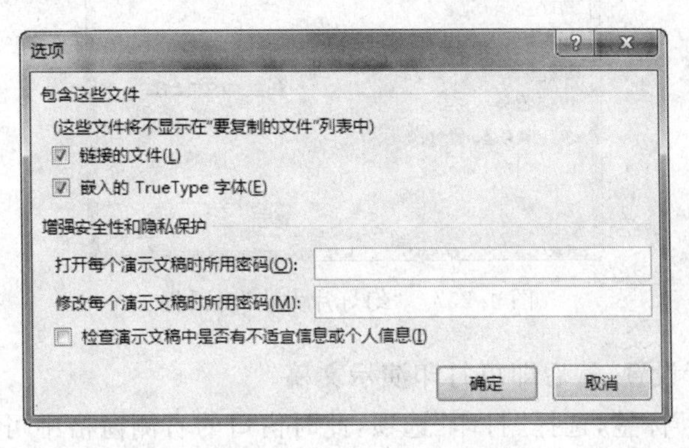

图 4.256 “选项”对话框

(3) 单击“打包成 CD”对话框中的“复制到文件夹”按钮，在弹出对话框中选择文件保存的目标位置，并单击“确定”按钮关闭对话框。

(4) 此时，PowerPoint 2013 开始打包文件。打包完成后，单击“关闭”按钮关闭“打包成 CD”对话框，此时可以在目标位置看到一个新的文件夹，其中包含的文件有：演示文稿文件、相关的动态链接库文件(扩展名为 DLL 的文件)、PowerPoint 演示文稿播放程序文件(文件名为 pptview.exe)、帮助文件、播放批处理文件(文件名为 play.bat)。如果本地计算机未安装 PowerPoint 程序，播放打包的演示文稿最简单的方法是双击播放批处理文件“play.bat”；或者双击播放程序文件“pptview.exe”，然后打开演示文稿文件。

4.4.7 演示文稿的打印

通过打印设备可以将演示文稿打印在打印纸上，也可以将幻灯片打印在投影胶片上，通过投影机放映。打印之前应该进行相应设置使其打印效果最好。

1. 页面设置

幻灯片的页面设置决定了幻灯片在屏幕和打印纸上的尺寸和放置的方向。一般情况下，使用默认的页面设置。

(1) 如果要改变页面设置，打开“设计”选项卡，单击“自定义”组中的“幻灯片大小”按钮，在下拉菜单中选择“自定义幻灯片大小”命令，打开“幻灯片大小”对话框，如图 4.257 所示。

(2) 在“幻灯片大小”对话框中对幻灯片的页面进行设置。这里在“幻灯片大小”下拉列表中选择预设的幻灯片大小选项，在“宽度”和“高度”增量框中输入数值设置幻灯片大小，完成设置后，单击“确定”按钮关闭对话框。

2. 打印

完成页面设置后，用户可以在打印前浏览打印效果，同时对打印机、打印范围、打印份

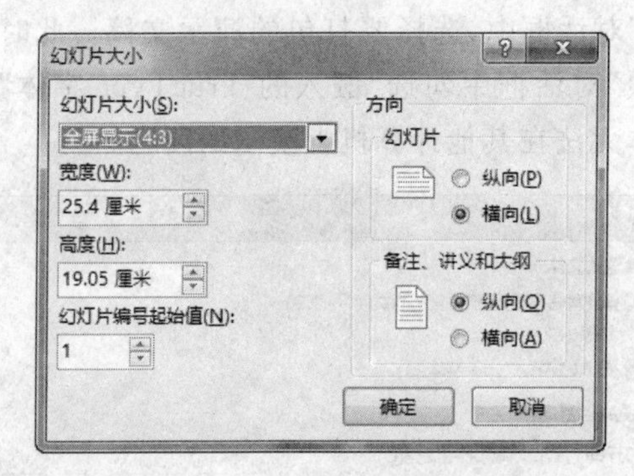

图 4.257 “幻灯片大小”对话框

数、打印内容等进行设置,然后即可打印演示文稿。

(1) 单击“文件”标签,选择“打印”选项,此时窗口的右侧窗格中可以预览幻灯片的效果,如图 4.258 所示。

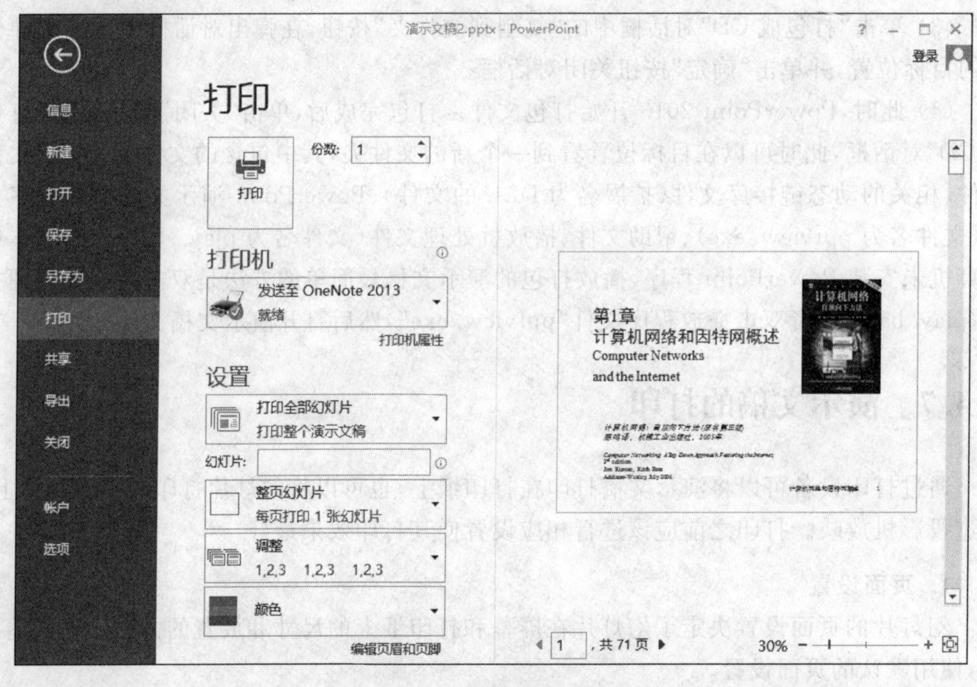

图 4.258 打印预览及打印

(2) 在中间窗格中的“设置”区域对打印范围、打印版式、打印顺序以及打印颜色进行设置。

(3) 单击中间窗格右下角的“编辑页眉和页脚”命令,将打开“页眉和页脚”对话框,如图 4.259 所示。使用该对话框可以设置打印的页眉和页脚。

(4) 设置完成后,可以直接单击“打印”按钮进行打印。

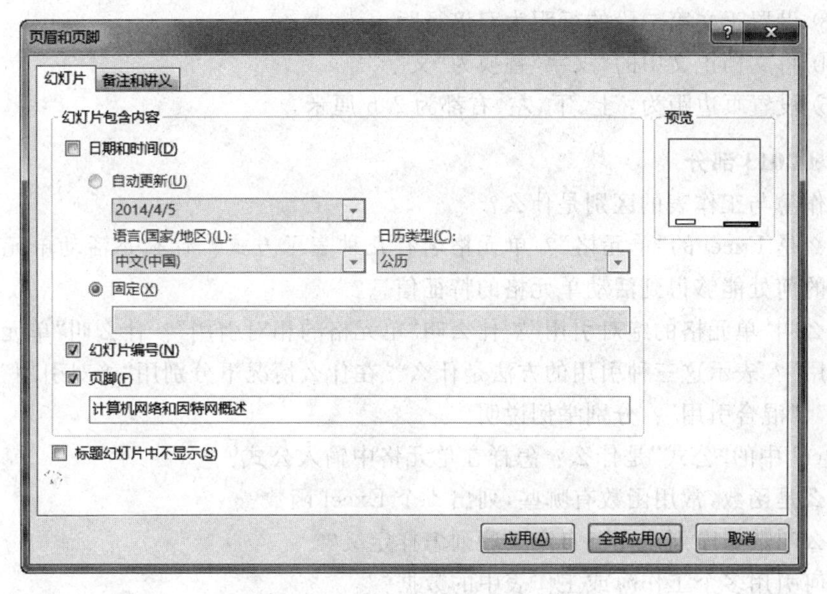

图 4.259 “页眉和页脚”对话框

习　题

Word 2013 部分

4.1 Word 窗口由哪些主要元素组成？

4.2 怎样自定义快速访问工具栏？

4.3 默认情况下，Word 功能区中有哪些选项卡？各选项卡有哪些组？

4.4 在 Word 中，有哪几种视图？它们之间有何区别？视图的切换方法是什么？

4.5 选定文本的方法有哪些？

4.6 怎样复制、移动和删除文本？

4.7 字体、字号与字形的设置有哪些方法？哪一种方法较方便？

4.8 页面设置包括哪些内容？插入页码的操作步骤如何？

4.9 在 Word 文档的排版中使用“样式”有何优越性？

4.10 怎样插入分页符与分节符，它们之间有何区别？

4.11 插入剪贴画和图片的操作方法有哪些？设置图片的属性包括哪些内容？

4.12 什么是模板，如何使用模板？

4.13 怎样自动生成目录？

4.14 操作题：在 D 盘上建立文件 THEWORD.DOCX，内容为 4.1.1 节（从“4.1.1 Office 2013 的操作界面”到“如图 4.2 所示。”包括图片）。请完成如下操作：

① 设置标题字体为：黑体、三号、红色、带单下划线且居中。

② 给正文第一段加红色、单波浪线阴影边框。

③ 设置正文第二段的行距为双倍行距。

④ 将文档正文中的“汉字”替换为“文字”。

⑤ 设置页边距为：上、下、左、右都为 2.5 厘米。

Excel 2013 部分

4.1 工作簿与工作表的区别是什么？

4.2 什么是 Excel 的“单元格”？单元格名有几种表示方式？什么是活动单元格？在窗口的何处能够得到活动单元格的特征信息？

4.3 什么叫“单元格的绝对引用”？什么叫“单元格的相对引用”？什么叫“单元格的混合引用”？表示这三种引用的方法是什么？在什么情况下分别用“绝对引用”、“相对引用”、“混合引用”？分别举例说明。

4.4 Excel 中的“公式”是什么？怎样在单元格中输入公式？

4.5 什么是函数，常用函数有哪些，列出 4 个 Excel 函数？

4.6 什么叫数据序列填充？自定义序列怎样定义？

4.7 如何引用多个工作簿或工作表中的数据？

4.8 工作表中有多页数据，若想在每页上都留有标题，则在打印设置中应如何设置？

4.9 图表的作用是什么？如何修改图表的数据源、图表类型、图表标题和图例？

4.10 工作表的排序过程中主关键字和次关键字的含意有何不同？如何在工作表中进行自定义排序？

4.11 在数据表中进行数据筛选有几种方式？数据的筛选和分类汇总有什么区别？分类汇总前必须先做什么工作？

操作题

(1) 编制 10 月份的职工工资统计表，计算合计，然后保存职工工资统计表，文件名为“十月工资”。具体数据如下表：

职工工资统计表

月份：10 月　　　　制表日期：2006-10-20

姓　名	性别	出生日期	职称	基本工资	补贴工资	奖金	扣款
王付成	男	1978-2-2	教授	1500	200	300	100
马立丽	女	1980-6-4	助教	1100	210.5	200	50
张　帆	男	1977-8-12	讲师	1350	100	150	230
李英伦	男	1981-2-25	助教	1250	150.5	230	100
夏晓萍	女	1970-6-3	教授	1550	300.5	350	0
合　计							

(2) 设置职工工资统计表的报表格式，要求如下：

① 报表标题居中(楷体、加粗、16 号)。

② 数值型数据保留两位小数。

③ 数据在水平、垂直两个方向上均居中对齐。

④ 表格的外边框为粗线，内边框为细线，合计行的上边线为双细线。

⑤ 合计行数字为蓝色并加上浅灰色底纹。

⑥ 报表标题行的行高为40像素，其余行的行高为30像素。

(3) 在职工工资统计表中插入列和行。

① 在姓名列前插入两列，列标题分别为“序号”和“职工编号”。用自动填充数据的方式输入序号，然后输入职工编号(01101、01102、01103等)。

② 在职工工资统计表的职称列前插入一列，列标题为“系别”，用设置有效性数据方式输入数据，共有四个系别，即自动化系、经济系、管理系和外语系。

③ 在职工工资统计表的合计行前增加二十行，采用冻结单元格的方式，输入二十名职工的有关数据。

(4) 在职工工资统计表中，设置页眉为“××大学职工工资报表”(居中、隶书、10号)，设置页脚为打印日期(居左)、页码和总页数(居右)。

(5) 打印职工工资统计表。

① 用A3打印纸(纵向)打印职工工资统计表，要求每页都输出左端标题行和顶端标题行。

② 用B4打印纸(横向)打印职工工资统计表，要求只打印5～10名职工的数据。

(6) 统计职工工资表中的有关数据。

① 在职工工资统计表的扣款列后面加入一列，列标题为“实发工资”，计算出每名员工的实发工资(实发工资=(基本工资+补贴工资+奖金)－扣款)。

② 在职工工资统计表的部门列前插入一列，列标题为“年龄”，计算出每名员工的年龄。

③ 在职工工资统计表的后面增加三行，分别计算出年龄、基本工资、补贴工资、奖金、扣款和实发工资的最大值、最小值和平均值。

④ 在职工工资统计表中增加一列，用于对实发工资超过2000元的人员加上标记。

(7) 对职工工资统计表中的数据进行统计分析。

① 筛选出“外语系”的全体职工，然后进一步筛选出职称为“教授”的人员。

② 在所有人员中，按职称进行分类汇总，计算出各种职称人员个数。

③ 根据上一步的分类汇总结果，建立图表(饼图)。

(8) 在工作簿中，分别再建立11月和12月2个月的职工工资统计表，分别命名为11月、12月。

(9) 根据10月、11月和12月的职工工资统计表中的数据，计算出第4季度职工工资总额。

(10) 为每名职工发一个10月份的工资单。

PowerPoint 2013 部分

4.1 创建演示文稿的步骤是什么？

4.2 什么是占位符？

4.3 在PowerPoint中有哪几种视图方式？其作用是什么？怎样切换？

4.4　什么是版式？什么是母版？母版的功能是什么？

4.5　在幻灯片中插入影片的操作步骤是什么？

4.6　如何插入 SmartArt 图形？

4.7　怎样在幻灯片放映中插入动画？

4.8　为什么要进行打包？

4.9　什么是备注？什么是讲义？

4.10　怎样打印演示文稿讲义？

4.11　操作题：为一个公司制作宣传某种产品的演示文稿。要求有声音和动画效果。

4.12　操作题：制作一个介绍自己班级的演示文稿。

第5章 宏

本章知识点

- 宏的概念
- 宏的功能
- 创建与编辑宏

当用户希望能够自动操作完成某个任务，例如单击一个按钮就能对Excel表中的数据进行相关计算，用户无须编写程序代码，这种情况下使用宏是一个很好的方法。

使用宏一方面能提高效率，另一方面可以减少编写程序过程中产生的错误。宏的一个功能是能对许多类型的事件做自动运行，而不需编写程序代码。

5.1 Office中宏的基本知识

5.1.1 宏的概念

宏是一系列命令和指令的组合，可以作为单个命令执行来自动完成某项任务。在Microsoft Office中，可以通过创建宏自动执行频繁使用的任务，正确地运用宏可以提高工作效率。例如，可以在Excel"工资"表中添加一个"计算"按钮，当用户单击该按钮时，将按照相关要求自动计算职员的工资，自动生成数据。

在Office中，可以将宏看作一种简化的编程语言，这种语言是用户通过生成一系列要执行的操作来编写的。宏提供了VBA中可用命令的子集，对于初学者来说生成宏比编写VBA代码容易很多。另外，用户也可以为宏编写VBA脚本来增加其灵活性，进一步扩充它的功能。

简单地说，宏就是批处理，但是比批处理功能更强大。用一个简单的操作，比如一个快捷键，就可以完成多项任务。例如，从网络上复制的网页内容粘贴到Word后可能会出现不少空行，有的行距又很大，手工去除空行、改行距、进行页面设置等较麻烦，如果录制一个宏完成后，只要按一下设定的快捷键，一切工作就自动完成了。另外，经常使用的一些功能也在不知不觉地使用宏，比如Word的稿纸功能实际上是已经设置好的"页眉和页脚"的一个宏。宏是一系列Word命令和指令，这些命令和指令组合在一起，形成了一个单独的命令，以实现任务执行的自动化。所以，如果在 Word 中要反复执行某项任务，可以录制一个宏自动执行该任务。

再如，用户每天要监控并记录很多组的数据，而且这些数据是不断变化更新的(如学生的考勤记录表等)，最好的方法是创建一个宏来将服务器里这些数据定时转到一个或多个 Word 文档里，便于计算、存档和打印。

5.1.2 宏的功能

宏是以动作为单位执行用户设定的操作，每一个动作的执行由前到后按顺序执行。Office 中的宏可以帮助用户完成以下工作。

(1) 加速日常编辑和格式设置。

(2) 组合多个命令，例如插入具有指定尺寸和边框、指定行数和列数的表格等。

(3) 使对话框中的选项更易于访问。

(4) 自动执行一系列复杂的任务。

可以说，Office 中宏的功能几乎包含所有的操作细节，灵活地运用宏，可以让 Office 变得更加强大，操作更加方便。

5.1.3 宏病毒

宏病毒是一种寄存在 Office 文档或模板中的宏中的计算机病毒。一旦打开这样的文档，其中的宏就会被执行，于是宏病毒就会被激活，转移到计算机上，并驻留在 Normal 模板上。从此以后，所有自动保存的文档都会“感染”上这种宏病毒，且如果其他用户打开了感染病毒的文档并执行了文档中的宏，宏病毒便会转移到运行该文档的计算机上。如果某个文档中包含了宏病毒，称此文档感染了宏病毒。如果 Word 系统中的模板包含了宏病毒，称 Word 系统感染了宏病毒。

当用户打开一个含有宏的 Office 文档时，系统会提示警告信息，如果用户不清楚该文档的来源，最好选择禁止运行宏来防止数据遭到破坏。

如果用户的文件或系统已经感染了宏病毒，那么首要的任务是清除宏病毒。一般可以使用两种方法来清除宏病毒，一种方法是使用杀毒软件来清除宏病毒，另一种方法是不运行宏的情况下(以免系统或数据遭到损坏)打开相关文档或模板，然后将相关宏删除，当然最保险的方法是删除所有的宏。

5.2 创建与编辑宏

在 Office(主要指 Word、Excel 和 PowerPoint)中，创建宏的方法主要有两种，一种方法是录制宏，另一种方法是创建一个宏，然后在 VBA 环境中编写实现该宏的功能的程序代码。在本章后面的内容中，对宏的操作没有特别说明均在 Word 2013 中进行。

5.2.1 录制宏

录制宏是指利用宏可以将用户常用的操作记录下来，每次需要使用的时候只须执行录制的宏便可以完成相应的操作。例如在Word中如果经常做相同的格式设计，可以将设计格式的过程记录下来，当有文档需要同样的格式设计，就可以执行一次宏，相关格式就会自动设定。

1. 在Word中录制宏

在Word中，录制宏的操作步骤如下。

(1) 单击“视图”选项卡中“宏”组中的“宏”命令，在弹出的如图5.1所示的下拉菜单中单击“录制宏”命令，启动“录制宏”对话框，如图5.2所示。

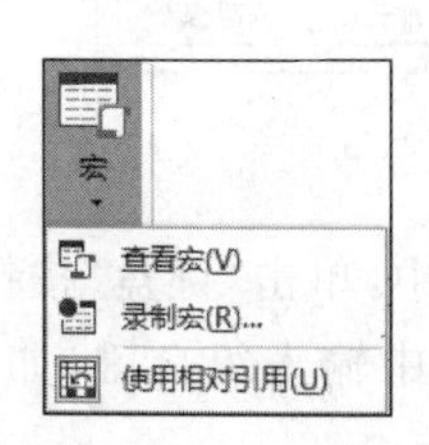

图5.1 “宏”按钮

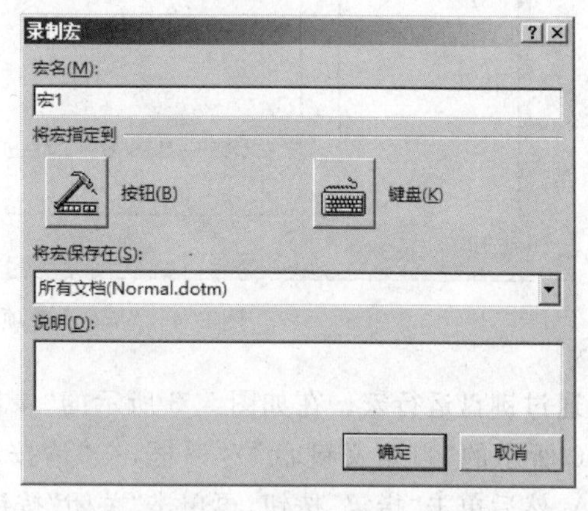

图5.2 “录制宏”对话框

(2) 在“宏名”文本框中输入宏的名称。

(3) 选择宏保存的位置。单击“将宏保存在”下拉列表，选择相关选项。如果要使创建的所有新文档中使用此宏，则选择“所有文档(Normal.dotm)”选项，如果仅仅在当前文档使用该，则选择当前正在编辑的Word文件名，如图5.3所示。如果要使宏保存在当前编辑的文档中，则必须将Word文档的类型保存为“启用宏的Word文档”，其扩展名为“docm”。

(4) 选择宏的运行方式。录制的宏可以通过两种方式运行，一种是单击按钮，另一种是键盘(定义一个快捷键)。

① 通过按钮运行宏。单击如图5.3所示的“录制宏”对话框中的“按钮”按钮，弹出“Word选项”对话框，如图5.4所示。单击新宏名(其名类似于Normal.NewMacros.宏1)，然后单击“添加”按钮，默认情况下，新的按钮添加到快速访问工具栏中。单击“修改”

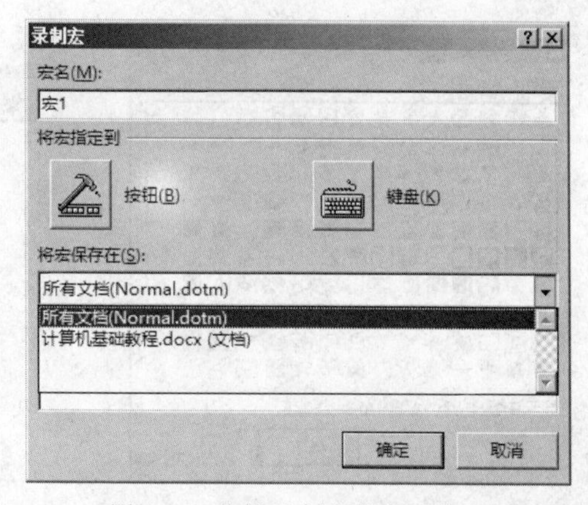

图5.3 选择录制宏保存的位置

按钮，弹出"修改按钮"对话框，如图 5.5 所示，选择按钮图标，然后单击"确定"按钮，返回如图 5.4 所示的"Word 选项"对话框，单击"确定"按钮返回。

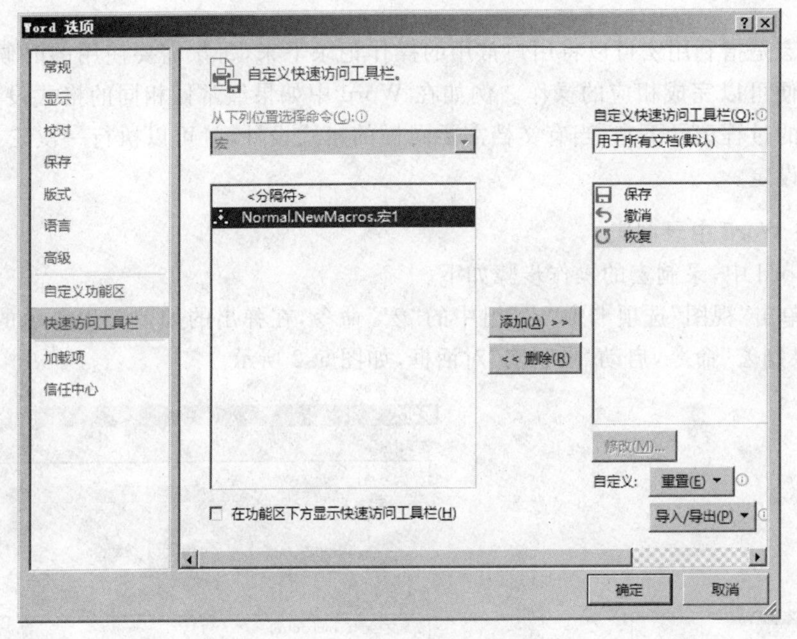

图 5.4 "Word 选项"对话框

② 通过键盘运行宏。在如图 5.3 所示的"录制宏"对话框中，单击"键盘"按钮，弹出如图 5.6 所示的"自定义键盘"对话框，在"请按新快捷键"框中输入组合键，如 Ctrl＋Shift＋A，然后单击"指定"按钮，再单击"关闭"按钮，开始录制宏。

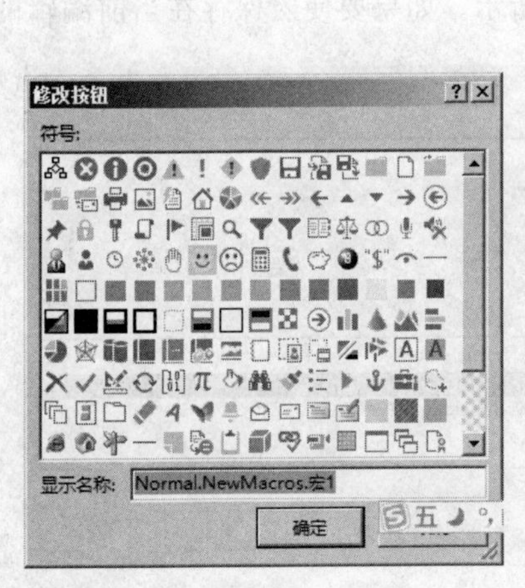

图 5.5 "修改按钮"对话框

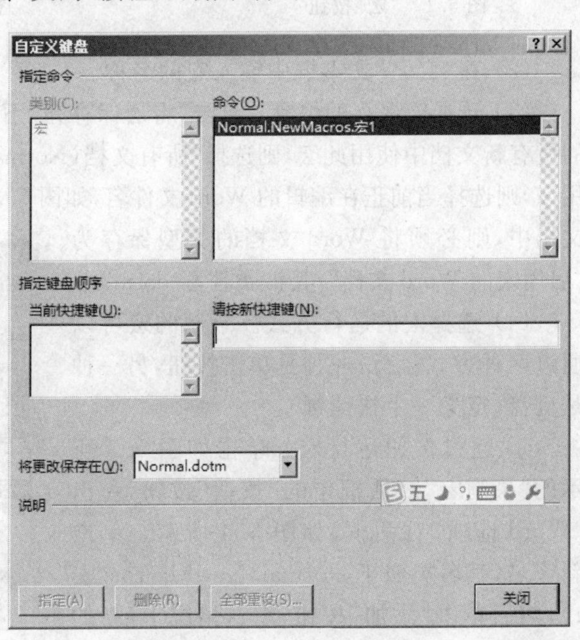

图 5.6 "自定义键盘"对话框

(5) 录制宏。单击命令或者按下任务中每个步骤对应的键。Word 将会录制用户的单击和击键动作。在录制宏时,必须使用键盘选择文本,在录制宏的过程中,鼠标不能选中文本。

(6) 停止录制宏。单击“视图”选项卡中“宏”组中的“宏”按钮,在弹出的下拉菜单中,单击“停止录制”按钮,则宏录制完成。

(7) 运行宏。单击指定的按钮或按快捷方式,也可以从“宏”列表运行宏,单击“视图”选项卡中“宏”组中的“宏”按钮,在弹出的下拉菜单中单击“查看宏”命令,弹出“宏”对话框,如图 5.7 所示。选择宏的位置,再单击某个宏名,然后单击“运行”按钮即可运行宏。

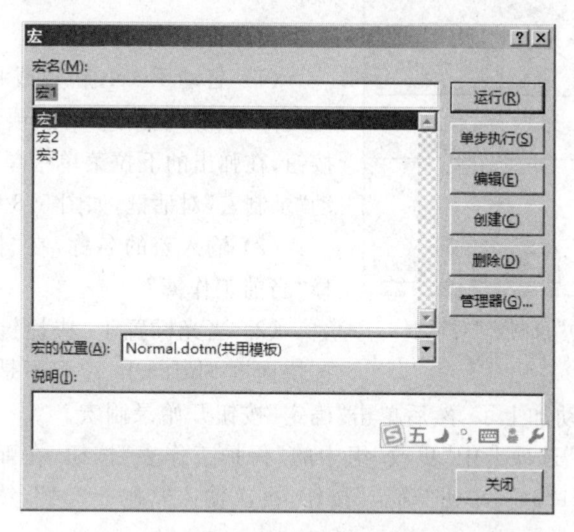

图 5.7 “宏”对话框

【例 5.1】 在 Word 中,录制一个宏,功能是从键盘上按快捷键 Ctrl+Shift+自动输入一对中文双引号。

具体操作步骤如下。

(1) 单击“视图”选项卡中“宏”组中的“宏”命令,在弹出的下拉菜单中单击“录制宏”命令,启动如图 5.2 所示的“录制宏”对话框,给宏命名为“宏双引号”。

(2) 选择宏的位置为“Normal. dotm(共用模板)”。

(3) 单击“键盘”按钮。

(4) 在弹出如图 5.6 所示的“自定义键盘”对话框中,在键盘上按 Ctrl+Shift+键,如果该快捷键未被 Word 使用,则在该对话框中显示“目前指定到:[未指定]”。

(5) 单击“指定”按钮,再单击“关闭”按钮,开始录制宏。

(6) 单击“开始”选项卡,选择字体为“宋体”,输入中文左边双引号“,再次选择字体为“宋体”,输入中文右边双引号“””。

(7) 单击“视图”选项卡中“宏”组中的“宏”按钮,在弹出的下拉菜单中,单击“停止录制”按钮,完成宏的录制。

(8) 运行宏。按快捷键 Ctrl+Shift+″,则会自动输入符号“”。

2. 在 Excel 中录制宏

如果在 Excel 工作簿中包含宏，则必须将 Excel 工作簿文件另存为“Excel 启用宏的工作薄”文件格式，扩展名为. xlsm。Excel 中录制宏的操作方法和步骤与 Word 中录制宏的方法基本相同，下面通过一个例题来说明在 Excel 中录制宏的操作方法。

【例 5.2】 在 Excel 中，录制一个宏，当按快捷键 Ctrl+Shift+L 时，系统会对当前工作表进行保护，同时设置保护密码为“1234”，按快捷键 Ctrl + Shift + U 时，撤消对工作表的保护。

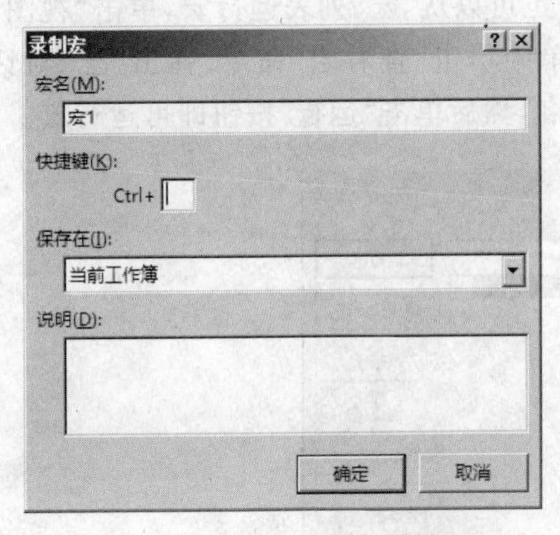

图 5.8 Excel 中“录制宏”对话框

具体操作步骤如下。

(1) 启动 Excel，新建或打开一个 Excel 工作簿文件，单击“视图选项”选项卡中“宏”组中的“宏”按钮，在弹出的下拉菜单中单击“录制宏”命令，启动“录制宏”对话框，如图 5.8 所示。

(2) 输入宏的名称，在“保存在”列表框中选择“当前工作簿”。

(3) 当光标置于“快捷键”文本框中，从键盘按快捷键 Shift+L，注意不是 Ctrl+Shift+L，因为 Ctrl 键被系统自动加上了，然后单击“确定”按钮开始录制宏。

(4) 单击“审阅”选项卡中“更改”组中的“保护工作表”按钮，在弹出的“保护工作表”对话框中输入密码“1234”，单击“确定”按钮，再次输入密码“1234”，然后单击“确定”按钮返回。

(5) 单击“视图选项”选项卡中“宏”组中的“停止录制”按钮，在弹出的下拉菜单中单击“停止录制”命令，完成宏的录制。

(6) 重复上面的步骤录制第 2 个宏，功能是撤消保护工作簿。宏的快捷键设置成 Ctrl+Shift+U，录制的过程是：单击“审阅”选项卡中“更改”组中的“撤消工作表保护”按钮，在弹出的“撤消工作表保护”对话框中输入密码“1234”，单击“确定”按钮返回。然后重复步骤 5 完成第 2 个宏的录制。

(7) 保存含有自定义宏的工作簿文件。单击“文件”选项卡中的“另存为”命令，选择存储路径，启动“另存为”对话框，如图 5.9 所示。选择“保存类型”为“Excel 启用宏的工作簿”，单击“保存”按钮保存工作簿文件。

(8) 运行宏。打开上面步骤建立的含有宏的 Excel 工作簿文件，从键盘按快捷键 Ctrl+Shift+L 则对当前工作表进行保护，按快捷键 Ctrl + Shift + U 则撤销了保护的工作表。

5.2.2 查看与编辑宏

宏被录制之后，Office 会把它转换成一个由函数、公式和 VBA 命令组成的 VBA 程序，这个程序仅局限于在 Office 中操作应用，关于 VBA 的知识会在第 6 章中介绍。

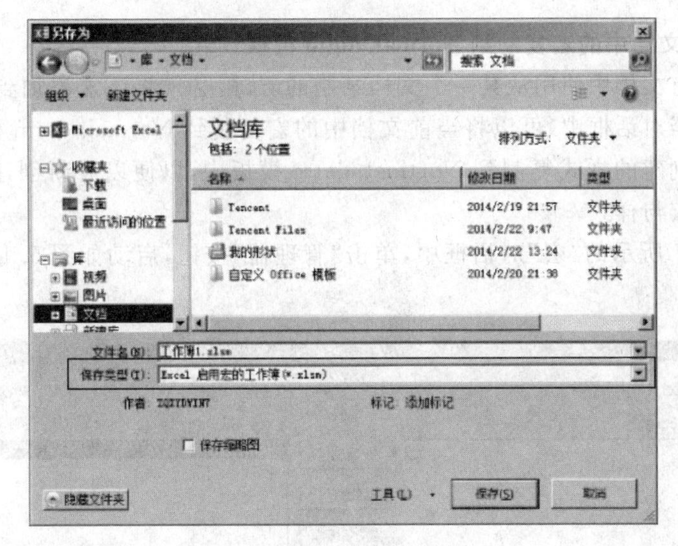

图 5.9 “另存为”对话框

可以查看、编辑或修改一个已经录制好的宏程序，通过对已经录制好的宏的修改，可以完成许多更高级的功能。

1. 查看宏

单击“视图”选项卡中“宏”组中的“宏”按钮，在弹出的下拉菜单中单击“查看宏”命令，启动如图 5.7 所示的“宏”对话框。在“宏”对话框中可以显示所有宏与 Word 命令（在 Word 中）。通过选择宏的位置，可以查看通用模板或当前文档中的宏，也可以查看 Word 中的所有命令。

2. 编辑宏

在“宏”对话框中，可以删除选中的宏。如果要改变宏的功能或对宏进行重命令必须要通过 VBA 对宏进行编辑。宏对应的是一个 VBA 过程，用户可以在 VBA 环境中直接对这个过程中 VBA 语句进行更改，关于 VBA 的知识在第 6 章中会进行介绍。

在如图 5.7 所示的“宏”对话框中，选中某个宏，然后单击“编辑”按钮，进入 VBA 环境，如图 5.10 所示。可以将过程名改名以达到修改宏名的功能，修改过程中的 VBA 语句可以更改宏的功能。

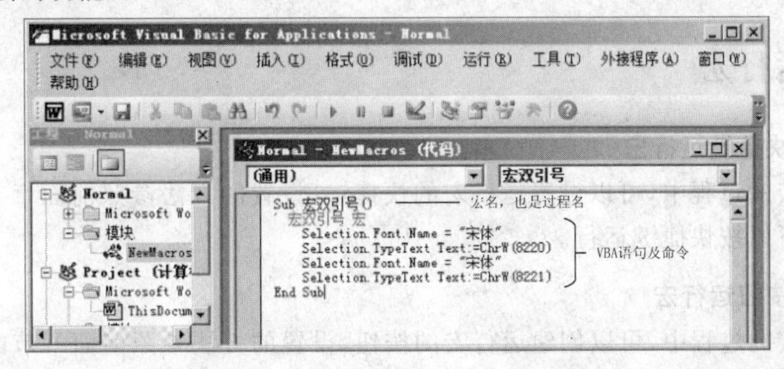

图 5.10 VBA 环境

3. 将当前文档中的宏复制到 Normal. dotm 模板

若要在所有文档中使用从某一个文档录制的宏，则必须将该宏添加到 Normal. dotm 模板。在管理器对话框中，可以将当前文档中的宏复制到 Normal. dotm 模板中，也可以将当前文档中创建的样式复制到 Nortmal. dotm 模板中，以便以后新创建的 Word 文档可以使用这些宏与样式。

在如图 5.7 所示的“宏”对话框中，单击“管理器”按钮，启动如图 5.11 所示的“管理器”对话框。

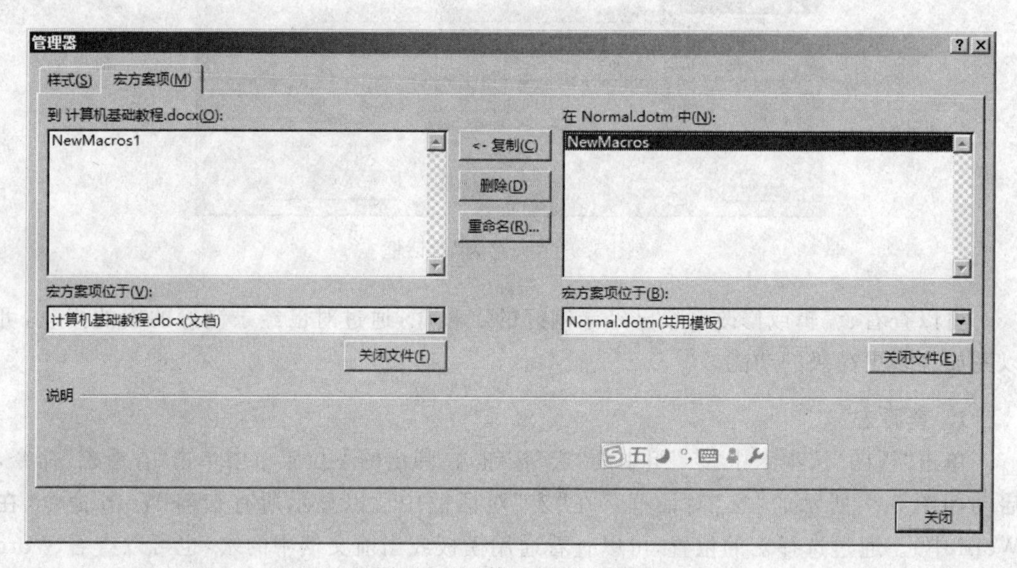

图 5.11 “管理器”对话框

5.3 宏的运行与调试

创建宏后，若要查看宏的运行结果或效果，需要运行宏，宏在运行过程中可能出错或达不到所需要的功能，这时就需要对宏进行重新设计。宏是从上往下或按条件执行的，要想知道执行的哪一步不对或需要重新设计，就要对宏进行调试。

5.3.1 运行宏

1. 使用快捷键运行宏

在录制宏的过程中，可以设置运行宏的快捷键，设置的方法参照前面章节的内容，宏录制完成后可以按快捷键运行。

2. 通过按钮运行宏

在录制宏的过程中，可以创建运行宏的按钮，设置的方法参照前面章节的内容；在宏创建完成后也可以通过 Word 选项对话框为宏创建一个运行按钮。

在 Word 中，为一个已经录制完成的宏创建按钮的步骤如下。

(1) 启动“Word 选项”对话框，如图 5.12 所示。

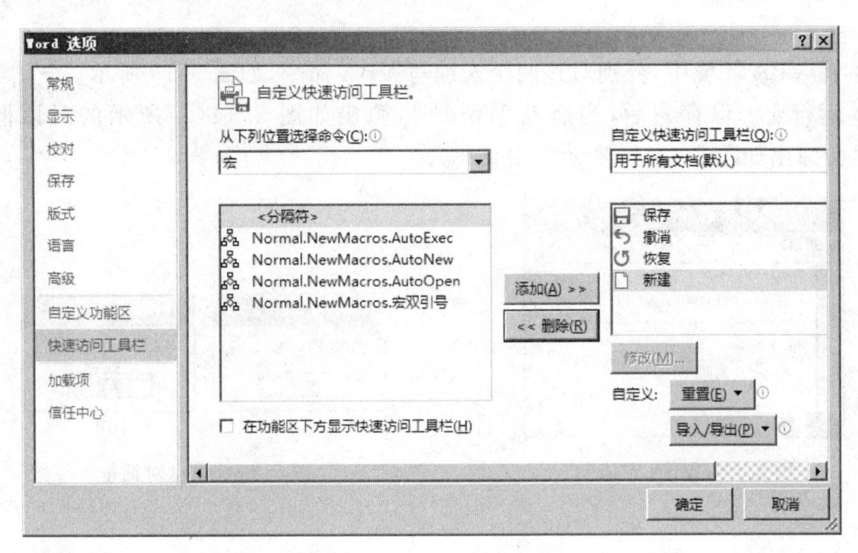

图 5.12 “Word 选项”对话框

(2) 单击左侧列表框中的“快速访问工具栏”列表项。

(3) 在“从下列位置选择命令”列表框中选择“宏”列表项。

(4) 将相关宏添加到“自定义快速访问工具栏”列表框中。

3. 通过“宏”对话框运行宏

启动如图 5.7 所示的“宏”对话框，选择要运行的宏，单击“运行”按钮即可运行宏。

4. 在 VBA 中运行宏

在 VBA 中，将光标置于需要运行的宏过程的任一行，单击工具栏上的运行按钮▶或直接按 F5 功能键即可运行宏。

5. 自动运行的宏

在执行某项操作(例如启动 Word 或打开文档)时自动运行的宏叫做自动运行宏。创建自动运行宏的方法是将宏命名为指定的名称。在 Word 中，有以下自动运行宏。

(1) AutoExec：启动 Word 或加载全局模板时自动运行的宏。

(2) AutoNew：每次新建文档时自动运行的宏。

(3) AutoOpen：每次打开已有文档时自动运行的宏。

(4) AutoClose：每次关闭文档时自动运行的宏。

(5) AutoExit：退出 Word 或卸载全局模板时自动运行的宏。

【例 5.3】 在 Word 中创建自动运行宏，启动 Word 时，显示“欢迎使用 Word!”对话框，关闭 Word 时，显示“再见!”对话框。

具体操作步骤如下。

(1) 单击“视图”选项卡中“宏”组中的“宏”按钮，在弹出的下拉菜单中单击“查看宏”

命令，弹出如图 5.7 所示的“宏”对话框。

(2) 选择宏的位置为“Normal. dotm(共用模板)”，分别创建两个宏 AutoExec 和 AutoClose。

(3) 在 VBA 环境中，分别对这两个宏编写 VBA 命令，如图 5.13 所示。

(4) 运行宏。保存宏后，当启动 Word 时，弹出如图 5.14(a)所示的对话框，关闭 Word 时会弹出如图 5.14(b)所示的对话框。

图 5.13　VBA 宏语句

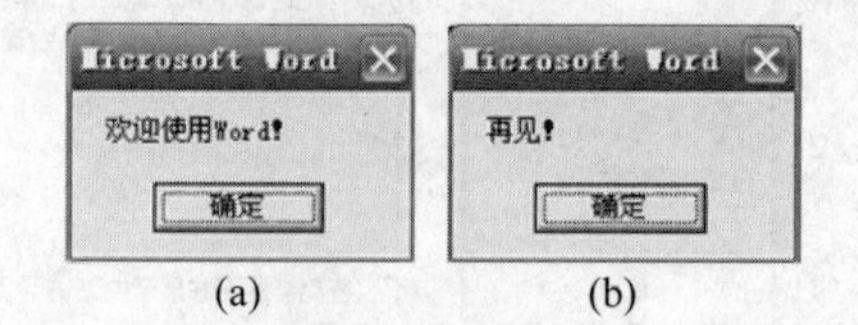

(a)　　(b)

图 5.14　消息对话框

5.3.2 调试宏

如果宏在运行过程中出现了错误，或者宏不满足用户的需要，就要对宏进行修改，如果宏语句较多，要准确地发现错误或者找到需要修改的宏语句，就要进行调试。

宏的调试最常用的方法是单步运行宏，有时也可以在宏中设置一个“断点”，例如宏命令中间执行一个对话框命令，在对话框中显示一些相关对象的值，或者使宏运行到设置断点的行时暂停。本节主要介绍运用宏的单步运行来进行调试。

单步运行宏的具体操作步骤如下。

(1) 在如图 5.7 所示的“宏”对话框中，选择一个宏，单击“单步执行”按钮。

(2) 光标被定位到宏的第 1 行，按 F8 键，如果没有错误，执行这条语句，光标自动移到下一条宏语句；如果有错误，则弹出一个执行错误的消息对话框，例如当执行一条除数为 0 的算术表达式(如 x=2/0)时，会弹出如图 5.15 所示的消息对话框。

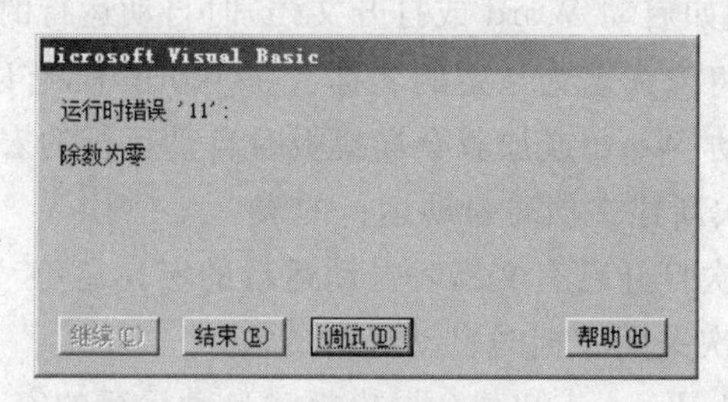

图 5.15　消息对话框

(3) 在如图 5.15 的对话框中，单击“结束”按钮，结束宏的运行；单击“调试”按钮，返回 VBA 环境，系统将光标定位到错误的行。

5.4 宏的安全设置

可以使用宏操作命令使常用的任务自动化,有经验的用户也可以使用宏来运行 VBA 程序。在 VBA 程序中,用户可以实现对计算机的许多操作,包括更改操作系统设置,对文件进行操作等,而一些操作可能是有害的或者是恶意的,因此,宏的运行会引起潜在的安全风险。有图谋的开发者可能通过某个 Office 文档引入恶意宏,用户一旦打开这个文档并运行了相关宏,用户计算机中的数据就有可能遭到破坏或被窃取,甚至用户计算机中被感染宏病毒。所以,用户在打开有宏的文件时安全性是必须要考虑的方面。

在 Office 中,安全性是通过"信任中心"进行设置和保证的。用户打开一个含有宏的 Office 文件时,"信任中心"首先对以下各项进行检查,然后才会决定是否允许启用宏。

(1) 开发人员是否使用数字签名对宏进行了签名。

(2) 数字签名是否有效。

(3) 数字签名是否过期。

(4) 与该数字签名相关的证书是否是证书签证机关(CA)签发的。

(5) 对宏进行签名的开发人员是否为受信任的发布者。

只有通过上面 5 项检查的宏,才能在 Office 中运行。如果信任中心检测到以上任何一项有问题,默认情况下 Office 将禁用该宏,同时在窗口中出现安全警告消息,如图 5.16 所示。

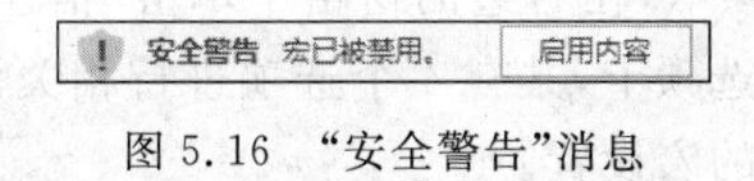

图 5.16 "安全警告"消息

5.4.1 启用禁用内容

当出现如图 5.16 所示的安全警告消息时,相关被禁用的宏或其他对象是不能运行的。单击"启用内容"按钮,即可解除禁用,相关宏可以被运行。

宏一旦被启用,在本机上再次打开含有该宏的 Office 文档时,将不提示相关警告信息,可以运行宏。

在 Word 与 Excel 中,如果将宏创建于公共模板中,则系统默认该宏在本机中是受信任的,在创建与打开的所有 Office 文档中均有效。如果宏被创建于当前文档中,则该文档必须被命名为启用宏的相关 Office 文档,启用宏的 Word 文件扩展名为"docm",启用宏的 Excel 文件扩展名为"xlsm"。

5.4.2 设置"信任中心"

在 Word 中,对"信任中心"进行设置的操作步骤如下。

(1) 单击“文件”选项卡中的“选项”命令，或单击“快速访问工具栏”右侧小三角，在弹出的菜单中选择“其他命令”按钮，启动“Word 选项”对话框，如图 5.17 所示。

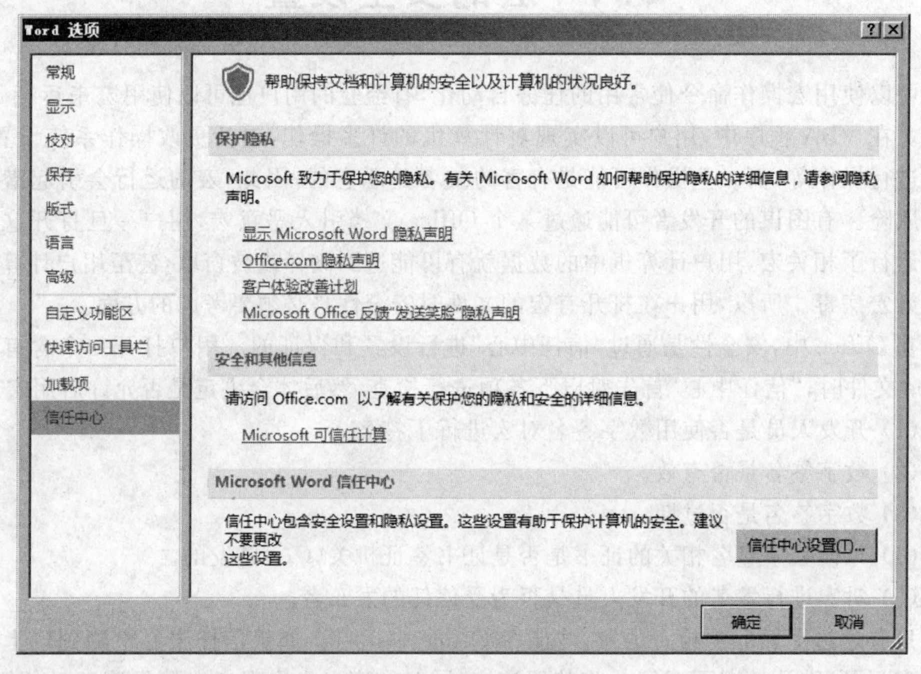

图 5.17 “Word 选项”对话框

(2) 单击“信任中心”选项卡，在右边的窗格中单击“信任中心设置”按钮，弹出“信任中心”对话框，单击“宏设置”选项卡，共有 4 个选项进行相关设置，如图 5.18 所示。用户可根据自己的需要进行相关的宏设置。

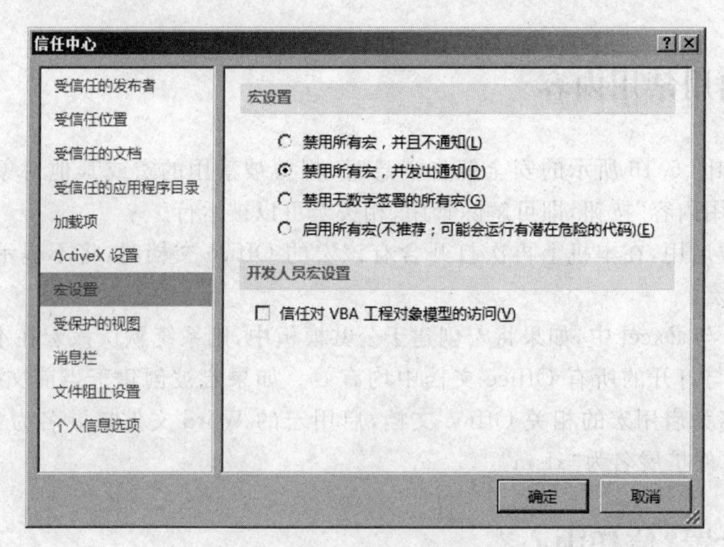

图 5.18 “信任中心”对话框

习 题

5.1 什么是宏?

5.2 宏有哪些功能?

5.3 怎样进行宏的录制?

5.4 怎样给宏改名?

5.5 什么叫自动运行宏? 有哪些自动运行宏? 怎样创建自动运行宏?

5.6 若要使宏保存于 Word 文档中,Word 文档必须保存为什么格式? 其扩展名是什么?

5.7 若要使宏保存于 Excel 工作簿文件,Excel 工作簿必须保存为什么格式? 其扩展名是什么?

第6章 VBA基础

本章知识点

- VBA概念
- VBA基本语法知识
- 程序流程中的三种基本结构
- 过程和函数的定义与使用

第6章介绍Office中宏的概念与使用方法，使用宏可以快速地使Office应用自动化，但是对于一些复杂的操作，使用宏完成则比较困难或者根本不能完成，例如，单击一个按钮将本地磁盘或网络中相关文件自动导入到Word文档中，或自动统计Excel工作簿中较复杂的数据。在这种情况下，就要求Office高级用户编写程序实现。VBA是Microsoft Office的内置编辑语言。掌握了VBA的使用，就能灵活地应用Microsoft Office去完成相关的任务。要掌握VBA，需要理解、学会数据类型、运算符与表达式、相关程序语句与程序的结构等知识。

6.1 初识VBA

6.1.1 VBA概念

VBA的全称是Visual Basic for Applications，是Visual Basic的一种宏语言，主要是用来扩展Windows的应用程序功能，尤其是Microsoft Office软件，也可以说是一种针对应用程序的可视化的脚本语言。1994年发行的Excel 5.0版本中，即具备了VBA的宏功能。除了Microsoft Office，许多应用与工具软件均内置了VBA语言，例如非常著名的计算机辅助设计软件AutoCAD就内置了VBA语言。VBA是应用程序开发语言Visual Basic的子集。实际上，VBA是寄生于Visual Basic应用程序的版本。

6.1.2 VBA的应用

人们常见的办公软件Office软件中的Word、Excel、Access、PowerPoint都可以利用

VBA 来提高使用这些软件的效率,例如,通过一段 VBA 代码,可以实现自动计算;可以实现复杂逻辑的统计(比如从多个表中,自动生成按合同号跟踪生产量、入库量、销售量、库存量的统计清单)等。

掌握了 VBA,可以发挥以下作用。

(1) 规范用户的操作,控制用户的操作行为。例如表中的数据不能直接修改,必须通过指定的操作来实现,而这些操作是用宏与 VBA 来实现的。

(2) 操作界面人性化,方便用户的操作。例如要进行统计操作,可以设计一个"统计"按钮,而"统计"功能可以通过 VBA 程序来实现。

(3) 多个步骤的手工操作通过执行 VBA 代码可以迅速实现。

(4) 实现一些其他复杂功能。

6.1.3 VBA 开发环境

在 Office 中内置了 VBA 语言,可以从 Office 界面直接进入 VBA 开发环境,或者通过编辑一个宏进入 VBA 开发环境,也可以在设计模式下双击一个用户创建的对象(如命令按钮)的方式来进入 VBA 开发环境。

1. 通过 Office 界面进入 VBA 开发环境

关于 VBA 的一些功能按钮在"开发工具"选项卡中,在默认设置下,Word 及 Excel 不显示该选项卡。可以通过更改 Office 选项来使"开发工具"显示卡显示到功能区中。

显示"开发工具"选项卡的操作步骤如下。

(1) 单击"文件"选项卡中的"选项"命令,或单击"快速访问工具栏"右侧小三角,在弹出的菜单中选择"其他命令"按钮,启动"Word 选项"对话框。

(2) 单击左侧的"自定义功能区"选项,在"自定义功能区"列表框中选中"开发工具"复选框,如图 6.1 所示,单击"确定"按钮完成设置。

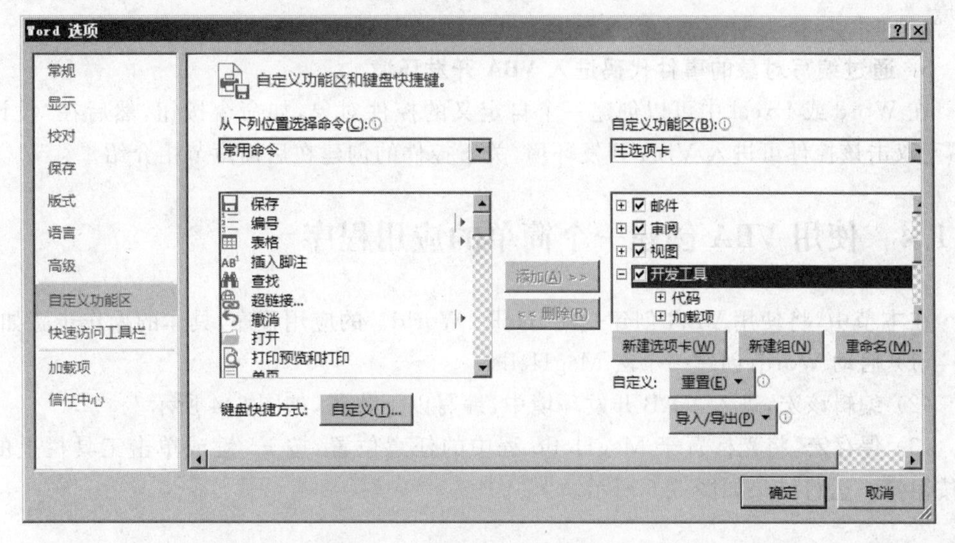

图 6.1 "Word 选项"对话框

设置完成后“开发工具”选项卡显示在功能区中，单击“开发工具”选项卡，显示如图 6.2 所示。

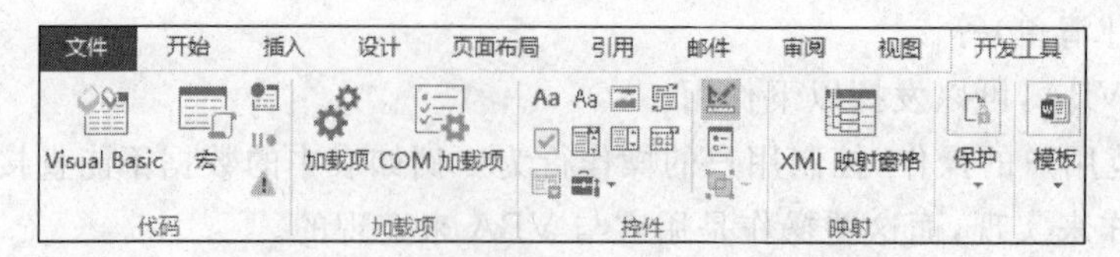

图 6.2 “开发工具”选项卡

单击“开发工具”选项卡中“代码”组中的“Visual Basic”按钮可直接进入 VBA 开发环境，如图 6.3 所示。

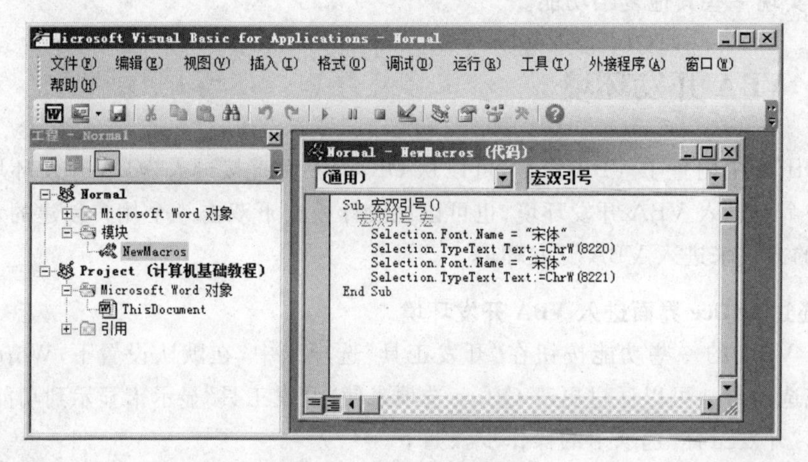

图 6.3 VBA 开发环境

2. 通过编辑宏进行 VBA 开发环境

在如图 5.7 所示的“宏”对话框中，单击“创建”或“编辑”按钮均可进入 VBA 开发环境。

3. 通过编写对象的事件代码进入 VBA 开发环境

在 Word 或 Excel 中可以创建一个自定义的控件对象，如命令按钮，然后在“设计模式”下双击该控件可进入 VBA 开发环境，关于控件的创建在后面章节中介绍。

6.1.4 使用 VBA 创建一个简单的应用程序

在本节中，将使用 VBA 创建一个“Hello World!”的应用程序，具体的操作步骤如下。

(1) 启动 Word，创建一个宏 MsgHello。

(2) 编辑该宏，进入 VAB 开发环境中，编写以下代码，如图 6.4 所示。

(3) 保存宏，将光标置于 MsgHello 程中的任意位置，按 F5 键或单击工具栏上的运行按钮 ▶，运行结果如图 6.5 所示。

图 6.4 “Hello World”程序代码

图 6.5 “Hello World”程序运行效果

该 VBA 程序的运行效果是弹出一个消息框,下面对这段 VBA 代码进行简单的分析说明。

- Sub:过程开始标志。
- MsgHello:过程(宏)名。
- MsgBox:VBA 内置函数,功能是弹出一个消息框。
- End Sub:过程结束标志。

也可以在 VBA 中自定义一个过程,当用户输入“Sub 过程名”后,按回车键,系统自动给其加上“End Sub”语句,用户只须在“Sub”和“End Sub”之间编写程序语句,在 VBA 中,不区分大小写,如果用户输入的是 VBA 中的关键字,系统自动将首字母或相关字母变为大写且该词变为蓝色,所以可以通过单词的颜色来判断是否是 VBA 的关键字。

6.2 VBA 语法知识

要掌握任何一种计算机语言,首先必须要掌握适用于该计算机语言的相关数据类型,规定的运算符,以及这些运行符与操作数怎样结合起来参与运算,即表达式。其次就是掌握相关的命令,也就是关键字。最后还要掌握相关的语法结构,为解决一个问题而设计合理的算法。就好比人类社会的语法首先是由字与词组成,而这些字与词有具体的含义,一条完整的语言还需满足相应的语法结构。

在本节中,将介绍 VBA 中的数据类型、运算符、表达式、数组和内置函数等知识。

6.2.1 VBA 中的主要数据类型

每一种数据都有自身所具有的特性,在日常生活中最常见的数据有两种,字符串和数值,例如人的姓名是字符串类型,身高是数值类型,姓名和身高不能进行加减运算。

在 VBA 中,数据是以一种特定的形式存储在计算机中的,每一个数据都有唯一的数据类型,不同的数据类型因为其存储的方式与结构不同而具有不同的属性,例如数据的长度,占用内存字节数,数值型数据表示的范围与有效位等。表 6.1 列出了 VBA 中常用数据类型及其相关属性说明。

表 6.1 VBA 中常用数据类型

数据类型	类型名称	存储空间（字节）	说　明
Boolean	布尔（逻辑）型	2	值为 True 或 False，当转换其他数值类型为 Boolean 值时，0 会转成 False，而其他值则变成 True。当转换 Boolean 值为数值类型时，False 成为 0，而 True 成为 -1
Byte	字节型	1	范围为 0 至 255
Currency	货币型	8	定点小数，类型声明符号为@
Integer	整型	2	表示整数，范围为 -32768 至 32767，类型声明符号为%
Long	长整型	4	表示整数，范围为 -2^{32} 至 $2^{32}-1$，类型声明符号为 &
Single	单精度型	4	表示小数，范围为 -2^{32} 至 $2^{32}-1$，类型声明符号为！
Double	双精度型	8	表示小数，范围为 -2^{64} 至 $2^{64}-1$，类型声明符号为#
Date	日期型	8	表示从 100 至 9999 年，时间从 0:00:00 到 23:59:59
String	字符串型	字符串长度	变长字符串最多可包含大约 20 亿（2^{31}）个字符；定长字符串可包含 1 到大约 64K（2^{16}）个字符。类型声明符号为 $
Variant	可变数据类型	16	定义为该类型的变量可赋其他数据类型的值

6.2.2 常量和变量

在程序设计过程中，经常要用到一些数据，有些数据是不可改变的，如自然数 1、2、3 等，这些数被称为常量；还有一些不可改变的数，用一个符号表示，例如用“PI”表示 π(3.1415926)，称为符号常量。有些数据是可以改变的，例如用“xh”表示“学号”，针对不同的学生，“xh”的值是不同的，把它称为变量。不管是常量还是变量，它们均有确定的数据类型。

1. 常量

常量就是不可改变的量，在 VBA 中，常量的来源通常有 3 种，第一种是用户具体使用的数值，如 1、“张三”等，第二种是 VBA 系统内部定义好的符号常量，第三种是用户自定义的符号常量。

每一个常量，均有本身确定的类型，在这里主要介绍字符串常量、日期常量和符号常量。

(1) 字符串常量。除符号字符串常量外，字符常量是用双引号括起来的字符串，例如“张三”，字符串常量的一个重要的属性是字符串的长度，字符串的长度是指双引号中的字符的个数，使用 Len( )函数来获取字符串中字符的个数，关于 Len( )函数的使用在后面章节中会讲到。例如 Len("abc")返回的值为 3，Len(“张三”)返回的值为 2，在这里要说明的是，一个汉字与一个半角的字符在 VBA 中的长度均为 1。

(2) 日期型常量。日期型是用“#”括起来的满足一定格式的日期字符，例如#2014/03/01#和#2014-3-1#均是一个合法的日期型常量。日期型数据可以加减一个整数，表示增加或减少一个整数天，例如#2014/03/01#+1 的值为#2014/03/02#，#2014/03/

01＃－2 的值为＃2014/02/27＃。

(3) 符号常量。有时用一个普通常量表示一种状态比较抽象，程序的可读性不好。例如在 VBA 中，当弹出一个警告消息框，用户用鼠标单击“是”按钮，消息框函数的返回值是 6，在这种情况下，可以 VBA 中系统定义的符号常量“vbYes”去代替 6，使用 6 或使用“vbYes”是完全等价的，但是使用“vbYes”的可读性好，表示用户单击“是”按钮。

除了系统内置的符号常量外，用户也可以自定义符号常量，定义符号常量的格式是：

```
Const 符号常量名=表达式 [as 类型名]
```

例如：

```
Const TaxRate=0.05
Const Neu="东北大学"
```

符号常量一旦定义，其值在程序的任何地方均不可修改，即满足常量的定义，其值不可改变。在上面的例子中，程序中只要出现 TaxRate 就用 0.05 去替代，只要出现 Neu 就用“东北大学”去替代。

2. 变量

变量就是值可以改变的量，变量包含三个基本要素。

- 变量名：定义和引用变量时使用的名称。
- 变量的类型：定义一个变量时声明的类型。
- 变量的值：变量的值是可以改变的，可以通过赋值语句来改变变量的值。

在 VBA 中，变量如果未声明，则是 Variant 型，在使用变量前先声明一个确定的数据类型是一个良好的编程习惯。在 VBA 中可以强制要求程序中所有的变量必须声明，方法是在模块的通用部分(程序的开头)包含一个 Option Explicit 语句。

(1) 变量的声明。声明变量的语句格式是：

```
Dim 变量名 As 类型名
```

例如：

```
Dim strXm as String
Dim dateRxrq as Date
```

在上面的例子中，strXm 表示变量名，其类型为字符串型。在定义一个变量时，一般使用一个有意义的英文单词或汉语拼音(或汉语拼音的首拼)来命名变量名，同时变量的前缀用一个表示类型的小写缩写，这样能增加程序的可读性，例如在上面的例子中，str 表示字符串型，Xm 表示“姓名”。

在 VBA 中，标识符不区分大小写，但是应合理使用大小写，这样有很多好处，一是增加了程序的可读性，二是在后面的程序中如果用到了前面声明的变量，系统会自动将变量名更改为与前面声明的变量名完全相同(即更改大小写)，所以可以通过变量名中相关字母是否变为大写来判断输入是否有错。

(2) 变量的赋值。声明一个变量后，VBA 会自动给变量赋一个初值，字符串型变量赋为空字符串值,数值型变量赋为 0,布尔型变量赋为 False。

给变量赋值的语句格式是:

变量名=表达式

在这里,"="是表示赋值的含义,而不是判断(等于),其结合性(运算的方向)是从右向左运算,即先计算表达式的值,然后将该值赋给变量。

例如:

```
Dim x As Integer          '定义一个变量 x
x=1                       '给变量 x 赋值 1
x=2+1                     '给变量 x 赋值 3
```

上面的语句运行后,变量 x 的值为 3。

6.2.3 运算符与表达式

数据参与运算就要用到运算符,运算符加上操作数就变成了表达式。VBA 中的运算符主要包括算术运算符、关系运算符与逻辑运算符。

1. 算术运算符与算术表达式

算术运算符是最常用的运算符,一般用来执行数值型数据的运算。常用算术运算符如表 6.2 所示。

表 6.2 常用算术运算符

算术运算符	说 明	算术运算符	说 明
+	加法运算符	\	整除运算符,返回值的整数部分,小数舍去
-	减法运算符	Mod	求余数运算符
*	乘法运算符	^	求幂运算符
/	除法运算符		

对于+、-、*和/运算符,在这里不作介绍,主要介绍其他的运算符。

(1) \:整除运算符,返回值的整数部分,小数舍去,不是四舍五入。例如,3\2 的值为 1,-3\2 的值为-1。

(2) Mod:用于求余数运算。例如,8 Mod 3 的值为 2。

求余运算应用很广,例如,给定任意一个整数 x,求 x 的个位数。只须将 x 与 10 求余运算,得到的结果就是 x 的个位数。再例如判断某个数是否能被 x 整除,只须将这个数与 x 求余运算,如果值为 0,则该数能被 x 整除,否则不能被 x 整除。

(3) ^:用于求幂运算,例如 2^3 的值为 8。

在 VBA 开发环境中,可以使用立即窗口来验证表达式的值或对程序进行调试。显示立即窗口的方法是单击"视图"菜单中的"立即窗口"命令,则在 VBA 开发环境窗口的底部显示立即窗口。在“立即窗口”中输入以下语句。

```
x=1234
Print x mod 10
```

按回车键后，看到返回的结果为4，如图6.6所示。

2. 关系运算符和关系表达式

关系运算符用于关系运算，返回的值为一个逻辑值，即True或False。VBA中的主要关系运算符如表6.3所示。

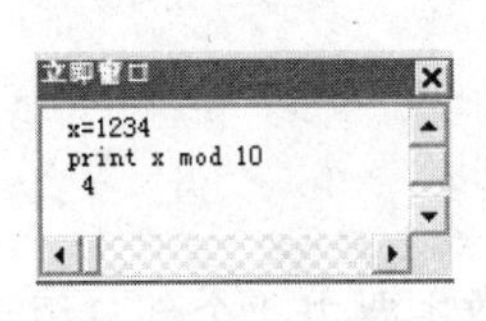

图6.6 立即窗口

表6.3 主要关系运算符

关系运算符	说 明	关系运算符	说 明
＝	等于	＞＝	大于等于
＜＞	不等于	＜	小于
＞	大于	＜＝	小于等于

【例6.1】 判断下列表达式的值。

(1) 3＜2＊3。

(2) 3＞2＞1。

解析：对于第1个表达式，很显然，值为True，在本例中，由于算术运算符＊的优先级比关系运算符的优先级要大，因此先计算2＊3，再判断大小。对于第二个表达式，值为False，在本例中，从左向右运算，先计算3＞2，得出值为True，逻辑“真”值转换为整数值为－1；再运算－1＞1，显然值为False。

3. 逻辑运算符与逻辑表达式

逻辑运算符主要有三种，如表6.4所示。

表6.4 主要逻辑运算符

逻辑运算符	说 明
And	逻辑与，同时为真返回值为真，否则为假
Or	逻辑或，同时为假返回值为假，否则为真
Not	逻辑非，非真值为假，非假值为真

逻辑表达式中的操作数必须为一个逻辑值(True或False)或整数。True转换为整数，其值为－1；False转换为整数，其值为0。当一个整数参与逻辑运算时，0认为是“假”，非0认为是“真”。

【例6.2】 判断下列表达式的值。

(1) 4＞ 3And 4＜2＊3。

(2) Not4＜3 Or 4＜2＊3。

(3) Not(4＜3 Or 4＜2＊3)。

(4) 1＋(3＞2)。

解析：在第 1 个表达式中，4＞3 值为 True，4＜2 * 3 值也为 True，所以整个表达式的返回值为 True。在第 2 个表达式中，4＜3 为 False，Not False 为 True，所以整个表达式值为 True。在第 3 个表达式中 4＜3 Or 4＜2 * 3 值为 True，所以 Not (True)的值为 False，即整个表达式值为 False。在第 4 个表达式中，3＞2 为真，转换成整数值为－1，所以整个表达式值为 0。

4. 用于连接字符串的运算符

将两个字符串进行连接，可以用运算符"＋"或"&"。

例如，"全国"＋"人民"(或"全国"&"人民") 值为"全国人民"。

6.2.4 常用系统函数

函数是表达式的一种，可以使用函数来完成某个功能。函数主要由 4 个部分组成，函数名、函数的参数、函数体，函数的返回值。下面以数学中的函数为例来说明函数的组成。

```
f(x,y)=2*x+3*y
```

在上面的函数中，f 为函数名，x 和 y 为函数 f 的参数，2 * x＋3 * y 为函数体，函数运算得到的结果为返回值。

VBA 中提供了丰富的系统函数，用户也可以自定义函数，关于自定义函数在后面章节中讲到。常用 VBA 函数如表 6.5 所示。

表 6.5 常用 VBA 函数

类型	函数名	说明
数学函数	Abs(number)	返回参数的绝对值，例如 Abs(－1)的值为 1
	Int(number)	返回参数的整数部分，例如 Int(1.5)的值为 1
	Rnd[(number)]	返回一个大于等于 0，小于 1 的随机数，参数为随机种子，可省略
	Round(expression [,number])	按指定的小数位进行四舍五入运算，例如 Round(1.2356,2)值为 1.24
	Sqr(number)	返回指定参数的平方根
字符串函数	Left(string, length)	求左边子字符串，例如 Left("abcd",2)的值为"ab"
	Right(string, length)	求右边子字符串，例如 Right("abcd",2)的值为"cd"
	Mid(string, start [, length])	求任意位置子字符串，例如 Right("abcd",2,2)的值为"bc"
	LCase(string)	将指定字符串转换成小写字母，例如 LCase("aBcD")的值为"abcd"
	UCase(string)	将指定字符串转换成大写字母，例如 UCase("aBcD")的值为"ABCD"
	Len(string)	返回指定字符串的长度，例如 Len("abcd")的值为 4
	Trim(string)	除去指定字符串前后的空格

续表

类型	函数名	说明
日期函数	Now()	返回系统当前日期与时间
	Time()	返回系统当前时间
	Year(date)	返回指定日期中的年
	Month(date)	返回指定日期中的月,值为1～12
	Day(date)	返回指定日期中的天,值为1～31
	Weekday(date)	返回星期
转换函数	Asc(string)	将字符转换成ASCII码,例如Asc("A")的值为65
	Chr(charcode)	将ASCII码转换成字符,例如Chr(65)的值为A
	Str(number)	将数转换为字符串
	Val(string)	将字符串转换为数

6.3 创建VBA程序

掌握了VBA最基本的书写规则和语法结构,就可以编写基本的VBA程序,程序的结构可以分为顺序结构、选择结构和循环结构。可以将能完成特定功能的可重复使用的程序块定义为一个过程或函数,这些过程或函数又可以放在一个模块中。

6.3.1 程序语句

用VBA关键字、相关运算符将变量、常量连接起来,完成一定的功能就是程序语句,任何程序设计语言都要满足一定的语法要求。

1. VBA中的语法规定

以下是VBA中一些基本的语法规定。

- 一般情况下,每个语句占一行,语句的最后要按回车结束。
- 多个语句写在同一行时,各个语句之间要用":"隔开。
- 如果一条语句要分多行写,需要使用续行符,VBA中的续行符是下划线"_",下划线至少要和它前面的字符保留一个空格符,否则VBA会认为下划线和前面的字符是一个词。
- 在程序中可以使用注释,即不被VBA执行的程序说明部分。VBA中的注释有两种形式,一种是"Rem"开头的注释,"Rem"必须在一行的开头;另一种是以字符"'"开头的注释。

2. VBA 中的语句种类

VBA 中的语句主要有以下几类。

- 声明语句：用于为变量、常量、函数等指定一个数据类型和指定一个名称。
- 赋值语句：赋值语句的功能一般是为一个变量赋值。
- 控制语句：用于控制程序的执行方向，如条件语句与循环语句等。
- 其他语句：VBA 中定义的一些语句与命令，例如输入输出语句、过程调用语句等。

6.3.2 顺序结构

顺序结构是程序中最简单的结构，即程序执行完一条语句后，紧接着执行下一条语句。顺序结构如图 6.7 所示。

【例 6.3】 设计一个实现两个数互换的程序。

解析：要想实现两个变量中的值互换，通常的方法是：增加一个临时变量，先将第 1 个数的值赋给临时变量，再将第 2 变量的值赋给第 1 个变量，最后是将临时变量的值赋给第 2 个变量，即可实现两个变量的值互换。

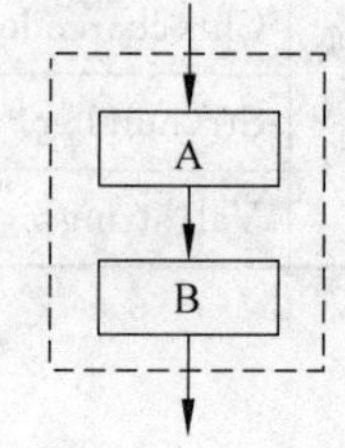

图 6.7 顺序结构

具体操作方法如下。

建立一个宏过程 Swap，为该过程输入以下程序代码，将光标置于过程的任意位置，在 VBA 开发环境中按 F5 键或工具栏上的执行按钮或者执行该宏，即可查看本程序的执行效果。

```
Sub Swap()
    Dim x As Integer                          '定义变量 x
    Dim y As Integer                          '定义变量 y
    Dim t As Integer                          't 为临时变量
    x=InputBox("请输入第 1 个数")              'InputBox 为输入函数
    y=InputBox("请输入第 2 个数")
    t=x: x= y: y= t                           '实现两个数互换的语句
    MsgBox ("互换后的两个数为:" & x & "," & y)
End Sub
```

6.3.3 选择分支结构

程序中常用到对给定的条件进行判断，并根据不同的判断结果执行相关的操作，这就是选择结构。另外一种情况是根据表达式不同的值进行相关的操作，这种情况叫做分支结构。

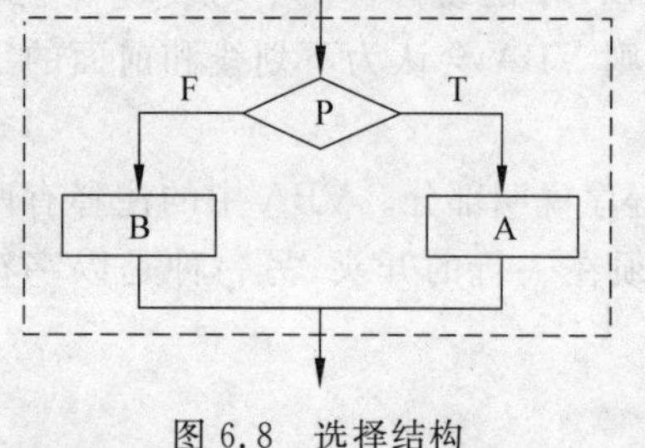

图 6.8 选择结构

1. 选择结构

选择结构如图 6.8 所示。

图 6.8 选择结构的执行顺序是：判断条件 P 的值，如果为真，执行语句块 A，否则执行语句块 B。语

句块 A 或语句块 B 均可省略，不管是什么情况下，语句 A 或语句块 B 仅被执行一次，执行语句块 A 就不可能执行语句块 B，反之亦然。

选择结构常用 If 语句来实现，If 语句的结构有多种，以下是 If 语句的几种结果形式。

(1) 单行结构的 If 语句的格式如下：

```
If <条件 P>Then 语句 A Else 语句 B
```

执行顺序是：如果条件 P 为真，则执行语句 A，否则执行语句 B，语句 A 与语句 B 均可省略。如果没有语句 B，则省略 Else 语句。

(2) 块状结果的 If 语句的格式如下：

```
If <条件 P>Then
    语句块 A
Else
    语句块 B
End If
```

语句块中可含有多条语句，也可以含有 If 语句或其他结构的语句，如果 If 语句比较复杂，使用块状格式的 If 语句比较清晰。

(3) 多条件 If 语句。当程序中有多个条件时，可以使用多条件 If 语句，多条件 If 语句的格式如下：

```
If <条件 1>Then
    语句块 1
ElseIf <条件 2>Then
    语句块 2
⋮
ElseIf <条件 i>Then
    语句块 i
Else
    语句块 n
End If
```

块状 If 语句的执行顺序是：如果满足条件 1，则执行语句块 1，然后执行 End If 后面的语句，否则判断条件 i，如果满足条件 i 则执行语句块 i，如果所有条件均不满足，则执行 Else 后面的语句。

【例 6.4】 创建一个应用程序，输入一个年份，判断是否是闰年。闰年的标志是：能被 4 整除且不能被 100 整除，或能被 400 整除。

解析：此题只需判断闰年的条件，条件如果是真输出“是闰年”，否则输出“不是闰年”。判断能否被某一个数整除，可以使用求余运算符，即与某个数求余等于 0 则能被这个数整除。

具体操作步骤如下。

建立一个宏过程 IfLeapYear，为该过程输入以下程序代码，将光标置于过程的任意位置，在 VBA 开发环境中按 F5 键或工具栏上的执行按钮或者执行该宏，即可查看本程序的执行效果。

```
Sub IfLeapYear()
    Dim y As Integer                          '定义变量 y,用于存放年份
    y= InputBox("请输入一个年份")
    If (y Mod 4=0 And y Mod 100 <>0) Or (y Mod 400= 0) Then
        MsgBox (y & "年是闰年!")
    Else
        MsgBox (y & "年不是闰年!")
    End If
End Sub
```

2. 分支结构

如果条件过多,尤其是条件是一个具体的值,使用分支结构则程序比较清晰,分支结构如图 6.9 所示。

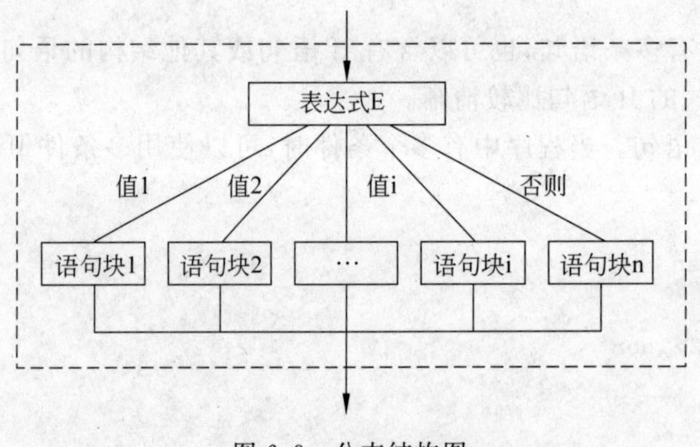

图 6.9　分支结构图

图 6.9 分支结构执行的顺序是:如果表达式的值是"值 1",则执行语句块 1,然后执行该分支结构后面的语句,否则判断下一个"值 i";如果都不满足,则执行"否则"后的"语句块 n"。

分支结构常用 Select Case 语句来实现,Select Case 语句的语法格式如下。

```
Select Case 表达式
    Case 值 1
        语句块 1
    Case 值 2
        语句块 2
        ⋮
    Case 值 i
        语句块 i
    Case Else
        语句块 n
End Select
```

Select Case 语句以 Select Case 开头，以 End Select 结尾，执行过程是根据表达式的值，从多个语句块中选择一个符合条件的语句块执行。如果所有值均不满足，则执行 Case Else 后的“语句块 n”，可以没有 Case Else 子句。

Select Case 语句执行过程中，系统从前至后依次检测每个 Case 后的值，如果满足条件，则执行相应的语句块，并跳过其余的 Case 语句，然后执行 End Select 后面的语句。

【例 6.5】 创建一个应用程序，输入学生的成绩，当成绩小于 60 时，输出“不及格”，60～70 输出“及格”，70～80 输出“中等”，80～90 输出“良好”，90～100 输出“优秀”。

解析：本题条件的分支较多，使用 Select Case 语句会比较清晰，但是 Case 后对应的是一个具体的值，所以，本题中需要将表示范围的条件转换成一个具体的值。在本例中，只须将成绩除以 10，然后取整，即整除，就可以将成绩范围与一个整数建立一个对应关系。例如 70～80 之间的任意一个数整除 10 得到的值均为 7。

具体操作步骤如下。

建立一个宏过程 ScoreToGrade，为该过程输入以下程序代码，将光标置于过程的任意位置，在 VBA 开发环境中按 F5 键或工具栏上的执行按钮或者执行该宏，即可查看本程序的执行效果。

```
Sub ScoreToGrade()
    Dim s As Single
    s=InputBox("请输入一个成绩")
    Dim intDj As Integer                      '表示等级,用数表示
    Dim strDj As String                       '表示等级,用字符表示
    intDj=s\10
    If s>=0 And s <60 Then intDj=0            '不及格用 0 表示
    If s <0 Then intDj=- 1                    '小于 0 表示输入非法
    If s=100 Then intDj=9                     '100 分也为优秀
    Select Case intDj
      Case 0
        strDj="不及格"
      Case 6
        strDj="及格"
      Case 7
        strDj="中等"
      Case 8
        strDj="良好"
      Case 9
        strDj="优秀"
      Case Else
        strDj="输入非法"
    End Select
    MsgBox ("成绩为:" & strDj)
End Sub
```

6.3.4 循环结构

当在程序执行中需要多次反复执行重复动作时需要使用循环语句来完成相应的工作。Access 中提供了三种循环：当型循环结构、直到型循环结构和基于步长(计数)的循环结构。

1. 当型循环结构

即当条件成立时执行循环。当型循环结构如图 6.10 所示。

当型循环结构执行的顺序是：如果条件是真，则执行语句块，再判断条件，如此循环，直到当条件为假时退出循环。

在 VBA 中，当循环结构使用"While…Wend" 语句，该语句的格式如下：

```
While <条件>
    语句块
Wend
```

2. 直到型循环

先执行循环体，再判断条件，直到条件不成立时结束循环。直到型循环与当型循环的区别是直到型循环至少执行一次循环体。直到型循环结构如图 6.11 所示。

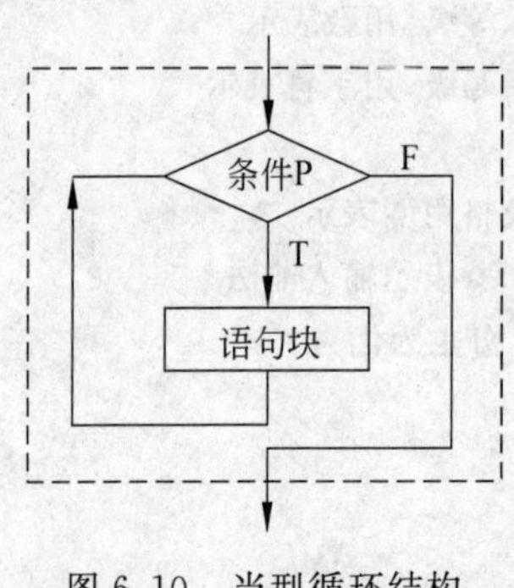

图 6.10 当型循环结构

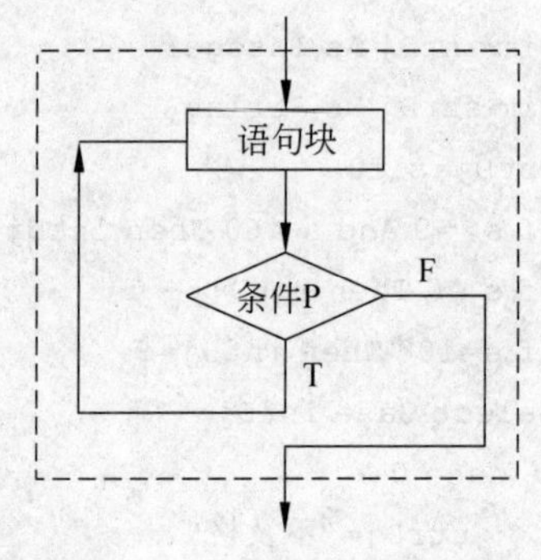

图 6.11 直到型循环结构

直到型循环结构执行的顺序是：先执行语句块，再判断条件，如果条件是真，则再执行语句块，直到条件为假时退出循环。

在 VBA 中，当循环结构使用"Do…Loop" 语句，该语句的格式如下：

```
Do
    语句块
    [Exit Do]
Loop [While 条件]
```

在"Do…Loop"结构中，在任何时候，可以使用"Exit Do"语句退出循环。

3. 基于步长(计数)的循环结构

该循环结构的格式如下：

```
For 循环变量=初始值 To 终值 [Step 步长]
    语句块
    [Exit For]
Next 循环变量
```

该循环语句说明如下。

- For 语句为循环说明语句，该语句中的初值、终值与步长值决定了循环的执行次数。步长值为1时，Step 可以省略。
- Next 语句为循环终端语句，用以标明本循环的结束，必须与 For 语句成对使用。
- For 语句与 Next 语句之间的“语句块”称为循环体，是每次循环所要执行的一系列语句。
- 步长型循环结构程序的执行过程是：首先将初值赋给指定的循环变量，然后判断其值是否在初值与终值范围内，在则执行循环体，否则不执行循环体。在执行完循环体后会遇到循环终端语句，此时系统将自动给循环变量增加一个步长值，再判断循环变量的当前值是否在范围内，依次实现循环。
- 在步长型循环结构的循环体内可以设置 Exit For 语句用以退出循环。
- 使用步长循环时，一般不在循环体中改变循环变量的值。

【例 6.6】 创建一个应用程序，分别使用三种循环结构实现 1+2+…+n 之和，其中 n 的值通过用户输入得到。

具体操作步骤如下。

建立一个宏过程 Sum1ToN，为该过程输入以下程序代码，将光标置于过程的任意位置，在 VBA 开发环境中按 F5 键或工具栏上的执行按钮或者执行该宏，即可查看本程序的执行效果。

```
Sub Sum1ToN()
    Dim i As Integer '声明循环变量
    Dim n As Integer
    Dim s As Integer '所求和
    n=InputBox("请输入 n:")
    i=1
    While i<=n
        s=s+i
        i=i+1
    Wend
    MsgBox (1 & "加到" & n & "的和为:" & s)
End Sub
```

上面例子用的是当型循环结构，如果使用直到型循环结构，只须将循环语句改为以下程序。

```
Do
  s=s+i
  i=i+1
```

```
Loop While i<=n
```

使用计数循环结构的循环语句如下。

```
For i=1 To n
  s=s+i
Next i
```

从上面的例子可以看出，如果知道循环的次数，使用计数循环结构比较清晰。

6.3.5 过程和自定义函数

把复杂的应用程序划分为多个模块，是结构化程序设计常用的方法。模块是可以命名的一个程序段，在 VBA 中，模块中主要包含全局变量、过程(在 Office 中宏中以过程形式存在的)、自定义函数和声明的 API 函数等。

1. 过程

定义过程的语法格式如下。

```
[Private | Public ] Sub 过程名([参数列表])
    [语句块]
    [Exit Sub]
End Sub
```

对过程格式的说明如下。

- Private 与 Public 是可选的，Private 表示只有在包含其声明的模块中的其他过程可以访问该 Sub 过程。Public 表示在 VBA 的所有对象中均可访问这个 Sub 过程。
- 参数列表代表在调用时要传递给 Sub 过程的参数变量列表。如果有多个参数则用逗号隔开。
- 过程执行过程中碰到 Exit Sub 则退出该过程，返回过程的调用处。

调用过程使用的语句是“Call [模块名]. 过程名(实际参数列表)”。模块名可以省略，实际参数必须与定义时的形式参数一一对应，包括参数的数量与参数的数据类型要匹配。

【例 6.7】 创建一个过程，该过程的功能是求 $1+2+\cdots+n$，其中 n 是过程的参数。

具体操作步骤如下。

在 VBA 环境中，为当前文档新建一个模块，然后在模块中创建过程 SumN，代码如下。

```
Sub SumN(n As Integer)
    Dim s As Integer
    For i=1 To n
       s=s+i
    Next i
    MsgBox (1 & "加到" & n & "的和为:" & s)
End Sub
```

图 6.12 消息框

在立即窗口中，输入 Call SumN(100)，回车后，显示如图 6.12 所示消息框。

2. 函数

函数与过程的功能和定义基本相同,函数与过程的区别是函数有返回值,而过程无返回值。在 Office 中,一个过程可以看作是一个宏,在“宏”对话框中可以看到这个宏(过程名),而自定义的函数不显示在“宏”对话框中。定义函数的语法格式如下:

```
[Public|Private ] Function 函数名([参数列表]) As 数据类型
    [语句块]
    函数名=表达式
    [Exit Function]
End Function
```

函数有一个返回值,通过“函数名=表达式”形式来返回函数的值。可以将函数作为一个表达式来调用,调用函数时要注意参数的匹配与返回值的类型。

【例 6.8】 创建一个函数,该函数的功能是求 1+2+…+n,其中 n 是函数的参数。

具体操作步骤如下。

新建或打开一个模块,然后创建函数 FunSumN,代码如下:

```
Function FunSumN(n As Integer) As Integer
    Dim s As Integer
    For i=1 To n
        s=s+i
    Next i
    FunSumN=s
End Function
```

图 6.13　立即窗口

在立即窗口中,输入 Print FunSumN(100),回车后,显示 5050,如图 6.13 所示。

6.4　在 Office 中使用 VBA

6.4.1　在 Office 中使用控件

为了在 Office 中更灵活地使用宏、VBA,方便用户的操作,可以建立相应的控件对象,如建立一个命令按钮,当用户单击命令按钮时可以完成相应的功能。

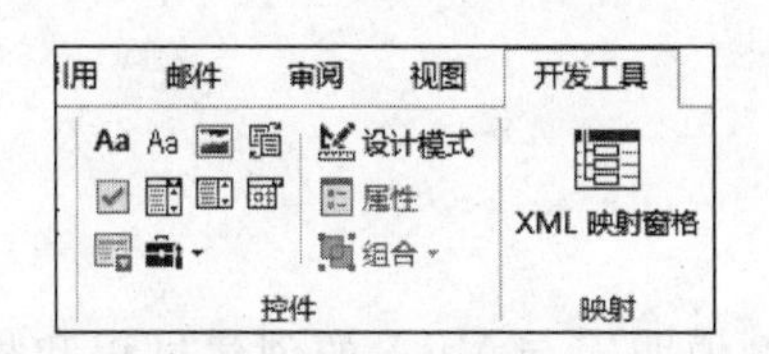

图 6.14　“开发工具”选项卡中的“控件”组

Office 中建立控件的工具在“开发工具”选项卡中的“控件”组中,如图 6.14 所示。通过控件组中工具按钮可以在 Office 中建立 Windows 控件对象,在设计模式下可以对控件对象进行编辑,设计模式与非设计模式的切换方式可通过单击“控件”组中的“设计模式”命令来实现。

在设计模式下，可以通过“属性”窗格来更改控件对象的属性，双击控件对象即可进入VBA环境对控件的事件(对应一个过程)进行编写程序。在非设计模式下，单击控件会激发相应的事件(即执行事件对应的过程)。

【例6.9】 在Word中建立一个命令按钮，命令按钮显示文字“欢迎使用”，当单击命令按钮时，弹出一个“Word欢迎你!”的对话框。

具体操作步骤如下。

(1) 单击“开发工具”选项卡中“控件”组中“旧式工具”命令按钮，弹出“旧式窗体”下拉列表，如图6.15所示。

(2) 单击如图6.15所示的“命令按钮”工具按钮，在Word文件中的适当位置画一个命令按钮控件对象。

(3) 单击“控件”组中的“属性”按钮，或者右击创建好的命令按钮，在弹出的快捷菜单中单击“属性”命令，弹出该命令按钮的“属性”窗格。

(4) 将标题属性“Caption”改为“欢迎使用”，完成后命令按钮上显示的内容随之改变，如图6.16所示。

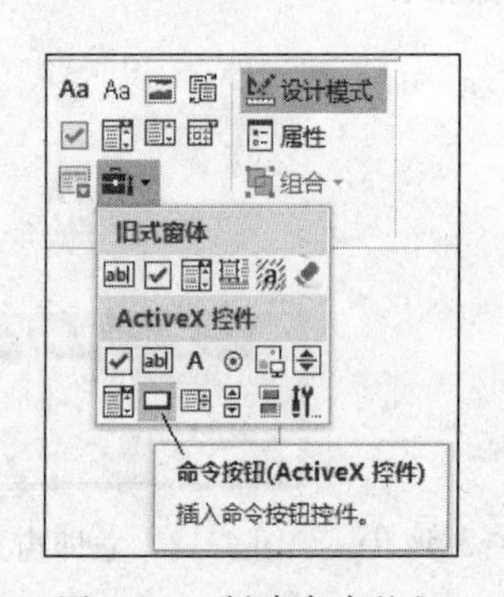

图6.15 创建命令按钮

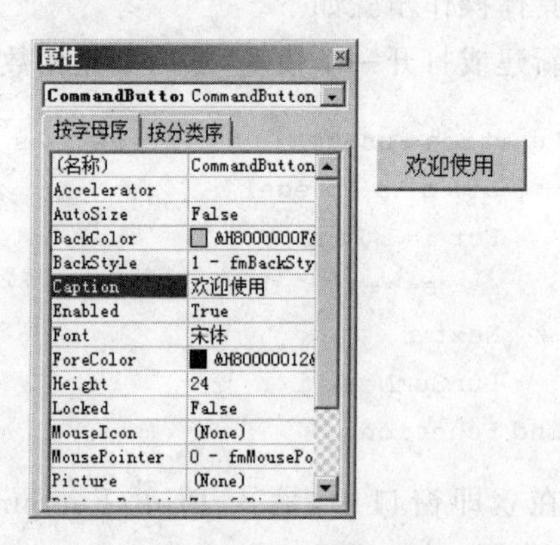

图6.16 设置属性与创建好的命令按钮

(5) 在设计模式下双击“欢迎使用”命令按钮，或者右击该命令按钮，在弹出的快捷菜单中单击“查看代码”命令，进入VBA开发环境，可以对该控件对象的相关事件代码编写程序，如图6.17所示。

(6) 为命令按钮的Click(单击)事件编写程序代码，在本例中只有一条显示消息对话框的命令，如图6.17所示。

(7) 查看命令按钮的运行效果。单击“开发工具”选项卡中“控件”组中的“设计模式”按钮切换到非设计模式，然后单击“欢迎使用”命令按钮，弹出如图6.18所示的消息对话框。

6.4.2 在Office中使用VBA举例

在本节中，将分别以Word和Excel为环境，举例说明宏与VBA的创建过程和相关应用。

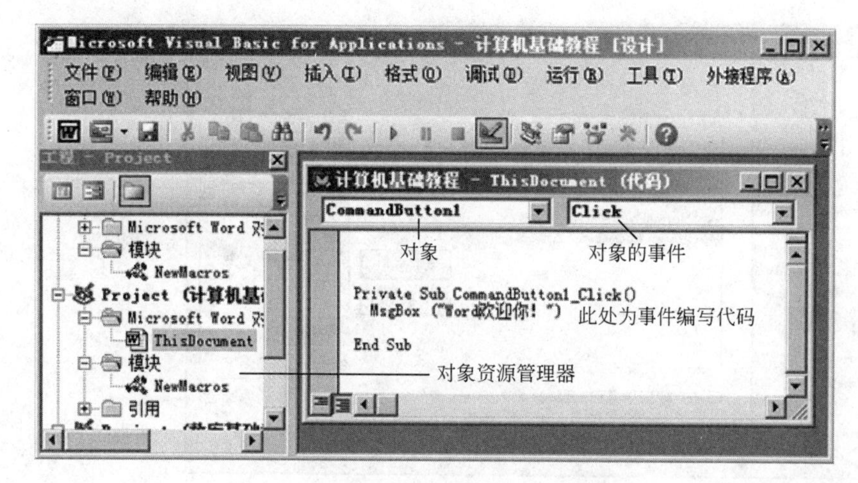

图 6.17 VBA 开发环境(为事件编写代码)

图 6.18 消息对话框

【例 6.10】 在 Word 中创建一个宏,运行该宏把选中的文字改为“隶书”、20 号、红色。

解题思路:实现本题的功能有两种思路,第一种方法是通过“录制宏”来创建这个宏,创建的方法参照第 5 章的知识;第二种方法是直接在 VBA 中创建一个宏过程,然后将这个过程绑定到快捷访问工具栏上的一个按钮。下面以第二种方法来进行设计。

具体操作步骤如下。

(1) 创建一个宏“SetFont”。

(2) 为该宏过程编写如下代码。

```
Sub SetFont()                              '宏过程名
    Selection.Font.Name="隶书"              '为选中的文字设置字体
    Selection.Font.Size=20                 '设置字号
    Selection.Font.Color=wdColorRed        '设置颜色
End Sub
```

在该程序中,“Selection”表示当前选中的对象;“Font”表示选中对象的字体子对象,类似于“开始”选项卡中的“字体”组;“Name”、“Size”和“Color”是“Selection. Font”的属性。

(3) 将该过程绑定到快速访问工具栏上的按钮。单击“文件”,再单击“选项”命令,启动“Word 选项”对话框,单击左侧的列表框中的“快捷访问工具栏”选项,在“从下列位置选择命令”下拉列表框中选择“宏”列表项,然后将上面步骤创建的宏“SetFont”添加到右侧列表框中,如图 6.19 所示,单击“确定”按钮返回 Word。

(4) 运行宏。在 Word 中,先选中一部分文字,单击快速访问工具栏中宏“SetFont”对应的按钮,如图 6.20 所示,则选中文字的字体、字号、颜色发生了改变。

【例 6.11】 在 Word 中,创建一个命令按钮,单击该命令按钮,能产生例 6.7 的效果。

解题思路:首先要在 Word 中创建一个命令按钮,然后在该命令按钮中调用例 6.7 中所创建的宏对象。

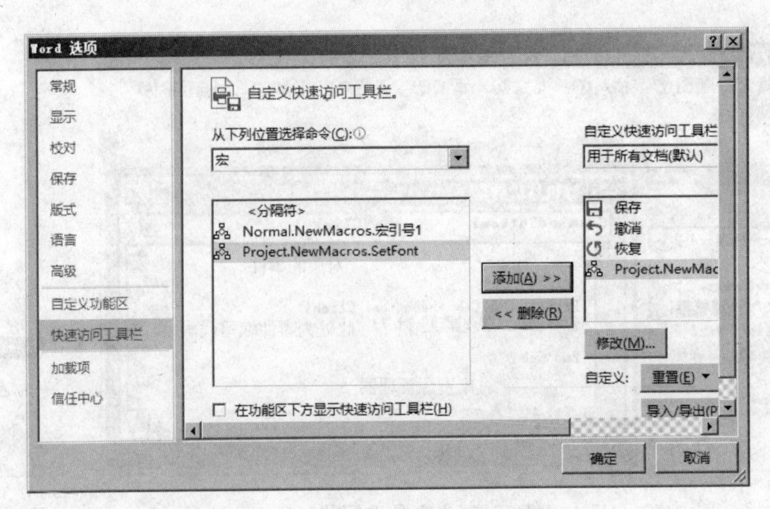

图 6.19 “Word 选项”对话框

图 6.20 快捷访问工具栏中的宏按钮

具体操作步骤如下。

(1) 创建一个命令按钮,创建方法参见 6.4.1 节中的知识。

(2) 在设计模式下双击该命令按钮,进行 VBA 开发环境,光标自动定位到该命令按钮的单击事件所对应的过程处。

(3) 输入命令“Call SumN(100)”。其中“Call”为调用其它过程的命令;“SumN”为例 6.7 所创建的过程名;100 为参数,表示从 1 加到 100。

(4) 回到 Word,单击“开发工具”选项卡中“控件”组中的“设计模式”按钮切换到非设计模式,单击该命令按钮即能实现例 6.7 的效果。

【例 6.12】 在 Excel 工作簿中有一个学生成绩表“Sheet1”,如图 6.21 所示。请在“Sheet1”中创建一个命令按钮,单击该命令按钮能够自动在“Sheet1”后创建 3 个工作表,分别是“数学成绩”、“语文成绩”和“英语成绩”,并将“Sheet1”表中的数学、语文和英语成绩分别复制到这三个表中,生成的“语文成绩”表如图 6.22 所示。

	A	B	C	D
1	学生成绩表			
2	学号	姓名	科目	成绩
3	1140101	张三	数学	87
4	1140102	李四	数学	78
5	1140103	王五	数学	90
6	1140101	张三	语文	76
7	1140102	李四	语文	89
8	1140103	王五	语文	77
9	1140101	张三	英语	85
10	1140102	李四	英语	84
11	1140103	王五	英语	69
12				

Sheet1 | 数学成绩 | 语言成绩 | 英语

图 6.21 学生成绩表

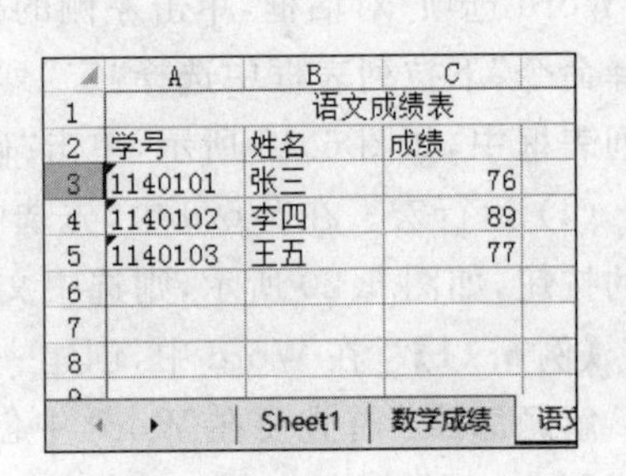

	A	B	C
1	语文成绩表		
2	学号	姓名	成绩
3	1140101	张三	76
4	1140102	李四	89
5	1140103	王五	77
6			
7			
8			

Sheet1 | 数学成绩 | 语文

图 6.22 语文成绩表

解题思路：首先要使用 VBA 语句在 Sheet1 表后创建 3 个工作表，将其改名。接下来使用循环语句从 Sheet1 中查找满足条件的数据按照指定的格式输入到“数学成绩”、“语文成绩”和“英语成绩”表中。

本例题对于初学 VBA 的读者来说有点难度，在下面的程序中给出了详细的注释。

具体操作步骤如下。

(1) 启动 Excel，建立一个工作簿文件，为工作表 Sheet1 输入如图 6.21 所示的数据。

(2) 在工作表 Sheet1 中创建一个命令按钮。单击“开发工具”选项卡中“控件”组中的“插入”按钮，在弹出的控件列表中选择“命令按钮”控件。

在默认设置下，Excel 功能区中无“开发工具”选项卡，设置的方法参见 6.1.3 节中的内容。

(3) 在 Sheet1 表的适当位置创建一个命令按钮，弹出如图 6.23 所示的“指定宏”对话框，单击“新建”按钮进入 VBA 开发环境。

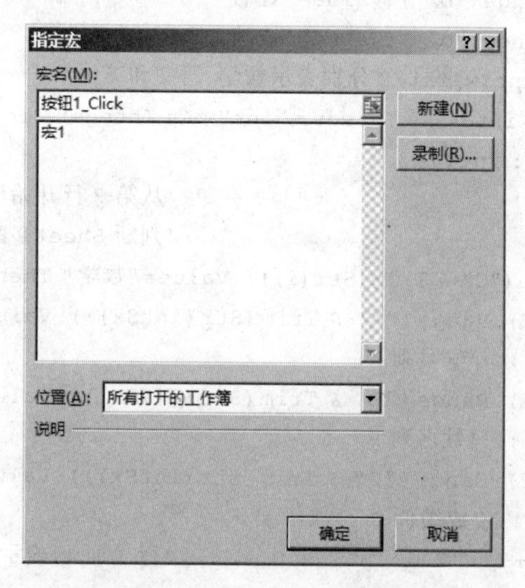

图 6.23 “指定宏”对话框

(4) 为宏“按钮 1_Click”输入以下代码

```
Sub 按钮 1_Click()
  ActiveWorkbook.Worksheets.Add after:=Worksheets("sheet1"), Count:=3
                                              '在 Sheet1 表后插入 3 张表[Z1]
  Worksheets(2).Name="数学成绩"                '为工作表改名
  Worksheets(3).Name="语文成绩"
  Worksheets(4).Name="英语成绩"
  Worksheets(2).Range("a1")="数学成绩表"
  Worksheets(2).Range("a1:d1").Merge          '合并单元格
  Worksheets(2).Range("a1:d1").HorizontalAlignment=xlCenter
                                              '设置水平对齐方式为居中
  Worksheets(2).Range("a2").Value="学号"
```

```
Worksheets(2).Range("b2").Value="姓名"
Worksheets(2).Range("c2").Value="成绩"
Worksheets(3).Range("a1")="语文成绩表"
Worksheets(3).Range("a1:d1").Merge
Worksheets(3).Range("a1:d1").HorizontalAlignment=xlCenter
                                                        '设置水平对齐方式为居中
Worksheets(3).Range("a2").Value="学号"
Worksheets(3).Range("b2").Value="姓名"
Worksheets(3).Range("c2").Value="成绩"
Worksheets(4).Range("a1")="英语成绩表"
Worksheets(4).Range("a1:d1").Merge
Worksheets(4).Range("a1:d1").HorizontalAlignment=xlCenter
                                                        '设置水平对齐方式为居中
Worksheets(4).Range("a2").Value="学号"
Worksheets(4).Range("b2").Value="姓名"
Worksheets(4).Range("c2").Value="成绩"
'定义变量,intSx,intYw,intYY分别表示数学、语文和英语
Dim i As Integer, intSx As Integer, intYw As Integer, intYy As Integer
intSx=3: intYw=3: intYy=3
                                          '从第3行开始输入各科成绩表
For i=3 To 11                             '判断Sheet1表中从第3行到第11行
  If Sheet1.Range("C" & Trim(Str(i))).Value="数学" Then
    Worksheets(2).Range("A" & Trim(Str(intSx))).Value=Sheet1.Range("A" &
    Trim(Str(i)))  '学号列A
    Worksheets(2).Range("B" & Trim(Str(intSx))).Value=Sheet1.Range("B" &
    Trim(Str(i)))  '姓名列B
    Worksheets(2).Range("C" & Trim(Str(intSx))).Value=Sheet1.Range("D" &
    Trim(Str(i)))  '成绩例C
    intSx=intSx+1                         '行号加1,表示下一行
  End If
  If Sheet1.Range("C" & Trim(Str(i))).Value="语文" Then
    Worksheets(3).Range("A" & Trim(Str(intYw))).Value=Sheet1.Range("A" &
    Trim(Str(i)))  '学号列A
    Worksheets(3).Range("B" & Trim(Str(intYw))).Value=Sheet1.Range("B" &
    Trim(Str(i)))  '姓名列B
    Worksheets(3).Range("C" & Trim(Str(intYw))).Value=Sheet1.Range("D" &
    Trim(Str(i)))  '成绩例C
    intYw=intYw+1
  End If
  If Sheet1.Range("C" & Trim(Str(i))).Value="英语" Then
    Worksheets(4).Range("A" & Trim(Str(intYy))).Value=Sheet1.Range("A" &
    Trim(Str(i)))  '学号列A
    Worksheets(4).Range("B" & Trim(Str(intYy))).Value=Sheet1.Range("B" &
    Trim(Str(i)))  '姓名列B
```

```
    Worksheets(4).Range("C" & Trim(Str(intYy))).Value=Sheet1.Range("D" &
    Trim(Str(i)))  '成绩例 C
    intYy=intYy+1
  End If
 Next i
End Sub
```

(5) 运行程序。返回 Excel,在非设计模式下,单击上面步骤创建的命令按钮,Excel 会自动创建 3 个工作表,并填充数据。

习　题

6.1　基本程序结构有哪几种? VBA 有哪些流程控制语句?

6.2　编写一个宏过程,实现两个数互换。

6.3　编写一个宏过程,实现输入一个年份,判断是否为闰年。闰年的条件为:能被 4 整除且不能被 100 整除或能被 400 整除的年份。

6.4　编写一个宏过程,求 s=1+2+3+…+100 的值。

6.5　简述过程和自定义函数的定义与使用方法。

6.6　在 Excel 中创建一个命令按钮,单击该命令按钮能够计算从 1 加到 n 的值,其中 n 是通过 Excel 工作表中的一个单元格来指定。

第7章 网络基础知识

本章知识点

- 网络的定义
- 网络的互联设备
- 网络的传输介质
- 网络的拓扑结构

传统生活中，人们通过电话网络在亲人之间传递问候，通过邮政网络来寄达信函，通过有线电视网络观看各种节目，通过收音机来收听广播，而在科技高速发展的今天，当人们要做这些事情时，可以选择一个全新的网络来完成这些事情，那便是计算机网络。计算机网络是计算机技术和通信技术相结合的产物，是计算机应用发展的重要领域，是社会信息化的重要技术基础，是一门正在迅速发展的新技术。

7.1 计算机网络概述

7.1.1 计算机网络的定义

计算机网络的发展速度非常快，它的内涵和定义也在不断地演变。现在，大家比较认可的计算机网络定义为：计算机网络是将分散在不同地点且具有独立功能的多个计算机系统，利用通信设备和线路相互连接起来，在网络协议和软件的支持下进行数据通信，实现资源共享的计算机系统的集合。

从计算机网络的定义，可以从中总结出计算机网络涉及下面的几个方面。

(1) 两台或两台以上的计算机相互连接起来才能构成网络。网络中的各计算机具有独立性。

(2) 计算机通过通信线路和通信设备连接。通信线路是指网络传输介质，它可以是有线的(如双绞线、同轴电缆等)，也可以是无线的(如激光、微波等)。通信设备是在计算机与通信线路之间，按照一定通信协议传输数据的设备。

(3) 通信的协议。这些协议是计算机之间通信、交换信息的规则和约定。如 TCP/

IP、HTTP、Telnet 等。

(4) 计算机网络的主要目的是实现计算机资源共享,使用户能够共享网络中的所有硬件、软件和数据资源。

7.1.2 计算机网络的功能与应用

1. 网络的功能

计算机网络可提供各种信息和服务,具体来说,主要有以下几方面的功能。

(1) 数据通信。这是计算机网络的最基本功能。数据通信功能为网络中各计算机之间的数据传输提供了强有力的支持。

(2) 资源共享。计算机网络的主要目的是资源共享。计算机网络中的资源有数据资源、软件资源、硬件资源 3 类,网络中的用户可以在许可的权限内使用其中的资源。如使用大型数据库信息,共享网络中的打印机和大容量存储器等。资源共享可以最大程度地利用网络中的各种资源。

(3) 分布与协同处理。对于复杂的大型问题可采用合适的算法,将任务分散到网络中不同的计算机上,进行分布式处理。这样,可以用几台普通的计算机连成高性能的分布式计算机系统。分布式处理还可以利用网络中暂时空闲的计算机,避免网络中出现忙闲不均的现象。

(4) 提高系统的可靠性和可用性。在一个系统内,单个部件或计算机的暂时失效必须通过替换资源的办法来维持系统的继续运行。但在计算机网络中,相同的资源可分布在不同地方的计算机上,网络可通过不同的路径来访问这些资源。当网络中的某一台计算机发生故障时,可由其他路径传送信息或选择其他系统代为处理,以保证用户的正常操作,不会因为局部故障而导致系统瘫痪。

2. 网络的应用

随着 Internet 的迅猛发展,计算机网络在工业、农业、交通运输、邮电通信、文化教育、商业、国防和科学研究以及日常生活等各个领域,得到了日益广泛的应用。工厂企业可用网络来实现生产的监测、过程控制、管理和辅助决策,实现企业信息化。农业部门利用网络来引进先进农业技术,合理调配农业资源。交通部门可利用网络进行路况信息收集,线路管理和行车调度。邮电部门可利用网络来提供全世界范围内快速而廉价的电子邮件、传真和 IP 电话服务。教育科研部门可利用网络的通信或资源共享进行情报资料的检索、科技协作、网络会议及远程教育。计划部门可利用网络实现普查、统计、综合平衡和预测等工作,并且可以利用网络来进行信息的快速收集、跟踪、控制与指挥。商业服务系统可利用网络实现制造企业、商店、银行和顾客间的自动电子销售转账服务或广泛定义下的电子商务。生活中利用网络的范围则更加广泛,如使用 BBS、QQ 和 MSN 等进行交流,以及收听网上音乐、收看网上电影等。

7.1.3 计算机网络的分类

计算机网络品种繁多、性能各异，根据不同的分类原则，可以定义各种不同的计算机网络。

1. 根据地理范围分类

通常根据网络范围和计算机之间互联的距离，将计算机网络分为局域网、广域网和互联网三类。

(1) 局域网(Local Area Network，LAN)。又称局部网，是有限范围内的计算机网络。局域网一般在10km以内，以一个单位或一个部门的小范围为限(如一所学校、一幢建筑物内)，由这些单位或部门单独组建。这种网络组网便利、传输效率高。

(2) 广域网(Wide Area Network，WAN)。相对于局域网而言，广域网覆盖的范围大，一般从几十千米到几万千米，例如，一座城市、一个国家或洲际网络。它是通过通信线路，将区域的专用计算机连接起来，形成一个有机的通信网络。广域网为多个部门拥有通信子网的公用网，属于电信部门，而用户主机是资源子网，为用户所有。

(3) 互联网。又称网际网，是用网络互连设备将各种类型的广域网和局域网互联起来形成的网中网，可以说，网际网就是网络的网络。例如：Internet就是网际网的典型代表。

2. 根据拓扑结构分类

拓扑结构就是网络的物理连接形式。以局域网为例，其拓扑结构主要有总线型、星型和环型3种。对应的网络被称为总线网、星型网和环型网。

(1) 总线型拓扑。总线结构是指各工作站和服务器均通过一根传输线(或称总线)作为公共的传输通道，所有的节点都通过相应的接口连接到总线上，并通过总线进行数据传输。早期的局域网广泛采用了总线型拓扑结构，如图7.1所示。

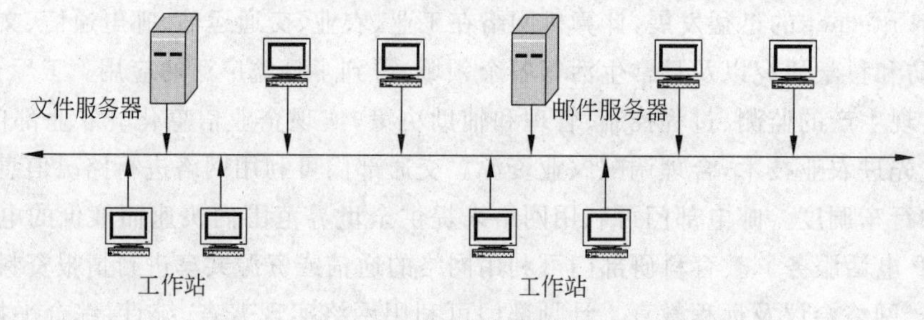

图7.1 总线型拓扑结构

(2) 星型拓扑。星型拓扑是指所有的网络节点都通过传输介质与中心节点相连，采用集中控制，即任何两节点之间的通信都要通过中心节点进行转发。星型结构以中央节点为中心，其他各节点通过单独的线路与中央节点相连，相邻节点之间的通信必须经过中央节点，如图7.2所示。这种拓扑结构属于集中控制，中央节点就是控制中心。星型拓扑结构简单，便于控制和管理，方便建网，网络延迟时间较小，传输误差较低。现在较广泛地应用于局域网中。

(3) 环型拓扑。环型拓扑结构是将各个网络节点通过通信线路连接成一条首尾相接的闭合环，如图 7.3 所示，在环型结构网络中，信息既可以是单向的，也可以是双向的。单向是指所有的传输都是同方向的，所以，每个设备只能和一个邻近节点通信。双向是指数据能在两个方向上进行传输，因此，设备可以和两个邻近节点直接通信。令牌环就是这种结构的典型代表。环型拓扑的一个缺点是当一个节点要往另一个节点发送数据时，它们之间的所有节点都得参与传输。

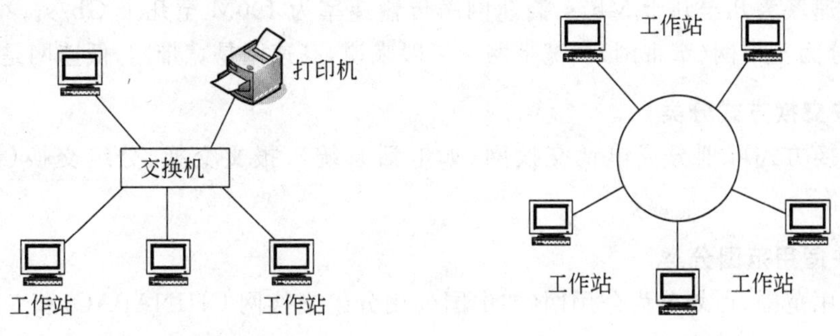

图 7.2　星型拓扑结构　　图 7.3　环型拓扑结构

(4) 树型拓扑。树型结构是从总线型和星型结构演变而来的。各节点按照一定的次序连接起来，其形状像一棵倒置的树，所以取名为树型结构，如图 7.4 所示，在树型结构的顶端有一个根节点，它带有分支，每个分支也可以带有子分支。树型结构是总线型结构的扩展，它是在总线网上加上分支形成的，其传输介质可有多条分支，但不形成闭合回路，也可以把它看成是星型结构的叠加。当节点发送时，根接收该信号，然后再重新广播送至全网。

(5) 网状拓扑。网状拓扑结构又称无规则型，在网状拓扑结构中，节点之间的连接是任意的，没有规律。如图 7.5 所示。

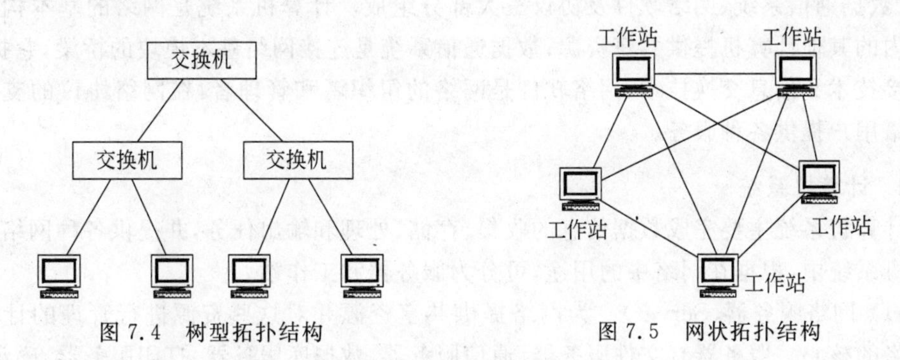

图 7.4　树型拓扑结构　　图 7.5　网状拓扑结构

大型互联网一般都采用网状结构，例如，中国教育科研示范网以及 Internet 的主干网。另外，也可以由上述两种或两种以上的网络拓扑结构组成一种混合型拓扑结构。

3. 按传输介质分类

网络传输介质就是通信线路。目前常用同轴电缆、双绞线、光纤、微波等有线或无线传输介质，相应的网络就分别称为同轴电缆网、双绞线网、光纤网、无线网等。

4. 按通信协议分类

通信协议是通信双方共同遵守的规则或约定，在网络进行信息传递过程中起着非常重要的作用，确保信息准确的传输，正确的使用。可以根据协议把网络分成以太网（采用CSMA/CD协议）、令牌环网（采用令牌环协议）、分组交换网（采用X.25协议）等。

5. 按带宽速率分类

根据传输速率，可分为低速网、中速网和高速网。低速网传输速率低于10Kb/s，中速网络传输速率为几至几十Mb/s，高速网络传输速率为100M至几个Gb/s。根据网络的带宽，可分为基带网（窄带网）和宽带网。一般来说，高速网是宽带网，低速网是窄带网。

6. 按交换方式分类

按交换方式可划分成电话交换网（如电话系统）、报文交换、分组交换（如因特网、ATM网络）。

7. 按适用范围分类

按使用范围，可划分为公用网（如中国公用分组交换网CHINAPAC）和专用网（如公司内部网）。

7.2 计算机网络的组成

7.2.1 计算机网络的基本组成

各种计算机网络在网络规模、网络结构、通信协议和通信系统、计算机硬件及软件配置等方面存在很大差异。但由网络的定义得知，一个典型的计算机网络主要是由计算机系统、数据通信系统、网络软件及协议三大部分组成。计算机系统是网络的基本构成，为网络内的其他计算机提供共享资源；数据通信系统是连接网络基本模块的桥梁，它提供各种连接技术和信息交换技术；网络软件是网络的组织者和管理者，在网络协议的支持下，为网络用户提供各种服务。

1. 计算机系统

计算机系统主要完成数据信息的收集、存储、处理和输出任务，并提供各种网络资源。计算机系统中，根据在网络中的用途，可分为服务器和工作站。

(1) 网络服务器(Server)。为网络提供共享资源并对这些资源进行管理的计算机，是网络的核心。服务器有文件服务器、通信服务器、数据库服务器、打印服务器、磁盘服务器等，其中文件服务器是最基本的。

(2) 工作站(Work Station)。与服务器相对应，其他网络计算机被称为网络工作站，简称工作站，一些场合下，也被称为客户机（相对于服务器而言）。

2. 数据通信系统

数据通信系统主要有网络适配器、传输介质和网络互连设备等组成。

（1）网络适配器（Network Interface Adapter，NIA）。网络适配器俗称网卡（Network Interface Card）或网络接口板，它是将服务器、工作站连接到通信介质上并进行电信号的匹配、实现数据传输的部件。网卡通常就是一块插件板，插在PC的扩展槽中，如图7.6所示。计算机通过网卡上的电缆接头接入网络的电缆系统。网卡也有无线网卡，如图7.7所示即为无线USB网卡。

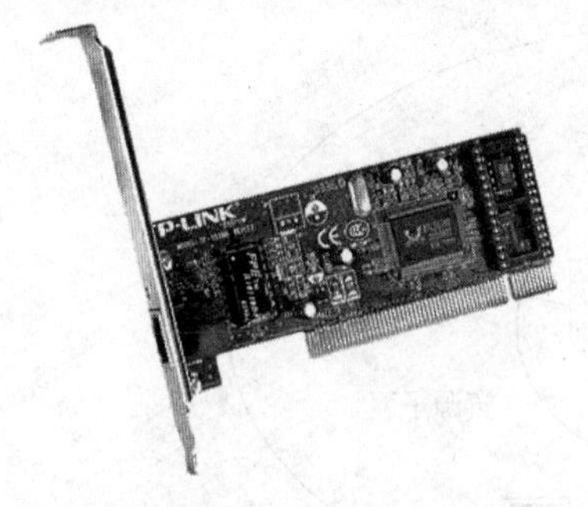

图7.6　PCI网卡

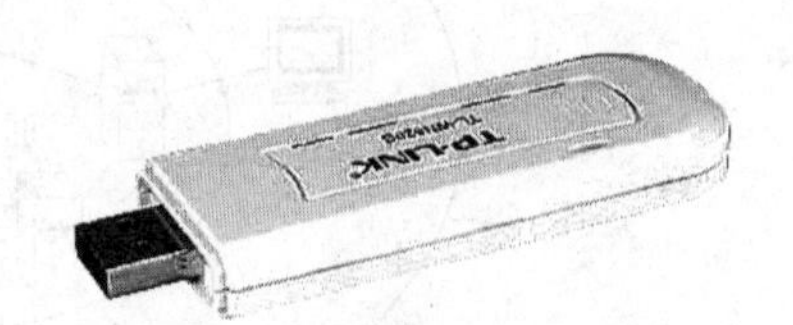

图7.7　无线USB网卡

（2）网络传输介质。计算机网络传输介质充当网络中数据传输的通道。传输介质决定了网络的传输速率、网络段的最大长度、传输的可靠性及网卡的复杂性。一般来说，中、高速局域网中使用双绞线、同轴电缆；在对网速要求很高的场合，如视频会议，则采用光纤；在远距离传输中，使用光纤和卫星通信线路；在有移动节点的网络中采用无线通信。

（3）网络互连设备。网卡和传输介质将多台计算机连接起来后，通常网络中还需要用到一些专用的通信设备，其作用通常是将网与网之间的互连及路径的选择。常用的互连设备有集线器（Hub）、中继器（Repeater）、交换机（Switch）等。

3. 网络软件

网上信息的流通、处理、加工、传输和使用则依赖于网络软件。网络软件大致分为网络操作系统、网络数据库管理系统和网络应用软件3个层次。

（1）网络操作系统（Networking Operating System，NOS）。网络硬件是建网的基础，而决定网络的使用方法和使用性能的关键是网络操作系统。网络操作系统主要由服务器操作系统、网络服务软件、工作站软件、网络环境软件组成。网络操作系统能够让服务器和客户机共享文件和打印功能，也提供如通信、安全性和用户管理等服务。常见的网络操作系统有Windows Server、NetWare和UNIX、Linux等。

（2）网络数据库管理系统。网络数据库管理系统可以看作是网络操作系统的助手或网上的编程工具。通过它，可以将网上各种形式的数据组织起来，科学、系统、高效的进行存储、处理、传输和使用。目前国内比较常见的网络数据库管理系统有SQL Server、Oracle、Sybase、Informix、DB2等。

（3）网络应用软件。是指能够为网络用户提供各种服务的软件，它用于提供或获取网络上的共享资源。如浏览软件、传输软件、远程登录软件等。

7.2.2 通信子网和资源子网

从逻辑上看，以资源共享为主要目的的计算机网络可分成通信子网和资源子网两部分，如图 7.8 所示。

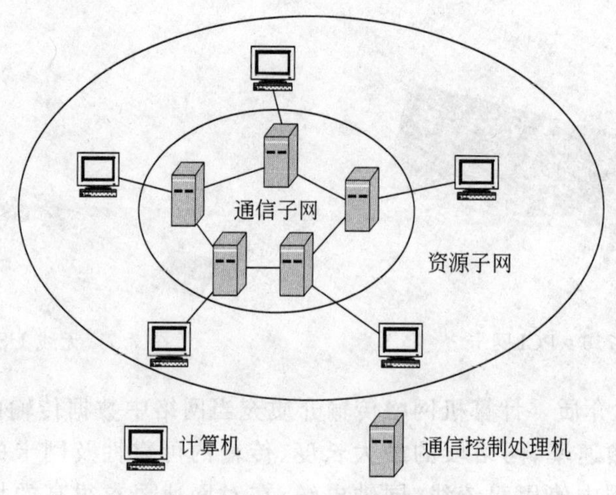

图 7.8 通信子网和资源子网

1. 资源子网

计算机网络首先是一个通信网络，各计算机之间通过通信媒体、通信设备进行数字通信，在此基础上各计算机可以通过网络软件共享其它计算机上的硬件资源、软件资源和数据资源。从计算机网络各组成部件的功能来看，各部件主要完成两种功能，即网络通信和资源共享。把计算机网络中实现网络通信功能的设备及其软件的集合称为网络的通信子网，而把网络中实现资源共享功能的设备及其软件的集合称为资源子网。

在局域网中，资源子网主要由网络的服务器、工作站、共享的打印机和其他设备及相关软件所组成。资源子网的主体为网络资源设备，包括主要包括用户计算机（也称工作站）、网络存储系统、网络打印机、独立运行的网络数据设备、网络终端、服务器、网络上运行的各种软件资源和数据资源等。

2. 通信子网

通信子网是指网络中实现网络通信功能的设备及其软件的集合。通信设备、网络通信协议、通信控制软件等属于通信子网，是网络的内层，负责信息的传输，主要为用户提供数据的传输、转接、加工、变换等。通信子网的设计一般有点到点通道和广播通道两种方式。通信子网主要包括中继器、集线器或交换机、网桥、路由器和网关等硬件设备。

7.2.3 网络传输介质及连接设备

1. 网络传输介质

传输介质是网络通信用的信号线路，它提供了数据信号传输的物理通道。按照传输介质的特征，可分为有线传输介质和无线传输介质两大类：有线传输介质包括双绞线、同轴电缆和光纤等，无线传输介质包括无线电、微波、红外线、卫星通信和移动通信等。由于传输介质是计算机网络最基础的通信设施，因此，其性能好坏对网络的性能影响很大。衡量传输介质性能优劣的主要技术指标有传输距离、传输带宽、衰减、抗干扰能力、连通性和价格等。

(1) 双绞线。双绞线是目前使用最广泛的一种传输介质。双绞线由两根具有绝缘保护层的铜导线组成。把两根绝缘的铜导线按照一定密度互相绞在一起，可以降低信号干扰的程度，每一根铜导线在传输中辐射的电磁波会被另一根铜导线上发出的电磁波抵消。若把一对或多对双绞线放在一个绝缘套管中，则变成了双绞线电缆。目前，双绞线可分为非屏蔽双绞线(Unshielded Twisted Pair，UTP)和屏蔽双绞线(Shielded Twisted Pair，STP)。如图 7.9 所示。

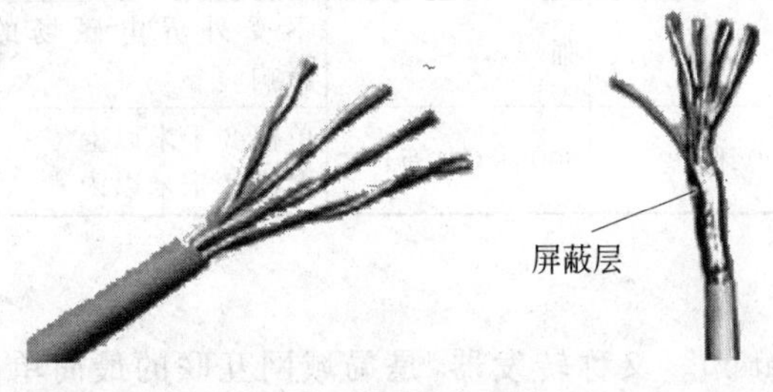

图 7.9　双绞线

(2) 同轴电缆。同轴电缆由内、外两个导体同轴组成，如图 7.10 所示。其中，内导体是一根导线，外导体是一个圆柱面，两者之间有填充物。外导体能够屏蔽外界电磁场对内导体信号的干扰。同轴电缆即可用于基带传输，又可以用于宽带传输。基带传输时，只传送一路信号；而宽带传输时，可以同时传送多路信号。用于局域网的同轴电缆都是基带同轴电缆。

(3) 光纤电缆。简称光缆，是网络传输介质中性能最好、应用前途最广泛的一种。光纤有纤芯、包层及护套组成，如图 7.11 所示。纤芯由玻璃或塑料组成，包层则是玻璃的，护套由塑料组成，用于防止外界的伤害和干扰。

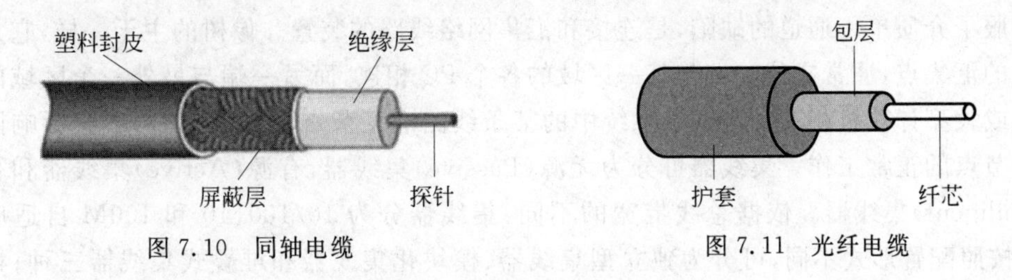

图 7.10　同轴电缆　　图 7.11　光纤电缆

(4) 无线传输介质。无线传输方式有无线电波、微波、红外线及无线激光通信等，连网方式较灵活，适用于在不易布线、覆盖面积大的地方。

传输介质性能比较表如表 7.1 所示。

表 7.1 传输介质性能比较

介质名称 特性	双绞线	同轴电缆	光　缆	无线通信
物理性质	两根绝缘导线按一定密度相绞在一起分为 UTP 和 STP	绕同一轴线的两个导体构成，内导体(铜芯)和外导体(导电铝箔)	中间是光导玻璃或塑料芯，周围由一层称为包层的玻璃构成，可将光纤折射到中心位置	利用大气传播电磁信号的方式：微波、红外线和激光等
价格	低廉	一般	昂贵	昂贵
连接	线路简单	连接简单	理想传输介质	需要中继站
传输频率	10Mb/s；16Mb/s；100Mb/s；1000Mb/s	基带：10Mb/s 宽带：几百 Mb/s	一般为 10～100Mb/s，也可高达几 Gb/s	微波频率 300MHz～300GHz
抗干扰	低	强	不受外界电磁场的影响	易受外界影响
传输距离	单段 100 米(短)	500 米(中等)	单模 2 千米以上 多模 2 千米以内	长距离直线传输

2. 网络连接设备

(1) 中继器(Repeater)。又称转发器，是局域网互联的最简单的设备，如图 7.12 所示。利用中继器，可以增强网络线路上衰减的信号，它的两端即可以连接相同的传输媒体，也可以连接不同的媒体，例如一端使用同轴电缆，另一端使用双绞线。

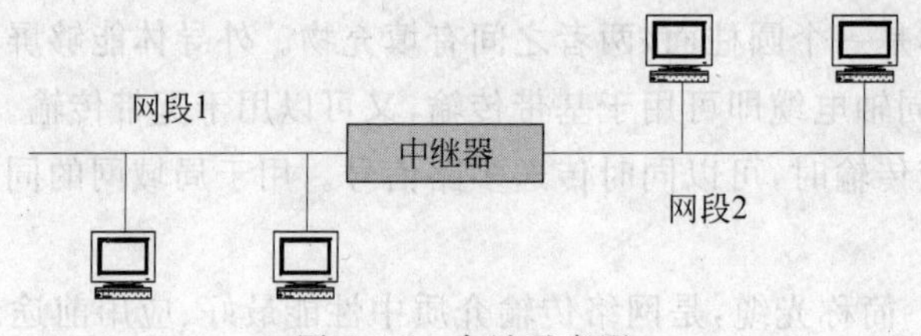

图 7.12 中继示意图

(2) 集线器(Hub)。可以说是一种特殊的中继器，作为网络传输介质间的中央节点，它克服了介质单一通道的缺陷，是连接和汇集网络线路的装置。像树的主干一样，它是各分支的汇集点，通常它的一端与某一区域的各个 PC 相连，而另一端与另外一个区域的集线器或大型计算机相连。当网络系统中的某条线路或某节点出现故障时，不会影响网上其他节点的正常工作。集线器可分为无源(Passive)集线器、有源(Active)集线器和智能(Intelligent)集线器。依据总线带宽的不同，集线器分为 10/100、10 和 100M 自适应三种：按照配置形式不同，可分为独立型集线器、模块化集线器和堆叠式集线器三种；根据管理方式可分为智能集线器和非智能型集线器两种。目前使用的集线器是以上三种分类的组合，例如 10/100M 自适应智能型可堆叠式集线器。集线器根据端口数目的不同，主要分 8 口、16 口和 24 口集线器，如图 7.13 所示。

(3) 交换机(Switch)。在外观上很像集线器，连接方式也相近，所以也称为交换式集线器，如图 7.14 所示。随着对网络应用的要求越来越高，目前对网络负荷的要求也越来越高。作为局域网的主要连接设备，交换机能够解决网络传输碰撞冲突的问题，提高网络的利用率。交换机的每个端口都有一条独占的带宽，当两个端口工作时，只有发出请示的端口和目的端口之间相互响应，而不影响其他端口的工作，因此，能够隔离冲突域，有效地抑制广播风暴的产生。交换机可以以全双工和半双工两种模式工作，能够保持网络带宽。

图 7.13　24 口 100M 快速集线器

图 7.14　8 口 10/100M 自适应以太网交换机

(4) 路由器(Router)。用于连接多个逻辑上分开的网络，可以是几个使用不同协议和体系结构的网络，如图 7.15 所示是一款带无线传输和交换机功能的家用路由器。当由一个子网传输到另一个子网时，可以用路由器来完成。路由器具有判断网络地址和选择路径的功能，能过滤和分隔网络信息流。它能对不同网络或网段之间的数据信息进行"翻译"，以使它们能够相互读懂对方的数据，从而构成一个更大的网络。路由器分为本地路由器和远程路由器，本地路由器是用来连接网络传输介质的，如光纤、同轴电缆和双绞线；远程路由器用来与远程传输介质连接，并要求相应的设备，如电话线要配置调制解调器，无线传输要通过无线接收机和发射机。

(5) 网关。在一个计算机网络中，当连接不同类型而协议差别又较大的网络时，则要选择网关设备。一般来说，网关只进行一对一转换，或是少数几种特定应用协议的转换，网关很难实现通用的协议转换。用于网关转换的应用协议有电子邮件、文件传输和远程工作站登录等。目前，网关已成为网络上每个用户都能访问大型主机的通用工具。

(6) 调制解调器(Modem)调制解调器通常称为"猫"，它的作用是将计算机的数字信号和能够以电话线路传递的模拟信号相互转换。调制就是把数字信号转换成电话线上传输的模拟信号，用于发送数据；解调是把模拟信号转换成数字信号，用于接收信息。如图 7.16 所示。家庭使用电话、光纤接入 Internet 均要使用相应的调制解调器。调制解调器有传统的速率为 56kb/s 的调制解调器、ISDN 调制解调器、电缆调制解调器、ADSL 调制解调器光纤调制解调器等。

图 7.15　家用宽带路由器

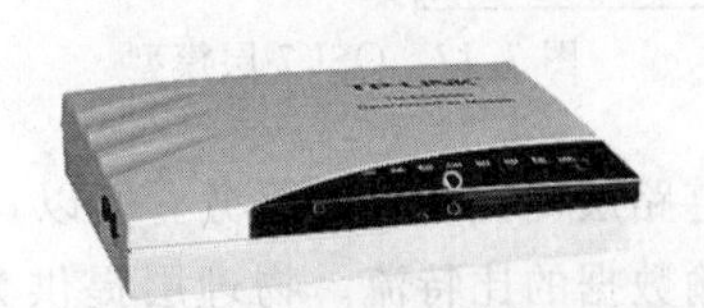
图 7.16　外置调制解调器

7.3 计算机网络协议及体系结构

7.3.1 网络协议

网络协议是计算机网络中,通信各方事先约定的通信规则的集合。正如交通行驶中,车辆和行人必须遵守交通规则,才能确保正常的交通和生命安全一样,协议作为联网的计算机之间或网络之间相互通信和理解的一组规则和标准,也是网络必不可少的组成部分。网络协议主要由语法、语义和时序 3 个要素组成。

(1) 语法是指数据与控制信息的结构和格式。

(2) 语义表明需要发出何种控制信息,以完成相应的响应。

(3) 时序是对事件实现顺序的详细说明。

任何一台计算机如果想和其他计算机交换数据或通信,必须遵循一定的网络协议,由于不同网络的组成、拓扑结构和操作系统等都不尽相同,所以网络协议也有很多种,但它们基本都遵循一些国际通用的网络协议基本框架。人们称为网络体系结构。下面简单介绍一些有关网络体系结构的基本知识。

7.3.2 OSI 参考模型

为了使不同体系结构的计算机网络都能互联,国际标准化组织(ISO)于 1984 年提出一个试图使各种计算机在世界范围内互连成网的标准框架,即著名的开放系统互连基本参考模型 OSI/RM(Open Systems Interconnection Reference Model),简称 OSI。

OSI 开放系统互联参考模型将整个网络的通信功能划分成 7 个层次,每个层次完成不同的功能。这 7 层由低至高,分别是物理层、数据链路层、网络层、传输层、会话层、表示层和应用层。OSI 并不是一般的工业标准,而是一个为制定标准用的概念性框架,在 OSI/RM 中,采用了如图 7.17 所示 7 个层次的体系结构。

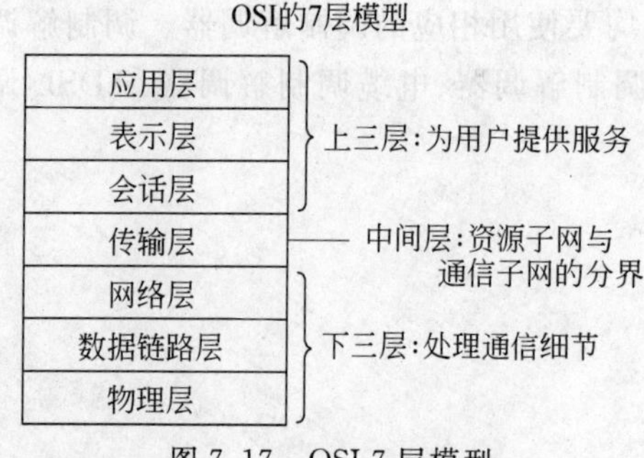

图 7.17 OSI 7 层模型

1. 物理层(Physical Layer)

物理层传输数据的单位是比特。物理层不是指连接计算机的具体的物理设备或具体的传输媒体,因为它们的种类非常多,物理层的作用是尽可能屏蔽这些差异,对它的高层即数据链路层提供统一的服务。所以,物理层主要关心的是在连接各种计算机的传输媒体上传输数据的比特流。物理层提供为建立、维护和拆除物理链路所需要的机械的、电气的、功能的和规程的特性。

2. 数据链路层(Data Link Layer)

数据链路层传输数据的单位是帧,数据帧的帧格式中包括的信息有地址信息部分、控制信息部分、数据部分和校验信息部分。数据链路层的主要作用是通过数据链路层协议在不太可靠的物理链路上实现可靠的数据传输。

3. 网络层(Network Layer)

网络层传送的数据单位是报文分组或包。网络层的任务就是要选择最佳的路由,使发送站的运输层所传下来的报文能够正确无误地按照目的地址找到目的站,并交付给目的站的运输层。这就是网络层的路由选择功能。TCP/IP 协议中的 IP(网际协议)协议属于网络层,而登录 NOVELL 服务器所必须使用的 IPX/SPX 协议中的 IPX(网际包交换协议)协议属于网络层。

4. 传输层(Transport Layer)

OSI 所定义的传输层正好是 7 层的中间一层,是通信子网(下面 3 层)和资源子网(上面 3 层)的分界线。传输层的基本功能是从会话层接收数据报文,并且在当所发送的报文较长时,首先在传输层把它分割成若干个报文分组,然后再交给它的下一层(即网络层)进行传输。另外,这一层还负责报文错误的确认和恢复,以确保信息的可靠传递。TCP/IP 协议中的 TCP(传输控制协议)协议属于传输层,而登录 NOVELL 服务器所必须使用的 IPX/SPX 协议中的 SPX(顺序包交换协议)协议属于传输层。

5. 会话层(Session Layer)

会话层,也叫对话层。如果不看表示层,在 OSI 的会话层就是用户和网络的接口,这是进程到进程之间的层次。会话层允许不同机器上的用户建立会话关系,目的是完成正常的数据交换,并提供了对某些应用的增强服务会话,也可被用于远程登录到分时系统或在两个机器间传递文件。会话层的主要功能归结为允许在不同主机上的各种进程间进行会话。

6. 表示层(Presentation Layer)

表示层管理计算机与计算机的用户之间进行数据交换时所使用的数据信息。表示层将这些抽象数据结构在计算机内部表示和网络的标准表示法之间进行转换,即表示层关心的是数据传送的语义和语法两个方面的内容。表示层的另一功能是数据的加密和解密。表示层的主要功能归结为是为上层提供共同需要数据或信息语法的表示变换。

7. 应用层(Application Layer)

应用层是 OSI 的最高层,是计算机网络与最终用户的界面,为网络用户之间的通信提供专用的程序。OSI 的 7 层协议从功能划分来看,下面 6 层主要解决支持网络服务功能所需要的通信和表示问题,应用层则提供完成特定网络功能服务所需要的各种应用协议。如文件传输协议 FTP。

7.3.3 TCP/IP 参考模型

OSI 参考模型研究的初衷是希望为网络体系结构与协议的发展提供一个国际标准。

实际上,其并未达到这一目标。Internet 的飞速发展为 TCP/IP 参考模型广泛应用起到了极大的推进作用。TCP/IP 参考模型有 4 个层次,与 OSI 参考模型的对应关系如图 7.18 所示。

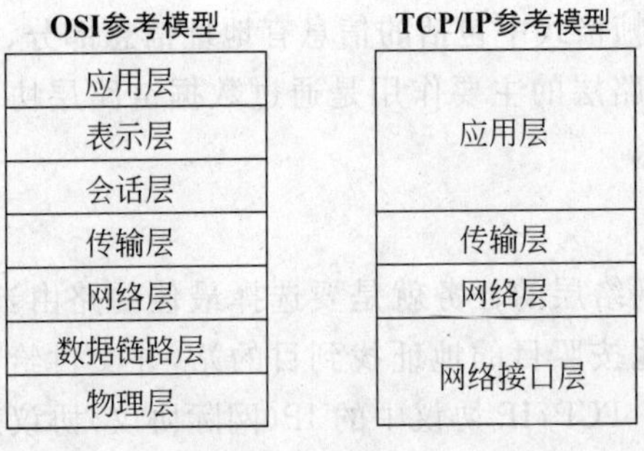

OSI参考模型	TCP/IP参考模型
应用层	应用层
表示层	
会话层	
传输层	传输层
网络层	网络层
数据链路层	网络接口层
物理层	

图 7.18　TCP/TP 参考模型与 OSI 参考模型的对应

TCP/IP 使用范围极广,是目前异种网络通信使用的唯一协议体系,适用于连接多种机型,即可用于局域网,也可用于广域网,许多厂商的计算机操作系统和网络操作系统产品都采用或含有 TCP/IP。TCP/IP 已成为目前事实上的国际标准和工业标准。TCP/IP 也是一个分层的网络的协议,不同的协议应用到不同的分层层次上。TCP/IP 从底至顶分为网络接口层、网际层、传输层、应用层 4 个层次,各功能如下。

1. 网络接口层

为 TCP/IP 的最低一层,相当于 OSI 参考模型中数据链路层和物理层。主要功能是接收网络层传过来的 IP 数据报,即其上一层发送过来的数据,通过网络向外发送或接收处理从网上来的物理帧。

2. 网络层

网络层也叫 IP 层,负责处理互联网中计算机之间的通信,向其上一层传输层提供统一的数据报。主要功能为:处理来自传输层的分组发送请求、处理接收的数据包、处理互联的路径。该层的协议主要有 IP(网际协议)、ICMP(控制报文协议)等。

3. 传输层

传输层提供端到端,即应用程序之间的通信,主要功能是数据格式化、数据确认和丢失重传等。该层的主要协议有传输控制协议(TCP)和用户数据报协议(User Datagram Protocol,UDP)。

4. 应用层

TCP/IP 的应用层相当于 OSI 模型的上 3 层,它包括所有的高层协议,并且总是不断有新的协议加入,应用层协议包括网络终端协议(TELNET),文件传输协议(FTP),电子邮件协议(SMTP)及域名服务(DNS)等。

自从 TCP/IP 协议在 20 世纪 70 年代诞生以来,经历了 30 多年的实践检验,成功赢得了大量的用户和投资。TCP/IP 协议的成功,促进了因特网的发展,因特网的发展又进一步扩大了 TCP/IP 协议的影响。TCP/IP 在学术界争取到了一大批用户,同时在计算机产业也受到了越来越多的青睐,像 IBM、DEC 等大公司纷纷宣布支持 TCP/IP 协议,数据库 Oracle 支持 TCP/IP 协议。相比之下,OSI 参考模型与协议显得有些势单力薄,OSI 迟迟没有成熟的市场产品推出,妨碍了第三方厂家开发相应的硬件和软件,从而影响了 OSI 产品的市场占有率和今后的发展。

OSI 参考模型由于要照顾各方面的因素,变得"大而全",效率很低,但它的很多研究结果、方法以及提出的概念，对今后的网络发展，还是具有很高的指导意义的。TCP/IP协议应用广泛，但参考模型的研究目前还很薄弱。

7.3.4 常用网络通信协议

目前，局域网中常用的通信协议主要有NetBEUI、IPX/SPX及其兼容协议和TCP/IP协议3类。

1. NetBEUI 协议

用户扩展接口(NetBIOS Extended User Interface，NetBEUI)协议是最初由IBM公司开发的非路由协议，它是专门为几台到几百余台PC所组成的单网段部门级小型局域网而设计的，不能单独使用它来构建由多个局域网组成的大型网络。若需要路由到其他局域网，则必须安装TCP/IP或IPX/SPX协议。

2. IPX/SPX 协议

IPX/SPX协议是网间数据包交换(Internet work Packet Exchange，IPX)与顺序交换(Sequences Packet Exchange，SPX)协议的组合，它是Novell公司为了适应网络的发展而开发的通信协议，有很强的适应性，安装方便，同时还具有路由功能，可以实现多网段间的通信。其中，IPX协议负责数据包的传送，SPX负责数据包传输的完整性。IPX/SPX协议一般可以应用在大型网络(如Novell)和局域网环境中。

3. TCP/IP 协议

TCP/IP是一个协议的集合，包括很多协议，如HTTP、FTP、Telnet等，其中最主要的协议是TCP(传输控制协议)和IP(网际协议)。TCP/IP最早出现在UNIX系统中，现在几乎所有的厂商和操作系统都开始支持它。同时，TCP/IP也是互联网的基础协议。TCP/IP为连接不同操作系统，不同硬件体系结构的互联网络提供了通信支持手段，其目的是使不同厂家生产的计算机能在各种网络环境下通信。TCP/IP是一种路由协议，它采用一种分级的命名规则，通过给每个网络节点配置一个IP地址、一个子网掩码、一个网关和一个主机名，使得它容易确定网络和子网段之间的关系，获得很好的网络适应性、可管理性和较高的网络带宽使用效率。

7.4 常用局域网的操作与应用

7.4.1 网线及其制作

网线在局域网中用来进行设备的连接通常是必不可少的，其中价格便宜，使用方便的双绞线(Twist-Pair)被作为局域网中网线的代名词，双绞线的分类较多，在局域网内使用最多的为3类或5类双绞线。双绞线的使用和制作通常会根据网线两端的连接设备差异而采用两种不同的标准来作为制作参考，这两种常用的标准通常被简称568A和568B

(或 T568A 和 T568B)，这两种标准双绞线的差异主要体现 4 对 8 根的双绞线在进行排列时的导线颜色线序不同，具体如下：

568A 标准：绿白-1，绿-2，橙白-3，蓝-4，蓝白-5，橙-6，棕白-7，棕-8

568B 标准：橙白-1，橙-2，绿白-3，蓝-4，蓝白-5，绿-6，棕白-7，棕-8

网线在制作时又分为直通线和交叉线两种。直通线适合计算机之间通过集线器、交换机之间连接时采用，即直通线的两端都按 568B 或 568A 线序标准连接；交叉线适合于两台计算机直接连接或者在集线器之间相互连接，即交叉线的一端按 568A 线序标准连接，另一端按 568B 线序标准连接。

两种标准的接法均是确保第 1 与第 3 根线为一对，第 2 与第 6 根线为一对，在 10BASE-T 标准的 10M 网络中仅用这两对线来发送和接收数据。

网线的制作和连接步骤可分为如下 6 步。

(1) 准备工具。5 类线、RJ-45 插头(俗称水晶头)、压线钳，以及网络测线仪。

(2) 剥线。用压线钳的刀口将线头剪齐，再将已经剪齐的线头放入压线钳的剥线刀口，然后适度握紧压线钳，同时慢慢旋转双绞线，让刀口划开双绞线的保护胶皮，取出线头剥下保护胶皮，如图 7.19 所示。

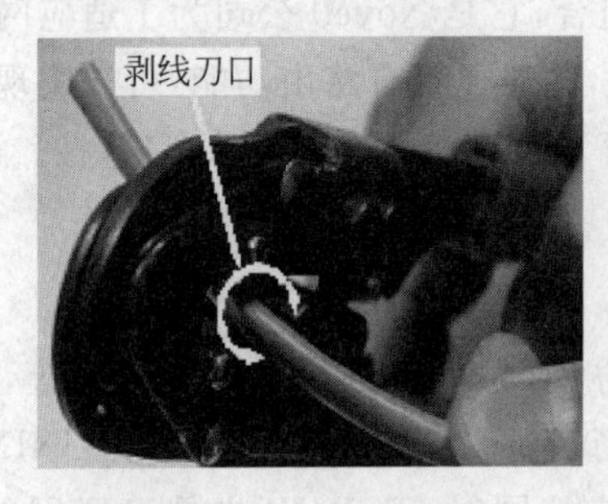

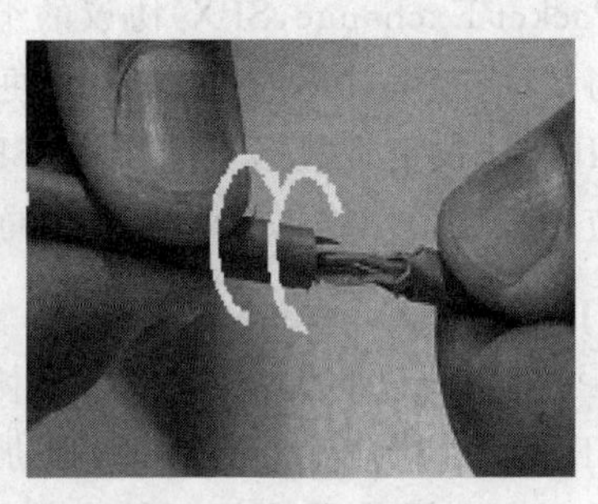

图 7.19　剥线示意图

(3) 理线。剥线露出的线头由 4 对 8 根导线两两绞合而成，若制作直通线，需按 568B 标准线序将线头平行排列，整理完毕后用压线钳刀口将前端修齐，前端保留 15～20mm 即可。若要制作交叉线，另一端则需要按照 568A 标准排序，如图 7.20 所示。

(4) 插线。制作好的网线需要通过水晶头才能连接到设备的接口上，先用压线钳将线头剪平，然后一手捏住水晶头，使有塑料弹片的一面向下，另一只手捏住双绞线的外面胶皮，缓缓用力将 8 根线同时沿 RJ-45 头内的 8 个线槽插入，一直插到线槽顶端，如图 7.21 所示。

(5) 压线。确认所有导线都碰到线槽顶端后，将水晶头放入压线钳夹槽中，用力捏几下压线钳，压紧线头即可。

(6) 测试。制作完成后，需要使用网络测线仪测试，看看连接是否正确。如果测试的是直通线，则测试仪两侧的绿灯会依次闪亮；若果测试的是交叉线，两侧的绿灯会 1 对 3，2 对 6 交叉闪亮。如果指示灯闪亮顺序不对，表示布线顺序有误；如果某个指示灯从未闪亮，则表示该线路接触不好，没有形成电流通过。

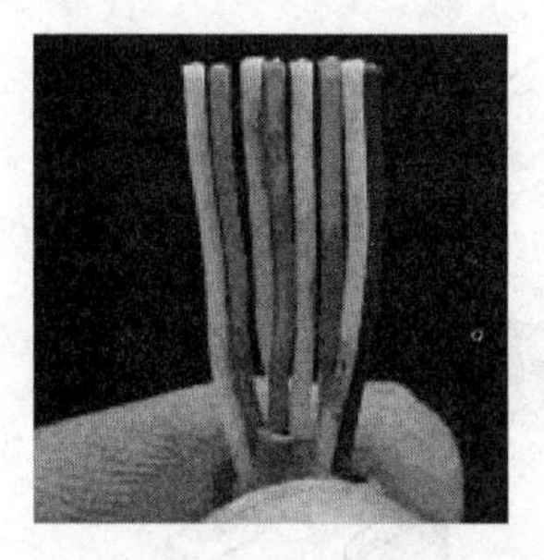

图 7.20 理线

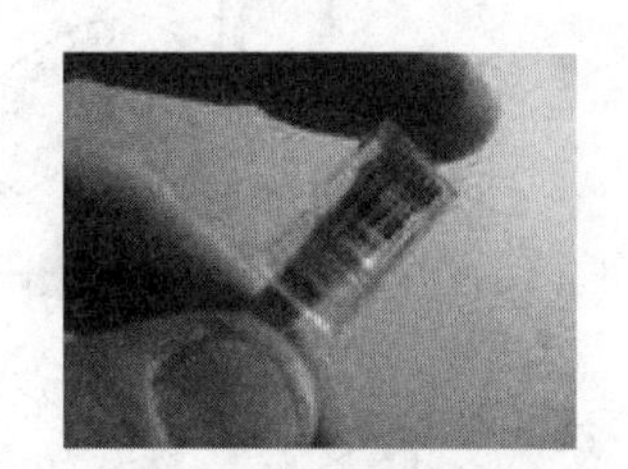

图 7.21 插线

7.4.2 组建简单局域网

对等网又称作点对点网络(Peer To Peer),这种局域网中的计算机彼此之间地位平等,没有服务器和客户机之分,如图 7.22 所示。对等网可由多台计算机构成,联网中的计算机数目一般不受限制。如果是两台计算机直接通过交叉线直接连接而不通过交换机的方式,如图 7.23 所示,则只需要将交叉线(不能是直通线)的两端分别插入网卡接口,然后再进行相关设置即可。在本节中,对等网的配置是指星型网络。

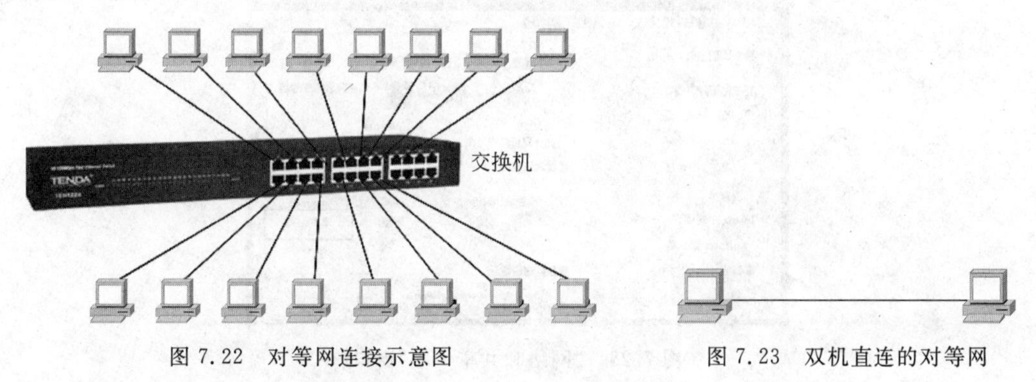

图 7.22 对等网连接示意图

图 7.23 双机直连的对等网

1. 进行网络规划与硬件准备

如果对等网中有超过两台以上的计算机,则必须要配置中心结点,即交换机,如果网络中的计算机几个不同的区域或计算机数据较多,则需要多个交换机,网络拓扑结构如图 7.24 所示。

网络规划好后,接下来要进行布线,然后制作双绞线两端的 RJ-45 接口。计算机到交换机(中心结点)使用直通线,交换机之间一般使用交叉线。如果交换机上有“Uplink”的端口,则交换机之间也可以使用直通线,即直通线的一端接交换机的“Uplink”口,另一端连接普通端口。

2. 为网络中每一台主机配置网络协议

网络中有相同协议的主机才能进行直接通信,例如配置了 IPX/SPX 协议或 NetBEUI 协议,配置有相同协议的计算机可访问其共享资源。

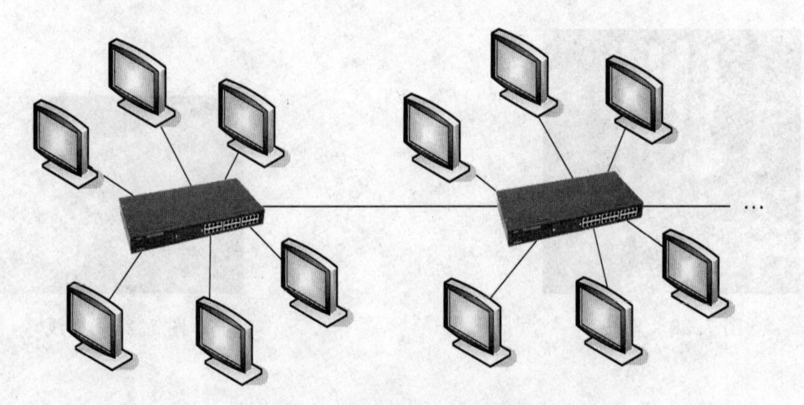

图 7.24　多中心节点的星型网

本节中,以配置 TCP/IP 协议来说明配置的方法与步骤,关于 TCP/IP 协议的具体知识在第 8 章中会有详细说明。

(1) 单击 Windows 控制面板中的"网络和共享中心"图标,在打开的"网络和共享中心"窗口中,如图 7.25 所示。

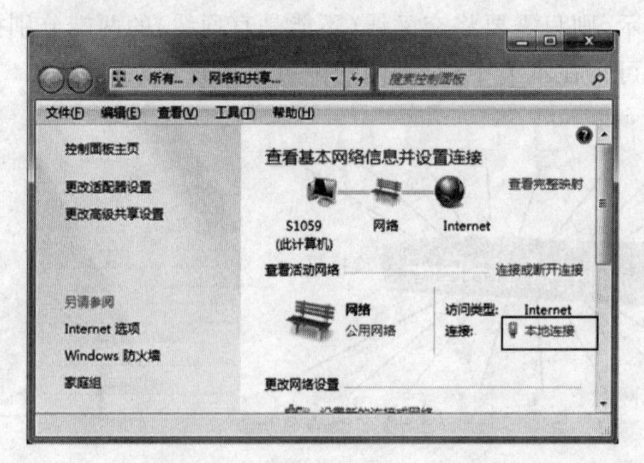

图 7.25　"网络和共享中心"窗口

(2) 在"网络和共享中心窗口"中单击某个网络连接,如"本地连接",弹出"本地连接状态"对话框,如图 7.26 所示。

(3) 单击"属性"按钮,弹出"本地连接 属性"对话框,如图 7.27 所示。

(4) 设置 TCP/IP 协议。在本例中以配置 IPv4 协议为例进行说明。在如图 7.27 所示的本地连接属性对话框中,双击"Internet 协议版本 4(TCP/IPv4)",弹出 TCP/IPv4 属性对话框。在该对话框中,输入相应的 IP 地址、子网掩码、默认网关与 DNS,或使用动态 IP 地址,如图 7.28 所示。在一个局域网中,每台主机的 IP 地址是不一样的,子网掩码与默认网关是相同的,关于 IP 地址、子网掩码与网关的知识在第 8 章中会有详细介绍。

(5) 单击"确定"按钮完成设置,为了验证网络,可在 Windows 命令行提示符窗口中输入命令"ping IP 地址",如"ping 192.168.1.233",若接收到连接响应,本主机与对应的 IP 地址主机是连通的,可以进行通信。

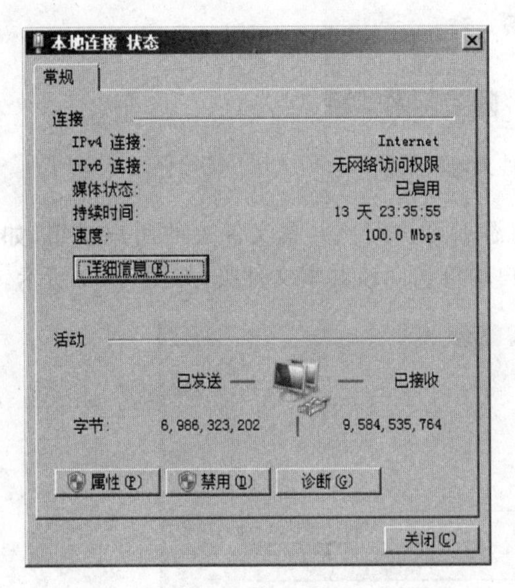

图 7.26 “本地连接 状态”对话框

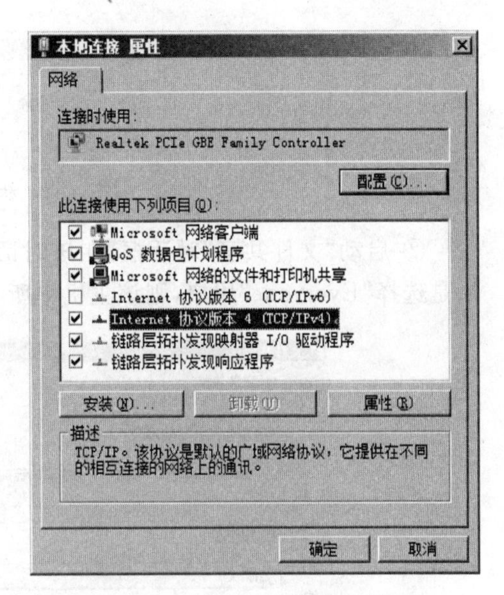

图 7.27 “本地连接 属性”对话框

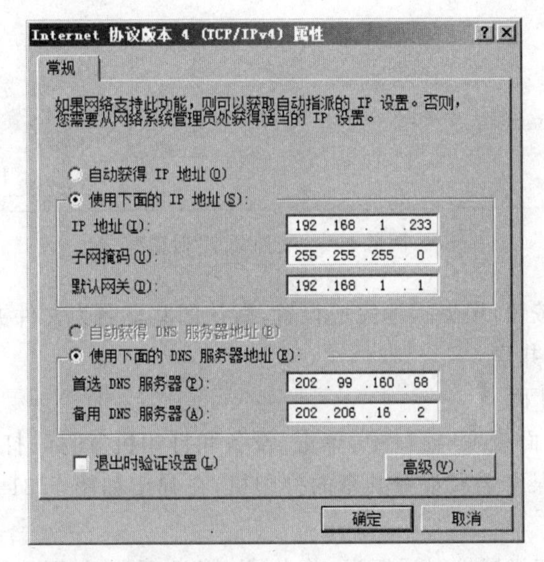

图 7.28 Internet 协议版本 4(TCP/IPv4)属性

3. 设置共享资源

如果要使用网络中其他主机能访问本机的相关资源，如文件夹、打印机等，必须要将相关的资源设置成共享。

(1) 设置文件夹共享。

具体操作步骤如下。

① 右击某个要设置共享的文件夹，在弹出的快捷菜单中执行“共享|特定用户”命令，如图 7.29 所示。

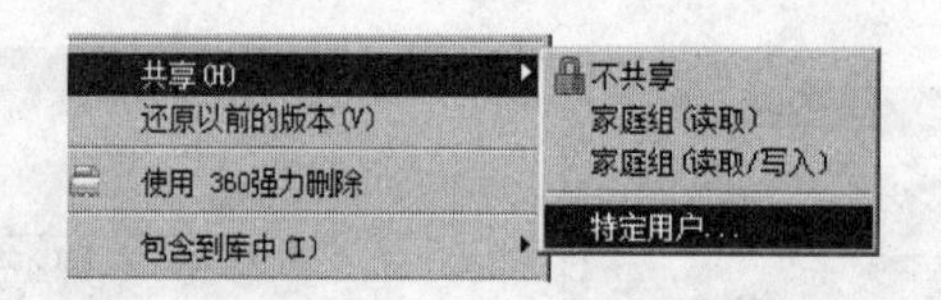

图 7.29　共享文件夹级联菜单

② 启动“文件共享”对话框，在该对话框中添加可访问该共享文件夹的用户或组，如果是选择“Everyone”用户，则该主机中所有用户均可访问该共享文件夹，如图 7.30 所示。

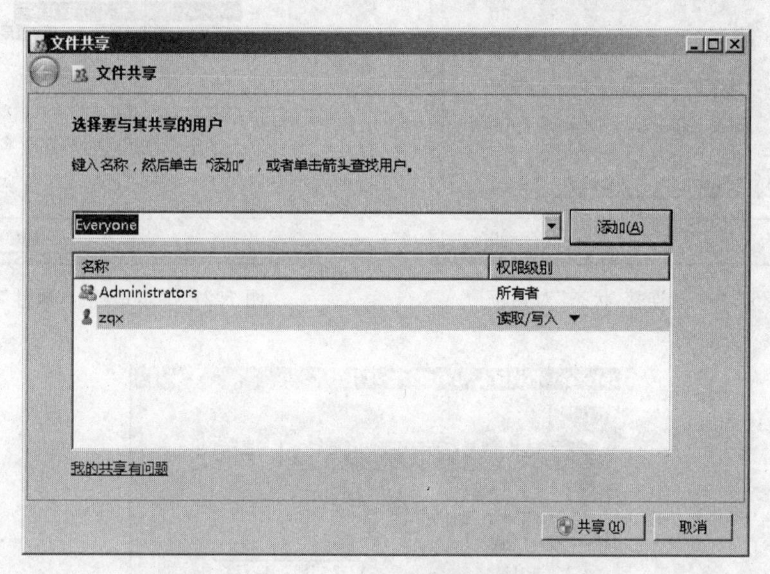

图 7.30　“文件共享”对话框

③ 单击“共享”按钮，根据提示完成设置，默认的共享名为文件夹名。

(2) 设置打印机共享。

具体操作步骤如下。

① 在“所有控件面板项”窗口中，单击“设备和打印机”图标，打开“设备和打印机”窗口，在该窗口中右击某个需要设置共享的打印机，在弹出如图 7.31 所示的快捷菜单中执行“打印机属性”命令。

② 在启动的打印机属性对话框中，单击“共享”选项卡，如图 7.32 所示，选中“共享这台打印机”复选框，输入一个共享名，单击“确定”按钮完成设置。

4. 访问共享资源

在局域网中的任一台计算机可以根据许可的权限访问网络中的共享资源，这些共享资源一般包括文件夹和打印机。

访问共享文件夹。

如果局域网使用的是 TCP/IP 协议，则只须在 Windows 的资源管理器窗口的地址栏中输入网络共享路径，然后按回车键则可显示某台主机的共享资源，打开共享文件夹与打开本地文件夹的方式是一样的。

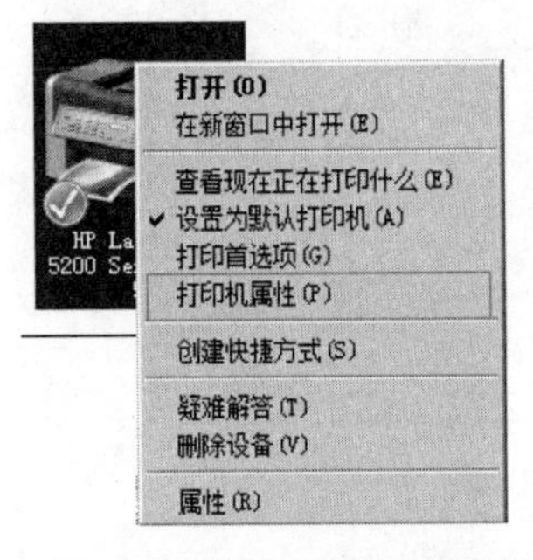

图 7.31　设置打印机属性快捷菜单

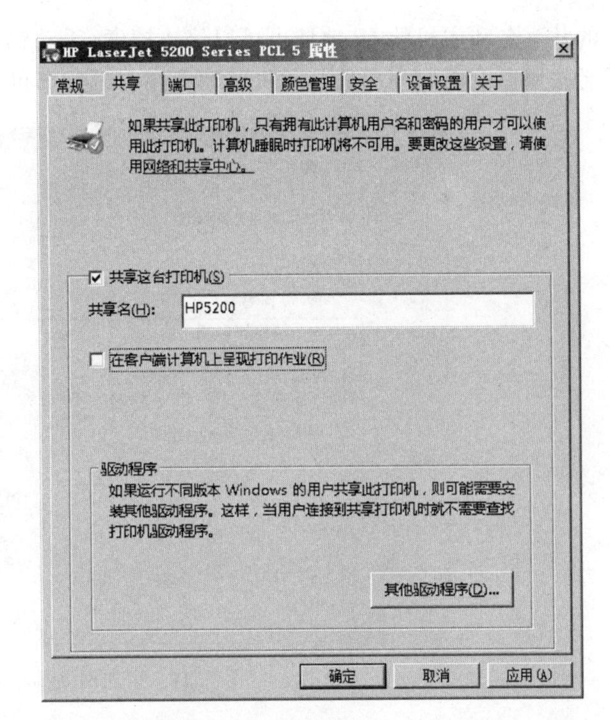

图 7.32　打印机属性对话框

网络共享路径的表示方式为：\\IP 地址\共享名\文件夹名。

例如，在 Windows 资源管理器中输入"\\192.168.1.233"，回车后则可显示该主机的共享资源，如图 7.33 所示。

图 7.33　在资源管理器中访问局域网中共享资源

5. 使用共享打印机

局域网中的计算机可以使用设置了共享的打印机，使用方法是安装一台"共享打印机"，安装完成相关打印机的驱动程序后，就可以像使用本地打印机一样使用共享打印机来打印文件。

在"所有控件面板项"窗口中，单击"设备和打印机"图标，打开"设备和打印机"窗口。然后单击"添加打印机"按钮，在弹出的"添加打印机"对话框中，单击"添加网络、无线或 Bluetooth 打印机"按钮，系统会自动搜索网络中可用的共享打印机，如果知道共享打印机的共享名和主机的 IP 地址也可以停止搜索，手动输入共享打印机名，如图 7.34 所示，然后按照提示安装相应的打印机驱动程序和设置即可完成共享打印机的添加。

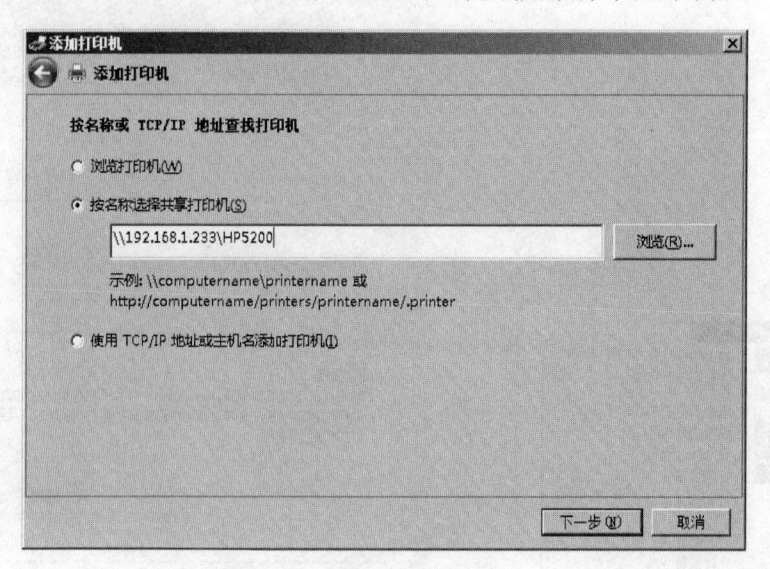

图 7.34　添加网络共享打印机

7.4.3　组建家庭局域网

通常对于家庭用户来说，一般都会通过 ADSL、光纤或以双绞线等方式接入了互联网，但随着计算机的普及和产品的更新换代，很多家庭拥有了不止一台计算机及手持设备，计算机数量的增加带来了新的问题，如何能让家中的所有机器可以使用同一账号共享上网，并实现计算机之间资源的共享，成为很多家庭亟待解决的问题。本节将介绍采用宽带路由器组建家庭宽带共享局域网，这是一种较为方便、快捷的方法，利用此方法也可在学校宿舍组建类似的局域网。

组建家庭局域网只须在原有 ADSL 上网的基础上，添加一台宽带路由器，家用宽带路由器一般配备 4 个 LAN 接口和 1 个 WAN 接口，LAN 接口用来连接局域网中的计算机如台式机或笔记本，WAN 接口用来连接宽带 Modem，连接方式示意图如图 7.35 所示。

本节主要针对目前家庭中普遍拥有笔记本、台式机和手机等手持设备，如何让家庭中的计算机等共享上网进行说明。

利用宽带路由器来实现家中设备共享上网非常方便，只须将相应设备连接带无线接入点和交换机功能的家用路由器，完成设置路由器上网即可。

1. 带有线网卡主机共享上 Internet 设置方法

具体设置步骤如下。

(1) 分别将连入路由器的笔记本及台式机 IP 地址设置成自动获得 IP 地址，域名服务器的具体设置可咨询网络服务商或设置成自动获得，如图 7.36 所示。

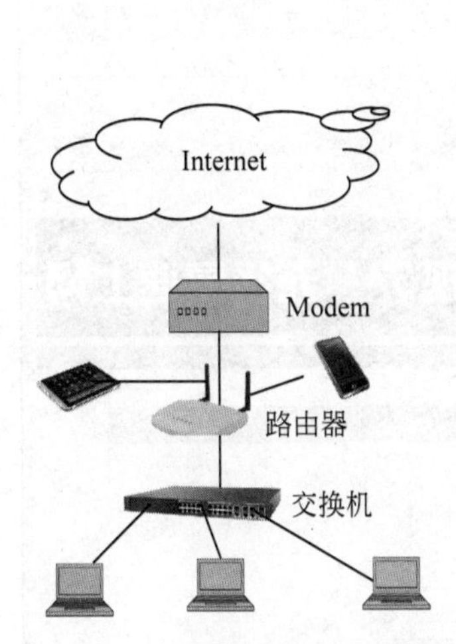

图 7.35 路由器连接方式示意图

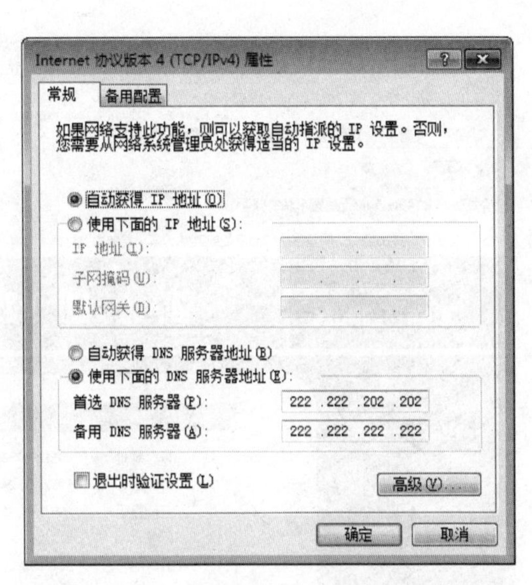

图 7.36 上网机器 IP 地址及域名设置

(2) 接下来登录路由器的 Web 管理界面，打开 IE 浏览器，在地址栏输入路由器的 IP 地址 192.168.1.1(不同品牌和型号的宽带路由器的设置界面及功能基本大同小异，本例采用的路由器型号为 TL－WR340G＋54M 无线宽带路由器)，输入完毕后，弹出“Windows 安全”对话框，如图 7.37 所示。

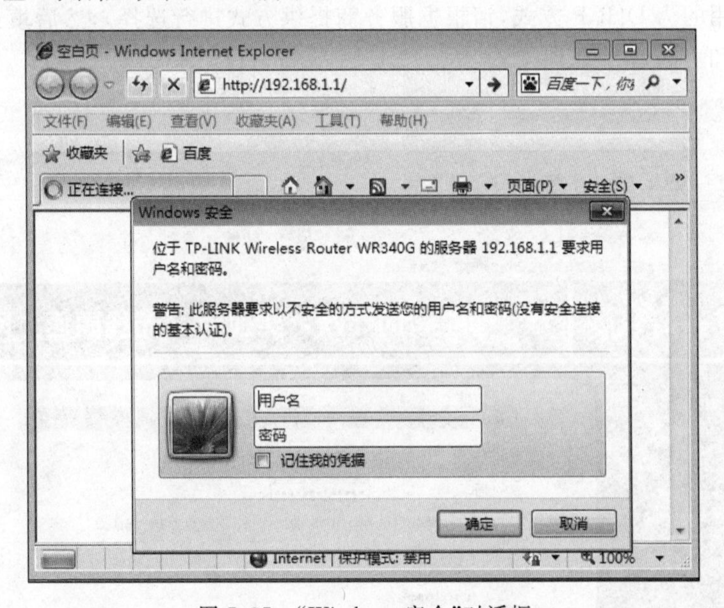

图 7.37 “Windows 安全”对话框

(3) 验证用户名和密码。本例中默认用户名为和密码均为“admin”(具体设置请对照路由器说明书)，输入用户名和密码后单击“确定”按钮弹出如图 7.38 所示的设置界面。

(4) 可利用设置向导完成上网设置，也可在此处单击网络参数，在网络参数中选择

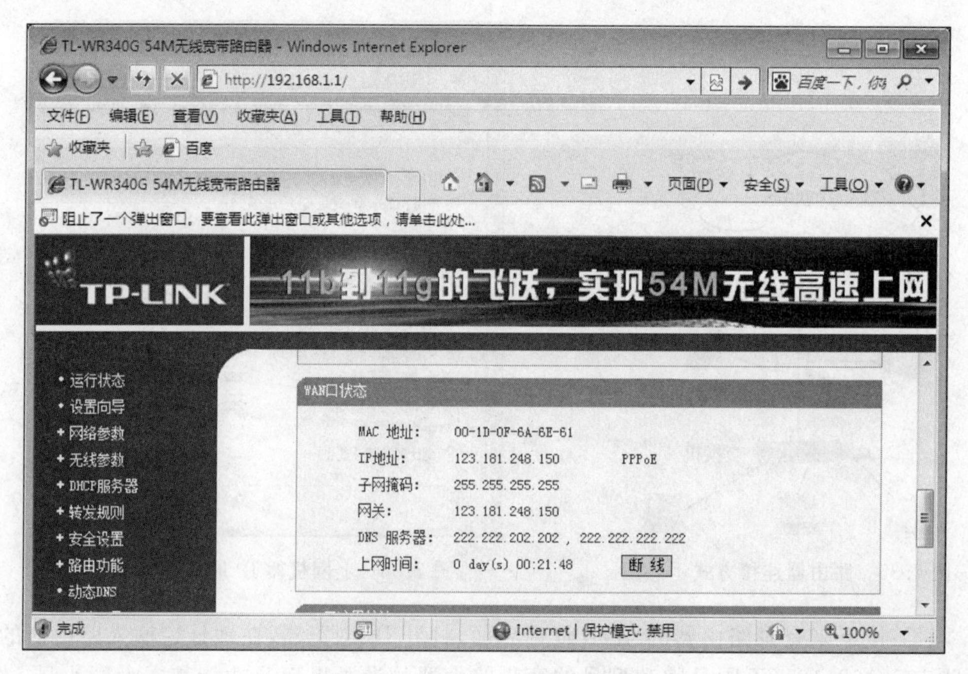

图 7.38 “Windows 安全”对话框

WAN 设置，如图 7.39 所示，在下拉列表框中选择 WAN 口连接类型为 PPPoE(有些互联网提供网采用的为 DHCP 方式，请根据服务商提供方式进行选择)，然后填入服务商提供的上网账号和上网口令。

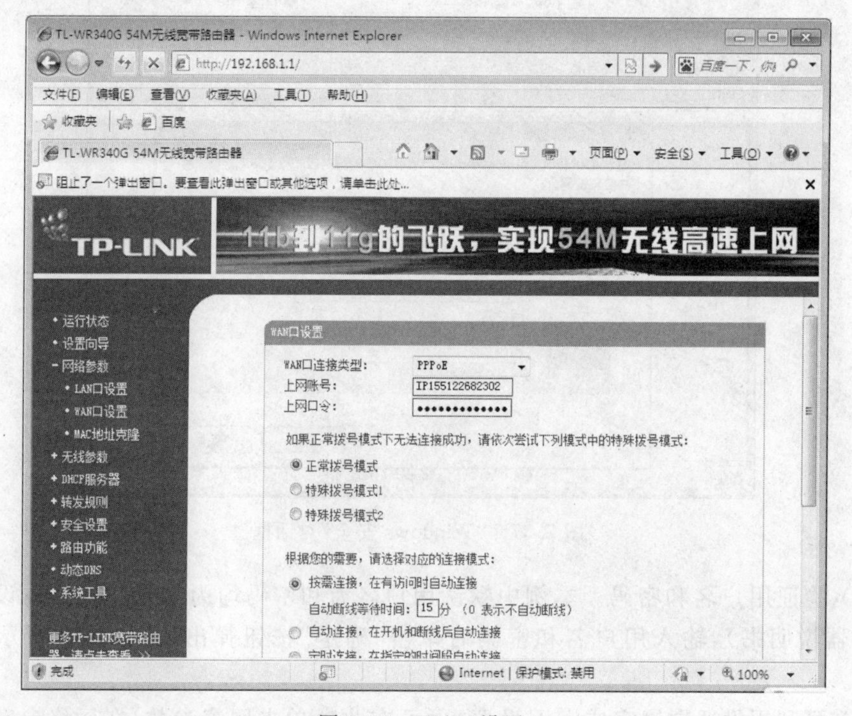

图 7.39 WAN 设置

(5) 测试互联网连接，在路由器管理界面中的运行状态查看 WAN 口状态，如果路由器 WAN 口已成功获得的相应的 IP 地址，DNS 服务器等信息，说明路由器的连网已成功完成了，如图 7.40 所示。

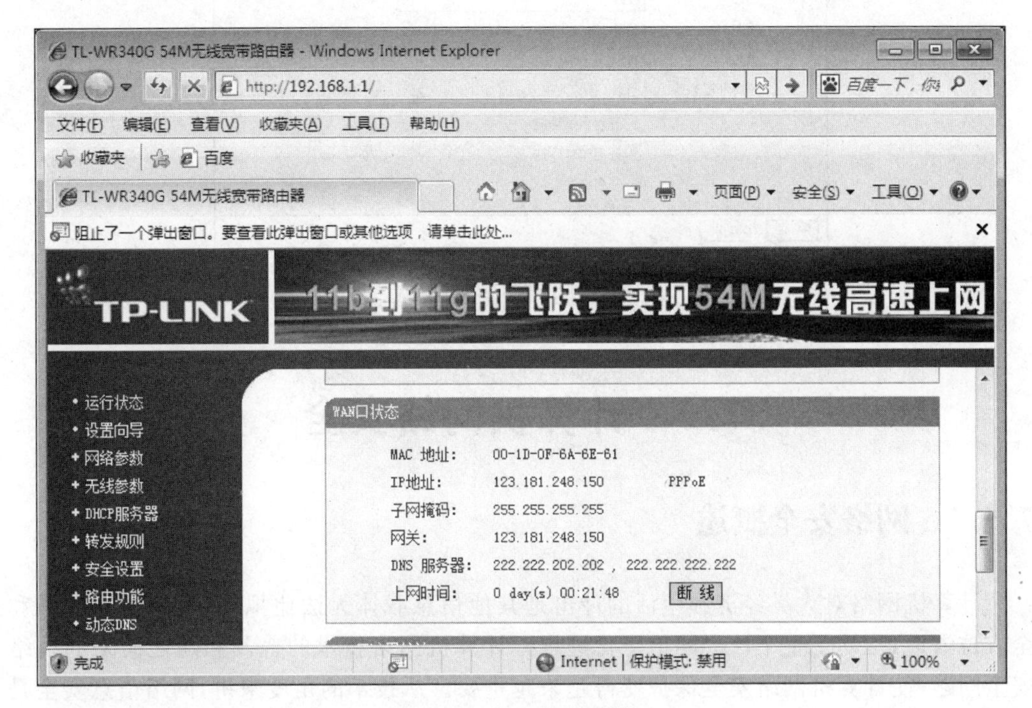

图 7.40 路由器联网测试

通过以上步骤的设置，家庭中的用户便可轻松实现通过路由器实现台式计算机和笔记本共享上网的愿望了。

2. 带无线网卡的主机及手持设备共享连接 Internet 设置方法

用带无线网卡的手持设备(如笔记本电脑、智能手机、平板电脑等)上网变得非常普遍。用手持设备通过一个局域，如家庭，共享连接 Internet，只需要有一台无线接入点即可，即星型网络结构中的中心结构支持无线连接。通常情况下，家庭使用的无线路由器即带有无线接入点的功能，在如图 7.35 所示的家庭网络结构示意图中，台式机可通过交换机或路由器中的网络接口连接 Internet，手持设备通过无线路由器(带无线接入点功能)连接 Internet。

如果用的是家用无线路由器，可通过浏览器登录路由器的 Web 管理界面，进入“无线设置”窗口进行相关设置，如开启与关闭无线功能，本例中的无线设置窗口如图 7.41 所示。

要实现家庭中各主机共享资源，可参考 7.4.3 节中的内容。

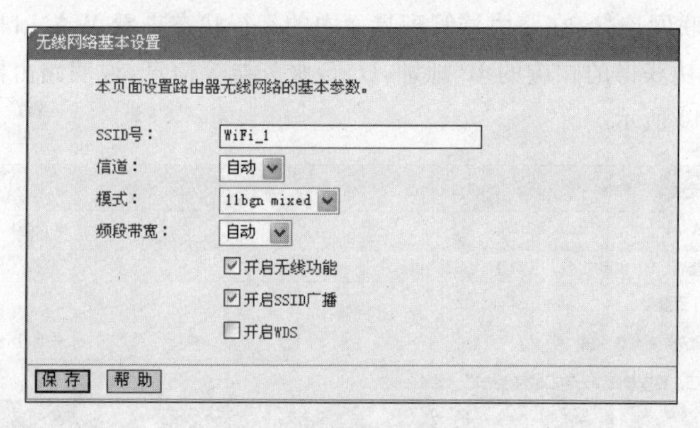

图 7.41　设置无线网络

7.5　计算机网络安全

7.5.1　网络安全概述

计算机网络对人类经济和生活的冲击是其他信息载体无法比拟的，它的高速发展和全方位渗透，推动了整个社会的信息化进程。计算机网络技术的普及和随之而来的网络安全问题，使计算机网络安全保护变得越来越重要。从技术的角度来讲，网络信息安全是一个涉及计算机科学、网络技术、通信技术、密码学、信息安全技术、应用数学、数论和信息论等多种学科的边缘性综合学科。通俗的说，网络信息安全是指保护网络信息系统使其不受威胁、攻击，也就是要保证信息的存储安全和传输安全。从网络信息安全指标来说，是对网络信息的可靠性、可用性、完整性和保密性的保护。

1. 计算机网络面临的威胁

计算机系统及通信线路的脆弱性致使计算机网络的安全受到潜在的威胁。这主要表现在计算机系统硬件和通信线路易受自然灾害和人为的破坏和软件资源的数据信息易受到非法的复制、篡改和毁坏两个方面。另外，系统的软硬件自然失效等因素均影响了网络系统的正常工作。详细来说，计算机网络面临的威胁主要有以下几个方面。

(1) 授权访问。非法攻击者未经授权，通过窃取口令、屏蔽口令验证等手段，非法入网使用资源和窃取数据信息。

(2) 信息泄露或丢失。非法攻击者利用各种手段截获计算机、外部设备在信息传输时产生的辐射电磁符号，达到窃取信息的目的。

(3) 破坏数据完整性。非法攻击者进行主动攻击，对正在交换的数据进行修改或插入，使数据延时以及丢失等。

(4) 拒绝服务攻击。最基本的 DoS 攻击(Denial of Service)就是非法攻击者利用合理的服务请求来占用过多的服务资源，致使服务超载，无法响应其他的请求。这些服务资源包括网络带宽，文件系统空间容量，开放的进程或者向内的连接等。

(5) 利用网络传播病毒。病毒在网络中传播，将会给计算机网络带来重大的破坏。轻者影响系统的处理能力，重者导致系统的彻底瘫痪。

2. 网络安全技术分类

面对网络中的各种威胁，网络安全技术分为主动防范技术和被动防范技术两类。

(1) 主动防范技术包括加密技术、验证技术、权限设置等。

(2) 被动防范技术包括防火墙技术和防病毒技术等。

3. 网络安全策略

采用何种方法和何种技术来面对网络威胁，属于安全策略的范畴。安全策略是网络信息系统安全性的完整解决方案，不同的网络信息系统需要不同的安全策略。目前采较多的安全策略有如下防范方案。

(1) 采用防火墙技术。

(2) 加强主机安全。

(3) 安装防病毒软件。

(4) VPN 技术的使用。

(5) 安装入侵检测系统。

(6) 采用加密和认证技术。

(7) 安装备份恢复与审计报警系统。

(8) 制定详细的安全策略和技术人员操作、管理制度。

7.5.2 防火墙技术

1. 防火墙的概念

在网络中，防火墙(Firewall)是设置在可信任的内部网和不可信任的外部网络(即公众网络)之间的一道屏障，以防止不可预测的、潜在破坏性的侵入。它可以通过检测、限制、更改跨越防火墙的数据流，尽可能地对外部屏蔽内联网络的信息、结构和运行状况，实质上是一种隔离技术，如图 7.42 所示。

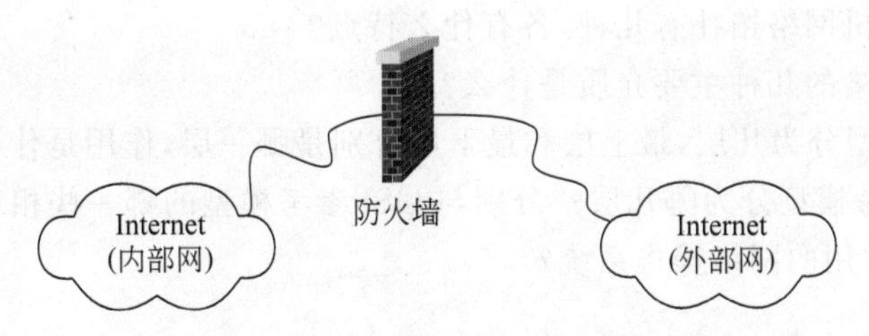

图 7.42 防火墙隔离内部网络和外部网络

2. 防火墙的功能

不同的防火墙侧重点不同，实际上，一个防火墙体现了一种网络安全策略，即决定哪类信息可通过，哪类信息不能通过。防火墙通常可具有以下功能。

(1) 限制非法用户进入内部网络。防火墙能将所有安全软件(如口令、加密、身份认证等)配置在防火墙上,形成以防火墙为中心的安全方案。

(2) 为监控 Internet 安全提供方便。防火墙可监测、控制通过它的数据流向和数据流。如此可以提供对系统的访问控制,例如,哪些主机可以访问,哪些服务可以使用等。

(3) 提供使用和流量的日志和审计。防火墙系统能够对所有的访问做出日志记录,日志是对一些可能的攻击进行分析和防范的十分重要的情报。防火墙系统也能够对正常的网络使用情况做出统计。通过对统计结果的分析,可以使得网络资源得到更好的使用。

(4) 对外屏蔽内部网的信息、结构和运行状况。通过封锁这些信息,可以防止攻击者从中获得另一些有用信息,如 IP 地址等可能泄露的信息。

3. 防火墙类型

如果从防火墙的软、硬件形式来分,防火墙可以分为软件防火墙、硬件防火墙和芯片级防火墙。从防火墙结构上分,防火墙主要有单一主机防火墙、路由器集成式防火墙和分布式防火墙三种。

防火墙按照防护原理,可分为包过滤、应用代理、规则检查等类型,市场上较为流行的防火墙大多属于规则检查防火墙,因为防火墙对用户透明,在 OSI 最高层上加密数据,不需要修改客户端的程序,也不用对每个需要在防火墙运行的服务额外增加一个代理。

未来的防火墙将位于网络级防火墙和应用级防火墙之间。网络级防火墙将能更好地识别通过的信息,而应用级防火墙在目前的功能上则向“透明”、“底层”方向发展。

习　题

7.1　计算机网络的主要功能为哪几种?

7.2　计算机网络可从哪几个方面进行分类?

7.3　局域网、城域网与广域网的主要特征是什么?

7.4　什么是计算机网络协议?为什么需要网络协议?

7.5　通信子网与资源子网各有哪些功能?

7.6　常见的计算机网络拓扑有几种,各有什么特点?

7.7　用来连接网络的几种主要介质是什么?

7.8　OSI 参考模型分为几层,最上层和最下层分别是哪一层,作用是什么?

7.9　TCP/IP 参考模型分为哪几层?分别与 OSI 参考模型的哪一些相对应?

7.10　列举几种常用的网络操作系统?

第8章 Internet的使用

本章知识点

- IP地址和DNS服务
- 使用浏览器访问 Internet
- WWW、FTP、E-mail服务

随着Internet商业化的成功，使它在通信、资料检索、客户服务等方面，发挥了巨大的潜力。Internet是目前世界上规模最大、用户最多、影响最广的计算机网络。它可通达上百个国家和地区，大约连接着上万个网络、数百万台计算机主机，有上千万个用户，而且每天有数千台计算机加入其中。越来越多的人开始使用网络收发邮件、传送文件、查询资料、学习知识和放松娱乐等，Internet正以其日益丰富的功能成为人们生活、工作不可或缺的一部分。

8.1 Internet基础

8.1.1 Internet概述

1. Internet的起源与发展

为全球网民所熟知和喜爱的Internet诞生于20世纪60年代的美国，出于国防军事的需要，美国军方与加利福尼亚大学洛杉矶分校(UCLA)、斯坦福研究所(SRI)、加利福尼亚大学圣巴巴拉分校(UCSB)、犹他大学(犹他州)这四所大学联手研究，在1969年，第一个互联网——由美国高级研究计划局(ARPA)资助的ARPANET正式连通。到20世纪80年代初，ARPANET的规模仍不太大，正式注册的主机也只有几百台。80年代中后期，美国国家科学基金会NSF(National Science Foundation)在全美范围内建立了NSF主干网络，并在其后接管了ARPANET，以满足大学、科研机构和政府机关对共享信息的要求。这个网络(NSFNET)也是目前全球范围内的Internet主干网络。

美国Internet的主要支撑网有：ARPANET、NSFNET、MILNET和BITNET。

(1) ARPANET。是由美国国防部高级研究计划局计划、研制和筹建的计算机网络。该网的设计目标是为联网主机之间提供正确和高效的通信，并实现硬件、软件和数据资源共享。ARPANET是由通信子网和资源子网两部分组成的两级结构的计算机网络。它是Internet的原始骨干网络。

(2) NSFNET。是由美国国家科学基金会高级科学计算机办公室开发的一个广域网。NSFNET是作为美国国防部专用网ARPANET的民用替代品而开发的,出于安全原因,ARPANET不对公众开放。

(3) MILNET(Military Network,军用网络)。是美国国防部为了向军用系统提供可靠的网络服务,于1984年将ARPANET中部分军用计算机系统独立划分出来组成网络。

(4) BITNET。是由一个非营利性教育组织EDUCOM开发组成的,用于学校通信的广域网。它提供的服务包括电子邮件和文件传送。BITNET为不在一地又密切合作的学者提供了极大的便利,共连接了美国、加拿大和欧洲的1000多所大学和学院。它由美国CERN(Corporation for Research and Education Net-working)管理。

此后,许多民间企业也相继加入建设Internet的行列,Internet网通过网络与网络的相互连接,真正起到了"网络的网络"的作用。

2. Internet在中国的发展

从20世纪90年代初,Internet进入了全盛的发展时期,发展最快的是欧美地区,其次是亚太地区,中国起步较晚,但发展迅速。Internet在中国的发展大致可以分为两个阶段:

第一个阶段是1987—1993年,中国的一些科研部门通过与Internet连网,与国外的科技团体进行学术交流和科技合作,主要从事电子邮件的收发业务。

第二阶段是1994年以后,以中科院、北京大学和清华大学为核心的"中国国家计算机网络设施(The National Computing and Networking Facility of China,NCFC)"通过TCP/IP协议与Internet全面连通,从而获得了Internet的全功能服务。NCFC的网络中心的域名服务器作为中国最高层的网络域名服务器,是中国网络发展史上的一个里程碑。

目前,国内的Internet主要由9大骨干互联网络组成,其中中国教育和科研计算机网(Cernet)、中国科技网(Cstnet)、中国公用计算机互联网(Chinanet)和中国金桥信息网(Chinagbn)是典型的代表。

3. 下一代Internet

由于WWW技术的发明及推广应用,Internet面向商业用户和普通公众开放,用户数量开始以几何级数增长,各种网上的服务不断增加,接入Internet的国家也越来越多,再加上Internet先天不足,比如,宽带过窄、对信息的管理不足,造成信息的严重阻塞。为了解决这一难题,1996年10月,美国34所大学提出了建设下一代因特网(Next Generation Internet,NGI)的计划,表明要进行第二代因特网(Internet 2)的研制。研究的重点是网络扩展设计、端到端的服务质量(QoS)和安全性三个方面。第二代因特网又是一次以教育科研为向导,瞄准Internet的高级应用,是Internet更高层次的发展阶段。第二代因特网的建成,将使多媒体信息可以实现真正的实时交换,同时还可以实现网上虚拟现实和实时视频会议等。

8.1.2 Internet 的服务

1. Web 浏览

WWW 是 World Wide Web 的缩写，又称为 W3、3W 或 Web，中文译为全球信息网或万维网。WWW 是融合信息检索超文本（Hypertext）向用户提供全方位的多媒体信息，从而为全世界的 Internet 用户提供了一种获取信息、共享资源的革命性的全新途径。

提示：Web 常常被媒体描述成 Internet，许多人也把 Web 当作 Internet，但实际上并不是这样的，Web 只是 Internet 的一个部分，是众多基于 Internet 服务的一种，Web 最受关注的原因是它是 Internet 中发展最快，最容易使用的部分。

2. 电子邮件的收发

电子邮件（E-mail）是大多数人上网时优先使用的服务，通过 E-mail，可以使世界上任何一台连接 Internet 的计算机与世界的另一端进行通信，发送的电子邮件可以在几秒到几分钟内送往分布在世界各地的邮件服务器中，那些拥有电子信箱的收件人可以随时取阅。

3. FTP（文件传输协议）

FTP（File Transfer Protocol）是 WWW 出现以前 Internet 中使用最广泛的服务，到目前为止，仍然是 Internet 上最常用也是最重要的服务之一。FTP 的主要作用就是让用户连接上一个远程计算机，查看远程计算机有哪些文件，然后把远程计算机上的文件下载到本地计算机，或把本地计算机的文件上传到远程计算机。

4. 远程登录（Telnet）

Telnet 是人们能与 Internet 网上其他计算机相连的工具。使用 Telnet 就好像在用户的个人计算机中使用一个终端程序一样，用户可以利用 Telnet 和一台远程计算机连接起来，就像是坐在自己的计算机前，操作自己的计算机一样来使用其它计算机的资源。

5. 网络新闻组（USENET）

USENET 网络论坛或电子新闻，是针对有关的专题讲座而设计的，是共享信息、交换意见和知识的地方。用户计算机只要具有“新闻阅读器”程序（如 Outlook Express 中的新闻组），用户订阅的所有新闻组的文章信息会源源不断地显示在用户的面前，包括文章的作者、主题、第一页及更多的信息。用户也可以发送信息，传送给下游的主机，这些信息和文章就是新闻。

6. 信息查询服务

对于分布在 Internet 上的海量的信息，要找到用户感兴趣的部分，可使用的手段有 Archie、Gopher 和 WAIS，不过目前这些手段都逐渐被 Web 的搜索方式所代替。很多大的网站都有搜索引擎帮助信息查询，如目前比较有名的 www.google.com 和 www.baidu.com。

7. 娱乐和会话服务

通过 Internet 不仅可以同世界各地的 Internet 用户进行实时通话，通过一些专门的设备,甚至可以传递视频和声音,如目前广泛使用的 QQ、MSN 等。此外,还可以参与各种游戏和娱乐,如网上棋牌大战,通过网络在线看影片。

除了上述服务外,还有一系列其他服务,例如社交网、远程医疗等。

8.1.3 Internet 的接入方式

计算机接入 Internet 才能充分发挥作用,共享网络中的资源。根据用户对传输率即带宽、使用方式和价格的不同需求,可以对接入方式有不同的分类。

按接入介质分类可分为电话线、同轴电缆、双绞线、光纤、无线接入等方式。现在的小区一般都有双绞线或者光纤到户,有的城市也可以使用有线电视线(同轴电缆)接入 Internet。

按接入网的带宽可以分为窄带和宽带。传统的接入网是窄带的,如电话网、ISDN 等。随着语音、视频、数据传输三网合一要求的日渐普遍,窄带将很快退出历史舞台。

接入 Internet 的介质是基本条件,一般还需要向因特网提供商(Internet Service Provider,ISP)获账号。ISP 就是向用户提供连接到因特网服务的机构。

目前,普通用户可接入 Internet 的方式主要有电话线拨号上网、ISDN 方式接入、ADSL 方式接入及通过局域网接入。目前使用较为广泛的 ADSL 和局域网接入方法。

1. 电话拨号上网

电话拨号上网是借助公众电话网(PSTN)建立与某一 ISP 主机的连接,通过该主机连接到 Internet,如图 8.1 所示。使用电话拨号上网需要配备调制解调器,计算机通过调制解调器连接电话线。它的特点是用户所需的设备比较简单,但上网速度比较慢,最高传输速率为 56.6Kbps。以这种方式入网,入网主机不具有固定的 IP 地址,在其每次拨号联网时,被动态地分配一个 IP 地址。

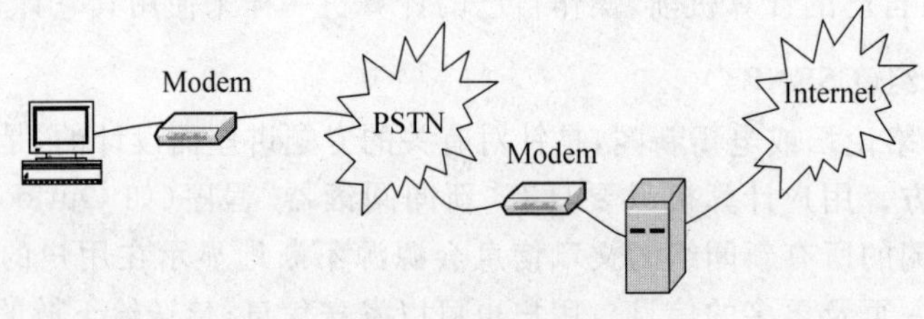

图 8.1 拨号上网

目前,一些 ISP 为用户提供了一种开放的拨号上网方式,用户使用的一个公用的用户名和密码,不需要办理任何手续就可拨号上网了,上网费用在联网所用的电话费中结算。

2. ISDN 的方式接入

综合业务数字网(Integrated Service Digital Network,ISDN)是在现有市话网基础上构造而成的,能为用户提供包括话音、数字、图像和传真等各类综合业务,而且可实现一线联多机、3 机共线(如电话、传真、上网同时使用),即一对电话线上可连接不同的终端(最多 8 个),各终端可同时通信(最多 3 个),如图 8.2 所示。

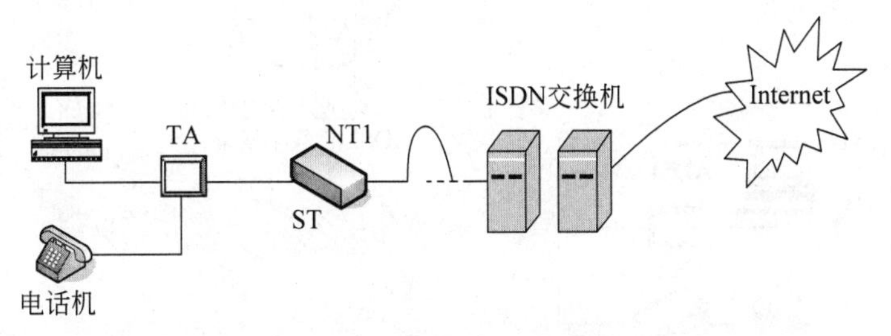

图 8.2　ISDN 接入方式

ISDN 比传统的拨号上网速度快，同时能够实现拨打电话和上网两不误。ISDN 技术的特点是。

(1) 速度快，最多可达到 128kb/s。

(2) 安全可靠，抗干扰，且有效减少噪音和串音。

(3) 业务综合能力强，可提供多种综合业务。

3. ADSL 方式接入

非对称数字用户线路(Asymmetrical Digital Subscriber Line，ADSL)是一种能通过普通电话线提供宽带数据业务的技术。

ADSL 充分利用了电话线路中为用于语音呼叫的带宽部分。实质上它把 1MHz 的带宽分成了 3 个信息通道：1 个高速下行通道，用于用户下载信息；1 个中速双工(上行/下行)通道，用于用户上传信息；1 个常规的语音通道，用于电话服务。这 3 个通道可以同时工作。下行是指数据从电话网传到用户端，上行则是数据从用户端发送到电话网。

(1) ADSL 具有如下特点。

- 具有很高的传输速率，理论上，ADSL 的传输速率上行最高可到 640kb/s，下行最高可达 8Mb/s，这点很充分的体现了非对称方式带宽的优势。
- 独享带宽安全可靠，与某些网络的共享带宽相比，ADSL 直接连接到电信宽带网的机房，用户独享带宽，信息传递快速安全可靠。
- 上网打电话互不干扰：ADSL 数据信号和电话音频信号以频分复用远离调制于各频段互不干扰。另外，由于数据传输不通过电话交换机，因此使用 ADSL 上网不需要缴纳拨号上网的电话费用，节省了通信费用。

(2) ADSL 的接入方式

ADSL 的安装快捷方便，在现有电话线上安装 ADSL，只须在用户端安装一台 ADSL Modem 和一只电话分离器，用户线路不用任何改动，极其方便，如图 8.3 所示。

ADSL 的接入方式通常有虚拟拨号接入和专线接入两种。虚拟拨号接入需要用户输入用户名和密码进行身份认证，认证通过后，才能接入网络，获得的是一个动态 IP 地址。专线接入要求用户在计算机上设置好 ISP 提供的 IP 地址等相关参数，开机就可以使用这个连接。

4. 局域网接入

局域网接入是指用户的计算机直接连在局域网上，通过局域网中 Internet 的服务器

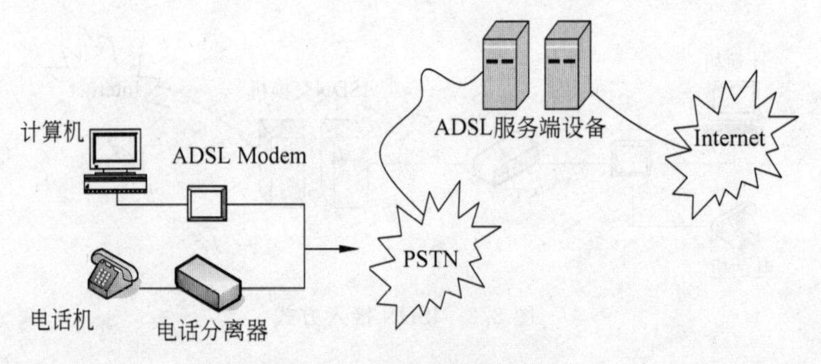

图 8.3　ADSL 接入方式

代理访问 Internet。这种接入方式在网吧、学校和 IT 企业中被广泛使用。下面介绍一些局域网接入的基本常识。

(1) 局域网络连接方式及特点。使用局域网连接时，不再需要调制解调器和电话线，但是需要在用户的计算机上配置网卡参数，就可以把用户的计算机连接到一个与 Internet 直接相连的局域网 LAN 上。用这种方法连接 Internet 性能好，一般网卡的数据传输速率比调制解调器快。目前，Cernet 已经用这种方法连接了几百所高校，如果使用者在这些高校工作或学习，就可以通过局域网将计算机连接入 Internet。

近年来，无线局域网的建设正在兴起，通过无线方式接入局域网进而连接 Internet 也成为一种接入 Internet 的途径。

(2) 计算机系统配置。通过局域网连接 Internet，需要从 ISP 方得到入网主机的 IP 地址和子网掩码、网关的 IP 地址、域名服务器地址等信息。

① 安装网卡。通常 Windows 能够自动检测到网卡并安装它。若 Windows 未能成功安装网卡，则需要手工安装。

② 配置 TCP/IP 参数。根据网络要求配置 TCP/IP 协议参数，具体设置方法参见 7.4.2 节中的内容。

8.2　Internet 的 IP 地址与域名系统

网络中的计算机的数量如同地球上的浩如烟海的人群一样，多的不可胜数，如何能在纵横交错的网络中找到所有交流的计算机，准确的传递信息，这个方式非常类似于人群中的信息交流，那就是找到那个人的住址。同样地，在数以亿计的 Internet 主机中寻找特定的主机，同样也要通过地址，那就是网卡地址和 IP 地址。

8.2.1　物理地址

每一个网络适配器无论它是否连入计算机网络，都有唯一的一个物理地址。物理地址存储在网络接口卡(NIC)中，称为 MAC(媒体访问控制)地址，一个 NIC 对应一个 MAC 地址。MAC 地址是无法改变的。不同的网络技术和标准，MAC 地址的编码也不相同。如以太网的网络MAC地址有48位(6字节),前24位是厂商编号,后24位为网卡编号。例如,用十六进制数表示一个MAC地址为"00-E0-A0-0F-AB-DC"。

8.2.2 IPv4地址

1. IP地址分类

在固定电话通信中,为了能够相互通信,呼叫人必须知道被呼叫人所在的区号和电话号码,方能顺利通话,在Internet上也是如此。因特网上的数据能够找到它的目的地址的原因是:每一台连在Internet网上的网络都有一个网络标识(NetID),网络中的每台主机都有一个主机表示(HostID),由网络标识和主机标识构成一个网络地址,称为IP地址。IP地址是一种数字形标识,用小数点隔开的4个字节,共32位二进制数表示。

为了方便记忆,通常将二进制数转换成相应的十进制数来表示。例如,用一个二进制数表示的IP地址:11000000.00001001.11001000.00001101,转换成对应的十进制数表示为:192.9.200.13。

最初设计互联网络时,为了便于寻址以及层次化构造网络,每个IP地址包括两个标识码(ID),即网络ID和主机ID。同一个物理网络上的所有主机都使用同一个网络ID,网络上的一个主机(包括网络上工作站,服务器和路由器等)有一个主机ID与其对应。Internet委员会定义了5种IP地址类型以适合不同容量的网络,即A类~E类。

其中A、B、C三类由InterNIC在全球范围内统一分配,D、E类为特殊地址。A、B、C类IP地址的范围与相关属性如表8.1所示。

表8.1 IP地址分类

网络类别	最大网络数	IP地址范围	最大主机数	私有IP地址范围
A	126(2^7-2)	1.0.0.0~127.255.255.255	16777214($2^{24}-2$)	10.0.0.0~10.255.255.255
B	16384(2^{14})	128.0.0.0~191.255.255.255	65534($2^{16}-2$)	172.16.0.0~172.31.255.255
C	2097152(2^{21})	192.0.0.0~223.255.255.255	254(2^8-2)	192.168.0.0~192.168.255.255

(1) A类IP地址。

一个A类IP地址是指,在IP地址的4个字节中,第一个字节为网络号码,剩下的三个字节为主机地址。即A类IP地址就由1字节的网络地址和3字节主机地址组成。网络地址的最高位必须是"0",所示A类IP地址第一段的取值范围为00000001—01111111,即1~127。也就是除了最高位"0"外,可用7位表示网络地址,但实际应用中,0与127不能作为网络地址,所以最大网络数为2^7-2。用于表示主机地址的有24位(3个字节),主机地址全0(0.0.0)与全1(255.255.255)不能作为主机地址,所以最大主机数为$2^{24}-2$。A类IP地址一般用于大型网络。

(2) B类IP地址。

一个B类IP地址是指,在IP地址的4个字节中,前2个字节为网络号码,剩下的2个字节为主机地址。即B类IP地址就由2字节的网络地址和2字节主机地址组成。

网络地址的最高位必须是“10”，所示 B 类 IP 地址第一段的取值范围为 10000000—10111111，即 128～191。也就是除了最高位“10”外，可用 14 位表示网络地址，所以最大网络数为 2^{14}。用于表示主机地址的有 16 位（2 个字节），主机地址全 0（0.0）与全 1（255.255）不能作为主机地址，所以最大主机数为 $2^{16}-2$。B 类 IP 地址一般用于中型网络。

（3）C 类 IP 地址。

一个 C 类 IP 地址是指，在 IP 地址的 4 个字节中，前 3 个字节为网络号码，剩下的 1 个字节为主机地址。即 C 类 IP 地址就由 3 字节的网络地址和 1 字节主机地址组成。网络地址的最高位必须是“110”，所示 C 类 IP 地址第一段的取值范围为 11000000—11011111，即 192～223。也就是除了最高位“110”外，可用 21 位表示网络地址，所以最大网络数为 2^{21}。用于表示主机地址的有 8 位（1 个字节），主机地址全 0（0）与全 1（255）不能作为主机地址，所以最大主机数为 $2^{8}-2$。C 类 IP 地址一般用于小型网络。

（4）D 类 IP 地址。

D 类 IP 地址在历史上被叫做多播地址（Multicast Address），即组播地址。在以太网中，多播地址命名了一组应该在这个网络中应用接收到一个分组的站点。多播地址的最高位必须是“1110”，所示 C 类 IP 地址第一段的取值范围为 11100000—11101111，即 224～239。D 类地址不能用作主机的 IP 地址。

（5）E 类 IP 地址。

E 类前 5 位为 11110，留待后用。

2. 特殊用途的 IP 地址

（1）每一个字节都为 0 的地址（“0.0.0.0”）对应于当前主机。

（2）IP 地址中的每一个字节都为 1 的 IP 地址（“255.255.255.255”）是当前子网的广播地址。

（3）IP 地址中凡是以“11110”开头的 E 类 IP 地址都保留用于将来和实验使用。

（4）IP 地址中不能以十进制“127”作为开头，该类地址中数字 127.0.0.1～127.255.255.255 用于回路测试，如“127.0.0.1”可以代表本机 IP 地址，用“http://127.0.0.1”就可以测试本机中配置的 Web 服务器。

（5）网络 ID 的第一个 8 位组也不能全置为“0”，全“0”表示本地网络。

（6）用于局域网的 IP 地址。

Internet 中的主机通信使用的是 TCP/IP 协议，在一个局域网中也可以使用 TCP/IP 协议，为了避免 IP 地址冲突和便于管理，InterNIC 将一部分 IP 地址保留用于局域网，任何一个局域网均可根据网络的规模选择以下 IP 地址作为本局域网中主机的 IP 地址。

① A 类：10.0.0.0～10.255.255.255。

② B 类：172.16.0.0～172.31.255.255。

③ C 类：192.168.0.0～192.168.255.255。

3. 子网掩码

子网掩码是用来判断任意两台计算机的 IP 地址是否属于同一子网络的根据。最为简单的理解就是两台计算机各自的 IP 地址与子网掩码进行逻辑与运算后，若得出的结果是相同的，则说明这两台计算机是处于同一个子网络上的，可以进行直接的通信。

例如，将 IP 地址 192.168.0.1，子网掩码 255.255.255.0 转换成二进制后：

- IP 地址　11010000.10101000.00000000.00000001。
- 子网掩码　11111111.11111111.11111111.00000000。
- 进行逻辑与运算后，二进制表示为：11000000.10101000.00000000.00000000。
- 转化为十进制后为：192.168.0.0。
- 按照同样方法，将 IP 地址 192.168.0.4，子网掩码 255.255.255.0 进行与运算，转换后得十进制为：192.168.0.0

可以看到运算结果是一样的，均为 192.168.0.0。所以计算机就会把这两台计算机视为是同一子网络。

通过 IP 地址与子网掩码进行逻辑与运算后得到的结果 192.168.0.0 为网络号标识，该网络所容纳主机的 IP 地址范围：192.168.0.1～192.168.0.254，其中 192.168.0.0 表示本网络，192.168.0.255 表示子网广播，均不可用。

4. 默认网关

TCP/IP 协议里的网关是最常用的，网关实质上是一个网络通向其他网络的 IP 地址。比如有网络 A 和网络 B，网络 A 的 IP 地址范围为“192.168.1.1～192.168.1.254”，子网掩码为 255.255.255.0；网络 B 的 IP 地址范围为“192.168.2.1～192.168.2.254”，子网掩码为 255.255.255.0。在没有路由器的情况下，两个网络之间是不能用 TCP/IP 协议进行通信的，即使是两个网络连接在同一台交换机(或集线器)上，TCP/IP 协议也会根据网络 ID 是否相同来判定进行通信的主机是不是处在同一子网中。而要实现这两个网络之间的通信，则必须通过网关。如果网络 A 中的主机发现数据包的目的主机不在本地网络中，就把数据包转发给它自己的网关，再由网关转发给网络 B 的网关，网络 B 的网关再转发给网络 B 的某个主机(如图 8.4 所示)。网络 B 向网络 A 转发数据包的过程也是如此。

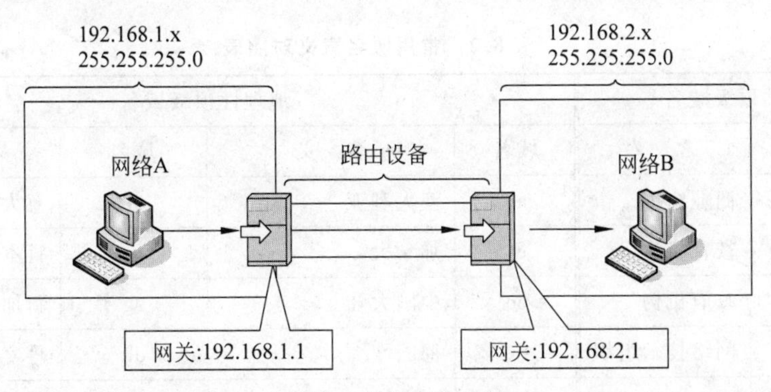

图 8.4　数据通过网关

默认网关的意思是一台主机如果找不到可用的网关，就把数据包发给默认指定的网关，由这个网关来处理数据包。现在主机使用的网关一般指的是默认网关。

网关实际上是一台有两个及以上网络适配器或网络地址的主机,可以是一台网络设备,也可以是一台计算机。有了网关之后,不同网络中的两台主机就能通过网关间接进行通信。

5. Windows 操作系统中 IP 及默认网关的设置

对 IP 地址及默认网关进行设置即更改网络适配器(网卡)的 TCP/IP 协议属性,具体设置方法参考 7.4.2 节中的内容。

8.2.3 域名系统 DNS

用户使用 Internet 中提供的服务实际上是访问 Internet 中的某一台主机,也就是访问某个 IP 地址,但是 IP 地址比较抽象,不容易记忆。为了方便用户,Internet 在 IP 地址的基础上,提供了一种面向用户的字符性主机命名机制,这就是域名系统(Domain Name System,DNS),即给网中的每台主机起一个文字名称,摆脱了数字的单调和难以记忆的缺点,也比较形象,域名系统负责把域名翻译成对应的数字型的 IP 地址。

域名是 Internet 上某一台计算机或计算机组的名称。在结构上,域名是用"."分隔的两个以上的子域名组成的。从右到左,子域名分别表示不同的国家或地区的名称、组织机构、组织名称、分组织名称、计算机名称。一般而言,最右边的子域名被称为顶级域名,其次是二级、三级子域名及主机名。

常见的域名构成如下:

主机名.组织名称.组织机构(二级域名).顶级域名

例如,www.tsinghua.edu.cn,其中从右往左为 cn 是国家名(中国),edu 是机构名(教育机构),tsinghua 是组织名称(清华大学),www 是主机名。

由于 Internet 起源于美国,在美国默认的国家名称是美国,所以在美国的顶级域名是组织机构名,而不是国家名称。例如 microsoft.com,其中 microsoft 是组织名,com 是 Commercial 的缩写,是组织机构名。常用的地理性顶级区域名用两个字母表示,组织性顶级域名用三个字母表示,常用域名如表 8.2 所示。

表 8.2 常用域名意义对照表

组织性顶级域名		地理性顶级域名			
域名	含 义	域名	含 义	域名	含 义
com	商业组织	au	澳大利亚	it	意大利
edu	教育机构	ca	加拿大	jp	日本
gov	政府机构	cn	中国大陆	sg	新加坡
net	网络技术组织	de	德国	dk	丹麦
int	国际性组织	fr	法国	se	瑞典
org	非营利性组织	hk	中国香港特别行政区	tw	中国台湾省
mil	军队	in	印度	uk	英国

在中国大陆，顶级域名为 CN，二级域名分别为类别域名和行政区域名两类。类别域名有 6 种，分别是 ac(科研机构)、com(工、商、金融等企业)、edu(教育机构)、gov(政府部门)、net(互联网络、接入网络的信息中心和运行中心)和 org(非营利性组织)；行政区域名共 34 个，包括省、自治区、直辖市，如河北的二级域名为 he，北京的二级域名为 bj。

为保证 Internet 上的 IP 地址或域名地址的唯一性，避免网络地址的混乱，用户需要使用 IP 地址或域名地址时，必须向网络信息中心 NIC 提出申请。目前世界上有三个网络信息中心：InterNIC(负责美国及其他地区)、ENIC(负责欧洲地区)和 APNIC(负责亚太地区)。中国电信数据通信局的 CHINANET 网络信息中心负责全国网络 IP 地址的分配和管理。

8.2.4 下一代网络协议 IPv6

前面所讲的主要是 IPv4 协议，IPv6 是互联网协议的下一版本。由于随着互联网的迅速发展，IPv4 定义的 IP 地址空间已经出现严重不足的现象，而地址空间的不足必将妨碍互联网的进一步发展。为了扩大地址空间，于是推出了 IPv6 协议，重新定义地址空间，以缓解 IP 地址的紧张局面。

IPv6 最明显的特征是它所使用的地址空间更大，IPv6 中地址的大小是 128 位，而 IPv4 所使用的地址大小为 32 位。在 IPv4 中，地址空间允许使用的地址个数为 2^{32} 个(或 4294967296 个)，而在 IPv6 中，地址空间允许使用的地址个数为 2^{128} 个(或 340282366920938463463374607431768211456，即 3.4×10^{38})。

对于 IPv6，很难想象 IPv6 地址空间将会被耗尽，在理论上，在地球表面的每平方米内可以提供 6.6×10^{23} 个网络地址。与 IPv4 相同的是，因地址分层的运用，实际可用的总数要小得多，但保守的估计每平方米也有 1600 个 IP 地址。采用 IPv6 地址后，不仅每个人都可以拥有一个 IP 地址，甚至就连电话、冰箱等各种可以想象的设备都可以拥有自己的一个 IP 地址，移动通信将会得到更好的支持，人们借助于移动设备，可对与生活相关的设备进行控制，人们将体会到一种全新的生活。

对于 IPv4 地址，是以“.”分隔的十进制格式表示，将 32 位地址每 8 位划分一部分，每组 8 位转化成等价的十进制，并用“.”分隔。而对于 IPv6 地址，128 位地址每 16 位划分一部分，每个 16 位块转化成 4 位十六进制数字，用冒号分隔，最后将表示结果称为冒号十六进制。

IPv6 地址的各种具体表示如下。

下面是二进制格式的 IPv6 地址：

00100001110110100000000011010011000000000000000000101111001110110000001010101010000000001111111111111110001010001001110001011010

将其每 16 位划分为一部分：

0010000111011010　0000000011010011　0000000000000000　0010111100111011
0000001010101010　0000000011111111　1111111000101000　1001110001011010

将每个 16 位块转换成十六进制，用冒号分隔：

21DA：00D3：0000：2F3B：02AA：00FF：FE28：9C5A

删除每个16位块中的前导“0”，可以进一步简化IPv6表示。但是需要注意的是每个信息块至少要保留一位。最后地址表示为：

21DA：D3：0：2F3B：2AA：FF：FE28：9C5A

8.2.5 IPv4到IPv6的过渡

由于Internet的规模以及目前网络中数量庞大的IPv4用户和设备，IPv4到IPv6的过渡不可能一次实现。而且目前许多企业和用户的日常工作越来越依赖于Internet，他们无法容忍在协议过渡过程中出现问题。所以IPv4到IPv6的过渡必须是一个循序渐进的过程，在IPv6的设计过程中就考虑到了两种机制的过渡问题，两种主要机制为采用双协议栈和隧道封装技术。

8.3 WWW与浏览器

8.3.1 WWW基础知识

WWW是Internet的多媒体信息查询工具，是发展最快和目前用的最广泛的服务。正是因为有了WWW工具，才使得Internet迅速发展，且用户数量飞速增长。下面介绍关于WWW的一些基础知识。

1. WWW的简介

WWW是World Wide Web的缩写，中文名字为“万维网”或“环球网”，起源于1989年3月，是由欧洲量子物理实验室开发的主从结构分布式超文本系统。在1993年美国伊利诺伊大学的开发人员发布了世界上最早的WWW浏览器之后，才开始正式地在整个Internet中广泛传播，有人认为，Internet就是WWW，即是万维网，这是不确切的，WWW只是更广义的Internet之下的一种具体应用。然而，对于今天的大部分Internet用户来说，Internet就是WWW，它的作用远远超出了设计者最初的预想。

2. 超文本(HyperText)与超媒体

超文本是指包含到其他文本链接的文本，超媒体是由超文本演变而来，即在超文本中，嵌入除文本以外的视频和音频等信息。可以与传统的文本作比较，如计算机上的文本都是线性结构，而超文本可很方便的从一处进入到另一处与之相关的内容，表现形式一般在文字下面都会有下划线或是在图片或图像上有链接。

3. 网页及主页

网页是WWW存放信息的基本单位，网页由HTML语言来实现，一般网页上都会有文本、图片等信息，而复杂一些的网页上还会有脚本、声音、视频和动画等内容，为网页增添了丰富的色彩和动感。大部分网页都包含“链接”，通过“链接”可以轻松地进入同一网站的其他网页或是相关的网站。主页(Homepage)是指个人或机构的基本信息页面,用户通过主页,可以访问有关的信息资源。用户通常会通过浏览器从某个网站上看到的第一个网页。

4. 超级链接

可以迅速从服务器的某一页转到另一页面,也可转到其他服务器页面。表示超级链接的信息可以是带有下划线的文字或图像。

5. HTTP 超文本传输协议

HTTP 超文本传输协议 Hypertext Transmission Protocol 是 Web 客户和 Web 服务器之间的通信协议。HTTP 的工作过程如下。

(1) 客户和服务器 TCP 的 80 端口建立连接。

(2) 客户向服务器发送 Http 请求。

(3) 服务器处理请求,向客户发送 HTTP 响应。

(4) 客户和服务器关闭 TCP 连接。

6. 统一资源定位器 URL

统一资源定位器(Uniform Resource Location,URL)是 WWW 上的一种编址机制,可以把 URL 看作一个文件在 Internet 上的标准通用地址。只要用户正确地给出某个文件的 URL,WWW 服务器就能正确无误地找到它,并传给用户。

URL 的一般格式如下:

<通信协议>://<主机域名>/<路径>/<文件名>

其中,通信协议指提供该文件的服务器所使用的通信协议;主机域名指上述服务器所在主机的域名;路径指文件在主机上的路径;文件名指文件的名称。

例如,http:// www. neu. edu. cn/index_info. htm。其中,http 网站的地址通常以 http 开头,表示协议名,但用户在浏览器中输入时,可以将其省略。WWW 表示它是一个 Web 服务器,但有些网站的域名不使用。www. neu. edu. cn 是向网络管理站申请的域名,从域名的后缀可以初步判断出网站的类型。index_info. htm 是网站的首页,一般首页留有进入网站其他子部分的入口。

在浏览器的 URL 地址栏中,用户不仅可以输入 Web 地址,而其也可以输入其他的 Internet 服务器地址,但是需要选择输入不同的起始格式。下面是几种常用的格式。

- ftp://进入文件传输服务器。
- news://启动新闻讨论组。
- telnet://启动 telnet 方式。
- gopher://访问 gopher 服务器。
- mailto://启动邮件服务器。

8.3.2 WWW 客户机/服务器(B/S)

WWW 客户机通常是作为某个用户请求或类似于用户的每个程序提出的请求而运

行的，WWW 客户机又称为浏览器(Browser)。环球信息网上包括的浏览器有：Lynx(早期面向字符的 Web 浏览器)、Mosaic(第一个基于图形的 Web 浏览器)、Netscape(商业化的浏览器)、Hot java(由 Sun 公司推出)、Internet Explorer(Microsoft 公司推出)、Firefox(火狐浏览器，是一个开源的浏览器)、Chrome(谷歌公司开发)，还有 360 浏览器、猎豹浏览器、百度浏览器等大多基于 IE 内核开发的浏览器。

WWW 服务器(Server)是 Internet 上的信息资源和服务的提供者。一个服务器在物理上是一台主机系统以及在它之上运行的服务器软件和可提供用户访问的数据的总和、管理、操作以及对数据的查询服务，是在服务器软件支持下完成的。

8.3.3 WWW 浏览器基本使用

本节以使用较广泛的 IE 浏览器为例对浏览器的使用与设置作一个基本的说明。

1. 启动 IE8.0

一般 Windows 操作系统都会自带 IE 浏览器，IE 浏览器启动后的界面如图 8.5 所示。

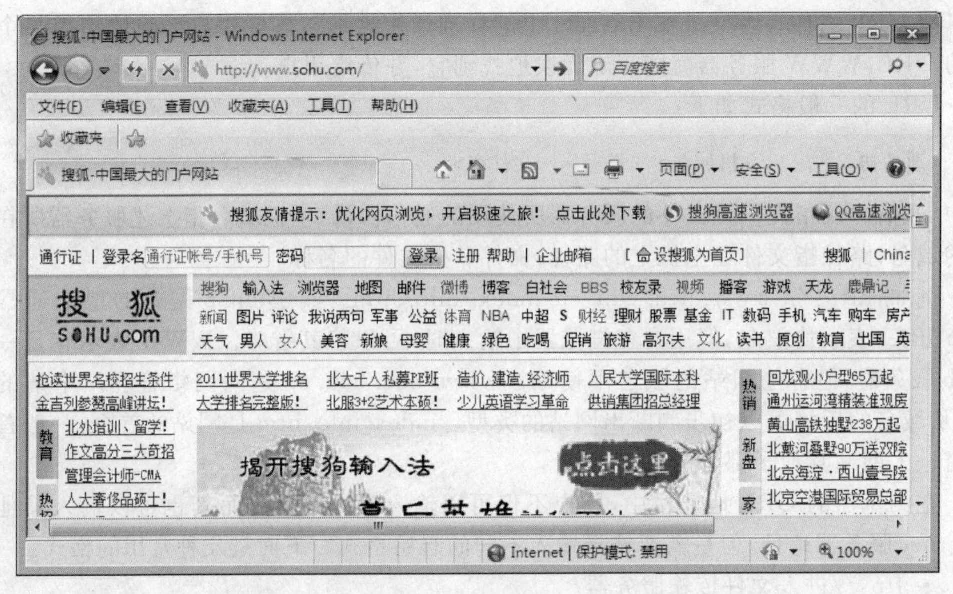

图 8.5 IE 浏览器

2. IE8.0 工具栏

(1) 地址栏。

可以在地址栏中输入相应的网址(域名或 IP 地址等 URL 地址)，按下回车键，即可登录到相应的网页或服务。对于以前输入过的网址信息一般会留在 IE 中，单击地址栏右边的向下的箭头，会打开一个下拉列表，可从中选择，也可在地址栏输入部分内容，让其自动匹配出完整内容。

(2)“标准按钮”工具栏。包括以下几个按钮。

• 后退：单击后退按钮就可以回到刚才访问过的网页不必重新输入。
• 前进：当用户后退之后，前进按钮就变为可用，可以浏览下一个网页。
• 停止：可以停止加载当前的网页。
• 刷新：重新加载当前的网页。
• 主页：打开定制的起始页，默认设置是微软的主页。
• 搜索：打开搜索窗口。
• 收藏：打开收藏窗口，显示收藏夹的内容。
• 历史：打开历史记录窗口，显示最近浏览过的网页信息。
• 邮件：可以阅读和新建邮件、发送网页和链接。
• 打印：打印当前网页。

3. 浏览网页

启动 IE 后，可以通过以下几种方式来对网页进行浏览。

(1) 选择“文件”菜单中的“打开”命令，将出现如图 8.6 所示对话框。

在对话框中输入要访问的网址或本地网页文件路径，例如 www.sohu.com，单击“确定”按钮，用户便可进入 sohu 网站了。

(2) 在地址栏中，输入 www.sohu.com，也能进入所访问网站。

(3) 选择文件中的脱机工作，可在非连接状态下，查看最近访问过的网站。

(4) 可将喜欢的网页保存到磁盘上，进行浏览。当看到喜欢的网页时，单击“文件”菜单中的“另存为”命令，在弹出对话框中，选择要保存的文件夹，输入文件名，单击“保存”按钮，用户喜欢的网页就以网页的格式保存到硬盘上了。单击“文件”菜单中的“打开”按钮，输入正确的文件路径，用户就可以脱机浏览它了。

4. 保存图片

在浏览网页时，如果希望把网页上某些精美的图片保存到硬盘上，只需在图片的范围上右击，这时会弹出一个快捷菜单，如图 8.7 所示，从中选择“图片另存为”就可以选择路径进行保存，另外，还可将选定的图片设置为桌面墙纸。

图 8.6 “打开”对话框

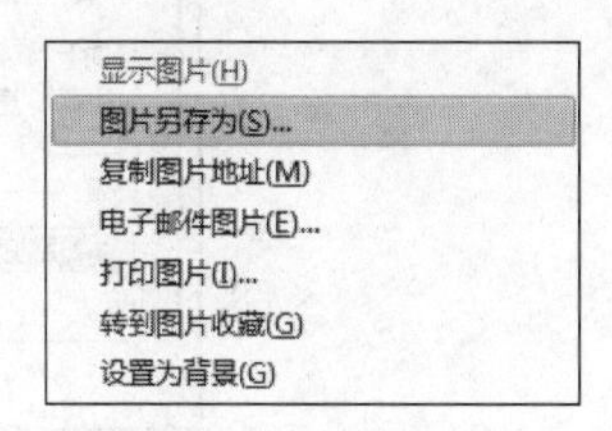

图 8.7 快捷菜单

5. 使用收藏夹

在网页浏览过程中，如果碰到自己喜欢的网页，想记录其网址，这时可通过收藏夹来完成。把当前网页设为要添加的收藏夹中的网页，选择菜单栏中的“收藏夹”菜单，执行“添加到收藏夹”命令，弹出如图 8.8 所示对话框。

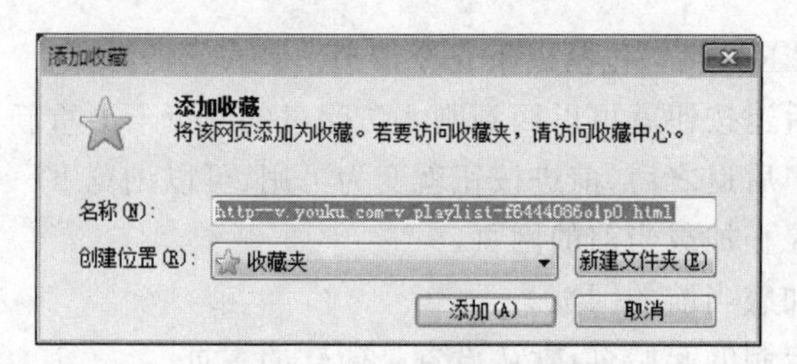

图 8.8 “添加收藏”对话框

在保存时，可以保存在收藏夹的根目录，也可以自己创建新的文件夹进行分类管理。当要打开收藏夹里的网页时，只须单击工具栏中的“收藏夹”按钮，在浏览器的左边就会出现收藏夹，选择喜欢的网址，单击就可以打开了。

当收藏夹里的网址多了起来之后，用户需要对其进行整理。选择“收藏”菜单中的“整理收藏夹”命令，打开“整理收藏夹”对话框，即可对收藏夹进行创建、重命名、移动等操作。

6. 设置 Internet 选项

若要对 IE 及基于 IE 内核的浏览器进行设置，只需在“Internet 选项”对话框中进行相关设置即可。进行“Internet 选项”对话框的方法是单击“工具”菜单中的“Internet 选项”，或在控制面板中双击“Internet 选项”图标，系统将弹出一个对话框如图 8.9 所示的“Internet 选项”对话框，可通过此对话框完成与浏览器相关的所有设置。

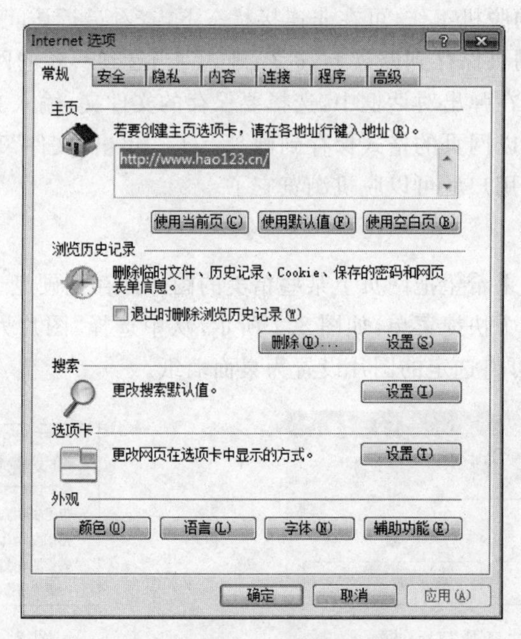

图 8.9 “Internet 选项”对话框

(1)“常规”选项卡。

① 主页。可在“主页”框中输入主页的地址，单击“确定”按钮，就完成了主页的设置。当用户打开 IE 程序或单击 IE 工具栏上的主页按钮将进入“主页”框中设置的页面。

② 浏览历史。当用户打开网页后，网页中的许多元素，如图片、访问的历史记录、用

户输入的用户名及密码等信息可能被浏览器缓存到磁盘中,可以通过此选项对这些信息进行删除与设置。

(2)“安全”选项卡。

是为了保证网络安全设置的一种安全级别标准,一般用户无须改动,采用“中”级,既可以浏览大多数站点,又可以在一定程度上保证安全。

(3)“内容”选项卡。

IE浏览器提供了分级审查功能,它可以对某些包含不良信息的网页进行过滤,从而达到去其糟粕,取其精华的目的。

(4)“连接”选项卡。

“连接”选项卡对话框如图8.10所示。在此对对话框中可对Internet的连接属性进行设置和调整,此处可更改IE连接Internet的方式,如果是通过路由器直接上网的方式,此处无须设置,如果是通过拨号或虚拟拨号的方式连接Internet,此处需要进行设置,但是一般在安装拨号程序时系统会自动将相关连接方式添加到了此处。单击“添加”按钮可将相关的拨号连接添加进来。

如果在局域网中只要一台或部分计算机能够连接Internet,可在能够连接Internet的计算机中安装“代理服务器”软件,在不能连接Internet的计算机中进行代理服务器设置,通过“代理”连接Internet。设置方法是单击如图8.9所示对话框中的“局域网设置”按钮,弹出如图8.11所示的“局域网设置”对话框,选中“为LAN使用代理服务器(这些设置不会应用于拨号或VPN连接)”复选框,在此栏中输入相对的代理服务器地址和端口号即可。

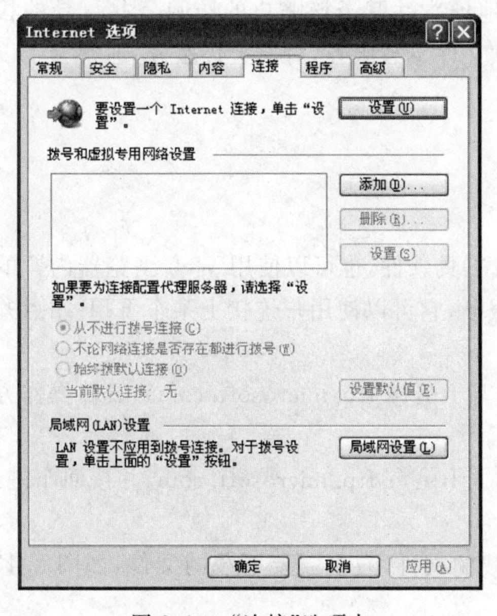

图8.10 “连接”选项卡

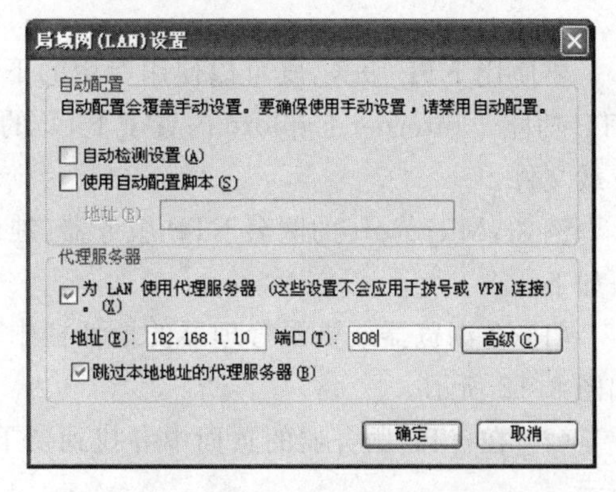

图8.11 “局域网(LAN)设置”对话框

(5)程序选项卡。

分别设置浏览器默认调用的与上网相关软件,通过设置每项的内容,用户在上网过程中,可以通过 Web 页上的快捷方式,调用其他软件。

(6) 高级选项卡。

调整浏览器的各项属性,任意改动这里的设置会造成浏览器使用不正常,所以,在没有把握的情况下,不要改动默认的设置。有些用户为了提高上网的速度,将图示中的"播放网页中的动画"、"播放网页中的声音"、"播放网页中的视频"、"显示图片"和"智能图像抖动"各项复选框中的勾去掉。

8.4 文件传输及常用工具

8.4.1 文件传输基本概念

文件传输协议(File Transfer Protocol,FTP)是 Internet 的最基本的服务之一。FTP 能使用户在两个联网的计算机之间传输文件。FTP 服务采用的是客户机/服务器工作模式,提供 FTP 服务的计算机称为 FTP 服务器,其上存放了大量供用户访问的文件,用户的本地计算机称为客户机。将文件从 FTP 服务器传输到客户机的过程称为下载(Download),将文件从客户机传输到 FTP 服务器的过程称为上传(Upload)。

FTP 服务是一种实时的联机服务,用户在访问 FTP 服务器时首先要进行登录,即输入其在 FTP 服务器上的合法账号和口令。只有成功登录的用户,才能访问该 FTP 服务器并对授权的文件进行查阅和传输。有的 FTP 服务器提供了公开的登录账号"anonymous"和口令(通常是本人的电子邮件地址),并赋予该账户的访问公共目录的权限,此种服务即为匿名服务,主要用于公众提供文件下载服务,对于上传服务,通常会予以限制,如果允许,则会指定文件的上传目录。

8.4.2 使用 FTP 下载

要使用 FTP 服务,既可以使用专用的下载工具软件,也可以使用 Web 浏览器内置的 FTP 功能。Internet Explore 内置了 FTP 的服务,它可以使用户连接上某个 FTP 站点并下载文件。

例如,Microsoft 的匿名 FTP 服务器(地址是 ftp:// ftp. microsoft. com),具体操作方法如下。

(1) 在浏览器或资源管理器的地址栏中输入 ftp:// ftp. microsoft. com,并按回车键,如图 8.12 所示。

(2) 在 FTP 服务器的页面中寻找到要下载的文件,右击需要下载的文件,如图 8.13 所示。

(3) 在弹出式菜单选择"复制到文件夹"命令,打开"浏览文件夹对话框",选择目标文件夹,单击"确定"按钮,随即开始下载。

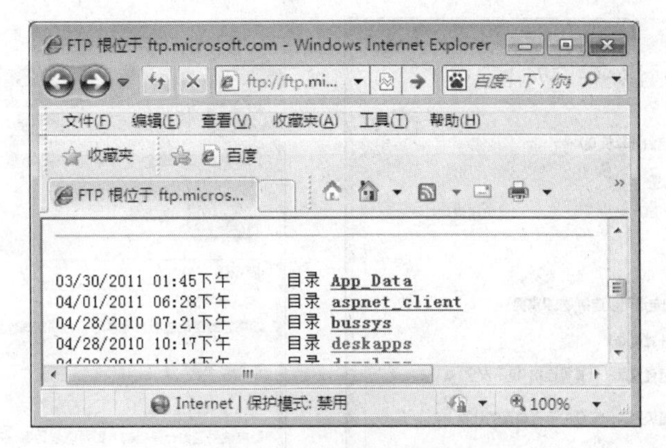

图 8.12 登录 ftp 服务器

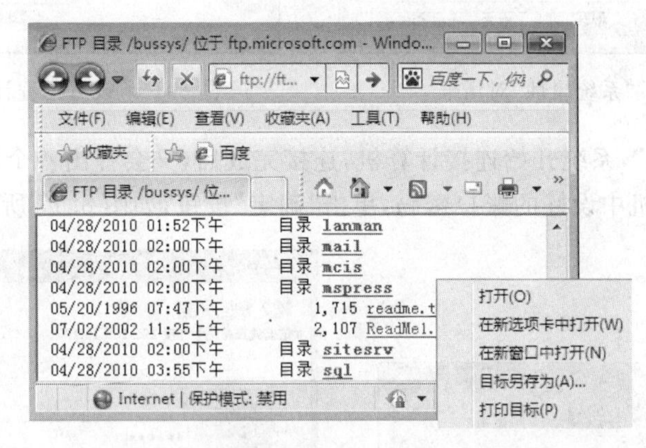

图 8.13 选择要下载的文件

8.4.3 使用远程桌面连接

远程桌面连接组件是从 Windows 2000 Server 开始，由 Microsoft 公司开发并提供的，顾名思义，远程桌面连接就是通过网络在一台计算机上远程连接并登录另一台计算机，通过远程桌面，用户可以像操作本地计算机一样操作远程计算机，具体操作步骤如下。

(1) 在目标计算机上开启远程桌面功能。设置被连接计算机，使用鼠标右键单击“计算机”图标，打开“系统属性”对话框，选择“远程”选项卡，在窗口中选择“允许运行任意版本远程桌面的计算机连接(较不安全)”，如图 8.14 所示。

(2) 进入“控制面板”选择“用户账户”，给这台需要被登录的计算机设置账户密码，此步骤主要是为防止恶意人员登录，为了安全起见，一定要设置远程目标计算机的密码并防止泄露，如图 8.15 所示。

(3) 在本地计算机上运行“远程桌面连接”命令，或者执行“MSTSC”命令，弹出远程桌面连接对话框，如图 8.16 所示，并在“计算机”选项中填写被连接的计算机 IP 地址(如 192.168.1.3)。

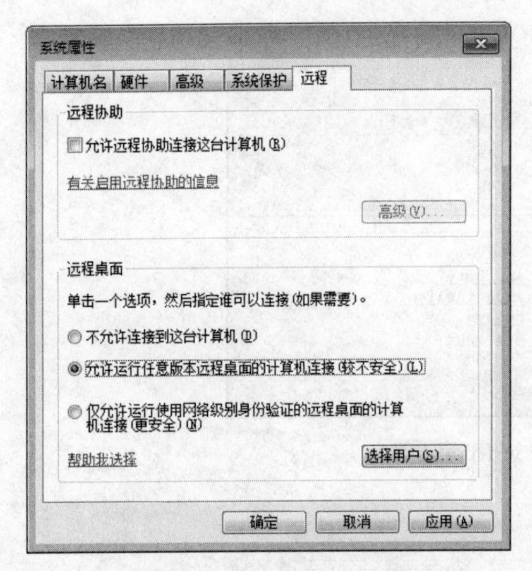

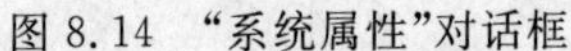

图 8.14 “系统属性”对话框

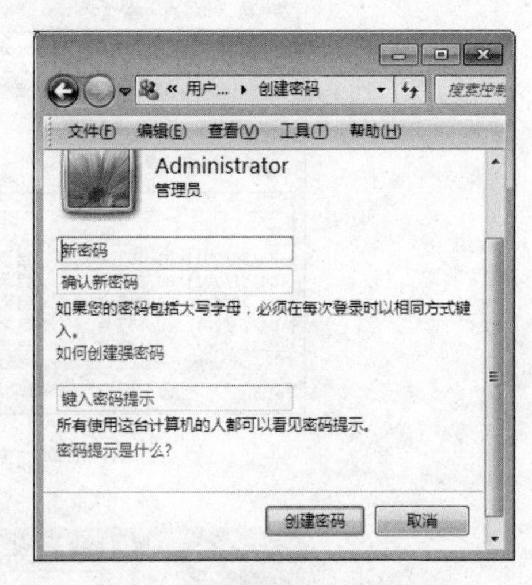

图 8.15 设置远程计算机密码

(4) 单击“连接”，系统开始连接计算机，连接完成后，又会弹出一个窗口，这时输入刚刚设定在远程计算机中设好的账户密码，单击“确定”按钮，如图 8.17 所示。

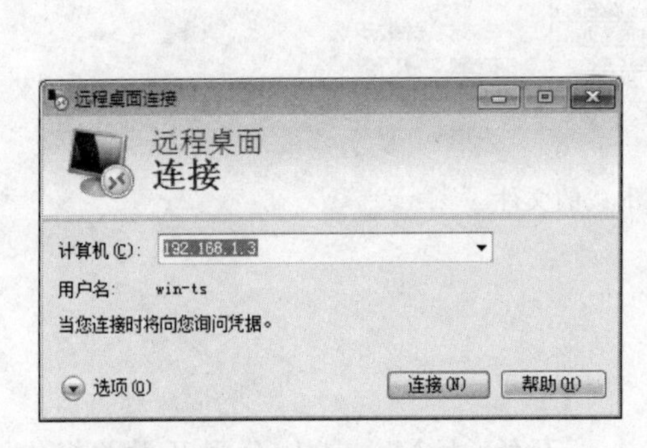

图 8.16 “远程桌面连接”对话框

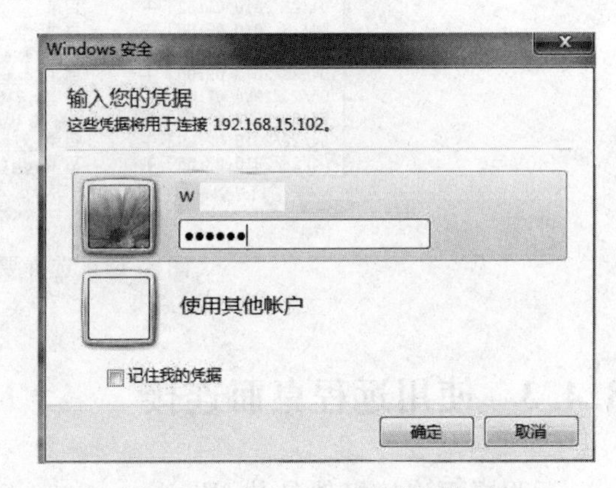

图 8.17 “Windows 安全”对话框

(5) 验证成功后，本地计算机显示器上就出现了远程计算机的桌面，用户就可以像操作本地计算机一样操作远程计算机。

8.5 使用 Outlook 收发电子邮件

8.5.1 电子邮件基本概念

电子邮件也称 E-mail，它是用户或用户组之间通过计算机网络收发信息的服务。电子邮件已成为网络上网络用户之间快捷、简便、可靠且成本低廉的现代化通信手段之一。

1. 电子邮件系统

电子邮件系统的工作模式是一种客户机/服务器方式。客户机负责的是邮件的编写、阅读和管理等工作;服务器负责的是邮件的传送工作。一个完整的电子邮件系统应该有3个主要组成部分:即邮件客户端程序、邮件服务器,以及收发电子邮件使用的协议。

2. 邮件服务器

邮件服务器是进行邮件传送所需的软硬件的设施总称,包括发送邮件服务器SMTP和接受邮件服务器POP3。SMTP是Internet上发送电子邮件的一种通信协议,而SMTP服务器就是遵循这种协议规则的邮件发送服务器,邮件必须经过它的中转才可以送到收件人的E-mail信箱。POP3是用电子邮局通信协议的第3个版本,POP3服务器就是遵循POP3规则的邮件接收服务器,是用来接收和存储电子邮件的。POP3服务器允许用户将电子邮件下载到自己的本地计算机中。

3. 电子邮件地址

电子邮箱又称为电子邮箱地址(Email-Address)。电子邮箱是由提供电子邮件服务器的机构为用户建立的,是E-mail服务器磁盘上为用户开辟的一块专用的存储空间,用来存放该用户的电子邮件。

用户需要拥有一个电子邮件地址,才能发送和接收电子邮件。用户的E-mail地址格式为"用户名@主机名",其中@表示"at"。主机名指的是拥有独立的IP地址的计算机的名字,用户名是指在该计算机上为用户建立的E-mail账户名。例如:163.com的主机上有一个名为try的用户,则用户的邮箱地址为try@163.com。

8.5.2 Outlook的使用

电子邮件有Windows和UNIX两种常用环境。对普通用户而言,最常接触的是Windows环境。在Windows环境下,可以使用网站电子邮箱(Web Mail)和电子邮箱客户端程序两种方式收发邮件。

网站电子邮箱(Web Mail)方式是指在Windows环境中,使用WWW浏览器软件访问电子邮件服务商的电子邮件系统网站,在该电子邮件系统网站上,输入用户名和密码,进入用户的电子邮件信箱,然后处理用户的电子邮件。本节主要介绍使用客户端程序Outlook 2013收发电子邮件。

1. 首次使用Outlook

首次打开Outlook,系统会提示设置电子邮件的基本信息,包括用户名、电子邮件地址、密码、SMTP服务器和POP3服务器等信息。具体设置步骤如下。

(1) 启动Outlook 2013,出见欢迎界面,单击"下一步"按钮,启动如图8.18所示的"Outlook账户设置"对话框。

(2) 在"Outlook账户设置"对话框中,选中"是"单选按钮,单击"下一步"按钮,启动"添加帐户"对话框,在"您的姓名"文本框中输入姓名,此值可任意指定,此处输入的值显示为电子邮件接收方的"发件人";在"电子邮件地址"文本框中输入电子邮件地址;在密码框中输入密码,如图8.19所示。

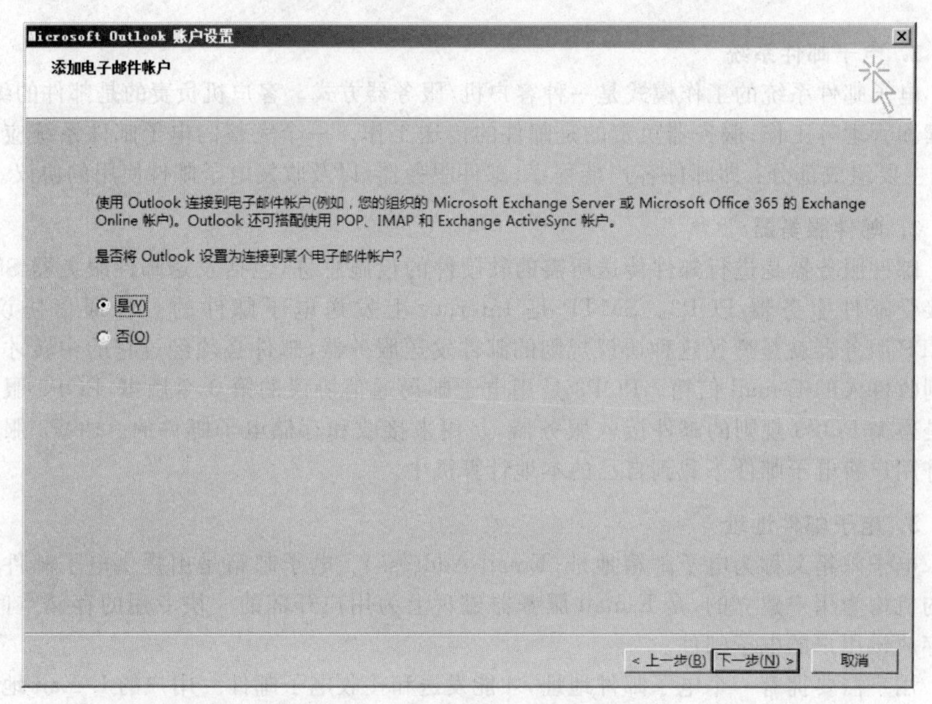

图 8.18 “Outlook 账户设置”对话框

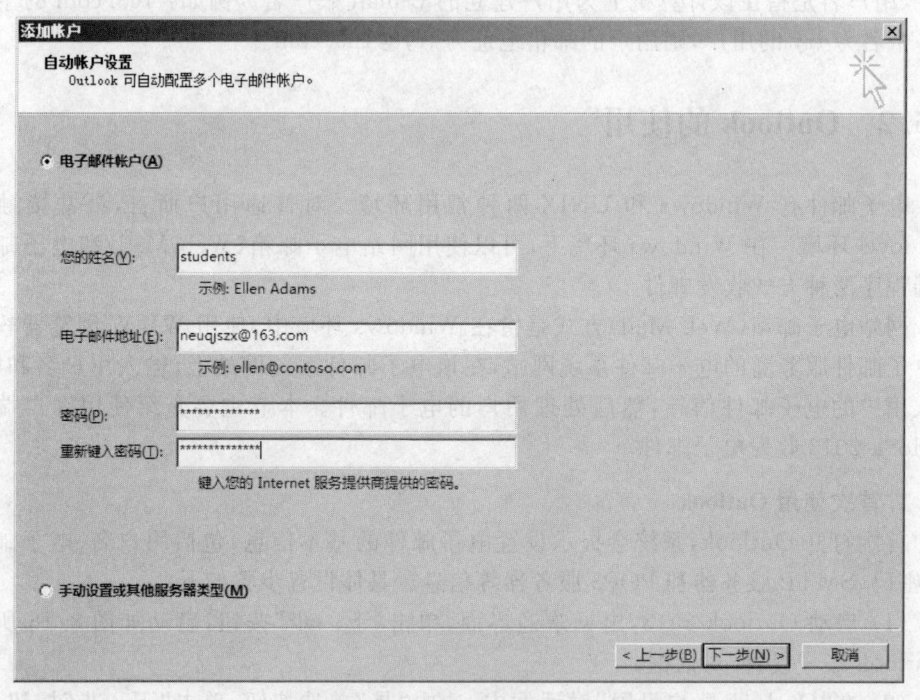

图 8.19 “添加帐户”对话框

(3) 单击“下一步”按钮，弹出“允许该网站配置 neuqjszx@163. com 服务器设置”消息对话框，如图 8.20 所示。单击“允许”按钮，Outlook 会自动配置 SMTP 和 POP 服务器,配置完成后 Outlook 会自动发送一个测试电子邮件。如果单击“取消”按钮则需要手动配置 SMTP 与 POP3 服务器。在本例中,单击“允许”按钮。

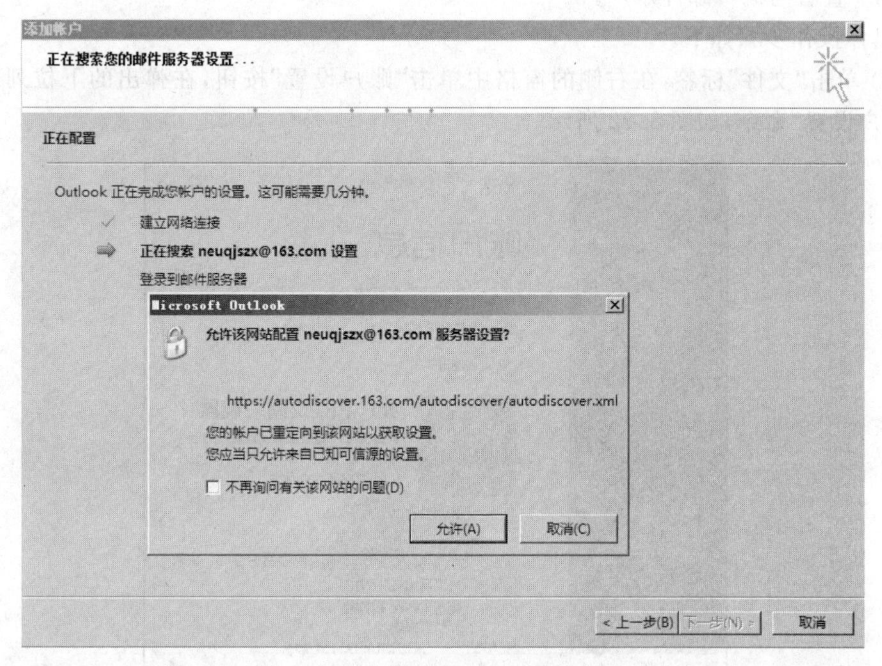

图 8.20　自动配置邮件服务器设置

(4) 配置完成后如图 8.21 所示,单击“完成”按钮。

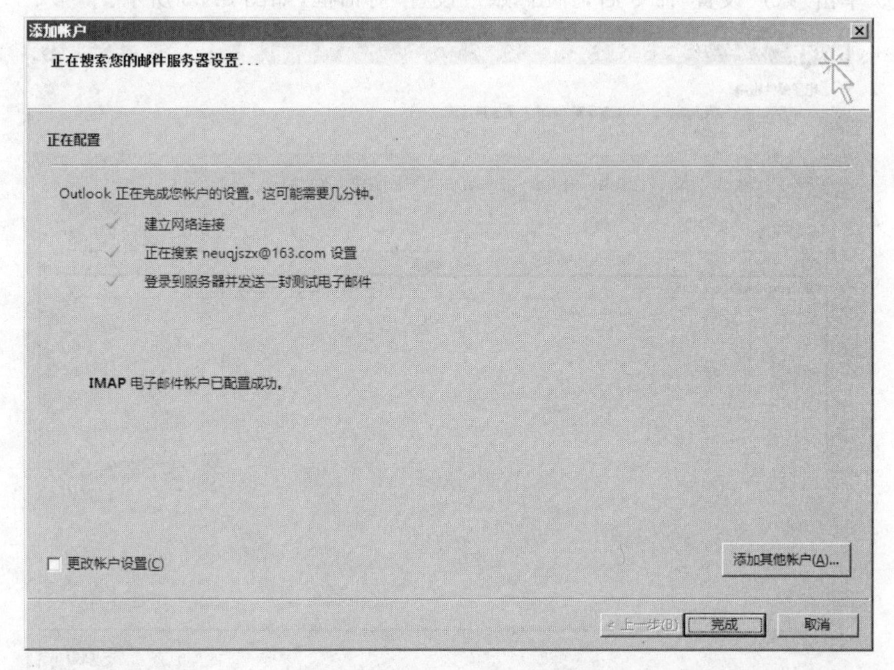

图 8.21　完成邮件服务器设置

2. 编辑与添加邮件账户

(1) 查看与编辑邮件账户。

具体操作步骤如下。

① 单击“文件”标签,在右侧的窗格中单击“账户设置”按钮,在弹出的下拉列表中单击“账户设置”命令,如图 8.22 所示。

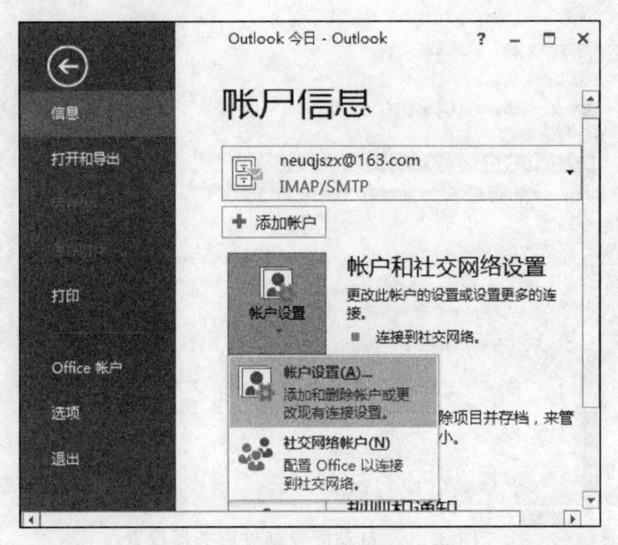

图 8.22 账户设置

② 单击“账户设置”命令后,弹出“账户设置”对话框,如图 8.23 所示。

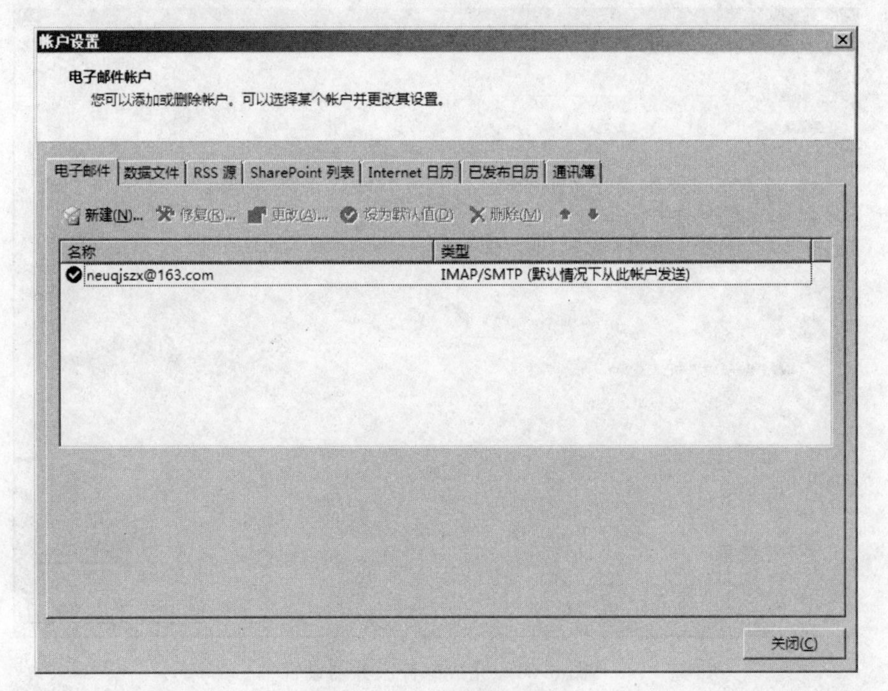

图 8.23 “账户设置”对话框

③ 双击相关账户，弹出“更改账户”对话框，如图 8.24 所示，可以看到上面步骤添加的电子邮件账户，可以在该对话框中对 SMTP 和 POP 服务器进行设置。

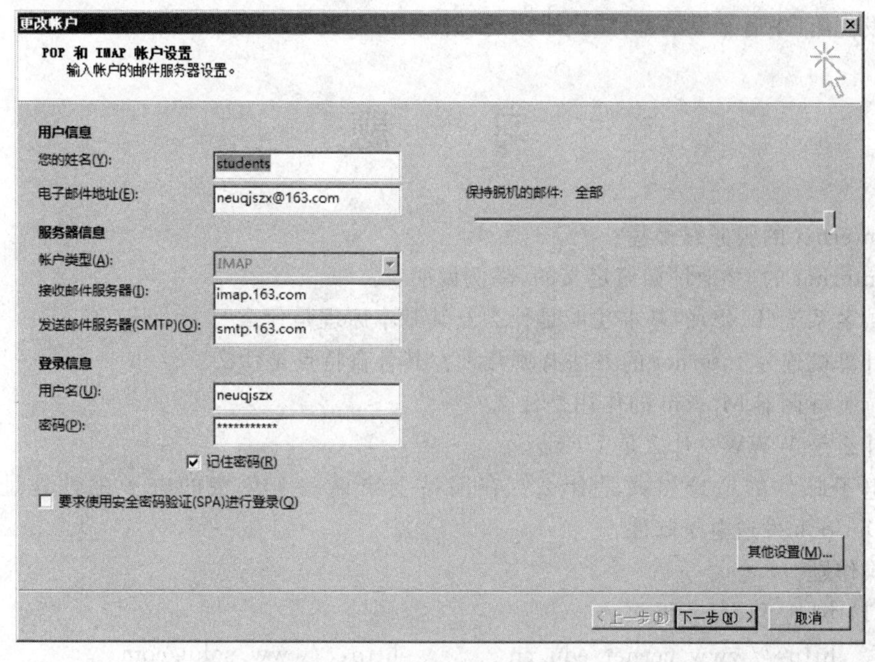

图 8.24 “更改账户”对话框

(2) 添加电子邮件账户。

若要添加电子邮件账户，只须在如图 8.22 所示窗口中单击“添加账户”按钮，然后按钮相关的向导与提示进行操作即可。

3. 创建电子邮件

启动 Outlook，单击“开始”选项卡中“新建”组中的“新建电子邮件”按钮，启动电子邮件编辑窗口，如图 8.25 所示。输入相关电子邮件内容，若要添加附件，则需单击“附加文件”按钮。编辑完成后单击“发送”按钮后则发送完毕，返回 Outlook 主程序窗口。

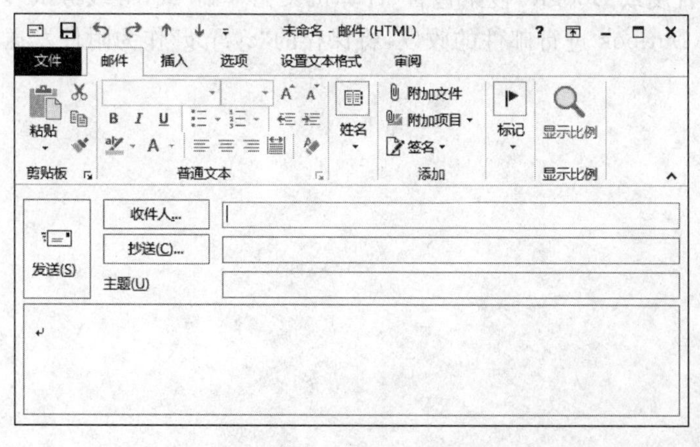

图 8.25 创建电子邮件

4. 接收邮件

若要接收邮件,只须单击“开始”选项卡中“发送和接收”按钮即可完成接收邮件工作,如果“发件箱”中有未发送邮件,则未发送邮件同时被发送。

习　　题

8.1　Internet 的服务有哪些?

8.2　Internet 的 IP 地址如何定义的,举例说明?

8.3　域名系统(DNS)的基本功能是什么?其基本原理是什么?

8.4　计算机连入 Internet 的方法有哪几种?其各自特点是什么?

8.5　调制解调器 Modem 的作用是什么?

8.6　什么是 WWW?什么是 URL?

8.7　电子邮件的地址格式是什么?在网站上申请一个免费的电子邮件地址,使用 Outlook 发送电子邮件。

8.8　操作题。

(1) 浏览下面任一网页:

http://www.cernet.edu.cn　　http://www.sohu.com

http://www.cnc.ac.cn　　http://www.iselong.com/

http://www.bta.net.cn　　http://www.5460.net

http://www.neu.edu.cn　　http://www.edu.cn

http://www.tom.com　　http://www.sina.com.cn

(2) 抓取此主页的屏幕图片,将其保存为 zy.jpg。

(3) 选择该主页中一条信息的超链接,将其打开,把此 Web 页以“链接页”为文件名保存在磁盘上。

(4) 选择该网站主页中一个图片,以“图片”文件名另存到磁盘上。

(5) 使用百度或 Google,搜索包含“计算机文化基础”或“等级考试”内容的网站。

(6) 利用 Outlook 进行邮件的收发,将保存的“zy.jpg”作为附件发送。

第9章 网站的设计与开发

9.1 网站概述

网站是在互联网某个固定的空间，向全世界发布消息的地方。它由域名（有些是IP地址）和网站空间构成。衡量一个网站的性能通常可以从网站空间大小、网站位置、网站下载速度、网站软硬件配置以及网站提供服务等几方面考虑。

网站基本概念

1. 基本概念

(1) 网页(Web Page)，是构成网站的基本元素，也是构成WWW最主要的基石，也就是说网站是由许多个网页组成。如果没有网页，互联网的浏览者就看不到WWW上五彩斑斓、信息丰富的世界了。网页也可能是一个文件（静态网页），存储于某个网络存储设备上，经由网址(URL)来识别和存取。是Internet中的一"页"，需要透过Web浏览器来浏览。如在WWW上浏览的搜狐、新浪就是网页。这些网页由HTML编写而成，上面有图形、音乐、动画等等。

(2) 主页(Home Page)，也是一个网页，是进入一个网站的起始页面，通常也称为"首页"。通俗地讲，主页是一个网站的门面，要想设计出一个优秀的网站，必须在主页上有自己的特点，能吸引每一个来访者的注意力，优秀的主页是一个好的网站必须具备的第一要素。

(3) 超级链接(Hyperlink)，是WWW的"神经网络"。通俗地讲，它就是向导，把用户从一个网页带到另一个网页，或者从网页的某一部分引导到另一部分。超级链接是通过给网页上的文字或者图像加上特殊的标记来实现的，而浏览者只需要用鼠标单击就可使用它的功能。

(4) 超文本(Hypertext)，是一种文件形式，这种文件的内容可以无限地与相关资料链接。超文本是自然语言文本与计算机交互、转移和动态显示等能力的结合，它允许用户任意构造链接，通过Hyperlink来实现。

(5) 超文本语言(HyperText Markup Language)，即常说的HTML，是制作网页、包

含超级链接的超文本文件的标准语言,它由文本和标记组成。超文本文件的扩展名一般为.html或.htm。

2. 网站的组成

网站通常由静态网页和动态网页组成。初学者对这两种方式的网页认识不太清,具体概念如下。

(1) 静态网页。

HTML格式的网页通常被称为"静态网页"。常见的静态网页以.htm、.html、.shtml等为后缀,每个网页都是一个独立的文件。早期的网站一般都由"静态网页"构成的。

在静态网页中,也会出现各种动态的效果,如gif图片的动画、Flash、滚动字幕等,这些"动态效果"只是视觉上的,初学者看到这种网页上的"动态效果"则认为这就是动态网页,这是错误的认识,它与动态网页并无直接联系。

(2) 动态网页。

动态网页最大的特点就是交互性非常的强。它由服务器执行,生成静态网页发送给浏览者。因为支持数据库,所以功能比静态网页要丰富很多。常见的后缀不再是.htm、.html等静态网页的形式,而是.aspx、.jsp、.php、.cgi等形式。

动态网页可以是纯文字内容,也可以像静态网页那样包含各种动画内容,这些只是网页具体内容的表现形式。采用动态网站技术生成的网页,就称为动态网页,即结合了HTML以外的高级程序设计语言和数据库技术进行的网页编程技术生成的网页都是动态网页。

另外网站的组成还包括了网站链接中的各种资源,包括图形图像、文字、动画、音视频、数据库等等。

3. 网站的分类

从专业的建站角度来看,网站可以区分为个人网站和行业网站。

个人网站包括:个人主页、博客、个人论坛等。进入Web2.0时代后,发展得最快的莫过于个人网站,它极大的丰富了互联网的内容,很多没有任何建站技术的人都成为网络的贡献者和维护者。个人网站可以发布个人信息及相关内容。通俗理解个人网站:就是指网站内容是介绍自己的或是以个人的兴趣爱好为中心的网站,不一定是自己做的网站,但强调的是以个人相关联的信息为中心。个人网站是指个人或团体因某种兴趣、拥有某种专业技术、提供某种服务或把自己的作品、商品展示销售而制作的具有独立空间域名的网站。

行业网站即包含更多行业、企业服务的大门,丰富的资讯信息,以及强大的搜索引擎等。

从内容的角度网站可以分为如下一些。

(1) 资讯门户类网站。

这类网站以提供行业信息资讯为目的,是目前最普遍的网站形式之一。它虽然涵盖的资讯类型多,信息量大,访问群体广,但所包含的功能却比较简单。基本功能通常包含检索、论坛、留言等等，比如新浪、搜狐、新华网等门户网站。

(2) 企业品牌类网站。

企业品牌类网站建设要求展示企业的品牌理念，推广企业的文化等。其网站非常强调创意，所以对于美工设计要求也较高，通常精美的 Flash 动画是其常用的表现形式。网站内容组织策划，产品展示体验方面也有较高要求。网站利用多媒体交互技术，动态网页技术，针对目标客户进行内容建设，以达到品牌营销传播的目的，例如，联想、IBM、惠普等企事业网站。

(3) 交易类网站。

这类网站是以实现交易为目的，以订单为中心。交易的对象可以是企业(B2B)，也可以是消费者(B2C)。

该类网站一般需要有产品管理、订购管理、订单管理、产品推荐、支付管理、收费管理、送发货管理、会员管理等基本系统功能。功能复杂一点的可能还需要积分管理系统、VIP管理系统、CRM 系统、MIS 系统、ERP 系统、商品销售分析系统等。这类网站典型的有：淘宝、易趣、拍拍等。

(4) 社区网站。

社区网站指的是大型、分类多、有很多注册用户的网站，类似于 BBS。比如猫扑、天涯等。

(5) 办公及政府机构网站。

政府机构这类网站面向社会及公众，提供网上办事指南，甚至网上行政业务的申报、办理和相关业务等。而政务办公网站主要包括企业办公事务管理系统、人力资源管理系统、办公成本管理系统和网站管理系统以及利用外部政务网与内部局域办公网络而运行的网站。其基本功能有：提供多数据源接口，实现业务系统的数据整合；统一用户管理，提供方便有效的访问权限和管理权限体系；可以灵活设立下属子网站；实现复杂的信息发布管理流程。采用 B/S 结构构建 OA 系统，即 Web OA 系统，就是这种办公类网站。例如，首都之窗、北京税务局网站等。

(6) 互动游戏网站。

这是近年来国内逐渐风靡起来的一种网站。这类网站的投入是根据所承载游戏的复杂程度来定，其发展趋势是向超巨型方向发展，有的已经形成了独立的网络世界。

(7) 有偿资讯类网站。

这类网站与资讯类网站有点相似，也是以提供资讯为主。所不同者在于其提供的资讯要求直接有偿回报。这类网站的业务模型一般要求访问者或按次，或按时间，或按量付费。例如 CNKI、万方数据等。

(8) 功能性网站。

这类网站的主要特征是将一个具有广泛需求的功能扩展开来，开发一套强大的支撑体系，将该功能的实现推向极致。看似简单的页面实现，却往往投入惊人，效益可观。例如，百度、Google 等搜索引擎。

(9) 综合类网站。

这类网站的共同特点是提供两个以上典型的服务。这类网站可以把它看成一个网站服务的大卖场,不同的服务由不同的服务商去提供。其首页在设计时都尽可能把所能提供的服务都包含进来。

9.2 创建网站

9.2.1 创建网站的准备工作

要建立一个美观实用的网站,一般可以从以下几个步骤来考虑。

1. 确定网站主题

做网站前,对网站的主题一定要明确,这个网站有什么内容,对这些内容的选择也必须要做到层次分明,精简明了。很多人在选择内容的时候就想网站包罗万象,什么都能有,这样网站臃肿不堪,没有特点,而且网站后期的维护也不容易。所以主题一定要明确。

2. 确定网站风格

网站的风格说起来有点抽象,主要也是指站点的整体形象。它包括站点的标志,色彩,字体,标语、版面布局、浏览方式、交互性、文字、语气、内容价值等等诸多因素,网站可以是平易近人的、生动活泼的,也可以是专业严肃的。不管是色彩、技术、文字、布局,还是交互方式,只要能由此让浏览者明确分辨出这是你网站独有的,这就形成了网站的"风格"。

3. 掌握建网站的工具

针对网站的具体情况,选择比较合适的创建工具。网络技术的发展带动了软件业的发展,所以用于制作 Web 应用站点的工具软件也越来越丰富。从最基本的 HTML 编辑器到现在非常流行的所见即所得,互动网页制作工具,各种各样的 Web 页面制作工具,具有代表性的网页制作工具软件有 Dreamweaver、Flash、Microsoft Visual Studio、Eclipse 等。

4. 注册域名或 IP 地址

域名是网站在互联网上的名字。一个好的域名,容易记忆,浏览起来也方便。所以在注册域名时,要把域名起得形象、简单、易记。当然在学习制作网站过程中,域名不是必须的。可以通过 IP 地址来完成网站的发布。

9.2.2 创建网站的一般步骤

网站建设是一项复杂的工程,因此,在建立一个网站之前,必须进行统筹的安排和规划。从软件工程的角度来看,创建网站的基本流程如下。

1. 需求分析

对目标网站所涉及的所有内容进行详细的了解,在经过基本的可行性分析之后,成立一个项目小组,小组成员包括项目主管、网页设计人员、程序员、测试员。当然小型网站可以一人身兼数职,经验丰富者也可一人完成。项目的实现主要是由项目主管来负责的。同时要完成需求说明书。

2. 整体规划

整体规划类似于概要设计,一般包含以下内容:

(1) 网站需要实现哪些功能;

(2) 网站开发过程中使用什么软件,在什么样的硬件环境下进行;

(3) 需要多少人,多长时间;

(4) 需要遵循的规则和标准有哪些。

同时需要写一份总体规划说明书,包括:

(1) 网站的栏目和板块;

(2) 网站的功能和相应的程序;

(3) 网站的链接结构;

(4) 如果有数据库,进行数据库的概念设计;

(5) 网站的交互性和用户友好设计。

3. 网站详细设计

详细设计就到了对目标网站进行全面的设计阶段,这阶段尽可能的细致,甚至包含伪编码。一般包含以下几个内容。

(1) 整体形象设计。

在程序员进行详细设计的同时,网页美工开始设计网站的整体形象和首页。整体形象设计包括标准字、Logo、标准色彩等。首页设计包括版面、色彩、图像、动态效果、图标等风格设计,也包括 Banner、菜单、标题、版权等模块设计。

(2) 页面风格设计。

模块布局宗旨在于方便访问者浏览,所以首页上面可以设置一条导航栏,其下是主题动画,在主题动画下设置版内导航条。大致页面布局力求风格统一、内容丰富。

当前进入 Web 2.0 时代,网页具有强大的交互功能,多种媒体方式如文字、图片、动画、声音等同时存在。文字是一种简洁有效的媒体,输入方便,处理速度快,在网速较慢的情况下适合用文字进行大面积布局。图片可以给人以较为直观的感受,以及更为感性的认识,其缺点是下载速度慢,在网速慢的情况下不宜大面积运用。

(3) 颜色调配设计。

网页制作中页面颜色的调配相当重要,由网页美工进行整个网站的美工设计。各版块采用与网站首页同一色系的颜色,整个版块内部也尽量保持风格一致。

(4) 网站调试方案。

对于网站调试,尽量采用边制作边调试,即采用本机调试和上传服务器调试的方法,因为网站在单机和服务器上运行有很大的区别,所以很有可能在上传服务器之后,出现在单机上不能浏览等一系列问题。如文件链接、路径问题、观察速度、兼容性、交互性等,发现问题及时解决并记录下来。

4. 网站的开发及测试

根据网站的详细设计进行相关的制作和编码，这部分内容比较简单，但对初学者来说可能觉得这是制作网站的全部。所以在学习的过程中，应该从工程的角度来开发网站，这样大大的提高了成功的概率。在网站编码结束后进行相关的测试工作，并完成测试报告。

5. 申请域名和空间

域名可以通过域名服务商来申请，一般是按年来收费。空间的申请一般根据网站的实际情况来决定，涉及的知识也比较多，在此不做过多的介绍，9.4节会有所介绍。

6. 发布站点

发布站点就意味着网站的制作已经完成，可以部署到互联网的空间里了。上传网站的方法一般是通过FTP服务进行的，上传完网站后，在互联网的任何地方都可以浏览站点的网页。

9.2.3 网站所需要的条件

1. 申请域名

在申请注册网站域名之前，用户必须先检索一下自己选择的域名是否已经被注册，最简单的方式就是上网查询。国际顶级域名可以到国际互联网络信息中心 InterNIC (http://www.internic.net)的网站上查询，国内顶级域名可以到中国互联网络信息中心 CNNIC(http://www.cnnic.net.cn)的网站上查询。

目前，申请域名有两种形式：一种是收费的，一种是免费的。实际上，大多数域名是收费的，免费的域名已经越来越少了。而且免费的域名一般会带有域名服务商的广告。

提供收费域名的ISP(Internet Service Provider，即Internet服务提供商)很多。域名申请成功后，有的ISP还附加提供一定的主页空间，可以直接上传要发布的网页。采用收费域名的最大优点是服务有保障，功能比较齐全。

免费域名只提供域名，不提供主页空间，因此这种域名实际上只提供一种转向功能，不能真正发布网页。

2. 申请网站空间

目前网站的空间一般有虚拟主机和服务器托管两种形式。

(1) 虚拟主机：虚拟主机是指使用特殊的技术，将一台服务器分为很多台“虚拟”服务器，并拥有共享的IP地址，但是都具有自己独立的域名。

(2) 服务器托管：如果具有较大的访问量，或者需要很大的服务器空间，那么虚拟主机就不能满足要求，可以采用将自己的服务器存放在ISP网络中心机房，借用其网络通信系统接入Internet，这样就能避免独立机房的建设，并享有良好的网络带宽服务。

9.2.4 网站制作遵循的原则

1. 网站设计方案主题要鲜明

首先要明确目标,即网站的定位。在此基础上完成网站的总体设计方案,对网站的整体风格和特色做出选择,规划网站的层次结构。

在目标明确的基础上,完成网站的构思创意即总体设计方案。对网站的整体风格和特色做出定位,规划网站的组织结构。有些站点只是简洁的文本信息;有些则采用多媒体表现手法,提供华丽的图像、闪烁的光影、复杂的页面布置。好的 Web 站点可以把图像表现手法和有效的组织与信息内容结合起来。

2. 网站的版式设计

网页设计常用框架布局,即把相关的内容通过合理的框架布局表现出来。这种布局结构其实和平面设计有许多相似之处。所以在这个过程中会常用 Photoshop 等这类平面设计软件把站点的用户界面(UI)设计出来。通过文字、图片完成空间的组合,体现出完美与和谐。

同时站点的编排设计要求把页面之间的有机联系反映出来,特别要处理好页面之间的秩序与内容的关系。为了达到最佳的视觉表现效果和浏览便利,应该反复推敲整体布局的合理性,使浏览者有一个流畅的视觉体验。另外在做网站版式设计的时候,特别要考虑到当前主流显示器的分辨率。

3. 色彩在网页设计中的作用

色彩是艺术表现的要素之一。在网页设计中,可以根据和谐、均衡和重点突出的原则,将不同的色彩进行组合搭配来构成美丽的页面。根据色彩对人们心理的影响,合理地加以运用。

4. 网页设计形式与内容相统一

这需要灵活运用对比与调和、对称与平衡、节奏与韵律等方法,同时对设计者也提出了比较高的要求。通过空间、文字、图形之间的相互关系建立整体的均衡状态,产生和谐的美感。如对称原则在页面设计中,它的均衡有时会使页面显得呆板,但如果加入一些富有动感的文字、图案,或采用夸张的手法来表现内容往往会达到比较好的效果。点、线、面作为视觉语言中的基本元素,巧妙地互相穿插、互相衬托、互相补充构成最佳的页面效果,充分表达完美的设计意境。一般这部分都会由有美术功底的 UI 设计师来参与完成。

5. 网页设计中多媒体功能的利用

随着网络带宽的提高,多媒体的支持也越来越好,适当的引入多媒体,对网站的效果可能起到意想不到的效果。多媒体可以吸引浏览者注意力,同时也能补充文字站点的某些不足。网页的内容可以用三维动画、Flash 等来表现。未来的 HTML5 在这方面将添加更多的互动效果。不过在使用多媒体功能时,也需要考虑浏览者的条件限制。例如浏览器的支持,网络带宽等。

6. 导向清晰

网站的导向也非常重要，要做到分类清晰，结构合理。可以做出分层次的导航菜单或者一些重要的快捷链接。建议主菜单采用单文件存放的形式，其站点的所有网页加载主菜单即可，这样便于主要导航的维护。网页设计中导航使用超文本链接或图片链接，使人们能够在网站上自由前进或后退，而不会让他们使用浏览器上的前进或后退按钮。建议在所有带超链接的图片上使用<alt>标识（即提示信息框）符注明图片的含义，以便不愿意浏览相关内容的浏览者不会点击进入。

7. 快速的下载时间

网页显示速度快，通俗的说就是网页下载速度快这显得非常重要。在好的网页，如果浏览者打开的时候，需要等待几分钟才能进入网站浏览，这是不可取的。现在已进入高网速时代，在互联网上等待 30 秒和平常等待 10 分钟的感觉差不多。因此，建议在网页设计中尽量避免使用过多的图片及体积过大的图片。通常会将首页的大小控制在 200K 以内，确保普通浏览者页面等待时间不超过 2 秒，当然这跟浏览者的网速也有很大的关系。但尽量做到网页的体积优化到最小。

8. 非图形的内容

必要时适当使用动态"Gif"图片，为减少动画容量，应用巧妙设计的 Flash 动画可以用很小的容量使图形或文字产生动态的效果。但是，由于在互联网浏览的大多是一些寻找信息的人们，所以要确定网站将为他们提供的是有价值的内容，而不是过度的装饰。

9. 网站测试和改进

测试实际上是模拟用户询问网站的过程，用以发现问题并改进网页设计。当前的 Web 浏览器也比较多，但主流的还是 IE、Firefox、Chrome、Opera 等，所以对主流的浏览器需要多测试，尽可能的支持好些。

9.2.5 网站的目录结构

在浏览互联网上的网页时，很多的网站内容丰富、信息繁杂，那么这些网站内部会是一个什么样的组织结构呢？网页的组织结构有以下四种。

1. 线性结构

这种结构最简单，它是以某种顺序组织的，可以是时间顺序，也可以是逻辑甚至是字母顺序。通过这些顺序呈线性地链接。如一般的索引或帮助文档就采用线性结构。线性结构是组织网页的基本结构，复杂的结构也可以看成是多维的线性结构。

2. 二维表结构

这种结构允许用户横向、纵向地浏览信息。就好像一张二维表，如课表一样。

3. 层级结构

层级结构由一条层级主线构成索引，每一个层级点又由一条线性结构构成。如网站的导航就是这种结构。在构造层级结构之前，必须完全彻底地了解网站内容，把这些内容按照某种层级关系安排好，避免线性组织不严的错误，否则会导致浏览者对查找信息的混乱。

4. 网状结构

这是最复杂的组织结构，它完全没有限制，网页组织自由链接，其目的就是充分利用网络资源和分享超级链接。一般单个网站比较少采用这种方式的结构，而搜索引擎制造出来的内容就会是这样一种网状结构。其实整个互联网就是一个超级大的网状结构。

9.2.6 制作网站的工具

制作网站的工具较多，这就需要看创建的网站是动态网站还是静态网站。而动态网站又可以分为前台网页工具和后台开发工具。一般前台网页开发工具也是制作静态网站的工具。这些软件的使用也是有难有易。在此按先易后难来介绍几款常用的开发工具。

1. 初级网站制作软件

Microsoft FrontPage 是 Microsoft 公司开发的一款轻量级网页设计软件。如果对 Word 比较熟悉，那么用 FrontPage 进行网页设计一定会非常顺手。使用 FrontPage 制作网页，能真正体会到“功能强大，简单易用”的含义。页面制作由 FrontPage 中的编辑器完成，其工作窗口由 3 个标签页组成，分别是“所见即所得”的编辑页，HTML 代码编辑页和预览页。FrontPage 中对网页的布局和表单的设计都非常便利，支持 JavaScript、VBScript 和 CSS。向导和模板都能使初学者在编辑网页时感到更加方便。

2. 中级网站制作软件

(1) Dreamweaver。

Dreamweaver 是美国 Adobe 公司开发的集网页制作和网站管理于一身的所见即所得的网页设计软件，它包括可视化设计、HTML 代码编辑和拆分编辑三种模式，并支持 ActiveX、JavaScript、Java Applet、Flash、ShockWave 等特性，而且它还能通过拖曳从头到尾制作动态的 HTML 动画，支持动态 HTML(Dynamic HTML)的设计，使得页面没有插件也能够在 IE 浏览器中正确地显示页面的动态效果。同时它还提供了自动更新页面信息的功能。

(2) Flash。

Flash 也是美国 Adobe 公司开发的一款网页设计软件。是用在互联网上动态的、可互动的 ShockWave。它的优点是体积小，可边下载边播放，这样就避免了用户长时间的等待。Flash 开发软件可以用其生成动画，还可在网页中加入声音。这样你就能生成多媒体的图形和界面，而文件的体积却很小。Flash 内置的开发语言是 ActionScript，可以做出互动性很强的主页来。目前 Flash 还集成了 3D 的功能，可以在互联网上显示出非常完美的三维世界，很多的网页游戏就是采用 Flash 来制作的。

3. 高级网站制作软件

(1) Microsoft Visual Studio。

Microsoft Visual Studio 是由微软推出的大型 IDE(Integrated Development Environment)工具。该系列的版本有：2003、2005、2008、2010、2012、2013 和未来的版

本;适合开发动态的 aspx 网页,同时,还能制作无刷新页面更新技术的网页、WebService 功能等,仅适合高级用户。

(2) Eclipse。

Eclipse 最初由 OTI 和 IBM 两家公司的 IDE 产品开发组创建,后来有 150 多家软件公司参与到 Eclipse 项目中,其中包括 Borland、Rational Software、Red Hat 及 Sybase 等。Eclipse 是一个开放源代码的、基于 Java 的可扩展开发平台。就其本身而言,它只是一个框架和一组服务,用于通过插件组件构建开发环境。Eclipse 附带有一个标准的插件集,包括 Java 开发工具(Java Development Kit,JDK)。

对于初学者来说,这么多的网页开发工具,如何来学习呢,这是一个有浅到深的过程,不用过于着急,不用一开始就找一个高级的开发工具,这样可能在学习的过程中会打击自己的自信心,而失去学习的兴趣。推荐大家可以从 DreamWeaver 这个工具学起,在 9.3 节,也将详细给大家介绍这款软件一些常用方法。

另外还有一个网页制作的辅助软件,非常有用,大家可能经常需要用到,那就是由 Adobe Systems 开发和发行的图像处理软件 Photoshop。用来制作网页时 Photoshop 是必不可少的网页图像处理软件。

9.2.7 发布网站

网站建设好后,在发布之前还需要进行下列准备:

(1) 保证让主流的 Web 浏览器都能较好地显示网页。

(2) 注册到搜索引擎,可以增大网页的访问量。

(3) 针对搜索引擎进行优化,例如,确定几个关键字和详细的页面描述。

(4) 优化性能,缩小页面大小,可以提高浏览者的访问速度。

(5) 如果没有自己的服务器和域名,还需要申请域名和网上空间。

当所有的准备工作都完成之后,就需要将程序和网站各种资源进行整合并发布内部测试版。如果网站功能测试无误,就可以正式发布网站了。

对于动态网站,发布时需要注意如下 3 点:

(1) 服务器是否支持网站所采用的脚本语言。

(2) 服务器是否支持文件的读写操作。

(3) 服务器支持什么样的数据库?如 Access、SQL Server、MySQL 等。

最后是上传,如果是远程服务器,那么网站的上传还需要利用远程 FTP 工具或其他相关上传工具进行传输。

9.3 HTML 概述

HTML(HyperText Markup Language),超文本标记语言,是一种专门用于创建 Web 超文本文档的编程语言,它能告诉 Web 浏览程序如何显示 Web 文档(即网页)的信息，如何链接各种资源。使用 HTML 语言编写的文档可以链接其他文件，如图像、声音、视频等，从而形成超文本。

超文本文件本身并不真正含有其他的文件，它仅仅含有指向这些文件的超链接。HTML 是用来制作网页的语言，网页中的每个元素都需要用 HTML 规定的专门标记来定义。

1993 年 6 月，Tim Berners-Lee 开发了 HTML，可以用任何文本编辑器来处理，简单易用。随着 20 世界 90 年代 Web 网络的迅速兴起，HTML 也迅速普及。

1995 年 11 月，IETF(Internet Engineering Task Force)在对浏览器标记进行整理的基础上，开发了 HTML2.0 规范。到 1996 年，W3C 的 HTML 工作组推出了 HTML3.2。到了今天，HTML 已经发布了 HTML5 版本，其规范更加统一。浏览器之间的统一性也日趋完善。HTML 的发展过程如表 9.1 所示。

表 9.1　HTML 的发展过程

时　间	版　本
1993 年 6 月	超文本标记语言(第一版)
1995 年 11 月	HTML2.0
1996 年 1 月 14 日	HTML3.2
1997 年 12 月 18 日	HTML4.0
1999 年 12 月 24 日	HTML4.01
2000 年 1 月 26 日	XHTML1.0
2001 年 5 月 31 日	XHTML1.1
2008 年 1 月 22 日	HTML5(第一份正式草案发布)

9.3.1　HTML 基本语法

万维网(World Wild Web)是一个庞大的信息资源网络，它之所以能够使这些信息资源为广大用户所利用，主要依靠三条基本技术：统一资源定位器 URL(Uniform Resource Locator)、超文本传送协议 HTTP(Hypertext Transfer Protocol)和超文本链接技术 HyperLink。万维网使用的标准语言是 HTML(HyperText Markup Language)，称为超文本标记语言。HTML 文件是一个包含标记的文本文件，这些标记告知 Web 浏览器如何显示这个页面。另外，HTML 文件的扩展名为 htm 或 html。

1. HTML 基本结构

HTML 语言可以使用任何文本编辑器(例如 Windows 自带的“记事本”程序)进行编辑。编辑完成后，只需将编辑好的文件保存为扩展名为“.htm”的文件，然后在文件夹中双击该文件，即可在 Web 浏览器中打开编辑好的页面。

本节将使用记事本程序对网页进行编辑。使用记事本编辑网页有两种方法：一种是打开"记事本"程序，然后利用"记事本"打开已经存在的网页文件；另一种是找到网页文件，在文件名称上单击鼠标右键，在弹出的菜单中选择"打开方式"中的"记事本"命令，即可利用记事本编辑网页文件，如图 9.1 所示。

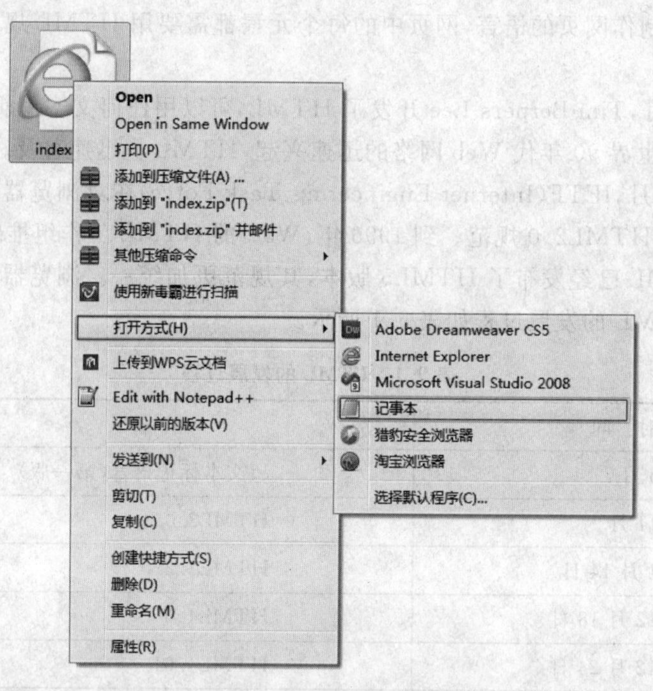

图 9.1　网页文件用记事本编辑的方法

可以将 HTML 看成加入了许多标记(Tag)的普通文本文件。从结构上来讲，HTML 文件由元素(Element)组成，组成 HTML 的元素有许多种，分别用于组织文件的内容和指导文件的输出格式。绝大多数元素有起始标记和结束标记。元素的起始标记叫做"Start Tag"，结束标记叫做"End Tag"，在起始标记和结束标记中间的部分叫"元素体"。每一个元素都有名称和属性，元素的名称和属性都在起始标记内标明。HTML 语言不区分大小写。例如<html>和<HTML>具有相同的含义。

下面的代码展示 HTML 语言的结构特点。

```
<html>
    <head>
      <title>HTML 编写举例</title>
    </head>
    <body>
        <p>欢迎使用 HTML 语言编写网页!</p>
    </body>
</html>
```

将上述代码进行保存，文件名为 html1.htm，在浏览器中的浏览效果如图 9.2 所示。

从上面的例子可以看出，虽然编写了很多行代码，但是产生的效果是很简单的一句

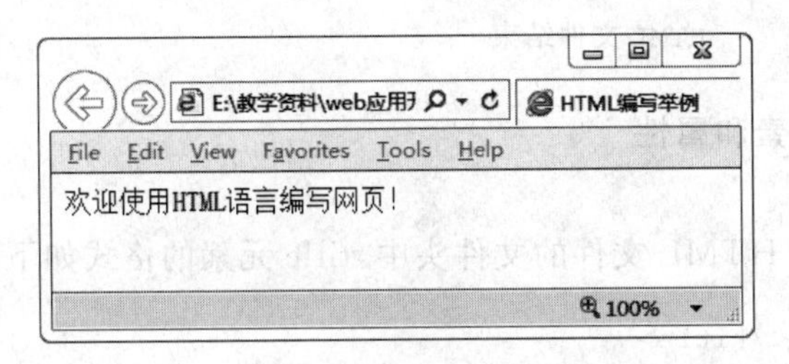

图 9.2　比较简单的 HTML 文件

话，对应的也就是“＜p＞欢迎使用 HTML 语言编写网页！＜/p＞”这条语句。另外也可以注意到 IE 浏览器的标题栏出现了“HTML 编写举例”的字样，在程序中对应的是“＜title＞HTML 编写举例＜/title＞”这条语句。其它的代码产生的作用都是不可见的。

＜html＞：表示 HTML 语言的开始，对应的最后一行＜/html＞语句表示 HTML 语言的结束。每个 HTML 语言文件都必须包含这两个语句。

在 HTML 中“＜”、“＞”和“&”具有特殊的含义，前两个字符用于标注，“＜＞”表示标注的开始，“＜/＞”表示标注的结束，“&”用于转义。如果需要在网页中显示上述字符，不能直接使用原型，而应使用它们的转义字符。

① “＜”的转义序列为“<”或“&＃60;”。

② “＞”的转义序列为“>”或“&＃62;”。

③ “&”的转义序列为“&s;”或“&＃38;”。

例如，如果需要在网页中显示“＜font＞”，那么 HTML 代码应该这样编写“<font>”。

使用转义字符时应注意以下几点。

① 转义序列各字符间不能有空格。

② 转义序列必须以“;”结束。

③ 单独的 & 不被认为是转义开始。

④ 转义字符应小写。

一般来说，HTML 元素的元素体由如下 3 部分组成。

① 头元素＜head＞….＜/head＞。

② 体元素＜body＞….＜/body＞。

③ 注释。

头元素和体元素的元素体又由其他元素和文本及注释组成。也就是说，一个 HTML 文件具有下面的结构。

```
<html>              HTML文件开始
    <head>          文件头开始
        文件头
    </head>         文件头结束
    <body>          文件体开始
        文件体
    </body>         文件体结束
```

```
</html>                    HTML 文件结束
```

2. 网页的基本元素和属性

(1) title 元素。

title 元素出现在 HTML 文件的文件头中，title 元素的格式如下：

```
<title>文件标题</title>
```

title 是一个网页的标题，是对网页内容的概括。一个好的标题应该能使浏览者从中判断出该网页的大概内容。标题不会显示在浏览器窗口中，而是以窗口的标题显示出来。

【例 9.1】 使用 title(标题)元素。

HTML 文件代码如下。

```
<title>HTML 编辑方式</title>
```

使用 title 元素的网页的浏览效果如图 9.3 所示。

图 9.3 标题的使用

title 的长度没有限制，但过长的标题会导致折行，因此一般情况下 title 的长度不应超过 64 个字符。由于 title 的作用是表明文件内容，所以太短的 title 也是不可取的。

(2) hn 元素(n 为 1～6 的自然数)。

同 title 元素一样，hn 元素也是标题元素，但是与 title 元素不同的是，hn 元素最终将显示在网页中，即网页内容中的标题。hn 有 6 种，分别为 h1，h2，…，h6，用于表示网页中的各种标题。标题号越小，字体越大。hn 元素可以有对齐属性“align＝”，其中等号后面可以是如下几种选择。

- left：标题居左。
- center：标题居中。
- right：标题居右。

【例 9.2】 使用 hn(标题)元素。

使用 hn(标题)元素的 HTML 代码如下。

```
<html>
  <head>
     <title>Hn 元素的例子</title>
  </head>
  <body>
```

```
        <h1 align=left>标题元素 1</h1>
        <h2 align=center>标题元素 2</h2>
        <h3 align=right>标题元素 3</h3>
        <h4>标题元素 4</h4>
        <h5>标题元素 5</h5>
        <h6>标题元素 6</h6>
    </body>
</html>
```

使用 hn(标题)元素的网页浏览效果如图 9.4 所示。

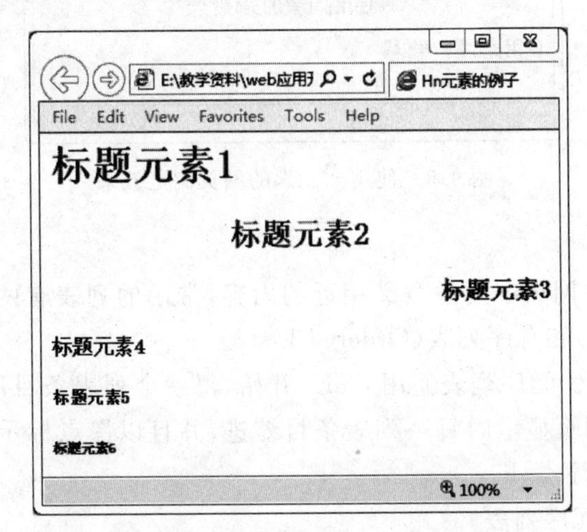

图 9.4 使用 hn(标题)元素的网页浏览效果

(3) p 元素。

用户在改变浏览器显示区大小的时候,网页将自动调整网页中文本的宽度。在 HTML 代码中将多个空格以及回车等效为一个空格,因此 HTML 页面的分段完全依赖于分段元素 p,而不管 HTML 代码中的分段如何。

p 元素同样可以有对齐属性"align=",取值分为 left、center、right。

【例 9.3】 使用 p 元素。

使用 p(分段)元素的 HTML 代码如下。

```
<html>
    <head>
        <title>p 元素的例子</title>
    </head>
    <body>
        <h1 align=center>使用 p 元素</h1>
         没有
         使用 p 元素 [微软用户 2]
        <p align=center>使用 p 元素的第 1 段</p>
        <p align=left>使用 p 元素的第 2 段</p>
    </body>
```

```
</html>
```

使用 p 元素的网页浏览效果如图 9.5 所示。

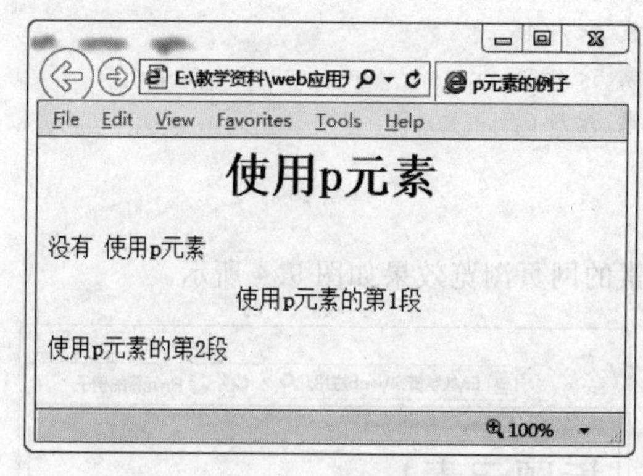

图 9.5 使用 p 元素的网页浏览效果

(4) list 元素。

list(列表)用于在网页中列举意义相近的内容，常用的列表有两种格式，分别是无序列表(Unordered List)和有序列表(Ordered List)。

① 无序列表(ul)。无序列表使用<ul>开始，每一个列表条目用<li>引导，最后使用</ul>结束。在网页显示时每一列表条目缩进，并且以黑点标示。需要注意的是，列表条目不需要结尾标注</li>。

【例 9.4】 使用无序列表。

使用 ul(无序列表)元素的 HTML 代码如下。

```
<html>
  <head>
     <title>无序列表的例子</title>
  </head>
  <body>
      <h1 align=center>使用 ul 元素</h1>
      <ul>
          <li>列表的第 1 行
          <li>列表的第 2 行
      </ul>
  </body>
</html>
```

使用 ul(无序列表)的网页浏览效果如图 9.6 所示。

② 有序列表(ol)。与无序列表相比，有序列表只是在输出列表条目时使用数字进行标示。有序列表使用<ol>开始，每一个列表条目用<li>引导，最后使用</ol>结束。在网页显示时每一列表条目缩进，并且以数字标示。

【例 9.5】 使用有序列表。

使用 ol(有序列表)元素的 HTML 代码如下。

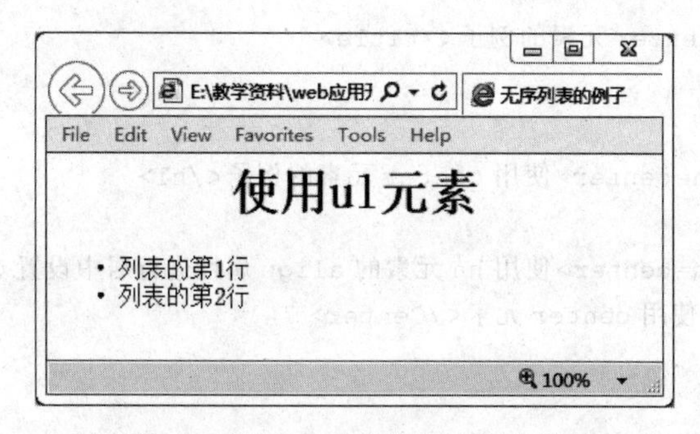

图 9.6　使用 ul 元素的网页浏览效果

```
<html>
   <head>
      <title>有序列表的例子</title>
   </head>
   <body>
      <h1 align=center>使用 ol 元素</h1>
      <ol>
         <li>列表的第 1 行
         <li>列表的第 2 行
      </ol>
   </body>
</html>
```

使用 ol(有序列表)的网页浏览效果如图 9.7 所示。

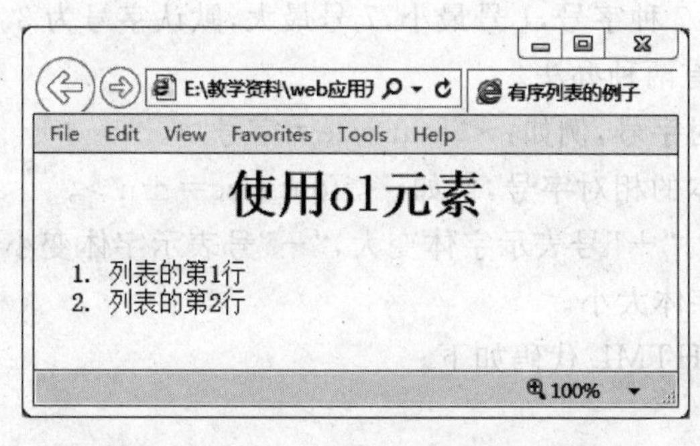

图 9.7　使用 ol 元素的网页浏览效果

(5) center 元素。

许多元素都有对齐方式属性，例如 hn 元素和 p 元素等。在 HTML 文件中也可以直接使用 center 居中元素进行标注。

【例 9.6】 使用 center 元素。

使用 center 元素的 HTML 代码如下。

```
<html>
   <head>
```

```
        <title>center 元素的例子</title>
    </head>
    <body>
        <h1 align=center>使用 center 元素的例子</h1>
        <p></p>
        <h3 align=center>使用 hn 元素的 align 属性进行居中设置</h3>
        <Center>使用 center 元素</Center>
    </body>
</html>
```

使用 center 元素的网页浏览效果如图 9.8 所示。

图 9.8 使用 center 元素的网页浏览效果

3. 网页风格的设置

(1) 字体大小。

HTML 文件中有 7 种字号,1 号最小,7 号最大,默认字号为 3。

设置文本的字号有两种办法。

方法一:设置绝对字号,例如:<font size=字号>。

方法二:设置文本的相对字号,例如:<font size=±n>。

使用第二种方法时"+"号表示字体变大,"-"号表示字体变小。

【例 9.7】 设置字体大小。

设置字体大小的 HTML 代码如下。

```
<html>
    <head>
        <title>设置字体大小</title>
    </head>
    <body>
        <h1 align=center>设置字体大小的例子</h1>
        <p></p><font size=7>7 号字体</font>
        <p></p><font size=6>6 号字体</font>
        <p></p><font size=5>5 号字体</font>
        <p></p><font size=4>4 号字体</font>
        <p></p><font size=3>3 号字体</font>
```

```
        <p></p><font size=2>2 号字体</font>
        <p></p><font size=1>1 号字体</font>
    </body>
</html>
```

设置字体大小的网页浏览效果如图 9.9 所示。

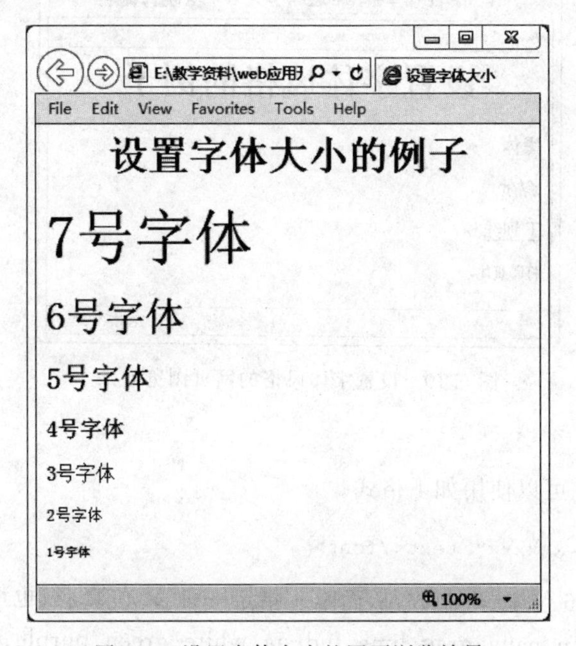

图 9.9 设置字体大小的网页浏览效果

(2) 字体风格。字体风格包括如下几种类型。

- <b>黑体。
- <i>斜体。
- <u>下划线。
- <tt>打字机体。

【例 9.8】 设置字体风格。

设置字体风格的 HTML 代码如下。

```
<html>
    <head>
        <title>设置字体风格</title>
    </head>
    <body>
        <h1 align=center>设置字体风格的例子</h1>
        <p></p><b>黑体</b>
        <p></p><i>斜体</i>
        <p></p><u>下划线</u>
        <p></p><tt>打印机体</tt>
```

```
  </body>
</html>
```

设置字体风格的网页浏览效果如图 9.10 所示。

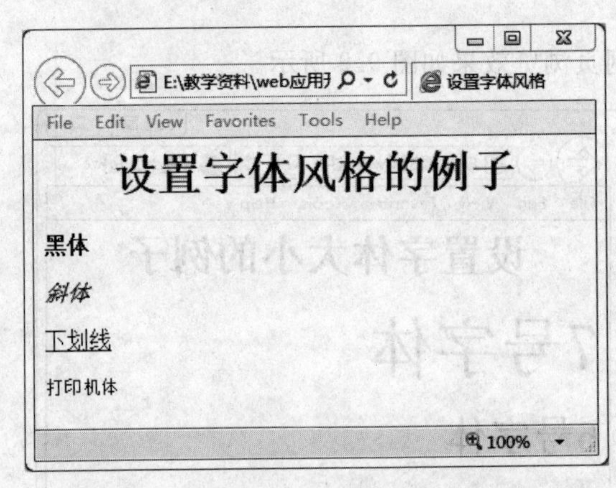

图 9.10　设置字体风格的网页浏览效果

(3) 字体颜色。

指定字体的颜色可以使用如下格式。

```
<font color="# xxxxxx">text</font>
```

xxxxxx 可以是 6 位 16 进制数,从而唯一指定一种 24 位真彩;也可以是 black、olive、teal、red、blue、maroon、navy、gray、lime、fudrsia、white、green、purple、sliver、yellow、aqua 等常量之一。

【例 9.9】 设置字体颜色。

设置字体颜色的 HTML 代码如下。

```
<html>
  <head>
     <title>设置字体颜色</title>
  </head>
  <body>
     <h1 align=center>设置字体颜色的例子</h1>
     <p></p>  <font color="# 000000">黑色(使用十六进制数)</font>
     <p></p>  <font color=yellow>黄色(使用常量)</font>
     <p></p>  <font color="# ff0000">红色(使用十六进制数)</font>
     <p></p>  <font color=blue>蓝色(使用常量)</font>
  </body>
</html>
```

设置字体颜色的网页浏览效果如图 9.11 所示。

(4) 标尺线(hr)。

标尺线可用于分隔网页的不同部分。指定标尺线的格式如下。

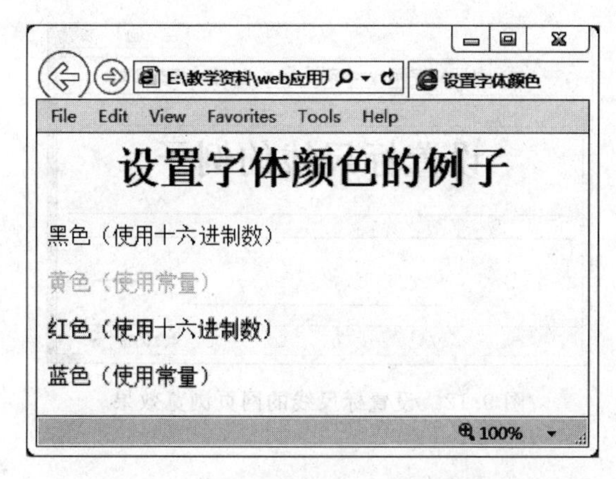

图 9.11　设置字体颜色的网页浏览效果

```
<hr size=n  width=m  align=x>
```

- 标尺线的宽度用“size”表示，单位是像素；
- 标尺线的长度用“width”表示，可以指定绝对线长，也可以指定标尺线长度占窗口宽度的百分比；
- 标尺线的位置用“align”指定，left 表示标尺线左端与左边界对齐，right 表示标尺线右端与右边界对齐，默认状态时标尺线出现在窗口正中央。

【例 9.10】 设置标尺线。

设置标尺线的 HTML 代码如下。

```
<html>
  <head>
     <title>设置标尺线</title>
  </head>
  <body>
     <h1 align=center>设置标尺线的例子</h1>
     <p></p><hr>
     <p></p><hr size=15 aling=left>
     <p></p><hr width=60 align=right>
     <p></p><hr width=50% >
  </body>
</html>
```

设置标尺线的网页浏览效果如图 9.12 所示。

4. 表格

表格在网页中主要有如下两个作用：既可以在网页中运用表格的形式显示查询结果，也可以使用表格进行版面设计，将网页划分为不同的区域。

(1) 表格的基本形式。

一个表格由＜table＞开始，＜/table＞结束，表的内容由＜tr＞、＜th＞和＜td＞

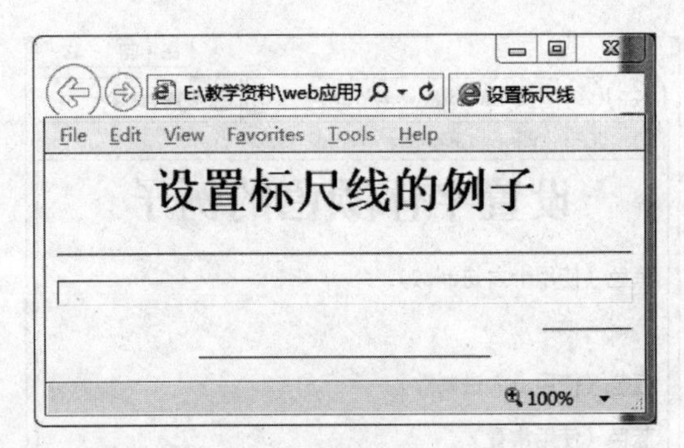

图 9.12　设置标尺线的网页浏览效果

定义。

- <tr>表示表格的行。
- <td>表示表格的列。
- <th>表示表格的列的名称，通常情况下可以使用<td>代替<th>。

border 属性说明表格是否有分隔线，通常在使用表格进行网页区域划分时将 border 属性设为零或者不使用 border 属性。

【例 9.11】 设置表格。

设置表格的 HTML 代码如下。

```
<html>
  <head>
      <title>设置表格</title>
  </head>
<body>
      <h1 align=center>设置表格的例子</h1>
      <p></p>
      <table border>
          <tr>
              <th>第 1 列</th><th>第 2 列</th><th>第 3 列</th>
          </tr>
          <tr>
              <td>A</td><td>B</td><td>C</td>
          </tr>
      </table>
  </body>
</html>
```

需要注意的是，代码中的缩进只是为了使代码更容易阅读，读者完全可以根据自己的习惯编写代码，不使用缩进的效果和使用缩进的效果是完全一样的。

设置表格的网页浏览效果如图 9.13 所示。

(2) 宽度和高度。

表格的宽度可以使用 width 属性表示，表格的高度可以使用 height 属性表示，其格

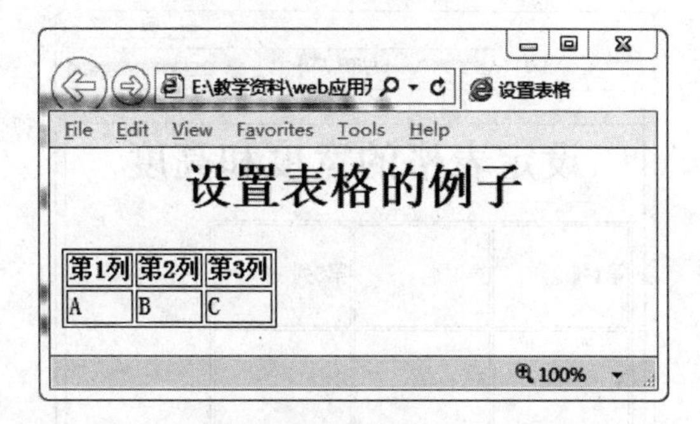

图 9.13　设置表格的网页浏览效果

式如下。

```
<table border width=#  height=# >
```

其中“＃”表示表格宽度和高度的像素值。

【例 9.12】　设置表格的宽度和高度。

设置表格的宽度和高度的 HTML 代码如下。

```
<html>
   <head>
       <title>设定表格的宽度和高度</title>
   </head>
   <body >
       <h1 align=center>设定表格的宽度和高度</h1>
       <p></p>
       <table border width=300 height=150>
           <tr>
               <td>第 1 列</td><td>第 2 列</td><td>第 3 列</td>
          </tr>
           <tr>
               <td>A</td><td>B</td><td>C</td>
          </tr>
       </table>
   </body>
</html>
```

设定表格的宽度和高度网页浏览效果如图 9.14 所示。

(3) 表格边框宽度。

表格的边框宽度由 border 属性表示，其格式如下。

```
<table border=# >
```

其中“＃”为宽度值，单位是像素。

【例 9.13】　设置表格边框宽度。

设置表格边框宽度的 HTML 代码如下。

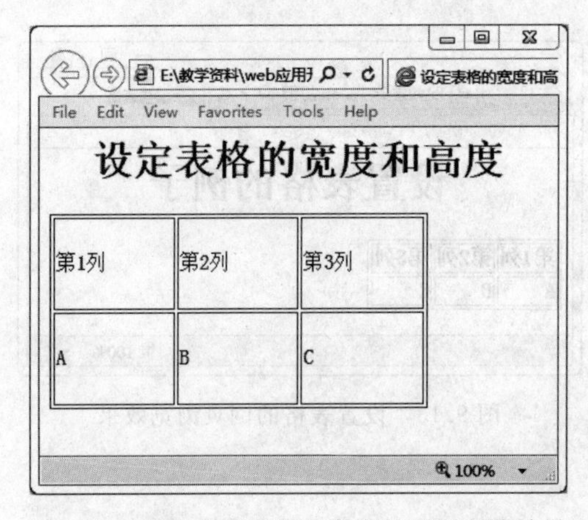

图 9.14　设置表格宽度和高度的网页浏览效果

```
<html>
  <head>
     <title>设置表格边框宽度</title>
  </head>
  <body>
     <h1 align=center>设置表格边框宽度的例子</h1>
     <p></p>
     <table border=20>
        <tr>
           <td>第 1 列</td><td>第 2 列</td><td>第 3 列</td>
        </tr>
        <tr>
           <td>A</td><td>B</td><td>C</td>
        </tr>
     </table>
  </body>
</html>
```

设置表格边框宽度的网页浏览效果如图 9.15 所示。

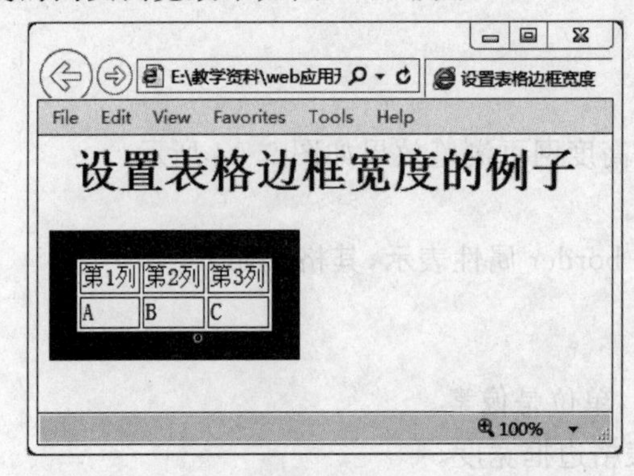

图 9.15　设置表格边框宽度的网页浏览效果

(4) 格间线宽度。

格与格之间的线为格间线，它的宽度可以使用<table>中的 cellspacing 属性加以调节。格式是：

```
<table cellspacing=# >            # 表示要取用的像素值
```

【例 9.14】 设置表格格间线宽度。

```
<html>
    <head>
        <title>设置表格边框宽度</title>
    </head>
    <body>
        <table border=3 cellspacing=5>
            <caption>设置表格格间线宽度的例子</caption>
            <tr>
                <th>第一列</th><th>第二列</th><th>第三列</th>
            </tr>
            <tr>
                <td>200公斤</td><td>200公斤</td><td>100公斤</td>
            </tr>
        </table>
    </body>
</html>
```

设置表格格间线宽度的网页浏览效果如图 9.16 所示。

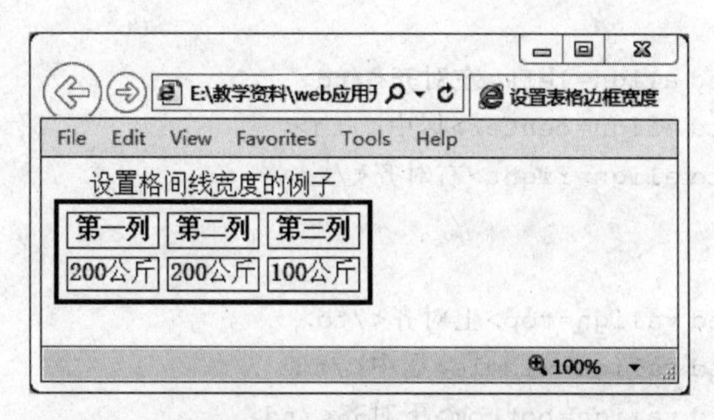

图 9.16　设置表格间线宽度的网页浏览效果

(5) 表格中的文本和图像。

表格中的文本和图像的设置方法是相同的，下面将以文本的设置方法为例进行介绍。

① 文本和边框的距离。

文本和边框的距离使用 cellpadding=＃说明，其格式如下。

```
<table border cellpadding=# >
```

② 文本在表格中的位置。

文本在表格中的横向位置使用 align=＃说明，align 属性可修饰<tr>，<th>和

<td>等元素，其格式如下。

```
<tr align=# >
<th align=# >
<td align=# >
```

其中“♯”代表 left、center 或 right 三者之一，分别表示左对齐，居中和右对齐。

文本在表格中的纵向位置使用 valign=♯说明，valign 属性可修饰<tr>，<th>和<td>等元素，其格式如下。

```
<tr valign=# >
<th valign=# >
<td valign=# >
```

其中“♯”代表 top、middle 或 bottom 三者之一，分别表示上对齐，居中和下对齐。

【例 9.15】 设置文本在表格中的位置。

设置文本在表格中的位置的 HTML 代码如下。

```
<html>
  <head>
      <title>设置文本在表格中的位置</title>
  </head>
  <body>
      <h1 align=center>设置文本在表格中的位置的例子</h1>
      <p></p>
      <table border width=260 height=200>
          <tr>
              <td align=left>左对齐</td>
              <td align=center>居中</td>
              <td align=right>右对齐</td>
          </tr>
          <tr>
              <td valign=top>上对齐</td>
              <td valign=middle>居中</td>
              <td valign=bottom>下对齐</td>
          </tr>
      </table>
</body>
</html>
```

设置文本在表格中的位置的网页浏览效果如图 9.17 所示。

(6) 表格位置。

表格在网页中的位置由 align=left 或 right 指定，其格式如下。

```
<table align=left>
<table align=right>
```

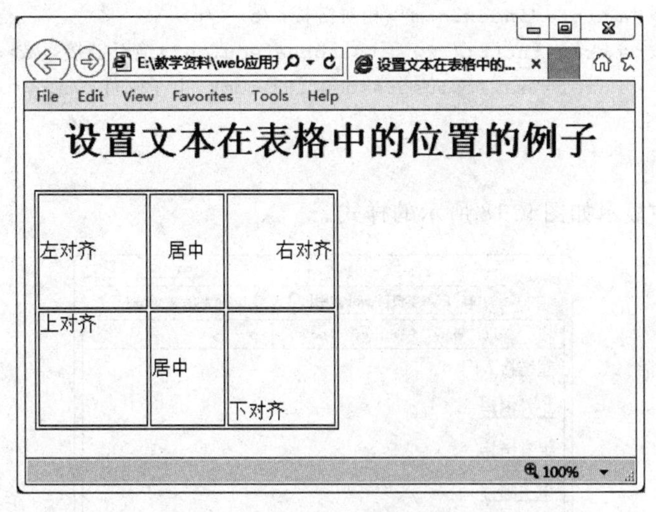

图 9.17　设置文本在表格中的位置的网页浏览效果

9.3.2　超链接标记

超文本链接(Hypertext Link)通常称为超链接(Hyperlink)或者简称为链接(Link)。链接是指将文档中的文本或者图像与另一个文档、文档的一部分或者另一幅图像链接在一起。使用超链接可以使顺序存放的文件在一定程度上具有随机访问的能力。

在 HTML 中,超链接标记是<a>,其基本格式是:

```
<a href="URL">…</a>
```

例如,在<a href="http://www.microsoft.com/index.htm">中,告诉 Web 浏览器"使用 HTTP 协议,从名字为 www.microsoft.com 的服务器里取回名为 index.htm 的文件"。

上述 URL 地址中采用的是绝对路径,如果链接的文档在同一目录下,HTML 可以使用相对路径链接该文档,也可以使用绝对路径来链接该文档。例如,从上述的 index.htm 文件链接到同一目录下的 index1.htm 文件,可以采用绝对路径<a href="http://www.microsoft.com/index1.htm">,也可以采用相对路径< a href="index1.htm">。使用相对路径链接比使用绝对路径链接的运行效率更高,一般在同一个网站内的链接采用相对路径来实现。

【例 9.16】 超链接的实现。

```
<html>
    <head>
        <title>超链接的实现</title>
    </ head>
    <body>
        <p>超链接入门</p>
```

```
        <p><a href="index.htm">相对链接</a></p>
        <p><a href="http://www. tsinghua.edu.cn">绝对链接</a></p>
        <p><a href="mailto:username@ 163.com">电子邮件</a></p>
    </body>
</ html>
```

在浏览器中显示如图 9.18 所示的样式。

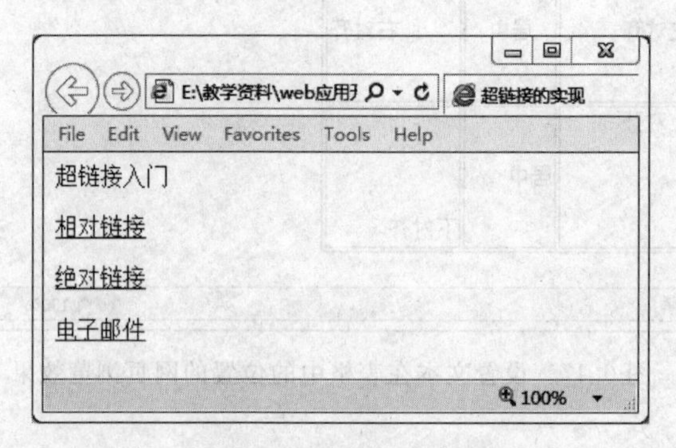

图 9.18 超链接的实现

浏览器标题栏中的文字由标记<title>指定，标记<p>为段落标记。第一个超链接为相对链接，单击“相对链接”链接到与本网页文件处于相同目录下的 index. htm 文件；第二个超链接为绝对链接，单击“绝对链接”，链接到清华大学的网站，访问其默认的首页文件；第三个超级链接“电子邮件”，调用电子邮件程序，并在“收件人”E-mail 地址栏中自动填写 E-mail 地址可以向该地址发送电子邮件。

9.3.3 多媒体标记

1. 插入图像

超文本支持的图像格式一般有 GIF、JPEG、PNG 三种，所以对图片处理后要保存为这三种格式中的任何一种，这样才可以在浏览器中看到。

插入图像的标签是<img>，其格式为：

```
<img src="图像文件地址">
```

src 属性指明了所要链接的图像文件地址，这个图像文件可以是本地机器上的图像，也可以是位于远端主机上的图像。地址的表示方法可以沿用上一篇内容“文件的链接”中 URL 地址表示方法。

img 还有两个属性是 height 和 width，分别表示图形的高和宽。通过这两个属性，可以改变图形的大小，如果没有设置，图形按原大小显示。

例：插入图片的实现

```
<html>
    <head>
        <title>网页嵌入图片</title>
```

```
    </head>
    <body>
        <center>
            <p>网页嵌入图片</p>
            <p>
                <img src="images/duck.jpg" width="304" height="265">
            </p>
        </center>
    </body>
</html>
```

在浏览器中的显示结果如图 9.19 所示。

图 9.19 在网页中插入图片

2. 图像作为网页的背景

使用图像作为网页背景的语句如下：

```
<body background="ImageName">
```

<body>标记的 background 属性指定图像文件，浏览器将其平铺，布满整个网页。

3. 在文档中链接声音或视频文件

在 HTML 文档中，将音乐做成一个链接，只需用鼠标在上面单击，就可以听到动人的音乐了。

【例 9.17】 链接声音文件或视频文件。

```
<html>
    <head>
        <title>链接声音文件或视频文件</title>
```

```
    </head>
    <body>
        <p><a href=" sound/sound1.wav">链接声音文件</a></p>
        <p><a href="video/clock.avi">链接视频文件</a></p>
    </body>
</html>
```

在浏览器中显示如图 9.20 所示的样式。

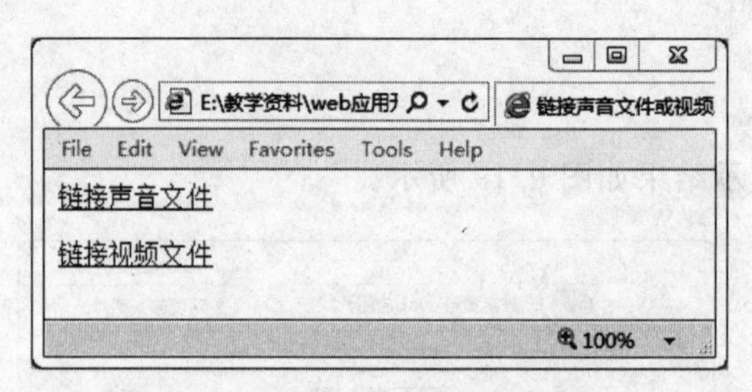

图 9.20 链接声音文件或链接视频文件

单击相应的超链接,浏览器将调用对应的播放器进行声音或视频文件的播放。

【例 9.18】 嵌入声音文件。

```
<html>
    <head>
        <title>嵌入声音文件</title>
    </head>
    <body>
        <embed src="sound/sound1.wav" autostart=true width="350" height="150"
                loop=true>
    </body>
</html>
```

在浏览器中显示如图 9.21 所示的样式。

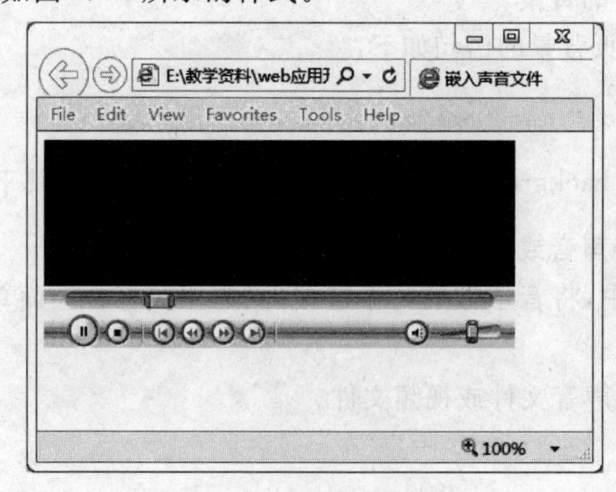

图 9.21 嵌入声音文件

提示：打开嵌入文件的播放器随系统的不同而不同。

属性 width、height 定义了播放器的大小，若希望浏览器中不出现播放界面，只要将它们的赋值为 0 即可。这样，音乐可以作为网页的背景音乐出现。属性 autostart＝true 表示自动播放，loop＝true 表示循环播放，autostart、loop 属性默认时不会实现自动播放和循环播放功能。

嵌入视频文件的方法与嵌入声音文件的方法相同，只要将音频文件改为视频文件即可，在此不再赘述。

9.3.4 HTML 文件的保存

通常情况下，Web 服务器中默认页面的名称为 index.htm 或 default.htm，这与具体的 Web 服务器设置有关。习惯上将一个网站的首页文件保存为 index.htm 或 index.html，这样在浏览网站时，不必输入文件名，浏览器便会自动取回默认的首页文件。

考虑到许多服务器不支持含有中文的路径，文件及文件夹在命名时应尽量采取有意义的英文名称。

对于有大量文件的网站，为了便于文件的管理，需要规划文件的目录结构。目录结构的好坏对浏览者来说没有什么太大的影响，但是对于站点本身的上传维护、站点内容的扩充与移植有着重要的影响。规划目录结构时应遵循以下几个原则：

(1) 不要将所有文件都存放在根目录下，否则会造成文件管理混乱，上传速度慢。

(2) 按站点内容栏目分别建立子目录，便于维护管理。

(3) 在每个子目录下建立 image 子目录，专门存放相应栏目中的图像等文件，便于文件管理。

(4) 不要使用过长的目录名和中文命名的目录，尽量使用意义明确的目录名。

9.4 Dreamweaver 的基本应用

本节将讨论 Dreamweaver 的基本应用，所使用的版本为 11.0，其简体中文版为 Dreamweaver CS5。

Dreamweaver 是构建专业的 Web 站点和制作网页的专业开发工具，它组合了功能强大的布局工具、Web 应用开发工具和代码编辑支持等。既可以用于直接编写 HTML 代码，又可以用于在可视化编辑环境中工作，还可以使用服务器技术（如 CFML、ASP.NET、ASP、JSP 和 PHP）生成由动态数据库支持的 Web 应用程序。Dreamweaver 可以完全自定义，创建用户自己的对象和命令，修改快捷键，甚至编写 JavaScript 代码，用新的行为、属性检查器和站点报告来扩展 Dreamweaver 的功能，满足了不同人士的需求。在安装 Dreamweaver 应用软件之后，启动程序会进入 Dreamweaver 的创建项目面板，新建项目面板主要分为“打开最近的项目”、“新建”和“主要功能”3 个部分，如图 9.22 所示。用户可以选择一个需要进行编辑的文件之后，进入 Dreamweaver 的工作区，开始设计、开发工作。

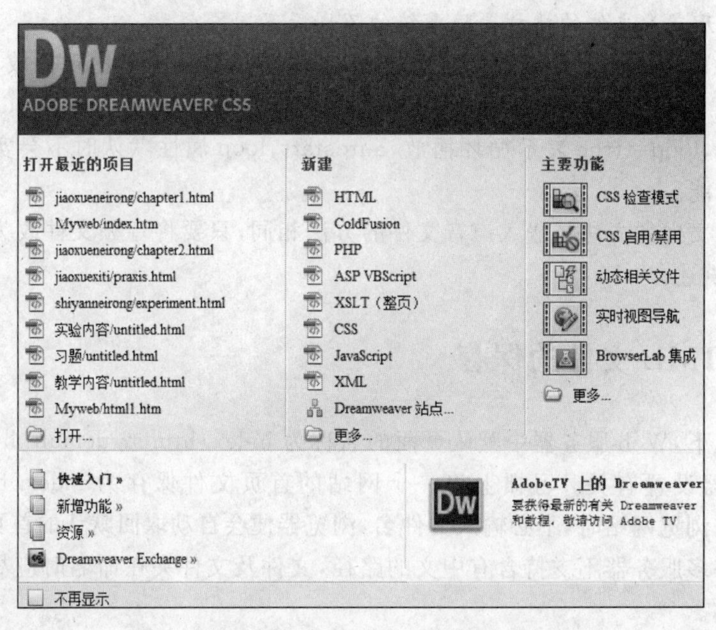

图 9.22　Dreamweaver 起始页面

9.4.1　Dreamweaver 的工作区

Dreamweaver 的起始页可以显示最近使用过的文档或创建新文档，如果选择“新建|HTML”命令则进入 Dreamweaver 的工作区界面，包括标题栏、菜单栏、文档面板、面板组、文档窗口、状态栏、属性面板等组成部分，如图 9.23 所示。

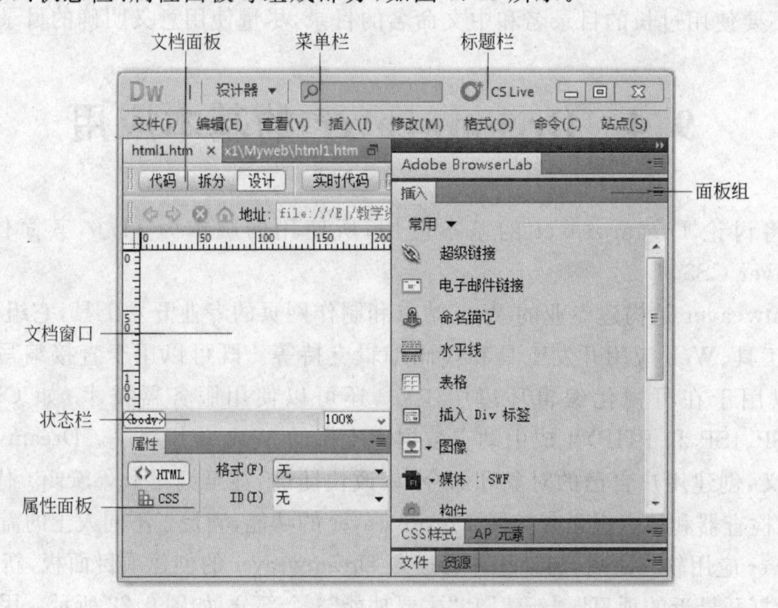

图 9.23　进入 Dreamweaver 的工作区界面

（1）标题栏：显示的是软件的Logo，可以选择软件的开发模式，对于高级用户来说非常方便。

（2）菜单栏：Dreamweaver的主菜单是使用功能的集合体，网页制作中应用到的所有功能、设计和开发网站命令都可以在菜单中找到。

（3）文档面板：包含各种按钮，它们提供各种“文档”窗口视图（如“设计”视图、“拆分”视图和“代码”视图）的选项、各种查看选项和一些常用操作（如在浏览器中预览）。

（4）文档窗口：显示当前创建和编辑的文档，是设计网页的窗口。可以选择下列任一视图。

①“设计”视图是一个用于可视化页面布局、可视化编辑和快速应用程序开发的设计环境。在该视图中，Dreamweaver显示文档的完全可编辑的可视化表示形式，类似于在浏览器中查看页面时看到的内容。可以配置“设计”视图，在处理文档时显示动态数据内容。

②“代码”视图是一个用于编写和编辑HTML、JavaScript、服务器语言代码（如PHP或ColdFusion标记语言（CFML））以及任何其他类型代码的手工编码环境。

③“代码和设计”视图使可以在单个窗口中同时看到同一文档的“代码”视图和“设计”视图。

（5）状态栏：“文档”窗口底部的状态栏提供与正在创建的文档有关的其他信息。在编辑文档中涉及的插入元素都以标签的形式显示在状态栏中，单击任何标签以选择该标签及其全部内容，如单击＜body＞可以选择文档的整个正文。状态栏后部分中的箭头是选择工具，手形工具允许单击文档并将其拖到“文档”窗口中，单击选取工具可禁用手形工具。缩放工具和“设置缩放比率”弹出式菜单允许为文档设置缩放级别。“窗口大小”弹出菜单（仅在“设计”视图中可见）允许将“文档”窗口的大小调整到预定义或自定义的尺寸。“窗口大小”弹出菜单的右侧是页面（包括全部相关的文件，如图像和其他媒体文件）的文档大小和估计下载时间。

（6）属性面板：“属性”面板可以检查和编辑当前选定页面元素（如文本和插入的对象）的最常用属性。“属性”面板中的内容根据选定的元素会有所不同。对于属性所做的大多数更改会立刻应用在“文档”窗口中。

（7）面板组：Dreamweaver中的面板被组织到面板组中。包含“CSS”、“应用程序”、“标签检查器”、“文件”等面板。面板组中选定的面板显示为一个选项卡。每个面板组都可以展开或折叠，并且可以和其他面板组停靠在一起或取消停靠。面板组还可以停靠到集成的应用程序窗口中（仅限Windows）。用户能够很容易地访问所需的面板，而不会使工作区变得混乱，可以按需要显示或隐藏工作区中的面板组和面板。Dreamweaver允许保存和恢复不同的面板组，以便针对不同的活动自定义的工作区。当保存工作区布局时，Dreamweaver会记住指定布局中的面板以及其他属性，例如面板的位置和大小、面板的展开或折叠状态、应用程序窗口的位置和大小，以及“文档”窗口的位置和大小等。通过“面板组开关”显示和隐藏面板组的按钮，隐藏面板组可以使文档窗口最大的显示所有内容。

9.4.2 站点的规划和建立本地静态站点

Dreamweaver 中“站点”表示 Web 站点，是关于网站中所有通过各种链接关联在一起的文件的一个组合。制作网站之前，首先需要一个对网站结构的全面规划，目的是用户在制作网页和管理网站的过程中层次清晰，便于更新和修改，方便上传、浏览等。站点结构包括界面结构、目录结构和链接结构。

1. 界面结构

界面结构的安排是网页呈现给浏览者时是否清晰明了的直接影响因素，网站题材确定后，如何将资料和内容进行合理的编排，网页栏目有哪些一定要仔细考虑。

2. 目录结构

目录结构是指网站建立时创建的目录，在网站的建立过程中不要将所有文件都存放在根目录下，这样容易造成文件管理混乱，需要编辑和更新的文件很难找到。一般情况下，需要建立子目录，如存放链接的子页面目录、存放图片的子目录、存放视频文件的子目录、存放不常更新文件的子目录等等。在建立子目录时需要注意不要使目录的层次太深；不要超过 3 层；不要使用中文目录名字，这样可能造成网址的不正确显示；另外不要使用过长的目录名，应使用意义明确、便于记忆和管理的目录名。

3. 链接结构

链接结构是页面之间相互链接的拓扑结构，建立在目录结构基础上，但可以跨越目录，网站的链接结构主要有树状链接结构和星状链接结构两种。树状链接结构类似于 DOS 的目录结构，首页链接指向 1 级页面，1 级页面链接指向 2 级页面，优点是条理清晰，访问者明确自己的位置，但是浏览效率低，一个栏目下的子页面到另一个栏目下的子页面，必须要经过首页。星状链接结构类似于网络服务器的链接，每个页面相互之间都建立链接，优点是浏览方便，随时可达要达到的页面，但是链接太多，位置不清。具体规划的时候，要根据网站的服务对象和实际的浏览需求而确定具体的链接结构。

Dreamweaver 利用站点管理功能对创建的本地站点和远程站点进行管理。本地站点是在网站制作者操作的本地计算机建立的网站内容的集合体，是一个总的站点文件夹，主要作用是制作、管理、更新本地站点中的网页内容，方便建立网站，提高工作效率。而远程站点则是本地站点的一个复制，存放在可以连接网络并提供其他用户浏览的网络提供商那里，对于网页的设计制作者，不需要知道远程服务器的具体位置，只要知道可以上传和下载网页文件的 IP 地址、用户名和密码即可。网页在制作之后先在本地站点测试，如果无错误，即可将站点内容上传到远程站点中，网络中的其他用户就可以浏览了。创建 Dreamweaver 新站点的操作步骤如下。

(1) 建立站点目录。在本地计算机合适的位置建立一个站点文件夹，如打开 D 盘，建立一个名字为 Myweb 的文件夹。

(2) 启动 Dreamweaver 应用程序，选择菜单中的“站点|管理站点”命令，如图 9.24 所示。弹出如图 9.25 所示的“管理站点”对话框。

图 9.24　选择"站点|管理站点"命令

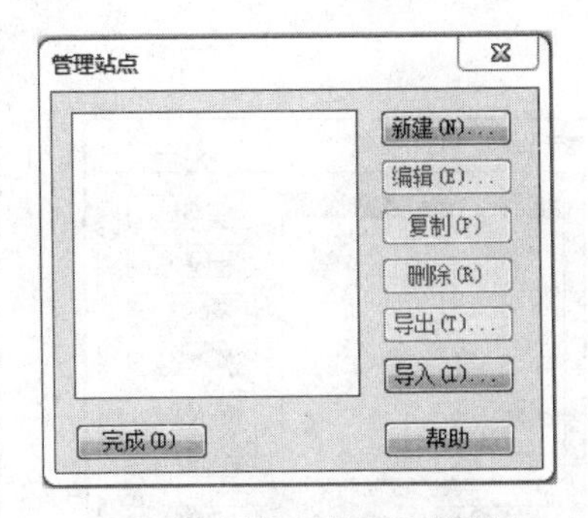

图 9.25　"管理站点"对话框

(3) 在"管理站点"对话框中单击"新建"按钮,打开如图 9.26 所示的"站点设置对象"对话框,通过"站点"、"服务器"、"版本控制"或"高级设置"这四个选项卡都可以创建站点。单击"站点"选项卡,给站点起名字为"计算机基础学习",在 HTTP 地址文本框中输入网站的 URL。

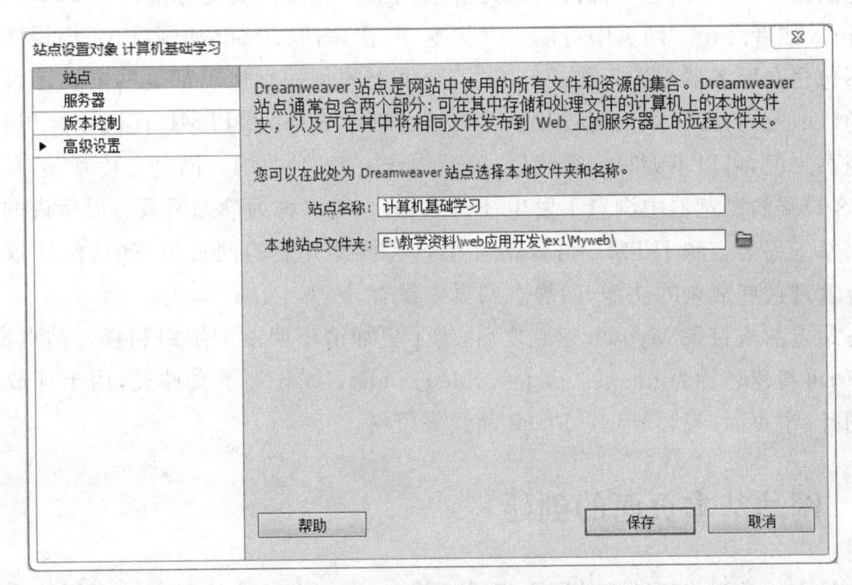

图 9.26　"站点设置对象"对话框

其他三个选项卡均是针对网站的高级设计。若要选择一种服务器技术,则需单击"服务器"选项卡;如果做一个大型的项目,一般需要进行版本控制管理;若要进行网站的高级操作,可单击"高级设置"选项卡进行相关操作。由于目前设计的网站是一个静态的站点,不涉及动态页面,在这里不作赘述。

(4) 单击"保存"按钮,返回"管理站点"对话框,并且显示了新站点,如图 9.27 所示,单击"完成"按钮关闭此对话框。

此时在 Dreamweaver 的面板组文件标签下出现新建站点的名称和位置信息,如图 9.28 所示。

图 9.27 “管理站点”对话框

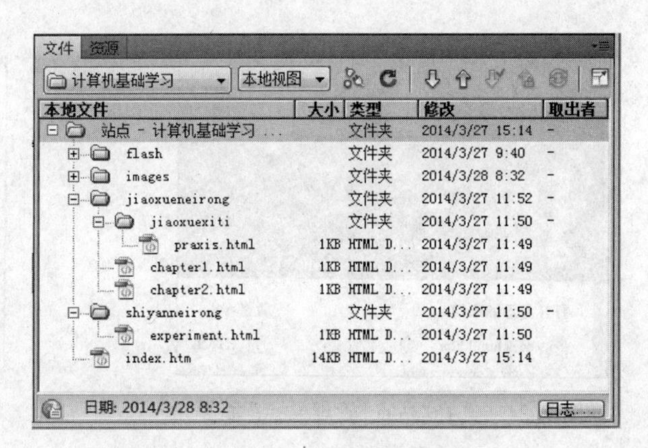

图 9.28 面板组显示新站点的相关信息

本地站点建立结束之后，可以通过选择菜单中的“站点|管理站点”命令，在弹出的对话框中对站点进行相应的维护工作，如修改、删除、复制、重命名等操作。此部分创建的是一个静态的站点，静态站点中的网页就是静态网页。静态网页是标准的 HTML 文件，扩展名为.htm 或者.html，网页中可以包含文本、声音、图像、flash 动画、Java 小程序等。这种网页不包含在服务器端运行的任何脚本，网页上的每一行代码都是网页设计人员预先编写好的(Dreamweaver 中的可视化操作可以自动生成部分 HTML 代码，对于初学者设计简单网页来说，可以不编写一行代码，就能制作一般的网页)。网页上传到 Web 服务器上后，在客户端的浏览器中浏览不发生任何的变化，所以称为静态网页。而所说的动态站点是由网站编程语言和 HTML 语言结合在一起设计开发的网页组成的，包括数据库操作和后台管理这些复杂的功能，而静态网页中没有。

静态站点的根目录 Myweb 建立之后，为了更加清晰明了的组织和管理站点文件，通常情况下，再新建名称为 images、pages、video、audio、flash 等子文件夹，用于存放网站中相应的图片、子页面、视频、声音、Flash 动画等资料。

9.4.3 网站基本页面的创建

网站是由一系列相互链接的网页组成，网页中可以包括文字、图片、多媒体元素或者其他动态元素等等。制作网页之前，应收集网站所需要的各种素材，先保存到本地计算机硬盘中，然后将用到的素材逐一的添加到网站的相应文件夹下，并通过页面展示出来，注意网页元素源文件位置采用相对路径添加到页面中。下面介绍创建基本页面的步骤。

(1) 在建立站点的基础上，选择菜单中“文件|新建|空白页|HTML”命令，单击“创建”按钮，创建一个空白的基本网页。如图 9.29 所示。

选择“文件|保存”命令，打开“另存为”对话框，选择保存的目标文件夹(假设创建的是主页面，则选择保存在 Myweb 文件夹下，如果创建的是子页面，则选择保存在提前在 Myweb 文件夹下建立好的 pages 文件夹下)，输入要保存的文件名，如 index.html。如果要将网页保存为另外一种网页类型，则单击下拉列表选择需要的类型，如.asp、.css 等，也

图 9.29 “新建文档”对话框

可以直接在文件名后面加上保存类型的扩展名，如 index.asp 等。单击“保存”按钮，保存网页后，在管理的站点中就可以看到新建的网页文件。

(2) 设置网页的属性，默认情况下，新建了空白页，页面属性面板就出现在文档窗口工作区的下面，如果没有属性面板显示，则选择菜单中“窗口|属性”命令，或者单击文档窗口页面下方正中间的黑色三角形，打开属性面板。如图 9.30 所示。

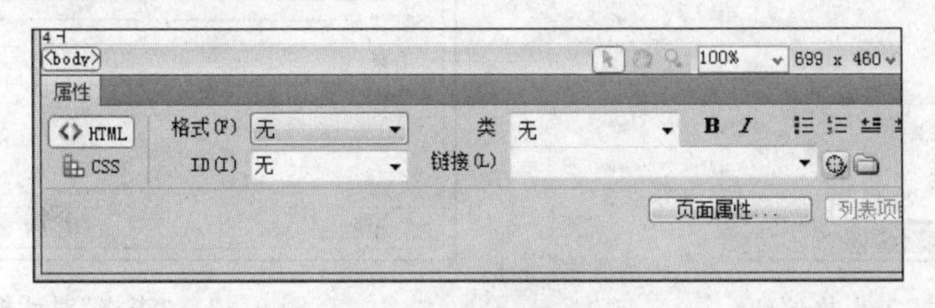

图 9.30 属性面板

单击属性面板上面的“页面属性”按钮，打开“页面属性”对话框，如图 9.31 所示。可以根据设计的需要设置页面属性，分类中包括“外观”、“链接”、“标题”、“标题/编码”和“跟踪图像”。

(3) 使用表格对网页进行布局。表格是用于在页面上显示表格式数据以及对文本和图形进行布局的强有力的工具。很多设计人员使用表格来对 Web 页进行布局。Dreamweaver 提供了两种查看和操作表格的方式：在“标准”模式中，表格显示为行和列的网格，而“布局”模式允许将表格用作基础结构的同时，还可以在页面上绘制、调整方框的大小以及移动方框。在 Dreamweaver 右侧的插入面板组单击“表格”按

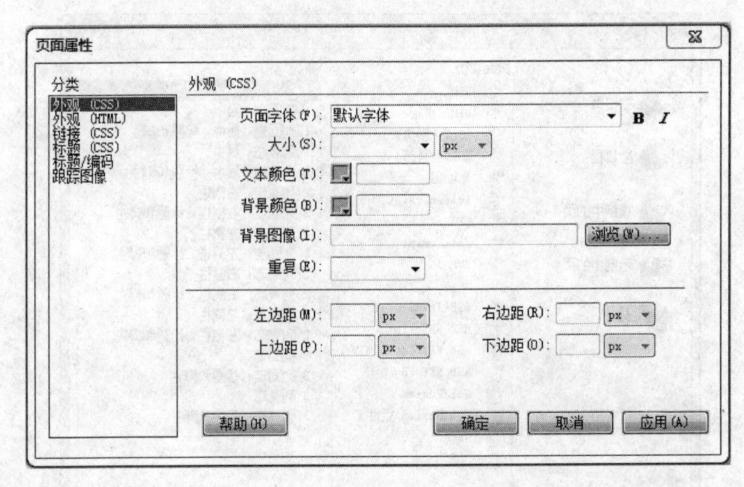

图 9.31 “页面属性”对话框

钮，如图 9.32 所示。

(4) 在“表格”对话框中，输入 3 行 2 列、边框粗细为 0 像素，如图 9.33 所示。

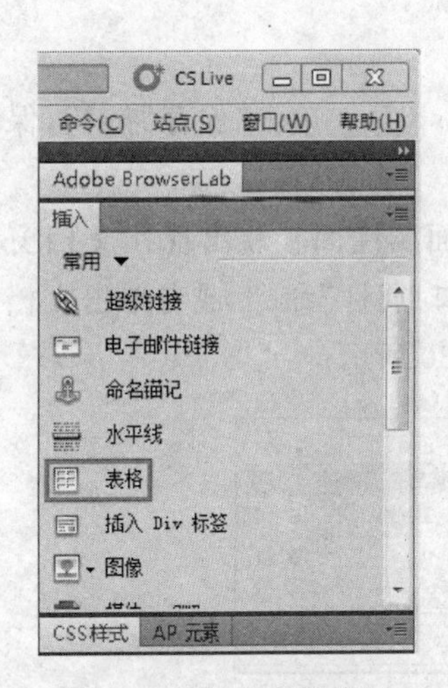

图 9.32 插入表格按钮

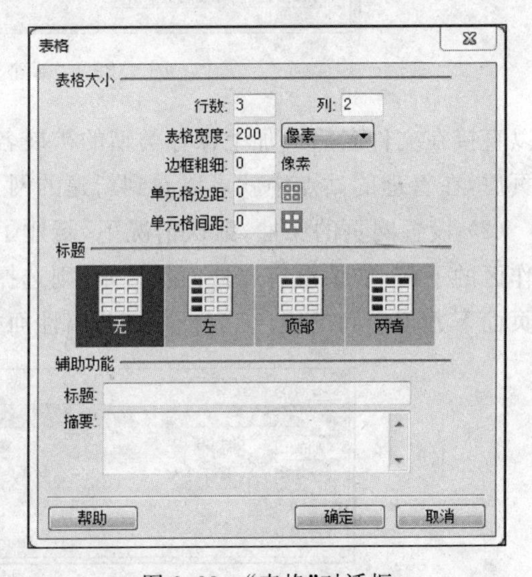

图 9.33 “表格”对话框

(5) 单击“确定”按钮，返回主页面设计窗口，如图 9.34 所示。根据需要设置表格属性或者继续插入其他表格，实现网页中的表格布局。

(6) 在网页中插入文本。Dreamweaver 中，插入、编辑文本的操作和 Word 文字处理软件一样方便，用户可以通过直接输入，复制、粘贴等操作都可以实现在网页中插入文字。通过文字属性面板设置文字的字体大小、颜色、对齐方式、缩进方式、段落属性等内容。需要注意的是文字字体的设置，要采用常用的字体设置，如宋体。如采用一些特殊字符或者不常用的字体，如果浏览网页的用户客户端没有安装这种字体，则网页中的字体将无法正常显示，如确实需要特殊字体，可以通过图像处理成图片的形式插入到网页中。

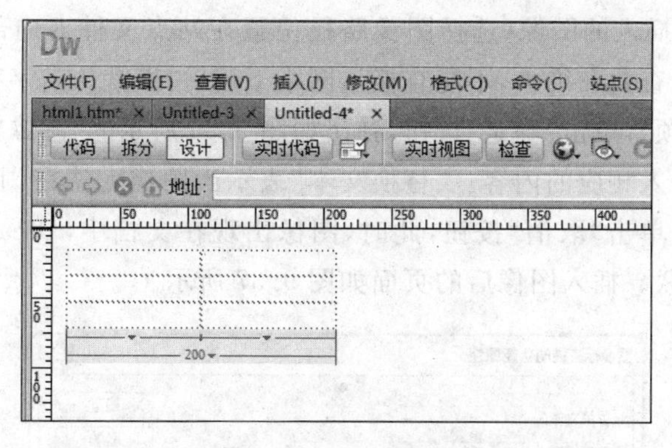

图 9.34 表格完成页面布局

(7) 在网页中插入图像。操作之前应该准备好图像文件,但是要注意的是不能在网页中插入太多太大的图像文件,这样会造成网页的浏览速度降低。网页中插入的图像文件的格式可以是GIF、JPEG和PNG格式的。GIF和JPEG文件格式的支持情况最好,大多数浏览器都可以查看它们。在将图像插入Dreamweaver文档时,Dreamweaver自动在HTML源代码中生成对该图像文件的引用。为了确保此引用的正确性,该图像文件必须位于当前站点中。如果图像文件不在当前站点中,Dreamweaver会询问是否要将此文件复制到当前站点中。还可以动态插入图像,动态图像指那些经常变化的图像。例如,广告横幅旋转系统需要在请求页面时从可用横幅列表中随机选择一个横幅,然后动态显示所选横幅的图像。插入图像的操作步骤如下。

① 将图像文件复制到网站相关文件夹中。

② 将光标定位到要插入图像的位置,选择菜单中"插入|图像"命令,弹出的如图9.35所示的"选择图像源文件"对话框。选择"文件系统"选择按钮可以插入一个图像文件;选择"数据源"选择按钮可以插入一个动态图像源。

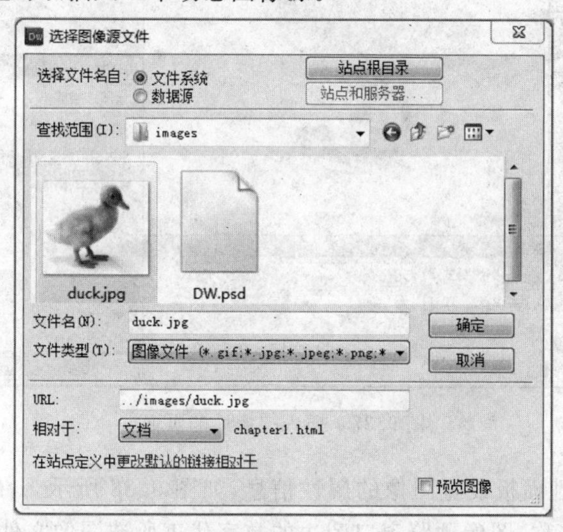

图 9.35 "选择图像源文件"对话框

③ 浏览选择要插入的图像(选择图像路径位置在站点文件夹内部的 images 文件夹中,图像命名要便于查找和维护,不能直接从网络下载后,以默认名字存储,这样会对后期的修改操作造成麻烦),单击"确定"按钮,弹出如图 9.36 所示的"图像标签辅助功能属性"对话框,根据需要输入相应的内容。"替换文本"表示当图像无法在浏览器中显示时的替换文本信息,也可以单击"取消"按钮,此时,图像出现在文档中,Dreamweaver 不将其与此对话框功能相关联。插入图像后的页面如图 9.37 所示。

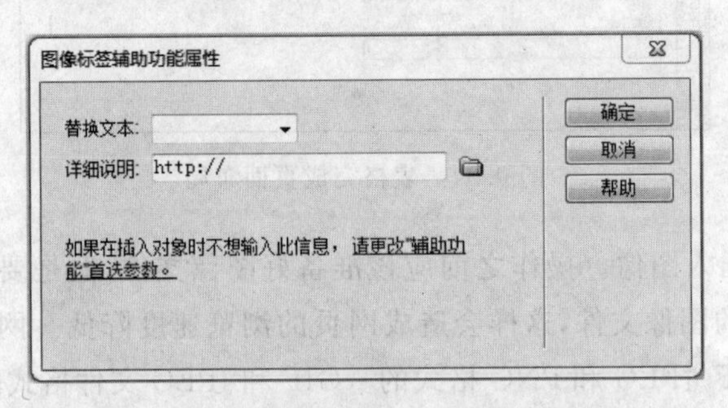

图 9.36 "图像标签辅助功能属性"对话框

图 9.37 插入图像后的页面

④ 通过图像属性面板设置图像的属性信息,如图 9.38 所示。在图像属性面板中可以定义图像大小和名称,图像预览窗口旁边的数字代表所选图像文件的大小,下面的文本

框可以输入所选图像的名称。图像的“宽”和“高”信息是以像素为单位的,也可以通过鼠标拉动图像改变大小来适应网页的布局和设计。“源文件”显示的是图像的路径,可以直接输入也可以浏览选择、修改图像的路径。“链接”文本框是指定图像的超链接。“垂直边距”和“水平边距”可以围绕图像添加以像素为单位的空间,使图片与页面更协调、美观。图像的“边框”可以通过设置相应的数值信息在图像周围加上边框线,如果设置无边框则设置为0。图像的对齐设置可以单击相应的按钮实现,Dreamweaver 中插入图像被视为和一般字符一样,插入图像到文字之间,图像就仿佛一个放大了的文字,所以需要调整对齐方式来改变图像和文字的位置。

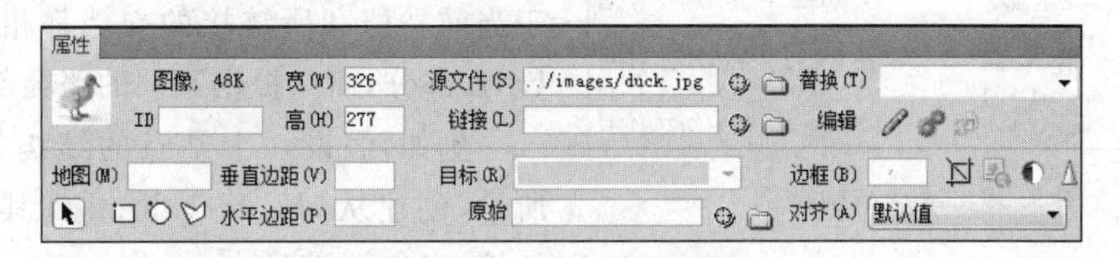

图 9.38　图像的属性面板

⑤ Dreamweaver 中还提供了一些简单的图像编辑工具,在插入图像后,如果发现图像效果不好,可以单击图像属性面板中的“编辑”按钮,将自动载入在外部编辑器参数中指定的图像编辑器,在图像编辑器中可完成对图像的编辑处理。Dreamweaver 还增加了几个图像编辑的快捷按钮,可以直接在 Dreamweaver 中对图像进行裁剪、重新取样、调整亮度和对比度以及锐化等操作。

(8) 创建超链接。网页之间如果没有超链接,则不能称为“网络”,通过超链接可以从一个站点跳转到另一个站点,也可以从一个页面跳转到另一个页面,实现了网络的访问浏览功能。超链接主要由源端点、目标端点和链接两点之间的路径三部分组成。要创建链接的对象称为源端点,要跳转到的对象称为目标端点。Dreamweaver 提供了多种创建超文本链接的方法,可创建到文档、图像、多媒体文件或可下载软件的链接。可以建立到文档内任意位置的任何文本或图像(包括标题、列表、表、层或框架中的文本或图像)的链接。要实现超链接,理解文件的路径是非常重要的。

① 文档位置和路径。

网络中的每个网页都有一个唯一的地址,称作统一资源定位器(Uniform Resource Locator,URL)。URL 主要用于指定要取得的 Internet 上资源的位置和方式。网络中各个文件的链接是通过文件的路径进行定位的,网络中文件的路径分为两类:相对路径和绝对路径。当创建本地链接(即从一个文档到同一站点上另一个文档的链接)时,通常不指定要链接到的文档的完整 URL(绝对路径),而是指定一个始于当前文档或站点根文件夹的相对路径。

绝对路径提供了所链接文档的完整 URL,而且包括所使用的协议(如对 Web 页,通常使用 http://)。例如,http://www.macromedia.com/support/dreamweaver/contents.html 就是一个绝对路径。不同站点必须使用绝对路径,才能链接到其它服务器上的文档。尽管对本地链接(即到同一站点内文档的链接)也可使用绝对路径链接,但不建议采用这种方式，因为一旦将此站点移动到其他域，则所有本地绝对路径链接都将断开。对本地链接使用相对路径才能在需要在站点内移动文件时，提供更大的灵活性。

相对路径对于大多数 Web 站点的本地链接来说，是最适用的路径。在当前文档与所链接的文档处于同一文件夹内，而且可能保持这种状态的情况下，文档相对路径特别有用。文档相对路径还可用来链接到其他文件夹中的文档，方法是利用文件夹层次结构，指定从当前文档到所链接的文档的路径。文档相对路径的基本思想是省略掉对于当前文档和所链接的文档都相同的绝对 URL 部分，而只提供不同的路径部分。

本地文件	大小	类型	修改
站点 - 计算机基础学习 ...		文件夹	2014/3/27 11:50
flash		文件夹	2014/3/27 9:40
images		文件夹	2014/3/27 11:50
index.htm	1KB	HTML D...	2014/3/27 9:30
shiyanneirong		文件夹	2014/3/27 11:50
experiment.html	1KB	HTML D...	2014/3/27 11:50
jiaoxueneirong		文件夹	2014/3/27 11:49
jiaoxuexiti		文件夹	2014/3/27 11:50
praxis.html	1KB	HTML D...	2014/3/27 11:49
chapter1.html	1KB	HTML D...	2014/3/27 11:49
chapter2.html	1KB	HTML D...	2014/3/27 11:49

图 9.39　站点结构举例

例如，假设一个站点的结构如图 9.39 所示，创建从 chapter1. html 到其他文件的链接，有如下说明：

- 若要从 chapter1. html 链接到 chapter2. html（两个文件在同一文件夹中），文件名就是相对路径：chapter2. html。
- 若要链接到 praxis. html（在名为 jiaoxuexiti 的子文件夹中），可使用相对路径 jiaoxuexiti/praxis. html。每个正斜杠（/）表示在文件夹层次结构中下移一级。
- 若要链接到 index. html（在父文件夹中，chapter1. html 向上一级），可使用相对路径../index. html。每个 ../ 表示在文件夹层次结构中上移一级。
- 若要链接到 experiment. html（在父文件夹的其它子文件夹 shiyanneirong 中），可使用相对路径../shiyanneirong/experiment. html。其中../向上移至父文件夹；shiyanneirong/向下移至 shiyanneirong 子文件夹中。

若成组地移动一组文件，例如移动整个文件夹时，该文件夹内所有文件保持彼此间的相对路径不变，此时不需要更新这些文件间的文档相对链接。但是，当移动含有文档相对链接的单个文件或者移动文档相对链接所链接到的单个文件时，则必须更新这些链接（如果使用“文件”面板移动或重命名文件，则 Dreamweaver 将自动更新所有相关链接）。

相对于站点根目录的路径指文件的超链接是相对于站点根目录的链接路径，提供从站点的根文件夹到文档的路径。如果在处理使用多个服务器的大型 Web 站点，或者在使用承载有多个不同站点的服务器，则可能需要使用这些类型的路径。不过，如果不熟悉此类型的路径，最好坚持使用文档相对路径。站点根目录相对路径以一个正斜杠开始，该正斜杠表示站点根目录（站点根目录是由 Web 服务器设定的）。例如，/shiyanneirong / experiment. html 是文件（experiment. html）的站点根目录相对路径，该文件位于站点根目录的 shiyanneirong 子文件夹下。

在某些 Web 站点中，需要经常在不同文件夹之间移动 HTML 文件，在这种情况下，站点根目录相对路径（即从根目录开始的路径）通常是指定链接的最佳方法。移动含有根目录相对链接的文档时，不需要更改这些链接；例如，如果某 HTML 文件对相关文件（如图像）使用根目录相对链接，则移动 HTML 件后，其相关文件链接依然有效。但是，如果移动或重命名根目录相对链接所链接的文档，即使文档彼此之间的相对路径没有改变，仍必须更新这些链接。例如，如果移动某个文件夹，则指向该文件夹中文件的所有根目录相对链接都必须更新(同上面的文档相对路径，如果使用“文件”面板移动或重命名文件，则 Dreamweaver 将自动更新所有相关链接)。

② 页面超链接的创建。

网站的设计开发过程中创建的大多数链接都是页面之间的超链接，Dreamweaver 中有多种创建页面链接的方法，如“使用属性检查器链接到文档”、“使用指向文件图标链接文档”、“使用站点地图链接文档”、“使用超级链接命令”等。Dreamweaver 使用文档相对路径创建指向站点中其他网页的链接。还可以让 Dreamweaver 使用站点根目录相对路径创建新链接，需要注意的是在创建超链接时，应始终先保存新文件，然后再创建文档相对路径，因为如果没有一个确切的起点，文档相对路径无效。如果在保存文件之前创建文档相对路径，Dreamweaver 将临时使用以 file://开头的绝对路径，直至该文件被保存；当保存文件时，Dreamweaver 将 file://路径转换为相对路径。

- 使用属性检查器链接到文档。在 Dreamweaver 编辑窗口中，选择要建立链接的文字“第一章”，如图 9.40 所示。

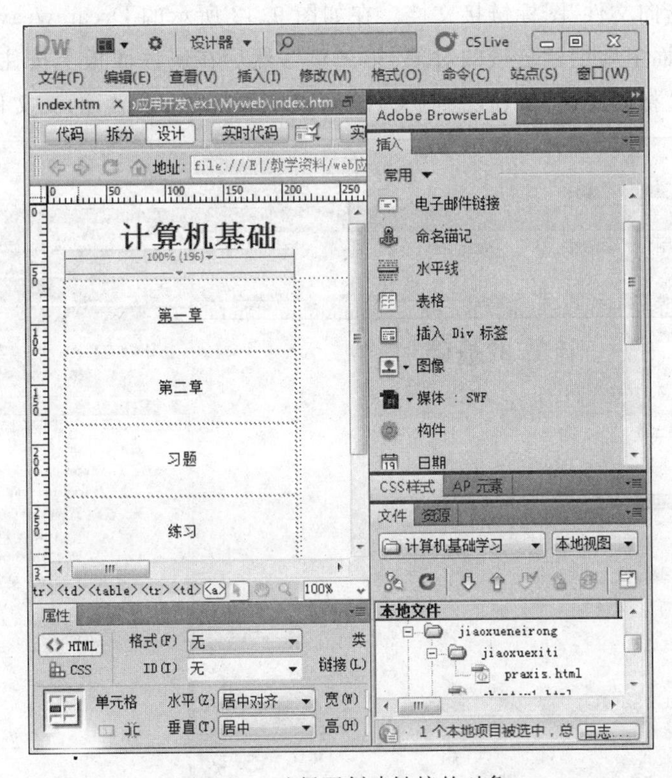

图 9.40 选择要创建链接的对象

选择了文字“第一章”，然后在属性面板中单击“链接”文本框右边的浏览文件按钮，则弹出如图 9.41 所示的“选择文件”对话框，选择要链接的网页文件，并将“相对于”下拉列表中选择“文档”选项，单击“确定”按钮完成页面超链接的设置。

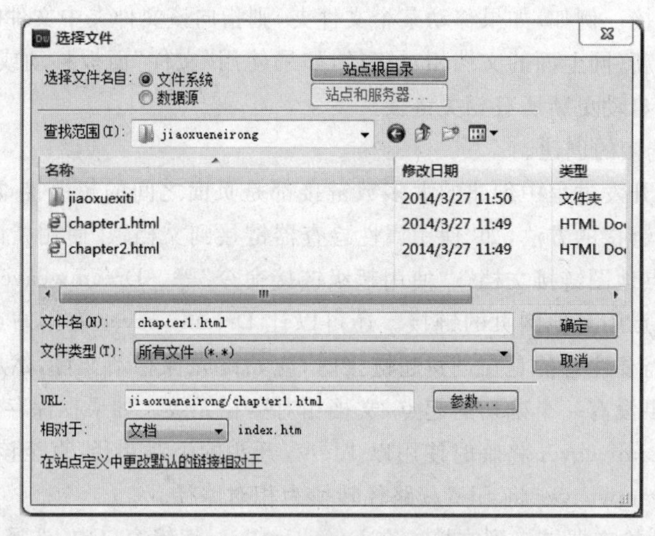

图 9.41 设置超链接的目标文件

- 使用“指向文件”图标链接文档。在如图 9.42 所示的 Dreamweaver 编辑窗口中，选择页面上要创建链接的对象“第二章”，然后在属性面板上按住鼠标，选中并直接拖曳“指向文件”按钮到“文件”面板中要链接的目标网页文件，释放鼠标，就

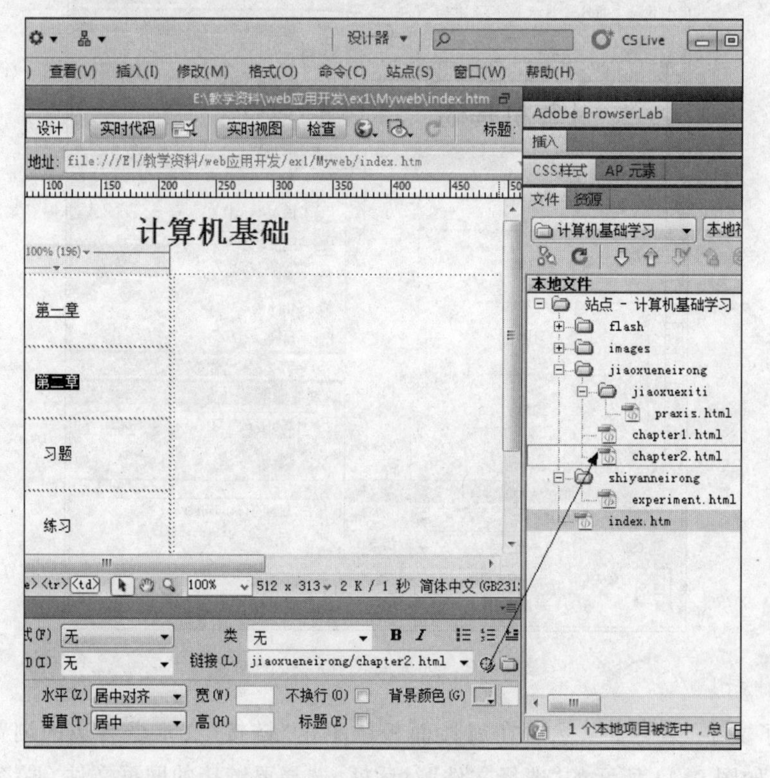

图 9.42 拖曳“指向文件”按钮到链接的网页文件

完成了页面超链接。

- 使用“超级链接”命令，可以创建到图像、对象或其他文档或文件的文本链接。首先选择文档中希望出现超级链接的项目位置。选择菜单“插入|超级链接”命令，弹出“超级链接”对话框，如图 9.43 所示。在“文本”框中设置超级链接文字的文本内容，即链接的源端点，单击“链接”文本框右边的浏览文件按钮，则弹出“选择文件”对话框，选择要链接的网页文件。“目标”框是设置链接文件在浏览器中的打开方式。“标题”框设置超级链接的标题文字，即光标指向超级链接时出现的提示文字。“访问键”框设置的是用于输入键盘的等价键(设置一个字母，使用时按 Alt+字母)，同样可以在浏览器中选择打开超级链接。“Tab 键索引”框设置 Tab 键顺序编号。将需要设置的部分填好，单击“确定”按钮，完成超级链接的创建。

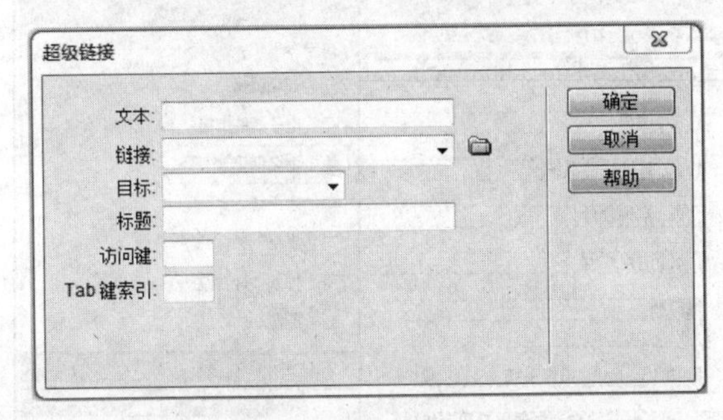

图 9.43 “超级链接”对话框

③ 创建电子邮件链接。

单击电子邮件链接时，该链接打开一个新的空白信息窗口(使用的是与用户浏览器相关联的邮件程序)。在电子邮件消息窗口中，“收件人”文本框自动更新为显示电子邮件链接中指定的地址。若要使用“插入电子邮件链接”命令创建电子邮件链接，首先在“文档”窗口的“设计”视图中，将插入点放在希望出现电子邮件链接的位置，或者选择要作为电子邮件链接出现的文本或图像。选择菜单中“插入|电子邮件链接”命令，或者在插入面板中常用类别里单击“插入电子邮件链接”按钮，出现电子邮件链接对话框，如图 9.44 所示。

图 9.44 “电子邮件链接”对话框

“文本”框用于输入创建电子邮件链接的文本内容，如果在页面中选择了，这该文本框中直接自动出现选择的文本。“电子邮件”框用于设置链接的邮箱地址。单击“确定”按钮，则在页面中创建了电子邮件链接。也可以在属性面板中“链接”文本框中输入

“mailto：电子邮箱地址”，在冒号和电子邮箱地址中间不能输入任何空格。也可以完成电子邮件链接的创建。

④ 创建页面内部的链接。

在浏览网页的时候，如果一个网页设计的过长，用户不希望总是拖动窗口滚动条来上下移动浏览网页内容，则可以通过创建页面内部的超链接来解决。首先将光标移动到页面内部要跳转的位置，即要设置锚记的位置，选择“插入面板”中的“命名锚记”按钮，如图 9.45 所示。

图 9.45　添加锚记

在弹出的“命名锚记”对话框中输入锚记的名字，如 a1，单击“确定”则在页面中设置了一个锚记。接下来在创建的网页中选中要建立链接的源对象文字或其他项目，在属性面板中拖曳“指向文件”按钮到要链接的锚记上，如图 9.46 所示。

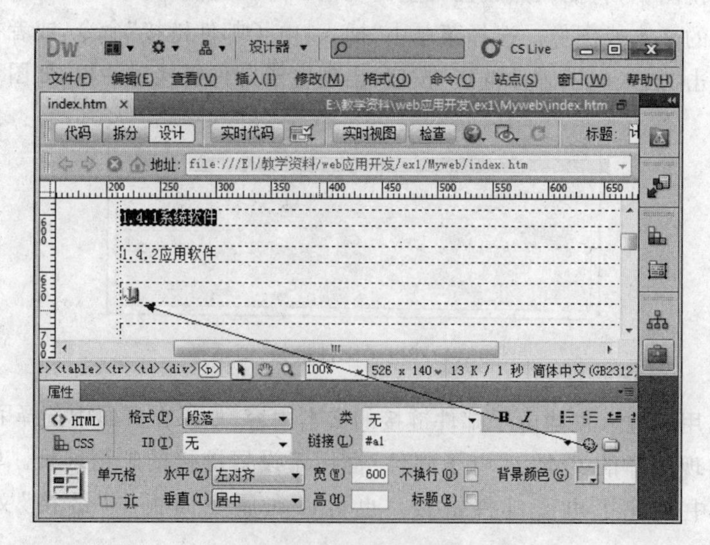

图 9.46　链接锚记

在属性面板的“链接”文本框中将出现锚记的名称，释放鼠标，创建的页面内部的超级链接完成。保存网页，在浏览器中测试链接效果。设置锚记不仅可以链接到同一页面的指定位置，而且还可以链接到其他页面内的锚记，方法是在“链接”文本框中输入链接的网页名称，并且在后面输入“#锚记名称”即可。

⑤ 创建下载链接。

网络上常常出现下载链接。这种链接的创建方法与创建普通链接完全相同，区别在于链接的目标端点是浏览器不能识别的文件类型，如.zip、.rar、.exe文件等。

⑥ 创建空链接和脚本链接。

空链接是未指派的链接。空链接用于向页面上的对象或文本附加行为。创建空链接后，可向空链接附加行为，以便当鼠标指针滑过该链接时，交换图像或显示层。创建空链接时要在页面内选择要创建链接的源端点（文本、图像或者其他对象），在属性面板的“链接”文本框中输入“#”，即可建立空链接。

脚本链接执行JavaScript代码或调用JavaScript函数。它非常有用，能够在不离开当前网页的情况下为访问者提供有关某项的附加信息。脚本链接还可用于在访问者单击特定项时，执行计算、表单验证和其它处理任务。创建脚本链接时，同样在选择了链接的源端点之后，在属性面板的“链接”文本框中输入“JavaScript:”后面再跟一些JavaScript代码或者调用的函数，即可创建脚本链接。

9.4.4 在页面中插入Flash动画

Dreamweaver可以将以下媒体文件合并到页面中：Flash和Shockwave影片、QuickTime、AVI、Java applet、Active X控件以及各种格式的音频文件。

关于Flash文件类型Dreamweaver附带了Flash对象，无论用户计算机上是否安装了Flash，都可以使用这些对象。在使用Dreamweaver提供的Flash命令前，应该对以下不同的Flash文件类型有所了解。

(1) Flash文件(.fla)是项目的源文件，在Flash开发软件中创建。此类型的文件只能在Flash Player中打开（而不是在Dreamweaver或浏览器中打开）。可以在Flash Player中打开Flash生成的SWF文件，当Web浏览器安装有Flash Player插件的情况下可以打开SWF文件。

(2) Flash SWF文件(.swf)是Flash(.fla)文件的生成的可执行版本，已进行了优化以便于在Web上查看。此文件可以在浏览器中播放并且可以在Dreamweaver中进行预览，但不能在Flash中编辑此文件。

在网站页面插入Flash动画之前首先将动画素材放到网站根目录下相应的子文件夹中，如之前建立的Myweb文件夹下的flash文件夹，专门存放网站中涉及的Flash文件。将光标定位到页面要插入的位置，单击“插入”菜单中的“媒体”命令，如图9.47所示。或者选择插入面板中的面板组里的“插入|媒体”命令，如图9.48所示。

选择SWF命令，弹出如图9.49所示的“选择SWF”对话框，本例中选择Flash动画

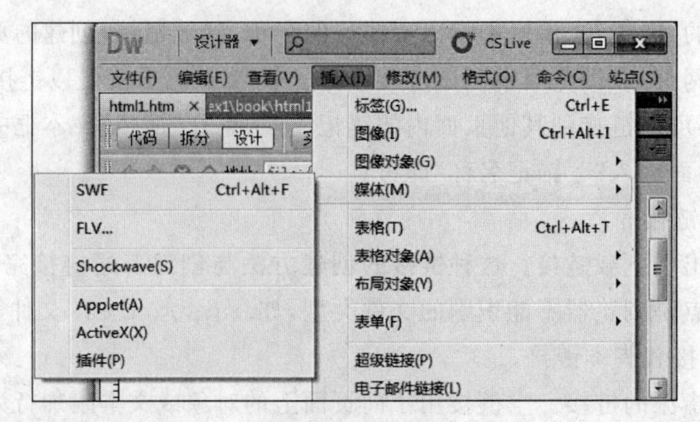

图 9.47 菜单中插入 Flash 动画命令

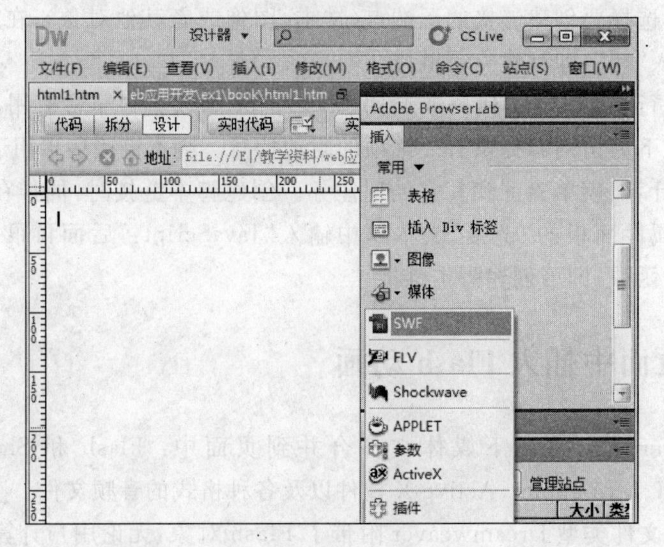

图 9.48 插入面板中插入 Flash 动画命令

图 9.49 "选择 SWF"对话框

文件 flash/VRBuildingDemo.swf，单击“确定”按钮，在弹出的如图 9.50 所示的“对象标签辅助功能属性”对话框中设置对象属性，为 Flash 对象文件设置标题后单击“确定”按钮，Flash 动画文件插入完成，如图 9.51 中灰色带 f 标识的区域所示。此时可以单击如图 9.52 中“属性”面板中的“播放”按钮查看 Flash 动画的播放效果，设置完成后保存网页文件。

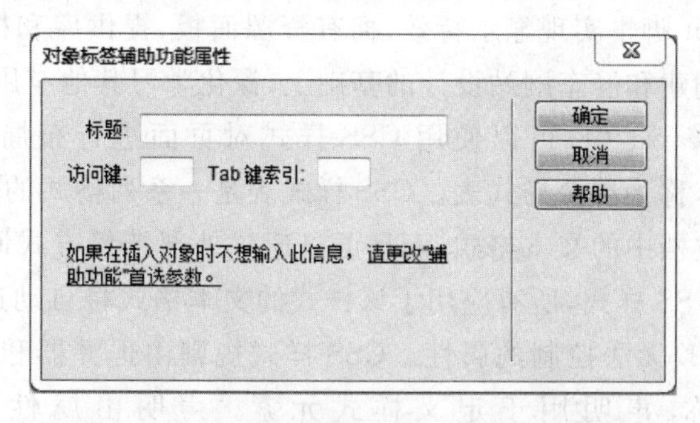

图 9.50 “对象标签辅助功能属性”对话框

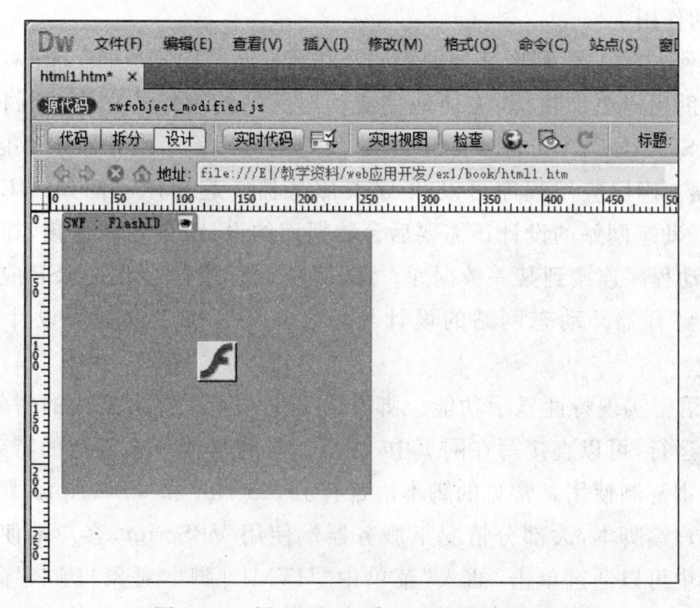

图 9.51 插入 Flash 动画后的设计界面

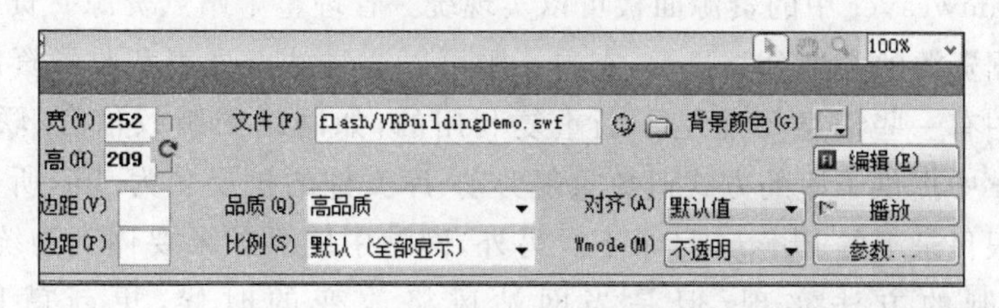

图 9.52 插入 Flash 动画后的属性面板

9.4.5 Dreamweaver 的其他应用技术

Dreamweaver 是一款功能丰富的网站前台开发工具，除了基本的应用功能之外，还有很多常用的其他技术，例如，可以通过层设计网页的样式、与相应的脚本语言集成制作动态网站、嵌入 Script 脚本实现显示特效、拥有资源面板、提供库和模板功能等。读者可在学习了基本网页创建和静态网站设计的基础上，深化学习其他应用技术。

(1) 在 Dreamweaver 中，可以使用 CSS 样式对页面进行布局。CSS 是 Cascading Style Sheets 的缩写，称为层叠样式表。CSS 样式表是一系列格式的规则，利用 CSS 样式不仅可以控制一个文档中的文本格式，而且可以通过外部链接方式同时控制多个文档的文本格式。修改了 CSS 样式，所有应用了该样式的文本格式将自动进行更新。CSS 样式可以控制许多 HTML 无法控制的属性。CSS 样式规则由选择器和声明两个部分组成，选择器是样式名称，声明用于定义样式元素。声明由属性和值两部分组成。Dreamweaver 中可以打开"CSS 样式"面板创建样式。CSS 的灵活应用可以起到美化页面、固定网页的作用。

(2) 动态网站的构建，利用某种编程语言和数据库共同完成，Dreamweaver 中提供了大量的工具帮助用户更加快捷、方便地完成动态网站的制作。它支持五种服务器技术：ColdFusion、ASP. NET、ASP、JSP 和 PHP。所选的应用程序服务器还可能取决于要使用的 Web 服务器。确保应用程序可以和 Web 服务器一起使用。例如. NET 框架只能和 IIS 一起使用。动态网站的设计还需要后台数据库的设计、创建和连接，如 JSP 应用程序通过 JDBC 驱动程序连接到某一数据库。JDBC 驱动程序充当允许 JSP 应用程序与数据库进行通信的解释器。动态网站的设计与开发需要有一定的程序设计和数据库基础知识。

(3) 脚本语言实现特性显示功能。脚本语言是在互联网上常用的特效程序语言，不需要编译即可运行，可以直接写在网页中，甚至在看到其他令人满意的特效网站时，可以找到 Script 脚本复制使用。常见的脚本语言有 JavaScript 和 VBScript。脚本语言分服务器端脚本和客户端脚本，大部分情况下服务器端使用 VBScript，客户端使用 JavaScript。Dreamweaver 中可以通过单击"插入"菜单中"HTML|脚本对象|脚本"命令，在弹出的"脚本"对话框中设置脚本语言的"类型"来实验脚本语言的插入。

(4) Dreamweaver 中的资源面板可以实现统一管理整个站点资源。资源面板在编辑网站时就根据资源的类型分类显示，查看资源可以通过站点列表和收藏资源两种方式显示。在网站中有一些信息可能是不断重复利用的，如网站的版权信息、联系方式等等。Dreamweaver 中提供了库的方式避免重复劳动，库文件的扩展名为. lbi，所有的库文件都保存在站点根目录下的 library 目录下。另外，网站中网页如果要体现为统一风格，虽然可以通过复制的方法实现，但是当网站风格改变的时候，更新就比较麻烦了，Dreamweaver 提供了模板和重复部件库解决了这个问题，利用模版控制网站的风格，共性的部分存于模板，个性化的内容应用重复部件解决，模板和库的最本质区别是：模板本身是一个网页，也就是一个独立的文件，而库则是网页中的某一段 HTML 代码。

对于 Dreamweaver 网站设计软件来说还有许多功能可以帮助开发人员使用，有兴趣的读者可以参考相关的 Dreamweaver 书籍和设计实例深入学习。

习　　题

9.1　创建网站一般要做哪些准备工作？

9.2　创建网站的步骤有哪些？

9.3　超链接和图像的标记分别是什么？

9.4　练习使用 HTML 语言设计一个表格。

9.5　网站的目录结构设计时要注意哪几点？

9.6　创建超链接时使用绝对路径和相对路径的区别？

9.7　如何设置网页的背景图像？背景图像与插入网页中的图像有什么区别？

9.8　以“我的班级”为主题构建一个网站，合理规划各个板块，链接页面不少于 5 个。

9.9　尝试制作一个具有音乐、图像、动画、视频等多媒体元素的网站，页面美观、布局合理，尝试用层美化布局，适当应用模板和库，实现编辑更新网页。

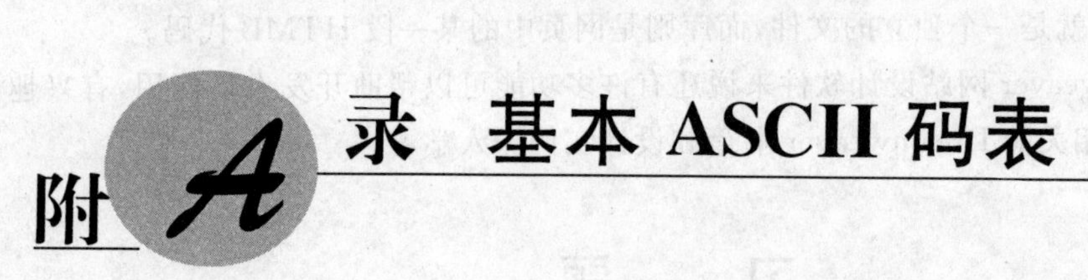

附录A 基本ASCII码表

ASCII值	控制字符	ASCII值	控制字符	ASCII值	控制字符	ASCII值	控制字符
000	NUL(空白)	032	空格	064	@	096	、
001	SOH(开始)	033	!	065	A	097	a
002	STX(文始)	034	"	066	B	098	b
003	ETX(文终)	035	#	067	C	099	c
004	EOT(送毕)	036	$	068	D	100	d
005	END(询问)	037	%	069	E	101	e
006	ACK(应答)	038	&	070	F	102	f
007	BEL(告警)	039	’	071	G	103	g
008	BS(退格)	040	(	072	H	104	h
009	HT(横表)	041	)	073	I	105	i
010	LF(换行)	042	*	074	J	106	j
011	VT(纵表)	043	+	075	K	107	k
012	FF(换页)	044	，	076	L	108	l
013	CR(回车)	045	—	077	M	109	m
014	SO(移出)	046	。	078	N	110	n
015	SI(移入)	047	/	079	O	111	o
016	DLE(转义)	048	0	080	P	112	p
017	DC1(设控 1)	049	1	081	Q	113	q
018	DC2(设控 2)	050	2	082	R	114	r
019	DC3(设控 3)	051	3	083	S	115	s
020	DC4(设控 4)	052	4	084	T	116	t
021	NAK(否认)	053	5	085	U	117	u
022	SYN(同步)	054	6	086	V	118	v
023	ETB(组终)	055	7	087	W	119	w
024	CAN(作废)	056	8	088	X	120	x
025	EM(载终)	057	9	089	Y	121	y
026	SUB(取代)	058	:	090	Z	122	z
027	ESC(扩展)	059	;	091	[	123	{
028	FS(卷隙)	060	<	092	\	124	|
029	GS(勘隙)	061	=	093	]	125	}
030	RS(录隙)	062	>	094	ˆ	126	～
031	US(元隙)	063	?	095	_	127	□

附录B 计算机英文键盘击键技术

B.1 概 述

计算机打字是出现在电子计算机应用于文字信息处理等方面之后的事。计算机打字机弥补了1744年由英国人亨利·米尔(Henry Mill)发明、1867年由美国人肖尔斯(C. L. Sholes)等人研制成并沿用至今的一般英文机械打字机存在的诸如修改不便、打字结果有限、字体字型单一等不足。

计算机打字机的英文键盘由英文、数字、标点符号和一些常用的书写符号和控制符等键组成。计算机打字的特点是:

(1) 修改方便,打印前可以随意转录、修改,而不一定是即时输入的结果。

(2) 字体、字型随意多样,图文并茂,美观大方,能够满足多层次的需要。

(3) 打印份数不受限制。

B.2 打字术和打字姿势

1. 打字术

打字术是一种技术,要熟练高效地打字,必须经过训练。

打字时人的眼睛不能在同一时间里既看稿件又看键盘,否则容易疲劳,会顾此失彼,降低打字效率。科学、合理的打字技术是触觉打字术,又称为"盲打法",即打字时双目不看键盘,视线专注于文稿或屏幕,以获得最高的效率。

2. 打字姿势

正确的打字姿势有利于打字的准确和速度的提高,错误的姿势容易使打字出错,速度下降,不利于健康,也有损于风度。一开始就要注意打字的正确姿势,不好的姿势成了习惯很难改变。

入座时,坐姿要端正,腰背挺直而微前倾,全身自然放松。上臂自然下垂,上臂和肘应靠近身体(两肘轻贴于腋边);指、腕都不要压到键盘上,手指微曲,轻轻按在与各手指相关的基本键位(ADSF 及 JKL;)上;下臂和腕略微向上倾斜,使与键盘保持相同的斜度。双脚自然平放地上,可稍呈前后参差状,切勿悬空。座位高度要适度。一般来说,专职打字操作都使用转椅,以调节座位的高低,使肘部与台面大致平行。这些是保持身体不易疲劳的最好姿势,也是正确的打字姿势。

显示器宜放在键盘的正后方,与眼睛相距不少于 50cm。在放置输入原稿前,先将键盘右移 5cm,再把原稿紧靠键盘左侧放置,以便阅读。

B.3 打字基本指法

1. 十指分工,包键到指

牢记打字过程中每个手指的分工对于保证击键的准确性和提高打字速度具有至关重要的意义。开始击键之前将左手小指、无名指、中指、食指分别置于“ASDF”键帽上,左拇指自然向掌心弯曲;将右手食指、中指、无名指、小指分别置于“JKL;”键帽上,右拇指轻置于空格键上。各手指的分工如图 B.1 所示。

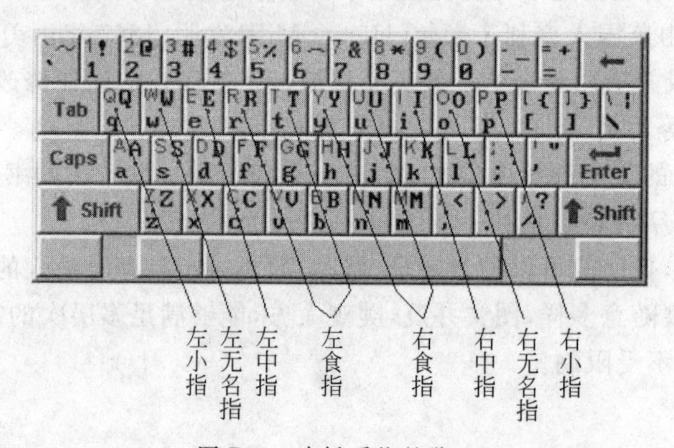

图 B.1 击键手指的分工

注意事项如下。

(1) 手指尽可能放在基本键位(或称原点键位;即位于主键盘第三排的 ASDF 及 JKL;)上。左食指还要负责 G 键,右食指还要负责 H 键。同时,左手右手还要负责基本键的上一排与下一排。每个手指到其它排击键后,拇指以外的 8 个手指,只要时间许可都应立即退回基本键位。实践证明,从基本键位到其他键位的路径简单好记,容易实现盲打,减少击键错误,从基本键位到各键位平均距离短,也有利于提高速度。

(2) 不要使用单指打字术(用一个手指击键)或视觉打字术(用双目帮助才能找到键位),这两种打字方法的效率比盲打要慢得多。

2. 用指技巧

平时手指应稍微拱起,轻置于基本键位上。手腕则悬起自然弯曲不要压着键盘。在需要敲击非基本键位时,手指可伸直,轻而迅速地击键后即返回基本键位,不要靠手腕移动寻找键位。计算机键盘盘面平缓,手指在两排间移动距离不过 2cm,靠手指屈伸动作就可以完全胜任。

击键过程应是突发击键(轻而迅速地点键),而不是缓慢按键,要瞬间发力,点击键帽后立即反弹(若手指在键帽上停留超过 0.7 秒钟,则被认为是连续击键,因而造成操作失误),击键应力度适当、节奏均匀。开始时练习切忌求快,宁可慢而有节奏。不论快打、慢打,都要合拍,不能时快时慢、时轻时重。目前使用的键盘,其开关多采用电容式开关,而不是机械式弹簧装置,因此击键只需轻轻地点击即可。初学时就应强迫自己练习盲打,重视落指准确性,在正确与有节奏的前提下再求提高打字速度。

附录C 常用中文输入法

C.1 概　　述

汉字的键盘输入是通过汉字的编码，再通过键盘的人工键入对应输入码来完成的，目前的汉字编码按编码规则区分，一般可分为如下五大类型。

(1) 流水码。也称“序号码”，是将汉字按一定顺序逐一赋予号码，如国标区位码。

(2) 电报码。又称邮电码，长处是无重码，但记忆强度大，难以掌握，不适宜一般用户。

(3) 拼音码。输入汉字的拼音或拼音代码(如双拼码)。对“听打”输入有着优势。缺点是重码多，速度受影响。在遇到不会读音或读音不准的字时，输入也有困难。

(4) 形码。是采用汉字字型方面的信息特征(诸如整字、字根、笔画、码元等)，按一定规则编码，也有把汉字部件往英文字母形状上进行归结的(表形码)。用到的是人们已有的汉字字型这一背景知识，对于输入书面文稿之类需要“看打”的输入类型有优势。适宜于不熟悉汉语拼音的用户，在遇到不会读音或读音不准的字时，也可以用拼形输入法作为补充。形码码元编码输入法的输入速度较快，但初学时有一定的难度，适用于专业录入人员。

(5) 音形码或形音码。这两种方法吸收了音码和形码之长，重码率低，也较易学习。目前一些智能技术被用于编码，如智能 ABC。

目前较常用的输入法有智能拼音法、五笔输入法、微软拼音输入法、百度输入法、搜狗输入法等，由于使用拼音输入的输入法使用方法基本相同，所以下面只对智能拼音输入法、五笔输入法和搜狗输入法进行介绍。

C.2 智能 ABC 输入法

智能 ABC 输入法(又称标准输入法)是中文 Windows 中自带的一种汉字输入方法，由北京大学的朱守涛先生发明。它简单易学、快速灵活，受到用户的青睐。

1. 全拼输入

全拼输入需要将汉字的拼音完整输入。如输入“长”——chang；输入“城”——cheng；输入“长城”——changcheng。

2. 简拼输入

简拼输入可输入汉字拼音的一部分。（只输入字的声母）如输入“长”——c 或 ch，如输入“的”——d；如输入：“长城”——chch 或 cc。智能 ABC 的词库有大约七万词条。常用的 5000 双字词建议采用简拼输入。如“bd”不但，“bt”不同，“cb”出版等。多音节词的同音词较少，建议采用简拼输入。如“jsj”计算机；“zggcd”中国共产党；“gwybgt”国务院办公厅等。

3. 以词定字输入功能

无论是标准库中的词，还是用户自己定义的词，都可以用来定字。用以词定字法输入单字，可以减少重码。方法是用“[”取第一个字、“]”取最后一个字。

例如：键入“fudao”，即“辅导”的全拼输入码，如图 C.1 所示。

若按空格键得到“辅导”，如图 C.2 所示。

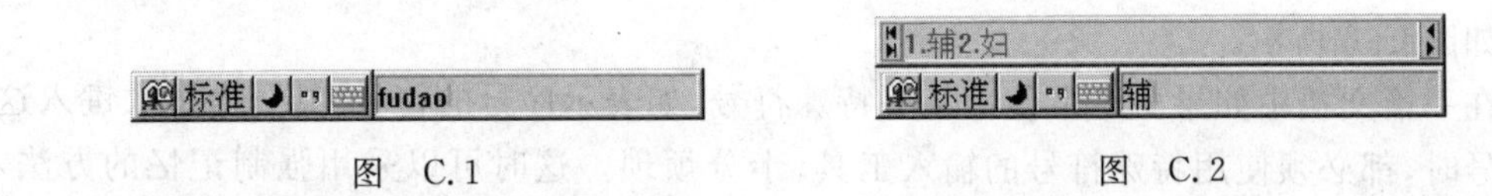

图 C.1　　图 C.2

若按“[”则得到“辅”，按“]”则得到“导”。

4. 中文输入状态下输入英文

在输入拼音的过程中（“标准”或“双打”方式下），如果需要输入英文，可以不必切换到英文方式，只需键入“v”作为标志符，后面跟随要输入的英文。例如：在输入过程中希望输入英文“windows”，键入“v windows”，按空格键即可，如图 C.3 所示。

图 C.3

5. 把握按词输入的规律

建立比较明确的“词”的概念，尽量地按词、词组、短语输入。最常用的双音节词可以用简拼输入，一般常用词可采取混拼或者简拼加笔形描述。

注意：少量双音节词，特别是简拼为“zz、yy、ss、jj”等结构的词，需要在全拼基础上增加笔形描述。比如：输入“自主”时，如果键入“zz”，要翻好多页才能找到这个词，如果键入“ziz”，就可以直接选择该条目，如果键入“zizhu”，那么直接按空格键就行了，如图 C.4 所示。

重码高的单字，特别是“yi、ji、qi、shi、zhi”等音节的单字，可以全拼加笔形输入。比如：要输入“师”，可以键入“shi2”，重码数量大大减少，如图 C.5 所示。

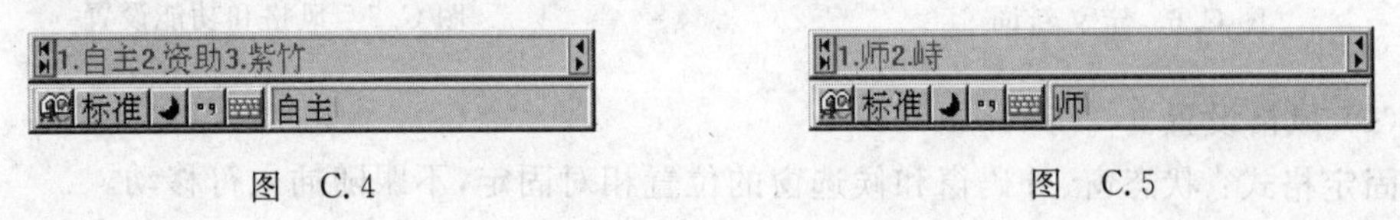

图 C.4　　图 C.5

另外，利用智能 ABC 的记忆功能将某些常用的组合词如短语、地名、人名等记忆下来，可大大提高输入速度。同时还应充分利用“以词定字”的功能来输入单字。如果没有现成的恰当的词，可以自己定义一个。

6. 中文数量词简化输入

智能 ABC 提供阿拉伯数字和中文大小写数字的转换能力，对一些常用量词也可简化输入。“i”为输入小写中文数字的前导字符。“I”为输入大写中文数字的前导字符。

例如：输入“i3”，则键入“三”；输入“I3”，则键入“叁”。

如果输入“i”或“I”后直接按中文标点符号键，则转换为“一”＋该标点或“壹”＋该标点。

例如：输入“i3\”，则键入“三、”；输入“I3\”，则键入“叁、”。

7. 强制记忆

强制记忆一般用来定义那些非标准的汉语拼音词语和特殊符号。利用该功能，只需输入词条内容和编码两部分，就可以直接把新词加到用户库中。在打开着的词条上，单击鼠标右键，这时弹出菜单，选菜单中的“定义新词”，一项，然后填写弹出的定义新词对话框。如图 C.6 所示。

在一篇文档中如果要经常使用某些特殊符号，如表示序号的符号“Ⅱ”，而每次键入这一符号时，都必须使用特殊符号的输入工具，十分烦琐。这时可以采用强制记忆的方法，将“Ⅱ”定义成“pi”(当然也可以是任意定义的其它编码)，即在“新词”文本框中填入“Ⅱ”，在“外码”文本框中填入“pi”，按下“添加”按钮，即完成了强制记忆。

用强制记忆功能定义的词条，输入时应当以“u”字母打头。例如键入“upi”，按空格键，即可得到刚刚定义的“Ⅱ”符号，这中间不需要任何切换的过程。

8. 属性设置

包括风格和功能设置两种，如图 C.7 所示。

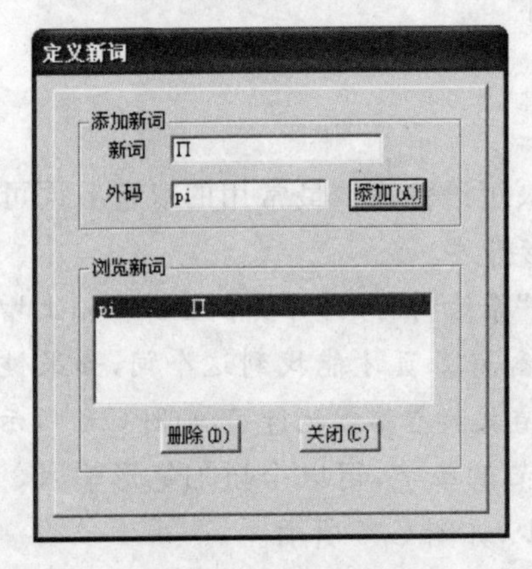

图 C.6　定义新词

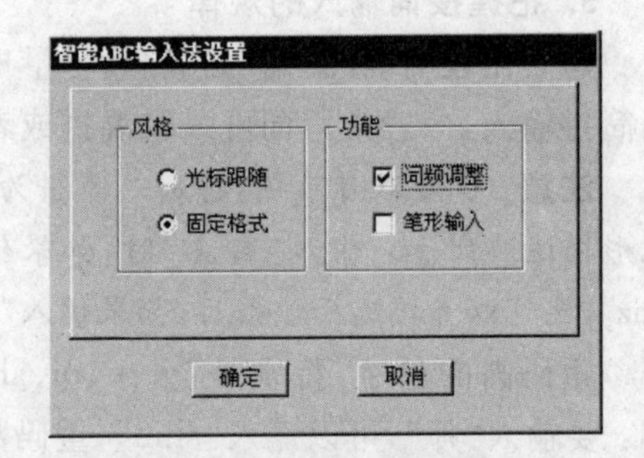

图 C.7　风格和功能设置

(1) 风格设置。

固定格式：状态窗、外码窗和候选窗的位置相对固定，不跟随插入符移动。

光标跟随：外码窗和候选窗跟随插入符移动。

(2) 功能设置。

词频调整：复选时具有自动调整词频功能。

笔形输入：复选时具有纯笔形输入功能。

9. 输入特殊符号

输入 GB—2312 字符集 1～9 区各种符号的简便方法为：在标准状态下，按字母 v+数字(1—9)，即可获得该区的符号。

例如，要输入“‰”，可以键入“v1”，再按若干下“+”，就可以找到这个符号，如图 C.8 所示。

图 C.8

10. 输入不会读的字

如何在智能ABC中输入不知道读音的汉字呢？我们可以利用笔形输入法来输入，前提条件是你记住了笔形输入法中 8 个笔形代码的含义和规则。

具体操作为：在输入法状态条上单击鼠标右键，在快捷菜单中选“属性设置”，然后选中“笔形输入”，单击“确定”按钮。

这时如果要输入“乜”，键入数字“56”即可；如果要输入“纛”，键入数字“71125”再按空格键即可。

C.3 五笔输入法

1. 认识五笔字型

五笔字形码是一种形码，它是按照汉字的字形(笔划、部首)进行编码的，在国内非常普及。下面，简单介绍一下五笔字型的拆分规则。

(1) 汉字的笔画。

一般从书写形态上认为汉字的笔形有：点、横、竖、撇、捺、挑(提)、钩、(左右)折等八种。

在五笔字型方法中，把汉字的笔划只归结为横、竖、撇、捺(点)、折五种。把“点”归结为“捺”类，是因为两者运笔方向基本一致；把挑(提)归结于“横”类；除竖能代替左钩以外，其他带转折的笔划都归结为“折”类。

(2) 笔画的书写顺序。

在书写汉字时，应该按照如下规则：先左后右，先上后下，先横后竖，先撇后捺，先内后外，先中间后两边，先进门后关门等。

(3) 汉字的部件结构。

在五笔字型编码输入方案中，选取了大约 130 个部件作为组字的基本单元，并把这些部件称为基本字根。众多的汉字全部由它们组合而成。如，明字由日月组成，吕字是由两个口组成。在这些基本字根中有些字根本身就是一个完整的汉字，例如，日月人火手等。

(4) 汉字的部位结构。

基本字根按一定的方式组成汉字，在组字时这些字根之间的位置关系就是汉字的部位结构。

① 单体结构。由基本字根独立组成的汉字，例如：目、日、口、田、山等。

② 左右结构。左右结构的字由左右两部分或左中右三部分构成，例如：朋、引、彻、喉等。

③ 上下结构。上下结构的字由上下两部分或自上往下几部分构成，例如：吕、旦、党、意等。

④ 内外结构。汉字由内外部分构成，例如：国、向、句、匠、达、库、厕、问等。

(5) 汉字的字型信息。

在五笔字型输入法中，为获取的字型信息，把汉字信息分成如下三类。

- 1 型：左右部位结构的汉字，例如：肚、拥、咽、枫等。虽然“枫”的右边是两个基本字根按内外型组合成的，但整字仍属于左右型。
- 2 型：部位结构是上下型的字，例如：字、节、看、意、想、花等。
- 3 型：称为杂合型。包括部位结构的单字和内外型的汉字，即没有明显的上下和左右结构的汉字。

在向计算机输入汉字时，只靠告诉计算机该字是由哪几个字根组成的，往往还不够，例如：“叭”和“只”字，都是由“口”和“八”两个字根组成的，为了区别究竟是哪一个字还必须把字型信息告诉计算机。

2. 五笔编码输入法

(1) 五笔的字根及排列。

在五笔字型编码输入法中，选取了组字能力强、出现次数多的 130 个左右的部件作为基本字根，其余所有的字，包括那些虽然也能作为字根，但是在五笔字型中没有被选为基本字根的部件，在输入时都要经过拆分成基本字根的组合。

对选出的 130 多种基本字根，按照其起笔笔画，分成五个区。以横起笔的为第一区，以竖起笔的为第二区，以撇起笔的为第三区，以捺(点)起笔的为第四区，以折起笔的为第五区，如图 C.9 所示。

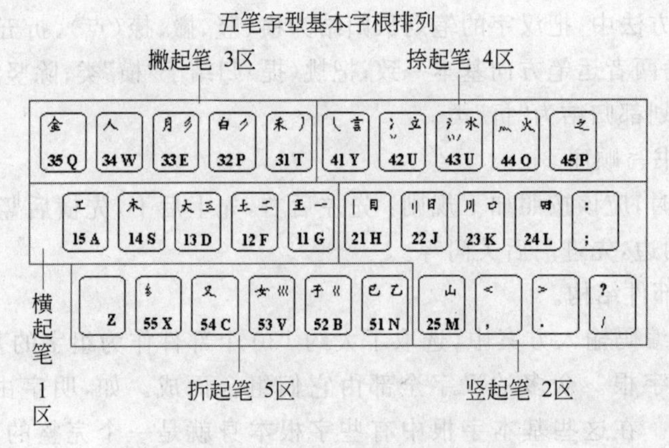

图 C.9　五笔字型基本字根排列

每一区内的基本字根又分成五个位置，也以1、2、3、4、5表示。这样130多个基本字根就被分成了25类，每类平均5～6个基本字根。这25类基本字根安排在除Z键以外的A～Y的25个英文字母键上。

在同一个键位上的几个基本字根中，选择一个具有代表性的字根，称为键名，键位左上角的字根就是键名，如图C.10所示。

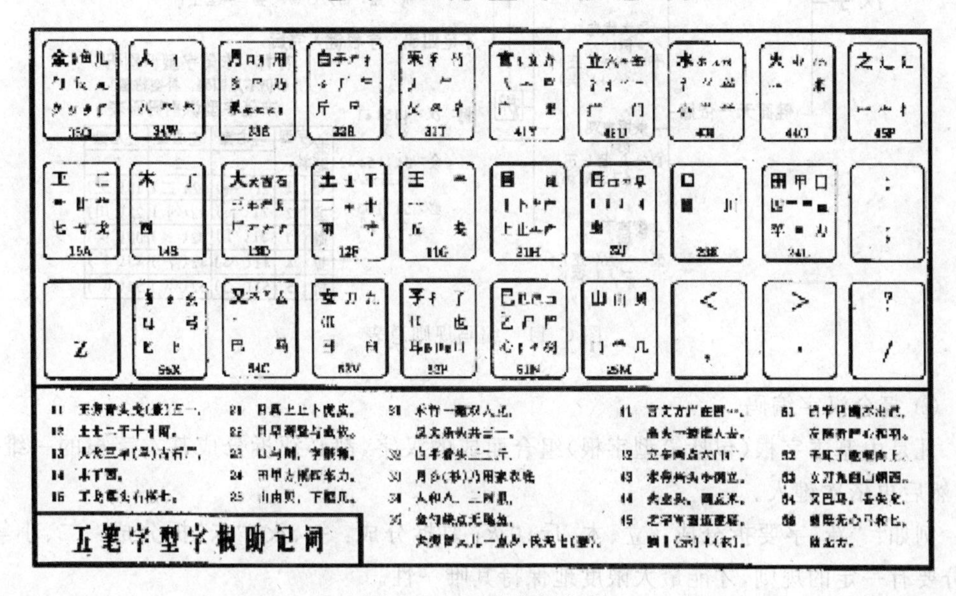

图C.10　五笔字根总表

(2) 五笔输入的编码规则。

精心地选择基本字根，由基本字根组成的所有的汉字，然后有效地、科学地、严格地在目前计算机的输入键盘上实现汉字输入，这是输入法的基本思想。五笔字型输入法一般击四键完成一个汉字的输入，编码规则总表如图C.11所示。

编码规则分成如下两大类。

① 基本字根编码。

这类汉字直接标在字根键盘上，如图C.11所示，其中包括键名汉字和一般成字字根汉字两种。键名汉字指：

王、土、大、木、工、目、日、口、田、山、言、立、水、火、之、禾、白、月、人、金、子、女、又、纟

共25个。它们采用把该键连敲四次的方法输入。

一般成字字根的汉字输入采用先敲字根所在键一次(称为挂号)，然后再敲该字字根的第一、第二以及最末一个单笔按键。例如：石，第一键为“石”字根所在的D，二键为首笔“横”G键，第三键为次笔“撇”T键，第四键为末笔“横”G键。

但对于用单笔画构成的字，如“一”、“丨”、“丿”、“丶”、“乙”等，第一、二键是相同的，规定后面增加两个英文LL键。这样“一”、“丨”、“丿”、“丶”、“乙”等的单独编码为：

一：GGLL　　丨：HHLL　　丿：TTLL　　丶：YYLL　　乙：NNLL

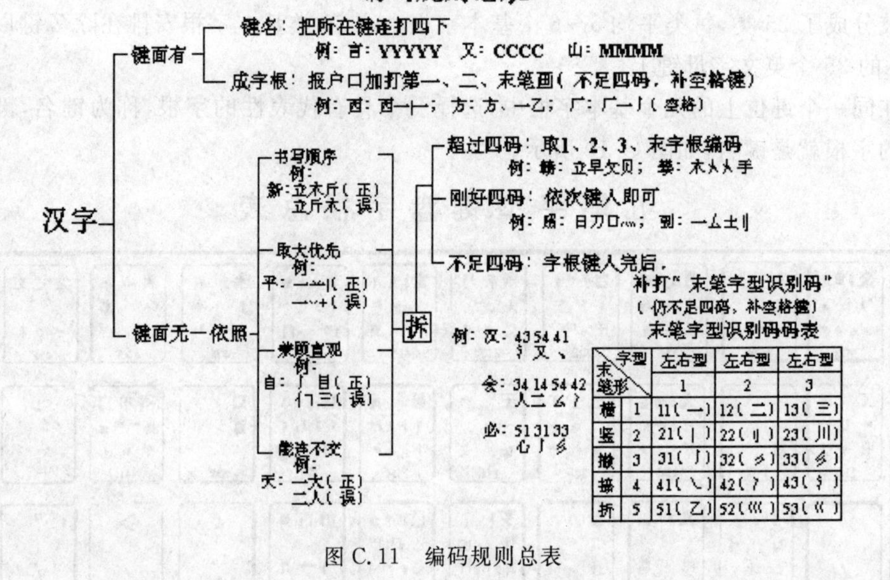

图 C.11　编码规则总表

② 复合汉字编码

凡是由基本字根(包括笔型字根)组合而成的汉字,都必须拆分成基本字根的一维数列,然后再依次键入。

例如:"新"字要拆分成:立、木、斤;"灭"要拆分成:一、火;"未"拆分成:二、小等。拆分要有一定的规则,才能最大限度地保持其唯一性。

1)拆分的基本规则

a. 按书写顺序

例如:"新"字要拆分成:立、木、斤,而不能拆分成立、斤、木;

"想"拆分成木、目、心,而不是木、心、目等,以保证字根序列的顺序性。

b. 能散不连,能连不交

例如:"于"字拆分为一、十,而不能拆分为二、丨。因为后者两个字根之间的关系为相交而前者不相交。拆分时遵守"散"比"连"优先"连"比"交"优先的原则。

c. 取大优先

保证在书写顺序下拆分成尽可能大的基本字根,使字根数目最少。所谓最大字根是指如果增加一个笔划,则不成其基本字根的字根。例如:"果"拆分为日、木;而不拆分为旦、小。

d. 兼顾直观

例如:"自"字拆分成:丿、目;而不拆分为:白 、一等,后者欠直观。

2)复合字编码规则

按上述原则拆分以后,按字根的多少分别处理:

a. 刚好四字根,依次取该四个字根的码输入。

例如:"到"字拆分成"一、厶、土、刂",则其编码为 GCFJ。

b. 超过四个字根，则取一、二、三、末四个字根的编码输入。

例如："酸"字取"西、一 、厶 、文"编码为 SGCT。

c. 不足四个字根，加上一个末笔字型交叉识别码，若仍不足四码，则加一空格键。

3) 末笔字型交叉识别码

对于不足四码的汉字，例如："汉"字拆分成"氵、又"只有 IC 两个码，因此要增加一个所谓末笔字型交叉识别码 Y 。

举个例子来说明它的必需性。例如："汀"字拆分成"氵、丁"，编码也为 IS，"沐"字拆分成"氵、木"，编码也为 IS；"洒"字拆分成"氵、西"编码也为 IS。这是因为"木、丁、西"三个字根都是在 S 键上。就这样输入，计算机无法区分它们。

为了进一步区分这些字，五笔字型编码输入法中引入一个末笔字型交叉识别码，它是由字的末笔笔划和字型信息共同构成的。

末笔笔划只有五种，字型信息只有三类，因此末笔字型交叉识别码只有 15 种如表 C.1 所示。

表 C.1　末笔字型交叉识别表

末笔笔形 \ 字型	左右型 1	上下型 2	杂合型 3
横 1	11G	12F	13D
竖 2	21H	22J	23K
撇 3	31T	32R	33E
捺 4	41Y	42U	43I
折 5	51N	52B	53V

从表中可见，"汉"字的交叉识别码为 Y，"字"字的交叉识别码为 F，"沐、汀、洒"的交叉识虽码分别为 Y、H、G。如果字根编码和末笔交叉识别码都一样，这些汉字称重码字。对重码字只有进行选择操作，才能获得需要的汉字。

3. 五笔编码输入技巧

汉字输入是理论性和技术性都很强的课题，目前五笔字型输入法在国内外得到广泛的应用，是公认的较好的一种汉字编码输入方法。

(1) 字根键位的特征

五笔字型输入法把 130 多个字根分成五区五位，科学地排列在 25 个英文字母键上便于记忆，也便于操作，其特点如下：

① 每键平均 2～6 个基本字根，有一个代表性的字根成为键名，为便于记忆起见，关于键名有一首"键名谱"：

1) (横) 区：王、土、大、木、工

2) (竖) 区：目、日、口、田、山

3) (撇) 区：禾、白、月、人、金

4)(捺) 区：言、立、水、火、之

5)(折) 区：已、子、女、又、纟

② 每一个键上的字根其形态与键名相似。

例如："王"字键上有一、五、戋、龶、王等；"日"字键上有日、曰、早、虫等字根。

③ 单笔划基本字根的种类和数目与区位编码相对应。

例如一、二、三这3个单笔划字根，分别安排在1区的第一、二、三位置上；

丶、冫、氵、灬这四个单笔划字根，分别安排在4区的第一、二、三、四位上；

丨、刂、川这三个单笔划字根分别安排在2区的第一、二、三位上等。

(2) 字根的区位和助记词

为了便于记忆基本字根在键盘上的位置，王永民编写了字根助记忆词。

1(横)区字根键位排列。

11G 王旁青头戋(兼)五一(借同音转义)

12F 土士二干十寸雨

13D 大犬三羊古石厂

14S 木丁西

15A 工戈草头右框七

2(竖)区字根键位排列

21H 目具上止卜虎皮("具上"指具字的上部"且")

22J 日早两竖与虫依

23K 口与川，字根稀

24L 田甲方框四车力

25M 山由贝，下框几

3(撇)区字根键位排列

31T 禾竹一撇双人立("双人立"即"彳") 反文条头共三一("条头"即"夂")

32R 白手看头三二斤("三二"指键为"32")

33E 月彡(衫)乃用家衣底("家衣底"即"豕")

34W 人和八，三四里("三四"即"34")

35Q 金勺缺点无尾鱼(指"勹、") 犬旁留乂儿一点夕，氏无七(妻)

4(捺)区字根键排列

41Y 言文方广在四一 高头一捺谁人去

42U 立辛两点六门疒

43I 水旁兴头小倒立

44O 火业头，四点米("火"、"业"、"灬")

45P 之宝盖，摘礻(示)(衣)

5(折)区字根键位排列

51N 已半巳满不出己 左框折尸心和羽

52B 子耳了也框向上("框向上" 指"凵")

53V 女刀九臼山朝西("山朝西"为"彐")

54C　又巴马，丢矢矣（“矣”丢掉“矢”为“厶”）

55X　慈母无心弓和匕 幼无力（“幼”去掉“力”为“幺”）

(3) Z键的用法

从五笔字型的字根键位图可见，26个英文字母键只用了A～Y共25个键，Z键用于辅助学习。

当对汉字的拆分一时难以确定用哪一个字根时，不管它是第几个字根都可以用Z键来代替。借助于软件，把符合条件的汉字都显示在提示行中，再键入相应的数字，则可把相应的汉字选择到当前光标位置处。在提示行中还显示了汉字的五笔字型编码，可以作为学习编码规则之用。

4. 提高输入速度的方法

五笔字型一般敲四键就能输入一个汉字。为了提高速度，设计了简码输入和词汇码输入方法。

(1) 简码输入

① 一级简码字。

对一些常用的高频字，敲一键后再敲一空格键即能输入一个汉字。高频字共25个，如表C.2所示，键左上角为键名字，键右下角为高频字即一级简码字。

表C.2　一级简表

键名	Q	W	E	R	T	Y	U	I	O	P
简码	我	人	有	的	和	主	产	不	为	这
键名	A	S	D	F	G	H	J	K	L	
简码	工	要	在	地	一	上	是	中	国	
键名	Z	X	C	V	B	N	M			
简码		经	以	发	了	民	同			

② 二级简码字。

由单字全码的前两个字根代码接着一空格键组成，最多能输入25×25＝625个汉字。

③ 三级简码字。

由单字前三个字根接着一个空格键组成。凡前三个字根在编码中是唯一的，都选作三级简码字，一共约4400个。虽敲键次数未减少。但省去了最后一码的判别工作，仍有助于提高输入速度。

(2) 词汇输入

汉字以字作为基本单位，由字组成词。在句子中若把词作为输入的基本单位，则速度更快。五笔字型中的词和字一样，一词仍只需四码。用每个词中汉字的前一两个字根组成一个新的字码，与单个汉字的代码一样，来代表一条词汇。词汇代码的取码规则如下：

① 双字词：分别取每个字的前两个字根构成词汇简码。

例如：“计算”取“言、十、目”构成编码(YFIH)；

② 三字词：前两个字各取一个字根，第三个取前两个字根作为编码。

例如："操作员"取"扌、亻、口、贝"构成一个编码(RWKM)；"解放军"取"刀、方、冖、车"作为编码(QYPL)等等。

③ 四字词：每字取第一个字根作为编码。

例如："程序设计"取"禾、广、言、言"(TYYY)构成词汇编码。

④ 多字词：取一、二、三、末四个字的第一个字根作为构成编码。

例如："中华人民共和国"取"口、人、人、口"(KWWL)，"电子计算机"取"日、子、言、木"(JBYS)等。

(3) 重码与容错

如果一个编码对应着几个汉字，这几个称为重码字；几个编码对应一个汉字，这几个编码称为汉字的容错码。

在五笔字型中，当输入重码时，重码字显示在提示行中，较常用的字排在第一个位置上，并用数字指出重码字的序号，如果你要的就是第一个字，可继续输入下一个字，该字自动跳到当前光标位置。其他重码字要用数字键加以选择。

例如："嘉"字和"喜"字，都分解(FKUK)，因"喜"字较常用，它排在第一位，"嘉"字排在第二位。若你需要"嘉"字则要用数字键 2 来选择。

为了减少重码字，把不太常用的重码字设计成容错码字即把它的最后一码修改为 L，例如：把"嘉"字的码定义为 FKUL，这样用 FKUL 输入，则获得唯一的"嘉"字。

在汉字中有些字的书写顺序往往因人而异，为了能适应这种情况，允许一个字有多种输入码，这些字就称为容错字。在五笔字型编码输入方案中，容错字有 500 多种。

以上为五笔字型的介绍，五笔字型是一种很好的形码汉字输入系统。而由陈桥工作室制作的智能五笔输入法把传统的五笔字型和智能化的输入技术结合起来，从而使五笔字型的使用性能大大提高了。感兴趣的读者也可以结合五笔字型的适用，练习使用智能五笔。

C.4 搜狗拼音输入法

搜狗拼音输入法是 2006 年 6 月由搜狐(Sohu)公司推出的一款基于 Windows 平台下的汉字拼音输入法，2014 年 4 月 17 日，搜狗输入法发布了首个 Linux 版，支持：Ubuntu12.04 及 14.04。搜狗拼音输入法是基于搜索引擎技术的、特别适合网民使用的、新一代的输入法产品，用户可以通过互联网备份自己的个性化词库和配置信息。搜狗拼音输入法为中国国内现今主流汉字拼音输入法之一，奉行永久免费的原则。搜狗拼音的发展十分迅速，仅仅几年时间就发布了几十个版本，包括基于 pc 平台不同操作系统以及手机版本。社会对搜狗拼音的评价褒贬不一。搜狗拼音的开发迎合了网络时代里计算机用户的需求，部分改变了过去五笔输入法输入速度快于拼音的局面。

1. 主要特色

作为互联网企业出品的产品，搜狗输入法把网络新词作为其最大优势之一，依据互联网大数据的分析对比，对字、词组按照使用频率重新排列，一定程度提高的打字速度。搜狗拼音采用不定时在线更新的办法。这减少了用户自己造词的时间。其次搜狗拼音输入法还具有整合符合、笔画输入、手写输入、输入统计、输入法登录、个性输入、细胞词库、截图等多种特色功能。

2. 输入类型及方法

(1) 全拼方法。

全拼输入是拼音输入法中最基本的输入方式。使用 Ctrl＋Shift 键切换到搜狗输入法，在输入窗口输入拼音即可输入。然后依次选择需要的字或词即可。可以用默认的翻页键是“逗号(，)句号(。)”来进行翻页。例如：“搜狗拼音”，输入：sougoupinyin。

(2) 简拼方法。

搜狗输入法支持简拼全拼的混合输入，例如：你输入“srf”“sruf”“shrfa”都是可以得到“输入法”。打字熟练的人会经常使用全拼和简拼混用的方式。

(3) 双拼方法。

双拼是用定义好的单字母代替较长的多字母韵母或声母来进行输入的一种方式。例如：如果 T＝t，M＝ian，输入两个字母“TM”就会输入拼音“tian”。使用双拼可以减少击键次数，但是需要记忆字母对应的键位，但是熟练之后效率会有一定提高。如果使用双拼，要在设置属性窗口把双拼选上即可。

(4) 特殊拼音的双拼输入规则。

对于单韵母字，需要在前面输入字母 O＋韵母。例如：输入 OA→A，输入 OO→O，输入 OE→E。

而在自然码双拼方案中，和自然码输入法的双拼方式一致，对于单韵母字，需要输入双韵母，例如：输入 AA→A，输入 OO→O，输入 EE→E。

(5) 辅助码。

拆字辅助码让你快速的定位到一个单字，使用方法如下：

想输入一个汉字“娴”，但是非常靠后，找起来慢，那么输入“xian”，然后按下 Tab 键，再输入“娴”的两部分“女”和“闲”的首字母 nx，就可以看到只剩下“娴”字了。输入的顺序为 xian＋tab＋nx。独体字由于不能被拆成两部分，所以独体字没有拆字辅助码。

(6) U 式拆字方法。

比如“窈”字，用户不认识这个字，可以用拆分成一个穴和一个幼，输入的顺序为 uxueyou。

(7) 偏旁读音。

可以用偏旁读音的方法来输入偏旁。

① 一画

丶 点 dian

丨 竖 shu

(乛) 折 zhe

② 二画

冫 两点水儿 liang

冖 秃宝盖儿 tu
讠 言字旁儿 yan
刂 立刀旁儿 li
亻 单人旁儿 dan
卩 单耳旁儿 dan
阝 左耳刀儿 zuo
③ 三画
辶 走之儿 zou
氵 三点水儿 san
忄 竖心旁 shu
艹 草字头 cao
宀 宝盖儿 bao
彡 三撇儿 san
丬 将字旁 jiang
扌 提手旁 ti
犭 犬 quan
饣 食字旁 shi
纟 绞丝旁 jiao
彳 彳 chi
④ 四画
礻 示字旁 shi
攵(夂) 反文儿(折文儿)fan
(牜) 牛字旁 niu
⑤ 五画以上
疒 病字旁 bing
衤 衣字旁 yi
钅 金字旁 jin
虍 虎字头儿 hu
(罒) 四字头儿 si
(覀) 西字头儿 xi
(訁) 言字旁 yan
(8) 笔画筛选。

笔画筛选用于输入单字时,用笔顺来快速定位该字。使用方法是输入一个字或多个字后,按下 Tab 键(Tab 键如果是翻页的话也不受影响),然后用 h 横、s 竖、p 撇、n 捺、z 折依次输入第一个字的笔顺,一直找到该字为止。五个笔顺的规则同上面的笔画输入的规则。要退出笔画筛选模式,只需删掉已经输入的笔画辅助码即可。

例如,快速定位"珍"字,输入了 zhen 后,按下 Tab 键,然后输入珍的前两笔"hh",就可定位该字。

参 考 文 献

1. 胡耀文. Windows 8 权威指南. 北京：人民邮电出版社，2013.
2. 任东陕. Web 开发技术. 西安：西安电子科技大学出版社. 2009.
3. 孙钟秀，费翔林，骆斌. 操作系统教程(第 4 版). 北京：高等教育出版社，2008.
4. 王建珍，刘飞正. 计算机网络应用基础. 北京：人民邮电出版社，2013.
5. 王娟. 计算机基础教程(第 2 版). 沈阳：东北大学出版社，2011.
6. 王世江，盖索林. Google Android 开发入门指南(第 2 版). 北京：人民邮电出版社，2009.
7. 王宣，吴万军. Windows 8 使用详解. 北京：电子工业出版社，2013.
8. 杨章伟. Office 2013 应用大全. 北京：机械工业出版社，2013.
9. [美]Uyless Black 著，邓郑祥译. 网络技术入门经典. 北京：人民邮电出版社. 2009.
10. 祝群喜，李飞，张阳. 数据库基础教程(Access 2010 版). 北京：清华大学出版社. 2014.
11. http://baike. baidu. com/view/38725. htm? fr=aladdin
12. http://pinyin. sogou. com/help. php
13. http://windows. microsoft. com/zh-cn/windows/home
14. http://www. adobe. com
15. http://www. w3. org